祝贺〈物理学大题典〉
在中国科学技术大学
六十周年校庆之际
再次出版

李政道
二〇一八年五月

物理学大题典⑦/张永德主编

量 子 力 学

（下册）

（第二版）

张永德　张鹏飞　刘乃乐　柳盛典
吴　强　朱栋培　范洪义　潘必才　编著

科 学 出 版 社

中国科学技术大学出版社

内 容 简 介

"物理学大题典"是一套大型工具性、综合性物理题解丛书.丛书内容涵盖综合性大学本科物理内容:从普通物理的力学、热学、光学、电磁学、近代物理到"四大力学",以及原子核物理、粒子物理、凝聚态物理、等离子体物理、天体物理、激光物理、量子光学、量子信息等.内容新颖、注重物理、注重学科交叉、注重与科研结合.

《量子力学(第二版)》下册共6章,包括定态近似问题、散射问题、含时近似方法与跃迁、少体问题、量子信息物理学和其他问题等内容.

本丛书可作为物理类本科生的学习辅导用书、研究生的入学考试参考书和各类高校物理教师的教学参考书.

图书在版编目(CIP)数据

量子力学.下册/张永德等编著.—2版.—北京:科学出版社,2018.9
(物理学大题典/张永德主编;7)
ISBN 978-7-03-058371-0

Ⅰ.①量…　Ⅱ.①张…　Ⅲ.①量子力学-题解　Ⅳ.①O413.1-44

中国版本图书馆 CIP 数据核字(2018)第 167668 号

责任编辑:昌　盛　陈日德 / 责任校对:张凤琴
责任印制:张　伟 / 封面设计:华路天然工作室

科学出版社 出版
北京东黄城根北街 16 号
邮政编码:100717
http://www.sciencep.com

中国科学技术大学出版社
安徽省合肥市金寨路 96 号
邮政编码:230026

北京中石油彩色印刷有限责任公司 印刷
科学出版社发行　各地新华书店经销

*

2005年9月第 一 版　　开本:787×1092　1/16
2018年9月第 二 版　　印张:31 3/4
2023年12月第十次印刷　字数:746 000
定价:89.00 元

(如有印装质量问题,我社负责调换)

"物理学大题典"编委会

主 编　张永德

编 委　（按姓氏拼音排序）

丛 书 序

这套"物理学大题典"源自 20 世纪 80 年代末期的"美国物理试题与解答",而那套丛书则源自 80 年代的 CUSPEA 项目(China-United States Physical Examination and Application Program). 这套丛书收录的题目主要源自美国各著名大学物理类研究生入学试题,经筛选后由中国科学技术大学近百位高年级学生和研究生解答,再经中科大数十位老师审定. 所以这套丛书是中国改革开放初期中美文化交流的成果,是中美物理教学合作的结晶,是 CUSPEA 项目丰硕成果的一朵花絮.

贯穿整个 80 年代的 CUSPEA 项目是由李政道先生提出的. 1979 年李先生为了配合中国刚刚开始实施的改革开放方针,向中国领导建言,逐步实施美国著名大学在中国高校联合招收赴美攻读物理博士研究生计划. 经李先生与我国各级领导和美国各著名大学反复多次磋商研究,1979 年教育部和中国科学院联合发文《关于推荐学生参加赴美研究生考试的通知》,紧接着同年 7 月 14 日又联合发出补充通知《关于推荐学生参加赴美物理研究生考试的通知》,直到 1980 年 5 月 13 日,教育部和中国科学院再次联合发文《关于推荐学生参加赴美物理研究生考试的通知》,神州大地正式全面启动这一计划.

1979 年最初实施的是 Pre-CUSPEA,从李先生任教的哥伦比亚大学开始,通过考试选录了 5 名同学进入哥大. 此后计划迅速扩大,包括了美国所有著名大学在内的 53 所大学,后期还包括了加拿大的大学,总数达到 97 所. 10 年 CUSPEA 共计录取 915 名中国各高校应届学生,进入所有美国著名大学. 迄今项目过去 30 年,当年赴美的青年学子早已各有所成,展布全球,许多人回国报效,成绩斐然,可喜可慰.

李先生在他总结文章中回忆说[1]:"在 CUSPEA 实施的 10 年中,粗略估计每年都用去了我约三分之一的精力. 虽然这对我是很重的负担,但我觉得以此回报给我创造成长和发展机会的祖国母校和老师是完全应该的."文中李先生两次提及他已故夫人秦惠䇹女士和助理 Irene 女士,为赴美中国年轻学子勤勤恳恳、默默无闻地做了大量细致的服务工作. 编者读到此处,深为感动! 这次丛书再版适逢中国科学技术大学 60 周年校庆,又承李先生题词祝贺,中科大、科学出版社以及丛书编者同仁都十分感谢!

苏轼《花影》诗:"重重叠叠上瑶台,几度呼童扫不开. 刚被太阳收拾去,却教明月送将来."聚中科大百多位师生之力,历二十余载,唯愿这套丛书对中美教育和文化交流起一点奠基作用,有助于后来学者踏着这些习题有形无迹的斑驳花影,攀登瑶台,观看无边深邃的美景.

张永德　谨识

2018 年 6 月 29 日

---

[1] 李政道,《我和 CUSPEA》,载于"知识分子"公众号,2016 年 11 月 30 日.

前　言

物理学,由于它在自然科学中所具有的主导作用,在人类文明史,特别是在人类物质文明史中,占据着极其重要的地位.经典物理学的诞生和发展曾经直接推动了欧洲物质文明的长期飞跃.20世纪初诞生并蓬勃发展起来的近代物理学,又造就了上个世纪物质文明的辉煌.自20世纪末到21世纪初的当前时代,物理学正以空前的活力,广阔深入地开创着向化学、生物学、生命科学、材料科学、信息科学和能源科学渗透和应用的新局面.在本世纪里,物理学再一次直接推动新一轮物质文明飞跃的伟大进程已经开始.

然而,经历长足发展至今的物理学,宽广深厚浩瀚无垠.教授和学习物理学都是相当艰苦而漫长的过程.在教授和学习过程许多环节中,做习题是其中必要而又重要的环节.做习题是巩固所学知识的必要手段,是深化拓展所学知识的重要练习,是锻炼科学思维的体操.

但是,和习题有关的事有时并不被看重,似乎求解和编纂练习题是全部教学活动中很次要的环节.但丛书编委会同仁们觉得,这件事是教学双方的共同需要,只要是需要的,就是合理的,有益的,应当有人去做.于是大家本着甘为孺子牛的精神,平时在科研教学中一道题一道题地积累,现在又一道题一道题地编审,花费了大量时间做着这种不起眼的事.正如一个城市的基础建设,不能只去建地面上摩天大楼和纪念碑等"抢眼球"的事,也同样需要去做修马路、建下水道等基础设施的事.

这套"物理学大题典"的前身是中国科技大学出版社出版的"美国物理试题与解答"丛书(7卷).那套丛书于20世纪80年代后期由张永德发起并组织完成,内容包括普通物理的力、热、光、电、近代物理到四大力学的全部基础物理学.出版时他选择了"中国科学技术大学物理辅导班主编"的署名方式.自那套丛书出版之后,历经10余年,仍然有不断的需求,于是就有了现在的这套丛书——"物理学大题典".

"题典"编审的大部分教师仍为原来的,只增加了少许新成员.经过大家着力重订和大量扩充,耗时近两年而成.现在这次再版,编审工作又增加了几位新成员,复历一年而再成.此次再版除在原来基础上适当修订审校之外,还有少量扩充,增加了第6卷《相对论物理学》,第7卷《量子力学》扩充为上、下两分册.丛书最终为8卷10分册.总计起来,丛书编审历时近20年,耗费近40位富有科研和教学经验的教授、约150位20世纪80年代和现在的研究生及高年级本科生的巨大辛劳.丛书确实是众人长期合作辛劳的结晶!

现在的再版,题目主要来源当然依旧是美国所有著名大学物理类研究生的入学试题,但也收录了部分编审老师的积累.内容除涵盖力、热、光、电、近代物理到四大力学全部基础物理学之外,还包括了原子核物理、粒子物理、凝聚态物理、等离子体物理、天体物理、激光物理、量子光学和量子信息物理.于是,追踪不断发展的科学轨迹,现在这套丛书仍然大体涵盖了综合性大学全部本科物理课程内容.

这里应当强调指出两点:其一,一般地说,人们过去熟悉的苏联习题模式常常偏重基础知识、偏于计算推导、偏向基本功训练;与此相比,美国物理试题涉及的数学并不繁难,但却或多或少具有以下特色:内容新颖,富于"当代感",思路灵活,涉及面宽广,方法和结论简单实用,试题往往涉及新兴和边沿交叉学科,不少试题本身似乎显得粗糙但却抓住了物理本质,显得"物理味"很足! 纵观比较,编审者深切感到,这些考题的集合在一定程度上体现着美国科学文化个性及思维方式特色! 唯鉴于此,大家不惮繁重,集众多人力而不怯,耗漫长岁月而不辍,是值得的! 另外,扩充修订中增添的题目,也是本着这种精神,摘自编审老师各自科研工作成果,或是来自各人教学心得,实是点滴聚成.

其二,对于学生,的确有一个正确使用习题集的问题. 有的同学,有习题集也不参考,咬牙硬顶,一个晚上自习时间只做了两道题. 这种精神诚应嘉勉,但效率不高,也容易挫伤积极性,不利于培养学习兴趣;另有些同学,逮到合适解答提笔就抄,这样做是浮躁不踏实的. 两种学习方法都不可取. 编审者认为,正确使用习题集是一个"三步曲"过程:遇到一道题,先自己想一想,想出来了自己做最好;如果认真想了些时间还想不出来,就不要老想了,不妨翻开习题集找寻答案,看懂之后,合上书自己把题目做出来;最后,要是参考习题集做出来的,花费一两分钟时间分析解剖一下自己,找找存在的不足,今后注意. 如此"三步曲"下来,就既踏实又有效率. 本来,效率和踏实是一对矛盾,在这一类"治学小道"之下,它俩就统一起来了. 总之,正确使用之下的习题集肯定能够成为学生们有用的"爬山"拐杖.

丛书第一版是在科学出版社胡升华博士倡议和支持下进行的,同时也获得刘万东教授、杜江峰教授的支持. 没有他们推动和支持,丛书面世是不可能的. 这次再版工作又承科学出版社昌盛先生全力支持,并再次获得中国科技大学物理学院和教务处的支持. 对于这些宝贵支持,编审同仁们表示深切谢意.

※　　　※　　　※　　　※　　　※　　　※　　　※　　　※

《量子力学(第二版)》共计 12 章,题目总数由原来 380 道增扩为 707 道. 题目来源是一些国内外量子力学习题集和量子力学教材,另有相当一部分是我们自拟的.

前后近 20 年中,参加本卷解题的人有任勇、戴铁生、萧旭东、周苏闽、王力军、何小东、孟国武、斯其苗、袁卡佳、何广梁、缪凌、康绍强、张洪、陈一新、杨仲侠、宁铂、吴盛俊、周锦东、赵博、赵梅生、杨洁、张强等. 其间也听取过马雷、唐忠、潘建伟、刘乃乐、吴建达等的意见. 为了丛书行文简洁,书中不再另行指出他们姓名. 另外,戴铁生、郁司夏、赵博、赵梅生、杨洁、张强、曾树祥和王立志分别承当过部分审校、抄写和计算机输入工作. 编写期间曾承俞礼钧教授提供过资料.

编审者谨识

2005 年 5 月

2018 年 8 月修改

目　录

题 意 要 览

第 7 章 定态近似问题

7.1 用微扰论计算椭球状刚性势阱中的基态能量修正

题 7.1 (1) 证明在通常的定态微扰论中，如果 Hamilton 量可以写成 $H = H_0 + H'$，其中 $H_0\phi_0 = E_0\phi_0$，则能量的修正项为 $\Delta E_0 \approx \langle\phi_0|H'|\phi_0\rangle$.

(2) 对于一个球形核来说，可以假定核子处于一个半径为 R 的球对称势阱中，势由

$$V_{\varepsilon p} = \begin{cases} 0, & r < R \\ \infty, & r > R \end{cases}$$

给出. 相应地，对发生微小形变的核，可以认为核子处于椭球状势阱中，势壁高仍为无限，即

$$V_{\varepsilon l} = \begin{cases} 0, & \text{在椭球面} \dfrac{x^2+y^2}{b^2} + \dfrac{z^2}{a^2} = 1 \text{之内} \\ \infty, & \text{其他} \end{cases}$$

其中，$a \approx R(1 + 2\beta/3)$，$b \approx R(1 - \beta/3)$，且 $\beta \ll 1$. 利用恰当的 H' 和第 (1) 小题的结果，近似地求出椭球形核相对于球对称核基态能量的变化.

提示 作变量代换，化成球形势阱计算.

解答 (1) 且不管归一化，将微扰后波函数写成

$$|\phi_0\rangle + \lambda_1|\phi_1\rangle + \cdots + \lambda_n|\phi_n\rangle + \cdots$$

$\lambda_1, \cdots, \lambda_n$ 为小量，H' 相对 H_0 来说也是小量. 在 Schrödinger 方程中

$$(H' + H_0)(|\phi_0\rangle + \lambda_1|\phi_1\rangle + \cdots + \lambda_n|\phi_n\rangle + \cdots)$$
$$= (E_0 + \Delta E_0)(|\phi_0\rangle + \lambda_1|\phi_1\rangle + \cdots + \lambda_n|\phi_n\rangle + \cdots)$$

只保留一级小量，则得到

$$H'|\phi_0\rangle + H_0(\lambda_1|\phi_1\rangle + \cdots + \lambda_n|\phi_n\rangle + \cdots)$$
$$= \Delta E_0|\phi_0\rangle + E_0(\lambda_1|\phi_1\rangle + \cdots + \lambda_n|\phi_n\rangle + \cdots)$$

以左矢 $\langle\phi_0|$ 乘方程两端，利用 ϕ_i 的正交归一性，就得到

$$\Delta E_0 = \langle\phi_0|H'|\phi_0\rangle$$

(2) 问题是要求解如下 Hamilton 量的定态问题：

$$H = -\frac{\hbar^2}{2m}\nabla^2 + V$$

式中

$$V = \begin{cases} 0, & \text{在椭球面} \dfrac{x^2+y^2}{b^2} + \dfrac{z^2}{a^2} = 1\text{之内} \\[4mm] \infty, & \text{在椭球面} \dfrac{x^2+y^2}{b^2} + \dfrac{z^2}{a^2} = 1\text{之外} \end{cases}$$

作变量代换,

$$x = \frac{b}{R}\xi, \quad y = \frac{b}{R}\eta, \quad z = \frac{a}{R}\zeta$$

则原椭球边界成为 $\xi^2 + \eta^2 + \zeta^2 = R^2$, Hamilton 量为

$$\begin{aligned} H &= -\frac{\hbar^2}{2m}\left(\frac{\partial^2}{\partial x^2} + \frac{\partial^2}{\partial y^2} + \frac{\partial^2}{\partial z^2}\right) \\ &= -\frac{\hbar^2}{2m}\left(\frac{R^2}{b^2}\frac{\partial^2}{\partial \xi^2} + \frac{R^2}{b^2}\frac{\partial^2}{\partial \eta^2} + \frac{R^2}{a^2}\frac{\partial^2}{\partial \zeta^2}\right) \\ &\approx -\frac{\hbar^2}{2m}\left(\frac{\partial^2}{\partial \xi^2} + \frac{\partial^2}{\partial \eta^2} + \frac{\partial^2}{\partial \zeta^2}\right) - \frac{\hbar^2\beta^2}{3m}\left(\frac{\partial^2}{\partial \xi^2} + \frac{\partial^2}{\partial \eta^2} - 2\frac{\partial^2}{\partial \zeta^2}\right) \\ &= -\frac{\hbar^2}{2m}\nabla'^2 - \frac{\hbar^2\beta^2}{3m}\left(\frac{\partial^2}{\partial \xi^2} + \frac{\partial^2}{\partial \eta^2} - 2\frac{\partial^2}{\partial \zeta^2}\right) \end{aligned}$$

由于 β 很小, 后一项可取为微扰. 根据第 (1) 小题有

$$\Delta E_0 = \left\langle \phi_0 \left| -\frac{\hbar^2\beta^2}{3m}\left(\frac{\partial^2}{\partial \xi^2} + \frac{\partial^2}{\partial \eta^2} - 2\frac{\partial^2}{\partial \zeta^2}\right) \right| \phi_0 \right\rangle$$

ϕ_0 是球形势阱中的基态波函数, $\quad \phi_0 = \sqrt{\dfrac{2}{R}}\dfrac{\sin(\pi r/R)}{r}, \quad r^2 = \xi^2 + \eta^2 + \zeta^2.$

　　由于 ϕ_0 是球对称的, 应有

$$\left\langle \phi_0 \left| \frac{\partial^2}{\partial \xi^2} \right| \phi_0 \right\rangle = \left\langle \phi_0 \left| \frac{\partial^2}{\partial \eta^2} \right| \phi_0 \right\rangle = \left\langle \phi_0 \left| \frac{\partial^2}{\partial \zeta^2} \right| \phi_0 \right\rangle$$

所以

$$\Delta E_0 = 0$$

7.2　附加线性修正的无限深方势阱中前三态的能量修正

　　题 7.2　宽度为 a 的无限深势阱附加线性修正, 如图 7.1势阱的 OAB 部分被 "切去" 了, 试用一级微扰论计算头三个态的能量.

　　解答　未受微扰的本征函数和相应的本征值为

$$\psi_1^{(0)} = \sqrt{\frac{2}{a}}\sin\frac{\pi}{a}x, \quad E_1^{(0)} = \frac{\pi^2\hbar^2}{2\mu a^2}$$

$$\psi_2^{(0)} = \sqrt{\frac{2}{a}}\sin\frac{2\pi}{a}x, \quad E_2^{(0)} = \frac{2\pi^2\hbar^2}{\mu a^2}$$

$$\psi_3^{(0)} = \sqrt{\frac{2}{a}}\sin\frac{3\pi}{a}x, \quad E_3^{(0)} = \frac{9\pi^2\hbar^2}{2\mu a^2}$$

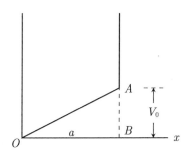

图 7.1　附加线性修正的无限深方势阱

对位势的附加线性修正视为微扰

$$H' = \frac{V_0}{a}x \quad (0 \leqslant x \leqslant a)$$

按微扰论, 计入此微扰后头三个态的能量本征值的一级修正分别为

$$\left\langle \psi_1^{(0)} \left| H' \right| \psi_1^{(0)} \right\rangle = \frac{V_0}{2}$$

$$\left\langle \psi_2^{(0)} \left| H' \right| \psi_2^{(0)} \right\rangle = \frac{V_0}{2}$$

$$\left\langle \psi_3^{(0)} \left| H' \right| \psi_3^{(0)} \right\rangle = \frac{V_0}{2}$$

所以前三个态能量准确到一级微扰论近似为

$$\frac{\pi^2\hbar^2}{2\mu a^2} + \frac{V_0}{2}, \quad \frac{2\pi^2\hbar^2}{\mu a^2} + \frac{V_0}{2}, \quad \frac{9\pi^2\hbar^2}{2\mu a^2} + \frac{V_0}{2}$$

7.3　微扰论计算一维谐振子基态能量的相对论修正

　　题 7.3　一个质量为 m 的粒子在一维谐振子势场中运动. 在动能 T 与动量 p 有如下关系 $T = \frac{p^2}{2m}$ 的非相对论极限下, 基态能量是我们熟知的, 为 $\frac{1}{2}\hbar\omega$. 考虑 T 与 p 关系的相对论修正, 计算基态能级的移动 ΔE 至 $\frac{1}{c^2}$ 阶, c 为光速.

　　解答　在相对论情形下, 动能形式上定义为

$$T \equiv E - mc^2 = \sqrt{m^2c^4 + p^2c^2} - mc^2 = mc^2\left(1 + \frac{p^2}{m^2c^2}\right)^{1/2} - mc^2$$

考虑 T 与 p 关系的相对论修正至 $\frac{1}{c^2}$ 阶

$$\begin{aligned} T &\approx mc^2\left(1 + \frac{p^2}{2m^2c^2} - \frac{p^4}{8m^4c^4}\right) - mc^2 \\ &= \frac{p^2}{2m} - \frac{p^4}{8m^3c^2} \end{aligned}$$

而相对论修正项 $-\dfrac{p^4}{8m^3c^2}$ 可看作微扰.

由微扰论，基态能级的移动为

$$
\begin{aligned}
\Delta E &= \left\langle -\frac{p^4}{8m^3c^2} \right\rangle \\
&= \int_{-\infty}^{+\infty} \left(\frac{m\omega}{\pi\hbar}\right)^{1/4} \exp\left[-\frac{m\omega}{2\hbar}x^2\right] \left(-\frac{\hbar^4}{8m^3c^2}\cdot\frac{\partial^4}{\partial x^4}\right) \left(\frac{m\omega}{\pi\hbar}\right)^{1/4} \exp\left[-\frac{m\omega}{2\hbar}x^2\right]\mathrm{d}x \\
&= -\frac{15}{32}\cdot\frac{(\hbar\omega)^2}{mc^2}
\end{aligned}
$$

近似到 $\dfrac{1}{c^2}$ 阶的基态能级的移动为

$$
\Delta E = -\frac{15(\hbar\omega)^2}{32mc^2}
$$

7.4　Coulomb 场中电子在微扰势 $H' = xyf(r)$ 作用下能级的变化

题 7.4　一个电子在力心位于坐标原点的 Coulomb 场中运动，若不考虑自旋和相对论修正，第一激发态 $(n=2)$ 是四重简并的：$l=0,\ m_l=0$；$l=1,\ m_l=1,0,-1$. 现考虑一附加的非有心势

$$
H' = xyf(r)
$$

其中，$f(r)$ 是某个径向函数，无奇异性质. 在一级微扰近似下，$n=2$ 能级分裂成几个能量不同的能级，每一个有其各自的能级移动 ΔE 和简并度.

(1) 有多少不同的能级？

(2) 各能级的简并度为多少？

(3) 设其中一个的能级移动为 A，其他能级的能级移动为多少？

解答　根据氢原子定态结果，不计及微扰时，类氢原子 $n=2$ 能级为 4 重简并 (不考虑自旋)，相应状态为

$$
\begin{aligned}
\psi_{200} &= R_{20}(r)\mathrm{Y}_{00}, \quad \psi_{211} = R_{21}(r)\mathrm{Y}_{11} \\
\psi_{210} &= R_{21}(r)\mathrm{Y}_{10}, \quad \psi_{21-1} = R_{21}(r)\mathrm{Y}_{1-1}
\end{aligned}
\tag{7.1}
$$

其中，R_{20}、R_{21} 为氢原子归一化径向波函数，Y_{lm} 为 (θ,φ) 方向波函数，即球谐函数，给出如下：

$$
\begin{aligned}
\mathrm{Y}_{00} &= \frac{1}{\sqrt{4\pi}} \\
\mathrm{Y}_{1\pm1} &= \mp\sqrt{\frac{3}{8\pi}}\sin\theta\mathrm{e}^{\pm\mathrm{i}\varphi} = \mp\sqrt{\frac{3}{8\pi}}\sin\theta(\cos\varphi\pm\mathrm{i}\sin\varphi) = \mp\sqrt{\frac{3}{8\pi}}\frac{x\pm\mathrm{i}y}{r} \\
\mathrm{Y}_{10} &= \sqrt{\frac{3}{4\pi}}\cos\theta = \sqrt{\frac{3}{4\pi}}\frac{z}{r}
\end{aligned}
$$

在式 (7.1) 四个简并态构成的子空间中，由波函数和 H' 的对称性容易看出 (只要检查关于 x、y、z 的积分即可)，H' 的所有对角矩阵元全部为零；H' 对于 ψ_{200} 以及其他任何一个 ψ_{2lm} 的矩阵元均为零，H' 对于 ψ_{210} 以及其他任何一个 ψ_{2lm} 的矩阵元也是如此. 因此，在该子空间中，不等于零只可能是 H' 对于 ψ_{211} 以及 ψ_{21-1} 的矩阵元

$$
\begin{aligned}
H'_{211,21-1} &= \int \psi_{211}^* H' \psi_{21-1} \mathrm{d}^3 \boldsymbol{x} \\
&= -\int |R_{21}(r)|^2 f(r) r^2 \frac{3}{8\pi} \frac{xy}{r^2} \frac{1}{r^2} (x-\mathrm{i}y)^2 \mathrm{d}^3 \boldsymbol{x} \\
&= \int |R_{21}(r)|^2 f(r) r^2 \frac{3\mathrm{i}}{4\pi} \frac{x^2 y^2}{r^4} \mathrm{d}^3 \boldsymbol{x}
\end{aligned}
$$

上面最后一步的等号利用了被积函数的奇偶性. 若令 $A = \dfrac{1}{5} \displaystyle\int_0^\infty [R_{21}(r)]^2 f(r) r^4 \mathrm{d}r$，因 $f(r)$ 无奇异性质，而且 R_{21} 为束缚定态的径向波函数，A 应为一有限实数. 这样

$$
\begin{aligned}
H'_{211,21-1} &= \int_0^\infty |R_{21}(r)|^2 f(r) r^4 \mathrm{d}r \int \frac{3\mathrm{i}}{4\pi} \sin^4\theta \sin^2\varphi \cos^2\varphi \mathrm{d}^2\Omega \\
&= \frac{15\mathrm{i}}{4\pi} A \int_0^\pi \sin^5\theta \mathrm{d}\theta \int_0^{2\pi} \sin^2\varphi \cos^2\varphi \mathrm{d}\varphi \\
&= \frac{15\mathrm{i}}{4\pi} A \int_0^{\pi/2} \left(\sin^5\theta + \cos^5\theta\right) \mathrm{d}\theta \times \frac{\pi}{4} \\
&= \frac{15\mathrm{i}}{16} A \times 2 \times \frac{4!!}{5!!} = A\mathrm{i}
\end{aligned}
$$

最后积分等号用到了附录中积分公式 (A.17'). 上面计算给出 $H'_{211,21-1} = A\mathrm{i}$，再利用 H' 的 Hermite 性，知 $H'_{21-1,211} = H'^*_{211,21-1} = -A\mathrm{i}$. 如上所述，除了这两个矩阵元不为零以外，在 $n=2$ 能级的子空间中，H' 的矩阵元均为零. 因此在该子空间中，在一级微扰近似下，ψ_{200} 与 ψ_{210} 不和其他态发生耦合，相应能级也不变.

根据上述计算，在 $\{\psi_{211}, \psi_{21-1}\}$ 子空间中，H' 的矩阵表示为

$$
H' = \begin{pmatrix} 0 & \mathrm{i}A \\ -\mathrm{i}A & 0 \end{pmatrix} = -A\sigma_y \tag{7.2}
$$

其中，σ_y 为 Pauli 矩阵的 y 分量. 按照简并微扰论，根据 σ_y 的本征值和本征态的结果，我们可以直接写下能级的一级修正为

$$
E_2^{(1)} = A, \quad -A \tag{7.3}
$$

相应的本征态 (合适的零级波函数) 分别为

$$
\psi^{(0)} = \frac{1}{\sqrt{2}} (\psi_{211} - \mathrm{i}\psi_{21-1}), \quad \psi^{(0)} = \frac{1}{\sqrt{2}} (\psi_{211} + \mathrm{i}\psi_{21-1})
$$

综上，在微扰一级近似下，能级 $E_2^{(0)}$ 分裂为三条等距离的能级，即

$$
E_2^{(0)}, \quad \left(E_2^{(0)} + A\right), \quad \left(E_2^{(0)} - A\right) \tag{7.4}
$$

$E_2^{(0)}$ 为二重简并，对应 ψ_{210} 与 ψ_{200}. 而 $\left(E_2^{(0)}+A\right)$ 和 $\left(E_2^{(0)}-A\right)$ 分别对应 $\dfrac{1}{\sqrt{2}}\left(\psi_{211}-\mathrm{i}\psi_{21-1}\right)$ 与 $\dfrac{1}{\sqrt{2}}\left(\psi_{211}+\mathrm{i}\psi_{21-1}\right)$.

7.5　一维无限深势阱中有一小势阱时的基态能量一级修正

题 7.5　一粒子在有一小势阱的一维刚性盒中运动，如图 7.2 所示.

$$V=\begin{cases}-b, & 0<x<\dfrac{l}{2} \\[2mm] 0, & \dfrac{l}{2}<x<l \\[2mm] \infty, & \text{其他}\end{cases}$$

将该势阱视为一个"规则的"刚性盒（$V=\infty$, $x>l$ 或 $x<0$; $V=0$, $0<x<l$）的一个微扰，求出基态的第一级能量.

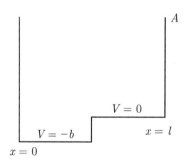

图 7.2　一维无限深势阱中有一小势阱

解答　对于"规则"刚性盒，基态能量和波函数为

$$E^{(0)}=\frac{\pi^2\hbar^2}{2ml^2}, \quad \psi^{(0)}(x)=\sqrt{\frac{2}{l}}\sin\frac{\pi x}{l}$$

一级微扰修正为

$$\begin{aligned}E^{(1)} &= \int_0^{l/2}\mathrm{d}x\cdot\frac{2}{l}\sin^2\left(\frac{\pi x}{l}\right)\cdot(-b)\\ &= -\frac{b}{l}\int_0^{l/2}\mathrm{d}x\cdot\left(1-\cos\frac{2\pi x}{l}\right)=-\frac{b}{2}\end{aligned}$$

到一级微扰，基态能量为

$$E=E^{(0)}+E^{(1)}=\frac{\hbar^2\pi^2}{2ml^2}-\frac{b}{2}$$

7.6 微扰论计算有两个小势垒的无限深势阱中能量一级修正

题 7.6 一个一维无限深势阱在 $x=0$ 及 $x=L$ 处有两个壁. 两个宽为 a, 高为 V 的小微扰势位于 $L/4$ 和 $3L/4$ 处, 见图 7.3; a 是小量 (如 $a \ll L/100$). 利用微扰方法估计由该微扰所产生的 $n=2$ 与 $n=4$ 能级间的能量差的变化.

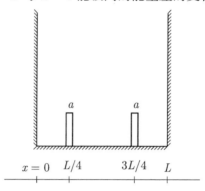

图 7.3 有两个小势垒的无限深势阱

解答 一维无限深势阱定态波函数为

$$\psi_n(x) = \sqrt{\frac{2}{L}} \sin\frac{\pi n}{L}x, \quad n = 1, 2, \cdots$$

相应能级为

$$E_n^{(0)} = \frac{\pi^2 \hbar^2}{2\mu L^2} n^2$$

在一级微扰下第 n 能级的移动为

$$E_n^{(1)} = H'_{nn} = \int_{L/4-a/2}^{L/4+a/2} V \frac{2}{L} \sin^2\frac{n\pi x}{L} dx + \int_{3L/4-a/2}^{3L/4+a/2} V \frac{2}{L} \sin^2\frac{n\pi x}{L} dx \tag{7.5}$$

因为 $a \ll L$, 利用积分中值定理得

$$H'_{nn} = \frac{2Va}{L} \left\{ \sin^2\frac{n\pi}{L}\frac{L}{4} + \sin^2\frac{n\pi}{L}\frac{3L}{4} \right\} = \frac{2Va}{L} \left(\sin^2\frac{n\pi}{4} + \sin^2\frac{3n\pi}{4} \right) \tag{7.6}$$

在一级微扰近似下, $n=2$ 与 $n=4$ 的能级差的变化为

$$E_2^{(1)} - E_4^{(1)} = \frac{2Va}{L} \left(\sin^2\frac{\pi}{2} + \sin^2\frac{3\pi}{2} - \sin^2\pi - \sin^2 3\pi \right) = \frac{4Va}{L} \tag{7.7}$$

7.7 微扰论计算有一个小势垒的无限深势阱中的基态能量

题 7.7 一个质量为 m 的粒子在一维势盒中运动

$$V = \begin{cases} \infty, & |x| > 3a \\ 0, & a < x < 3a \text{和} -3a < x < -a \\ V_0, & -a < x < a \end{cases}$$

如图 7.4 所示. 将 V_0 部分视为在 $6a$ 长的平坦盒子 ($V = 0$, $-3a < x < 3a$; $V = \infty$, $|x| > 3a$) 上的微扰. 用一级微扰方法计算基态能量.

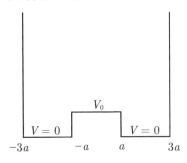

图 7.4　有一个小势垒的无限深势阱

解答　在 $6a$ 长的平坦盒子中, 粒子定态能级为

$$E^{(0)} = \frac{\pi^2 \hbar^2 n^2}{72ma^2}, \quad n = 1, 2, \cdots$$

n 为奇数对应的偶宇称态波函数为

$$\psi^{(0)}(x) = \sqrt{\frac{1}{3a}} \cos \frac{n\pi x}{6a}$$

n 为偶数对应的奇宇称态波函数为

$$\psi^{(0)}(x) = \sqrt{\frac{1}{3a}} \sin \frac{n\pi x}{6a}$$

$n = 1$ 对应基态, 其波函数为

$$\psi_1^{(0)}(x) = \sqrt{\frac{1}{3a}} \cos \frac{\pi x}{6a}$$

基态能量为

$$E_1^{(0)} = \frac{\pi^2 \hbar^2}{72ma^2}$$

一级微扰修正为

$$E^{(1)} = (\psi_1^{(0)}(x), H' \psi_1^{(0)}(x))$$

其中

$$H' = \begin{cases} V_0, & -a < x < a \\ 0, & |x| > a \end{cases}$$

这样

$$E^{(1)} = \int_{-a}^{a} \mathrm{d}x \frac{V_0}{3a} \cos^2 \left(\frac{\pi x}{6a} \right) = V_0 \left(\frac{1}{3} + \frac{\sqrt{3}}{2\pi} \right)$$

基态能量在一级微扰下为

$$E = E^{(0)} + E^{(1)} = \frac{\pi^2 \hbar^2}{72ma^2} + V_0 \left(\frac{1}{3} + \frac{\sqrt{3}}{2\pi} \right)$$

7.8　微扰势 $\delta V = \dfrac{\lambda}{x^2 + a^2}$，一维谐振子基态的能量修正

题 7.8　一维谐振子受一小微扰势 $\delta V = \dfrac{\lambda}{x^2+a^2}$ 作用，在运动中心产生一 "微凹"，那么

$$H = \frac{p^2}{2m} + \frac{1}{2}m\omega^2 x^2 + \frac{\lambda}{x^2+a^2} = \frac{p^2}{2m} + V + \delta V$$

考虑下面两种情况：

$$(1)\ a \ll \sqrt{\frac{\hbar}{m\omega}}, \quad (2)\ a \gg \sqrt{\frac{\hbar}{m\omega}}$$

分别计算该振子基态能量的一级修正.

提示　谐振子的归一化基态波函数为

$$\psi_0(x) = \left(\frac{m\omega}{\pi\hbar}\right)^{1/4} \exp\left(\frac{-m\omega x^2}{2\hbar}\right)$$

且有

$$\int_{-\infty}^{+\infty} \frac{\mathrm{d}x}{x^2+a^2} = \frac{\pi}{a}$$

解答　按照定态微扰论，基态能量一级修正为

$$\Delta E = \langle 0|\,\delta V\,|0\rangle = \lambda\left(\frac{m\omega}{\pi\hbar}\right)^{1/2} \int_{-\infty}^{+\infty} \frac{\mathrm{e}^{-m\omega x^2/\hbar}}{x^2+a^2}\mathrm{d}x$$

(1) 对于 $a \ll \sqrt{\dfrac{\hbar}{m\omega}}$，

$$\begin{aligned}
\Delta E &= \lambda\left(\frac{m\omega}{\pi\hbar}\right)^{1/2} \int_{-\infty}^{+\infty} \frac{\mathrm{e}^{-m\omega a^2 y^2/\hbar}}{a(y^2+1)}\mathrm{d}y \\
&\approx \frac{\lambda}{a}\left(\frac{m\omega}{\pi\hbar}\right)^{1/2} \int_{-\infty}^{+\infty} \frac{\mathrm{d}y}{y^2+1} \\
&= \frac{\lambda}{a}\sqrt{\frac{m\omega\pi}{\hbar}}
\end{aligned}$$

(2) 对于 $a \gg \sqrt{\dfrac{\hbar}{m\omega}}$，

$$\begin{aligned}
\Delta E &= \frac{\lambda}{a}\left(\frac{m\omega}{\pi\hbar}\right)^{1/2} \int_{-\infty}^{+\infty} \frac{\mathrm{e}^{-m\omega a^2 y^2/\hbar}}{y^2+1}\,\mathrm{d}y \\
&\approx \frac{\lambda}{a}\left(\frac{m\omega}{\pi\hbar}\right)^{1/2} \int_{-\infty}^{+\infty} \mathrm{e}^{-m\omega a^2 y^2/\hbar}\mathrm{d}y \\
&= \frac{\lambda}{a^2}
\end{aligned}$$

7.9 弹性球在缓慢移动墙之间运动时能量随时间的变化

题 7.9 一完全弹性的小球在两平行墙之间弹跳.

(1) 运用经典力学，计算当墙匀速缓慢靠扰时小球在单位时间内的能量变化；

(2) 证明在球的量子数不变的情况下，关于球能量变化的量子力学结果与第 (1) 小题中结果相同；

(3) 如果小球处在 $n = 1$ 的量子态上，墙怎样运动才能保证小球仍在 $n = 1$ 态上?

解答 (1) 按题意由经典力学，小球的动能为

$$E = \frac{p^2}{2m}$$

从而

$$\frac{\mathrm{d}E}{\mathrm{d}t} = \frac{p}{m} \cdot \frac{\mathrm{d}p}{\mathrm{d}t} \tag{7.8}$$

由于墙缓慢运动，小球为完全弹性，所以在 $\Delta t = \dfrac{2L}{v_2}$ 时间内小球与右墙相碰一次，如图 7.5. 因小球是完全弹性的，与右墙相碰时，小球相对右墙速率不变，

$$|v_2' - v_1| = |v_2 + (-v_1)|$$

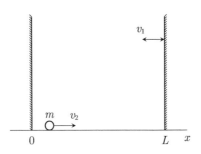

图 7.5 一完全弹性的球在两平行墙之间弹跳

所以 $v_2' - v_2 = 2v_1$，也就有

$$\Delta p = m(v_2' - v_2) = 2mv_1$$

从而按式 (7.8)，小球能量的时间变化率

$$\frac{\mathrm{d}E}{\mathrm{d}t} = \frac{p}{m} \cdot \frac{\mathrm{d}p}{\mathrm{d}t} \approx \frac{p}{m} \cdot \frac{\Delta p}{\Delta t} = \frac{p}{m} 2mv_1 \cdot \frac{v_2}{2L} \tag{7.9}$$

由于右墙运动缓慢

$$\begin{aligned}
\frac{\mathrm{d}E}{\mathrm{d}t} &= \frac{pv_2}{L} v_1 = -\frac{p}{L} \cdot \frac{p}{m} \frac{\mathrm{d}L}{\mathrm{d}t} \\
&= -\frac{2}{L} \cdot \frac{p^2}{2m} \frac{\mathrm{d}L}{\mathrm{d}t} = -\frac{2E}{L} \frac{\mathrm{d}L}{\mathrm{d}t}
\end{aligned}$$

所以经典结果为

$$\frac{\mathrm{d}E}{\mathrm{d}t} = -\frac{2E}{L}\frac{\mathrm{d}L}{\mathrm{d}t} \tag{7.10}$$

(2) 右墙不动时，　$E_n = \dfrac{n^2\pi^2\hbar^2}{2mL^2}$. 当 n 不变时

$$\frac{\mathrm{d}E_n}{\mathrm{d}t} = \frac{n^2\pi^2\hbar^2}{2m}(-2)\frac{1}{L^3}\frac{\mathrm{d}L}{\mathrm{d}t} = -\frac{2E_n}{L}\frac{\mathrm{d}L}{\mathrm{d}t} \tag{7.11}$$

所以量子理论结果与经典力学结果形式相同.

(3) 当小球每次与墙相撞所获得的能量远小于 E_2 与 E_1 之差时, 小球仍可留在 $n=1$ 的态上 (此实际上类似于热学中的绝热条件). 由

$$E = \frac{p^2}{2m}, \quad \Delta E = \frac{p}{m}\Delta p$$

可得

$$\Delta E = \sqrt{\frac{2E}{m}} \cdot 2mv_1 = 2\sqrt{2mE}v_1$$

由 $E_2 - E_1 \gg |\Delta E|$, 得

$$\frac{\pi^2\hbar^2}{2mL^2}(2^2 - 1^2) \gg 2\sqrt{2m\frac{\pi^2\hbar^2}{2mL^2}}|v_1|$$

所以

$$|v_1| \ll \frac{3\pi\hbar}{4mL} \tag{7.12}$$

即右墙的运动速度远小于 $\dfrac{3\pi\hbar}{4mL}$.

7.10　在一维无限深阱中突然加上方势垒后电子的跃迁

题 7.10　考虑处于长为 0.10nm 的 "一维盒子" 中的一个电子.

(1) 求前 4 个波函数并绘草图 (将波函数归一化);

(2) 计算对应的 4 个能级并画出能级图;

(3) 在 $t=0$ 时, 粒子处于 $n=1$ 的态. 此时突然加上一个 $V_0 = -10^4$eV, 宽度为 10^{-12}cm, 中心在 $a/2$ 的方势阱, 保持 5.0×10^{-18}s 后撤去. 在这个微扰移掉后, 体系被发现处于 $n=2$, $n=3$, $n=4$ 态的概率是多少 (势阱的高度和宽度对于中子与电子相互作用是特征性的)?

注　可用所画的图帮助估计有关的矩阵元.

解答　令 $a = 0.10$nm, 则势可写成

$$V(x) = \begin{cases} 0, & 0 \leqslant x \leqslant a \\ \infty, & \text{其他} \end{cases}$$

定态 Schrödinger 方程为

$$
\begin{cases}
\psi''(x) + \dfrac{2mE}{\hbar^2}\psi(x) = 0, & x \in [0,a] \\
\psi(x) = 0, & x \notin [0,a]
\end{cases}
$$

结合边界条件可解出

$$
\psi_n =
\begin{cases}
\sqrt{\dfrac{2}{a}}\sin\dfrac{n\pi x}{a}, & x \in [0,a] \\
0, & x \notin [0,a]
\end{cases}
$$

其中，$n = 1, 2, \cdots$, 相应的能量本征值

$$
E_n = \frac{\hbar^2\pi^2 n^2}{2ma^2} \tag{7.13}
$$

前 4 个波函数 (只写出 $0 < x < a$ 部分的波函数，其他地方波函数均为 0) 为

$$
\psi_1 = \sqrt{\frac{2}{a}}\sin\frac{\pi x}{a}
$$

$$
\psi_2 = \sqrt{\frac{2}{a}}\sin\frac{2\pi x}{a}
$$

$$
\psi_3 = \sqrt{\frac{2}{a}}\sin\frac{3\pi x}{a}
$$

$$
\psi_4 = \sqrt{\frac{2}{a}}\sin\frac{4\pi x}{a}
$$

相应的能量本征值

$$
E_1 = \frac{\hbar^2\pi^2}{2ma^2} = 0.602 \times 10^{-10}\text{erg} = 37.4\text{eV}
$$

$$
E_2 = 4E_1 = 2.408 \times 10^{-10}\text{erg} = 149.6\text{eV}
$$

$$
E_3 = 9E_1 = 5.418 \times 10^{-10}\text{erg} = 336.6\text{eV}
$$

$$
E_4 = 16E_1 = 9.632 \times 10^{-10}\text{erg} = 598.4\text{eV}
$$

前 4 个波函数以及相应的能量本征值如图 7.6 所示.

末态处于 k 态的概率为

$$
\begin{aligned}
P_k &= \frac{1}{\hbar^2}\left|H'_{1k}\right|^2 \left|\int_0^{t_0} \mathrm{e}^{\mathrm{i}\omega_{k1}t}\mathrm{d}t\right|^2 \\
&= \frac{1}{\hbar^2}\left|H'_{1k}\right|^2 \frac{\sin^2(\omega_{k1}t_0/2)}{(\omega_{k1}/2)^2}
\end{aligned} \tag{7.14}
$$

其中，$t_0 = 5 \times 10^{-18}\text{s}$, 而

$$
H'_{1k} = \int_{\frac{1}{2}a-b}^{\frac{1}{2}a+b} \frac{2}{a}\sin\frac{\pi x}{a}\sin\frac{k\pi x}{a}V_0 \cdot \mathrm{d}x
$$

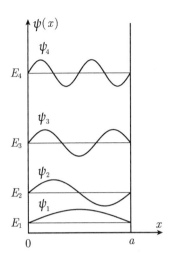

图 7.6　前 4 个波函数以及相应的能量本征值

其中，$b = \dfrac{1}{2} \times 10^{-12}\text{cm}$. 由于 $b \ll a$，用积分中值定理可得

$$H'_{1k} = \frac{4b}{a} V_0 \sin\frac{\pi}{2} \sin\frac{k\pi}{2} = -2\sin\frac{k\pi}{2}\text{eV}$$

也就有

$$H'_{12} = 0, \quad H'_{13} = 2\text{eV}, \quad H'_{14} = 0$$

所以 $P_2 = P_4 = 0$，而

$$P_3 = \frac{16}{\hbar^2 \omega_{31}^2} \sin^2\left(\frac{1}{2}\omega_{31}t_0\right) = 1.45 \times 10^{-4}$$

式中

$$\hbar\omega_{31} = E_3 - E_1 = 336.6 - 37.4 = 299.2(\text{eV})$$

7.11　一维带电谐振子放入电场后基态能量的移动

题 7.11　一个带电粒子被约束在谐振子势 $V = \dfrac{1}{2}m\omega^2 x^2$ 内，系统处于一恒定的外电场 $\mathcal{E}$ 中，计算基态能级的移动，准确到 $\mathcal{E}^2$ 量级.

解答　(1) (微扰解) 选电场方向为 x 轴，系统 Hamilton 量为

$$H = -\frac{\hbar^2}{2m}\frac{\mathrm{d}^2}{\mathrm{d}x^2} + \frac{1}{2}m\omega^2 x^2 - q\mathcal{E}x = H_0 + H' \tag{7.15}$$

其中，$H' = -q\mathcal{E}x$. 谐振子的基态波函数

$$\psi_0(x) = \langle x|0\rangle = \sqrt[4]{\frac{\alpha^2}{\pi}} \exp\left(-\frac{1}{2}\alpha^2 x^2\right), \quad \alpha = \sqrt{\frac{m\omega}{\hbar}} \tag{7.16}$$

ψ_0 为偶函数, 所以 $\langle 0|H'|0\rangle = 0$. 由

$$\langle n'|\,x\,|n\rangle = \frac{1}{\alpha}\left(\sqrt{\frac{n}{2}}\delta_{n',n-1} + \sqrt{\frac{n+1}{2}}\delta_{n',n+1}\right) \tag{7.17}$$

可得

$$H'_{0,n} = -q\mathcal{E}\,\langle 0|\,x\,|n\rangle = -\frac{q\mathcal{E}}{\sqrt{2}\alpha}\delta_{n,1} \tag{7.18}$$

所以基态准确到 $\mathcal{E}^2$ 的能级为

$$\Delta E_0^{(2)} = {\sum_n}' \frac{\left|H'_{0,n}\right|^2}{E_0^{(0)} - E_n^{(0)}} = {\sum_n}' \frac{\left(q^2\mathcal{E}^2/2\alpha^2\right)\delta_{n,1}}{-n\hbar\omega}$$

$$= -\frac{q^2\mathcal{E}^2}{2\hbar\omega\alpha^2} = -\frac{q^2\mathcal{E}^2}{2m\omega^2} \tag{7.19}$$

容易计算, 对于激发态, 能级移动的结果与此相同.

(2) (严格解)Hamilton 量可以写为

$$H = -\frac{\hbar^2}{2m}\frac{\mathrm{d}^2}{\mathrm{d}x^2} + \frac{1}{2}m\omega^2\left(x - \frac{qE}{m\omega^2}\right)^2 - \frac{q^2\mathcal{E}^2}{2m\omega^2} \tag{7.20}$$

令 $x' = x - \dfrac{q\mathcal{E}}{m\omega^2}$, 则有

$$H = -\frac{\hbar^2}{2m}\frac{\mathrm{d}^2}{\mathrm{d}x'^2} + \frac{1}{2}m\omega^2 x'^2 - \frac{q^2\mathcal{E}^2}{2m\omega^2} \tag{7.21}$$

则由谐振子能级得

$$E_n = \left(n + \frac{1}{2}\right)\hbar\omega - \frac{q^2\mathcal{E}^2}{2m\omega^2} \tag{7.22}$$

所以严格解得能量移动为

$$\Delta E_0 = -\frac{q^2\mathcal{E}^2}{2m\omega^2} \tag{7.23}$$

若准确到 $\mathcal{E}^2$ 量级, 两种做法所得结果相同.

7.12 一维谐振子在 βx^3 微扰作用时求其能量本征值和本征函数

题 7.12 设非谐振子的 Hamilton 量为

$$H = -\frac{\hbar^2}{2\mu}\frac{\mathrm{d}^2}{\mathrm{d}x^2} + \frac{1}{2}\mu\omega_0^2 x^2 + \beta x^3$$

其中, β 为实常数. 取

$$H_0 = -\frac{\hbar^2}{2\mu}\frac{\mathrm{d}^2}{\mathrm{d}x^2} + \frac{1}{2}\mu\omega_0^2 x^2, \quad H' = \beta x^3$$

试用微扰论求其能量本征值 (准到二级近似) 和本征函数 (准到一级近似).

提示 用 Fock 空间.

解法一　题给 H_0 是简谐振子的 Hamilton 量, 已知它的第 k 个能量本征态波函数如下给出:

$$\psi_k^{(0)} = N_k e^{-\frac{1}{2}\alpha^2 x^2} H_k(\alpha x) \tag{7.24}$$

其中, $\alpha = \sqrt{\mu\omega_0/\hbar}$ 具有长度倒数的量纲, 归一化系数 $N_k = \left(\alpha/\sqrt{\pi}2^k k!\right)^{1/2}$, 而 H_k 为 Hermite 多项式, 如下给出:

$$H_k(x) = (-1)^n e^{x^2} \frac{d^k}{dx^k} e^{-x^2}$$

即 $H_0(x) = 1$, $H_1(x) = 2x, \cdots$. 式 (7.24) 为零级波函数, 相应的零级能量本征值为

$$E_k^{(0)} = \hbar\omega\left(k + \frac{1}{2}\right) \tag{7.25}$$

每个能级均非简并. 按照非简并微扰公式, k 能级一级修正为

$$E_k^{(1)} = H_{kk}' = \int_{-\infty}^{+\infty} \psi_k^{(0)*}\left(\beta x^3\right)\psi_k^{(0)} dx \tag{7.26}$$

一维谐振子能量本征态具有确定宇称. 相应波函数或奇或偶, 具有确定宇称, 因而式 (7.26) 中被积函数一定是奇函数, 因此能量一级修正

$$E_k^{(1)} = H_{kk}' = 0 \tag{7.27}$$

根据定态微扰论, 准到一级近似的能量本征函数

$$\psi_k = \psi_k^{(0)} + \psi_k^{(1)} = \psi_k^{(0)} + \sum_n{}' \frac{H_{nk}'}{E_k^{(0)} - E_n^{(0)}}\psi_n^{(0)} \tag{7.28}$$

其中, $E_k^{(0)}$ 如式 (7.25) 所给. 为求微扰矩阵元 H_{nk}', 可利用关于 $\psi_k^{(0)}$ 的如下递推关系:

$$x\psi_n^{(0)} = \frac{1}{\alpha}\left(\sqrt{\frac{n}{2}}\psi_{n-1}^{(0)} + \sqrt{\frac{n+1}{2}}\psi_{n+1}^{(0)}\right) \tag{7.29}$$

$$x^2\psi_n^{(0)} = \frac{1}{\alpha^2}\left\{\sqrt{\frac{n(n-1)}{4}}\psi_{n-2}^{(0)} + \left(n + \frac{1}{2}\right)\psi_n^{(0)} + \sqrt{\frac{(n+1)(n+2)}{4}}\psi_{n+2}^{(0)}\right\} \tag{7.30}$$

式 (7.30) 两边乘 x, 再应用式 (7.29) 得

$$\begin{aligned}
x^3\psi_n^{(0)} &= \frac{1}{\alpha^2}\left\{\sqrt{\frac{n(n-1)}{4}}x\psi_{n-2}^{(0)} + \left(n + \frac{1}{2}\right)x\psi_n^{(0)} + \sqrt{\frac{(n+1)(n+2)}{4}}x\psi_{n+2}^{(0)}\right\} \\
&= \frac{1}{\alpha^3\sqrt{8}}\left\{\sqrt{n(n-1)(n-2)}\psi_{n-3}^{(0)} + 3n\sqrt{n}\psi_{n-1}^{(0)} + 3(n+1)\sqrt{n+1}\psi_{n+1}^{(0)}\right. \\
&\quad \left. + \sqrt{(n+1)(n+2)(n+3)}\psi_{n+3}^{(0)}\right\}
\end{aligned} \tag{7.31}$$

现在即可利用式 (7.31) 计算微扰矩阵元

$$H_{nk}' = \int_{-\infty}^{+\infty} \psi_n^*(x)\beta x^3\psi_k dx$$

注意 $\psi_n^{(0)}$ 的正交归一性, 即 $\int \psi_n^{(0)*}(x)\psi_k^{(0)}(x)\mathrm{d}x = \delta_{nk}$, 可得

$$
\begin{aligned}
H'_{nk} &= \frac{\beta}{\sqrt{8\alpha^3}}\int_{-\infty}^{+\infty}\psi_n^{(0)}\left\{\sqrt{k(k-1)(k-2)}\psi_{k-3}^{(0)}+3k\sqrt{k}\psi_{k-1}^{(0)}\right.\\
&\quad\left.+3(k+1)\sqrt{k+1}\psi_{k+1}^{(0)}+\sqrt{(k+1)(k+2)(k+3)}\psi_{k+3}^{(0)}\right\}\mathrm{d}x\\
&= \frac{\beta}{\sqrt{8\alpha^3}}\left\{\sqrt{k(k-1)(k-2)}\delta_{n,k-3}+3k\sqrt{k}\delta_{n,k-1}\right.\\
&\quad\left.+3(k+1)\sqrt{k+1}\delta_{n,k+1}+\sqrt{(k+1)(k+2)(k+3)}\delta_{n,k+3}\right\}
\end{aligned}\tag{7.32}
$$

k 是固定指标, 故 H'_{nk} 只有当 n 取下述四值时不为零, 即

$$
n=k-3,\quad k-1,\quad k+1,\quad k+3 \tag{7.33}
$$

n 取定后 H'_{nk} 的非零值是式 (7.32) 中某个 δ 的系数. 故知式 (7.28) 的求和式只有四项, 而其分母为

$$
E_k^{(0)}-E_n^{(0)}=\left(k+\frac{1}{2}\right)\hbar\omega-\left(n+\frac{1}{2}\right)\hbar\omega=(k-n)\hbar\omega \tag{7.34}
$$

对式 (7.33) 几种情况为

$$
\begin{aligned}
E_k^{(0)}-E_{k-3}^{(0)}=3\hbar\omega,&\quad E_k^{(0)}-E_{k-1}^{(0)}=\hbar\omega\\
E_k^{(0)}-E_{k+1}^{(0)}=-\hbar\omega,&\quad E_k^{(0)}-E_{k+3}^{(0)}=-3\hbar\omega
\end{aligned}\tag{7.35}
$$

将式 (7.32)、(7.35) 代入式 (7.28) 可得

$$
\begin{aligned}
\psi_k &= \psi_k^{(0)}+\sum_n{}'\frac{H'_{nk}}{E_k^{(0)}-E_n^{(0)}}\psi_n^{(0)}\\
&= \psi_k^{(0)}+\frac{\beta}{\sqrt{8a^3\hbar\omega}}\left\{\frac{1}{3}\sqrt{k(k-1)(k-2)}\psi_{k-3}^{(0)}+3k\sqrt{k}\psi_{k-1}^{(0)}\right.\\
&\quad\left.-3(k+1)\sqrt{k+1}\psi_{k+1}^{(0)}-\frac{1}{3}\sqrt{(k+1)(k+2)(k+3)}\psi_{k+3}^{(0)}\right\}
\end{aligned}\tag{7.36}
$$

其中, $\psi_n^{(0)}$ 由式 (7.24) 给出. 根据定态微扰论, 准确到二级近似的第 k 能级能量本征值为

$$
E_k=E_k^{(0)}+E_k^{(1)}+E_k^{(2)}=E_k^{(0)}+H'_{kk}+\sum_n{}'\frac{|H'_{nk}|^2}{E_k^{(0)}-E_n^{(0)}}
$$

代入式 (7.27)、(7.32) 与 (7.35) 的结果, 求得

$$
\begin{aligned}
E_k &= \left(k+\frac{1}{2}\right)\hbar\omega+\frac{H'^2_{k-3,k}}{E_k^{(0)}-E_{k-3}^{(0)}}+\frac{H'^2_{k-1,k}}{E_k^{(0)}-E_{k-1}^{(0)}}+\frac{H'^2_{k+1,k}}{E_k^{(0)}-E_{k+1}^{(0)}}+\frac{H'^2_{k+3,k}}{E_k^{(0)}-E_{k+3}^{(0)}}\\
&= \left(k+\frac{1}{2}\right)\hbar\omega+\frac{\beta^2}{8\alpha^6\hbar\omega}\left\{\frac{1}{3}k(k-1)(k-2)+9k^3-9(k+1)^3-\frac{1}{3}(k+1)(k+2)(k+3)\right\}\\
&= \left(k+\frac{1}{2}\right)\hbar\omega-\frac{\beta^2}{8\alpha^6\hbar\omega}(30k^2+30k+11)
\end{aligned}\tag{7.37}
$$

解法二　(关于微扰 $H_1 = \beta x^3$ 的矩阵元计算，用 Fock 空间) 记 H_0 的第 n 个归一化的能量本征态为 $|n\rangle$. 利用 $x = \dfrac{1}{\sqrt{2}\alpha}\left(a+a^\dagger\right)(\alpha = \sqrt{m\omega/\hbar})$，恰当选取 $|n\rangle$ 的相位，使得

$$a^\dagger|n\rangle = \sqrt{n+1}|n+1\rangle, \quad a|n\rangle = \sqrt{n}|n-1\rangle$$

易得 $\langle n|x|n+1\rangle = \dfrac{1}{\alpha}\sqrt{\dfrac{n+1}{2}}$，$\langle n|x|n-1\rangle = \dfrac{1}{\alpha}\sqrt{\dfrac{n}{2}}$，其他矩阵元为零，或者

$$\langle n|x|k\rangle = \frac{1}{\alpha}\sqrt{\frac{n+1}{2}}\delta_{k,n+1} + \frac{1}{\alpha}\sqrt{\frac{n}{2}}\delta_{k,n-1}$$

这样[1]

$$
\begin{aligned}
\langle n|x^3|k\rangle &= \sum_{k_1,k_2}\langle n|x|k_1\rangle\langle k_1|x|k_2\rangle\langle k_2|x|k\rangle \\
&= \sum_{k_1,k_2}\frac{1}{\alpha}\left(\sqrt{\frac{n+1}{2}}\delta_{k_1,n+1} + \sqrt{\frac{n}{2}}\delta_{k_1,n-1}\right)\langle k_1|x|k_2\rangle\langle k_2|x|k\rangle \\
&= \frac{1}{\alpha}\sum_{k_2}\left(\sqrt{\frac{n+1}{2}}\langle n+1|x|k_2\rangle\langle k_2|x|k\rangle + \sqrt{\frac{n}{2}}\langle n-1|x|k_2\rangle\langle k_2|x|k\rangle\right) \\
&= \frac{1}{2\alpha^2}\left[\sqrt{(n+1)(n+2)}\langle n+2|x|k\rangle + (2n+1)\langle n|x|k\rangle + \sqrt{n(n-1)}\langle n-2|x|k\rangle\right] \\
&= \frac{1}{\sqrt{8}\alpha^3}\left[\sqrt{(n+1)(n+2)(n+3)}\delta_{k,n+3} + 3(n+1)\sqrt{n+1}\delta_{k,n+1}\right. \\
&\qquad\qquad \left. + 3n\sqrt{n}\delta_{k,n-1} + \sqrt{n(n-1)(n-2)}\delta_{k,n-3}\right]
\end{aligned}
$$

这与式 (7.32) 结果一致.

7.13　一维谐振子在与时间无关微扰作用下的能量修正

题 7.13　考虑频率为 ω_0 的一维谐振子. 用 n 标记能量本征值. n 最低从 0 开始. 在初始的谐振子势上加上一个与时间无关的微扰 Hamilton 量：$H' = V(x)$. 我们用非微扰本征态表示下 $V(x)$ 的矩阵元代替给出微扰 $V(x)$ 形式. 除非 m 和 n 是偶数，否则 H' 的矩阵元为 0. 给出这个矩阵的一部分如下，其中 ε 是一个小的无量纲常数 (注意在这个矩阵中指标是 $n = 0 \sim 4$)：

$$
\varepsilon\hbar\omega_0
\begin{pmatrix}
1 & 0 & -\sqrt{1/2} & 0 & \sqrt{3/8} \\
0 & 0 & 0 & 0 & 0 \\
-\sqrt{1/2} & 0 & 1/2 & 0 & -\sqrt{3/16} \\
0 & 0 & 0 & 0 & 0 \\
\sqrt{3/8} & 0 & -\sqrt{3/16} & 0 & 3/8
\end{pmatrix}
$$

---

[1]或者利用 $x^3 = \dfrac{1}{\sqrt{8}\alpha^3}\left(a^3 + a^2a^\dagger + aa^\dagger a + aa^{\dagger 2} + a^\dagger aa^\dagger + a^{\dagger 2}a + a^{\dagger 3}\right)$ 则更简捷.

(1) 对前五个能级，精确到一级微扰，求新能级；

(2) 对 $n = 0, 1$，求新的能量至二阶微扰.

解答　(1) 一阶微扰论给出能级为

$$E_n = E_n^{(0)} + H'_{nn}$$

所以

$$E_0 = \frac{1}{2}\hbar\omega_0 + \varepsilon\hbar\omega_0 = \left(\frac{1}{2} + \varepsilon\right)\hbar\omega_0$$

$$E_1 = \frac{3}{2}\hbar\omega_0$$

$$E_2 = \hbar\omega_0\left(\frac{5}{2} + \frac{1}{2}\varepsilon\right)$$

$$E_3 = \frac{7}{2}\hbar\omega_0$$

$$E_4 = \hbar\omega_0\left(\frac{9}{2} + \frac{3}{8}\varepsilon\right)$$

(2) 二阶微扰论给出的能级为

$$
\begin{aligned}
E_0'' &= \frac{1}{2}\hbar\omega_0 + \varepsilon\hbar\omega_0 + \sum_{k \neq 0}\frac{1}{-k\hbar\omega_0}|H'_{k0}|^2 \\
&= \hbar\omega_0\left[\frac{1}{2} + \varepsilon - \varepsilon^2\left(\frac{1}{4} + \frac{3}{32} + \cdots\right)\right] \\
E_1'' &= \frac{3}{2}\hbar\omega_0 + 0 + \sum_{k \neq 1}\frac{1}{(1-k)\hbar\omega_0}|H'_{k1}|^2 \\
&= \hbar\omega_0\left(\frac{3}{2} + 0 + 0\right) = \frac{3}{2}\hbar\omega_0
\end{aligned}
$$

7.14　一维谐振子在微扰 cx^4 作用下的基态能量改变

题 7.14　质量为 m，角频率 ω 的一维谐振子的势函数为 $V(x) = \frac{1}{2}kx^2 + cx^4$，第二项比第一项小得多：

(1) 证明非谐振项的一阶效应使基态能量 E_0 改变 $3c\left(\dfrac{\hbar}{2m\omega}\right)^2$；

(2) 若在势中加一个 x^3 项，一阶效应是什么？

解答　(1) 由势的表达式有 $H' = cx^4$，从而

$$E^{(1)} = \langle 0|H'|0\rangle = c\langle 0|x^4|0\rangle \tag{7.38}$$

利用产生、湮灭算符，有

$$x = \left(\frac{\hbar}{2m\omega}\right)^{1/2}(a + a^\dagger) \tag{7.39}$$

所以

$$\langle 0| x^4 |0\rangle = \left(\frac{\hbar}{2m\omega}\right)^2 \langle 0| \left(a+a^\dagger\right)^4 |0\rangle \tag{7.40}$$

若算符 A 是数个 a 与 $a^\dagger$ 的乘积 (顺序任意), 那么

$$\langle n|A|n\rangle = 0 \tag{7.41}$$

除非 a 与 $a^\dagger$ 的数目相等. 因为若不等, $A|n\rangle$ 一定不同于 $|n\rangle$. 由正交性, 式 (7.41)成立. 而且当 $n=0$ 时, 如像 $a^\dagger a a^\dagger a$ 也使式 (7.41)为零, 因为 $A|0\rangle = 0$.

所以对 $\langle 0| x^4 |0\rangle$ 中非零项来自两项, $aaa^\dagger a^\dagger$ 和 $aa^\dagger aa^\dagger$, 利用

$$a^\dagger |n\rangle = \sqrt{n+1}\,|n+1\rangle, \quad a|n\rangle = \sqrt{n}\,|n-1\rangle \tag{7.42}$$

容易证得

$$\langle 0|aaa^\dagger a^\dagger|0\rangle = 2, \quad \langle 0|aa^\dagger aa^\dagger|0\rangle = 1 \tag{7.43}$$

由式 (7.38)、式 (7.40)、式 (7.43), 有

$$E^{(1)} = 3c\left(\frac{\hbar}{2m\omega}\right)^2 \tag{7.44}$$

(2) 势函数若有 x^3, 它的一阶效应为零. 这对所有 x 的奇次幂都适用. 因为这时, 上述算符 A 中 a 与 $a^\dagger$ 的数目必定不相等, 以至于

$$\left\langle 0\left| x^{2k+1} \right|0\right\rangle = 0$$

7.15　一维谐振子在微扰 $\dfrac{\lambda}{2}\mu\omega^2 x^2$ 作用下的能量修正

题 7.15　一维谐振子 Hamilton 量表示为

$$H_0 = -\frac{\hbar^2}{2\mu}\frac{\mathrm{d}^2}{\mathrm{d}x^2} + \frac{1}{2}\mu\omega^2 x^2$$

设加上一个微扰

$$H' = \frac{\lambda}{2}\mu\omega^2 x^2 \quad (\lambda \ll 1)$$

试用微扰论求能级的修正 (到三级近似), 并和精确解比较.

解答　谐振子 H_0 的能量本征值为

$$E_n^{(0)} = \left(n+\frac{1}{2}\right)\hbar\omega, \quad n=0,1,2,\cdots \tag{7.45}$$

相应的归一化本征函数记为 $\psi_n^{(0)}$, 如式 (7.24) 所给. 利用

$$x = \frac{1}{\sqrt{2}}\sqrt{\frac{\hbar}{\mu\omega}}\left[a^\dagger + a\right] = \frac{1}{\sqrt{2}\alpha}\left[a^\dagger + a\right]$$

(其中 $\alpha = \sqrt{\mu\omega/\hbar}$) 以及

$$a^\dagger \psi_n^{(0)} = \sqrt{n+1}\,\psi_{n+1}^{(0)}, \quad a\psi_n^{(0)} = \sqrt{n}\,\psi_{n-1}^{(0)}$$

可知在 H_0 表象 (由基矢 $\left\{\psi_n^{(0)}\right\}$ 所张成) 中，x 不等于 0 的矩阵元为

$$x_{k+1,k} = x_{k,k+1} = \left(\frac{k+1}{2}\frac{\hbar}{m\omega}\right)^{1/2} \tag{7.46}$$

因此，微扰 $H' = \dfrac{\lambda}{2}\mu\omega^2 x^2$ 不等于 0 的矩阵元有

$$H'_{nn} = \frac{\lambda}{2}\mu\omega^2 \sum_k x_{nk}x_{kn} = \frac{\lambda}{2}\left(n+\frac{1}{2}\right)\hbar\omega = \frac{\lambda}{2}E_n^{(0)} \tag{7.47}$$

$$H'_{n,n+2} = H'_{n+2,n} = \frac{\lambda}{2}m\omega^2 x_{n,n+1}x_{n+1,n+2}$$

$$= \frac{\lambda}{4}\sqrt{(n+1)(n+2)}\hbar\omega \tag{7.48}$$

其中，H'_{nn} 亦可由 Virial 定理直接给出.

这样根据微扰论

$$E_n^{(1)} = \langle n|H'|n\rangle = \frac{\lambda}{2}\left(n+\frac{1}{2}\right)\hbar\omega \tag{7.49}$$

$$E_n^{(2)} = \sum_k{}' \frac{|H'_{kn}|^2}{E_n^{(0)}-E_k^{(0)}} = \frac{\lambda^2(n+1)(n+2)\hbar^2\omega^2}{-16\times 2\hbar\omega} + \frac{\lambda^2 n(n-1)\hbar^2\omega^2}{16\times 2\hbar\omega}$$

$$= -\frac{\lambda^2}{8}\left(n+\frac{1}{2}\right)\hbar\omega \tag{7.50}$$

对于能量的 3 阶修正，可以直接用一级近似波函数进行计算

$$E_n^{(3)} = \langle\psi_n^{(1)}|H'-E_n^{(1)}|\psi_n^{(1)}\rangle$$

$$= \sum_{k,l}{}' \frac{H'^*_{kn}}{E_n^{(0)}-E_k^{(0)}}\frac{H'_{ln}}{E_n^{(0)}-E_l^{(0)}}\langle\psi_k^{(0)}|H'-E_n^{(1)}|\psi_l^{(0)}\rangle$$

$$= \frac{1}{(2\hbar\omega)^2}\left[H'_{n+2,n}H'_{n+2,n}\left(E_{n+2}^{(1)}-E_n^{(1)}\right) + H'_{n-2,n}H'_{n-2,n}\left(E_{n-2}^{(1)}-E_n^{(1)}\right)\right]$$

上面求和中，k、l 只能取 $n+2$、$n-2$，而 $k=n+2$、$l=n-2$ 以及 $k=n-2$、$l=n+2$ 的项等于零，这样只能是 $k=n+2$、$l=n+2$ 或者 $k=n-2$、$l=n-2$. 再代入式 (7.48)、(7.49) 的结果即得

$$E_n^{(3)} = \frac{\lambda^3}{16}\left(n+\frac{1}{2}\right)\hbar\omega \tag{7.51}$$

综合上面式 (7.49)~ 式 (7.51)，可得精确到三阶微扰的能量为

$$E_n = E_n^{(0)} + E_n^{(1)} + E_n^{(2)} + E_n^{(3)} = \left(n+\frac{1}{2}\right)\hbar\omega\left(1+\frac{\lambda}{2}-\frac{\lambda^2}{8}+\frac{\lambda^3}{16}\right) \tag{7.52}$$

现对本问题作严格求解. 加了微扰以后, Hamilton 量为

$$H = H_0 + H' = -\frac{\hbar^2}{2\mu}\frac{\mathrm{d}^2}{\mathrm{d}x^2} + \frac{1}{2}(1+\lambda)\mu\omega^2 x^2 \tag{7.53}$$

仍是谐振子 Hamilton 量, 令

$$\omega' = \omega\sqrt{1+\lambda}$$

H 可以写成

$$H = -\frac{\hbar^2}{2\mu}\frac{\mathrm{d}^2}{\mathrm{d}x^2} + \frac{1}{2}\mu\omega'^2 x^2 \tag{7.54}$$

由此写出 H 的本征值

$$E_n = \left(n+\frac{1}{2}\right)\hbar\omega' = \left(n+\frac{1}{2}\right)\sqrt{1+\lambda}\hbar\omega \tag{7.55}$$

把上式对小量 λ 按照 Taylor 级数展开即得

$$E_n = \left(n+\frac{1}{2}\right)\hbar\omega' = \left(n+\frac{1}{2}\right)\hbar\omega\left(1+\frac{\lambda}{2}-\frac{\lambda^2}{8}+\frac{\lambda^3}{16}+\cdots\right) \tag{7.56}$$

若级数保留到 λ^3, 则和 3 阶微扰结果相同.

通常我们无法获得精确解, 所以我们求助于微扰理论. 本题表明当 $\lambda \ll 1$ 时, 微扰理论提供了好的近似.

7.16 电场使带电谐振子能量降低

题 7.16 质量为 m、电量为 e 的粒子在谐振势中以 ω 振动,
(1) 用微扰论证明：加一个电场 $\mathcal{E}$ 使所有能级降低 $e^2\mathcal{E}^2/(2m\omega^2)$;
(2) 与经典结果比较.

解答 (1) 加电场 $\mathcal{E}$ 后

$$H' = -e\mathcal{E}x \tag{7.57}$$

设 $H_0 = \frac{1}{2m}p^2 + \frac{1}{2}m\omega^2 x^2$ 的本征态为 $|n\rangle$, 由题 7.14 式 (7.41)可知, 能量的一级微扰为

$$E^{(1)} = -e\mathcal{E}\langle n|x|n\rangle = 0 \tag{7.58}$$

二阶能量修正为

$$E^{(2)} = \sum_{j\neq n}\frac{\left|H'_{jn}\right|^2}{E_n - E_j} \tag{7.59}$$

这里

$$H'_{jn} = -e\mathcal{E}\langle j|x|n\rangle \tag{7.60}$$

因为

$$x|n\rangle = \left(\frac{\hbar}{2m\omega}\right)^{1/2}\left(\sqrt{n}|n-1\rangle + \sqrt{n+1}|n+1\rangle\right) \tag{7.61}$$

所以

$$\langle n+1 | x | n \rangle = \left(\frac{\hbar}{2m\omega} \right)^{1/2} \sqrt{n+1}, \quad \langle n-1 | x | n \rangle = \left(\frac{\hbar}{2m\omega} \right)^{1/2} \sqrt{n}$$

而且

$$E_n - E_{n+1} = -\hbar\omega, \quad E_n - E_{n-1} = \hbar\omega$$

所以

$$E^{(2)} = e^2 \mathcal{E}^2 \frac{\hbar}{2m\omega} \cdot \frac{1}{\hbar\omega} \left[-(n+1) + n \right] = -\frac{e^2 \mathcal{E}^2}{2m\omega^2} \tag{7.62}$$

事实上本题与题 7.15 一样可精确求解. 式 (7.62)即能量变化的准确值.

(2) 经典的势函数为

$$V = \frac{1}{2} m\omega^2 x^2 - e\mathcal{E}x \tag{7.63}$$

有极小值, 当

$$\frac{\mathrm{d}V}{\mathrm{d}x} = m\omega^2 x - e\mathcal{E} = 0 \quad 即 \quad x = \frac{e\mathcal{E}}{m\omega^2}$$

这样, 当 $\mathcal{E} = 0$ 时, 平衡位置 $x = 0$, 能量 $E = V = 0$. 当 $\mathcal{E} \neq 0$, 平衡位置 $x = e\mathcal{E}/m\omega^2$, 代入式 (7.63), 有

$$E = V_{\min} = -\frac{e^2 \mathcal{E}^2}{2m\omega^2} \tag{7.64}$$

由此可见, 经典结果与量子结果相同, 这点不用奇怪, 因为结果中不含有 $\hbar$.

7.17   小角度单摆的能级及小角度近似误差产生的基态能量的最低阶修正

题 7.17 一根长为 l 无质量的绳子一端固定于支点 P, 另一端系质点 m. 在重力作用下, 质点在竖直平面内摆动如图 7.7 所示.

(1) 在小角近似下求系统能级;

(2) 求由小角近似的误差而产生的基态能量最低阶修正.

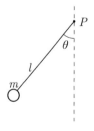

图 7.7   小角度单摆

解答 (1) 以小球平衡位置为势能零点, 小球势能函数

$$V = mgl(1 - \cos\theta) \approx \frac{1}{2} mgl\theta^2$$

这里取了小角近似. 小球运动 Hamilton 量为

$$H = \frac{1}{2}ml^2\dot{\theta}^2 + \frac{1}{2}mgl\theta^2 \tag{7.65}$$

与一维谐振子系统比较, 得系统能级为

$$E_n = \left(n + \frac{1}{2}\right)\hbar\omega, \quad \omega = \sqrt{\frac{g}{l}} \tag{7.66}$$

(2) 微扰 Hamilton 量

$$\begin{aligned} H' &= mgl(1 - \cos\theta) - \frac{1}{2}mgl\theta^2 \\ &\approx -\frac{1}{24}mgl\theta^4 = -\frac{1}{24}\frac{mg}{l^3}x^4, \quad x = l\theta \end{aligned} \tag{7.67}$$

利用产生、湮灭算符, 有

$$x = \left(\frac{\hbar}{2m\omega}\right)^{1/2}(a + a^\dagger) \tag{7.68}$$

以及

$$a^\dagger|n\rangle = \sqrt{n+1}\,|n+1\rangle, \quad a|n\rangle = \sqrt{n}\,|n-1\rangle \tag{7.69}$$

可得

$$x^2|0\rangle = \frac{\hbar}{m\omega}\left(\frac{1}{\sqrt{2}}|2\rangle + \frac{1}{2}|0\rangle\right)$$

所以基态能量的一级修正为

$$E' = \langle 0|H'|0\rangle = -\frac{1}{24}\frac{mg}{l^3} \times \frac{\hbar^2}{m^2\omega^2}\left(\frac{1}{2} + \frac{1}{4}\right) = -\frac{\hbar^2}{32ml^2}$$

7.18 刚性转子在弱电场中的能量修正

题 7.18 一量子力学刚性转子被约束在一平面内转动, 它对转轴的转动惯量是 I, 并有电偶极矩 $\boldsymbol{p}$ (位于平面内). 转子放在一弱均匀电场 $\boldsymbol{\mathcal{E}}$ 中, 电场位于转动平面内如图 7.8 所示. 将电场看成微扰, 求能级修正值.

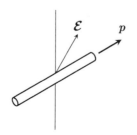

图 7.8 具有电偶极矩刚性转子处在弱电场中

解答　无外场作用时

$$H_0 = -\frac{\hbar^2}{2I}\frac{\partial^2}{\partial\theta^2}$$

定态方程为

$$-\frac{\hbar^2}{2I}\cdot\frac{\partial^2\psi}{\partial\theta^2} = E\psi$$

结合周期边界条件求得其解为

$$\psi_m^{(0)} = \frac{1}{\sqrt{2\pi}}\mathrm{e}^{\mathrm{i}m\theta}, \quad m = 0, \pm1, \pm2, \cdots$$

相应能量本征值为

$$E_m^{(0)} = \frac{\hbar^2 m^2}{2I}$$

微扰 Hamilton 量为 (选 x 方向为 $\boldsymbol{\mathcal{E}}$ 方向)

$$H' = -\boldsymbol{p}\cdot\boldsymbol{\mathcal{E}} = -p\cdot\mathcal{E}\cos\theta$$

按定态微扰论, 能量一级修正为

$$E^{(1)} = 0$$

能量二级修正为

$$E^{(2)} = \sum_{m'}{}' \frac{|\langle m'|H'|m\rangle|^2}{E_m^{(0)} - E_{m'}^{(0)}}$$

其中

$$\begin{aligned}
\langle m'|H'|m\rangle &= -\frac{p\mathcal{E}}{2\pi}\int_0^{2\pi}\mathrm{d}\theta\,\mathrm{e}^{\mathrm{i}(m-m')\theta}\cos\theta \\
&= -\frac{p\mathcal{E}}{2}\left[\delta_{m',m+1} + \delta_{m',m-1}\right]
\end{aligned}$$

这样

$$\begin{aligned}
E^{(2)} &= \frac{p^2\mathcal{E}^2}{4}\cdot\frac{2I}{\hbar^2}\left[\frac{1}{m^2-(m-1)^2} + \frac{1}{m^2-(m+1)^2}\right] \\
&= \frac{p^2\mathcal{E}^2 I}{\hbar^2}\cdot\frac{1}{4m^2-1}
\end{aligned}$$

7.19　双原子分子的转动能级及其在弱电场中的能级移动

题 7.19　弱电场中极化的双原子分子, 可处理成一个在弱电场 $\mathcal{E}$ 中的转动惯量为 I, 电偶极矩为 $\boldsymbol{d}$ 的刚性转子.

(1) 忽略质心运动, 将转子的 Hamilton 量写为 $H_0 + H'$ 形式;

(2) 求出未受微扰的解, 讨论能级简并情况;

(3) 用非简并微扰论对所有能级计算最低阶修正;

(4) 为什么可以使用非简并微扰论, 微扰后简并情况如何?

解答　(1) 由题意, 体系 Hamilton 量如下给出:

$$H = \frac{1}{2I}\boldsymbol{J}^2 - \boldsymbol{d}\cdot\boldsymbol{\mathcal{E}} = \frac{1}{2I}\boldsymbol{J}^2 - d\mathcal{E}\cos\theta \tag{7.70}$$

它可写为 $H_0 + H'$ 的形式, 而

$$H_0 = \frac{1}{2I}\boldsymbol{J}^2, \quad H' = -d\mathcal{E}\cos\theta \tag{7.71}$$

(2) H_0 本征函数为

$$\psi_{jm} = \mathrm{Y}_{jm}(\theta,\varphi) \tag{7.72}$$

其中, $m = -j, (-j+1), \cdots, (j-1), j$, 相应能量本征值

$$E_j^{(0)} = \frac{j(j+1)}{2I}\hbar^2 \tag{7.73}$$

与 m 无关, 可见能级为 $2j+1$ 重简并.

(3) 对一级修正, 由于

$$\langle jm'|H'|jm\rangle = \langle jm'|-d\mathcal{E}\cos\theta|jm\rangle = -d\mathcal{E}\langle jm'|\cos\theta|jm\rangle = 0 \tag{7.74}$$

所以在 $E_j^{(0)}$ 的简并子空间中微扰矩阵元都为零, 故能量一级修正 $E^{(1)} = 0$.

对二级修正, 由

$$\cos\theta\,\mathrm{Y}_{lm}(\theta,\varphi) = \sqrt{\frac{(l+1)^2 - m^2}{(2l+1)(2l+3)}}\,\mathrm{Y}_{l+1,m}(\theta,\varphi) + \sqrt{\frac{l^2 - m^2}{(2l-1)(2l+1)}}\,\mathrm{Y}_{l-1,m}(\theta,\varphi)$$

可知

$$\begin{aligned}
\langle j'm'|H'|jm\rangle &= \langle j'm'|-d\mathcal{E}\cos\theta|jm\rangle \\
&= -d\mathcal{E}\sqrt{\frac{(j+1-m)(j+1+m)}{(2j+1)(2j+3)}}\,\delta_{j',j+1}\delta_{m'm} \\
&\quad -d\mathcal{E}\sqrt{\frac{(j+m)(j-m)}{(2j+1)(2j-1)}}\,\delta_{j',j-1}\delta_{m'm}
\end{aligned} \tag{7.75}$$

这样 $\langle jm|H'|j'm'\rangle = \langle jm|-d\mathcal{E}\cos\theta|j'm'\rangle$ 不为零的条件是 $\Delta j = \pm 1$, $\Delta m = 0$. 因此

$$\begin{aligned}
E^{(2)} &= \frac{2Id^2\mathcal{E}^2}{\hbar^2}\left\{ \frac{(j+1-m)(j+1+m)}{(2j+1)(2j+3)[j(j+1)-(j+1)(j+2)]} \right. \\
&\quad \left. + \frac{(j+m)(j-m)}{(2j+1)(2j-1)[j(j+1)-j(j-1)]} \right\} \\
&= \frac{Id^2\mathcal{E}^2[j(j+1)-3m^2]}{\hbar^2 j(j+1)(2j-1)(2j+3)}
\end{aligned} \tag{7.76}$$

(4) 上面可见, 在 H_0 表象中 H' 在 $E_j^{(0)}$ 的简并子空间已经对角化, 且在一级修正中简并没有解除 ($E_j^{(1)}$ 为 $(2j+1)$ 重根); 由简并微扰理论[①], 能量二级修正可按非简并

[①] 参见张永德, 量子力学 (第 5 版)[M], 北京: 科学出版社, 2021, P.211-217.

微扰论处理的充要条件为算符

$$A = \sum_{j' \neq j} \sum_{m'=-j'}^{j'} \frac{H'|j'm'\rangle\langle j'm'|H'}{E_j^{(0)} - E_{j'}^{(0)}} \tag{7.77}$$

在量子数为 j 的简并子空间中是对角化的; 且若 A 在简并子空间中是对角化的, 则其对角元即为能量二级修正 $E_j^{(2)}$. 在本题中, 按式 (7.75), $\langle jm|H'|j'm'\rangle$ 不为零的条件是 $\Delta j = \pm 1$, $\Delta m = 0$. 所以

$$\langle jm|H'|j'm'\rangle\langle j'm'|H'|jn\rangle \tag{7.78}$$

不为零的条件是 $\Delta j = \pm 1$, $m = m' = n$.

　　由此可见 A 已经是在 j 子空间对角化的, 因此可以使用非简并态微扰论. 微扰后简并没有完全消除, 即 j 值相同而 m 值相反的那些态仍是简并的.

7.20　具有一定电偶极矩的刚性转子在弱电场中的三个最低能级

　　题 7.20　如图 7.9, 一个具有电偶极矩 $\boldsymbol{p}$ 的刚性转子被限制在平面上转动. 转子对于固定转轴的惯量矩为 I, 转动平面内有一均匀弱电场 $\boldsymbol{\mathcal{E}}$. 精确到 $\mathcal{E}^2$ 时三个最低量子态的能量是多少?

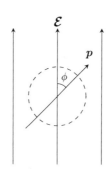

图 7.9　刚性转子处在弱电场中

　　解答　自由转子的 Hamilton 量为

$$H_0 = \frac{1}{2I}L_\phi^2 = -\frac{\hbar^2}{2I}\frac{\mathrm{d}^2}{\mathrm{d}\phi^2} \tag{7.79}$$

定态方程

$$H_0|m\rangle = E_m^{(0)}|m\rangle$$

其本征值和本征函数容易求出

$$E_m^{(0)} = \frac{\hbar^2 m^2}{2I}, \quad \psi_m^{(0)}(\phi) = \frac{1}{\sqrt{2\pi}}\mathrm{e}^{im\phi} \tag{7.80}$$

其中，$m = 0, \pm 1, \pm 2, \cdots$，加上均匀电场 $\boldsymbol{\mathcal{E}}$ 后，转子与电场的作用能为

$$H' = -\boldsymbol{\mathcal{E}} \cdot \boldsymbol{p} = -\mathcal{E}p\cos\phi = \lambda\cos\phi \qquad (7.81)$$

因为电场很弱，可将它看成微扰.

微扰 Hamilton 量的矩阵元为

$$\langle n|H'|m\rangle = \frac{\lambda}{2\pi}\int_0^{2\pi}\mathrm{d}\phi\,\mathrm{e}^{\mathrm{i}(m-n)\phi}\cos\phi = \frac{\lambda}{2}(\delta_{n,m+1} + \delta_{n,m-1}) \qquad (7.82)$$

设

$$(H_0 + H')|\ \rangle = E|\ \rangle \qquad (7.83)$$

作展开

$$|\ \rangle = \sum_{m=-\infty}^{\infty} C_m|m\rangle$$

利用 H' 矩阵元表达式以及 $|m\rangle$ 的正交性，易得

$$(E - E_n^{(0)})C_n - \frac{\lambda}{2}C_{n-1} - \frac{\lambda}{2}C_{n+1} = 0$$

再设

$$E = \sum_{\rho=0}^{\infty} E^{(\rho)}\lambda^\rho, \quad C_n = \sum_{\rho=0}^{\infty} C_n^{(\rho)}\lambda^\rho$$

则得各阶微扰方程

$$\lambda^0: \quad (E^{(0)} - E_n^{(0)})C_n^{(0)} = 0$$
$$\lambda^1: \quad (E^{(0)} - E_n^{(0)})C_n^{(1)} + E^{(1)}C_n^{(0)} - \frac{1}{2}C_{n-1}^{(0)} - \frac{1}{2}C_{n+1}^{(0)} = 0$$
$$\lambda^2: \quad (E^{(0)} - E_n^{(0)})C_n^{(2)} + E^{(1)}C_n^{(1)} + E^{(2)}C_n^{(0)} - \frac{1}{2}C_{n-1}^{(1)} - \frac{1}{2}C_{n+1}^{(1)} = 0$$
$$\cdots\cdots$$

假设考虑的能级为 $E_k^{(0)}$，则由零级方程得

$$C_n^{(0)} = a_k\delta_{n,k} + a_{-k}\delta_{n,-k}$$

上式代入一阶方程，得

$$(E_k^{(0)} - E_n^{(0)})C_n^{(1)} + E^{(1)}(a_k\delta_{n,k} + a_{-k}\delta_{n,-k})$$
$$- \frac{1}{2}(a_k\delta_{n-1,k} + a_{-k}\delta_{n-1,-k} + a_k\delta_{n+1,k} + a_{-k}\delta_{n+1,-k}) = 0$$

$n = \pm k$ 时得出

$$E^{(1)} = 0$$

$n \neq \pm k$ 时得出

$$C_n^{(1)} = -\frac{1}{2} \cdot \frac{1}{E_n^{(0)} - E_k^{(0)}}(a_k\delta_{n-1,k} + a_{-k}\delta_{n-1,-k} + a_k\delta_{n+1,k} + a_{-k}\delta_{n+1,-k})$$

$$= -\frac{1}{2} \cdot \frac{1}{E_n^{(0)} - E_k^{(0)}} \left(C_{n-1}^{(0)} + C_{n+1}^{(0)} \right)$$

上式代入二级方程得

$$(E_k^{(0)} - E_n^{(0)})C_n^{(2)} + E^{(2)}C_n^{(0)} - \frac{1}{2}C_{n-1}^{(1)} - \frac{1}{2}C_{n+1}^{(1)} = 0$$

取 $n = k$，给出

$$
\begin{aligned}
E^{(2)}C_k^{(0)} &= \frac{1}{2}(C_{k-1}^{(1)} + C_{k+1}^{(1)}) \\
&= \frac{1}{2}\left\{ -\frac{1}{2} \cdot \frac{1}{E_{k-1}^{(0)} - E_k^{(0)}}(C_{k-2}^{(0)} + C_k^{(0)}) - \frac{1}{2} \cdot \frac{1}{E_{k+1}^{(0)} - E_k^{(0)}}(C_k^{(0)} + C_{k+2}^{(0)}) \right\} \\
&= -\frac{1}{4}\left\{ \frac{1}{E_{k-1}^{(0)} - E_k^{(0)}}(C_{k-2}^{(0)} + C_k^{(0)}) + \frac{1}{E_{k+2}^{(0)} + E_k^{(0)}}(C_k^{(0)} + C_{k+2}^{(0)}) \right\}
\end{aligned}
$$

对于基态，$k = 0$，$C_0^{(0)} \neq 0$，有

$$C_{-2}^{(0)} = C_2^{(0)} = 0$$

以及

$$E^{(2)}C_0^{(0)} = -\frac{1}{4}\left\{ \frac{1}{E_{-1}^{(0)} - E_0^{(0)}} + \frac{1}{E_1^{(0)} - E_0^{(0)}} \right\}C_0^{(0)}$$

所以

$$E_0^{(2)} = -\frac{1}{2} \cdot \frac{1}{E_1^{(0)} - E_0^{(0)}} = -\frac{I}{\hbar^2}$$

对于第一激发态，$k = \pm 1$，$C_{\pm 1}^{(0)} \neq 0$，有

$$
\begin{aligned}
E^{(2)}C_1^{(0)} &= -\frac{1}{4}\left\{ \frac{1}{E_0^{(0)} - E_1^{(0)}}(C_{-1}^{(0)} + C_1^{(0)}) + \frac{1}{E_2^{(0)} - E_1^{(0)}}(C_1^{(0)} + C_3^{(0)}) \right\} \\
&= -\frac{1}{4}\left\{ \left(\frac{1}{E_2^{(0)} - E_1^{(0)}} - \frac{1}{E_1^{(0)}} \right)C_1^{(0)} - \frac{1}{E_1^{(0)}}C_{-1}^{(0)} \right\} \\
E^{(2)}C_{-1}^{(0)} &= -\frac{1}{4}\left\{ -\frac{1}{E_{-1}^{(0)}}C_1^{(0)} + \left(\frac{1}{E_{-2}^{(0)} - E_{-1}^{(0)}} - \frac{1}{E_{-1}^{(0)}} \right)C_{-1}^{(0)} \right\} \\
&= -\frac{1}{4}\left\{ -\frac{1}{E_1^{(0)}}C_1^{(0)} + \left(\frac{1}{E_2^{(0)} - E_1^{(0)}} - \frac{1}{E_1^{(0)}} \right)C_{-1}^{(0)} \right\}
\end{aligned}
$$

这样得方程

$$\left[-\frac{1}{4}\left(\frac{1}{E_2^{(0)} - E_1^{(0)}} - \frac{1}{E_1^{(0)}} \right) - E^{(2)} \right]C_1^{(0)} + \frac{1}{4} \cdot \frac{1}{E_1^{(0)}}C_{-1}^{(0)} = 0$$

$$\frac{1}{4} \cdot \frac{1}{E_1^{(0)}}C_1^{(0)} + \left[-\frac{1}{4}\left(\frac{1}{E_2^{(0)} - E_1^{(0)}} - \frac{1}{E_1^{(0)}} \right) - E^{(2)} \right]C_{-1}^{(0)} = 0$$

解久期方程，得

$$E_{1+}^{(2)} = \frac{1}{4} \cdot \frac{1}{E_1^{(0)}} - \frac{1}{4} \left(\frac{1}{E_2^{(0)} - E_1^{(0)}} - \frac{1}{E_1^{(0)}} \right) = \frac{5I}{6\hbar^2}$$

$$E_{1-}^{(2)} = -\frac{1}{4} \cdot \frac{1}{E_1^{(0)}} - \frac{1}{4} \left(\frac{1}{E_2^{(0)} - E_1^{(0)}} - \frac{1}{E_1^{(0)}} \right) = -\frac{I}{6\hbar^2}$$

对于第二激发态，$k = \pm 2$，$C_{\pm 2}^{(0)} \neq 0$，有

$$E^{(2)} C_{\pm 2}^{(0)} = -\frac{1}{4} \left(\frac{1}{E_1^{(0)} - E_2^{(0)}} + \frac{1}{E_3^{(0)} - E_2^{(0)}} \right) C_{\pm 2}^{(0)}$$

所以

$$E_2^{(2)} = -\frac{1}{4} \left(\frac{1}{E_1^{(0)} - E_2^{(0)}} + \frac{1}{E_3^{(0)} - E_2^{(0)}} \right) = \frac{I}{15\hbar^2}$$

于是，修正到二阶的结果如下写出，对基态

$$E_0 = \lambda^2 E_0^{(2)} = -\frac{I(\mathcal{E}p)^2}{\hbar^2}$$

第一激发态

$$E_{1+} = \frac{\hbar^2}{2I} + \frac{5}{6} \cdot \frac{I(\mathcal{E}p)^2}{\hbar^2}, \quad E_{1-} = \frac{\hbar^2}{2I} - \frac{1}{6} \cdot \frac{I(\mathcal{E}p)^2}{\hbar^2}$$

第二激发态

$$E_2 = \frac{2\hbar^2}{I} + \frac{1}{15} \cdot \frac{I(\mathcal{E}p)^2}{\hbar^2}$$

7.21　两端带电均匀棒的转动能级，本征函数及其在电场中的能量修正

题 7.21　一个长度为 d，质量均匀的棒，可以绕其中心在一平面内转动，设棒的质量为 M，而在棒的两端分别带电荷 $+Q$ 和 $-Q$，如图 7.10 所示.

(1) 写出体系的 Hamilton 量算符、本征态和本征值；

(2) 若在转动平面内存在场强度为 $\mathcal{E}$ 的弱电场，这时的本征态和本征值将如何变化？请用微扰论计算，要求波函数精确到一阶，能量修正精确到二阶；

(3) 若该电场很强，求基态的近似能量.

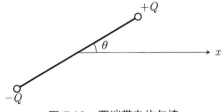

图 7.10　两端带电均匀棒

解答　(1) 该系统的 Hamilton 量为

$$H = -\frac{\hbar^2}{2I}\frac{\partial^2}{\partial\theta^2} \tag{7.84}$$

其中，$I = \frac{1}{12}Md^2$，θ 是棒与平面内 x 轴的夹角.

故定态方程为

$$-\frac{\hbar^2}{2I}\frac{\partial^2}{\partial\theta^2}\psi_m(\theta) = E_m\psi_m(\theta) \tag{7.85}$$

解此方程得

$$\psi_m(\theta) = c e^{im\theta}$$

利用周期边界条件

$$\psi_m(\theta + 2\pi) = \psi_m(\theta)$$

可知 m 为整数，$m = 0, \pm 1, \pm 2, \pm 3, \cdots$. 再利用归一化条件有 $2\pi c^2 = 1$，可见可以取

$$c = \frac{1}{\sqrt{2\pi}}$$

这样归一化能量本征函数为

$$\psi_m^{(0)}(\theta) = \frac{1}{\sqrt{2\pi}}e^{im\theta} \tag{7.86}$$

其中 m 可以取 $0, \pm 1, \pm 2, \pm 3, \cdots$，相应能量本征值为

$$E_m^{(0)} = \frac{m^2\hbar^2}{2I} = \frac{6\hbar^2 m^2}{Md^2} \tag{7.87}$$

除了 $m = 0$ 无简并外，各能级均为二重简并.

(2) 不失一般性，可设此电场 $\boldsymbol{\mathcal{E}} = \mathcal{E}\boldsymbol{e}_z$，这样 Hamilton 量为

$$H = -\frac{\hbar^2}{2I}\frac{\partial^2}{\partial\theta^2} + V(\theta) \tag{7.88}$$

其中

$$V(\boldsymbol{x}) = -\boldsymbol{p}\cdot\boldsymbol{\mathcal{E}} = -Qd\mathcal{E}\cos\theta$$

将 $V(\theta)$ 看成微扰项 $H' = -Qd\mathcal{E}\cos\theta$，

$$H_0 = -\frac{\hbar^2}{2I}\frac{\partial^2}{\partial\theta^2}$$

未受微扰的本征函数和本征值分别见式 (7.86) 与式 (7.87). 微扰矩阵元

$$\begin{aligned}
H'_{mm'} &= \langle\psi_m^{(0)}|H'|\psi_{m'}^{(0)}\rangle = -Qd\mathcal{E}\int_0^{2\pi}\psi_m^{(0)*}(\theta)\cos\theta\psi_{m'}^{(0)}(\theta)\mathrm{d}\theta \\
&= -Qd\mathcal{E}\int_0^{2\pi}\frac{1}{\sqrt{2\pi}}e^{-im\theta}\cos\theta\frac{1}{\sqrt{2\pi}}e^{im'\theta}\mathrm{d}\theta \\
&= -Qd\mathcal{E}\frac{1}{4\pi}\int_0^{2\pi}e^{i(m'-m)\theta}\left(e^{i\theta} + e^{-i\theta}\right)\mathrm{d}\theta
\end{aligned}$$

$$= -\frac{1}{2}Qd\mathcal{E}\left(\delta_{m',m+1}+\delta_{m',m-1}\right)$$

也就是

$$H'_{mm'} = -\frac{1}{2}Qd\mathcal{E}\left(\delta_{m',m+1}+\delta_{m',m-1}\right) \tag{7.89}$$

上面结果给出选择定则 $\Delta m = m' - m = \pm 1$.

对于简并能级 $E_{|m|}(m \neq 0)$, 由于 $\psi_m^{(0)}$ 与 $\psi_{-m}^{(0)}$ 的 $|\Delta m| = 2|m|$, 知在波函数零阶近似、能移一阶近似下, $\psi_m^{(0)}$ 与 $\psi_{-m}^{(0)}$ 不可能发生耦合. 因此这里仍可按非简并微扰论计算. 能量一阶修正为

$$E_m^{(1)} = \langle m|H'|m\rangle = \int_0^{2\pi}(-Qd\mathcal{E})\cos\theta \cdot \frac{1}{2\pi}\mathrm{d}\theta = 0 \tag{7.90}$$

而对于波函数一阶近似、能移二阶近似, 考虑到式 (7.89) 微扰矩阵元的特点, 对于 $m \neq \pm 1$, $\psi_m^{(0)}$ 与 $\psi_{-m}^{(0)}$ 不可能发生耦合. 因此这里仍可按非简并微扰论计算. 波函数一阶修正为

$$\psi_m^{(1)} = \sum_n{}' \frac{\langle n|H'|m\rangle}{E_m^0 - E_n^0}\psi_n^{(0)} \tag{7.91}$$

其中, $\langle n|H'|m\rangle$ 如式 (7.89) 所给, 所以

$$\begin{aligned}
\psi_m^{(1)} &= \frac{Md^3Q\mathcal{E}}{12\hbar^2}\frac{1}{2m+1}\frac{1}{\sqrt{2\pi}}\mathrm{e}^{\mathrm{i}(m+1)\theta} - \frac{Md^3Q\mathcal{E}}{12\hbar^2}\cdot\frac{1}{2m-1}\cdot\frac{1}{\sqrt{2\pi}}\mathrm{e}^{\mathrm{i}(m-1)\theta}\\
&= \frac{Md^3Q\mathcal{E}}{12\hbar^2\sqrt{2\pi}}\cdot\left[\frac{1}{2m+1}\mathrm{e}^{\mathrm{i}(m+1)\theta} - \frac{1}{2m-1}\mathrm{e}^{\mathrm{i}(m-1)\theta}\right]
\end{aligned}$$

能量二阶修正

$$\begin{aligned}
E_m^{(2)} &= \sum_n{}' \frac{|H'_{nm}|^2}{E_m^{(0)} - E_n^{(0)}} = \frac{1}{4}Q^2d^2\mathcal{E}^2\left[\frac{1}{E_m^{(0)} - E_{m-1}^{(0)}} + \frac{1}{E_m^{(0)} - E_{m+1}^{(0)}}\right]\\
&= \frac{MQ^2d^4\mathcal{E}^2}{12\left(4m^2-1\right)\hbar^2}
\end{aligned} \tag{7.92}$$

波函数精确到一阶, 能量修正精确到二阶的结果如下 (其中 $m \neq \pm 1$):

$$E_m = \frac{6\omega^2}{Md^2}m^2 + \frac{MQ^2d^4\mathcal{E}^2}{12\left(4m^2-1\right)\hbar^2} \tag{7.93}$$

$$\psi_m = \frac{1}{\sqrt{2\pi}}\mathrm{e}^{\mathrm{i}m\theta} + \frac{Md^3Q\mathcal{E}}{12\omega^2\sqrt{2\pi}}\cdot\left[\frac{1}{2m+1}\mathrm{e}^{\mathrm{i}(m+1)\theta} - \frac{1}{2m-1}\mathrm{e}^{\mathrm{i}(m-1)\theta}\right] \tag{7.94}$$

对于 $m = \pm 1$, 须考虑 $\psi_1^{(0)}$ 与 $\psi_{-1}^{(0)}$ 张成的简并子空间之外的矩阵元的影响. 按教材做法[①], 此时应考察如下矩阵元的矩阵的对角化问题:

$$\mathcal{H}'_{m\mu,m\nu} = \left[H'_{m\mu,m\nu} + \sum_{n\neq m}{}' \frac{H'_{m\mu,n}H'_{n,m\nu}}{E_m^{(0)} - E_n^{(0)}}\right] \tag{7.95}$$

---

① 参见张永德, 量子力学 (第 5 版)[M], 北京: 科学出版社, 2021, P.211-217.

由于 $\langle n|H'|m\rangle$ 如式 (7.89) 所给，该二维简并子空间之外只有 $\psi_0^{(0)}$ 可能产生影响，按式 (7.87)、(7.89) 计算各矩阵元，写出如下矩阵：

$$\mathcal{H}' = \frac{\left(-\dfrac{1}{2}Qd\mathcal{E}\right)^2}{E_1^{(0)} - E_0^{(0)}} \begin{pmatrix} 2/3 & 1 \\ 1 & 2/3 \end{pmatrix} = \frac{MQ^2d^4\mathcal{E}^2}{72\hbar^2} \begin{pmatrix} 2 & 3 \\ 3 & 2 \end{pmatrix} \tag{7.96}$$

将其对角化给出合适的零阶波函数为

$$\phi_{1\pm}^{(0)} = \frac{1}{\sqrt{2}} \left(\psi_{+1}^{(0)} \pm \psi_{-1}^{(0)}\right) = \frac{1}{\sqrt{4\pi}} \left(e^{i\theta} \pm e^{-i\theta}\right) \tag{7.97}$$

其相应本征值给出二阶能移修正为

$$E_{1+}^{(2)} = \frac{5MQ^2d^4\mathcal{E}^2}{24\hbar^2}, \quad E_{1-}^{(2)} = -\frac{MQ^2d^4\mathcal{E}^2}{24\hbar^2} \tag{7.98}$$

能移二阶修正使得 $E_{\pm 1}^{(0)}$ 能级解除简并，能级分裂为两条，其能量分别为

$$E_{1+} = \frac{6\hbar^2}{Md^2} + \frac{5MQ^2d^4\mathcal{E}^2}{24\hbar^2}, \quad E_{1-} = \frac{6\hbar^2}{Md^2} - \frac{MQ^2d^4\mathcal{E}^2}{24\hbar^2} \tag{7.99}$$

按教材做法[①]，写出准确到一阶近似的波函数如下：

$$\begin{aligned}
\phi_{1+} &= \phi_{1+}^{(0)} - \frac{Md^3Q\mathcal{E}}{6\sqrt{2}\hbar^2}\phi_0^{(0)} \\
&= \frac{1}{\sqrt{4\pi}}\left(e^{i\theta} + e^{-i\theta}\right) - \frac{Md^3Q\mathcal{E}}{12\sqrt{\pi}\hbar^2}
\end{aligned} \tag{7.100}$$

$$\phi_{1-} = \phi_{1-}^{(0)} - \frac{Md^3Q\mathcal{E}}{6\sqrt{2}\hbar^2}\phi_0^{(0)} = \frac{1}{\sqrt{4\pi}}\left(e^{i\theta} - e^{-i\theta}\right) - \frac{Md^3Q\mathcal{E}}{12\sqrt{\pi}\hbar^2} \tag{7.101}$$

(3) 若电场很强，这时 θ 必定在小角度范围内的概率大，因而近似有 $\cos\theta \approx 1 - \dfrac{1}{2}\theta^2$，代入第 (2) 小题中的 Hamilton 量 (7.88) 中，此时 Hamilton 量为

$$\begin{aligned}
H &= -\frac{\hbar^2}{2I}\frac{\partial^2}{\partial\theta^2} - Qd\mathcal{E}\cos\theta \approx -\frac{\hbar^2}{2I}\frac{\partial^2}{\partial\theta^2} - Qd\mathcal{E}\left(1 - \frac{1}{2}\theta^2\right) \\
&= -\frac{\hbar^2}{2I}\frac{\partial^2}{\partial\theta^2} + \frac{1}{2}Qd\mathcal{E}\theta^2 - Qd\mathcal{E}
\end{aligned}$$

除了常数项 $-Qd\mathcal{E}$，它与一维谐振子的 Hamilton 量完全相同. 因此我们直接得到转子的本征态为

$$\phi_n(\theta) = A_n H_n(\alpha\theta)e^{-\alpha^2\theta^2/2} \tag{7.102}$$

其中，H_n 为 Hermite 多项式，$\alpha = \left(Qd\mathcal{E}I/\hbar^2\right)^{1/4}$，而 A_n 为归一化常数. 能级为

$$E_n = \left(n + \frac{1}{2}\right)\hbar\omega - Qd\mathcal{E} \tag{7.103}$$

―――――――――
① 参见张永德, 量子力学 (第 5 版)[M], 北京: 科学出版社, 2021, P.211-217.

其中，$\omega = \sqrt{Qd\mathcal{E}/I}$.

特别地，基态能量和相应的本征函数为

$$E_0 = \frac{1}{2}\hbar\omega - Qd\mathcal{E}, \quad \phi_0(\theta) = \frac{\sqrt{\alpha}}{\pi^{1/4}}e^{-\alpha^2\theta^2/2} \tag{7.104}$$

说明 本题中第 (2) 小题中，微扰导致二维简并子空间的态 $\phi_{+1}^{(0)}$、$\phi_{-1}^{(0)}$ 受子空间之外一个态 $\psi_0^{(0)}$ 影响属于题 7.88 的情形，这里结果与那里用不同办法处理所得结果一致.

另读者可自行取零级本征函数为 $\sin m\theta, \cos m\theta$ 进行有关计算，将更为简捷. 我们题中的选取是为了出于方法展示角度的考虑.

7.22 对称陀螺的能级及稍不对称时能级的修正

题 7.22 (1) 给出惯量主矩为 $I_1 = I_2 = I \neq I_3$ 的对称陀螺的所有能级；

(2) 一个稍不对称的陀螺没有两个 I 是精确相等的，但 $I_1 - I_2 = \Delta \neq 0$，$I_1 + I_2 = 2I$，$\Delta/2I \ll 1$. 计算 $J = 0$ 和 $J = 1$ 能量到 $O(\Delta)$ 量级.

解答 (1) 令 (x, y, z) 为一附着于陀螺上的转动坐标系，体系的 Hamilton 量为

$$
\begin{aligned}
H &= \frac{1}{2}\left(\frac{J_x^2}{I_1} + \frac{J_y^2}{I_2} + \frac{J_z^2}{I_3}\right) = \frac{1}{2I}(J_x^2 + J_y^2) + \frac{1}{2I_3}J_z^2 \\
&= \frac{1}{2I}\boldsymbol{J}^2 + \frac{1}{2}\left(\frac{1}{I_3} - \frac{1}{I}\right)J_z^2
\end{aligned}
$$

于是具有确定 J、m 值的态的能量为

$$E = \frac{\hbar^2}{2I}J(J+1) + \frac{\hbar^2}{2}\left(\frac{1}{I_3} - \frac{1}{I}\right)m^2$$

这就是对称陀螺的能级.

(2) 此时体系的 Hamilton 量为

$$H = \frac{1}{2I}\boldsymbol{J}^2 + \frac{1}{2}\left(\frac{1}{I_3} - \frac{1}{I}\right)J_z^2 + \frac{\Delta}{4I^2}(J_y^2 - J_x^2) = H_0 + H' \tag{7.105}$$

$$H' = \frac{\Delta}{4I^2}(J_y^2 - J_x^2) \tag{7.106}$$

注意到

$$J_x^2 - J_y^2 = \frac{1}{2}(J_+^2 + J_-^2)$$

以及

$$J_+^2|1-1\rangle = 2\hbar^2|11\rangle \tag{7.107}$$

$$J_-^2|11\rangle = 2\hbar^2|1-1\rangle \tag{7.108}$$

其余为 0. 对于 H_0, 可直接利用第 (1) 小题中本征能量的计算结果, 于是我们可计算微扰:

(i) $J = 0$, 无简并, $m = 0$,

$$E'_{00} = E_{00} + \langle 00|H'|00 \rangle = E_{00} = 0$$

(ii) $J = 1$, $m = 0$, 无简并

$$E'_{10} = E_{10} + \langle 10|H'|10 \rangle = E_{10} = \frac{\hbar^2}{I}$$

(iii) $J = 1$, $m = \pm 1$, 二重简并, 久期方程为

$$\begin{vmatrix} \lambda & -\dfrac{\Delta\hbar^2}{4I^2} \\ -\dfrac{\Delta\hbar^2}{4I^2} & \lambda \end{vmatrix} = 0, \quad \lambda_{\pm} = \pm\frac{\Delta\hbar^2}{4I^2}$$

所以 $E_{1\pm 1}$ 分解成两条

$$E_{1\pm 1}^{(\pm)} = \frac{\hbar^2}{2I} + \frac{\hbar^2}{2I_3} \pm \frac{\Delta\hbar^2}{4I^2}$$

7.23 用微扰论与变分法分别计算氦原子的电离能

题 7.23 (1) 对每个电子用简单的类氢波函数, 按微扰论计算与电子–电子 Coulomb 相互作用相应的氦原子基态能量 (忽略交换效应), 由此估计氦的电离能;

(2) 以类氢波函数中的有效电荷作为变分参量, 用变分法计算氦的电离能. 将第 (1) 小题和第 (2) 小题的结果与电离能实验值 $1.807E_0$ 作比较, 其中 $E_0 = \dfrac{1}{2}\alpha^2 mc^2$.

注 $\psi_{100}(r) = \sqrt{\dfrac{z^3}{\pi a_0^3}} \exp\left(-\dfrac{zr}{a_0}\right)$, $a_0 = \dfrac{\hbar^2}{me^2}$; $\displaystyle\iint \dfrac{\mathrm{d}^3\boldsymbol{r}_1 \mathrm{d}^3\boldsymbol{r}_2 \mathrm{e}^{-\alpha(r_1 + r_2)}}{|\boldsymbol{r}_1 - \boldsymbol{r}_2|} = \dfrac{20\pi^2}{\alpha^5}$

解答 (1) 对每个电子用简单的类氢波函数 $\left(H_0 = -\dfrac{\hbar^2}{2m}(\nabla_2^1 + \nabla_2^2) - \dfrac{ze^2}{r_1} - \dfrac{ze^2}{r_2}\right)$, 写出体系的波函数为

$$\Phi = \phi(\boldsymbol{r}_1, \boldsymbol{r}_2)\chi_0(s_{1z}, s_{2z})$$

基态为

$$\phi(\boldsymbol{r}_1, \boldsymbol{r}_2) = \psi_{100}(\boldsymbol{r}_1)\psi_{100}(\boldsymbol{r}_2) \tag{7.109}$$

其中

$$\psi_{100}(\boldsymbol{r}) = \sqrt{\frac{z^3}{\pi a_0^3}} \exp\left(\frac{-zr}{a_0}\right)$$

其中，$a_0 = \dfrac{\hbar^2}{me^2}$ 为 Bohr 半径. 按照微扰论，能量一阶修正为

$$
\begin{aligned}
\Delta E &= \langle H' \rangle = e^2 \iint \mathrm{d}^3 \boldsymbol{r}_1 \mathrm{d}^3 \boldsymbol{r}_2 \frac{|\psi_{100}(\boldsymbol{r}_1)|^2 |\psi_{100}(\boldsymbol{r}_2)|^2}{|\boldsymbol{r}_1 - \boldsymbol{r}_2|} \\
&= e^2 \left(\frac{z^3}{\pi a_0^3} \right)^2 \iint \mathrm{d}^3 \boldsymbol{r}_1 \mathrm{d}^3 \boldsymbol{r}_2 \frac{\exp\left[-2z(r_1 + r_2)/a_0 \right]}{|\boldsymbol{r}_1 - \boldsymbol{r}_2|} \\
&= e^2 \left(\frac{z^3}{\pi a_0^3} \right)^2 \cdot \frac{20\pi^2}{(2z/a_0)^5} = \frac{5ze^2}{8a_0}
\end{aligned}
$$

类氢原子的能级公式为

$$
E_n = -\frac{e^2}{2a_0} \cdot \frac{z^2}{n^2} \tag{7.110}
$$

系统基态能量为

$$
E_0 = -2\frac{e^2 z^2}{2a_0} = -\frac{e^2 z^2}{a_0} \tag{7.111}
$$

再计入两个电子间的 Coulomb 相互作用，微扰基态能量为

$$
E = -\frac{e^2 z^2}{a_0} + \frac{5ze^2}{8a_0}
$$

其中 $z = 2$，所以

$$
E = -\frac{11e^2}{4a_0} \tag{7.112}
$$

按电离能定义

$$
I = -\frac{e^2 z^2}{2a_0} - \left(-\frac{e^2 z^2}{a_0} + \frac{5ze^2}{8a_0} \right) = \frac{e^2 z^2}{2a_0} - \frac{5ze^2}{8a_0} \tag{7.113}
$$

对于氦原子，$z = 2$，得

$$
I = \frac{3e^2}{4a_0} = 1.5E_0, \quad E_0 = \frac{e^2}{2a_0} = \frac{1}{2}\alpha^2 mc^2 \tag{7.114}
$$

(2) 氦原子的 Hamilton 量为

$$
H = -\frac{\hbar^2}{2m}(\nabla_1^2 + \nabla_2^2) - \frac{ze^2}{r_1} - \frac{ze^2}{r_2} + \frac{e^2}{r_{12}} \tag{7.115}
$$

取试探波函数为

$$
\phi(\boldsymbol{r}_1, \boldsymbol{r}_2, \lambda) = \frac{\lambda^3}{\pi} \mathrm{e}^{-\lambda(r_1 + r_2)} \tag{7.116}
$$

注意到

$$
\left(-\frac{1}{2}\nabla^2 - \frac{\lambda}{r} \right) u(r) = -\frac{\lambda^2}{2} u(r), \quad u(r) = \mathrm{e}^{-\lambda r} \tag{7.117}
$$

所以

$$
\left(-\frac{\hbar^2}{2m}\nabla^2 - \frac{\lambda \hbar^2}{mr} \right) u(r) = -\frac{\hbar^2 \lambda^2}{2m} u(r) \tag{7.118}
$$

记 $ze^2 - \dfrac{\lambda\hbar^2}{m} = \sigma$, 则有

$$
\begin{aligned}
\overline{H} &= \iint \mathrm{d}^3\boldsymbol{r}_1 \mathrm{d}^3\boldsymbol{r}_2 \varPhi^* \left(-\frac{\hbar^2}{2m}\nabla_1^2 - \frac{\hbar^2}{2m}\nabla_2^2 - \frac{ze^2}{r_1} - \frac{ze^2}{r_2} + \frac{e^2}{r_{12}} \right)\varPhi \\
&= \iint \mathrm{d}^3\boldsymbol{r}_1 \mathrm{d}^3\boldsymbol{r}_2 \varPhi^* \left[-\frac{\hbar^2\lambda^2}{m} - \frac{\sigma}{r_1} - \frac{\sigma}{r_2} + \frac{e^2}{r_{12}} \right]\varPhi \\
&= -\frac{\hbar^2\lambda^2}{m} - \frac{2\sigma\lambda^3}{\pi}\int \frac{\mathrm{e}^{-2\lambda r_1}}{r_1}\mathrm{d}^3\boldsymbol{r}_1 + \frac{e^2\lambda^6}{\pi^2}\iint \mathrm{d}^3\boldsymbol{r}_1\mathrm{d}^3\boldsymbol{r}_2 \frac{\mathrm{e}^{-2\lambda(r_1+r_2)}}{r_{12}}
\end{aligned}
$$

由 $\displaystyle\int \frac{\mathrm{e}^{-2\lambda r_1}}{r_1}\mathrm{d}^3\boldsymbol{r}_1 = \frac{\pi}{\lambda^2}$, 得

$$
\overline{H} = -\frac{\hbar^2\lambda^2}{m} - 2\sigma\lambda + \frac{\lambda^6 e^2}{\pi^2}\frac{20\pi^2}{(2\lambda)^5} \tag{7.119}
$$

由 $\dfrac{\partial \overline{H}}{\partial \lambda} = 0$ 给出

$$
\lambda = \frac{m}{2\hbar^2}\left(2ze^2 - \frac{5}{8}e^2 \right)
$$

基态能量

$$
\begin{aligned}
E &= -\frac{\hbar^2\lambda^2}{m} - 2\lambda\left(ze^2 - ze^2 + \frac{5e^2}{16} \right) + \frac{5e^2}{8}\lambda = -\frac{\hbar^2}{m}\lambda^2 \\
&= -\left(ze^2 - \frac{5e^2}{16} \right)^2 \frac{m}{\hbar^2} = -\frac{e^2}{a_0}\left(z - \frac{5}{16} \right)^2
\end{aligned}
$$

对于 He, $z = 2$, 得

$$
E = -\frac{e^2}{a_0}\left(\frac{27}{16} \right)^2
$$

电离能

$$
I = -\frac{z^2 e^2}{2a_0} + \frac{e^2}{a_0}\left(z - \frac{5}{16} \right)^2 = \frac{e^2}{a_0}\left[\left(\frac{27}{16} \right)^2 - 2 \right] = 1.695 E_0
$$

可见, 变分法所得的结果更符合实验值 $1.807 E_0$.

7.24 粒子在周期势 $V(x) = V_0\cos\dfrac{2\pi x}{a}$ 中的本征态及 V_0 很小时的能量本征值

题 7.24 一个质量为 m 的粒子在周期势

$$
V(x) = V_0\cos\left(\frac{2\pi x}{a} \right)
$$

中作一维运动. 已知能量本征态可以分成用角度 θ 表征的类. 角 θ 表征的类中波函数 $\psi(x)$ 对全体 x 满足关系

$$\psi(x+a) = \mathrm{e}^{\mathrm{i}\theta}\psi(x)$$

对于 $\theta = \pi$ 的类, 这一关系变成 $\psi(x+a) = -\psi(x)$ (反周期性).

(1) 即使 $V_0 = 0$, 我们仍可按 θ 对本征态进行分类. k 取什么值时, 平面波 $\psi(x) = \mathrm{e}^{\mathrm{i}kx}$ 满足周期为 a 的反周期条件? $V_0 = 0$ 时 $\theta = \pi$ 的类的能谱是什么?

(2) V_0 很小时 $(V_0 \ll (\hbar^2/ma^2))$, 用一级微扰论计算最低的两个能量本征值.

解答　(1) 对于平面波 $\mathrm{e}^{\mathrm{i}kx}$, 注意到

$$\psi(x+a) = \mathrm{e}^{\mathrm{i}k(x+a)} = \mathrm{e}^{\mathrm{i}ka}\psi(x)$$

所以, 当 k 满足

$$ka = (2n+1)\pi, \quad n = 0, \pm 1, \pm 2, \cdots$$

时, 平面波 $\mathrm{e}^{\mathrm{i}kx}$ 满足反周期条件

$$\psi(x+a) = -\psi(x)$$

相应的能谱为

$$E_n = \frac{\hbar^2\pi^2}{2ma^2}(2n+1)^2, \quad n = 0, \pm 1, \pm 2, \cdots$$

(2) 当 $V_0 \ll \hbar^2/ma^2$ 时, 微扰 Hamilton 量为

$$H' = V_0 \cos\frac{2\pi x}{a}$$

对于基态, 自由 Hamilton 量的本征值和本征函数为

$$E_{0,-1}^{(0)} = \frac{\hbar^2\pi^2}{2ma^2}, \quad \psi_0^{(0)}(x) = \frac{1}{\sqrt{a}}\mathrm{e}^{\mathrm{i}\pi z/a}, \quad \psi_{-1}^{(0)}(x) = \frac{1}{\sqrt{a}}\mathrm{e}^{-\mathrm{i}\pi z/a}$$

于是, 有 (在基态能级的态矢量构成的子空间中)

$$H' = \begin{pmatrix} 0 & \dfrac{V_0}{2} \\ \dfrac{V_0}{2} & 0 \end{pmatrix} = \frac{V_0}{2}\begin{pmatrix} 0 & 1 \\ 1 & 0 \end{pmatrix}$$

求其本征值, 得到能级的一阶修正

$$E^{(1)} = \pm\frac{V_0}{2}$$

所以, 基态能级在加上微扰后分裂成两条

$$E_1 = \frac{\hbar^2\pi^2}{2ma^2} - \frac{V_0}{2}, \quad E_2 = \frac{\hbar^2\pi^2}{2ma^2} + \frac{V_0}{a}$$

这就是体系最低的两个能量本征值.

7.25　周期性边界条件下一维运动电子的定态及其在微扰 $V(x) = \varepsilon\cos qx$ 下的能量修正

题 7.25　一个作一维运动的电子具有周期性边界条件, 即波函数在一段长度 $L(L$ 很大) 上具有重复性.

(1) 这个自由粒子的 Hamilton 量是什么? 什么是体系的定态? 这些态的简并度是多少?

(2) 加上一个微扰 $V(x) = \varepsilon\cos qx$, 其中 $qL = 2\pi N(N$ 是一个很大的整数), 对于动量为 $\hbar q/2$ 的电子重新计算能级和定态直到 ε 的一级项;

(3) 对于 (2) 的解答, 计算直到 ε^2 级的能量修正;

(4) 对于电子动量接近但不等于 $\hbar q/2$ 的情形, 重复 (2)(省略定态的计算).

解答　(1) 自由粒子运动的 Hamilton 量为

$$H = -\frac{\hbar^2}{2m}\frac{\mathrm{d}^2}{\mathrm{d}x^2}$$

体系的定态为

$$\psi_k(x) = \frac{1}{\sqrt{L}}\mathrm{e}^{\mathrm{i}kx}, \quad k = \frac{2\pi}{L}n, \quad n = \pm 1, \pm 2, \cdots$$

相应能量 $E^{(0)} = \dfrac{2\pi^2\hbar^2}{mL^2}n^2$, 所有的能级都是二重简并的.

(2) 考虑到 N 很大, 故 $\dfrac{q}{2} = \dfrac{\pi N}{L}$, 可认为是 Brillouin 区的中点, 于是取组合后的基

$$\psi_1(x) = \sqrt{\frac{2}{L}}\cos\frac{qx}{2}, \quad \psi_2(x) = \sqrt{\frac{2}{L}}\sin\frac{qx}{2} \tag{7.120}$$

得到微扰矩阵元为

$$\begin{pmatrix} \dfrac{\varepsilon}{2} & 0 \\ 0 & -\dfrac{\varepsilon}{2} \end{pmatrix} \tag{7.121}$$

一级能量修正为 $\pm\dfrac{\varepsilon}{2}$. 从而精确到一级的能量级及与之相应的波函数为

$$E_1' = E_1^{(0)} + \Delta E_1^{(1)} = \frac{\hbar^2}{2m}\left(\frac{q}{2}\right)^2 + \frac{\varepsilon}{2}, \quad \psi_1'(x) = \sqrt{\frac{2}{L}}\cos\frac{qx}{2}$$

$$E_2' = E_2^{(0)} + \Delta E_2^{(1)} = \frac{\hbar^2}{2m}\left(\frac{q}{2}\right)^2 - \frac{\varepsilon}{2}, \quad \psi_2'(x) = \sqrt{\frac{2}{L}}\sin\frac{qx}{2}$$

(3) 精确到二级 (ε^2) 的能级可用非简并微扰求出

$$\Delta E_1^{(2)} = \sum_l{}' \frac{|\langle\psi_l|V|\psi_1\rangle|^2}{E_1 - E_l}$$

$$\approx \sum_l{}' \frac{1}{E_1^{(0)} - E_l^{(0)}}\left[\left(\frac{2\varepsilon}{L}\int_0^L \sin k_l x\cos qx\cos\frac{qx}{2}\mathrm{d}x\right)^2\right.$$

$$+\left(\frac{2\varepsilon}{L}\int_0^L \cos k_l x \cos qx \cos \frac{qx}{2}\mathrm{d}x\right)^2\Bigg]$$

$$=\frac{\varepsilon^2/4}{\frac{\hbar^2}{2m}\left(\frac{q}{2}\right)^2-\frac{\hbar^2}{2m}\left(\frac{3q}{2}\right)^2}=-\frac{m\varepsilon^2}{4\hbar^2 q^2},\quad k_1>0$$

以及

$$\begin{aligned}
\Delta E_2^{(2)} &= \sum_l{}'\frac{|\langle\psi_l|V|\psi_2\rangle|^2}{E_2-E_l}\\
&\approx \sum_l{}'\frac{1}{E_2-E_l}\left[\left(\frac{2\varepsilon}{L}\int_0^L \sin k_l x \cos qx \sin\frac{q}{2}x\mathrm{d}x\right)^2\right.\\
&\quad\left.+\left(\frac{2\varepsilon}{L}\int_0^L \cos k_l x \cos qx \sin\frac{q}{2}x\mathrm{d}x\right)^2\right]\\
&=\frac{\varepsilon^2/4}{\frac{\hbar^2}{2m}\left(\frac{q}{2}\right)^2-\frac{\hbar^2}{2m}\left(\frac{3q}{2}\right)^2}=-\frac{m\varepsilon^2}{4\hbar^2 q^2}
\end{aligned}$$

所以

$$E_1=\frac{\hbar^2}{2m}\left(\frac{q}{2}\right)^2+\frac{\varepsilon}{2}-\frac{m\varepsilon^2}{4\hbar^2 q^2}$$

$$E_2=\frac{\hbar^2}{2m}\left(\frac{q}{2}\right)^2-\frac{\varepsilon}{2}-\frac{m\varepsilon^2}{4\hbar^2 q^2}$$

(4) 设动量为 $\hbar k=\pm\hbar\left(\frac{q}{2}+\Delta\right)$，取波函数为

$$\psi_1(x)=\sqrt{\frac{2}{L}}\cos\left(\frac{q}{2}+\Delta\right)x,\quad \psi_2(x)=\sqrt{\frac{2}{L}}\sin\left(\frac{q}{2}+\Delta\right)x$$

则微扰矩阵为 0，从而能级的一级修正为 0.

7.26　带电谐振子在微电场中的能移及电偶极矩

题 7.26　考虑一个电子禁闭在势阱 $V(r)=\frac{1}{2}kx^2$ 下的一维运动，它同时受到微扰电场 $\boldsymbol{\mathcal{E}}=\mathcal{E}\boldsymbol{e}_x$ 的作用.

(1) 确定该系统由于电场所引起的能移；

(2) 态 $|n\rangle$ 下系统偶极矩定义为 $P_n=-e\langle x\rangle_n$，其中 $\langle x\rangle_n$ 是 x 在态 $|n\rangle$ 中的期望值. 求有电场存在时系统的偶极矩.

解答　(1) 计入电场以后，电子运动的 Hamilton 量为

$$H=-\frac{\hbar^2}{2m}\nabla^2+\frac{1}{2}kx^2-q\mathcal{E}x$$

$$= -\frac{\hbar^2}{2m}\nabla^2 + \frac{1}{2}k\left(x - \frac{q\mathcal{E}}{k}\right)^2 - \frac{q^2\mathcal{E}^2}{2k}$$

$$= -\frac{\hbar^2}{2m}\nabla'^2 + \frac{1}{2}kx'^2 - \frac{q^2\mathcal{E}^2}{2k}$$

式中，$x' = x - \dfrac{q\mathcal{E}}{k}$. 因此能移为

$$E' = \frac{q^2\mathcal{E}^2}{2k} = \frac{e^2\mathcal{E}^2}{2k}$$

(2) x 在态 $|n\rangle$ 中的期望值为

$$\langle x \rangle_n = \left\langle x' + \frac{q\mathcal{E}}{k} \right\rangle = \langle x' \rangle + \left\langle \frac{q\mathcal{E}}{k} \right\rangle = \frac{q\mathcal{E}}{k}$$

所以偶极矩

$$\boldsymbol{p}_n = -e\frac{q\boldsymbol{\mathcal{E}}}{k} = e^2\frac{\boldsymbol{\mathcal{E}}}{k}$$

其中，已代入了 $q = -e$.

7.27　求氢原子 1s、2p 态能级的 Lamb 位移

题 7.27　将电子看作均匀带电小球，其经典半径为 $r_0 = r_e = \dfrac{e^2}{\mu c^2}$，小球在外静电场中获得势能

$$U(r) = V(r) + \frac{1}{6}r_0^2\nabla^2 V(r) + \cdots \tag{7.122}$$

其中，r 为小球球心位置，$V(r) = -\dfrac{e^2}{r}$.

(1) 如果把 r_0^2 项看作微扰，计算 Lamb 移动的数值；

(2) 如果将 r_0 换成电子的 Compton 波长 $\lambda = \dfrac{\hbar}{\mu c}$，计算结果；

(3) 如果像 Bogoliubov 那样，将 r_0 换作两者的几何平均值，即令 $r_0^2 \to \langle \delta^2 \rangle = r_0\lambda$，再计算结果.

解答　(1) 根据式 (7.122)，电子为均匀带电小球在原子核 Coulomb 势场中运动的 Hamilton 量为

$$H = \frac{\boldsymbol{p}^2}{2\mu} + U(r) = \frac{\boldsymbol{p}^2}{2\mu} + V(r) + \frac{1}{6}r_e^2\nabla^2 V(r) \tag{7.123}$$

记 $H' = \dfrac{1}{6}r_e^2\nabla^2 V(r)$ 为 Hamilton 量微扰项. 将 $V(r) = -\dfrac{e^2}{r}$ 代入，由于

$$\nabla^2 \frac{1}{r} = -4\pi\delta(\boldsymbol{r})$$

即得

$$H' = \frac{2\pi}{3}e^2 r_e^2\delta(\boldsymbol{r}) \tag{7.124}$$

1s 能级为氢原子基态, 若不计自旋, 非简并. 按照定态微扰论, 能级的一级微扰修正等于 H' 的期望值, 即

$$E^{(1)} = \int \psi^* H' \psi \mathrm{d}^3 \boldsymbol{r} = \frac{2\pi}{3} e^2 r_{\mathrm{e}}^2 |\psi(0)|^2 \tag{7.125}$$

对于 1s 态 (即 $\psi_{1\mathrm{s}} = \psi_{100}$),

$$|\psi_{1\mathrm{s}}(0)|^2 = \frac{1}{\pi a_0^3} = \frac{1}{\pi} \left(\frac{m_{\mathrm{e}} e^2}{\omega^2} \right)^3$$

因此

$$E_{1\mathrm{s}}^{(1)} = \frac{2}{3} \frac{e^2 r_{\mathrm{e}}^2}{a_0^3} = \frac{2}{3} \alpha^6 m_{\mathrm{e}} c^2 \approx 5.1 \times 10^{-8} \mathrm{eV} \tag{7.126}$$

其中, $\alpha = e^2/\hbar c \approx 1/137$ 为精细结构常数.

2s、2p 态为氢原子第一激发态, 若不计自旋, 为 4 重简并. 在由这 4 个简并态

$$\{\psi_{200} = \psi_1, \ \psi_{21-1} = \psi_2, \ \psi_{210} = \psi_3, \ \psi_{211} = \psi_4\}$$

组成的简并子空间中, 微扰矩阵元为

$$H'_{ij} = \int \psi_i^* H' \psi_j \mathrm{d}^3 \boldsymbol{r} = \frac{2\pi}{3} e^2 r_{\mathrm{e}}^2 \psi_i^*(0) \psi_j(0) \tag{7.127}$$

因 $\psi_{21m}(0) = 0$, 故 $i = j = 1$ 除外,

$$H'_{ij} \equiv 0, \quad i = j = 1 \text{除外} \tag{7.128}$$

可见在微扰作用下, 2s、2p 态简并能级的 4 个简并态已经是合适的零级波函数, 而且对于 2p 态, 能级一级修正为零. 对于 2s 态, 在式 (7.127) 中取 $i = j = 1$, 即有

$$H'_{11} = \frac{2\pi}{3} e^2 r_{\mathrm{e}}^2 |\psi_{200}(0)|^2 \tag{7.129}$$

对于 2s 态 (即 $\psi_{2\mathrm{s}} = \psi_{200}$),

$$|\psi_{200}(0)|^2 = \frac{1}{8\pi a_0^3} = \frac{1}{8\pi} \left(\frac{m_{\mathrm{e}} e^2}{\omega^2} \right)^3$$

因此

$$H'_{11} = \frac{1}{12} \frac{e^2 r_{\mathrm{e}}^2}{a_0^3} = \frac{1}{12} \alpha^6 m_{\mathrm{e}} c^2 \approx 6.4 \times 10^{-9} \mathrm{eV} \tag{7.130}$$

因而

$$E_{2\mathrm{s}}^{(1)} \approx 6.4 \times 10^{-9} \mathrm{eV}, \quad E_{2\mathrm{p}}^{(1)} = 0 \tag{7.131}$$

可见, 在题给微扰作用下, 2s 能级与 2p 能级发生分裂, 2s 能级要高于 2p 能级.

(2) 将 λ^2 替换上式中的 r_0^2, 可得

$$E_{2\mathrm{s}}^{(1)} = \frac{1}{12} \frac{e^2 \hbar^2}{a_0^3 m_{\mathrm{e}}^2 c^2} = \frac{1}{12} \alpha^4 m_{\mathrm{e}} c^2 \approx 1.2 \times 10^{-4} \mathrm{eV}$$

(3) 用 $r_0\lambda$ 代替 r_0^2, 可得

$$E_{2\mathrm{s}}^{(1)} = \frac{1}{12}\frac{e^2 r_0\lambda}{a_0^3} = \frac{1}{12}\alpha^5 m_\mathrm{e}c^2 \approx 8.8\times 10^{-7}\mathrm{eV}$$

说明　氢原子 Bohr 半径为 $a_0 = \hbar^2/(m_\mathrm{e}e^2) \approx 0.529\text{Å}$, 电子 Compton 波长为 $\lambda_\mathrm{C} = \hbar/(m_\mathrm{e}c) \approx 3.861\times 10^{-13}\mathrm{m}$, 电子经典半径为 $r_\mathrm{e} = e^2/(m_\mathrm{e}c^2) \approx 2.818\mathrm{fm}$, 它们满足等比关系 $a:\lambda_\mathrm{C}:r_\mathrm{e} = 1:\alpha:\alpha^2$, 上面式 (7.126)、式 (7.130) 用到了这一等比关系.

Lamb 移位指的是氢原子 2s 能级与 2p 能级的差异 (若根据 Dirac 相对论量子力学, 这两个能级应重合), 它来源于电子与量子电动力学真空的相互作用. 虽然本题第 (1) 小题定性结论是正确的, 但根据本题模型所得定量结果与 Lamb 移位的实验结果或者量子电动力学计算结果[1]相比, 量级上差一个精细结构常数 α 倒数, 即量级相差百倍. 原因可以追溯到电子与量子电动力学真空的相互作用所导致的电子位置涨落 $\sqrt{(\delta\boldsymbol{r})^2}$ 要比经典电子半径 r_e 大 $1/\sqrt{\alpha}$ 的量级. 像第 (3) 小题 Bogoliubov 那样, 将 r_0 换作 r_0 与电子 Compton 波长的几何平均值, 则给出的结果与量子电动力学计算结果一致.

7.28　电子偶素 1s 基态中单态与三重态的能级差

题 7.28　电子偶素是将正电子作为核的 "氢原子"[2]. 在非相对论极限下, 能级和波函数除了标度以外都和氢原子一样.

(1) 用你对于氢原子的知识, 写出电子偶素 1s 基态的归一化波函数. 用球坐标并以氢原子 Bohr 半径 a_0 作标度参数;

(2) 以 a_0 为单位计算 1s 态半径的均方根值, 这是电子偶素半径或直径的物理估计吗?

(3) 在 1s 态, 电子偶素存在一个超精细相互作用

$$H' = -\frac{8\pi}{3}\boldsymbol{\mu}_\mathrm{p}\cdot\boldsymbol{\mu}_\mathrm{e}\delta(\boldsymbol{r})$$

式中, $\boldsymbol{\mu}_\mathrm{p}$ 和 $\boldsymbol{\mu}_\mathrm{e}$ 是电子和正电子的磁矩 $\left(\boldsymbol{\mu} = \dfrac{ge}{2mc}\boldsymbol{S}\right)$. 对于电子和正电子 $g = 2$. 用一阶微扰论计算基态中单态和三重态的能级差, 确定哪个能级最低, 能移是多少 GHz, 求数值结果.

解答　(1) 由于电子偶素中电子折合质量为 $\dfrac{m}{2}$, 所以其基态波函数为

$$\psi_{100}(r) = \frac{1}{\sqrt{\pi}}\left(\frac{1}{2a_0}\right)^{3/2}\mathrm{e}^{-r/2a_0}$$

---

[1] 参见 Willis E. Lamb and Robert C. Retherford, *Fine Structure of the Hydrogen Atom by a Microwave Method*, *Phys. Rev.*, **72**, 241-243 (1947); H. A. Bethe, *The Electromagnetic Shift of Energy Levels*, *Phys. Rev.*, **72**, 339-341 (1947) 等文献, 其中给出 Lamb 移位的结果 $\propto \alpha^5$, 在 μeV 量级 (转换到频率则为 GHz 量级), 而非本题第 (1) 小题计算所得 $\propto \alpha^6$.

[2] C. Kittel, et al., *Berkeley Physics Course, Mechanics*, **1**, 292(1971).

式中, a_0 为 Bohr 半径.

(2) 电子偶素基态电子和正电子相对位移的均方为

$$\langle r^2 \rangle = 4\pi \int_0^\infty r^4 \frac{1}{8a_0^3\pi} \mathrm{e}^{-r/a_0} \mathrm{d}r = 4\pi a_0^2 \int_0^\infty x^4 \frac{1}{8\pi} \mathrm{e}^{-x} \mathrm{d}x = 12a_0^2$$

所以 $\sqrt{\langle r^2 \rangle} = 2\sqrt{3}a_0$, 可作为电子偶素半径的物理估计.

(3) 加入自旋后, 体系状态可由 $|nlmSS_z\rangle$ 描述. S, S_z 分别为总自旋及其 z 分量

$$\begin{aligned}
\langle 100S'S_z' | H_{\mathrm{int}} | 100SS_z \rangle &= \int \mathrm{d}^3 \boldsymbol{r} \psi_{100}^*(r) \left(-\frac{8\pi}{3} \right) \delta(r) \psi_{100}(r) \chi_{s'}^\dagger(S_z') \mu_{\mathrm{e}} \cdot \mu_{\mathrm{p}} \chi_s(S_z) \\
&= \frac{8\pi}{3} \left(\frac{e}{mc} \right)^2 |\psi_{100}(0)|^2 \chi_{s'}^\dagger(S_z') \boldsymbol{S}_{\mathrm{e}} \cdot \boldsymbol{S}_{\mathrm{p}} \chi_s(S_z) \\
&= \left(\frac{e^2}{\hbar c} \right)^2 \cdot \frac{e^2}{a_0} \cdot \frac{1}{3} \left[\frac{1}{2} S(S+1) - \frac{3}{4} \right] \delta_{s'} \delta_{s_z s_z'}
\end{aligned}$$

单态, $S = 0, \ S_z = 0$,

$$\Delta E_0 = -\frac{1}{4} \left(\frac{e^2}{\hbar c} \right)^2 \frac{e^2}{a_0} < 0$$

三重态, $S = 1, \ S_z = 0, \pm 1$,

$$\Delta E_1 = \frac{1}{12} \left(\frac{e^2}{\hbar c} \right)^2 \frac{e^2}{a_0} > 0$$

可知单态能级低. 能级劈裂为

$$\Delta E_0 = \frac{1}{3} \left(\frac{e^2}{\hbar c} \right)^2 \frac{e^2}{a_0} = 4.831 \times 10^{-4} \mathrm{eV}$$

对应频率

$$\nu = \frac{\Delta E}{h} = 1.170 \times 10^{11} \mathrm{Hz} = 117.0 \mathrm{GHz}$$

7.29 氢原子结合能

题 7.29 将质子看作是半径为 R 的带电球壳. 用一阶微扰论, 计算由质子的非点性质引起的氢原子结合能的改变. 你的答案在物理上有意义吗? 为什么?

注 整个问题中你都可以用 $R \ll a_0$ 这一近似, 其中 a_0 是 Bohr 半径.

解答 如果质子是半径为 R 的带电球壳, 则氢原子的势能为

$$\phi(r) = \begin{cases} \dfrac{Ze}{R}, & r \leqslant R \\[2mm] \dfrac{Ze}{r}, & r > R \end{cases}$$

由于 $R \ll a_0$,上述位势对点质子 Coulomb 势的偏离可以看成微扰

$$H' = \begin{cases} Ze^2 \left(\dfrac{1}{r} - \dfrac{1}{R} \right), & r \leqslant R \\ 0, & r > R \end{cases}$$

由微扰引起的基态能级改变为

$$\begin{aligned} E_0^{(1)} &= \iiint \psi_{100}^{(0)*} H' \psi_{100}^{(0)} \mathrm{d}^3 \boldsymbol{r} \\ &= \frac{Z^4 e^2}{\pi a_0^3} \int_0^R \mathrm{e}^{-\frac{2Zr}{a_0}} \left(r - \frac{r^2}{R} \right) \mathrm{d}r \cdot \iint \mathrm{d}\Omega \\ &= 4\pi \frac{Z^4 e^2}{\pi a_0^3} \int_0^R \left(r - \frac{r^2}{R} \right) \mathrm{d}r = 4 \frac{Z^4 e^2}{a_0^3} \left(\frac{1}{2} r^2 - \frac{r^3}{3R} \right) \Big|_0^R \\ &= \frac{2Z^4 e^2}{3a_0^3} R^2 = \frac{4}{3} \frac{Z^{14/3} r_{0p}^2}{a_0^2} E_c \end{aligned} \tag{7.132}$$

根据题意,原子核的尺度是 10^{-15}m=fm 的数量级,与 Bohr 半径相比相差 10^5 倍,因而当 $r < r_p$ 时, r/a_0 是个极小的数量,在上面积分中取了近似 $\mathrm{e}^{-\frac{2Zr}{a_0}} \approx 1$. 而式 (7.132)中 $E_c = 13.6$eV 为氢原子电离能. 注意到 $E_0^{(1)} > 0$,所以可见核电荷 Ze 为球壳分布的非点电荷效应导致能级升高,也就是说结合能减小. 从物理上看,如果将点质子模型和球壳质子模型作一比较,就会发现体系在后一种情形会附加一种排斥作用. 另一方面,氢原子体系是靠吸引力结合起来的,所以质子的非点性质实际上削弱了体系的吸引作用,结果势必降低体系结合能.

7.30 氢原子的 1s 态和 2p 态

题 7.30 实际原子核不是一个点电荷,它具有一定大小,可近似视为半径为 R 的均匀分布球体. 测量表明,电荷分布半径

$$R = r_{0p} Z^{\frac{1}{3}}, \quad r_{0p} \doteq 1.635 \times 10^{-15} \text{m} = 1.635 \text{fm}$$

试用微扰论估计这种 (非点电荷) 效应导致的氢原子的 1s 态和 2p 态的能移.

解答 按题意氢原子核 (质子) 电荷 e 在半径为 r_p 的球内均匀地分布. 先求该均匀带电球的电势. 根据对称性确定带电球内空间电场

$$\boldsymbol{\mathcal{E}} = -e \left(\frac{r}{r_p} \right)^3 \frac{1}{r^2} \boldsymbol{e}_r = -\frac{e}{r_p^3} r \boldsymbol{e}_r$$

球外的电场则视为全部电荷集中在球心,上式中取了 Gauss 单位制. 从而求得空间电势如下:

$$\phi(r) = \begin{cases} \dfrac{e}{2} \left(\dfrac{3}{r_p} - \dfrac{r^2}{r_p^3} \right), & r \leqslant r_p \\ \dfrac{e}{r}, & r > r_p \end{cases} \tag{7.133}$$

氢原子的 Hamilton 量为

$$H = \frac{p^2}{2m} - e\phi(r)$$

假定全部电荷 Ze 集中在一个几何点 $(r=0)$，相应的 Hamilton 量是未扰 Hamilton 量 H_0，这时电势表示为 $\phi_0(r) = e/r$. 而

$$H_0 = \frac{p^2}{2m} - \frac{e^2}{r}$$

体系的 Hamilton 量为 $H = H_0 + H'$，这样取非点电荷效应导致的微扰项 $H' = H - H_0 = -e\phi(r) + e\phi(r)_0$，为

$$H' = \begin{cases} \dfrac{e^2}{2r_{\mathrm{p}}} \left[\left(\dfrac{r}{r_{\mathrm{p}}} \right)^2 + 2\dfrac{r_{\mathrm{p}}}{r} - 3 \right], & r \leqslant r_{\mathrm{p}} \\ 0, & r > r_{\mathrm{p}} \end{cases} \tag{7.134}$$

所以 1s 态和 2p 态的能移的一阶微扰结果用 $|nlm\rangle$ 统一写为[①]

$$\begin{aligned} \langle nlm | H' | nlm \rangle &= \langle nl | H' | nl \rangle \\ &= \iiint \psi_{nlm}^{(0)*} H' \psi_{nlm}^{(0)} \mathrm{d}^3 \boldsymbol{r} = \int_0^\infty R_{nl}^* H'(r) R_{nl} r^2 \mathrm{d}r \\ &= \int_0^{r_{\mathrm{p}}} r^2 \mathrm{d}r R_{nl}^*(r) R_{nl}(r) \times \frac{e^2}{2r_{\mathrm{p}}} \left[\left(\frac{r}{r_{\mathrm{p}}} \right)^2 + \frac{2r_{\mathrm{p}}}{r} - 3 \right] \end{aligned} \tag{7.135}$$

氢原子的 1s 态和 2p 态的径向波函数

$$R_{10} = \frac{2}{a_0^{3/2}} \mathrm{e}^{-r/a_0}, \quad R_{21} = \frac{1}{2\sqrt{6} a_0^{3/2}} \times \frac{r}{a_0} \mathrm{e}^{-r/2a_0} \tag{7.136}$$

其中，$a_0 = 0.529 \times 10^{-10}\mathrm{m}$ 为 Bohr 半径. 根据题意，原子核的尺度是 $10^{-15}\mathrm{m} = \mathrm{fm}$ 的数量级，与 Bohr 半径相比相差 10^5 倍，因而当 $r < r_{\mathrm{p}}$ 时，r/a_0 是个极小的量，式 (7.135) 的积分式可取近似 $\mathrm{e}^{-\frac{2Zr}{a_0}} \approx 1$. 由此得 1s 态能移

$$\begin{aligned} E_{10}^{(1)} &\approx \int_0^{r_{\mathrm{p}}} r^2 \mathrm{d}r \frac{4}{a_0^3} \frac{e^2}{2r_{\mathrm{p}}} \left[\left(\frac{r}{r_{\mathrm{p}}} \right)^2 + \frac{2r_{\mathrm{p}}}{r} - 3 \right] \\ &= \frac{2e^2 r_{\mathrm{p}}^2}{a_0^3} \int_0^1 x^2 \mathrm{d}x \left(x^2 + \frac{2}{x} - 3 \right) = \frac{2e^2 r_{\mathrm{p}}^2}{a_0^3} \int_0^1 \mathrm{d}x \left(x^4 + 2x - 3x^2 \right) \\ &= \frac{2e^2 r_{\mathrm{p}}^2}{5a_0^3} = \frac{2r_{\mathrm{p}}^2}{5a_0^2} E_{\mathrm{c}} \end{aligned} \tag{7.137}$$

其中，$E_{\mathrm{c}} = 13.6\mathrm{eV}$ 为氢原子电离能. 2p 态能移为

$$E_{21}^{(1)} \approx \int_0^{r_{\mathrm{p}}} r^4 \mathrm{d}r \frac{1}{24a_0^5} \frac{e^2}{2r_{\mathrm{p}}} \left[\left(\frac{r}{r_{\mathrm{p}}} \right)^2 + \frac{2r_{\mathrm{p}}}{r} - 3 \right]$$

[①] 2p 态的磁量子数可以取 $m = -1, 0, 1$，故共有 3 个态. 由于 H' 的旋转不变性，不同 m 的态不会混合，所以 2p 态能移的一阶微扰也是 H' 在 2p 态下的期望值.

$$
\begin{aligned}
&= \frac{e^2 r_{\mathrm{p}}^4}{48 a_0^5} \int_0^1 x^4 \mathrm{d}x \left(x^2 + \frac{2}{x} - 3 \right) = \frac{e^2 r_{\mathrm{p}}^4}{48 a_0^5} \int_0^1 \mathrm{d}x \left(x^6 + 2x^3 - 3x^4 \right) \\
&= \frac{e^2 r_{\mathrm{p}}^4}{1120 a_0^5}
\end{aligned}
\tag{7.138}
$$

由上面结果可见, 原子核非点电荷效应导致它对电子吸引减弱, 使得原子能级升高, 1s 态能移与 2p 态能移均为正. 由于 H' 的旋转不变性, 非点电荷效应没有解除 2p 态简并, 并且 $E_{21}^{(1)} \approx 10^{-3} \frac{r_{\mathrm{p}}^2}{a_0^2} E_{10}^{(1)} \approx 10^{-13} E_{10}^{(1)} \ll E_{10}^{(1)}$. 由上面结果可估算, 即使 1s 态能移 $E_{10}^{(1)}$ 也在 10^{-8}eV 量级, 也非常小. 然而对于重核素或 μ-原子等, 原子核非点电荷效应的能级修正可能是非常可观的, 可见下面几题的讨论.

7.31　原子中的电子能级

题 7.31　一原子具有电荷 Z 的核和一个电子, 核半径为 R, 核内电荷均匀分布. 我们要研究核的有限体积对电子能级的影响.

(1) 计算考虑到核的有限体积时的势能;

(2) 用微扰论计算 ^{228}Pb 的 1s 态由核的有限体积引起的能级移动. 假定 R 远小于 Bohr 半径, 从而可以对波函数作近似;

(3) 假定 $R = r_0 A^{1/3}$, $r_0 = 1.2$fm, 给出第 (2) 小题数值答案, 用 cm^{-1} 表示.

解答　(1) 由对称性和 Gauss 定理, 均匀带电球 R 的场强满足

$$
4\pi r^2 E = \begin{cases}
4\pi Q, & r \geqslant R \\
4\pi \left(\dfrac{4\pi}{3} r^3 \rho \right) = 4\pi \left(\dfrac{r}{R} \right)^3 Q, & r < R
\end{cases}
$$

因而

$$
E = \begin{cases}
\dfrac{Q}{r^2}, & r \geqslant R \\
\dfrac{rQ}{R^3}, & r < R
\end{cases}
$$

从而求得空间电势如下:

$$
\phi(r) = \begin{cases}
\dfrac{Ze}{2} \left(\dfrac{3}{R} - \dfrac{r^2}{R} \right), & r \leqslant R \\
\dfrac{Ze}{r}, & r > R
\end{cases}
\tag{7.139}
$$

原子核外电子运动的 Hamilton 量为

$$
H = \frac{p^2}{2m} - e\phi(r)
$$

(2) 假定全部电荷 Ze 集中在一个几何点 $(r = 0)$, 相应的 Hamilton 量是未扰 Hamilton 量 H_0, 这时电势表示为 $\phi_0(r) = Ze/r$. 而

$$
H_0 = \frac{p^2}{2m} - \frac{Ze^2}{r}
$$

体系的 Hamilton 量为 $H = H_0 + H'$, 这样取非点电荷效应导致的微扰项 $H' = H - H_0 = -e\phi(r) + e\phi_0(r)$ 为

$$H' = \begin{cases} \dfrac{Ze^2}{2R}\left[\left(\dfrac{r}{R}\right)^2 + 2\dfrac{R}{r} - 3\right], & r \leqslant R \\ 0, & r > R \end{cases} \tag{7.140}$$

按定态微扰论

$$\begin{aligned} \Delta E_{1s} &= \langle 1s|H'|1s\rangle = \int_0^R |\psi_{1s}|^2 r^2 \mathrm{d}r \cdot H' \cdot 4\pi \\ &\approx 4\pi|\psi_{1s}(0)|^2 \int_0^R V' r^2 \mathrm{d}r \approx \frac{2}{5}\frac{Ze^2}{a}\left(\frac{R}{a}\right)^2 \end{aligned}$$

式中, $a = \dfrac{\hbar^2}{m_e Ze^2}$, 积分中倒数第 2 个 "$\approx$" 意味着已用了 r/a 极小的条件.

(3) 令 $\hbar = e = m_e = 1$, 则

$$\begin{aligned} \Delta E_{1s} &= \frac{2}{5} \cdot \frac{Z}{(1/Z^3)}\left(\frac{R}{a_0}\right)^2 \text{原子单位} = \frac{2}{5}Z^4 A^{2/3}\left(\frac{r_0}{a_0}\right)^2 \text{原子单位} \\ &= \frac{2}{5} \times 82^4 \times 208^{2/3} \times \left(\frac{1.2}{0.53} \times 10^{-5}\right)^2 \times 27.2 \times \frac{1}{1.24} \times 10^4 \mathrm{cm}^{-1} \\ &\approx 7.14 \times 10^4 \mathrm{cm}^{-1} \end{aligned}$$

7.32　核的有限大小效应对基态能量的影响

题 7.32　将铝原子 ($Z = 13$, $A = 27$) 的电子只留一个, 其余全部电离掉, 从而形成一个类氢原子. 考虑这样一个类氢原子. 对于电子基态, 计算核的有限大小的效应, 即计算将核视为点核和将核视为物理上真实大小时 (假设核是均匀带电球) 所对应的两种基态能量差. 分别用: (1) 电子伏特; (2) 这个原子的电离能的一个分数来表示所得结果.

解答　对于球对称电荷分布, 显然在球外电势为

$$\phi_1 = \frac{Ze}{r}, \quad r > R$$

R 是核的半径, 在核内场强

$$\mathcal{E} = Ze\left(\frac{r}{R}\right)^3 \frac{1}{r^2} = \frac{Zer}{R^3}$$

电势为

$$\phi_2 = \frac{Ze}{2R^3}r^2 + C$$

其中, C 是待定常数. 由势在核表面连续 $\phi_1(R)=\phi_2(R)$ 得 $C=-\dfrac{3Ze}{2R}$, 电势为

$$\phi(r)=\begin{cases} -\dfrac{Ze^2}{r}, & r \geqslant R \\[3mm] \dfrac{Ze^2}{2R}\left[\left(\dfrac{r}{R}\right)^2-3\right], & r<R \end{cases}$$

电子的 Hamilton 量为

$$H=\dfrac{p^2}{2m}-e\phi(r)$$

假定全部电荷 Ze 集中在一个几何点 $(r=0)$ 相应的 Hamilton 量是未扰 Hamilton 量 H_0, 这时电势表示为 $\phi_0(r)=Ze/r$. 而

$$H_0=\dfrac{p^2}{2m}-\dfrac{Ze^2}{r}$$

体系的 Hamilton 量为 $H=H_0+H'$, 这样取非点电荷效应导致的微扰项 $H'=H-H_0=-e\phi(r)+e\phi_0(r)$ 为

$$H'=\begin{cases} \dfrac{Ze^2}{2R}\left[\left(\dfrac{r}{R}\right)^2+2\dfrac{R}{r}-3\right], & r\leqslant R \\[3mm] 0, & r>R \end{cases} \tag{7.141}$$

所以

$$\begin{aligned} \langle 100|H'|100\rangle &= \int_0^\infty r^2\mathrm{d}r R_{10}^*(r)R_{10}(r)H'(r) \\ &= \int_0^R r^2\mathrm{d}r R_{10}^2(r)\dfrac{Ze^2}{2R}\left[\left(\dfrac{r}{R}\right)^2+\dfrac{2R}{r}-3\right] \\ &= \int_0^R \dfrac{Z^4e^2}{a_0^3}\mathrm{e}^{-2Zr/a_0}\left(\dfrac{1}{r}-\dfrac{3}{2R}+\dfrac{r^2}{2R^3}\right)4r^2\mathrm{d}r \end{aligned}$$

式中, $a_0=\dfrac{\hbar^2}{me^2}=5.3\times10^{-9}\mathrm{cm}$, 是 Bohr 半径. 因为 $R=r_0A^{1/3}$, $r_0=10^{-13}\mathrm{cm}$, 而

$$\dfrac{ZR}{a}=\dfrac{r_0A^{1/3}Z}{a_0}\approx0.74\times10^{-3}\ll1$$

所以上面被积函数中可取 $\mathrm{e}^{-2Zr/a_0}\approx1$. 于是

$$\begin{aligned} \Delta E &= \langle 100|H'|100\rangle \\ &\approx \dfrac{4Z^4e^2}{a^3}\int_0^\rho\left(r-\dfrac{3r^2}{2\rho}+\dfrac{r^4}{2\rho^3}\right)\mathrm{d}r=\dfrac{4Z^4e^2}{a^3}\left(\dfrac{\rho^2}{2}-\dfrac{\rho^3}{2\rho}+\dfrac{\rho^5}{10\rho^3}\right) \\ &\approx \dfrac{2Z^4e^2\rho^2}{5a^3}=\dfrac{2}{5}\dfrac{e^2}{a}\cdot Z^4\left(\dfrac{\rho}{a}\right)^2 \end{aligned}$$

(1) 因为 $e^2/2a=E_\mathrm{c}=13.6\mathrm{eV}$, 所以

$$\Delta E=\dfrac{4}{5}\cdot13.6\mathrm{eV}\cdot Z^4\left(\dfrac{\rho}{a}\right)^2$$

$$= \frac{4}{5} \times 13.6 \times (13)^4 \times \left(\frac{10^{-13} 27^{1/3}}{5.3 \times 10^{-9}} \right)^2 \text{eV} \sim 1 \times 10^{-3} \text{eV}$$

(2) 因为 $Z^2 e^2 / a_0 = E_{\mathrm{I}}$(电离能)，所以

$$\Delta E = \frac{2}{5} \cdot \frac{Z^2 e^2}{a_0} Z^2 \left(\frac{\rho}{a_0} \right)^2 = \frac{2}{5} Z^2 \left(\frac{\rho}{a_0} \right)^2 E_{\mathrm{I}} \approx 2 \times 10^{-7} E_{\mathrm{I}}$$

7.33　π^+-μ^- 原子的 1s、2p 态之间的能级差

题 7.33　为测量 π 介子的电磁半径，我们去研究 $\pi^+(m_{\pi^+} = 273.2 m_{\mathrm{e}})$ 和 $\mu^-(m_{\mu^-} = 206.77 m_{\mathrm{e}})$ 组成的原子的性质. 假定 π^+ 介子的所有电荷均匀分布在半径 $R = 10^{-13}$cm 的球壳上， μ^- 是点粒子. 将势能表成点电荷的 Coulomb 势加上微扰势并用微扰论去计算 1s、2p 能量差 Δ 的移动的百分比数值 (忽略自旋效应和 Lamb 移动). 已知

$$a_0 = \frac{\hbar^2}{me^2}, \quad R_{10}^{(1)} = \left(\frac{1}{a_0} \right)^{3/2} 2 \mathrm{e}^{-r/a_0}$$

$$R_{21}^{(1)} = \left(\frac{1}{2a_0} \right)^{3/2} \frac{r}{a_0} \cdot \frac{\mathrm{e}^{-r/2a_0}}{\sqrt{3}}$$

解答　类似前面题 7.30 的做法，可得微扰 Hamilton 量为

$$H' = \begin{cases} 0, & r \geqslant R \\ \left(\dfrac{1}{r} - \dfrac{1}{R} \right) e^2, & r < R \end{cases}$$

采用自然单位，令 $\hbar = e = m \left(= \dfrac{m_{\pi^+} m_{\mu^-}}{m_{\pi^+} + m_{\mu^-}} = 117.6 m_{\mathrm{e}} \right) = 1$. 于是由 $R \ll a_0$，

$$\Delta E = \langle \psi | V' | \psi \rangle \approx |\psi(0)|^2 \int \mathrm{d}^3 \boldsymbol{r} V' = \frac{2\pi}{3} |\psi(0)|^2 R^2$$

所求的百分数为

$$\frac{\Delta E_{2\mathrm{p}} - \Delta E_{1\mathrm{s}}}{E_{2\mathrm{p}} - E_{1\mathrm{s}}} \approx -\frac{\Delta E_{1\mathrm{s}}}{E_{2\mathrm{p}} - E_{1\mathrm{s}}} = -\frac{\dfrac{2\pi}{3} \cdot \dfrac{1}{\pi} \cdot \left(\dfrac{R}{a_0} \right)^2}{-\dfrac{1}{8} + \dfrac{1}{2}}$$

$$= -\frac{16}{9} \left(\frac{R}{a_0} \right)^2 \approx -\frac{16}{9} \left(\frac{10^{-13}}{5.3 \times 10^{-9} \times \dfrac{1}{118}} \right)^2$$

$$\approx -8.8 \times 10^{-6}$$

也就是

$$\frac{\Delta E_{2\mathrm{p}} - \Delta E_{1\mathrm{s}}}{E_{2\mathrm{p}} - E_{1\mathrm{s}}} \approx -8.8 \times 10^{-4} \%$$

7.34　μ-原子由于有限核体积而产生的能移

题 7.34　μ-原子 (muonic atom) 由核和束缚在核外处于类氢轨道上的 μ⁻ 组成 $(m_{\mu^-} = 206.77m_{\mathrm{e}})$[①]. 由于核电荷分布于半径为 R 的区域内, 相对于点状核, μ-原子的能级有一移动. 有效 Coulomb 势近似为

$$V(r) = \begin{cases} -\dfrac{Ze^2}{r}, & r \geqslant R \\[3mm] -\dfrac{Ze^2}{R}\left(\dfrac{3}{2} - \dfrac{1}{2} \cdot \dfrac{r^2}{R^2}\right), & r < R \end{cases}$$

(1) 定性陈述 μ-原子 1s、2s、2p、3s、3p、3d 能级绝对移动和相对移动. 对这些移动的所有差异均给以物理解释. 画出这些态的微扰和未微扰能级图;

(2) 考虑到核电荷分布非点状这一事实, 给出 1s 态能量一级改变的表示式;

(3) 假定 $R/a_\mu \ll 1$, a_μ 是 μ-原子 "Bohr 半径", 估计 2s-2p 的能量移动并证明这个移动给出 R 的一个度量;

(4) 第 (2) 小题中的方法在什么情况下很可能不正确? 这种方法是过高还是过低地估计了能量移动, 给以物理解释.

有用的信息

$$\psi_{1\mathrm{s}} = 2N_0 \mathrm{e}^{-r/a_\mu} \mathrm{Y}_{00}(\theta, \varphi),$$

$$\psi_{2\mathrm{s}} = \frac{1}{\sqrt{8}} N_0 \left(2 - \frac{1}{a_\mu}\right) \mathrm{e}^{-r/2a_\mu} \mathrm{Y}_{00}(\theta, \varphi)$$

$$\psi_{2\mathrm{p}} = \frac{1}{\sqrt{24}} N_0 \frac{r}{a_\mu} \mathrm{e}^{-r/2a_\mu} \mathrm{Y}_{1m}(\theta, \varphi)$$

其中, $N_0 = 1/a_\mu^2$.

解答　(1) 微扰 Hamilton 量为

$$H' = \begin{cases} 0, & r \geqslant R \\[3mm] Ze^2 \left[\dfrac{1}{r} - \dfrac{1}{R}\left(\dfrac{3}{2} - \dfrac{1}{2}\dfrac{r^2}{R^2}\right)\right], & r \leqslant R \end{cases}$$

当 $r < R$ 时, $H' > 0$, 故诸能级向上移动. 由于 s 态的 μ⁻ 在 $r \sim 0$ 区域的概率较 p 态和 d 态的大, 故 s 能级的移动较 p 和 d 能级的大. 此外, 角量子数 l 越大, 对应轨道角动量越大, μ⁻ 子云分布越离开中心, 对应的修正就越小. 如图 7.11 所示, 实线表示未扰动的能级, 虚线表示微扰能级. d 能级的未微扰能级和微扰能级几乎一样.

(2) 作为一级近似, 1s 态能级移动为 $\Delta E_{1\mathrm{s}} = \langle 1\mathrm{s} | H' | 1\mathrm{s}\rangle$. 由于 $R \ll a_\mu$, 可将在 $\int_0^R$ 积分中被积函数的 $|\psi(r)|^2$ 在 $r = 0$ 处抽出, 于是

$$\Delta E_{1\mathrm{s}} = \frac{2\pi}{5} Ze^2 |\psi_{1\mathrm{s}}(0)|^2 R^2 \approx \frac{2}{5}\left(\frac{R}{a_\mu}\right)^2 \frac{Ze^2}{a_\mu}$$

[①] C. S. Wu, L. Wiletz, *Ann. Rev. Nucl. Sci.*, **19**(1969), 527.

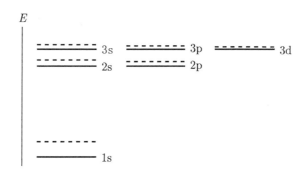

图 7.11　μ−原子 1s、2s、2p、3s、3p、3d 的微扰和未微扰能级

(3) 同样

$$\Delta E_{2s} = \frac{2\pi}{5} Z e^2 |\psi_{2s}(0)|^2 R^2 = \frac{1}{20} \cdot \frac{Ze^2}{a_\mu} \left(\frac{R}{a_\mu}\right)^2$$

$$\Delta E_{2p} \approx \frac{2}{5} Z e^2 |\psi_{2p}(0)|^2 R^2 = 0$$

所以

$$\Delta E_{2s} - \Delta E_{2p} = \Delta E_{2s} = \frac{1}{20} \cdot \frac{Ze^2}{a_\mu} \left(\frac{R}{a_\mu}\right)^2$$

$$\approx \frac{1}{20} \cdot \frac{Ze^2}{a_0} \left(\frac{R}{a_0}\right)^2 \left(\frac{m_\mu}{m_e}\right)^3 \left(\frac{Am_p + Am_e}{Am_p + m_\mu}\right)^3$$

式中，a_0 是氢原子的 Bohr 半径. 显然，由实验测得能级移动，即可得知 R 的数值.
若代以 $Z = 5$, $R = 10^{-13}$cm，则

$$\Delta E_{2s} - \Delta E_{2p} \approx 2 \times 10^{-2} \text{eV}$$

(4) 上面第 (2) 小题中的计算作了 $R \ll a_\mu$ 的近似，当 R 不是远小于 a_μ 时，计算
不正确. 这种方法过高地估计了 s 态的能量移动，因为将电子在核内的概率放大了 (概
率密度均取成 $|\psi_{1s}(0)|^2$)，过低地估计了 p 态和 d 态的能量移动.

7.35　定性解释 Pauli 原理对能级的影响，给出氦原子态能级的微扰公式

题 7.35　(1) 对于氦原子基态和前两个激发态，用能级图给出它们的完全集量子数
(总角动量、自旋、宇称)；

(2) 定性解释 Pauli 原理在决定能级次序时所起的作用；

(3) 假设只有 Coulomb 力，并且知道 $Z = 2$ 的类氢波函数标记为 $|1s\rangle$, $|2s\rangle$, $|2p\rangle$
等，以及与 $Z = 2$ 相联系的类氢能量本征值为 E_{1s}, E_{2s}, E_{2p}, $\cdots$. 给出这些氦原子态能
级的微扰公式，不要计算积分，但要仔细解释你表述的结论中的符号.

解答　(1) 氦原子基态和前两个激发态的能级和完全集量子数 (总角动量、自旋、宇称) 如图 7.12 所示. 其中总自旋为零的两个态为仲氦, 总自旋为零的两个态为正氦.

(2) Pauli 原理要求自旋对称的三重态, 其空间波函数必是反对称的, 对应正氦; 而自旋反对称的单态, 其空间波函数必是对称的, 对应仲氦. 后者的电子云重叠大, 所以排斥能大 ($|\boldsymbol{r}_1 - \boldsymbol{r}_2|$ 小), 即能级较高. 这就是 Pauli 原理在排斥时的作用.

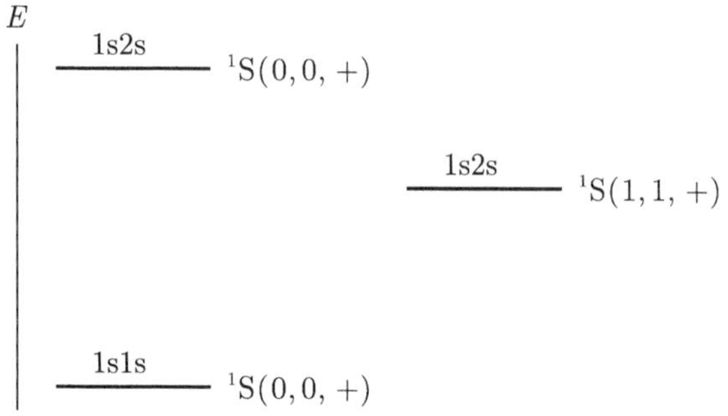

图 7.12　氦原子基态和前两个激发态的能级和完全集量子数

(3) 氦原子的 Hamilton 量为

$$H = -\frac{\hbar^2}{2m}\nabla_1^2 - \frac{\hbar^2}{2m}\nabla_1^2 - \frac{2e^2}{r_1} - \frac{2e^2}{r_2} + \frac{e^2}{|\boldsymbol{r}_1 - \boldsymbol{r}_2|}$$

对于 $|1s1s\rangle$ 态, 微扰修正公式为

$$\Delta E_{1s} = \left\langle 1s1s \left| \frac{e^2}{|\boldsymbol{r}_1 - \boldsymbol{r}_2|} \right| 1s1s \right\rangle$$

对于 $1snl(n = 2, 3, \cdots, l$ 代表 s, p,$\cdots)$ 电子组态, 有自旋三重态的微扰修正公式为

$$\begin{aligned}\Delta E_{nl}^{(3)} &= \frac{1}{2}\left[(\langle 1snl| - \langle nl1s|)\frac{e^2}{|\boldsymbol{r}_1 - \boldsymbol{r}_2|}(|1snl\rangle - |nl1s\rangle)\right]\\ &= \frac{1}{2}\left\langle 1snl\left|\frac{e^2}{|\boldsymbol{r}_1 - \boldsymbol{r}_2|}\right|1snl\right\rangle - \frac{1}{2}\left\langle nl1s\left|\frac{e^2}{|\boldsymbol{r}_1 - \boldsymbol{r}_2|}\right|1snl\right\rangle\\ &\quad - \frac{1}{2}\left\langle 1snl\left|\frac{e^2}{|\boldsymbol{r}_1 - \boldsymbol{r}_2|}\right|nl1s\right\rangle s + \frac{1}{2}\left\langle nl1s\left|\frac{e^2}{|\boldsymbol{r}_1 - \boldsymbol{r}_2|}\right|nl1s\right\rangle\\ &= \left\langle 1snl\left|\frac{e^2}{|\boldsymbol{r}_1 - \boldsymbol{r}_2|}\right|1snl\right\rangle - \left\langle 1snl\left|\frac{e^2}{|\boldsymbol{r}_1 - \boldsymbol{r}_2|}\right|nl1s\right\rangle\end{aligned}$$

自旋单态的微扰修正公式为

$$\Delta E_{nl}^{(1)} = \left\langle 1snl\left|\frac{e^2}{|\boldsymbol{r}_1 - \boldsymbol{r}_2|}\right|1snl\right\rangle + \left\langle 1snl\left|\frac{e^2}{|\boldsymbol{r}_1 - \boldsymbol{r}_2|}\right|nl1s\right\rangle$$

式中, $\left\langle 1snl\left|\frac{e^2}{|\boldsymbol{r}_1 - \boldsymbol{r}_2|}\right|1snl\right\rangle$ 称为直接积分; $\left\langle 1snl\left|\frac{e^2}{|\boldsymbol{r}_1 - \boldsymbol{r}_2|}\right|nl1s\right\rangle$ 称为交换积分.

7.36 圆周运动的粒子在微扰势 $H' = A \sin\theta\cos\theta$ 下的最低两个态及其能量修正

题 7.36 质量为 m 的粒子约束在一半径为 a 的圆周上，除此之外它是自由的. 加一个微扰 $H' = A\sin\theta\cos\theta$(其中 θ 是圆周上的角位置). 对于最低的两个态求出修正后的零级波函数，并计算它们的微扰能量修正 (二级近似).

解答 未受微扰的波函数和能级分别为

$$\psi_n(\theta) = \frac{1}{\sqrt{2\pi}}\mathrm{e}^{in\theta} \tag{7.142}$$

$$E_n = \frac{n^2\hbar^2}{2ma^2} \tag{7.143}$$

其中, $n = \pm 1, \pm 2, \cdots$. 按题意，我们只需考虑 $n = \pm 1$ 的两个态，它们是简并的，微扰矩阵为

$$\begin{pmatrix} 0 & -\dfrac{\mathrm{i}A}{4} \\ \dfrac{\mathrm{i}A}{4} & 0 \end{pmatrix} \tag{7.144}$$

将它对角化可得出能量一阶修正两个值和相应的零级波函数

$$\begin{aligned} \psi_1' &= \frac{1}{\sqrt{2}}\left(\mathrm{i}|1\rangle + |-1\rangle\right), \quad \Delta E_1^{(1)} = -\frac{A}{4} \\ \psi_2' &= \frac{1}{\sqrt{2}}\left(|1\rangle - \mathrm{i}|-1\rangle\right), \quad \Delta E_2^{(1)} = \frac{A}{4} \end{aligned} \tag{7.145}$$

二级能量修正涉及简并子空间外态矢量的矩阵元，利用公式

$$\Delta E^{(2)} = \sum_n{}' \frac{|\langle\psi_k'|H'|n\rangle|^2}{E_k - E_n}$$

并有

$$H'|n\rangle = \frac{A}{2}\sin 2\theta\,|n\rangle = \frac{A}{4\mathrm{i}}|n+2\rangle - \frac{A}{4\mathrm{i}}|n-2\rangle$$

所以

$$\begin{aligned} \Delta E_1^{(2)} &= \sum_n{}' \frac{|\langle\psi_1'|\,n+2\rangle - \langle\psi_1'|\,n-2\rangle|^2}{\dfrac{\hbar^2}{2ma^2}(1-n^2) + \dfrac{A}{4}} \times \left(\frac{A}{4}\right)^2 \\ &= \frac{\dfrac{1}{2}}{\dfrac{\hbar^2}{2ma^2}[1-(-3)^2] + \dfrac{A}{4}} \times \left(\frac{A}{4}\right)^2 + \frac{\dfrac{1}{2}}{\dfrac{\hbar^2}{2ma^2}(1-3^2) + \dfrac{A}{4}} \times \left(\frac{A}{4}\right)^2 \\ &\approx -\frac{ma^2A^2}{64\hbar^2} \end{aligned}$$

同理，$\Delta E_2^{(2)} \approx -\dfrac{ma^2 A^2}{64\hbar^2}$，从而

$$\begin{cases} E_1 = \dfrac{\hbar^2}{2ma^2} + \dfrac{A}{4} - \dfrac{ma^2 A^2}{64\hbar^2} \\[3mm] E_2 = \dfrac{\hbar^2}{2ma^2} - \dfrac{A}{4} - \dfrac{ma^2 A^2}{64\hbar^2} \end{cases} \tag{7.146}$$

7.37 电子在 $\left(V(x) = -\dfrac{k}{x},\ x > 0;\ V(x) = \infty,\ x \leqslant 0\right)$ 势中的基态能级及基态能量的 Stark 移动

题 7.37 距离液氦表面 x 处的一个电子受到以下势的作用:

$$V(x) = \begin{cases} -\dfrac{k}{x}, & x > 0 \\[3mm] \infty, & x \leqslant 0 \end{cases}$$

其中，k 为常数.

(1) 求出基态能级，略去自旋的影响;

(2) 运用一级微扰理论计算基态的 Stark 移动.

解答 (1) 电子在液氦表面运动，当 $x \leqslant 0$ 时，波函数 $\psi(x) = 0$，当 $x > 0$ 时，Schrödinger 方程为

$$\left[-\frac{\hbar^2}{2m} \cdot \frac{\mathrm{d}^2}{\mathrm{d}x^2} + \left(-\frac{k}{x} \right) \right] \psi(x) = E\psi(x) \tag{7.147}$$

注意到氢原子的径向波函数 $R(r)$ 满足方程

$$\left[-\frac{\hbar^2}{2m} \cdot \frac{1}{r^2} \cdot \frac{\mathrm{d}}{\mathrm{d}r} \left(r^2 \frac{\mathrm{d}}{\mathrm{d}r} \right) + \frac{l(l+1)\hbar^2}{2mr^2} + V(r) \right] R = ER$$

若以 $R(r) = \chi(r)/r$ 代换，且取 $l = 0$，则

$$\left(-\frac{\hbar^2}{2m} \cdot \frac{\mathrm{d}^2}{\mathrm{d}r^2} - \frac{e^2}{r} \right) \chi(r) = E\chi(r) \tag{7.148}$$

方程 (7.147)、(7.148)形式相同，且具有相同的边界条件，所以它们的解应该相同.

从氢原子基态能量

$$E_{10} = -\frac{me^4}{2\hbar^2}$$

及基态波函数

$$\chi_{10}(r) = \frac{2}{a_0^{3/2}} r \mathrm{e}^{-r/a_0}, \quad a_0 = \frac{\hbar^2}{me^2}$$

可以得到所求的基态能量及其波函数

$$E_1 = -\frac{mk^2}{2\hbar^2}$$

$$\psi_1(x) = \frac{2}{a^{3/2}} x e^{-x/a}, \quad a = \frac{\hbar^2}{mk}$$

(2) 微扰势为

$$H' = -e\mathcal{E}x$$

$\mathcal{E}$ 为电场强度. 于是基态的能级修正为

$$
\begin{aligned}
\Delta E_1 &= \langle \psi_1 | H' | \psi_1 \rangle \\
&= -\int_0^\infty \frac{2}{a^{3/2}} x e^{-x/a} \cdot e\mathcal{E}x \cdot \frac{2}{a^{3/2}} x e^{-x/a} \mathrm{d}x \\
&= -\frac{3}{2} e\mathcal{E}a = \frac{3\hbar^2 e\mathcal{E}}{2mk}
\end{aligned}
$$

7.38　讨论和计算氢原子基态的 Stark 效应

题 7.38　讨论和计算氢原子基态的 Stark 效应.
解答　取外电场 $\mathcal{E}$ 沿 z 轴方向, 则

$$H' = e\mathcal{E}z \tag{7.149}$$

由于氢原子基态非简并, 所以

$$E_1^{(1)} = \langle 100 | H' | 100 \rangle = 0 \tag{7.150}$$

这是由于 H' 为奇宇称算符. 而

$$E_1^{(2)} = e^2 \mathcal{E}^2 \sum_{n \neq 1} \sum_{l,m} \frac{|\langle 100 | z | nlm \rangle|^2}{E_1^{(0)} - E_n^{(0)}} = \frac{1}{\sqrt{3}} e^2 \mathcal{E}^2 \sum_{n \neq 1} \frac{A_n^2}{E_1^{(0)} - E_n^{(0)}} \tag{7.151}$$

其中

$$A_n = \int_0^\infty R_{10}^* R_{n1} r^3 \mathrm{d}r$$

而

$$E_n^{(0)} = -\frac{e^2}{2a} \frac{1}{n^2}, \quad n = 1, 2, 3, \cdots \tag{7.152}$$

由于基态能级的二阶微扰修正一定为负, $E_1^{(2)} < 0$, 也就是加入电场后氢原子的能级降低. 这里求和式不难进一步计算. 注意不为零的矩阵元为 $l = \pm 1$, $m = 0$.

7.39　为何氢原子激发态有线性 Stark 效应, 而钠原子激发态只有二次 Stark 效应

题 7.39　解释为何氢原子激发态在电场中有线性 Stark 效应, 而钠原子激发态仅有二次 Stark 效应.

解答　外电场对电子的作用能为

$$H' = e\boldsymbol{\mathcal{E}} \cdot \boldsymbol{r}$$

从数学上可知, 在 $\boldsymbol{r} \to -\boldsymbol{r}$ 交换下, 积分值应不变. 即

$$\langle l' | H' | l \rangle (\boldsymbol{r}) = \langle l' | H' | l \rangle (-\boldsymbol{r})$$
$$= (-1)^{l'+l+1} \langle l' | H' | l \rangle (\boldsymbol{r})$$

容易看出, 同宇称态有 $\langle l' | H' | l \rangle = 0$.

只要电场不甚微小, 可不考虑氢原子中电子的自旋所造成的精细结构. 这时, 氢原子的激发态是不同宇称态的叠加态, 即存在对 l 的简并. 利用简并微扰处理, 由于存在不为零的微扰 Hamilton 量矩阵元, 因此存在线性 Stark 效应.

而对钠原子的激发态, 每个能级的宇称是一定的 (对 l 的简并已解除). 利用非简并微扰处理. 能量一级修正

$$\langle l | H' | l \rangle = 0$$

二级修正一般不为零. 所以, 仅有二次 Stark 效应.

7.40　计算 Stark 效应引起的氢原子 $s_{1/2}$、$p_{1/2}$、$p_{3/2}$ 态的能级变化

题 7.40　图 7.13 中给出了氢原子的 $n=2$ 能级. $s_{1/2}$ 态和 $p_{1/2}$ 态是简并的, 能量为 ε_0, $p_{3/2}$ 能量为 $\varepsilon_0 + \Delta$. 加上均匀电场 $\mathcal{E}$ 后, 能级变到 $\varepsilon_1, \varepsilon_2, \varepsilon_3$. 设其他能级距这三个能级很远, 不需要考虑. 试决定 $\varepsilon_1, \varepsilon_2, \varepsilon_3$ 到 $\mathcal{E}$ 的二阶.

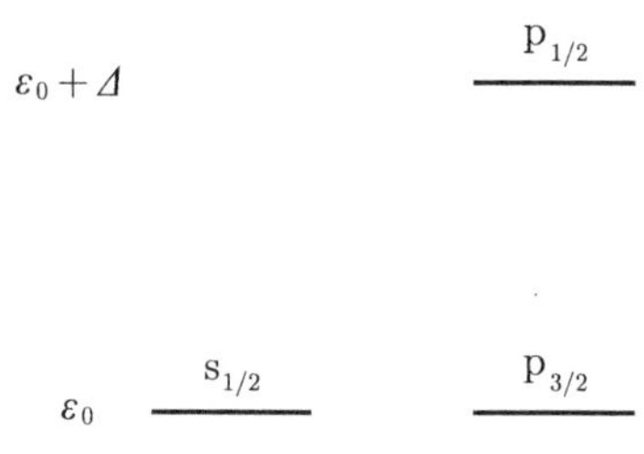

图 7.13　氢原子的 $n=2$ 能级

解答　按题意, 假设微扰 Hamilton 量 $H' = -e\boldsymbol{\mathcal{E}} \cdot \boldsymbol{r}$ 在这三个能级间的矩阵元为

	$p_{3/2}$	$p_{1/2}$	$s_{1/2}$
$p_{3/2}$	0	0	b
$p_{1/2}$	0	0	a
$s_{1/2}$	b^*	a^*	0

其中已利用了 H' 在空间反演下变号这一事实.

这样，对 $\mathrm{p}_{3/2}$ 能级来说

$$
\begin{aligned}
E_{\mathrm{p}_{3/2}} &= E_{\mathrm{p}_{3/2}}^{(0)} + \frac{\left|\langle \mathrm{p}_{3/2}|H'|\mathrm{s}_{1/2}\rangle\right|^2}{E_{\mathrm{p}_{3/2}}^{(0)} - E_{\mathrm{s}_{1/2}}^{(0)}} \\
&= \varepsilon_0 + \Delta + \frac{|b|^2}{\Delta}
\end{aligned}
$$

对 $\mathrm{s}_{1/2}$ 和 $\mathrm{p}_{1/2}$ 能级，首先要在它们张成的子空间内将其 Hamilton 量对角化，得到两个新能级

$$
|1\rangle = \frac{a\left|\mathrm{p}_{1/2}\right\rangle + \left|\mathrm{s}_{1/2}\right\rangle}{\sqrt{2}\,|a|}
$$

$$
|2\rangle = \frac{a\left|\mathrm{p}_{1/2}\right\rangle - \left|\mathrm{s}_{1/2}\right\rangle}{\sqrt{2}\,|a|}
$$

它们的能量为

$$
\begin{aligned}
E_1 &= E_1^{(0)} + |a| + \frac{\left|\langle 1|H'|\mathrm{p}_{3/2}\rangle\right|^2}{E_1^{(0)} - E_{\mathrm{p}_{3/2}}^{(0)}} \\
&= \varepsilon_0 + |a| + \frac{|b|^2}{2(-\Delta)} = \varepsilon_0 + |a| - \frac{|b|^2}{2\Delta} \\
E_2 &= E_2^{(0)} - |a| + \frac{\left|\langle 2|H'|\mathrm{p}_{3/2}\rangle\right|^2}{E_2^{(0)} - E_{\mathrm{p}_{3/2}}^{(0)}} \\
&= \varepsilon_0 - |a| - \frac{|b|^2}{2\Delta}
\end{aligned}
$$

7.41　说明普通原子与氢原子 Stark 效应的区别及四个氢原子态的 Stark 能移

题 7.41　通常观察到的原子中 Stark 效应 (均匀电场产生的能级移动) 与场强平方成正比，解释为什么如此？但对氢原子某些态 Stark 效应是场强的线性函数，解释为什么. 用微扰计算说明氢原子基态与第一激发态的最低不为零 Stark 效应. 在精确到一个整体常数范围内，波函数为

$$
\psi_{100} = 4\sqrt{2a_0}\,\mathrm{e}^{-r/a_0}
$$

$$
\psi_{200} = (2a_0 - r)\mathrm{e}^{-r/2a_0}
$$

$$
\psi_{21\pm1} = \pm\frac{1}{\sqrt{2}}r\mathrm{e}^{-r/2a_0}\sin\theta\mathrm{e}^{\pm\mathrm{i}\varphi}
$$

$$
\psi_{210} = r\mathrm{e}^{-r/2a_0}\cos\theta
$$

解答　多电子原子系统偶极矩为

$$
\boldsymbol{d} = -\sum_i e_i \boldsymbol{r}_i
$$

对一般原子, 除总角动量第三分量 L_z 简并外, 无其他的能级简并, 能量与 n, l 有关. 而

$$\langle nlm| - \boldsymbol{d} \cdot \boldsymbol{\mathcal{E}} |nlm'\rangle = 0$$

因为微扰 $H' = -\boldsymbol{d} \cdot \boldsymbol{\mathcal{E}}$ 是奇宇称算子, 上面矩阵元仅在相异宇称态之间才不为 0. 所以对任一定态的期望值为 0, 即一级微扰为 0. 因此一般原子须考虑二级修正, 其能量正比于电场强度的平方 $\mathcal{E}^2$. 对氢原子, 存在着对同一主量子数 n 不同 l 的简并, 这些态之间的矩阵元 $\langle nl| H' |nl\rangle$ 并不全为 0. 因此一级微扰下 (简并微扰) 能级位移不为 0, 即氢原子的 Stark 效应是场强的线性函数.

微扰 Hamilton 量为

$$H' = e\mathcal{E}z = e\mathcal{E}r\cos\theta$$

基态非简并, 能量一阶修正

$$E^{(1)} = \langle 100| r\cos\theta |100\rangle = 0$$

其二阶修正为

$$
\begin{aligned}
E^{(2)} &= \sum{}' \frac{|H'_{n1}|^2}{E_1^{(0)} - E_n^{(0)}} \\
&= e^2\mathcal{E}^2 \sum_{n=2}^{\infty} \frac{|\langle n10| z |100\rangle|^2}{1 - \dfrac{1}{n^2}} \cdot \frac{2a}{e^2} \\
&= 2a\mathcal{E}^2 \cdot \frac{9}{8}a^2 = \frac{9}{4}a^3\mathcal{E}^2
\end{aligned}
$$

第一激发态 $n = 2$ 是四重简并

$$\psi_{200},\ \psi_{210},\ \psi_{21\pm1} \tag{7.153}$$

微扰 Hamilton 量在这个四维简并子空间里的矩阵元为

$$\langle \psi_{2l'm'}| H' |\psi_{2lm}\rangle$$

由于 H' 为奇宇称算符并且不改变 m 量子数, 所以不为零的矩阵元只有两个

$$
\begin{aligned}
H'_{200,210} &= H'_{210,200} = e\mathcal{E} \langle \psi_{200}| r\cos\theta |\psi_{210}\rangle \\
&= e\mathcal{E} \int \left(\frac{1}{\sqrt{4\pi}} \frac{1}{\sqrt{2}a_0^{3/2}} \left(1 - \frac{r}{2a_0}\right) \mathrm{e}^{-\frac{r}{2a_0}} \right) r\cos\theta \\
&\quad \times \left(\sqrt{\frac{3}{4\pi}} \cos\theta \frac{1}{2\sqrt{6}a_0^{3/2}} \frac{r}{a} \mathrm{e}^{-\frac{r}{2a_0}} \right) r^2 \sin\theta \mathrm{d}\theta \mathrm{d}\varphi \\
&= \frac{e\mathcal{E}}{16a_0^4} \int_0^{\infty} r^4 \left(2 - \frac{r}{a_0}\right) \mathrm{e}^{-\frac{r}{a_0}} \mathrm{d}r \int_0^{\pi} \sin\theta \cos^2\theta \mathrm{d}\theta \\
&= -3ea_0\mathcal{E}
\end{aligned}
$$

这里 a_0 为 Bohr 半径. 于是微扰 H' 在此子空间中成为如下 4×4 的 Hermite 矩阵 (基矢顺序按式 (7.153) 排列):

$$H' = \begin{pmatrix} 0 & -3ea_0\mathcal{E} & 0 & 0 \\ -3ea_0\mathcal{E} & 0 & 0 & 0 \\ 0 & 0 & 0 & 0 \\ 0 & 0 & 0 & 0 \end{pmatrix}$$

可以得到它的四个本征值 $E^{(1)}$——此能级的一阶修正

$$E^{(1)} = 0,\ 0,\ \pm 3ea_0\mathcal{E}$$

这样，在电场作用下，氢原子 $n = 2$ 能级的四重简并被部分地解除，总共分裂成三个能级（图 7.14）

$$E_2 = E_2^{(0)}, \quad E_2^{(0)} + 3ea_0\mathcal{E}, \quad E_2^{(0)} - 3ea_0\mathcal{E}$$

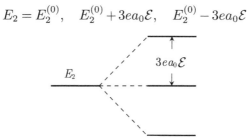

图 7.14　氢原子 $n = 2$ 能级的四重简并被部分地解除分裂成三个能级

这里 $E_2^{(0)}$ 是原先 $n = 2$ 能级数值 $E_2^{(0)} = -\dfrac{e^2}{8a}$. 结合电子云分布可以定性理解此处结果：纵向极化电子云态 $|lm\rangle = |10\rangle$ 和球状电子云态 $|00\rangle$ 被外电场拉伸变形 (主要是电子云的小 θ 角部分)，产生平行和反平行两种能移；x-y 面内横向极化的两重简并态 $|1\pm 1\rangle$，因为存在绕电场方向正 (反) 方向旋转并且电子云在小 θ 角部分很稀薄，(按一阶微扰论观点) 抵抗了电场的畸变作用，状态不变，继续维持二重简并.

7.42　只剩一个电子的离子 Zeeman 分裂与一阶 Stark 效应

题 7.42　考虑只剩一个单电子的电离原子 (z, A). 在"弱"磁场中计算 $n = 2$ 态的 Zeeman 分裂.

(1) 对于电子进行计算；

(2) 对于一个具有电子质量但假设自旋为 0 的粒子进行计算.

解答　(1) 对于电子，当外加磁场为弱场时，与之相比，旋轨耦合就不能忽略，即为反常 Zeeman 效应. 此时 Hamilton 量为

$$H = \frac{\boldsymbol{p}^2}{2m_\mathrm{e}} - \frac{Ze^2}{r} + \frac{eB}{2m_\mathrm{e}c}(L_z + 2S_z) + \xi(r)\boldsymbol{S} \cdot \boldsymbol{L} \tag{7.154}$$

$$= H_0 + \frac{eB}{2m_\mathrm{e}c}J_z + \frac{eB}{2m_\mathrm{e}c}S_z \tag{7.155}$$

式中，　$H_0 \equiv \dfrac{\boldsymbol{p}^2}{2m_{\mathrm{e}}} - \dfrac{Ze^2}{r} + \xi(r)\boldsymbol{S}\cdot\boldsymbol{L}$，　$J_z = L_z + S_z$.

设未加磁场时

$$H_0 \psi_{nljm_j} = E_{nlj}\psi_{nljm_j}$$

其中，　$j = l \pm \dfrac{1}{2}$.

不考虑式 (7.155) 最后一项时，$(\boldsymbol{L}^2, \boldsymbol{J}^2, J_z)$ 仍为守恒量，此时能量为

$$E_{nlj} + m_j\hbar\omega_L$$

其中，　$\omega_L = \dfrac{eB}{2m_{\mathrm{e}}c}$. 于是，在弱磁场下，最后一项的贡献可考虑为

$$
\begin{aligned}
\omega_L S_z &= \frac{\hbar\omega_L}{2}\langle jm_j|\sigma_z|jm_j\rangle \\
&= \begin{cases} \dfrac{m_j}{2j}\hbar\omega_L, & j = l + \dfrac{1}{2} \\[2mm] -\dfrac{m_j}{2j+2}\hbar\omega_L, & j = l - \dfrac{1}{2} \end{cases}
\end{aligned}
$$

这样

$$
E_{nljm_j} = E_{nlj} + \begin{cases} \left(1 + \dfrac{1}{2j}\right)m_j\hbar\omega_L, & j = l + \dfrac{1}{2} \\[2mm] \left(1 - \dfrac{1}{2j+2}\right)m_j\hbar\omega_L, & j = l - \dfrac{1}{2} \end{cases}
$$

对 $n = 2$，有

$$
\begin{cases}
E_{20\frac{1}{2}m_j} = E_{20\frac{1}{2}} + 2m_j\hbar\omega_L, & m_j = \pm\dfrac{1}{2} \\[2mm]
E_{21\frac{3}{2}m_j} = E_{21\frac{3}{2}} + \dfrac{4}{3}m_j\hbar\omega_L, & m_j = \pm\dfrac{3}{2}, \pm\dfrac{1}{2} \\[2mm]
E_{21\frac{1}{2}m_j} = E_{21\frac{1}{2}} + \dfrac{2}{3}m_j\hbar\omega_L, & m_j = \pm\dfrac{1}{2}
\end{cases}
$$

(2) 自旋为 0 时，没有与自旋相关的效应，于是

$$H = \frac{\boldsymbol{p}^2}{2m_{\mathrm{e}}} + V(r) + \frac{eB}{2m_{\mathrm{e}}c}L_z$$

本征函数为

$$\psi_{nlm}(r,\theta,\varphi) = R_{nlm}(r)\mathrm{Y}_{lm}(\theta,\varphi)$$

能量本征值为

$$E_{nlm} = E_{nl} + \frac{eB}{2m_{\mathrm{e}}c}m\hbar$$

对于 $n = 2$，有

$$E_{200} = E_{20}$$

$$E_{21\pm1} = E_{21} \pm \frac{eB}{2m_{\mathrm{e}}c}\hbar$$

$$E_{210} = E_{21}$$

7.43　用微扰论计算在弱电场时，氢原子 $n=2$ 能级的简并消除与能移

题 7.43　Stark 通过实验表明：当外加一均匀弱电场时，氢原子的 $n=2$ 简并度为 4 的能级可以发生移动. 运用微扰论，忽略自旋和相对论效应，考察这个效应，特别是

(1) 各能级的能量的一级修正表达式是什么 (不要求算出径向部分积分)？

(2) 此时还有没有简并？

(3) 画出 $n=2$ 能级图. 要求能反映出能级在外加电场前后的情况. 描述可观察到的起源于上述能级的谱线.

解答　体系的 Hamilton 量

$$H = H_0 + H'$$

式中

$$H_0 = -\frac{e^2}{r} + \frac{\boldsymbol{L}^2}{2mr^2}, \quad H' = e\mathcal{E}z$$

已取 z 轴方向为均匀弱电场 $\mathcal{E}$ 的方向. 由题意，$H' \ll H_0$，可将 H' 当成微扰项.

对于氢原子 $n=2$ 的四个简并能级. 我们可用量子数 (l,m) 表示为 $(0,0)$, $(2,0)$, $(1,1)$, $(1,-1)$. 微扰 Hamilton 量在这个四维简并子空间里的矩阵元为

$$\langle \psi_{2l'm'} | H' | \psi_{2lm} \rangle$$

由于 H' 为奇宇称算符并且不改变 m 量子数，不为零的矩阵元只有两个

$$
\begin{aligned}
H'_{200,210} &= H'_{210,200} = e\mathcal{E} \langle \psi_{200} | r\cos\theta | \psi_{210} \rangle \\
&= e\mathcal{E} \int \left(\frac{1}{\sqrt{4\pi}} \frac{1}{\sqrt{2}a_0^{3/2}} \left(1 - \frac{r}{2a_0} \right) \mathrm{e}^{-\frac{r}{2a_0}} \right) r\cos\theta \\
&\quad \times \left(\sqrt{\frac{3}{4\pi}} \cos\theta \frac{1}{2\sqrt{6}a_0^{3/2}} \frac{r}{a} \mathrm{e}^{-\frac{r}{2a_0}} \right) r^2 \sin\theta \mathrm{d}\theta \mathrm{d}\varphi \\
&= \frac{e\mathcal{E}}{16a_0^4} \int_0^\infty r^4 \left(2 - \frac{r}{a_0} \right) \mathrm{e}^{-\frac{r}{a_0}} \mathrm{d}r \int_0^\pi \sin\theta \cos^2\theta \mathrm{d}\theta \\
&= -3ea_0\mathcal{E}
\end{aligned}
$$

这里 a_0 为 Bohr 半径. 于是微扰 H' 在此子空间中成为如下 4×4 的 Hermite 矩阵 (基矢顺序按式 (7.153) 排列)：

$$
H' = \begin{pmatrix}
0 & -3ea_0\mathcal{E} & 0 & 0 \\
-3ea_0\mathcal{E} & 0 & 0 & 0 \\
0 & 0 & 0 & 0 \\
0 & 0 & 0 & 0
\end{pmatrix}
$$

解久期方程 $\det\left(H' - E^{(1)}I\right) = 0$,

$$\begin{vmatrix} -E^{(1)} & -3ea_0\mathcal{E} & 0 & 0 \\ -3ea_0\mathcal{E} & -E^{(1)} & 0 & 0 \\ 0 & 0 & -E^{(1)} & 0 \\ 0 & 0 & 0 & -E^{(1)} \end{vmatrix} = 0$$

可得

$$E^{(1)} = 0,\ 0,\ \pm 3ea_0\mathcal{E}$$

(1) 对于能级的一级修正表达式为

$$\Delta E = E^{(1)} = \begin{cases} 3e\mathcal{E}a_0 \\ 0 \\ 0 \\ -3e\mathcal{E}a_0 \end{cases}$$

(2) 此时还存在简并, 对应于 $E^{(1)}$ 的两个重根;

(3) 能级图如图 7.15 所示.

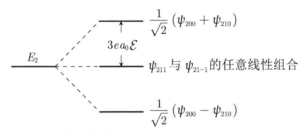

图 7.15 氢原子 $n = 2$ 能级的四重简并在电场作用下被部分地解除分裂成三个能级

由电偶极跃迁选择规则, $\Delta l = \pm 1, \Delta m = 0,\ \pm 1$. 由此可观察到两条谱线: $h\nu_1 = 3ea_0\mathcal{E},\ \nu_1 = \dfrac{3ea_0\mathcal{E}}{h}$; $h\nu_2 = 2 \times 3ea_0\mathcal{E},\ \nu_2 = \dfrac{6ea_0\mathcal{E}}{h}$.

7.44 类氢原子在均匀恒定电场、磁场中 $n = 2$ 的能级的分裂

题 7.44 考虑类氢原子的 $n = 2$ 能级. 假设轨道粒子和核的自旋为 0. 略去所有的相对论效应.

(1) 计算存在均匀磁场时能级分裂的最低阶;

(2) 存在均匀电场时做类似的计算;

(3) 当电场、磁场同时存在并相互垂直时, 做同样的计算 (任何径向波函数都不须计算; 对于其余的计算, 它可用参数代替. 对任何角向波函数积分, 一旦能够确定它不为 0, 则也可用参数代替).

解答　(1) 取磁场方向沿 z 方向, 则 Hamilton 量

$$H = \frac{1}{2m_{\mathrm{e}}}p^2 + V(r) + \frac{eB}{2m_{\mathrm{e}}c}L_z$$

此时 $(H, \boldsymbol{L}^2, L_z)$ 仍是一组守恒量, 本征函数可取为

$$\psi_{nlm}(r,\theta,\varphi) = R_{nl}(r)\mathrm{Y}_{lm}(\theta,\varphi)$$

其中主量子数 $n = 1, 2, 3, \cdots$, 角量子数 $l = 0, 1, 2, \cdots, n-1$, 磁量子数 $m = -l, -l+1, \cdots, l-1, l$. 相应于 $n = 2$ 的能级的能量为

$$
\begin{aligned}
E_{2lm} &= E_{2l} + \frac{eB}{2m_{\mathrm{e}}c}m\hbar \\
&= \begin{cases} E_{20}, & l = 0 \\ E_{21} + \begin{cases} \dfrac{eB}{2m_{\mathrm{e}}c}\hbar, \\ 0, \\ \dfrac{-eB}{2m_{\mathrm{e}}c}\hbar, \end{cases} & l = 1, m = \begin{cases} 1 \\ 0 \\ -1 \end{cases} \end{cases}
\end{aligned}
$$

(2) 不考虑自旋时, $n = 2$ 的能级四重简并, 能量本征值都是

$$E_2 = -\frac{Z^2e^2}{2a_0} \cdot \frac{1}{2^2}$$

对应的状态为

$$\psi_{200}, \ \psi_{210}, \ \psi_{211}, \ \psi_{21-1}$$

设电场沿 z 方向, 则 $H' = e\mathcal{E}z = e\mathcal{E}r\cos\theta$, 由

$$\mathrm{Y}_{lm}\cos\theta = \sqrt{\frac{(l+1)^2 - m^2}{(2l+1)(2l+3)}}\mathrm{Y}_{l+1,m} + \sqrt{\frac{l^2 - m^2}{(2l+1)(2l-1)}}\mathrm{Y}_{l-1,m}$$

知道, 只有当 $\Delta l = \pm 1, \Delta m = 0$ 时, $H'_{nl'm',nlm} \neq 0$,

$$(H')_{200,210} = \int \psi_{200}^* H' \psi_{210}\mathrm{d}^3\boldsymbol{x} = \int \psi_{200} H' \psi_{210}\mathrm{d}^3\boldsymbol{x}$$

$$(H')_{210,200} = \int \psi_{210}^* H' \psi_{200}\mathrm{d}^3\boldsymbol{x} = \int \psi_{210} H' \psi_{200}\mathrm{d}^3\boldsymbol{x}$$

令 $\lambda = (H')_{200,210} = (H')_{210,200}$, 由 $\det\left|H'_{\mu\nu} - E^{(1)}\delta_{\mu\nu}\right| = 0$ 得

$$E^{(1)} = \pm E', \ 0, 0$$

此时 $n = 2$ 的能级分裂为三条: $E_2 \pm \lambda, \ E_2$(二重简并).

从物理效应上看, 由于 Z 的增加, 电子被束缚在核附近的概率增大. 所以, 外加电场引起的能级分裂变小 ($H' \approx e\mathcal{E}r\cos\theta$), λ 变小. 若仅存在电场, 则 $\lambda \propto \dfrac{1}{Z}$, $\Delta E \propto \dfrac{1}{Z}$.

(3) 令磁场沿 z 轴方向, 电场沿 x 轴方向, 则微扰 Hamilton 量为

$$H' = \frac{eB}{2m_e c}L_z + e\mathcal{E}x = \frac{\beta L_z}{\hbar} + \frac{\sqrt{2}\gamma x}{3a}$$

式中, $\beta = eB\hbar/2m_e c$, $\gamma = 3e\mathcal{E}a/\sqrt{2}$, $a = a_0/Z$.

x 的非零矩阵元为

$$(x)_{l,m-1}^{l-1,m} = (x)_{l-1,m}^{l,m-1} = \frac{3}{4}\sqrt{\frac{(n^2-l^2)(l-m+1)(l-m)}{(2l+1)(2l-1)}}a$$

$$(x)_{l-1,m-1}^{l,m} = (x)_{l,m}^{l-1,m-1} = -\frac{3}{4}\sqrt{\frac{(n^2-l^2)(l+m-1)(1+m)}{(2l+1)(2l-1)}}a$$

所以对于 $l = 1$

$$x_{00}^{11} = -\frac{3}{\sqrt{2}}a = x_{11}^{00}$$

$$x_{1-1}^{00} = \frac{3}{\sqrt{2}}a = x_{00}^{1-1}$$

此时微扰矩阵为

$$\begin{matrix} l=1,\ m=1 \\ l=1,\ m=0 \\ l=1,\ m=-1 \\ l=0,\ m=0 \end{matrix} \begin{pmatrix} \beta & 0 & 0 & -\gamma \\ 0 & 0 & 0 & 0 \\ 0 & 0 & -\beta & \gamma \\ -\gamma & 0 & \gamma & 0 \end{pmatrix}$$

能量本征值方程为

$$\det \begin{vmatrix} \beta - E^{(1)} & 0 & -\gamma \\ 0 & -\beta - E^{(1)} & \gamma \\ -\gamma & \gamma & -E^{(1)} \end{vmatrix} = 0$$

其解为

$$E_1^{(1)} = 0, \quad E_{2/3}^{(1)} = \pm\sqrt{\beta^2 + 2\gamma^2}$$

最后求得 $n = 2$ 的能级分裂为三条, 能量分别为

$$E_1, \quad E_2 \pm \sqrt{\beta^2 + 2\gamma^2}$$

7.45 氢原子处于相互垂直的电、磁场中，求能移

题 7.45 氢原子处于一个沿 z 轴的电场 $\mathcal{E}$ 和沿 x 轴的磁场 $\boldsymbol{B}$ 中. 这两个场在能级上的效应是可比较的.

(1) 若氢原子处于主量子数 $n = 2$ 的态, 说出一阶微扰论计算能移的矩阵元哪些为 0;

(2) 求一个决定能移的方程. 当你得到行列式方程时, 不必进行代数计算. 不要代入径向波函数的明显形式. 将你的结果用 r^n(n 为某个合适的幂次) 在径向波函数之间的矩阵元来表示 (为简明, 不考虑自旋).

$$(L_x \pm \mathrm{i}L_y)|l,m\rangle = \sqrt{(l \mp m)(l \pm m + 1)}\hbar|l, m \pm 1\rangle$$

解答　(1) 由题意可知, 微扰 Hamilton 量为

$$H' = \frac{eB}{2mc}L_x + e\mathcal{E}z \tag{7.156}$$

对 $n = 2$, E_n 四重简并. 简并态为 $|200\rangle$、$|210\rangle$、$|211\rangle$、$|21-1\rangle$. 由公式

$$(L_x \pm \mathrm{i}L_y)|l,m\rangle = \sqrt{(l \mp m)(l \pm m + 1)}\hbar|l, m \pm 1\rangle$$

可知

$$L_x|l,m\rangle = \frac{1}{2}\sqrt{(l-m)(l+m+1)}\hbar|l,m+1\rangle + \frac{1}{2}\sqrt{(l+m)(l-m+1)}\hbar|l,m-1\rangle$$

即有

$$L_x|0,0\rangle = 0 \tag{7.157}$$

$$L_x|1,1\rangle = L_x|1,-1\rangle = \frac{\sqrt{2}}{2}\hbar|1,0\rangle \tag{7.158}$$

$$L_x|1,0\rangle = L_x|1,-1\rangle = \frac{\sqrt{2}}{2}\hbar(|1,1\rangle + |1,-1\rangle) \tag{7.159}$$

又因为

$$\cos\theta|l,m\rangle = a_{lm}|l+1,m\rangle + a_{l-1,m}|l-1,m\rangle \tag{7.160}$$

其中, $a_{lm} = \left[\dfrac{(l+1)^2 - m^2}{(2l+1)(2l+3)}\right]^{1/2}$. 再利用氢原子径向波函数 R_{20} 与 R_{21} 的如下表达式:

$$R_{20} = \frac{1}{(2a_0)^{3/2}}\left(2 - \frac{r}{a_0}\right)\mathrm{e}^{-\frac{r}{2a_0}}, \quad R_{21} = \frac{1}{(2a_0)^{3/2}}\frac{r}{\sqrt{3}a_0}\mathrm{e}^{-\frac{r}{2a_0}} \tag{7.161}$$

其中, a_0 为 Bohr 半径. 所以有

$$\begin{aligned}
\langle 210|r\cos\theta|200\rangle &= \int Y_{00}Y_{10}\cos\theta\,\mathrm{d}\Omega\int_0^\infty R_{20}R_{21}r^3\,\mathrm{d}r \\
&= \int Y_{10}Y_{10}\frac{1}{\sqrt{3}}\mathrm{d}\Omega\int_0^\infty \frac{1}{(2a_0)^3}\left(2 - \frac{r}{a_0}\right)\frac{r}{\sqrt{3}a_0}\mathrm{e}^{-\frac{r}{a_0}}r^3\,\mathrm{d}r \\
&= a_0\frac{1}{24}\int_0^\infty\left(2x^4 - x^5\right)\mathrm{e}^{-x}\,\mathrm{d}x = a_0\frac{1}{24}\left(2 \times 4! - 5!\right) \\
&= -3a_0 \tag{7.162}
\end{aligned}$$

而 $\langle 200|r\cos\theta|210\rangle = \langle 210|r\cos\theta|200\rangle^* = -3a_0$. 而 $z = r\cos\theta$ 的其余矩阵元为零.

综上，H' 在 $\{|200\rangle, |210\rangle, |211\rangle, |21-1\rangle\}$ 子空间中的矩阵为

$$H' = \begin{pmatrix} 0 & -3e\mathcal{E}a_0 & 0 & 0 \\ -3e\mathcal{E}a_0 & 0 & \dfrac{\sqrt{2}eB\hbar}{4mc} & \dfrac{\sqrt{2}eB\hbar}{4mc} \\ 0 & \dfrac{\sqrt{2}eB\hbar}{4mc} & 0 & 0 \\ 0 & \dfrac{\sqrt{2}eB\hbar}{4mc} & 0 & 0 \end{pmatrix} \tag{7.163}$$

(2) 令 $\alpha = -3e\mathcal{E}a_0$，$\beta = \dfrac{\sqrt{2}eB\hbar}{4mc}$，则久期方程可表示为

$$\begin{vmatrix} -E^{(1)} & \alpha & 0 & 0 \\ \alpha & -E^{(1)} & \beta & \beta \\ 0 & \beta & -E^{(1)} & 0 \\ 0 & \beta & 0 & -E^{(1)} \end{vmatrix} = 0 \tag{7.164}$$

上述方程的根为 $E^{(1)} = 0$(两重根)，以及 $E^{(1)} = \pm\sqrt{2\beta^2 + \alpha^2}$，此即所求的一阶微扰能量修正.

7.46　用微扰论证明单电子原子在磁场中的能量改变

　　题 7.46　用一阶微扰论证明，对一个题 6.10 中的原子 (单电子原子 $l=1$)，在磁场 $\boldsymbol{B}$ 中能量的变动为 2ε，$\dfrac{2}{3}\varepsilon$，$-\dfrac{2}{3}\varepsilon$，-2ε 对应于 $j = \dfrac{3}{2}$ 态，$\dfrac{1}{3}\varepsilon$，$-\dfrac{1}{3}\varepsilon$ 对应于 $j = \dfrac{1}{2}$ 态，这里 $\varepsilon = \mu_{\mathrm{B}}B \ll W$.

　　解答　电子 Hamilton 量
$$H = H_0 + H'$$
其中
$$H_0 = \frac{1}{2m}p^2 + V(r) + \left(\frac{2W}{\hbar^2}\right)\boldsymbol{L}\cdot\boldsymbol{S}$$
$$H' = \frac{\varepsilon}{\hbar}(L_z + 2S_z)$$

相应于 $j = \dfrac{3}{2}$ 的一组简并本征态为

$$\Phi_{\frac{3}{2}\frac{3}{2}} = \phi_1\alpha, \quad \Phi_{\frac{3}{2}\frac{1}{2}} = \sqrt{\frac{2}{3}}\phi_0\alpha + \sqrt{\frac{1}{3}}\phi_1\beta,$$

$$\Phi_{\frac{3}{2}-\frac{1}{2}} = \sqrt{\frac{1}{3}}\phi_{-1}\alpha + \sqrt{\frac{2}{3}}\phi_0\beta, \quad \Phi_{\frac{3}{2}-\frac{3}{2}} = \phi_{-1}\beta$$

用简并微扰理论, 将 4 个 Φ 重组成 4 个 V_g 波函数使得 $H'V_g$ 正交于 $V_{g'}(g \neq g')$, 这使得 H' 在 $j = \dfrac{3}{2}$ 子空间对角化, 则

$$E_g^{(1)} = \langle g| H^{(1)} |g\rangle$$

我们首先计算 $H^{(1)}\Phi_{jm_j}$. 利用下列结果:

$$L_z\phi_m = m\hbar\phi_m, \quad S_z\alpha = \frac{1}{2}\hbar\alpha, \quad S_z\beta = -\frac{1}{2}\hbar\beta$$

这样

$$H^{(1)}\Phi_{\frac{3}{2}\frac{3}{2}} = (\phi_1\alpha + \phi_1\alpha)\varepsilon = (2\phi,\alpha)\varepsilon \tag{7.165}$$

$$H^{(1)}\Phi_{\frac{3}{2}\frac{1}{2}} = \left(\sqrt{\frac{1}{3}}\phi_1\beta + \sqrt{\frac{2}{3}}\phi_0\alpha - \sqrt{\frac{1}{3}}\phi_1\beta\right)\varepsilon = \sqrt{\frac{3}{2}}\phi_0\alpha\varepsilon \tag{7.166}$$

$$H^{(1)}\Phi_{\frac{3}{2}-\frac{1}{2}} = -\left(\sqrt{\frac{2}{3}}\phi_0\beta\right)\varepsilon \tag{7.167}$$

$$H^{(1)}\Phi_{\frac{3}{2}-\frac{3}{2}} = -(2\phi_{-1}\beta)\varepsilon \tag{7.168}$$

4 个 Φ 本身满足要求的条件, 即它们就是 4 个 V_g, 我们可以不通过计算 $H'\Phi$, 就可以推出这一点. 因为 $L_z + 2S_z$ 与 J_z 对易, 所以 H' 作用到 Φ_{jm_j} 上给出同样 m_j 的 J_z 的本征函数. 它当然正交于不同 m_j 的本征函数. 由式 (7.165) 和式 (7.168) 可得一阶能量修正为

$$m_j = \frac{3}{2}, \quad E^{(1)} = \langle\phi_1\alpha|H^{(1)}|\phi_1\alpha\rangle = 2\varepsilon\langle\phi_1\alpha|\phi_1\alpha\rangle = 2\varepsilon \tag{7.169}$$

$$m_j = \frac{1}{2}, \quad E^{(1)} = \varepsilon\left\langle\sqrt{\frac{2}{3}}\phi_0\alpha + \sqrt{\frac{1}{3}}\phi_1\beta\Big|\sqrt{\frac{2}{3}}\phi_0\alpha\right\rangle = \frac{2}{3}\varepsilon \tag{7.170}$$

$$m_j = -\frac{1}{2}, \quad E^{(1)} = -\varepsilon\left\langle\sqrt{\frac{1}{3}}\phi_{-1}\alpha + \sqrt{\frac{2}{3}}\phi_0\beta\Big|\sqrt{\frac{2}{3}}\phi_0\beta\right\rangle = -\frac{2}{3}\varepsilon \tag{7.171}$$

$$m_j = -\frac{3}{2}, \quad E^{(1)} = -2\varepsilon\langle\phi_{-1}\beta|\phi_{-1}\beta\rangle = -2\varepsilon \tag{7.172}$$

同样, 对于 $j = \dfrac{1}{2}$ 态有

$$\Phi_{\frac{1}{2}\frac{1}{2}} = \sqrt{\frac{1}{3}}\phi_0\alpha - \sqrt{\frac{2}{3}}\phi_1\beta$$

$$\Phi_{\frac{1}{2}-\frac{1}{2}} = \sqrt{\frac{2}{3}}\phi_{-1}\alpha - \sqrt{\frac{1}{3}}\phi_0\beta$$

然后

$$H^{(1)}\Phi_{\frac{1}{2}\frac{1}{2}} = \left(\sqrt{\frac{1}{3}}\phi_0\alpha\right)\varepsilon$$

$$H^{(1)}\Phi_{\frac{1}{2}-\frac{1}{2}} = -\left(\sqrt{\frac{1}{3}}\phi_0\beta\right)\varepsilon$$

导致

$$m_j = \frac{1}{2}, \quad E^{(1)} = \frac{1}{3}\varepsilon$$

$$m_j = -\frac{1}{2}, \quad E^{(1)} = -\frac{1}{3}\varepsilon$$

7.47　$(n=2)$ 的氢原子在均匀恒定电场中能级的分裂及讨论

题 7.47　若自旋效应被忽略, 主量子数 $n = 2$ 的氢原子的 4 个态具有同样能量, 证明当均匀恒定电场 $\boldsymbol{\mathcal{E}}$ 加到处于这些态的氢原子上时, 结果导致一阶能量为 $E^0 \pm 3a_0e\mathcal{E}$, E^0, E^0.

解答　对电量为 $-e$ 的电子在沿 z 轴的电场 $\boldsymbol{\mathcal{E}}$ 中的 Hamilton 量 $H' = e\mathcal{E}z$. 所以, 处于 ψ_{nlm} 态的氢原子的一阶能量变化为

$$E^{(1)} = e\mathcal{E}\int u_{nlm}^* z u_{nlm}\mathrm{d}\tau = 0$$

原因是, 态 u_{nlm} 具有确定的 $(-1)^l$ 宇称, 而 z 具有奇宇称. 所以上式的被积函数具有奇宇称. 而奇宇称函数的全空间积分一定为 0, 只有混合宇称的函数 (即不同宇称函数的线性叠加) 全空间积分才不为 0.

将 u_{211}, u_{21-1}, u_{210}, u_{200} 用数字表示为 1～4 态, 我们首先计算 $H_{ij}^{(1)}$(基于这 4 个态的矩阵元). 因为这 4 个 u 函数有确定的宇称, 所以对角元 $H_{ij}^{(1)} = 0$, 而且 z 与 L_z 可对易, 所以 u_{nlm} 和 zu_{nlm} 都是 L_z 的本征态, 具有相同的本征值 $m\hbar$. 由于不同本征值 m 的 u 是正交的, 所以不为 0 的非对角元只有那些具有相同的 m 量子数, 即 u_{210} 和 u_{200}. 为了计算这矩阵元, 令 $z = r\cos\theta$, 于是我们有

$$\begin{aligned}
H_{34}^{(1)} &= H_{43}^{(1)} = e\mathcal{E}\int u_{210}^* z u_{200}\mathrm{d}\tau \\
&= e\mathcal{E}\left(\frac{1}{2a_0}\right)^4\int_0^\pi \cos^2\theta\sin\theta\mathrm{d}\theta x\int_0^\infty r^4\left(z - \frac{r}{a_0}\right)\exp\left(-\frac{r}{a_0}\right)\mathrm{d}r \\
&= -3e\mathcal{E}a_0
\end{aligned}$$

在计算 r 的积分时, 我们用到结果

$$\int_0^\infty r^n\exp\left(-\frac{r}{a_0}\right)\mathrm{d}r = n!a_0^{n+1}$$

H' 矩阵为

$$\begin{pmatrix} 0 & 0 & 0 & 0 \\ 0 & 0 & 0 & 0 \\ 0 & 0 & 0 & -A \\ 0 & 0 & -A & 0 \end{pmatrix} \tag{7.173}$$

式中

$$A = 3e\mathcal{E}a_0$$

因为未经微扰的四个态是简并的, 所以我们用简并微扰理论. H' 的本征值即一阶能量修正. 它的本征矢是 4 个 u 函数的线性组合, 给出了未经微扰的本征波函数. 从式 (7.173) 的形式易看出, 有两个本征值为 0, 相应的本征态为 u_{211} 和 u_{21-1}. 我们需要考虑的矩阵部分相关于 u_{210} 和 u_{200}, 即

$$\begin{pmatrix} 0 & -A \\ -A & 0 \end{pmatrix}$$

易证明, 本征值 $\lambda = A$, 相应本征矢为

$$\frac{u_{210} - u_{200}}{\sqrt{2}}$$

和 $\lambda = -A$, 本征矢为

$$\frac{u_{210} + u_{200}}{\sqrt{2}}$$

因为 u_{210} 负宇称, u_{200} 正宇称, 所以上面两个本征矢都具有混合宇称. 这样一阶能量为 E^0, E^0, $E^0 + 3e\mathcal{E}a_0$, $E^0 - 3e\mathcal{E}a_0$.

讨论　(1) 本题描述的 Stark 效应, 从上面原因可看到, 只有存在不同 l 值的简并态存在, 才有一阶效应. 氢原子的这种简并发生于电子受到的核的电势具有简单的 l/r 依赖关系. 然而在碱金属原子中, 内层电子的存在使得那些具有较低的 l 值的价电子受到的静电势能从 $1/r$ 的简单形式发生变化, 因为这些价电子穿透了内层的电子层, 因此一阶 Stark 效应不会对这些态发生.

(2) 在氢原子中 $n = 2$ 的态的一阶 Stark 效应意味着这些态的原子的行为好像具有永久电偶极矩, 大小为 $3ea_0$. 能够在外电场中与电场平行, 仅平行, 或成直角, 一般来说原子和核的基态是不简并的, 故不存在永久电偶极矩.

这里我们没有讨论二阶 Stark 效应, 一般来说它在所有态都会发生. 它给出正比于 $\mathcal{E}^2$ 的能量项, 这相应于感应电偶极矩.

7.48　假定上题中的 u_{210} 和 u_{200} 具有不同的能级 $E^0 + \Delta$, $E^0 - \Delta$, 证明 $H_0 + H'$ 相应的矩阵有本征值 $E^0 \pm \sqrt{A^2 + \Delta^2}$

题 7.48　假定上题中的 u_{210} 和 u_{200} 不简并, 而具有不同的能量 $E^0 + \Delta$ 和 $E^0 - \Delta$.

(1) 证明 $H_0 + H'$ 关于这两态的矩阵, 具有本征值 $E^0 \pm \sqrt{\Delta^2 + A^2}$, 这里 $A = 3a_0e\mathcal{E}$;

(2) 将这些本征值的极限值 (i) $A \gg \Delta$ 和 (ii) $A \ll \Delta$ 和微扰理论的结果相比较;

(3) 画出 $E^0 \pm (A^2 + \Delta^2)^{1/2}$ 依赖 $\mathcal{E}$ 的函数关系, 将这些曲线标上尽可能多的关于本征矢的信息;

(4) 若态 u_{210} 和 u_{200} 的波数差为 36m^{-1}, 计算使 $A = \Delta$ 的电场 $\mathcal{E}$ 的大小.

解答　(1) $H_0 + H'$ 关于 u_{210} 和 u_{200} 的矩阵为

$$\begin{pmatrix} E^0 + \Delta & -A \\ -A & E^0 - \Delta \end{pmatrix}$$

H_0 给出对角元. 题 7.47 的结果给出了非对角元. 它们来自 H', 我们可以通过通常的方法得到矩阵的本征值和本征函数. 若 $pU_{210} + qU_{200}$ 是本征值为 λ 的本征函数, 那么

$$\frac{q}{p} = \frac{\lambda - E^0 - \Delta}{-A} = \frac{-A}{\lambda - E^0 + \Delta} \tag{7.174}$$

这里, $\lambda = E^0 \pm \sqrt{\Delta^2 + A^2}$.

(2) (i) 对 $A \gg \Delta$, 我们有

$$(A^2 + \Delta^2)^{1/2} = A\left(1 + \frac{\Delta^2}{A^2}\right)^{1/2} \approx A + \frac{\Delta^2}{2A}$$

所以能量值近似为 $E^0 \pm A \pm (\Delta^2/2A)$, 头两项与简并微扰理论得出的结果相同. 这一点是合理的, 因为对于 $A \gg \Delta$ 来说, 最初的两态能量分离与微扰能量比很小. 小的非零 Δ 的效应被 $\Delta^2/2A$ 显示.

(ii) 对 $A \ll \Delta$, 我们有

$$(A^2 + \Delta^2)^{1/2} = \Delta\left(1 + \frac{A^2}{\Delta^2}\right)^{1/2} \approx \Delta + \frac{A^2}{2\Delta}$$

能量近似为 $E^0 \pm \Delta \pm A^2/2\Delta$, 这时, 最初两态的能量分离比微扰能量修正大很多, 等效不存在简并, 因此也没有线性 Stark 效应、二次项 $\pm A^2/2\Delta$ 与二阶微扰理论给出的结果一样. 在题 7.15 的 $E_n^{(2)}$ 的表达式中, $\langle j|H'|n \rangle = -A$, 而 $E_n - E_j$ 当最初态是 u_{210} 时是 2Δ, 最初态是 u_{200} 时是 -2Δ.

(3) 图 7.16 画出了能量 $E^0 \pm (A^2 + \Delta^2)^{1/2}$ 作为电场 $\mathcal{E}$ 的函数的曲线图. 当 $A \ll \Delta$ 时, 曲线是二次的, 而当 $A \gg \Delta$ 时它们趋向简并微扰理论给出的直线, 本征函数由式 (7.174) 确定, 代入 λ 的极限值显示, 对于上能量曲线, 本征函数趋向 u_{210}. 当 A/Δ 趋于 0. 而随着 A/Δ 趋于无限, 本征函数趋于 $(u_{210} - u_{200})/\sqrt{2}$. 对于下能量曲线, 相应的极限本征函数为 u_{200} 和 $(u_{210} - u_{200})/\sqrt{2}$.

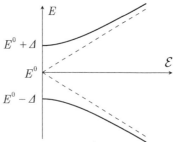

图 7.16　能量 $E^0 \pm (A^2 + \Delta^2)^{1/2}$ 作为电场 $\mathcal{E}$ 的函数的曲线图

(4) 波数分裂 $\tilde{\gamma}$ 相应于能量分离

$$2\Delta = \cosh\tilde{\gamma}$$

对 $A = 3a_0 e\mathcal{E} = \Delta$,

$$\mathcal{E} = \frac{\cosh\tilde{\gamma}}{6ea_0} = 1.4 \times 10^5 \text{V/m}$$

讨论 (1) 这个问题阐述了两个或更多个态几乎是简并时, 微扰计算的步骤, 一阶能量是 H' 对应简并态的矩阵的本征值. 矩阵的本征矢是非微扰态的线性组合, 用这种方法, 随着 H' 趋于 0, 微扰波函数一定平滑地趋向于非微扰波函数.

(2) 这里关于氢原子中 $n = 2$ 的态的分裂的计算, 由于自旋-轨道耦合效应, 是相当不精细的, 包含有自旋的 Dirac 电子理论显示对于 $n = 2$ 的态有两个能级, 但是相应的态并不像本问题中那么简单, 4 个 $\text{p}_{3/2}$ 态有较高的能量而两个 $\text{p}_{1/2}$ 态和两个 $\text{s}_{1/2}$ 态有较低的能量 (实际上存在着进一步的精细结构, 量子电动力学效应 ——已知的 Lamb 位移使 $\text{s}_{1/2}$ 态能量比 $\text{p}_{1/2}$ 态提高 3.5m^{-1}, 核自旋引起 8 个态进一步分裂约 0.5m^{-1}, 但是这里我们忽略了这些效应). 两个能级差是 36m^{-1}(正如本题叙述的). 本题的方法可以用来计算一阶能量, 计算是直接的, 虽然有些费力. $H_0 + H'$ 关于 8 个态的矩阵要被计算, 幸运的是 8×8 矩阵可因式化为 2 个 3×3 矩阵和 2 个 1 元矩阵, 能量本征值的结果显示在图 7.17 中, 正如图中看到的, 对于上面一条非微扰能量不存在线性效应, 因为它只有 $l = 1$ 的态, 而低的能级含有 $l = 0$ 和 $l = 1$ 态, 所以存在线性效应. 图中每一条曲线都是双重简并的, 相应于一个空间态 (它确定能量) 被自旋态 α 或 β 相乘.

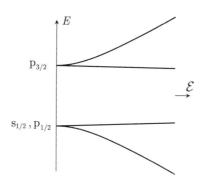

图 7.17 计入自旋-轨道耦合的能量作为电场 $\mathcal{E}$ 的函数的曲线图

7.49 核视为带电球壳时绕铅核转动的 μ^- 的基态能量变化

题 7.49 核的有限大小的效应可能会提高基于点核理论所得到的电子能量.

(1) 证明若质子被看作一个均匀带电球壳 (半径为 b), 则由一阶微扰理论可以得到的电子基态能量相对氢原子基态能量改变了一个因子 $4b^2/3a_0^2$;

(2) 为什么能量的变化对一个绕铅核转动的 μ^- 要大得多?

解答 (1) 对点核理论来说，核外电子受到的 Coulomb 势为

$$\phi^{(0)} = -\frac{1}{4\pi\varepsilon_0} \cdot \frac{e}{r}$$

而当核为一均匀带电球壳时，电子的 Coulomb 势为

$$\phi = -\frac{e}{4\pi\varepsilon_0}\frac{1}{r}, \quad r > b, \quad V = -\frac{e^2}{4\pi\varepsilon_0}\frac{1}{b}, \quad r < b$$

所以微扰势为

$$H' = e\phi - e\phi^{(0)} = \begin{cases} \dfrac{e^2}{4\pi\varepsilon_0}\left(\dfrac{1}{r} - \dfrac{1}{b}\right), & r < b \\ 0, & r > b \end{cases}$$

由定态微扰论可知，基态的一级修正为

$$E^{(1)} = \int u_{1s}^* H' u_{1s} \mathrm{d}V$$

式中

$$u_{1s} = \left(\frac{1}{\pi a_0^3}\right)^{1/2} \exp(-r/a_0)$$

为氢原子基态波函数. 这样，

$$E^{(1)} = \frac{4}{a_0^3} \cdot \frac{e^2}{4\pi\varepsilon_0} \int_0^b r^2 \left(\frac{1}{r} - \frac{1}{b}\right) \exp\left(\frac{-2r}{a_0}\right) \mathrm{d}r \tag{7.175}$$

因为 $b/a_0 \approx 10^{-5}$，所以在积分区间指数可视为 1，积分变为

$$\int_0^b \left(r - \frac{r^2}{b}\right) \mathrm{d}r = \frac{1}{6}b^2 \tag{7.176}$$

因为点核理论的基态能量是

$$E^{(0)} = -\frac{e^2}{4\pi\varepsilon_0} \cdot \frac{1}{2a_0} \tag{7.177}$$

由式 (7.175)~ 式 (7.177)可知

$$\frac{E^{(1)}}{E^{(0)}} = -\frac{4b^2}{3a_0^2} \tag{7.178}$$

由于 b 值约为 10^{-15}m；Bohr 半径 $a_0 = 0.53 \times 10^{-10}$m. 所以 $E^{(1)}/E^{(0)} \sim 5 \times 10^{-10}$，在这种情况下能量的修正是可以忽略的.

(2) 由 Bohr 理论可知质量为 m 绕电荷为 Ze 的核转动的电子，其轨道半径正比于 $\dfrac{1}{2m}$. Schrödinger 方程也给出同样的结果，所以在 μ–原子中，Bohr 半径 a_0 将被 a 替代，这里

$$a = \frac{a_0 m_e}{Z m_\mu}$$

式中，m_e，m_μ 分别是 e 与 μ 的质量，铅核 $Z=82$，$m_\mu = 207 m_e$，所以 $a = a_0/82 \times 207$. 核半径的大小约为 $A^{1/3} r_0$，A 为核的质量数，对铅是 208，这样铅核的 b 约为氢的 6

倍. 将这些因子代入式 (7.178)，发现对绕铅核转动的 μ 而言 $E^{(1)}/E^{(0)}$ 的数量级约为 1. 因为微扰理论只有在 $E^{(1)}/E^{(0)} \ll 1$ 时，才是有效的；所以以上的数值计算是不成立的，它仅仅指出 $E^{(1)}$ 与 $E^{(0)}$ 是同数量级的. 实验也证实了这一点，相应于绕铅核的 μ 的 K_α 跃迁的能量被测量为 6MeV，而点核理论的能量值为 16MeV.

7.50　以 $e^{-\beta r}$ 为试探波函数，用变分法求氢原子基态能级上限

题 7.50　(1) 取试探波函数正比于 $e^{-\beta r}$，这里 β 为变分参数，用变分法计算氢原子基态的上限，用原子常数表示；

(2) 对结果进行讨论.

解答　(1) 将试探波函数归一化，设为

$$\psi = A e^{-\beta r} \tag{7.179}$$

这里 A 为归一化常数，因此有

$$\int |\psi|^2 \mathrm{d}V = 4\pi A^2 \int_0^\infty e^{-2\beta r} r^2 \mathrm{d}r = \frac{8\pi A^2}{(2\beta)^3} = 1 \tag{7.180}$$

由式 (7.180)计算，可取 A 为正数

$$A = \frac{\beta}{\sqrt{\pi}} \tag{7.181}$$

氢原子的 Hamilton 量是

$$H = -\frac{\hbar^2}{2m_e} \nabla^2 - \frac{e^2}{4\pi\varepsilon_0} \cdot \frac{1}{r} \tag{7.182}$$

对波函数 (7.179)来说，能量期望值由下式计算：

$$\langle E \rangle = 4\pi A^2 \int_0^\infty e^{-\beta r} \left(-\frac{\hbar^2}{2m_e} \nabla^2 - \frac{e^2}{4\pi\varepsilon_0} \frac{1}{r} \right) e^{-\beta r} r^2 \mathrm{d}r \tag{7.183}$$

由于波函数 (7.179)只与 r 有关，所以

$$\nabla^2 e^{-\beta r} = \left(\frac{\mathrm{d}^2}{\mathrm{d}r^2} + \frac{2}{r}\frac{\mathrm{d}}{\mathrm{d}r} \right) e^{-\beta r} = \left(\beta^2 - \frac{2\beta}{r} \right) e^{-\beta r} \tag{7.184}$$

将式 (7.181)、式 (7.184)代入式 (7.183)，给出

$$\begin{aligned}
\langle E \rangle &= 4\beta^3 \left[-\frac{\hbar^2}{2m_e}\beta^2 \int_0^\infty r^2 e^{-2\beta r} \mathrm{d}r + \left(\frac{\beta\hbar^2}{m_e} - \frac{e^2}{4\pi\varepsilon_0} \right) \int_0^\infty r e^{-2\beta r} \mathrm{d}r \right] \\
&= -\frac{\hbar^2}{2m_e}\beta^2 + \frac{\hbar^2}{m_e}\beta^2 - \frac{e^2}{4\pi\varepsilon_0}\beta \\
&= \frac{\hbar^2}{2m_e}\beta^2 - \frac{e^2}{4\pi\varepsilon_0}\beta
\end{aligned} \tag{7.185}$$

由 Ritz 变分法可知基态能量的上限正是试探波函数的能量期望值的以 β 为变分参量的极小值, 故需求极值

$$\frac{\mathrm{d}\langle E\rangle}{\mathrm{d}\beta} = \frac{\hbar^2\beta}{m_{\mathrm{e}}} - \frac{e^2}{4\pi\varepsilon_0} = 0 \tag{7.186}$$

得 $\beta = \dfrac{m_{\mathrm{e}}e^2}{4\pi\varepsilon_0\hbar^2} = 1/a_0$, 这里 a_0 正是 Bohr 半径. 将此 β 值代入式 (7.185)即得

$$\langle E\rangle_{\min} = -\frac{m_{\mathrm{e}}}{2\hbar^2}\left(\frac{e}{4\pi\varepsilon_0}\right)^2 = -\frac{e^2}{8\pi\varepsilon_0}\cdot\frac{1}{a_0} \tag{7.187}$$

(2) 事实上, 式 (7.187)正是氢原子基态能量的正确值, 原因是试探波函数取的形式与氢原子基态波函数一致. 当 $\beta = \dfrac{1}{a_0}$ 时, e^{-r/a_0} 正是氢原子的基态波函数.

7.51　处于一维盒中的两个非全同粒子, 在相互作用势 $V_{12} = \lambda\delta(x_1 - x_2)$ 作用下的零级波函数及一级能移

题 7.51　两个非全同粒子, 每个质量都为 m, 被禁闭在长为 L 的一维不可穿透的盒中.

(1) 系统三个最低能态 (即至多有一个粒子从其基态激发出来) 的波函数和能级是什么?

(2) 若加入一个 $V_{12} = \lambda\delta(x_1 - x_2)$ 形式的相互作用势, 计算这三个态的能量到 λ 的第一级及它们的波函数到 λ 的零阶.

解答　两个粒子非全同, 故系统最低三个能态和相应的能级分别为

$$E_{11} = \frac{\hbar^2\pi^2}{mL^2}, \quad \psi_{11} = \frac{2}{L}\sin\frac{\pi x_1}{L}\sin\frac{\pi x_2}{L} \tag{7.188}$$

$$E_{12} = \frac{5\hbar^2\pi^2}{2mL^2}, \quad \psi_{12} = \frac{2}{L}\sin\frac{\pi x_1}{L}\sin\frac{2\pi x_2}{L} \tag{7.189}$$

$$E_{21} = \frac{5\hbar^2\pi^2}{2mL^2}, \quad \psi_{21} = \frac{2}{L}\sin\frac{2\pi x_1}{L}\sin\frac{\pi x_2}{L} \tag{7.190}$$

ψ_{12}, ψ_{21} 表示有一个粒子处于基态, 另一个粒子处于第一激发态. 当两个粒子都处于基态 (系统的基态) 时, 能量一级修正为

$$E^{(1)} = \langle\psi_{11}|V_{12}|\psi_{11}\rangle = \frac{4\lambda}{L^2}\int_0^L\sin^4\left(\frac{\pi x_1}{L}\right)\mathrm{d}x_1 = \frac{3\lambda}{2L} \tag{7.191}$$

到 λ 的零阶波函数仍为 ψ_{11}.

当有一个粒子处于激发态时, 能级是二重简并的. 简并子空间各微扰矩阵元为

$$\begin{aligned}
\langle\psi_{12}^*|V_{12}|\psi_{12}\rangle &= \langle\psi_{21}^*|V_{12}|\psi_{21}\rangle = \iint\psi_{12}^*V_{12}\psi_{12}\mathrm{d}x_1\mathrm{d}x_2 \\
&= \frac{4\lambda}{L^2}\int_0^L\sin^2\frac{\pi x_1}{L}\sin^2\frac{2\pi x_1}{L}\mathrm{d}x_1 = \frac{\lambda}{L}
\end{aligned} \tag{7.192}$$

$$\langle \psi_{12}^* | V_{12} | \psi_{21} \rangle \ = \ \langle \psi_{12}^* | V_{12} | \psi_{21} \rangle = \iint \psi_{21} V_{12} \psi_{12} \mathrm{d}x_1 \mathrm{d}x_2 = \frac{\lambda}{L} \qquad (7.193)$$

故相应的久期方程为

$$\begin{vmatrix} \dfrac{\lambda}{L} - E^{(1)} & \dfrac{\lambda}{L} \\ \dfrac{\lambda}{L} & \dfrac{\lambda}{L} - E^{(1)} \end{vmatrix} = 0 \qquad (7.194)$$

解得 $E_+^{(1)} = \dfrac{2\lambda}{L}$, $\quad E_-^{(1)} = 0$. 相应的零级波函数为

$$\phi_{\pm} = \frac{1}{\sqrt{2}} (\psi_{12} \pm \psi_{21}) \qquad (7.195)$$

思考　若是两个全同粒子, 结果又如何?

7.52　三能级系统在微扰 Hamilton 量 $\lambda H'$ 作用下的能量最低阶修正

题 7.52　考虑由下列 Hamilton 量描述的三能级系统: $H = H_0 + \lambda H'$. H_0 的本征态为 $|1\rangle$、$|2\rangle$、$|3\rangle$, 相应的本征值分别为 0、Δ、Δ.

(1) 在 H_0 表象中写出 H' 的 3×3 阶矩阵表示 (λ 为实数);

(2) 用微扰论计算 H 的能谱时, 发现准确到 λ 的最低级近似时, H 的本征态为

$$|1\rangle, \quad |\pm\rangle = \frac{1}{\sqrt{2}} (|2\rangle \pm |3\rangle) \qquad (7.196)$$

相应的本征值为

$$E_1 = -\frac{\lambda^2}{\Delta} + O(\lambda^3), \quad E_+ = \Delta + \lambda + \frac{\lambda^2}{\Delta} + O(\lambda^3), \quad E_- = \Delta - \lambda + O(\lambda^3) \qquad (7.197)$$

请尽可能多地确定 (1) 中 H' 的矩阵元.

解答　(1) 因 λ 为实数, H' 为 Hermite 算符, 所以 H' 的以 $|1\rangle$、$|2\rangle$、$|3\rangle$ 为基矢的矩阵元可一般地写为

$$H' = \begin{pmatrix} a & d & e \\ d^* & b & f \\ e^* & f^* & c \end{pmatrix} \qquad (7.198)$$

其中, a、b、c 为实数.

(2) 因为 $|2\rangle$、$|3\rangle$ 是简并态, 根据简并微扰论可知, 相应的能量一级修正值, 正好是 H' 在合适的零级波函数下 (使 Hamilton 量微扰项对角化) 的期望值 (也即本征值), 故通过观察题给 E_+、E_- 的一级项有

$$\langle -|H'|-\rangle = -1, \quad \langle -|H'|-\rangle = -1 \qquad (7.199)$$

因为 $|2\rangle$、$|3\rangle$ 是简并态，故应转换到使 Hamilton 量微扰项对角化解除简并后由式 (7.196)所给的基矢 $|+\rangle$、$|-\rangle$ 表象. 从 $|1\rangle$、$|2\rangle$、$|3\rangle$ 表象转入 $|1\rangle$、$|+\rangle$、$|-\rangle$ 表象

$$\begin{pmatrix} 1 & 0 & 0 \\ 0 & \dfrac{1}{\sqrt{2}} & \dfrac{1}{\sqrt{2}} \\ 0 & \dfrac{1}{\sqrt{2}} & -\dfrac{1}{\sqrt{2}} \end{pmatrix} \begin{pmatrix} a & d & e \\ d^* & b & f \\ e^* & f^* & c \end{pmatrix} \begin{pmatrix} 1 & 0 & 0 \\ 0 & \dfrac{1}{\sqrt{2}} & \dfrac{1}{\sqrt{2}} \\ 0 & \dfrac{1}{\sqrt{2}} & -\dfrac{1}{\sqrt{2}} \end{pmatrix}$$

$$= \begin{pmatrix} a & \dfrac{d+e}{\sqrt{2}} & \dfrac{d-e}{\sqrt{2}} \\ \dfrac{d^*+e^*}{\sqrt{2}} & \dfrac{b+f+f^*+c}{2} & \dfrac{b-f+f^*-c}{2} \\ \dfrac{d^*-e^*}{\sqrt{2}} & \dfrac{b+f-f^*-c}{2} & \dfrac{b-f-f^*+c}{2} \end{pmatrix}$$

在 $|1\rangle$、$|+\rangle$、$|-\rangle$ 表象中，Hamilton 量微扰项在简并子空间已对角化，应有

$$\begin{pmatrix} a & \dfrac{d+e}{\sqrt{2}} & \dfrac{d-e}{\sqrt{2}} \\ \dfrac{d^*+e^*}{\sqrt{2}} & \dfrac{b+f+f^*+c}{2} & \dfrac{b-f+f^*-c}{2} \\ \dfrac{d^*-e^*}{\sqrt{2}} & \dfrac{b+f-f^*-c}{2} & \dfrac{b-f-f^*+c}{2} \end{pmatrix} = \begin{pmatrix} a & \dfrac{d+e}{\sqrt{2}} & \dfrac{d-e}{\sqrt{2}} \\ \dfrac{d^*+e^*}{\sqrt{2}} & 1 & 0 \\ \dfrac{d^*-e^*}{\sqrt{2}} & 0 & -1 \end{pmatrix} \tag{7.200}$$

求解上式简并子空间矩阵元相等的四个方程给出

$$b = c = 0, \quad f = f^* = 1 \tag{7.201}$$

对非简并能级准确到二级微扰的能量为

$$E_n = E_n^{(0)} + \lambda H'_{nn} + \lambda^2 \sum_{m \neq n} \frac{|H'_{mn}|^2}{E_n^{(0)} - E_m^{(0)}} + O(\lambda^3) \tag{7.202}$$

考虑到包括二级微扰修正后的能量应为

$$E_1 = \lambda a + \frac{\lambda^2 |d+e|^2}{2(0-\Delta)} + \frac{\lambda^2 |d-e|^2}{2(0-\Delta)} + O(\lambda^3)$$

$$= \lambda a - \lambda^2 \frac{|d+e|^2 + |d-e|^2}{2\Delta} + O(\lambda^3) \tag{7.203}$$

$$E_+ = \Delta + \lambda + \frac{\lambda^2 |d+e|^2}{2\Delta} + O(\lambda^3) \tag{7.204}$$

$$E_- = \Delta - \lambda + \frac{\lambda^2 |d-e|^2}{2\Delta} + O(\lambda^3) \tag{7.205}$$

与题给条件 (7.197)比较，λ 的系数给出 $a = 0$，而 λ^2 的系数给出

$$|d+e|^2 + |d-e|^2 = 2$$

$$|d+e|^2 = 2$$

$$|d-e|^2 = 0$$

上式给出

$$d - e = 0, \quad d + e = \sqrt{2}\mathrm{e}^{\mathrm{i}\delta} \tag{7.206}$$

其中, 相位 δ 可以为任意实数.

综上, 在 $|1\rangle$、$|2\rangle$、$|3\rangle$ 表象中 H' 的矩阵为

$$H' = \begin{pmatrix} 0 & \dfrac{1}{\sqrt{2}}\mathrm{e}^{\mathrm{i}\delta} & \dfrac{1}{\sqrt{2}}\mathrm{e}^{\mathrm{i}\delta} \\ \dfrac{1}{\sqrt{2}}\mathrm{e}^{-\mathrm{i}\delta} & 0 & 1 \\ \dfrac{1}{\sqrt{2}}\mathrm{e}^{-\mathrm{i}\delta} & 1 & 0 \end{pmatrix} \tag{7.207}$$

7.53　在三维谐振子势中两全同 Fermi 子在 $-\lambda\delta^3(\boldsymbol{r}_1 - \boldsymbol{r}_2)$ 势作用下的零级波函数和能量一级修正

题 7.53　两全同的自旋为 $1/2$ 的 Fermi 子束缚在三维的各向同性的谐振子势阱中 (具有经典频率 ω). 另外, 两 Fermi 子间有弱的短程的与自旋无关的相互作用.

(1) 给出能量直到 $5\hbar\omega$ 的所有能量本征态的光谱学记号 (从阱底部量起);

(2) 写出系统适当的近似波函数 (即至相互作用的最低级), 用单粒子谐振子波函数表示, 这一步是对能量至 $4\hbar\omega$ 的所有态做的;

(3) 对特定的粒子间相互作用 $-\lambda\delta^3(\boldsymbol{r}_1 - \boldsymbol{r}_2)$, 求第 (2) 小题中态的能量, 准确到 λ 的第一级, 结果中可保留积分式.

解答　(1) 三维谐振子 $E_n = \left(n + \dfrac{3}{2}\right)\hbar\omega$, 其中 $n = 2n_r + l$, n_r 与 l 均是不小于 0 的整数. 两粒子系统, 由系统的 H 易知

$$E_N = \left(n_1 + \frac{3}{2}\right)\hbar\omega + \left(n_2 + \frac{3}{2}\right)\hbar\omega \approx (N+3)\hbar\omega$$

于是

(i) 基态

$$E_0 = 3\hbar\omega, \quad (l_1, l_2) = (0, 0)$$

只有 ${}^1\mathrm{s}_0$ 态;

(ii) 第一激发态

$$E_1 = 4\hbar\omega, \quad (l_1, l_2) = (1, 0) \text{或} (0, 1), \quad (\mathrm{s}_1, \mathrm{s}_2) = (1/2, 1/2)$$

所以, 按照从 $\boldsymbol{l}_1$、$\boldsymbol{l}_2$ 耦合给出总轨道角动量 $\boldsymbol{L}$; 从 $\boldsymbol{s}_1$、$\boldsymbol{s}_2$ 耦合给出总自旋角动量 $\boldsymbol{S}$; 再由 $\boldsymbol{L}$、$\boldsymbol{S}$ 耦合给出总角动量, 有态 ${}^1\mathrm{p}_1, {}^3\mathrm{p}_{2,1,0}$;

(iii) 第二激发态 $E_2 = 5\hbar\omega$

① $(n_1, n_2) = (2, 0)$ 或 $(0, 2)$

　　(a) $n_{r1} = 1$ 或 $n_{r2} = 1$, $(l_1, l_2) = (0, 0)$, 态为 $^1s_0, ^3s_1$;

　　(b) $(l_1, l_2) = (2, 0)$ 或 $(0, 2)$, 态为 $^1d_2, ^3d_{3,2,1}$;

② $(n_1, n_2) = (1, 1)$, $(l_1, l_2) = (1, 1)$, 态为 $^1s_0, ^1d_2, ^3p_{2,1,0}$.

(2) 记单粒子态的基态为 ψ_0, 第一激发态为 ψ_{1m}, 式中 $m = 0, \pm1$ 是磁量子数. 自旋单、三重态分别记为 χ_0 和 χ_{1M}.

系统的态表示为 $|NLL_z SS_z\rangle$, 须写的波函数为

$$
\begin{aligned}
|00000\rangle &= \chi_0 \psi_0(1)\psi_0(2), & ^1s_0 \text{态} \\
|11m00\rangle &= \chi_0 \frac{1}{\sqrt{2}}(1 + P_{12})\psi_0(1)\psi_{1m}(2), & ^1p_1 \text{态} \\
|11m1M\rangle &= \chi_{1M} \cdot \frac{1}{\sqrt{2}}(1 - P_{12})\psi_0(1)\psi_{1m}(2), \quad m, M = 0, \pm1, & ^3p_{2,1,0}\text{态}
\end{aligned}
$$

(3) 按定态微扰论, 基态的能量一阶修正

$$
\begin{aligned}
E_0^{(0)} &= \langle {}^1s_0 | V_{12} | {}^1s_0 \rangle \approx -\lambda \int d\boldsymbol{r}_1 d\boldsymbol{r}_2 \delta(\boldsymbol{r}_1 - \boldsymbol{r}_2)(\psi_0^*(\boldsymbol{r}_1)\psi_0(\boldsymbol{r}_2))^2 \\
&= -\lambda \int d\boldsymbol{r} |\psi_0(\boldsymbol{r})|^4 = -\lambda \left(\frac{\alpha}{\sqrt{2\pi}}\right)^3
\end{aligned}
$$

其中, $\alpha = \sqrt{\dfrac{m\omega}{\hbar}}$, 准确到一阶修正基态的能量

$$
E\left(|^1s_0\rangle\right) = 3\hbar\omega - \lambda \left(\frac{m\omega}{2\pi\hbar}\right)^{3/2}
$$

第一激发态有 12 个态简并 (但注意到 V_{12} 中无自旋量, 显然 $\langle {}^1p_1 | V_{12} | {}^3p_1 \rangle = 0$)

$$
\langle 11m'1M' | V_{12} | 11m1M \rangle = \delta_{M'M} \langle 1m' | V_{12} | 1m \rangle = 0
$$

上式为 0 是由于 $S = 1$ 时, 自旋波函数对称, 所以空间波函数是反称的, 对 $-\lambda\delta^3(\boldsymbol{r}_1 - \boldsymbol{r}_2)$ 积分为 0. 所以

$$
E\left(|^3p_{2,1,0}\rangle\right) = 4\hbar\omega
$$

接下来

$$
\begin{aligned}
\langle 11m'00 | V_{12} | 11m00 \rangle &= -\lambda \int \frac{4}{2} d^3\boldsymbol{r} \psi_0^2(\boldsymbol{r})\psi_{1m'}^*(\boldsymbol{r})\psi_{1m}(\boldsymbol{r}) \\
&= -2\lambda \int d^3\boldsymbol{r} |\psi_0(\boldsymbol{r})\psi_{1m}(\boldsymbol{r})|^2 \delta_{m'm} \\
&= -\lambda \left(\frac{\alpha}{\sqrt{2\pi}}\right)^3 \delta_{m'm}
\end{aligned}
$$

式中, 积分号下 $\delta_{m'm}$ 因子出现是由于 $\psi_{1m}(\boldsymbol{r})$ 的角度部分可分离为 $Y_{1m}(\theta, \varphi)$. 因此

$$
E\left(|^1p_{1m}\rangle\right) = 4\hbar\omega - \lambda \left(\frac{m\omega}{2\pi\hbar}\right)^{3/2}
$$

式中, m 为 L_z 的本征值.

7.54　Schwinger 表示下角动量本征态与本征值及其在微扰 $V \cdot J$ 下简并的解除

题 7.54　二维各向同性谐振子 Hamilton 量为 $H = \omega(N_1 + N_2 + 1)$，其中

$$N_i = a_i^\dagger a_i, \quad \left[a_i, a_j^\dagger\right] = \delta_{ij}, \quad [a_i, a_j] = 0$$

(1) 算出 H, J_1, J_2, J_3 之间的对易关系，其中

$$J_1 = \frac{1}{2}(a_2^\dagger a_1 + a_1^\dagger a_2), \quad J_2 = \frac{i}{2}(a_2^\dagger a_1 - a_1^\dagger a_2), \quad J_3 = \frac{1}{2}(a_1^\dagger a_1 - a_2^\dagger a_2)$$

(2) 证明 $\boldsymbol{J}^2 = J_1^2 + J_2^2 + J_3^2$ 和 J_3 组成力学量完全集. 写出正交归一化的共同本征矢及相应的本征值；

(3) 讨论能级的简并情况及加上一个小微扰 $\boldsymbol{V} \cdot \boldsymbol{J}$ 后能级的分裂，这里 $\boldsymbol{V}$ 是三维常矢量.

解答　(1) 所给体系是一个具有两个单粒子态的 Bose 子体系. $a_i^\dagger$ 和 a_i 分别为粒子产生算符和粒子湮灭算符. 由于只有 $\left[a_i, a_i^\dagger\right]$ 不为零，利用关系式

$$[ab, cd] = a[b, c]d + ac[b, d] + [a, c]bd + c[a, d]b$$

很容易写出

$$\left[a_1^\dagger a_1, a_1^\dagger a_1\right] = \left[a_2^\dagger a_2, a_2^\dagger a_2\right] = \left[a_1^\dagger a_1, a_2^\dagger a_2\right] = 0$$

$$\left[a_1^\dagger a_1, a_2^\dagger a_1\right] = -\left[a_2^\dagger a_2, a_2^\dagger a_1\right] = -a_2^\dagger a_1$$

$$\left[a_1^\dagger a_1, a_1^\dagger a_2\right] = -\left[a_2^\dagger a_2, a_1^\dagger a_2\right] = a_1^\dagger a_2$$

$$\left[a_2^\dagger a_1, a_1^\dagger a_2\right] = a_2^\dagger a_2 - a_1^\dagger a_1$$

于是

$$[H, J_1] = [H, J_2] = [H, J_3] = 0$$
$$[J_1, J_2] = iJ_3, \quad [J_2, J_3] = iJ_1, \quad [J_3, J_1] = iJ_2$$

(2) 从 (1) 中得到的对易关系知，J_1, J_2, J_3 即为角动量算符的三个分量. 由 $\boldsymbol{J}^2 = J_1^2 + J_2^2 + J_3^2$ 与 J_1, J_2, J_3 的表示式，不难得到 $\boldsymbol{J}^2 = \dfrac{N}{2}\left(\dfrac{N}{2} + 1\right)$，其中 $N = N_1 + N_2 = a_1^\dagger a_1 + a_2^\dagger a_2$. 所以，$\boldsymbol{J}^2$ 和 J_3 互相对易，组成二自由度系统的力学量完全集，其归一化的共同本征矢为

$$|n_1 n_2\rangle = (n_1! n_2!)^{-1/2}\left(a_1^\dagger\right)^{n_1}\left(a_2^\dagger\right)^{n_2}|00\rangle$$

这个态相应的 $\boldsymbol{J}^2$ 的本征值是

$$\frac{1}{2}(n_1 + n_2)\left[\frac{1}{2}(n_1 + n_2) + 1\right]$$

J_3 的本征值是 $\frac{1}{2}(n_1 - n_2)$, 进一步可取 $n_1 = j+m, n_2 = j-m$, 则有 $J_3|jm\rangle = m|jm\rangle$, $\boldsymbol{J}^2|jm\rangle = j(j+1)|jm\rangle$.

(3) 具有相同 J 值的能级是简并的, 其简并情况与通常角动量的相同, 加上微扰 $\boldsymbol{V} \cdot \boldsymbol{J}$ 后, 如果转到 $\boldsymbol{V}$ 方向上看, 由于各能级 J_V 值不同, 因此简并将解除.

7.55 求二维谐振子在微扰势 $\frac{1}{2}\varepsilon xy(x^2 + y^2)$ 下的一阶修正

题 7.55 考虑一个二维谐振子 ($\hbar, m, \omega$ 均按自然单位制取为 1)

$$H = \frac{1}{2}(p_x^2 + p_y^2) + \frac{1}{2}(x^2 + y^2)$$

(1) 最低三个态的波函数和能量是什么?

(2) 考虑一微扰 Hamilton 量

$$V = \frac{1}{2}\varepsilon xy(x^2 + y^2), \quad \varepsilon \ll 1$$

对 (1) 中的态计算由 H' 引起的一阶微扰效应.

解答 (1) 该二维谐振子为两个独立无耦合的谐振子系统, 其定态

$$\psi_{n_1 n_2} = N_{n_1 n_2} \mathrm{e}^{-(x^2+y^2)/2} \mathrm{H}_{n_1}(x) \mathrm{H}_{n_2}(y)$$

相应能量本征值 (按题意, 取自然单位制) 为

$$E_{n_1 n_2} = n_1 + n_2 + 1 = N + 1$$

最低三个能量态的波函数及能量为

$$\psi_{00}(x,y) = \frac{1}{\sqrt{\pi}} \exp\left[-\frac{1}{2}(x^2 + y^2)\right], \quad E_{00} = 1$$

$$\psi_{10}(x,y) = \sqrt{\frac{2}{\pi}} x \exp\left[-\frac{1}{2}(x^2 + y^2)\right], \quad E_{10} = 2$$

$$\psi_{01}(x,y) = \sqrt{\frac{2}{\pi}} y \exp\left[-\frac{1}{2}(x^2 + y^2)\right], \quad E_{01} = 2$$

(2) 对基态, 一级能量修正为

$$V_{00} = \langle\psi_{00}|V|\psi_{00}\rangle = 0$$

这是因为被积函数为奇函数.

当 $N = 1$ 时, 二重简并, 在简并子空间微扰 Hamilton 量的矩阵元为

$$V_{11} = V_{22} = 0$$

$$V_{12} = V_{21} = \frac{\varepsilon}{2} \int_{-\infty}^{+\infty} \int_{-\infty}^{+\infty} \frac{2}{\pi} xy \mathrm{e}^{-(x^2+y^2)} xy(x^2 + y^2) \mathrm{d}x\mathrm{d}y$$

$$= \frac{\varepsilon}{\pi} \int_{-\infty}^{+\infty} \int_{-\infty}^{+\infty} e^{-(x^2+y^2)}(x^2+y^2)x^2y^2 dxdy = \frac{3\varepsilon}{4}$$

久期方程为

$$\begin{vmatrix} V_{11} - E^{(1)} & V_{12} \\ V_{21} & V_{22} - E^{(1)} \end{vmatrix} = 0$$

得能量修正为

$$E'_{10} = E_{10} \pm V_{12} = 2 \pm \frac{3\varepsilon}{4}$$

7.56 用微扰论计算 $V = \frac{1}{2}k(x^2 + y^2 + z^2 + \lambda xy)$ 中的能级

题 7.56 一个质量为 m 的非相对论粒子在三维势场 $V = \frac{1}{2}k(x^2 + y^2 + z^2 + \lambda xy)$ 中运动.

(1) 将 λ 视作小参数计算基态能量到二阶微扰论;

(2) 将 λ 视作小参数用一阶微扰论计算第一激发态能级.

解答 (1) 基态波函数

$$\psi_{000}(x, y, z) = \psi_0(x)\psi_0(y)\psi_0(z)$$

能量本征值为 $\frac{3}{2}\hbar\omega$. 一级修正为

$$E_0^{(1)} = \left\langle 000 \left| \frac{k\lambda}{2}xy \right| 000 \right\rangle = 0$$

对于二阶修正，先计算

$$\left\langle 000 \left| \frac{k\lambda}{2}xy \right| n_1 n_2 n_3 \right\rangle = \frac{\lambda}{4}\hbar\omega \delta_{1n_1}\delta_{1n_2}\delta_{0n_3}$$

基态能量二级修正为

$$E_0^{(2)} = \sum_{n_1 n_2} \frac{\left| \langle 000| \frac{k\lambda}{2}xy |n_1 n_2 n_3 \rangle \right|^2}{(-n_1 - n_2)\hbar\omega} = -\frac{\lambda^2}{32}\hbar\omega$$

所以

$$E'_0 = \hbar\omega \left(\frac{1}{2} - \frac{\lambda^2}{32}\hbar\omega \right)$$

(2) 第一激发能级 $E_1 = \frac{5}{2}\hbar\omega$ 三重简并，这三个态为

$$|100\rangle, \ |010\rangle, \ |001\rangle$$

在此简并子空间 $\frac{1}{2}k\lambda xy$ 的矩阵为

$$\frac{\lambda\hbar\omega}{4}\begin{pmatrix} 0 & 1 & 0 \\ 1 & 0 & 0 \\ 0 & 0 & 0 \end{pmatrix}$$

于是一阶能量修正 (即上述矩阵本征值) 为

$$E_1^{(1)} = 0, \quad \frac{\lambda\hbar\omega}{4}, \quad -\frac{\lambda\hbar\omega}{4}$$

所以第一激发能级分裂成三条

$$\left(\frac{5}{2}+\frac{\lambda}{4}\right)\hbar\omega, \quad \frac{5}{2}\hbar\omega, \quad \left(\frac{5}{2}-\frac{\lambda}{4}\right)\hbar\omega$$

7.57 两原子由相互作用势 $V_{12}=\beta\dfrac{x_1 x_2 e^2}{d^3}$ 作用时的零级波函数和一级能量修正

题 7.57 考虑两原子间 van de Waals 力的下面模型: 每个原子由一个电子通过势 $V(r_i)=\dfrac{1}{2}m\omega^2 r_i^2$ 束缚于一非常重的核所组成. 假定两原子间沿 x 轴分开为 $d\left(d\gg\sqrt{\dfrac{\hbar}{m\omega}}\right)$, 且存在一相互作用 $V_{12}=\beta\dfrac{x_1 x_2 e^2}{d^3}$(忽略全同粒子不可分辨这一事实, 如图 7.18所示).

(1) 考虑当 $\beta=0$ 时整个系统的基态, 给出其能量和含 $\boldsymbol{r}_1$ 和 $\boldsymbol{r}_2$ 式的波函数;

(2) 计算由 V_{12} 产生的最低阶非零的能量修正 ΔE, 以及波函数修正;

(3) 计算两电子沿 x 方向的分离的方均根值, 近似到 β 的最低阶.

已知

$$\psi_0(x)=\langle x|\,0\rangle=\left(\frac{1}{\sqrt{\pi}}\right)^{1/2}\mathrm{e}^{-\frac{m\omega x^2}{2\hbar}} \tag{7.208}$$

$$\psi_1(x)=\langle x|\,1\rangle=\left(\frac{2m\omega}{\sqrt{\pi}\hbar}\right)^{1/2}x\mathrm{e}^{-\frac{m\omega x^2}{2\hbar}} \tag{7.209}$$

图 7.18　两原子间 van de Waals 力的模型

以及

$$\langle n|x|m\rangle = 0, \quad 对 |n-m|\neq 1$$

$$\langle n-1|x|n\rangle = \left(\frac{n\hbar}{2m\omega}\right)^{1/2}, \quad \langle n+1|x|n\rangle = \left(\frac{(n+1)\hbar}{2m\omega}\right)^{1/2}$$

解答　(1) 原子核很重，可认为不动，体系的 Schrödinger 方程为 ($\boldsymbol{r}_1$ 和 $\boldsymbol{r}_2$ 以各自的核为原点)

$$\left[-\frac{\hbar^2}{2m}(\nabla_1^2+\nabla_2^2)+\frac{1}{2}m\omega^2(r_1^2+r_2^2)+\beta\frac{x_1x_2e^2}{d^3}\right]\psi = E\psi$$

当 $\beta = 0$ 时，体系相当于两个独立的三维谐振子，基态的能量为

$$E_0^{(0)} = 3\hbar\omega$$

相应波函数为

$$\begin{aligned}
\Psi_0^{(0)}(\boldsymbol{r}_1,\boldsymbol{r}_2) &= \psi_0(x_1)\psi_0(y_1)\psi_0(z_1)\psi_0(x_2)\psi_0(y_2)\psi_0(z_2) \\
&= \left(\frac{1}{\sqrt{\pi}}\right)^3 e^{-\frac{m\omega}{2\hbar}(r_1^2+r_2^2)}
\end{aligned}$$

(2) 考虑 $H' = V_{12} = \beta\dfrac{x_1x_2e^2}{d^3}$，$H'$ 在基态下的期望值为零. 基态不简并，按非简并微扰论，进一步须考虑激发态可能的混入以及由此导致的能量修正. 可能混入的态只有

$$\Psi_1^{(0)} = \psi_1(x_1)\psi_0(y_1)\psi_0(z_1)\psi_1(x_2)\psi_0(y_2)\psi_0(z_2)$$

微扰矩阵元为

$$H'_{01} = \left\langle \Psi_0^{(0)}\right| H' \left|\Psi_1^{(0)}\right\rangle = \frac{\beta e^2}{d^3}(\langle 0|x|1\rangle)^2 = \frac{\beta e^2}{2d^3}\cdot\frac{\hbar}{m\omega}$$

其他矩阵元 $H'_{0m}(m=2,3,\cdots)$ 为零，故 V_{12} 所产生的修正在 β 最低阶的能级和波函数为

$$\begin{aligned}
\Psi_0 &= \Psi_0^{(0)}+\frac{H'_{10}}{E_0-E_1}\Psi_1^{(0)} = \Psi_0^{(0)}-\frac{\beta e^2}{4d^3}\cdot\frac{1}{m\omega^2}\Psi_1^{(0)} \\
E_0 &= E_0^{(0)}+\langle 0|H'|0\rangle+\frac{|H'_{10}|^2}{E_0-E_1} = E_0^{(0)}-\frac{1}{2\hbar\omega}\left(\frac{\beta e^2}{d^3}\cdot\frac{\hbar}{2m\omega}\right)^2 \\
&= 3\hbar\omega-\frac{1}{8}\left(\frac{e^2}{d^3}\right)^2\frac{\hbar}{m^2\omega^3}\beta^2
\end{aligned}$$

(3) 令 $x_{12} = x_2-x_1$，则由于 1 和 2 交换 Ψ_0 不变

$$\langle x_{12}\rangle = \langle x_2\rangle-\langle x_1\rangle = 0$$

以及

$$\langle x_{12}^2\rangle = \langle x_1^2+x_2^2-2x_1x_2\rangle = 2\langle x_1^2\rangle-2\langle x_1x_2\rangle$$

式中

$$
\begin{aligned}
\langle x_1 x_2 \rangle &= \left\langle \Psi_0^{(0)} - \lambda \Psi_1^{(0)} \middle| x_1 x_2 \middle| \Psi_0^{(0)} - \lambda \Psi_1^{(0)} \right\rangle \\
&= -\lambda \left[\left\langle \Psi_0^{(0)} \middle| x_1 x_2 \middle| \Psi_1^{(0)} \right\rangle + \text{c.c.} \right] \\
&= -2\lambda (\langle 0|x|1 \rangle)^2 = -\lambda \frac{\hbar}{m\omega} \left\langle x_1^2 \right\rangle \\
&= \left\langle \Psi_0^{(0)} - \lambda \Psi_1^{(0)} \middle| x_1^2 \middle| \Psi_0^{(0)} - \lambda \Psi_1^{(0)} \right\rangle \\
&= \left\langle 0 \middle| x^2 \middle| 0 \right\rangle + \lambda^2 \left\langle 1 \middle| x^2 \middle| 1 \right\rangle \\
&= \left\langle 0 \middle| x^2 \middle| 0 \right\rangle + o(\lambda^2)
\end{aligned}
$$

由对束缚定态的 Virial 定理知

$$
\frac{1}{2} m\omega^2 \left\langle 0 \middle| x^2 \middle| 0 \right\rangle = \frac{1}{4} \hbar\omega
$$

所以

$$
2\left\langle x_1^2 \right\rangle = \frac{\hbar}{m\omega} + o(\lambda^2)
$$

于是

$$
\begin{aligned}
\left\langle x_{12}^2 \right\rangle &= 2\left\langle x_1^2 \right\rangle - 2\left\langle x_1 x_2 \right\rangle \\
&= \frac{\hbar}{m\omega} + \frac{2\hbar}{m\omega}\lambda + o(\lambda^2) \approx \frac{\hbar}{m\omega}(1+2\lambda)
\end{aligned}
$$

最后可得两电子在 x 方向的间距的方均根为

$$
\begin{aligned}
\sqrt{\left\langle (d + \langle x_{12} \rangle)^2 \right\rangle} &= \sqrt{d^2 + 2d\langle x_{12} \rangle + \langle x_{12} \rangle} \\
&= \sqrt{d^2 + \frac{\hbar}{m\omega}(1+2\lambda)} \\
&\approx d\left(1 + \frac{\hbar}{2m\omega d^2} + \frac{\hbar\lambda}{m\omega d^2}\right)
\end{aligned}
$$

7.58　三维各向同性谐振子在微扰 $H' = bxy$ 下的能级分裂

题 7.58　三维各向同性谐振子 (自然角频率为 ω_0, 质量为 m) 的第一激发态是三重简并的. 用微扰方法计算由微扰 $H' = bxy(b$ 是常数) 引起的这三重简并态的能量分裂至第一级. 用未微扰三维谐振子的波函数表示三分裂能级的第一级波函数. 已知对一维谐振子

$$
\langle n|x|n+1 \rangle = \sqrt{\frac{(n+1)\hbar}{2m\omega_0}}
$$

解答　未微扰的能量本征态可写为

$$|n_x n_y n_z\rangle = |n_x\rangle |n_y\rangle |n_z\rangle$$

式中，$|n\rangle$ 是一维谐振子第 n 个本征态. 记

$$|\psi_1\rangle = |100\rangle, \quad |\psi_2\rangle = |010\rangle, \quad |\psi_3\rangle = |001\rangle$$

则

$$H' = \frac{\hbar b}{2m\omega_0} \begin{pmatrix} 0 & 1 & 0 \\ 1 & 0 & 0 \\ 0 & 0 & 0 \end{pmatrix}$$

于是解下面久期方程:

$$\det \left| H' - E^{(1)} \right| = 0$$

得到

$$E_0^{(1)} = 0, \quad E_\pm^{(1)} = \pm \frac{\hbar b}{2m\omega_0}$$

于是第一激发态在该微扰作用下的能级和本征函数为

$$E_0 = \frac{5}{2}\hbar\omega, \quad |\psi_0\rangle = |\psi_3\rangle = |001\rangle$$

$$E_\pm = \frac{5}{2}\hbar\omega \pm \frac{\hbar b}{2m\omega_0}, \quad |\psi_\pm\rangle = \frac{1}{\sqrt{2}}(|100\rangle \pm |010\rangle)$$

7.59　微扰 $H' = \mathrm{i}\lambda[A, H_0]$ 作用下，算符的基态期望值

题 7.59　一个量子体系 Hamilton 量由算符 $H = H_0 + H'$ 表述，$H' = \mathrm{i}\lambda[A, H_0]$ 为微扰，其中 A 为 Hermite 算符，λ 为实数，设 B 为另一个算符，且 $C = \mathrm{i}[B, A]$.

(1) 若已知 A、B、C 在无微扰基态 (无简并) 的期望值为 $\langle A_0\rangle$、$\langle B_0\rangle$、$\langle C_0\rangle$. 求当微扰加入后，B 在基态上的期望值 (精确到第一阶);

(2) 将这个结果试用在如下三维问题上:

$$H_0 = \sum_{i=1}^{3}\left(\frac{p_i^2}{2m} + \frac{1}{2}m\omega^2 x_i^2\right), \quad H' = \lambda x_3$$

计算基态时 $\langle x_i\rangle$ 的期望值至 λ 的最低阶，并将这个结果与精确的期望值相比较.

解答　(1) 根据题设，已知

$$\langle 0|A|0\rangle = A_0, \quad \langle 0|B|0\rangle = B_0, \quad \langle 0|C|0\rangle = C_0 \tag{7.210}$$

按照微扰论公式，微扰作用后的基态为

$$|\varphi_0\rangle = |0\rangle + \sum_n{}' \frac{H'_{n0}}{E_0^{(0)} - E_n^{(0)}}|n\rangle \tag{7.211}$$

其中

$$
\begin{aligned}
H'_{n0} &= \langle n|H'|0\rangle = \mathrm{i}\lambda\langle n|(AH_0 - H_0A)|0\rangle \\
&= \mathrm{i}\lambda\left(E_0^{(0)} - E_0 n^{(0)}\right)\langle n|A|0\rangle
\end{aligned}
\tag{7.212}
$$

所以

$$
\begin{aligned}
|\varphi_0\rangle &= |0\rangle + \mathrm{i}\lambda{\sum_n}'|n\rangle\langle n|A|0\rangle \\
&= |0\rangle + \mathrm{i}\lambda\sum_n|n\rangle\langle n|A|0\rangle - \mathrm{i}\lambda A_0|0\rangle
\end{aligned}
$$

也就是

$$
|\varphi_0\rangle = |0\rangle + \mathrm{i}\lambda\left(A - A_0\right)|0\rangle
\tag{7.213}
$$

计算中利用了公式 $\displaystyle\sum_n|n\rangle\langle n| = 1$. 从而 $\langle\varphi_0|\varphi_0\rangle = 1 + \lambda^2\left(\langle 0|A^2|0\rangle - A_0^2\right)$, 所以波函数 φ_0 的表达式准确到量级 λ 时, 已经归一化.

在 φ_0 态下, 算符 B 的期望值 (准确到量级 λ) 为

$$
\langle\varphi_0|B|\varphi_0\rangle = \langle 0|B|0\rangle + \mathrm{i}\lambda\langle 0|B\left(A - A_0\right)|0\rangle - \mathrm{i}\lambda\langle 0|\left(A - A_0\right)B|0\rangle + \lambda^2(\cdots)
\tag{7.214}
$$

略去 λ^2 项, 即得

$$
\langle\varphi_0|B|\varphi_0\rangle = B_0 + \mathrm{i}\lambda\langle 0|\left(BA - AB\right)|0\rangle = B_0 + \lambda C_0
\tag{7.215}
$$

从以上整个推导过程来看, 如将 $|0\rangle$ 换成 H_0 的任何一个非简并的本征态, φ_0 换成 H 的相应的本征态, 结果显然仍然成立, 因此上面的式子适合任何非简并的能量本征态.

(2) 根据已给的条件

$$
H_0 = \sum_{i=1}^3\left(\frac{p_i^2}{2m} + \frac{1}{2}m\omega^2 x_i^2\right), \quad H' = \lambda x_3
\tag{7.216}
$$

可看出相应的 $A = \dfrac{p_3}{m\omega^2\hbar}$, 它使 $H' = \mathrm{i}\lambda[A, H_0] = \lambda x_3$, 设 $B = x_1$, 相应的 C 为 $C_1 = \mathrm{i}[B, A] = 0$, 则

$$
\langle x_1\rangle = \langle x_1\rangle_0 + \lambda\langle C_1\rangle_0 = 0
\tag{7.217}
$$

同理, 设 $B = x_2$, 相应的 C 为 $C_2 = \mathrm{i}[B, A] = 0$, 则同样

$$
\langle x_2\rangle = 0
\tag{7.218}
$$

对 $B = x_3$, 相应的 C 为

$$
C_3 = \mathrm{i}[B, A] = \mathrm{i}\left[x_3, \frac{p_3}{m\omega^2\hbar}\right] = -\frac{1}{m\omega^2}
\tag{7.219}
$$

因而

$$
\langle C_3\rangle = -\frac{1}{m\omega^2}
\tag{7.220}
$$

从而

$$\langle x_3 \rangle = \langle x_3 \rangle_0 + \lambda \langle C_3 \rangle_0 = -\frac{\lambda}{m\omega^2} \tag{7.221}$$

讨论　现在考虑 $H = H_0 + H'$ 的精确解

$$
\begin{aligned}
H &= \sum_{i=1}^{3} \left(\frac{p_i^2}{2m} + \frac{1}{2} m\omega^2 x_i^2 \right) + \lambda x_3 \\
&= H_{01}(x_1) + H_{02}(x_2) + H_{03}\left(x_3 + \frac{\lambda}{m\omega^2} \right) - \frac{\lambda^2}{2m\omega^2}
\end{aligned} \tag{7.222}
$$

$H_{01}(x_i) = -\dfrac{\hbar^2}{2m}\dfrac{\mathrm{d}^2}{\mathrm{d}x_i^2} + \dfrac{1}{2}m\omega^2 x_i^2$ 是一维谐振子, 所以加上微扰 $H' = \lambda x_3$ 之后精确的基态波函数为

$$\varphi_0(x) = \left(\frac{m\omega}{\pi\hbar} \right)^{3/4} \exp\left(-\frac{m\omega}{2\hbar} x_1^2 \right) \exp\left(-\frac{m\omega}{2\hbar} x_2^2 \right) \times \exp\left[-\frac{m\omega}{2\hbar}\left(x_3 + \frac{\lambda}{m\omega^2} \right)^2 \right] \tag{7.223}$$

则在该态下, 容易计算得

$$\langle x_1 \rangle = 0, \quad \langle x_2 \rangle = 0, \quad \langle x_3 \rangle = -\frac{\lambda}{m\omega^2} \tag{7.224}$$

结果与微扰论所得完全一致.

7.60　三维各向同性谐振子在微扰 $H' = \lambda xyz + \dfrac{\lambda^2}{\hbar\omega} x^2 y^2 z^2$ 下的基态能量修正

题 7.60　各向同性谐振子势 $V(r) = \frac{1}{2}\mu\omega^2 r^2$ 中的粒子, 受到微扰作用

$$H' = \lambda xyz + \frac{\lambda^2}{\hbar\omega} x^2 y^2 z^2, \quad \lambda \text{ 为小常数}$$

(1) 用微扰论计算基态能级的修正 (准确到 λ^2);

(2) 对于一级近似下的基态, 计算 $\langle \boldsymbol{r} \rangle$, 对此结果做物理解释.

解答　(1) 三维各向同性谐振子可以分解为 3 个彼此独立的谐振子, 则微扰前的能量本征态

$$\psi_{n_1 n_2 n_3}^{(0)} = \psi_{n_1}(x)\psi_{n_2}(y)\psi_{n_3}(z), \quad \text{记为 } |n_1 n_2 n_3\rangle^{(0)} \tag{7.225}$$

其中, ψ_n 表示一维谐振子归一化能量本征态, $|n_1 n_2 n_3\rangle^{(0)}$ 相应的能级为

$$E_{n_1 n_2 n_3}^{(0)} = \left(n_1 + n_2 + n_3 + \frac{3}{2} \right)\hbar\omega \tag{7.226}$$

微扰前的基态为

$$\psi_{000}^{(0)} = \psi_0(x)\psi_0(y)\psi_0(z), \quad \text{记为 } |000\rangle \tag{7.227}$$

在该态下

$$\langle xyz \rangle_0 = (\langle 0|x|0\rangle)^3 = 0$$

$$\langle x^2 y^2 z^2 \rangle_0 = (\langle 0|x^2|0\rangle)^3 = \left(\frac{\hbar}{2m\omega}\right)^3 \tag{7.228}$$

上面 $\langle 0|x^2|0\rangle$ 的计算可以用 Virial 定理. 因此, 基态能级的一级微扰修正为

$$E_{000}^{(1)} = \langle 000| H' |000\rangle = \frac{\lambda^2}{8} \frac{\omega^2}{m^3\omega^4} \tag{7.229}$$

由于 H' 中含有 λxyz 项, 二级微扰修正也能产生 λ^2 量级的修正项. 能产生这种项的唯一微扰矩阵元是

$$\langle 111| H' |000\rangle = \lambda(\langle 1|x|0\rangle)^3 = \lambda \left(\frac{\hbar}{2m\omega}\right)^{3/2} \tag{7.230}$$

这里用到了题 7.15 的式 (7.46). 因此, 基态能级的二级微扰修正为

$$E_{000}^{(2)} = -\frac{|\langle 111| H' |000\rangle|^2}{3\hbar\omega} = -\frac{\lambda^2}{24} \frac{\omega^2}{m^3\omega^4} + o(\lambda^2) \tag{7.231}$$

$o(\lambda^2)$ 表示 λ^2 的高阶项.

综上, 准确到 λ^2, 基态能级移动为

$$\Delta E_{000} = \left(\frac{1}{8} - \frac{1}{24}\right) \frac{\hbar^2}{m^3\omega^4} = \frac{\lambda^2}{12} \frac{\omega^2}{m^3\omega^4} \tag{7.232}$$

(2) 微扰后的基态波函数 (准确到 λ 量级) 为

$$\begin{aligned}\psi_0 &= \psi_{000}^{(0)} - \frac{\langle 111| H' |000\rangle}{3\hbar\omega} \psi_{111}^{(0)} \\ &= \psi_{000}^{(0)} + c_1 \psi_{111}^{(0)}\end{aligned} \tag{7.233}$$

在该态下

$$\begin{aligned}\langle \psi_0|x|\psi_0\rangle &= \langle 000|x|000\rangle + |c_1|^2 \langle 111|x|000\rangle + c_1^* \langle 111|x|000\rangle + c_1 \langle 000|x|111\rangle \\ &= 0 + 0 + c_1^* \langle 1|x|0\rangle_x \langle 1|0\rangle_y \langle 1|0\rangle_z + c_1 \langle 0|x|1\rangle_x \langle 0|1\rangle_y \langle 0|1\rangle_z = 0\end{aligned}$$

同样, $\langle \psi_0|y|\psi_0\rangle = \langle \psi_0|z|\psi_0\rangle = 0$. 也就是

$$\langle \psi_0| \boldsymbol{r} |\psi_0\rangle = 0 \tag{7.234}$$

受微扰作用后, 势函数为

$$V(x,y,z) = \frac{1}{2}m\omega^2(x^2+y^2+z^2) + \lambda xyz + \frac{\lambda^2}{\hbar\omega}x^2y^2z^2$$

由极值条件

$$\frac{\partial V}{\partial x} = 0, \quad \frac{\partial V}{\partial y} = 0, \quad \frac{\partial V}{\partial z} = 0$$

容易求得上述方程组的解为

$$x = y = z = 0 \quad \text{或} \quad \boldsymbol{r} = 0$$

此即 V 取极小值的位置, 为粒子的"平衡位置", 这与基态下粒子所处位置的期望值 $\langle \psi_0 | \boldsymbol{r} | \psi_0 \rangle = 0$ 一致.

关于第 (2) 小题另解　因为 $V + \Delta V$ 在 $x \to -x$, $y \to -y$ 下不变, 所以 $H(x,y,z) = H(-x,-y,z)$. 而基态波函数又是非简并的, 所以

$$\psi(-x,-y,z) = \psi(x,y,z)$$

于是

$$
\begin{aligned}
\langle x \rangle &= (\psi, \, x\psi) \\
&= \int_{-\infty}^{+\infty} \int_{-\infty}^{+\infty} \int_{-\infty}^{+\infty} \psi^*(x',y',z') x' \psi(x',y',z') \mathrm{d}x' \mathrm{d}y' \mathrm{d}z' \\
&= -\int_{-\infty}^{+\infty} \int_{-\infty}^{+\infty} \int_{-\infty}^{+\infty} \psi^*(x,y,z) x \psi(x,y,z) \mathrm{d}x \mathrm{d}y \mathrm{d}z \\
&= -\langle x \rangle
\end{aligned}
$$

式中, 用了变换 $x' = -x$, $y' = -y$, $z' = z$. 所以

$$\langle x \rangle = 0$$

同理得到

$$\langle y \rangle = 0, \quad \langle z \rangle = 0$$

所以 $\langle \boldsymbol{r} \rangle = 0$.

7.61　自旋 1/2 的三维谐振子在微扰 $H' = \lambda \boldsymbol{\sigma} \cdot \boldsymbol{r}$ 下的基态能量修正

题 7.61　自旋为 $1/2$ 的三维各向同性谐振子, 处于基态. 设粒子受到微扰 $H' = \lambda \boldsymbol{\sigma} \cdot \boldsymbol{r}$ 作用, 求粒子的能级修正 (二级近似).

解法一　未扰 Hamilton 量

$$H_0 = \frac{1}{2\mu} \boldsymbol{p}^2 + \frac{1}{2} \mu \omega^2 r^2 \tag{7.235}$$

体系能级和波函数的零级近似分别为

$$E_n^{(0)} = \left(n + \frac{3}{2} \right) \hbar \omega, \tag{7.236}$$

$$\psi_n^{(0)} = \psi_{n_1}(x) \psi_{n_2}(y) \psi_{n_3}(z) \alpha; \quad \psi_{n_1}(x) \psi_{n_2}(y) \psi_{n_3}(z) \beta \tag{7.237}$$

其中, $n = n_1 + n_2 + n_3 (n_1, n_2, n_3 = 0, 1, 2, \cdots)$, $\psi_{n_1}(x)$ 为一维谐振子能量本征态, α、β 分别为 $\sigma_z = \pm 1$ 的本征态, 在 σ_z 表象中有

$$\alpha = \begin{pmatrix} 1 \\ 0 \end{pmatrix}, \quad \beta = \begin{pmatrix} 0 \\ 1 \end{pmatrix}$$

未扰基态波函数为

$$\psi_{0\alpha}^{(0)} = \phi_0(x)\phi_0(y)\phi_0(z)\alpha, \quad \psi_{0\beta}^{(0)} = \phi_0(x)\phi_0(y)\phi_0(z)\beta \tag{7.238}$$

二者均为偶宇称. 微扰 Hamilton 量可以写为

$$H' = \lambda\boldsymbol{\sigma}\cdot\boldsymbol{r} = \lambda\left(\sigma_x x + \sigma_y y + \sigma_z z\right) \tag{7.239}$$

由于 H' 为奇宇称，故在两基态波函数的简并子空间中，H' 的所有四个矩阵元皆为零. 故 $E_0^{(1)} = 0$.

由简并微扰论[①]，高一阶近似涉及简并子空间外态矢量的微扰矩阵元的影响，可等效地考察如下算符：

$$A = \sum_{n\neq 0}\sum_{\tau}\frac{H'|n\tau\rangle\langle n\tau|H'}{E_0^{(0)} - E_n^{(0)}} \tag{7.240}$$

在本题的二维简并子空间中，

(i) 若 A 为对角矩阵，则对角元即为能量二级修正，即此种情况下可用非简并公式处理；

(ii) 若为非对角矩阵，则在该二维子空间中，由久期方程

$$\det\left|A - E_0^{(2)}I\right| = 0 \tag{7.241}$$

求出能量二级修正 $E_0^{(2)}$.

由于

$$\langle n\tau|H'|0f\rangle \quad \tau, f = \alpha, \beta$$

中不为零的矩阵元有

$$\langle 001\alpha|H'|000\alpha\rangle = \langle 100\beta|H'|000\alpha\rangle = \langle 100\alpha|H'|000\beta\rangle$$

$$= -\langle 001\beta|H'|000\beta\rangle = \lambda\left(\frac{\hbar}{2\mu\omega}\right)^{1/2} \tag{7.242}$$

$$\langle 010\beta|H'|000\alpha\rangle = \langle 010\alpha|H'|000\beta\rangle = \mathrm{i}\lambda\left(\frac{\hbar}{2\mu\omega}\right)^{1/2} \tag{7.243}$$

显然，由于 $\langle 0\alpha|A|0\beta\rangle = 0$,

$$A_{\alpha\beta} = A_{\beta\alpha}^* = 0$$

即属于上面第 (i) 种情况. 而

$$\begin{aligned}
A_{\alpha\alpha} &= A_{\beta\beta} \\
&= -\frac{1}{\hbar\omega}\left[|\langle 000\alpha|H'|001\alpha\rangle|^2 + |\langle 000\alpha|H'|010\beta\rangle|^2 + |\langle 000\alpha|H'|100\beta\rangle|^2\right] \\
&= -\frac{3\lambda^2}{2\mu\omega^2}
\end{aligned}$$

①张永德, 量子力学 (第 5 版)[M], 北京: 科学出版社, 2021, P.211-217. 还可参考徐秀玮等, 简并部分解除情况下二阶微扰修正, 大学物理, 1996, Vol.**15**.No.4, 12-14.

这给出能量二阶修正

$$E_0^{(2)} = -\frac{3\lambda^2}{2\mu\omega^2}$$

这样

$$E_0 = \frac{3}{2}\hbar\omega - \frac{3\lambda^2}{2\mu\omega^2} \tag{7.244}$$

可见简并仍未解除.

解法二　设该三维各向同性谐振子的质量与频率分别为 μ、ω. 将该三维各向同性谐振子分解为沿 x、y 与 z 三个方向的同频率的相互独立的三个谐振子,记 ψ_n 表示一维谐振子归一化能量本征态. 考虑粒子的自旋自由度,微扰前的能量本征态可表示为

$$\Psi_{N\uparrow}^{(0)} = \psi_{n_1}(x)\psi_{n_2}(y)\psi_{n_3}(z)\alpha, \quad \Psi_{N\downarrow}^{(0)} = \psi_{n_1}(x)\psi_{n_2}(y)\psi_{n_3}(z)\beta \tag{7.245}$$

其中,$N = n_1 + n_2 + n_3, n_1, n_2, n_3 = 0, 1, 2, 3, \cdots$,$\alpha$、$\beta$ 分别为自旋沿 z 轴或者沿负 z 轴的归一化自旋本征态. 相应于 $\Psi_{N\uparrow}^{(0)}$ 与 $\Psi_{N\downarrow}^{(0)}$ 的能级均为

$$E_N^{(0)} = \left(N + \frac{3}{2}\right)\hbar\omega \tag{7.246}$$

微扰前基态波函数为

$$\Psi_{0\uparrow}^{(0)} = \psi_0(x)\psi_0(y)\psi_0(z)\alpha, \quad \Psi_{0\downarrow}^{(0)} = \psi_0(x)\psi_0(y)\psi_0(z)\beta \tag{7.247}$$

二者在宇称反演变化下 ($\boldsymbol{r} \to -\boldsymbol{r}$),均不变,也就是说它们均为偶宇称态. 题给的微扰算符又可以表示成

$$H' = \lambda\boldsymbol{\sigma}\cdot\boldsymbol{r} = \lambda r\sigma_r = \lambda(\sigma_x x + \sigma_y y + \sigma_x z) \tag{7.248}$$

在宇称反演变化下 ($\boldsymbol{r} \to -\boldsymbol{r}$),$H'$ 反号,因此为奇宇称算符. 这样在两个基态波函数之间,H' 的矩阵元 (包括期望值) 全部为 0. 因此基态能级的一级微扰修正等于 0,即

$$E_0^{(1)} = 0 \tag{7.249}$$

H' 与总角动量算符

$$\boldsymbol{J} = \boldsymbol{l} + \frac{\hbar}{2}\boldsymbol{\sigma} \tag{7.250}$$

对易,因此 H' 作用的结果不会改变量子数 j 和 m_j 的值. 两个基态波函数 $\Psi_{0\uparrow}^{(0)}$ 与 $\Psi_{0\downarrow}^{(0)}$ 的 j 和 m_j 量子数为

$$j = \frac{1}{2}, \quad m_j = \pm\frac{1}{2}$$

因 m_j 不同,$\Psi_{0\uparrow}^{(0)}$ 与 $\Psi_{0\downarrow}^{(0)}$ 在任何级微扰近似中不可能因 H' 的作用而混合,这与前面解法一的计算一致. 因此,本题可以按非简并态微扰论处理. 从问题的对称性可知,基态的两种自旋方向 (↑ "向上"; ↓ "向下") 应给出同样的能量修正值.

H' 为 $\boldsymbol{r}$ 的线性齐次函数,它作用于基态的结果,量子数 N 将由 0 变成 1,即变成第一激发态,能量差为

$$E_0^{(0)} - E_1^{(0)} = -\hbar\omega \tag{7.251}$$

按照微扰论公式，基态能级的二级微扰修正为

$$E_0^{(2)} = \sum_{\{N\}}' \frac{1}{E_0^{(0)} - E_N^{(0)}} \left| \langle N | H' | 0 \rangle \right|^2 \tag{7.252}$$

上述求和中 $\{N\}$ 表示对于所有主量子数为 N 的简并态求和 (除了基态 0 以外，$N = 1, 2, \cdots$). 由于 $N \neq 1$ 时，$\langle N | H' | 0 \rangle = 0$，所以上式可以写成

$$E_0^{(2)} = \frac{1}{\hbar\omega} \sum_{\{N\}}' \left| \langle 0 | H' | N \rangle \right|^2 = \frac{1}{\hbar\omega} \sum_{\{N\}} \langle 0 | H' | N \rangle \langle N | H' | 0 \rangle \tag{7.253}$$

利用完备性关系

$$\sum_{\{N\}} |N\rangle \langle N| = 1 \tag{7.254}$$

由式 (7.253) 即得

$$
\begin{aligned}
E_0^{(2)} &= -\frac{1}{\hbar\omega} \langle 0 | H'^2 | 0 \rangle = -\frac{\lambda^2}{\hbar\omega} \langle 0 | (\boldsymbol{\sigma} \cdot \boldsymbol{r})^2 | 0 \rangle \\
&= -\frac{\lambda^2}{\hbar\omega} \langle 0 | r^2 | 0 \rangle = -\frac{3\lambda^2}{2\mu\omega}
\end{aligned} \tag{7.255}
$$

计算中利用了 $(\boldsymbol{\sigma} \cdot \boldsymbol{r})^2 = r^2$ 以及 Virial 定理的结果

$$\frac{1}{2} \mu\omega^2 \langle 0 | r^2 | 0 \rangle = \frac{1}{2} E_0^{(0)} = \frac{3}{4} \hbar\omega \tag{7.256}$$

综合式 (7.249)、(7.255)，基态能级准确到二级近似的微扰修正为

$$\Delta E = E_0^{(2)} = -\frac{3\lambda^2}{2\mu\omega} \tag{7.257}$$

说明 自旋为 $1/2$ 的三维各向同性谐振子

$$\Psi_{0\alpha}^{(0)} = |000\alpha\rangle \tag{7.258}$$

利用谐振子基态、第一激发态归一化波函数

$$\psi_0(x) = \left(\frac{\lambda}{\sqrt{\pi}} \right)^{1/2} \mathrm{e}^{-\frac{1}{2}\lambda^2 x^2}, \quad \psi_1(x) = \left(\frac{\lambda}{2\sqrt{\pi}} \right)^{1/2} \mathrm{e}^{-\frac{1}{2}\lambda^2 x^2} 2\lambda x \quad \left(\lambda = \sqrt{\frac{\mu\omega}{\hbar}} \right)$$

以及

$$\sigma_x \alpha = \beta, \quad \sigma_y \alpha = \mathrm{i}\beta, \quad \sigma_z \alpha = \alpha$$

式 (7.252) 中不等于 0 的矩阵元共有三个

$$\langle 001\alpha | H' | 000\alpha \rangle = \langle 100\beta | H' | 000\alpha \rangle = \lambda \sqrt{\frac{\hbar}{2m\omega}}$$

$$\langle 010\beta | H' | 000\alpha \rangle = \mathrm{i}\lambda \sqrt{\frac{\hbar}{2m\omega}}$$

这三个矩阵元复数模平方之和等于 $\dfrac{3\lambda^2\hbar}{2m\omega}$，代入式 (7.252)，一样得到

$$E_0^{(2)} = -\frac{3\lambda^2}{2\mu\omega} \tag{7.259}$$

7.62 球形腔内的粒子分别受弱磁场，弱电场及极强磁场作用下的基态能量 修正

题 7.62 考虑一个被束缚在球形腔内 (半径为 R_0) 的自旋为 0，质量为 m、电荷为 e 的粒子，势阱的能量为

$$V(r) = \begin{cases} 0, & |x| = r \leqslant R_0 \\ \infty, & |x| = r > R_0 \end{cases}$$

(1) 求系统的基态能量；

(2) 假设加上一个强度为 $|\boldsymbol{B}|$ 的弱均匀磁场，计算基态能级的移动；

(3) 假设加上的是强度为 $|\boldsymbol{\mathcal{E}}|$ 的弱均匀电场，基态能量是减少还是增加？只需写下结论 (不需推导公式).

(4) 如果加上的是强度为 $|\boldsymbol{B}|$ 的极强磁场，基态能量的近似值又是多少？

解答　(1) 在上述势阱中运动的粒子的径向方程为

$$R'' = \frac{2}{r}R' + \left[k^2 - \frac{l(l+1)}{r^2}\right]R = 0, \quad r < R_0$$

式中，$k = \sqrt{2mE}/\hbar$，而边界条件为 $R(r)|_{r=R_0} = 0$.

引进一个无量纲变数 $\rho = kr$，上述方程可重写为

$$\frac{\mathrm{d}^2 R}{\mathrm{d}\rho^2} + \frac{2}{\rho} \cdot \frac{\mathrm{d}R}{\mathrm{d}\rho} + \left[1 - \frac{l(l+1)}{\rho^2}\right]R = 0$$

上述方程在 $\rho \to 0$ 时有界的解为 l 阶球 Bessel 函数 $\mathrm{j}_l(\rho)$. 于是径向波函数为

$$R_{kl}(r) = C_{kl}\mathrm{j}_l(kr)$$

式中，C_{kl} 是归一化常数.

由边界条件得

$$\mathrm{j}_l(kR_0) = 0$$

此方程的解是分立的

$$kR_0 = \alpha_{n_r l}, \quad n_r = 1, 2, 3, \cdots$$

所以粒子的束缚态能级为

$$E_{n_r l} = \frac{\hbar^2}{2mR_0^2}\alpha_{n_r l}^2, \quad n_r = 1, 2, 3, \cdots$$

式中, 系统的基态能量为 $E_{10} = \dfrac{\hbar^2\pi^2}{2mR_0^2}$.

(2) 假定所加的均匀弱磁场方向沿 z 轴, 则矢势可取为

$$A_x = -\frac{B}{2}y, \quad A_y = \frac{B}{2}x, \quad A_z = 0$$

系统 Hamilton 量为

$$
\begin{aligned}
H &= \frac{1}{2m}\left[\left(p_x + \frac{eB}{2c}y\right)^2 + \left(p_y - \frac{eB}{2c}x\right)^2 + p_z^2\right] + V(r) \\
&= \frac{1}{2m}\left[\boldsymbol{p}^2 - \frac{eB}{c}(xp_y - yp_x) + \frac{e^2B^2}{4c^2}(x^2 + y^2)\right] + V(r) \\
&= \frac{1}{2m}\left[\boldsymbol{p}^2 - \frac{eB}{c}L_z + \frac{e^2B^2}{4c^2}(x^2 + y^2)\right] + V(r)
\end{aligned}
$$

B 是弱场, 所以 $-\dfrac{eB}{c}L_z + \dfrac{e^2B^2}{4c^2}(x^2 + y^2)$ 可看作微扰. 而当系统处在基态时, $l = 0$, $L_z = 0$, 只需考虑 $e^2B^2(x^2 + y^2)$ 项的效应.

由第 (1) 小题中结论, 基态波函数为

$$\psi(r, \theta, \varphi) = \sqrt{\frac{2k^2}{R_0}}\,\mathrm{j}_0(kr)\mathrm{Y}_{00}(\theta, \varphi)$$

根据微扰论

$$
\begin{aligned}
E^{(1)} &= \left\langle \psi(r, \theta, \varphi) \left| \frac{e^2B^2}{8mc^2}(x^2 + y^2) \right| \psi(r, \theta, \varphi) \right\rangle \\
&= \left(\frac{1}{3} - \frac{1}{2\pi^2}\right)\frac{e^2B^2R_0^2}{12mc^2}
\end{aligned}
$$

其中用到了基态能量条件 $kR_0 = x_{10} = \pi$.

(3) 假设加上的是强度为 $|\boldsymbol{\mathcal{E}}|$ 的弱均匀电场, 基态能量是减少的.

(4) 假设加在系统上的强度为 $|\boldsymbol{B}|$ 的磁场是一个极强磁场, 则此时粒子可看成是一个平面转子或二维谐振子, $\dfrac{1}{2}m\omega^2 = \dfrac{1}{2m}\dfrac{e^2B^2}{4c^2}$. 基态能量近似为

$$E_0 = \hbar\omega = \frac{eB}{2mc}\hbar$$

7.63　三维谐振子分别在均匀恒定电场, 均匀恒定磁场作用下能级的简并度及能量变化

题 7.63　一质量为 m、带电荷 e 的粒子在三维各向同性势阱 $V = \dfrac{1}{2}kr^2$ 中运动.

(1) 求能级及其简并度;

(2) 加一均匀电场后, 新的能级及简并度如何?

(3) 如果代之以加一均匀磁场, 最低的四个态的能量是多少?

解答　(1) 粒子在三维各向同性势阱中运动, 其 Hamilton 量为

$$H = -\frac{\hbar^2}{2m}\nabla^2 + \frac{1}{2}kr^2 = H_x + H_y + H_z$$

式中

$$H_x = -\frac{\hbar^2}{2m}\cdot\frac{\partial^2}{\partial x^2} + \frac{1}{2}kx^2, \quad \text{以及对 } y \text{、} z \text{ 类似的式子}$$

此粒子的能级为

$$E_N = \left(N + \frac{3}{2}\right)\hbar\omega_0, \quad \omega_0 = \sqrt{\frac{k}{m}}$$

其中

$$N = n_x + n_y + n_z$$

写成

$$n_y + n_z = N - n_x$$

得简并度为

$$f = \sum_{n_x=0}^{N}(N - n_x + 1) = \frac{1}{2}(N+1)(N+2)$$

(2) 设 z 方向加均匀电场 $\mathcal{E}$

$$\begin{aligned}
H &= \frac{\boldsymbol{p}^2}{2m} + \frac{1}{2}kr^2 - Q\mathcal{E}z \\
&= \left(\frac{p_x^2}{2m} + \frac{1}{2}kx^2\right) + \left(\frac{p_y^2}{2m} + \frac{1}{2}ky^2\right) + \left[\frac{p_z^2}{2m} + \frac{1}{2}k\left(z - \frac{Q\mathcal{E}}{k}\right)^2\right] - \frac{Q^2\mathcal{E}^2}{2k}
\end{aligned}$$

与第 (1) 小题比较得能级及简并度分别为

$$E_N = \left(N + \frac{3}{2}\right)\hbar\omega_0 - \frac{1}{2k}Q^2E^2, \quad f = \frac{1}{2}(N+1)(N+2)$$

(3) 设 z 方向加一均匀磁场 $\boldsymbol{B}$, 在柱坐标下, 取矢势

$$A_\varphi = \frac{1}{2}B\rho, \quad A_r = A_z = 0$$

满足 $\nabla\cdot\boldsymbol{A} = 0$, 由此得

$$\begin{aligned}
H &= \frac{1}{2m}\left(\boldsymbol{p} - \frac{Q}{c}\boldsymbol{A}\right)^2 + V \\
&= \frac{1}{2m}\boldsymbol{p}^2 - \frac{Q}{mc}\boldsymbol{p}\cdot\boldsymbol{A} + \frac{Q^2}{2mc^2}\boldsymbol{A}^2 + \frac{1}{2}k\rho^2 + \frac{1}{2}kz^2 \\
&= \left(-\frac{\hbar^2}{2m}\nabla_i^2 + \frac{1}{2}m\omega'^2\rho^2\right) + \left(\frac{p_z^2}{2m} + \frac{1}{2}kz^2\right) - \frac{Q}{|Q|}\omega L_z \\
&= H_i + H_z \mp \omega L_z
\end{aligned}$$

式中

$$\nabla_i^2 = \nabla_x^2 + \nabla_y^2, \quad \omega = \frac{|Q|B}{2Mc}, \quad \omega'^2 = \omega^2 + \omega_0^2$$

其中, ± 号分别对应于电荷 Q 是正值或负值.

于是 H_i 为平面轴对称谐振子 Hamilton 量, H_z 为 z 方向一维谐振子 Hamilton 量. 所以

$$
\begin{aligned}
E_{n_\rho n_z m} &= (2n_\rho + 1 + |m|)\hbar\omega' + \left(n_z + \frac{1}{2}\right)\hbar\omega_0 \mp m\hbar\omega \\
&= \left(\hbar\omega' + \frac{1}{2}\hbar\omega_0\right) + 2n_\rho\hbar\omega' + |m|\hbar\omega' \mp m\hbar\omega + n_x\hbar\omega_0
\end{aligned}
$$

式中

$$n_\rho = 0,\ 1,\ 2,\cdots, \quad n_x = 0,\ 1,\ 2,\cdots, \quad m = 0,\ \pm 1,\ \pm 2,\cdots$$

四个最低能级为

$$
\begin{aligned}
E_0 &= \hbar\omega' + \frac{1}{2}\hbar\omega_0 \\
E_1 &= \hbar\omega' + \frac{1}{2}\hbar\omega_0 + \hbar(\omega' - \omega) = 2\hbar\omega' - \hbar\omega + \frac{1}{2}\hbar\omega \\
E_2 &= \hbar\omega' + \frac{1}{2}\hbar\omega_0 + \hbar\omega_0 = \hbar\omega' + \frac{3}{2}\hbar\omega_0 \\
E_3 &= \hbar\omega' + \frac{1}{2}\hbar\omega_0 + 2\hbar(\omega' - \omega) = 3\hbar\omega' - 2\hbar\omega + \frac{1}{2}\hbar\omega_0
\end{aligned}
$$

能级顺序的依据是

$$\omega' - \omega = \sqrt{\omega^2 + \omega_0^2} - \omega < \omega_0 < 2(\omega' - \omega)$$

7.64 原子在弱磁场及强磁场中的能级分裂

题 7.64 (1) 描述由弱磁场导致的原子能级劈裂. 讨论中须计算 Landé g 因子 (假定 L-S 耦合);

(2) 描述在强磁场中原子能级劈裂情况 (Paschen-Back 效应).

解答 考虑 Landé g 因子, 系统磁矩为

$$\boldsymbol{\mu} = \mu_0(g_\mathrm{L}\boldsymbol{L} + g_\mathrm{s}\boldsymbol{S}) = \mu_0[g_\mathrm{L}\boldsymbol{J} + (g_\mathrm{s} - g_\mathrm{L})\boldsymbol{S}]$$

式中, μ_0 为 Bohr 磁子. 取磁场沿 z 方向, 则由磁场 $\boldsymbol{B}$ 导致的 Hamilton 量变化为

$$H_1 = -\boldsymbol{\mu} \cdot \boldsymbol{B} = -g_1\mu_0 B J_z - (g_\mathrm{s} - g_\mathrm{L})\mu_0 B S_z$$

(1) 系统的 Hamilton 量为

$$H = H_0 + H_1 = \frac{\boldsymbol{p}^2}{2m} + V(r) + \xi(r)\boldsymbol{S} \cdot \boldsymbol{L} + H_1$$

取 $\boldsymbol{L}^2, \boldsymbol{J}^2, J_z$ 的共同本征态, 则有

$$(H_0 - g_{\mathrm{L}}\mu_0 B J_z)\psi_{nljm_j} = (E_{nlj} - g_{\mathrm{L}}\mu_0 B m_j)\psi_{nljm_j}$$

设 B 很小, 则有

$$\bar{s}_z = \frac{\hbar}{2}\langle jm_j|\sigma_z|jm_j\rangle$$

应用公式

$$\langle jm_j|\sigma_z|jm_j\rangle = \begin{cases} \dfrac{m_j}{j}, & j = l + \dfrac{1}{2} \\ -\dfrac{m_j}{j+1}, & j = l - \dfrac{1}{2} \end{cases}$$

于是弱磁场下系统的能级为

$$E_{nljm_j} \approx E_{nlj} - g_{\mathrm{L}}\mu_0 B m_j - (g_{\mathrm{s}} - g_{\mathrm{L}})\mu_0 B \begin{cases} \dfrac{m_j}{j}, & j = l + \dfrac{1}{2} \\ -\dfrac{m_j}{j+1}, & j = l - \dfrac{1}{2} \end{cases}$$

考虑到 $g_{\mathrm{L}} = -1$, $g_{\mathrm{s}} = -2$, 上两式可综合为

$$E_{nljm_j} \approx E_{nlj} - g\mu_0 B m_j$$

式中, g_{L} 即为原子的 Landé 因子

$$g_{\mathrm{L}} = -\left[1 + \frac{j(j+1) + s(s+1) - l(l+1)}{2j(j+1)}\right]$$

其中 $j = l + \dfrac{1}{2}$ 或 $l - \dfrac{1}{2}(l \neq 0)$. 所以, 加入弱磁场后, 一条能级劈裂成两组 $(2j+1)$ 条.

(2) 加入强磁场. $\xi(r)\boldsymbol{S}\cdot\boldsymbol{L}$ 项可忽略. 系统的 Hamilton 量为

$$H = \frac{\boldsymbol{p}^2}{2m} + V(r) + H_1 = H_0 + H_1$$

取 $(H_0, \boldsymbol{L}^2, L_z, \boldsymbol{S}^2, S_z)$ 之共同本征态, 有

$$H\psi_{nlm_lm_{\mathrm{s}}} = E_{mlm_lm_{\mathrm{s}}}\psi_{mlm_lm_{\mathrm{s}}}$$

能量本征值

$$\begin{aligned} E_{m_lm_lm_{\mathrm{s}}} &= E_{nl} - g_{\mathrm{l}}\mu_0 B m_l - g_{\mathrm{s}}\mu_0 B m_{\mathrm{s}} \\ &= E_{nl} + \mu_0 B(m_l + 2m_{\mathrm{s}}) \end{aligned}$$

其中代入了 $g_{\mathrm{L}} = -1$, $g_{\mathrm{s}} = -2$.

$m_{\mathrm{s}} = \pm 1/2$, 并考虑到选择定则 $\Delta m_{\mathrm{s}} = 0$, 跃迁分别在 $m_{\mathrm{s}} = +1/2$ 和 $m_{\mathrm{s}} = -1/2$ 两组能级内部进行, 故分裂后的能级情况如图 7.19 所示. 可见, 分裂后有 $2l-1$ 条能级仍是二重简并的, 于是能级劈裂成 $2(2l+1) - (2l-1) = 2l+3$(条).

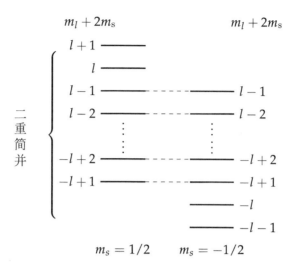

图 7.19 Paschen-Back 效应能级分裂的情况

7.65 单价电子原子在弱、强磁场中的能级分裂

题 7.65 考虑一带有一个单价电子的原子, 其精细结构 Hamilton 量由 $\xi \boldsymbol{L} \cdot \boldsymbol{S}$ 给定.

(1) 确定 $j = l + \frac{1}{2}$ 和 $j = l - \frac{1}{2}$ 表征的能级差 (精细结构间隔), 用 ξ 表示;

(2) 将这一原子放入一弱外磁场 B 中, 用微扰论确定原子由磁场 $\boldsymbol{B}$ 所导致能级间的劈裂 (Zeeman 效应).

(3) 若原子处于一极强磁场中, 定性描述上述问题将如何变化.

解答 (1) 在 $(\boldsymbol{J}^2, \boldsymbol{L}^2, J_z)$ 表象中

$$
\begin{aligned}
\boldsymbol{S} \cdot \boldsymbol{L} &= \frac{1}{2}(\boldsymbol{J}^2 - \boldsymbol{L}^2 - \boldsymbol{S}^2) \\
&= \frac{\hbar^2}{2}\left[j(j+1) - l(l+1) - s(s+1)\right] \\
&= \frac{\hbar^2}{2}\left[j(j+1) - l(l+1) - \frac{3}{4}\right]
\end{aligned}
$$

从而

$$
\Delta E = E_{j=l+\frac{1}{2}} - E_{j=l-\frac{1}{2}} = \overline{\xi(r)} \cdot \frac{\hbar^2}{2}(2l+1)
$$

(2) 在弱磁场中

$$
\begin{aligned}
H &= \frac{\boldsymbol{p}^2}{2m} + V(r) + \frac{eB}{2mc}(L_z + 2S_z) + \xi(r)\boldsymbol{S} \cdot \boldsymbol{L} \\
&= \frac{\boldsymbol{p}^2}{2m} + V(r) + \frac{eB}{2mc}j_z + \xi(r)\boldsymbol{S} \cdot \boldsymbol{L} + \frac{eB}{2mc}S_z \equiv H_0 + \frac{eB}{2mc}S_z
\end{aligned}
$$

取 $(\boldsymbol{J}^2, \boldsymbol{L}^2, J_z)$ 为共同本征态

$$H_0\psi_{nljm_j} = \left(E_{nlj} + m_j\frac{eB\hbar}{2mc}\right)\psi_{nljm_j}$$

磁场弱，磁感应强度 B 很小，可将 $\dfrac{eB}{2mc}S_z$ 项作为微扰项. $\psi_{nljm_j} = \psi_{nljm_j}(r,\theta,\varphi)$，其角向部分波函数

$$\varphi_{ljm_j} = \begin{cases} \sqrt{\dfrac{j+m_j}{2j}}\alpha Y_{j-\frac{1}{2},m_j-\frac{1}{2}} + \sqrt{\dfrac{j-m_j}{2j}}\beta Y_{j-\frac{1}{2},m_j+\frac{1}{2}}, & j = l+\dfrac{1}{2} \\ -\sqrt{\dfrac{j-m_j+1}{2j+2}}\alpha Y_{j+\frac{1}{2},m_j-\frac{1}{2}} + \sqrt{\dfrac{j+m_j+1}{2j+2}}\beta Y_{j+\frac{1}{2},m_j+\frac{1}{2}}, & j = l-\dfrac{1}{2} \end{cases}$$

式中，α,β 分别为 S_z 对应于本征值 $\dfrac{\hbar}{2}$ 和 $-\dfrac{\hbar}{2}$ 的本征态. 由此得

$$\langle jm_j|\sigma_z|jm_j\rangle = \begin{cases} \dfrac{m_j}{j}, & j = l+\dfrac{1}{2} \\ -\dfrac{m_j}{j+1}, & j = l-\dfrac{1}{2} \end{cases}$$

所以

$$\frac{eB}{2mc}\overline{S_z} = \frac{eB\hbar}{4mc}\begin{cases} \dfrac{m_j}{j}, & j = l+\dfrac{1}{2} \\ -\dfrac{m_j}{j+1}, & j = l-\dfrac{1}{2} \end{cases}$$

这样

$$E_{nljm_j} = E_{nlj} + \frac{eB\hbar}{2mc}\begin{cases} \left(1+\dfrac{1}{2j}\right)m_j, & j = l+\dfrac{1}{2} \\ \left(1-\dfrac{1}{2j+2}\right)m_j, & j = l-\dfrac{1}{2} \end{cases}$$

相邻磁场 $\boldsymbol{B}$ 所导致能级间的劈裂

$$\Delta E = \begin{cases} \mu_{\text{B}}B\left(1+\dfrac{1}{2j}\right), & j = l+\dfrac{1}{2} \\ \mu_{\text{B}}B\left(1-\dfrac{1}{2j+2}\right), & j = l-\dfrac{1}{2} \end{cases}$$

(3) 极强磁场情况，$\xi(r)\boldsymbol{S}\cdot\boldsymbol{L} \ll \mu_{\text{B}}B$，所以

$$H = \frac{\boldsymbol{p}^2}{2m} + V(r) + \frac{eB}{2mc}(L_z + 2S_z)$$

力学量完备集为 $(H_0, \boldsymbol{L}^2, L_z, \boldsymbol{S}^2, S_z)$，所以

$$\begin{aligned} E_{nlmm_s} &= E_{nl} + \frac{eB}{2mc}\hbar(m+2m_s) \\ &= E_n + \mu_{\text{B}}B(m\pm 1) \end{aligned}$$

相邻磁场 $\boldsymbol{B}$ 所导致能级间的劈裂

$$\Delta E = \mu_{\mathrm{B}} B$$

说明 依照微扰论观点按磁场强弱可分别处理 Zeeman 效应、反常 Zeeman 效应、Paschen-Back 效应. 前两个效应是总自旋分别为零和不为零的原子在弱磁场中呈现出的物理效应, 而第三个则是对适当的原子, 外加的磁场为强场时所发生的物理效应. 然而对中等磁场强度的效应, 其处理则可能十分复杂; 例如, Landau 等采用很复杂的数学过程计算了原子在中等磁场中的行为. 张永德教授等人将原子在磁场中的正常 Zeeman 效应、反常 Zeeman 效应和 Paschen-Back 效应也包括中等磁场情形进行了统一求解, 其所用方法简洁有效, 参见张永德, 量子力学 (第 5 版), 北京: 科学出版社, 2021 年, P.234~242. 详细计算参见张永德, 高等量子力学 (第 3 版), 北京: 科学出版社, 2015 年, 第十章 §10.1.

张永德教授等人采用的做法是在部分守恒量共同本征函数簇构成的好量子数表象 (可称为中介表象) 中进行求解; 若从理论的角度看还不是完全的求解, 涉及到的未定参数需要交由实验来确定. 在未确定全部完备力学量组 (CSCO) 时做部分求解 (有时按问题的性质, 可能这样做就够了), 这种处理方法更一般的可称 "准表象" 方法, 在其他方面如固体物理中的 Wannier 表象以及处理冷原子 Bose-Einstein 凝聚体的 Feshbach 共振等问题上也有应用.

7.66 电子偶素在 $H_0 + A\boldsymbol{S}_{\mathrm{p}} \cdot \boldsymbol{S}_{\mathrm{e}} - (\boldsymbol{\mu}_{\mathrm{p}} + \boldsymbol{\mu}_{\mathrm{e}}) \cdot \boldsymbol{B}$ 作用下的能量本征值和本征态

题 7.66 电子偶素是由正电子和电子构成的类氢体系. 考虑处在基态的电子偶素 ($l = 0$). Hamilton 量 H 可被写为 $H = H_0 + H_{\mathrm{s}} + H_{\mathrm{B}}$, 这里 H_0 是通常的与自旋无关的 Coulomb 力部分, H_{s} 是正电子与电子自旋相互作用的部分, H_{B} 是与外加磁场的作用部分.

(1) 在没有外场时, 选择怎样的自旋和角动量的本征态最方便? 对于这些态, 计算由 H_{s} 引起的能移.

(2) 加入极弱的磁场 ($H_{\mathrm{B}} \ll H_{\mathrm{s}}$). 在这种情况下, 体系的能量是什么?

(3) 现在假设外加磁场增强, 以至于 $H_{\mathrm{B}} \gg H_{\mathrm{s}}$. 现在什么样的本征函数最合适? 此时由 H_{B} 引起的这些状态的能移是什么?

(4) 说明在一般情况下, 你如何解出能量和对应的本征函数.

解答 (1) 总自旋

$$\boldsymbol{S} = \boldsymbol{S}_{\mathrm{p}} + \boldsymbol{S}_{\mathrm{e}}$$

因 $\boldsymbol{S}_{\mathrm{p}} \cdot \boldsymbol{S}_{\mathrm{e}} = \dfrac{1}{2} \left(\boldsymbol{S}^2 - \boldsymbol{S}_{\mathrm{p}}^2 - \boldsymbol{S}_{\mathrm{e}}^2 \right)$, 所以可以取 CSCO 为 $(\boldsymbol{L}^2, L_z, \boldsymbol{S}^2, S_z)$, 相应本征态为 $|lmss_z\rangle$.

对态 $l = 0$, $s = 1$

$$H_{\mathrm{s}} |lm1s_z\rangle = \frac{A}{2}\left[1(1+1) - \frac{3}{2}\right]\hbar^2 |lm1s_z\rangle$$

$s_z = 0, \pm 1$，相应的能级移动为 $\dfrac{A}{4}\hbar^2$. 对态 $l = 0$，$s = 0$

$$H_s|lm00\rangle = \frac{A}{2} \times \left(-\frac{3}{2}\hbar^2\right)|lm00\rangle$$

相应的能级移动为 $-\dfrac{3}{4}A\hbar^2$.

(2) 加入极弱的磁场 $(H_B \ll H_s)$，则外场的作用可看成在第 (1) 小题结果的微扰. 取第 (1) 小题中的本征函数为基矢. 在讨论以后问题时，不妨设 $\boldsymbol{B} = Be_z$，而且为匀强磁场. 于是

$$H_B = -(\boldsymbol{\mu}_p + \boldsymbol{\mu}_e) \cdot \boldsymbol{B} = \frac{eB}{mc}(S_{ze} - S_{zp})$$

这样

$$H_B|0000\rangle = \frac{eB\hbar}{mc}|0010\rangle, \quad H_B|0011\rangle = 0$$

$$H_B|0010\rangle = \frac{eB\hbar}{mc}|0000\rangle, \quad H_B|001-1\rangle = 0$$

在一级微扰近似下，能级在第 (1) 小题中按单态、三重态分裂之后，这里就不再变化. 在二级微扰近似以下，能级变化为

$$E_1 = -\frac{3}{4}A\hbar^2 + \frac{\left(\dfrac{eB\hbar}{mc}\right)^2}{\left(-\dfrac{3}{4}A\hbar^2 - \dfrac{1}{4}A\hbar^2\right)} = -\frac{3}{4}A\hbar^2 - \frac{1}{A}\left(\frac{eB}{mc}\right)^2$$

$$E_2 = E_4 = \frac{1}{4}A\hbar^2$$

$$E_3 = \frac{1}{4}A\hbar^2 + \frac{\left(\dfrac{eB\hbar}{mc}\right)^2}{\left(\dfrac{1}{4}A\hbar^2 + \dfrac{3}{4}A\hbar^2\right)} = \frac{1}{4}A\hbar^2 + \frac{1}{A}\left(\frac{eB}{mc}\right)^2$$

(3) 外加磁场增强，使得 $H_B \gg H_s$ 时，零级近似下，H_s 可忽略

$$H_B = \frac{eB}{mc}(S_{ze} - S_{zp})$$

可以看出可以取 CSCO 为 $(\boldsymbol{L}^2, L_z, S_{ze}, S_{zp})$，相应本征态为 $|lms_{ze}s_{zp}\rangle$

$$H_B\left|\pm\frac{1}{2}, \pm\frac{1}{2}\right\rangle = 0$$

则相应能级移动为 0

$$H_B\left|\pm\frac{1}{2}, \mp\frac{1}{2}\right\rangle = \pm\frac{eB\hbar}{mc}\left|\pm\frac{1}{2}, \mp\frac{1}{2}\right\rangle$$

则相应能级移动为 $\pm\dfrac{eB\hbar}{mc}$.

(4) 在一般情况下，取 $|lmss_z\rangle$ 为基矢，微扰 Hamilton 量选为 $H' = H_s + H_B$，进行简并微扰处理. 由 $\det|H'_{mn} - \delta_{mn}E| = 0$ 解出能量修正，同时求出相应的波函数.

7.67 磁场作用远小于精细结构作用时原子的能量变化

题 7.67 一个原子处在总电子自旋为 $\boldsymbol{S}$, 总轨道角动量为 $\boldsymbol{L}$ 及总角动量为 $\boldsymbol{J}$ 的状态 (核自旋可以忽略). 原子总角动量的 z 分量为 J_z. 如果一个磁感应强度为 $\boldsymbol{B}$ 的弱磁场加在 z 方向, 这个原子态的能量变化是多少? 设原子与磁场的作用和精细结构作用相比很小, 答案必须用量子数 J, L, S, J_z 和自然常数明确地表示出来.

解答 在系统没有加上磁场之前, 系统 Hamilton 量为

$$H = H_0$$

相应的本征波函数为

$$\psi_{nLJM_J} = R_{nLJ}(r_1, \cdots, r_n)\phi_{SLJM_J}$$

$1, 2, \cdots, n$ 表示原子内不同的电子. 而 ϕ_{SLJM_J} 是 $(\boldsymbol{L}^2, \boldsymbol{S}^2, \boldsymbol{J}^2, J_z)$ 的本征态, 即

$$\phi_{SLJM_J} = \sum_{M_L} \langle LM_L SM_J - M_L | JM_J \rangle Y_{LM_L} \chi_{SM_L - M_L}$$

$\langle LM_L SM_J - M_L | JM_J \rangle$ 是通常的 C-G 系数. 相应的非微扰能量为 E_{nSLJ}.

当对系统加上一个弱磁场后, 系统 Hamilton 量为

$$H = H_0 + \frac{eB}{2mc}J_z + \frac{eB}{2mc}S_z$$

在 B 很小的情况下, 仍可认为 $(\boldsymbol{L}^2, \boldsymbol{S}^2, \boldsymbol{J}^2, J_z)$ 为守恒量, 则系统波函数仍可近似取为 ϕ_{SLJM_J}.

由 $\dfrac{eB}{2mc}J_z$ 引起的能量变化为

$$\Delta E_1 = M_J \hbar \frac{eB}{2mc}, \quad M_J = J_z$$

而 $\dfrac{eB}{2mc}S_z$ 项则看成在能量属于 E_{nSLJ} 的 $2J+1$ 个态所张开的子空间中是对角化的, 于是此项引起的能量变化为

$$\frac{eB}{2mc}\langle S_z \rangle = \frac{eB}{2mc}\langle JM_J | S_z | JM_J \rangle$$

而

$$\langle JM_J | S_z | JM_J \rangle = \sum_{M_L} \hbar(M_J - M_L)(\langle LM_L SM_J - M_L | JM_J \rangle)^2$$

所以原子态总的能量变化为

$$\Delta E = M_J \hbar \omega_L + \hbar \omega_L + \sum_{M_L}(M_J - M_L)(\langle LM_L SM_J - M_L | JM_J \rangle)^2$$

式中

$$M_J = J_z, \quad \frac{em}{2mc} = \omega_L$$

7.68 氘核在 $H=\dfrac{\boldsymbol{p}^2}{2\mu}+V_1(r)+\boldsymbol{\sigma}_{\mathrm{p}}\cdot\boldsymbol{\sigma}_{\mathrm{n}}V_2(r)+\left[\left(\boldsymbol{\sigma}_{\mathrm{p}}\cdot\dfrac{\boldsymbol{x}}{r}\right)\left(\boldsymbol{\sigma}_{\mathrm{n}}\cdot\dfrac{\boldsymbol{x}}{r}\right)-\dfrac{1}{3}(\boldsymbol{\sigma}_{\mathrm{p}}\cdot\boldsymbol{\sigma}_{\mathrm{n}})\right]V_3(r)$ 作用下的角动量及视 $V_3(r)$ 为微扰时的能级移动

题 7.68　氘核是质子和中子的束缚态, 在质心系中, Hamilton 量为

$$H=\frac{\boldsymbol{p}^2}{2\mu}+V_1(r)+\boldsymbol{\sigma}_{\mathrm{p}}\cdot\boldsymbol{\sigma}_{\mathrm{n}}V_2(r)+\left[\left(\boldsymbol{\sigma}_{\mathrm{p}}\cdot\frac{\boldsymbol{x}}{r}\right)\left(\boldsymbol{\sigma}_{\mathrm{n}}\cdot\frac{\boldsymbol{x}}{r}\right)-\frac{1}{3}(\boldsymbol{\sigma}_{\mathrm{p}}\cdot\boldsymbol{\sigma}_{\mathrm{n}})\right]V_3(r)$$

式中, $\boldsymbol{x}=\boldsymbol{x}_{\mathrm{n}}-\boldsymbol{x}_{\mathrm{p}}$, $r=|\boldsymbol{x}|$, $\boldsymbol{\sigma}_{\mathrm{p}}$ 和 $\boldsymbol{\sigma}_{\mathrm{n}}$ 分别是质子和中子的自旋 Pauli 矩阵, μ 是折合质量, $\boldsymbol{p}$ 是 $\boldsymbol{x}$ 的共轭动量.

(1) 总角动量 $\boldsymbol{J}^2$ 的量子数和宇称的量子数是好量子数. 证明 $V_3=0$ 时, 轨道角动量 $\boldsymbol{L}^2$ 量子数和总自旋 $\boldsymbol{L}^2$ 的量子数是好量子数, 其中

$$\boldsymbol{S}=\frac{1}{2}\boldsymbol{\sigma}_{\mathrm{p}}+\frac{1}{2}\boldsymbol{\sigma}_{\mathrm{n}}$$

并证明: $V_3\neq 0$ 时, S 依然是好量子数 (这能帮助考虑有质子和中子之间自旋的相互交换);

(2) 氘核 $J=1$, 宇称为正, L 的可能值是什么? S 的值呢?

(3) 设 V_3 是微扰, 证明在零级近似下 (即 $V_3=0$), $J_z=1$ 态的波函数是 $\psi_0(r)|\alpha,\alpha\rangle$. $|\alpha,\alpha\rangle$ 表示 $(S_{\mathrm{p}})_z=(S_{\mathrm{n}})_z=1/2$ 的自旋态, 为 $\begin{pmatrix}1\\0\end{pmatrix}$. ψ_0 满足的微分方程是什么?

(4) 在一级近似下, V_3 项所造成的能量移动是多少? 假设一级近似下的波函数为

$$\Psi=\psi_0(r)|\alpha,\alpha\rangle+\psi_1(\boldsymbol{x})|\alpha,\alpha\rangle+\psi_2(\boldsymbol{x})(|\alpha,\beta\rangle+|\beta,\alpha\rangle)+\psi_3(\boldsymbol{x})|\beta,\beta\rangle$$

式中, $|\beta\rangle$ 是 $S_z=-\dfrac{1}{2}$ 的态, 为 $\begin{pmatrix}0\\1\end{pmatrix}$, ψ_0 的定义在第 (3) 小题中. 在 V_3 的一级近似下选出 Schrödinger 方程中正比于 $|\alpha,\alpha\rangle$ 的项, 求出 $\psi_1(\boldsymbol{x})$ 满足的微分方程, 分离出 $\psi_1(\boldsymbol{x})$ 角度部分并写出径向微分方程.

解答　(1) 设 $\hbar=1$, 由于

$$\boldsymbol{p}^2=-\frac{1}{r}\frac{\partial}{\partial r}r-\frac{1}{r^2}\nabla^2_{(\theta,\varphi)},\quad \boldsymbol{L}^2=-\nabla^2_{(\theta,\varphi)}$$

所以

$$\begin{aligned}&\left[\boldsymbol{L}^2,\ \boldsymbol{p}^2\right]=0\\&\left[\boldsymbol{L}^2,\ V_1+(\boldsymbol{\sigma}_{\mathrm{p}}\cdot\boldsymbol{\sigma}_{\mathrm{n}})V_2\right]=\left[\boldsymbol{L}^2,\ V_1\right]+(\boldsymbol{\sigma}_{\mathrm{p}}\cdot\boldsymbol{\sigma}_{\mathrm{n}})\left[\boldsymbol{L}^2,\ V_2\right]=0+(\boldsymbol{\sigma}_{\mathrm{p}}\cdot\boldsymbol{\sigma}_{\mathrm{n}})\cdot 0=0\\&\left[\boldsymbol{L}^2,\ H_{(V_3=0)}\right]=0\end{aligned}$$

所以 L 是好量子数; 另外, 由于

$$\boldsymbol{S}_{\mathrm{p}}\cdot\boldsymbol{S}_{\mathrm{n}}=\frac{1}{2}\left(\boldsymbol{S}^2-\boldsymbol{S}_{\mathrm{p}}^2-\boldsymbol{S}_{\mathrm{n}}^2\right)=\frac{1}{2}\left(\boldsymbol{S}^2-\frac{3}{2}\right)$$

所以

$$\left[\boldsymbol{\sigma}_{\mathrm{p}} \cdot \boldsymbol{\sigma}_{\mathrm{n}},\ \boldsymbol{S}^2\right] = 0$$

并且当 $V_3 \neq 0$ 时

$$\left(\boldsymbol{\sigma}_{\mathrm{p}} \cdot \frac{\boldsymbol{x}}{r}\right)\left(\boldsymbol{\sigma}_{\mathrm{n}} \cdot \frac{\boldsymbol{x}}{r}\right) = \frac{1}{2}\left\{\left[(\boldsymbol{\sigma}_{\mathrm{p}} + \boldsymbol{\sigma}_{\mathrm{n}}) \cdot \frac{\boldsymbol{x}}{r}\right]^2 - \left(\boldsymbol{\sigma}_{\mathrm{p}} \cdot \frac{\boldsymbol{x}}{r}\right)^2 - \left(\boldsymbol{\sigma}_{\mathrm{n}} \cdot \frac{\boldsymbol{x}}{r}\right)^2\right\} = 2\left(\boldsymbol{S} \cdot \frac{\boldsymbol{x}}{r}\right)^2 - 1$$

上式第二步等号利用了公式 $(\boldsymbol{\sigma} \cdot \boldsymbol{A})(\boldsymbol{\sigma} \cdot \boldsymbol{B}) = \boldsymbol{A} \cdot \boldsymbol{B} + \mathrm{i}\boldsymbol{\sigma} \cdot (\boldsymbol{A} \times \boldsymbol{B})$.

由于

$$\left[\boldsymbol{S}^2,\ \left(\boldsymbol{S} \cdot \frac{\boldsymbol{x}}{r}\right)\right] = \left[\boldsymbol{S}^2,\ S_i\right]\frac{x_i}{r} = 0$$

则得

$$\left[\boldsymbol{S}^2,\ \left(\boldsymbol{\sigma}_{\mathrm{p}} \cdot \frac{\boldsymbol{x}}{r}\right)\left(\boldsymbol{\sigma}_{\mathrm{n}} \cdot \frac{\boldsymbol{x}}{r}\right)\right] = 0$$

从而

$$\left[\boldsymbol{S}^2,\ H\right] = 0$$

S 依然是好量子数.

(2) 氘核宇称

$$P = P(p) \cdot P(n) \cdot P_L = (+1) \cdot (+1) \cdot (-1)^L = +1$$

所以 L 为偶数；又因 S 只能是 0 或 1，但由 $J = 1$ 可知 S 必须是 1，L 是 0 或 2.

(3) 零级近似 ($V_3 = 0$) 下，L，S 是好量子数. 考虑能量最低态，$L = 0$，于是 $L_z = 0$. $J_z = L_z + S_z = 1$，则 $S_z = 1$，于是 $S = 1$，$(\boldsymbol{S}_{\mathrm{p}})_z = \frac{1}{2}$，$(\boldsymbol{S}_{\mathrm{n}})_z = \frac{1}{2}$. 由于 $L = 0$，空间波函数是球对称的，即 $\psi_0 = \psi_0(r)$. 因此 $J_z = 1$ 态的波函数是 $\psi_0(r)$

$$H\psi_0(r)|\alpha,\alpha\rangle = E\psi_0(r)|\alpha,\alpha\rangle$$

因为

$$\boldsymbol{\sigma}_{\mathrm{p}} \cdot \boldsymbol{\sigma}_{\mathrm{n}}|\alpha,\alpha\rangle = |\alpha,\alpha\rangle$$

所以

$$H\psi_0(r)|\alpha,\alpha\rangle = \left[-\frac{\hbar^2}{2\mu}\frac{1}{r^2}\frac{\partial}{\partial r}r^2\frac{\partial}{\partial r} + V_1(r)\right]\psi_0(r)|\alpha,\alpha\rangle + V_2(r)\psi_0(r)|\alpha,\alpha\rangle$$

则 $\psi_0(r)$ 满足的微分方程为

$$\frac{1}{r^2} \cdot \frac{\mathrm{d}}{\mathrm{d}r}\left(r^2\frac{\mathrm{d}\psi_0}{\mathrm{d}r}\right) + \left[\frac{2\mu}{\hbar^2}(E - V_1(r) - V_2(r))\right]\psi_0 = 0$$

对于 $L \neq 0$ 的态，$J_z = 1$ 态的波函数无上述形式.

(4) 一级近似下

$$H = H_0(V_3 = 0) + H'$$

其中

$$H' = \left[\left(\boldsymbol{\sigma}_{\mathrm{p}} \cdot \frac{\boldsymbol{x}}{r} \right) \cdot \left(\boldsymbol{\sigma}_{\mathrm{n}} \cdot \frac{\boldsymbol{x}}{r} \right) - \frac{1}{3} \boldsymbol{\sigma}_{\mathrm{p}} \cdot \boldsymbol{\sigma}_{\mathrm{n}} \right] V_3(r)$$

零阶波函数 $\Psi_0 = \psi_0 \, |\alpha, \alpha\rangle$，能量一阶修正

$$\Delta E = \langle \psi | H' | \psi \rangle$$

由于

$$\boldsymbol{\sigma} \cdot \frac{\boldsymbol{x}}{r} = \left(\begin{array}{cc} \cos\theta & \sin\theta \mathrm{e}^{-\mathrm{i}\varphi} \\ \sin\theta \mathrm{e}^{\mathrm{i}\varphi} & -\cos\theta \end{array} \right)$$

可知

$$\left\langle \alpha \left| \boldsymbol{\sigma} \cdot \frac{\boldsymbol{x}}{r} \right| \alpha \right\rangle = \cos\theta$$

则得

$$\left\langle \alpha, \alpha \left| \left(\boldsymbol{\sigma}_{\mathrm{p}} \cdot \frac{\boldsymbol{x}}{r} \right) \left(\boldsymbol{\sigma}_{\mathrm{n}} \cdot \frac{\boldsymbol{x}}{r} \right) - \frac{1}{3} \boldsymbol{\sigma}_{\mathrm{p}} \cdot \boldsymbol{\sigma}_{\mathrm{n}} \right| \alpha, \alpha \right\rangle = \cos^2\theta - \frac{1}{3}$$

从而

$$\begin{aligned} \Delta E &= \langle \psi | H' | \psi \rangle \\ &= \int |\psi_0|^2 \, V_s(r) \left(\cos^2\theta - \frac{1}{3} \right) \mathrm{d}\boldsymbol{x} \\ &= \int_0^\infty V_s(r) |\psi_0|^2 \, r^2 \mathrm{d}r \int_0^\pi \int_0^{2\pi} \left(\cos^2\theta - \frac{1}{3} \right) \sin\theta \mathrm{d}\theta \mathrm{d}\varphi \\ &= 0 \end{aligned}$$

此时 S 守恒，L 不守恒，因此可以设想波函数为自旋 $(S=1)$ 三重态的叠加

$$\Psi(\boldsymbol{x}, s_1, s_2) = \psi_0(r) |\alpha, \alpha\rangle + \psi_1(\boldsymbol{x}) |\alpha, \alpha\rangle + \psi_2(\boldsymbol{x}) (|\alpha, \beta\rangle + |\beta, \alpha\rangle) + \psi_3(\boldsymbol{x}) |\beta, \beta\rangle$$

本征方程

$$H\Psi = (H_0 + H')\Psi = \left(E + E^{(1)} + \cdots \right) \Psi$$

在一级近似下，利用 $E^{(1)} = \Delta E = 0$ 和 $H_0 \psi_0 |\alpha, \alpha\rangle = E \psi_0 |\alpha, \alpha\rangle$，可得

$$H^0 \left[\psi_1 |\alpha, \alpha\rangle + \psi_2 (|\alpha, \beta\rangle + |\beta, \alpha\rangle) + \psi_3 |\beta, \beta\rangle \right] + H' \psi_0 |\alpha, \alpha\rangle$$
$$= E \left[\psi_1 |\alpha, \alpha\rangle + \psi_2 (|\alpha, \beta\rangle + |\beta, \alpha\rangle) + \psi_3 |\beta, \beta\rangle \right]$$

先看 $H' \psi_0 |\alpha, \alpha\rangle$ 项

$$\begin{aligned} H' \psi_0 |\alpha, \alpha\rangle &= V_3(r) \psi_0 \left[\left(\boldsymbol{\sigma}_{\mathrm{p}} \cdot \frac{\boldsymbol{x}}{r} \right) \left(\boldsymbol{\sigma}_{\mathrm{n}} \cdot \frac{\boldsymbol{x}}{r} \right) - \frac{1}{3} (\boldsymbol{\sigma}_{\mathrm{p}} \cdot \boldsymbol{\sigma}_{\mathrm{n}}) \right] |\alpha, \alpha\rangle \\ &= V_3(r) \psi_0 \left[\left(\begin{array}{c} \cos\theta \\ \sin\theta \mathrm{e}^{\mathrm{i}\varphi} \end{array} \right)_{\mathrm{p}} \otimes \left(\begin{array}{c} \cos\theta \\ \sin\theta \mathrm{e}^{\mathrm{i}\varphi} \end{array} \right)_{\mathrm{n}} - \frac{1}{3} |\alpha, \alpha\rangle \right] \\ &= V_3(r) \psi_0 \left(\cos^2\theta - \frac{1}{3} \right) |\alpha, \alpha\rangle \end{aligned}$$

$$+V_3(r)\psi_0\left[\sin^2\theta \mathrm{e}^{\mathrm{i}2\varphi}\left|\beta,\beta\right\rangle+\cos\theta\sin\theta \mathrm{e}^{\mathrm{i}\varphi}\left(\left|\alpha,\beta\right\rangle+\left|\beta,\alpha\right\rangle\right)\right]$$

只考虑方程中正比于 $\left|\alpha,\alpha\right\rangle$ 的项即可决定 $\psi_1(\boldsymbol{x})$ 的方程.

$$-\frac{\hbar^2}{2\mu}\left(\frac{1}{r^2}\frac{\partial}{\partial r}r^2\frac{\partial}{\partial r}-\frac{\boldsymbol{L}^2}{\hbar^2 r^2}\right)\psi_1(\boldsymbol{x})+V_1(r)\psi_1+V_2(r)\psi_1+V_3(r)\psi_0(r)\left(\cos^2\theta-\frac{1}{3}\right)=E\psi_1$$

令 $\psi_1(\boldsymbol{x})=R_1(r)\Phi_1(\theta,\varphi)$, 从上面方程, 显然可取

$$\Phi_1(\theta,\varphi)=\cos^2\theta-\frac{1}{3}=\frac{1}{3}\sqrt{\frac{16\pi}{5}}\mathrm{Y}_{20}(\theta,\varphi)$$

则得

$$\boldsymbol{L}^2\Phi_1=2(2+1)\hbar^2\Phi_1$$

R_1 满足的方程为

$$\frac{1}{r^2}\frac{\mathrm{d}}{\mathrm{d}r}r^2\frac{\mathrm{d}R_1}{\mathrm{d}r}+\left[\frac{2\mu}{\hbar^2}\left(E-V_1(r)-V_2(r)-\frac{6}{r^2}\right)\right]R_1=\frac{2\mu}{\hbar^2}V_3(r)\psi_0(r)$$

这里, Φ_1 的归一化因子将影响 R_1 的归一化因子, 但它们的乘积将保持不变. 顺便指出, $\psi_1(\boldsymbol{x})$ 对应 $L=2$, $L_z=0$. 注意 $H'\psi_0\left|\alpha,\alpha\right\rangle$ 中出现的正比于 $\left|\beta,\beta\right\rangle$ 的项, 可知 $\psi_3(\boldsymbol{x})$ 对应 $L=2,L_z=2$. 对于 $\psi_2(\boldsymbol{x})$, 按第 (3) 小题中 $J_z=1$ 的要求 (注意, 若 $V_3\neq0$ 则 J_z 也守恒), 可得 $L=2,L_z=1$. 也就是说, 由于 V_3 的存在, 氘核的基态成为 $L=0$ 与 $L=2$ 的叠加态, 以构成 $J=1,S=1,J_z=1$, 并且宇称为正的态.

7.69　受有心力场作用的两个自旋 1/2 全同粒子系统在自旋张量力项微扰作用下的能级修正

题 7.69　设有两个非全同相对论自旋 1/2 粒子通过不依赖于自旋的有心力场作用而形成的系统, 考虑其 $^3\mathrm{p}_2$ 和 $^3\mathrm{p}_1$ 能级 ($^3\mathrm{p}_2$: 自旋三重态 $l=1,j=2$; $^1\mathrm{p}_1$: 自旋单态 $l=1,j=1$). Hamilton 量增加了一个张量力项

$$H'=\lambda\left[3\boldsymbol{\sigma}(1)\cdot\boldsymbol{e}_r\boldsymbol{\sigma}(2)\cdot\boldsymbol{e}_r-\boldsymbol{\sigma}(1)\cdot\boldsymbol{\sigma}(2)\right]$$

可当作微扰来处理. 其中 λ 为常数, $\boldsymbol{e}_r$ 为两粒子连线方向的单位矢量, $\boldsymbol{\sigma}(1)$ 和 $\boldsymbol{\sigma}(2)$ 为粒子 1 和粒子 2 的 Pauli 算符.

(1) 利用 H' 同总角动量所有分量对易这一事实, 证明微扰后能级高度与 J_z 的本征值 m 无关;

(2) 三重态的能级中, J_z 取其最大值 $M=j=2$ 的情形最易于计算其能量. 计算微扰后能量修正 $\Delta E(^3\mathrm{p}_2)$;

(3) 求 $\Delta E(^1\mathrm{p}_1)$.

解答　(1) 取 $\hbar=1$, 利用总自旋 $\boldsymbol{S}=\frac{1}{2}[\boldsymbol{\sigma}(1)+\boldsymbol{\sigma}(2)]$, 可以将 H' 改写成

$$H'=\lambda\left\{\frac{3}{2}\left[(2\boldsymbol{S}\cdot\boldsymbol{e}_r)^2-(\boldsymbol{\sigma}(1)\cdot\boldsymbol{e}_r)^2-(\boldsymbol{\sigma}(2)\cdot\boldsymbol{e}_r)^2\right]-\frac{1}{2}\left[4\boldsymbol{S}^2-\boldsymbol{\sigma}(1)^2-\boldsymbol{\sigma}(2)^2\right]\right\}$$

$$= \lambda \left[6(\boldsymbol{S} \cdot \boldsymbol{e}_r)^2 - 2\boldsymbol{S}^2 \right]$$

为了证实 H' 同总角动量所有分量对易, 只需以 J_z 为例, 证明 $[J_z, H'] = 0$ 就够了. 首先由 $[S_z, \boldsymbol{S}^2] = 0$, $[L_z, \boldsymbol{S}^2] = 0$, 有 $[J_z, \boldsymbol{S}^2] = 0$. 其次

$$
\begin{aligned}
[J_z, \boldsymbol{S} \cdot \boldsymbol{e}_r] &= [S_z, \boldsymbol{S} \cdot \boldsymbol{e}_r] + [L_z, \boldsymbol{S} \cdot \boldsymbol{e}_r] \\
&= [S_z, \sin\theta\cos\varphi S_x + \sin\theta\sin\varphi S_y + \cos\theta S_z] \\
&\quad + [L_z, \sin\theta\cos\varphi S_x + \sin\theta\sin\varphi S_y + \cos\theta S_z] \\
&= \mathrm{i}\hbar\sin\theta\cos\varphi S_y - \mathrm{i}\hbar\sin\theta\sin\varphi S_x \\
&\quad + \left[-\mathrm{i}\hbar \frac{\partial}{\partial\varphi} (\sin\theta\cos\varphi S_x + \sin\theta\sin\varphi S_y + \cos\theta S_z) \right] \\
&= \mathrm{i}\hbar\sin\theta\cos\varphi S_y - \mathrm{i}\hbar\sin\theta\sin\varphi S_x \\
&\quad + \mathrm{i}\hbar\sin\theta\sin\varphi S_x - \mathrm{i}\hbar\sin\theta\cos\varphi S_y \\
&= 0
\end{aligned}
$$

于是

$$\left[J_z, (\boldsymbol{S} \cdot \boldsymbol{e}_r)^2 \right] = (\boldsymbol{S} \cdot \boldsymbol{e}_r)[J_z, \boldsymbol{S} \cdot \boldsymbol{e}_r] + [J_z, \boldsymbol{S} \cdot \boldsymbol{e}_r](\boldsymbol{S} \cdot \boldsymbol{e}_r) = 0$$

所以 $[J_z, H'] = 0$, 同理 $[J_x, H'] = [J_y, H'] = 0$.

特别地, $J_+ = J_x + \mathrm{i}J_y$ 也与 H' 对易. J_+ 具有性质

$$J_+ |j, m\rangle = a |j, m+1\rangle$$

设有两个微扰前 (简并) 的态 $|j, m_1\rangle$ 和 $|j, m_2\rangle$, $m_2 = m_1 + 1$, 微扰后能量为 E_1 和 E_2, 考虑

$$
\begin{aligned}
0 &= \langle j, m_2| [J_+, H_0 + H'] |j, m_1\rangle \\
&= \langle j, m_2| J_+ (H_0 + H') |j, m_1\rangle - \langle j, m_2| (H_0 + H') J_+ |j, m_1\rangle \\
&= (E_1 - E_2) \langle j, m_2| J_+ |J, m_1\rangle \\
&= a(E_1 - E_2)
\end{aligned}
$$

矩阵元 $a \neq 0$, 只有 $E_1 = E_2$, 即微扰后能级与 m 无关.

(2) 按定态微扰论

$$\Delta E(^3\mathrm{p}_2) = \langle j = 2, m = 2| H' |j = 2, m = 2\rangle$$

而 $|j = 2, m = 2\rangle = |l = 1, m_l = 1\rangle |S = 1, m_s = 1\rangle$, 于是

$$\Delta E(^3\mathrm{p}_2) = \int \mathrm{d}\Omega \mathrm{Y}_{11}^*(\theta, \varphi) \langle S = 1, m_s = 1| H' |S = 1, m_s = 1\rangle \mathrm{Y}_{11}(\theta, \varphi) = -\frac{2}{5}\lambda$$

(3) 对 $^1\mathrm{p}_1$, 有 $S = 0$, $m_s = 0$, $H' = 0$. 所以 $\Delta E(^1\mathrm{p}_1) = 0$.

7.70　氢原子的超精细结构态在与时间相关的弱磁场中的变化

题 7.70　一个氢原子最初处在它的绝对基态，超精细结构态 $F = 0$ (F 是质子自旋 I，电子自旋 S 及轨道角动量 L 之和). $F = 0$ 态与 $F = 1$ 态以一个微小的能级差分开. 一个弱的、与时间有关的磁场加在系统上. 它沿 z 方向，并具有如下形式：

$$\begin{cases} B_z = 0, & t < 0 \\ B_z = B_0 \mathrm{e}^{-\gamma t}, & t > 0 \end{cases}$$

式中，B_0 和 γ 是常数.

(1) 计算在经过很长时间后，磁场消失时氢原子留在超精细结构态 $F = 1$ 的概率；

(2) 解释为什么在解决这个问题时，你可以忽略质子与磁场的作用.

解答　(1) 当考虑氢原子的超精细结构时，氢原子系统的 Hamilton 量为

$$H = H_0 + f(r)\boldsymbol{\sigma}_{\mathrm{p}} \cdot \boldsymbol{\sigma}_{\mathrm{e}}$$

式中，H_0 是 $L = 0$ 时考虑到氢原子超精细结构的 Hamilton 量；$f(r)\boldsymbol{\sigma}_{\mathrm{p}} \cdot \boldsymbol{\sigma}_{\mathrm{e}}$ 是超精细结构能；$\boldsymbol{\sigma}_{\mathrm{p}}$ 和 $\boldsymbol{\sigma}_{\mathrm{e}}$ 分别为质子自旋与电子自旋的 Pauli 矩阵.

当氢原子处在绝对基态时，$L = 0$，$j = s = \dfrac{1}{2}$，而超精细结构态 $F = 0$，态 $F = 1$ 分别对应于质子和电子自旋反平行和平行的情况.

初始时系统波函数为

$$\psi(\boldsymbol{r}, F) = R_{10} \mathrm{Y}_{00}(\theta, \varphi) \chi_{00}$$

若以 α, β 表示 $\begin{pmatrix} 1 \\ 0 \end{pmatrix}$，$\begin{pmatrix} 0 \\ 1 \end{pmatrix}$ 旋量，则

$$\chi_{00} = \frac{1}{\sqrt{2}}(-\alpha_{\mathrm{p}}\beta_{\mathrm{e}} + \alpha_{\mathrm{e}}\beta_{\mathrm{p}})$$

为自旋单态.

当 $t > 0$ 时，系统上加上弱磁场 $\boldsymbol{B} = B_0 \mathrm{e}^{-\gamma t} \boldsymbol{e}_z$

$$H = H_0 + f(r)\boldsymbol{\sigma}_{\mathrm{p}} \cdot \boldsymbol{\sigma}_{\mathrm{e}} + \frac{\hbar e B_z}{2\mu c}\sigma_{\mathrm{e}z}$$

式中，忽略了质子与磁场的作用.

设 $t > 0$ 时，系统波函数为

$$\psi(\boldsymbol{r}, F, t) = R_{10}(r)\mathrm{Y}_{00}[C_1(t)\chi_{00} + C_2(t)\chi_{11} + C_3(t)\chi_{10} + C_4(t)\chi_{1-1}]$$

式中，$\chi_{11}, \chi_{10}, \chi_{1-1}$ 为自旋三重态. 所以，t 时刻系统处在超精细结构态 $F = 1$ 的概率为

$$A(t) = 1 - |C_1(t)|^2$$

重写初始条件 $C_1(0) = 1$, $C_2(0) = C_3(0) = C_4(0) = 0$. 由 Schrödinger 方程 $\mathrm{i}\hbar\dfrac{\partial}{\partial t}\psi = H\psi$ 及 $\boldsymbol{\sigma}_\mathrm{p} \cdot \boldsymbol{\sigma}_\mathrm{e}\chi_{00} = -3\chi_{00}$, $\boldsymbol{\sigma}_\mathrm{p} \cdot \boldsymbol{\sigma}_\mathrm{e}\chi_{1m_s} = \chi_{1m_s}$, 可得方程

$$\mathrm{i}\hbar R_{10}(r)\mathrm{Y}_{00}\left(\frac{\mathrm{d}C_1}{\mathrm{d}t}\chi_{00} + \frac{\mathrm{d}C_2}{\mathrm{d}t}\chi_{11} + \frac{\mathrm{d}C_3}{\mathrm{d}t}\chi_{10} + \frac{\mathrm{d}C_4}{\mathrm{d}t}\chi_{1-1}\right)$$

$$= R_{10}(r)\mathrm{Y}_{00}\left\{[E_{10} - 3f(a_0)]C_1(t)\chi_{00} + [E_{10} + f(a_0)][C_2(t)\chi_{11}\right.$$

$$\left. + C_3\chi_{10} + C_4(t)\chi_{1-1}]\right\} + R_{10}(r)\mathrm{Y}_{00}\mu_0 B_z[C_3(t)\chi_{00} + C_2(t)\chi_{11}$$

$$+ C_1(t)\chi_{10} - C_4(t)\chi_{1-1}]$$

由此可得 $C_1(t)$ 及 $C_2(t)$ 的联立方程

$$\begin{cases} \mathrm{i}\hbar\dfrac{\mathrm{d}}{\mathrm{d}t}C_1(t) = [E_{10} - 3f(a_0)]C_1(t) + C_3(t)\mu_0 B_0\mathrm{e}^{-\gamma t} \\[2mm] \mathrm{i}\hbar\dfrac{\mathrm{d}}{\mathrm{d}t}C_2(t) = [E_{10} + f(a_0)]C_3(t) + C_1(t)\mu_0 B_0\mathrm{e}^{-\gamma t} \end{cases}$$

因为 $f(a_0) \ll E_{10}$ 是超精细结构的能量, 在求 $C_1(t)$ 时可略去. 解方程

$$C_1(t) = \frac{1}{2}\mathrm{e}^{-\mathrm{i}\frac{E_{1n}}{\hbar}t}\left\{\exp\left[\frac{\mathrm{i}\mu_0 B_0}{\gamma\hbar}(1 - \mathrm{e}^{-\gamma t})\right] + \exp\left[-\frac{\mathrm{i}\mu_0 B_0}{\gamma\hbar}(1 - \mathrm{e}^{-\gamma t})\right]\right\}$$

当 $t \to \infty$ 时, $|C_1(t)|^2 = \cos^2\left(\dfrac{\mu_0 B_0}{\gamma\hbar}\right)$, 则

$$A(t)|_{t\to\infty} = 1 - \cos^2\left(\frac{\mu_0 B_0}{\gamma\hbar}\right) = \sin^2\left(\frac{\mu_0 B_0}{\gamma\hbar}\right)$$

此即氢原子留在 $F = 1$ 态的概率.

(2) 因为质子磁矩与电子磁矩之比为 $1/1836$, 所以质子磁矩与磁场的相互作用可以略去.

7.71 受到电场 $\boldsymbol{\mathcal{E}} = \mathcal{E}_0\sin\omega t\boldsymbol{e}_z$ 作用后, 中心场中的粒子 s、p 态被占据的概率

题 7.71 在中心场中无自旋的非相对论粒子被制备处于 s 态, 该态同一 p 能级 $(m_l = 0, \pm 1)$ 在能量上简并. 从 $t = 0$ 时刻开始, 加上电场 $\boldsymbol{\mathcal{E}} = \mathcal{E}_0\sin\omega t\boldsymbol{e}_z$. 忽略上述态之外的态的跃迁概率, 但是不做进一步的近似, 计算在 t 时刻, 这四个态分别被占据的概率 (用 z 的非零矩阵元表示).

解答 选这四个态

$$|00\rangle, |10\rangle, |1-1\rangle, |11\rangle$$

作基, 并取简并能量 $E = 0$, Hamilton 量为

$$H = H_0 + H', \quad H' = -g\boldsymbol{\mathcal{E}} \cdot \boldsymbol{r} = -g\mathcal{E}_0 z\sin\omega t$$

简并子空间用矩阵表示

$$H' = -g\mathcal{E}_0 \sin\omega t \, \langle 00| \, z \, |10\rangle \begin{pmatrix} 0 & 1 & 0 & 0 \\ 1 & 0 & 0 & 0 \\ 0 & 0 & 0 & 0 \\ 0 & 0 & 0 & 0 \end{pmatrix}$$

在此基下的波函数设为 $\Psi = (x_1, x_2, x_3, x_4)^{\mathrm{T}}$，初始条件 $\Psi(t=0) = (1,0,0,0)^{\mathrm{T}}$. 由 Schrödinger 方程得

$$i\hbar\frac{\mathrm{d}}{\mathrm{d}t}\begin{pmatrix} x_1 \\ x_2 \\ x_3 \\ x_4 \end{pmatrix} = -\lambda\sin\omega t \begin{pmatrix} 0 & 1 & 0 & 0 \\ 1 & 0 & 0 & 0 \\ 0 & 0 & 0 & 0 \\ 0 & 0 & 0 & 0 \end{pmatrix}\begin{pmatrix} x_1 \\ x_2 \\ x_3 \\ x_4 \end{pmatrix}$$

式中，$\lambda \equiv g\mathcal{E}_0 \langle 00| \, z \, |10\rangle$ 是实数. 或者

$$i\hbar\frac{\mathrm{d}}{\mathrm{d}t}\begin{pmatrix} x_1 \\ x_2 \end{pmatrix} = -\lambda\sin\omega t \begin{pmatrix} 0 & 1 \\ 1 & 0 \end{pmatrix}\begin{pmatrix} x_1 \\ x_2 \end{pmatrix} \tag{7.260}$$

$$i\hbar\frac{\mathrm{d}}{\mathrm{d}t}\begin{pmatrix} x_3 \\ x_4 \end{pmatrix} = 0 \tag{7.261}$$

由式 (7.261) 及初始条件得

$$\begin{pmatrix} x_3 \\ x_4 \end{pmatrix} = \begin{pmatrix} x_3 \\ x_4 \end{pmatrix}_{t=0} = \begin{pmatrix} 0 \\ 0 \end{pmatrix}$$

故在 t 时刻 p 能级的 $m_l = \pm 1$ 态的占据概率是 0. 将式 (7.260) 对角化，为此在式 (7.260) 中选新基

$$\varphi_1 = \frac{1}{\sqrt{2}}\begin{pmatrix} 1 \\ 1 \end{pmatrix}, \qquad \varphi_2 = \frac{1}{\sqrt{2}}\begin{pmatrix} 1 \\ -1 \end{pmatrix}$$

在此新基下，Ψ 的前两个分量 (构成 ψ) 为

$$\psi = \begin{pmatrix} x_1 \\ x_2 \end{pmatrix}_{\text{旧}} = \frac{x_1}{\sqrt{2}}(\varphi_1 + \varphi_2) + \frac{x_2}{\sqrt{2}}(\varphi_1 - \varphi_2)$$

$$= \frac{1}{\sqrt{2}}\begin{pmatrix} x_1 + x_2 \\ x_1 - x_2 \end{pmatrix}_{\text{新}} \equiv \begin{pmatrix} a \\ b \end{pmatrix}_{\text{新}}$$

于是式 (7.260) 成为 (略去脚标 "新" 字)

$$\begin{cases} i\hbar\dfrac{\mathrm{d}}{\mathrm{d}t}\begin{pmatrix} a \\ b \end{pmatrix} = -\lambda\sin\omega t \begin{pmatrix} 1 & 0 \\ 0 & -1 \end{pmatrix}\begin{pmatrix} a \\ b \end{pmatrix} \\ \begin{pmatrix} a \\ b \end{pmatrix}_{t=0} = \dfrac{1}{\sqrt{2}}\begin{pmatrix} 1 \\ 1 \end{pmatrix} \end{cases} \tag{7.262}$$

由式 (7.260)解出

$$\begin{pmatrix} a \\ b \end{pmatrix} = \frac{1}{\sqrt{2}} \begin{pmatrix} \exp\left[\dfrac{\mathrm{i}\lambda}{\hbar\omega}(1-\cos\omega t)\right] \\[3mm] \exp\left[-\dfrac{\mathrm{i}\lambda}{\omega t}(1-\cos\omega t)\right] \end{pmatrix}$$

于是

$$\begin{aligned} \psi &= \begin{pmatrix} x_1 \\ x_2 \end{pmatrix}_{\text{旧}} = \begin{pmatrix} a \\ b \end{pmatrix}_{\text{新}} = a\varphi_1 + b\varphi_2 = \frac{1}{\sqrt{2}} \begin{pmatrix} a+b \\ a-b \end{pmatrix}_{\text{旧}} \\[3mm] &= \begin{pmatrix} \cos\left[\dfrac{\lambda}{\hbar\omega}(1-\cos\omega t)\right] \\[3mm] \mathrm{i}\sin\left[\dfrac{\lambda}{\hbar\omega}(1-\cos\omega t)\right] \end{pmatrix}_{\text{旧}} \end{aligned}$$

于是, 在 t 时刻, 占据各态的概率分别为

$$P_{\mathrm{s}}(t) = \cos^2\left[\frac{g\mathcal{E}_0\langle 00|z|10\rangle}{\hbar\omega}(1-\cos\omega t)\right]$$

$$P_{\mathrm{p}(m_l=0)} = \sin^2\left[\frac{g\mathcal{E}_0\langle 00|z|10\rangle}{\hbar\omega}(1-\cos\omega t)\right]$$

$$P_{\mathrm{p}(m_l=\pm 1)}(t) = 0$$

$\langle 00|z|10\rangle$ 由中心场波函数 $R_{nl}Y_{lm}(\theta,\varphi)$ 计算, 它是实数.

7.72 $H = \alpha\left(L_x^2 - L_y^2\right)\big/\hbar^2 + \beta B L_z/\hbar$ 在基 $|L, M_L\rangle$ 上的矩阵元与被作用离子的能级

题 7.72 一个某种原子的离子处于自由空间时, 其 $L=1$, $S=0$. 将该离子嵌入 (在 $x=y=z=0$ 处) 一个晶体中, 其局部环境为如图 7.20 所示的 4 个点电荷. 应用 Wigner-Eckart 定理可以证明, 这一环境引起的有效微扰 Hamilton 量可以写成如下形式 (这个结论不必证明):

$$H_1 = \frac{\alpha}{\hbar^2}\left(L_x^2 - L_y^2\right)$$

式中, L_x 和 L_y 分别是轨道角动量算符的 x 分量和 y 分量, α 是个常数. 此外, 在 z 方向加上一个磁场, 引起另一个微扰

$$H_z = \frac{\beta B}{\hbar}L_z$$

式中, L_z 是角动量算符的 z 分量, β 是个常数.

(1) 用轨道角动量的升、降算符 L_+ 和 L_- 表示微扰 Hamilton 量 $H = H_1 + H_2$;

(2) 求微扰 Hamilton 量在由三个态 $|1,0\rangle, |1,1\rangle$ 和 $|1,-1\rangle$ 构成的基 $|L, M_L\rangle$ 上的矩阵元;

(3) 求离子的能级，并将能级表示成 B 的函数，将你的结果绘一张较仔细的草图；

(4) $B = 0$ 时描述该离子的本征函数是什么?

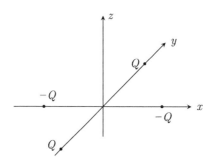

图 7.20　某离子嵌入一个晶体中的局部受作用环境

解答　(1) 根据定义 $L_\pm = L_x \pm \mathrm{i}L_y$，有

$$[L_+, L_-] = 2\hbar L_x$$

$$L_x^2 - L_y^2 = \frac{1}{4}(L_+ + L_-)^2 + \frac{1}{4}(L_+ - L_-)^2 = \frac{1}{2}(L_+^2 + L_-^2)$$

于是

$$H' = \frac{\alpha}{\hbar^2}(L_x^2 - L_y^2) + \frac{\beta B}{\hbar}L_z = \frac{\alpha}{2\hbar^2}(L_+^2 + L_-^2) + \frac{\beta B}{2\hbar^2}(L_+L_- - L_-L_+)$$

(2) 根据公式

$$L_\pm |L, M_L\rangle = \hbar\sqrt{L(L+1) - M_L(M_L \pm 1)}|L, M_L \pm 1\rangle$$

$$L_z |L, M_L\rangle = M_L \hbar |L, M_L\rangle$$

可以求出 H 在基底 $\{|1,1\rangle, |1,0\rangle, |1,-1\rangle\}$ 上的矩阵元为

$$H' = \begin{pmatrix} \beta B & 0 & \alpha \\ 0 & 0 & 0 \\ \alpha & 0 & -\beta B \end{pmatrix}$$

(3) 在 $L = 1$, $S = 0$ 简并子空间的本征方程是

$$\begin{pmatrix} \beta B - E & 0 & \alpha \\ 0 & -E & 0 \\ \alpha & 0 & -\beta B - E \end{pmatrix} \begin{pmatrix} a \\ b \\ c \end{pmatrix} = 0$$

相应的久期方程为

$$\begin{vmatrix} \beta B - E & 0 & \alpha \\ 0 & -E & 0 \\ \alpha & 0 & -\beta B - E \end{vmatrix} = 0$$

也就是

$$E\left(\sqrt{(\beta B)^2 + \alpha^2} - E\right)\left(\sqrt{(\beta B)^2 + \alpha^2} + E\right) = 0$$

解之，即得微扰能级

$$E_1 = -\sqrt{(\beta B)^2 + \alpha^2}, \quad E_2 = 0, \quad E_3 = \sqrt{(\beta B)^2 + \alpha^2}$$

这些结果如图 7.21 所示.

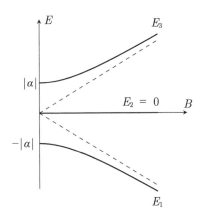

图 7.21　离子的能级作为 B 的函数的曲线图

(4) $B = 0$ 时，能级为

$$E_1 = -\alpha, \quad E_2 = 0, \quad E_3 = \alpha$$

相应的能量本征矢为

$$\begin{pmatrix} a \\ b \\ c \end{pmatrix}_{(1)} = \frac{1}{\sqrt{2}} \begin{pmatrix} -1 \\ 0 \\ 1 \end{pmatrix}, \quad \begin{pmatrix} a \\ b \\ c \end{pmatrix}_{(2)} = \begin{pmatrix} 0 \\ 1 \\ 0 \end{pmatrix}, \quad \begin{pmatrix} a \\ b \\ c \end{pmatrix}_{(3)} = \frac{1}{\sqrt{2}} \begin{pmatrix} 1 \\ 0 \\ 1 \end{pmatrix}$$

描述离子的波函数为

$$|E_1 = -\alpha\rangle = -\frac{1}{\sqrt{2}}|11\rangle + \frac{1}{\sqrt{2}}|1-1\rangle$$
$$|E_2 = 0\rangle = |10\rangle$$
$$|E_3 = \alpha\rangle = \frac{1}{\sqrt{2}}|11\rangle + \frac{1}{\sqrt{2}}|1-1\rangle$$

7.73　电子偶素的四种自旋态能量对磁场的依赖关系及磁场撤去后留在单态的概率

题 7.73　处在磁场中的电子偶素 (电子与正电子间的束缚态) 等效 Hamilton 量自旋相关部分可以写成

$$H_{\text{spin}} = A\boldsymbol{\sigma}_{\text{e}} \cdot \boldsymbol{\sigma}_{\text{p}} + \mu_{\text{B}} B(\sigma_{\text{ez}} - \sigma_{\text{pz}})$$

式中, $\boldsymbol{\sigma}_e$ 和 $\boldsymbol{\sigma}_p$ 为电子和正电子的 Pauli 矩阵, μ_B 是 Bohr 磁子.

(1) 在零磁场时单态能量处在三重态以下 $8 \times 10^{-4} \text{eV}$, A 值为多少?

(2) 用图说明四个自旋态的每一个态能量对磁场 B 的依赖, 包括弱场和强场两种情况;

(3) 若电子偶素原子在一强磁场中处在其能量最低态, 且场被瞬时撤去, 则在单态找到原子的概率为多少?

(4) 当场缓慢撤除时, 第 (3) 小题的结果将会怎样改变?

解答　(1) 零磁场时

$$\langle H_{\text{spin}} \rangle = A \langle F' m_F' | \boldsymbol{\sigma}_e \cdot \boldsymbol{\sigma}_p | F m_F \rangle$$

式中, $|F M_F\rangle$ 等是电子自旋、核自旋耦合而成总自旋 $\boldsymbol{F} = \boldsymbol{S}_e + \boldsymbol{S}_p$ 的自旋态

$$\boldsymbol{\sigma}_e \cdot \boldsymbol{\sigma}_p = \frac{2}{\hbar^2} \left(\boldsymbol{F}^2 - \boldsymbol{S}_e^2 - \boldsymbol{S}_p^2 \right)$$

从而

$$\langle H_{\text{spin}} \rangle = 2A \left[F(F+1) - S_e(S_e+1) - S_p(S_p+1) \right] \delta_{F'F} \delta_{m_F' m_F}$$

三重态 $F=1$, $E_{F=1} = A$; 单态 $F=0$, $E_{F=0} = -3A$. 因此,

$$E_{F=1} - E_{F=0} = 4A = 8 \times 10^{-4} \text{eV}$$

从而

$$A = 2 \times 10^{-4} \text{eV}$$

(2) 利用耦合基到非耦合基变换关系

$$\begin{cases} |F=1, m_F=1\rangle &= \left| S_e = \frac{1}{2}, m_{se} = \frac{1}{2}, S_p = \frac{1}{2}, m_{sp} = \frac{1}{2} \right\rangle \\ |F=1, m_F=0\rangle &= \frac{1}{\sqrt{2}} \left\{ \left| S_e = \frac{1}{2}, m_{se} = \frac{1}{2}, S_p = \frac{1}{2}, m_{sp} = -\frac{1}{2} \right\rangle \right. \\ &\quad \left. + \left| S_e = \frac{1}{2}, m_{se} = -\frac{1}{2}, S_p = \frac{1}{2}, m_{sp} = \frac{1}{2} \right\rangle \right\} \\ |F=1, m_F=-1\rangle &= \left| S_e = \frac{1}{2}, m_{se} = -\frac{1}{2}, S_p = \frac{1}{2}, m_{sp} = -\frac{1}{2} \right\rangle \\ |F=0, m_F=0\rangle &= \frac{1}{\sqrt{2}} \left\{ \left| S_e = \frac{1}{2}, m_{se} = \frac{1}{2}, S_p = \frac{1}{2}, m_{sp} = -\frac{1}{2} \right\rangle \right. \\ &\quad \left. - \left| S_e = \frac{1}{2}, m_{se} = -\frac{1}{2}, S_p = \frac{1}{2}, m_{sp} = \frac{1}{2} \right\rangle \right\} \end{cases}$$

可求出在次序 $|1,1\rangle, |1,-1\rangle, |1,0\rangle, |0,0\rangle$ 下 H_{spin} 矩阵为

$$\begin{pmatrix} A & 0 & 0 & 0 \\ 0 & A & 0 & 0 \\ 0 & 0 & A & 2\mu_B B \\ 0 & 0 & 2\mu_B B & -3A \end{pmatrix}$$

该矩阵本征值为

$$E_1 = E_2 = A$$
$$E_3 = -A + 2\sqrt{A^2 + \mu_B^2 B^2}$$
$$E_4 = -A - 2\sqrt{A^2 + \mu_B^2 B^2}$$

当 $\boldsymbol{B}$ 是弱场时, 可将 $\mu_B B(\sigma_{ez} - \sigma_{pz})$ 看成微扰, 一级微扰为零, 能量与 B^2 成正比 (在二级微扰下); 当 $\boldsymbol{B}$ 是强场时, 能量与 B 为线性关系如图 7.22 所示.

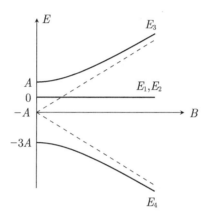

图 7.22　电子偶素的四种自旋态能量对磁场的依赖关系

(3) 电子偶素处于强磁场中能量最低态, 即

$$E = -A - 2\mu_B B$$

的本征态, 为

$$\left| m_{se} = -\frac{1}{2},\ m_{sp} = \frac{1}{2} \right\rangle = \frac{1}{\sqrt{2}} \left(|1,0\rangle - |0,0\rangle \right)$$

这里将 $A\boldsymbol{\sigma}_e \cdot \boldsymbol{\sigma}_p$ 看成微扰. 突然撤去磁场, 原子处在 $|F = 0, m_F = 0\rangle$ 态的概率为

$$P = \left| \left\langle 0,0 \left| \frac{1}{2}, -\frac{1}{2}, \frac{1}{2}, \frac{1}{2} \right\rangle \right|^2 = \frac{1}{2} \right.$$

(4) 若缓慢撤去磁场, 系统不发生状态跃迁, 原子仍处于 $\left| \frac{1}{2}, -\frac{1}{2}, \frac{1}{2}, \frac{1}{2} \right\rangle$ 态, 能量为 $E = -A$.

7.74　电子偶素基态半径及其在自旋–自旋作用和磁场作用下的行为

题 7.74　电子偶素是由电子、正电子之间通过 Coulomb 引力束缚在一起而构成的.

(1) 基态的半径是多少? 基态结合能是多少?

(2) 由于其自旋 – 自旋相互作用, 基态的单态和三重态发生分裂, 使得单态比三重态低 10^{-3}eV. 解释电子偶素在磁场中的行为. 画出能级图来说明与磁场的关系.

解答 (1) 对于氢原子有

$$a_0 = \frac{\hbar^2}{\mu e^2} \approx 0.53 \text{Å}$$

$$E_{\mathrm{I}} = \frac{\mu e^4}{2\hbar^2} \approx 13.6 \text{eV}$$

式中

$$\mu = \frac{m_{\mathrm{e}} m_{\mathrm{p}}}{m_{\mathrm{e}} + m_{\mathrm{p}}}$$

对于任意类氢体系

$$V'(r) = -\frac{Ze^2}{|\boldsymbol{r}_1 - \boldsymbol{r}_2|}$$

$$\mu' = \frac{m_1 m_2}{m_1 + m_2}$$

只要作 $e^2 \to Ze^2$, $\mu \to \mu'$ 变换, 就可以求得相应的物理量. 对于电子偶素, $\mu' = m_{\mathrm{e}}/2$, $Z = 1$. 所以

$$a_0' = \frac{\hbar^2}{\mu' e^2} = \frac{a_0 \mu}{\mu'} = 2a_0 \approx 1.0 \text{Å}$$

$$E_{\mathrm{I}}' = \frac{\mu' e^4}{2\hbar^2} = \frac{\mu' E_{\mathrm{I}}}{\mu} = \frac{1}{2} E_{\mathrm{I}} \approx 6.8 \text{eV}$$

(2) 选本征态为 $|0, 0, S, S_z\rangle$, 取微扰 Hamilton 量为

$$H' = A\boldsymbol{S}_{\mathrm{e}} \cdot \boldsymbol{S}_{\mathrm{p}} + \frac{eB}{mc}(S_{z\mathrm{e}} - S_{z\mathrm{p}}), \quad A = \frac{10^{-3}\text{eV}}{\hbar^2}$$

则在次序 $|1,1\rangle, |1,-1\rangle, |1,0\rangle, |0,0\rangle$ 下微扰矩阵元为

$$H'_{mn} = \begin{pmatrix} \dfrac{A\hbar^2}{4} & 0 & 0 & 0 \\ 0 & \dfrac{A\hbar^2}{4} & 0 & 0 \\ 0 & 0 & \dfrac{A\hbar^2}{4} & -\hbar\dfrac{eB}{mc} \\ 0 & 0 & -\hbar\dfrac{eB}{mc} & -\hbar\dfrac{eB}{mc} \end{pmatrix}$$

由此解得微扰能量为 (图 7.23)

$$E_1 = E_2 = \frac{A\hbar^2}{4}$$

$$E_3 = -\frac{A\hbar^2}{4} + \sqrt{\frac{A^2\hbar^4}{2^2} + \hbar^2\left(\frac{eB}{mc}\right)^2}$$

$$E_4 = -\frac{A\hbar^2}{4} - \sqrt{\left(\frac{A\hbar^2}{2}\right) + \hbar^2\left(\frac{eB}{mc}\right)^2}$$

由上式可以看出弱磁场时，能级是在超精细分裂的基础上再分裂；而强磁场则破坏了原来的超精细能级结构.

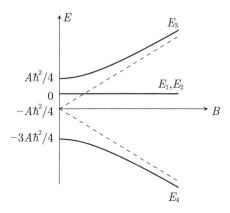

图 7.23　电子偶素的四种自旋态能量对磁场的依赖关系

7.75　估算处于基态的氦原子磁化率

题 7.75　估计一处于基态的氦原子的磁化率. 它是抗磁性的还是顺磁性的?

解答　设有一外加均匀恒定磁场 $\boldsymbol{B} = B_0\boldsymbol{e}_z$(其中 B_0 是一常数) 作用在氦原子上. 取 $\boldsymbol{A} = B_0 x\boldsymbol{e}_y$, 可以验证 $\boldsymbol{B} = \nabla \times \boldsymbol{A}$. 电子运动 Hamilton 量

$$H = \sum_{i=1}^{2} \frac{1}{2m}\left(\boldsymbol{p}_i - \frac{e}{c}\boldsymbol{A}\right)^2 - \boldsymbol{\mu}_J \cdot \boldsymbol{B}$$

因氦原子处于基态, $\boldsymbol{\mu}_J = 0$, 所以

$$H = \sum_{i=1}^{2} \frac{1}{2m}\left(\boldsymbol{p}_i - \frac{e}{c}\boldsymbol{A}\right)^2 = \sum_{i=1}^{2} \frac{1}{2m}\left(\boldsymbol{p}_i - \frac{e}{c}B_0 x_i\boldsymbol{e}_y\right)^2$$

m、e 分别为电子质量和电荷. 由磁化率公式 $\chi = -4\pi\dfrac{\partial^2 E}{\partial B^2}\bigg|_{B=0}$, 得处于基态的氦原子磁化率为

$$\chi = -4\pi\frac{\partial^2}{\partial B^2}E_{\text{He 基态}}\bigg|_{B=0}$$

$$= -4\pi \frac{\partial^2}{\partial B^2} \langle \text{He 基态} | H | \text{He 基态} \rangle |_{B=0}$$

$$= -4\pi \frac{e^2}{2mc^2} 2 \langle \text{He 基态} | x^2 | \text{He 基态} \rangle$$

$$= -4\pi \frac{e^2}{mc^2} \overline{x_0^2}$$

近似有

$$\overline{x_0^2} = \frac{1}{3} r_{\text{He 基态}}^2$$

$$\chi \approx -\frac{4\pi}{c^2} \cdot \frac{e^2 r_{\text{He 基态}}^2}{3m}$$

以上使用的是 Gauss 制, 在 SI 制中,

$$\chi \approx -\frac{\mu_0 e^2 r_{\text{He 基态}}^2}{3m}$$

$r_{\text{He 基态}}^2$ 表示处于基态氦原子中电子离核平方的平均距离.

由于 $\chi < 0$, 所以氦原子是抗磁的.

7.76　氢原子在电磁场中的定态方程及磁场为微扰势时基态能级移动与磁矩

题 7.76　一个不具有永久磁矩的原子称为是抗磁的. 本题的目的是在忽略电子和质子的自旋条件下, 计算氢原子在弱磁场 $\boldsymbol{B}$ 中的诱导抗磁矩.

(1) 写下质量为 m, 电荷为 q 的粒子处于电磁场 $(\varPhi, \boldsymbol{A})$ 中的非相对论性 Hamilton 量;

(2) 已知对于一个均匀磁场, 满意的矢势 $\boldsymbol{A}$ 可以取为 $\boldsymbol{A} = -\dfrac{1}{2}\boldsymbol{r} \times \boldsymbol{B}$, 用这一事实写下氢原子的定态 Schrödinger 方程. 假设质子质量无穷大, 则可以忽略质心运动;

(3) 将来自于磁场的项当作微扰处理, 计算由存在磁场引起的基态能量移动;

(4) 计算每个原子的诱导抗磁矩.

解答　(1) 质量为 m, 电荷为 q 的粒子处于电磁场中时, 其 Hamilton 量为

$$H = \frac{1}{2m}\left(\boldsymbol{p} - \frac{q}{c}\boldsymbol{A}\right)^2 + q\varPhi$$

(2) 忽略质心运动, 则处于均匀磁场 $\boldsymbol{B}$ 中的氢原子满足如下定态 Schrödinger 方程:

$$\left[\frac{1}{2m_{\text{e}}}\left(\boldsymbol{p} + \frac{e}{2c}\boldsymbol{B} \times \boldsymbol{r}\right) - \frac{e^2}{r}\right]\psi(\boldsymbol{r}) = E\psi(\boldsymbol{r})$$

注意到

$$\boldsymbol{p} \cdot (\boldsymbol{B} \times \boldsymbol{r}) - (\boldsymbol{B} \times \boldsymbol{r}) \cdot \boldsymbol{p} = -i\hbar\nabla \cdot (\boldsymbol{B} \times \boldsymbol{r})$$

$$= -i\hbar(\nabla \times \boldsymbol{B}) \cdot \boldsymbol{r} + i\hbar\boldsymbol{B} \cdot (\nabla \times \boldsymbol{r}) = 0$$

$$\boldsymbol{p} \cdot (\boldsymbol{B} \times \boldsymbol{r}) = \boldsymbol{B} \cdot (\boldsymbol{r} \times \boldsymbol{p}) = \boldsymbol{B} \cdot \boldsymbol{L}$$

若取 $\boldsymbol{B}$ 的方向为极轴 $(\boldsymbol{B} = B\boldsymbol{e}_z)$，则定态 Schrödinger 方程可化为

$$\left(-\frac{\hbar^2}{2m_{\mathrm{e}}}\nabla^2 - \frac{e^2}{r} - \frac{\mathrm{i}eB\hbar}{2m_{\mathrm{e}}c} \cdot \frac{\partial}{\partial\varphi} + \frac{e^2 B^2}{8m_{\mathrm{e}}c^2}r^2\sin^2\theta \right) \psi(r,\theta,\varphi) = E\psi(r,\theta,\varphi)$$

式中

$$-\frac{\mathrm{i}eB\hbar}{2m_{\mathrm{e}}c} \cdot \frac{\partial}{\partial\varphi} = \frac{eB}{2m_{\mathrm{e}}c}L_z$$

(3) 微扰的一般形式为

$$H' = \frac{eB}{2m_{\mathrm{e}}c}L_z + \frac{e^2 B^2}{8m_{\mathrm{e}}c^2}r^2\sin^2\theta$$

能量一阶修正

$$
\begin{aligned}
\Delta E &= \langle 100|H'|100\rangle \\
&= \frac{e^2 B^2}{8m_{\mathrm{e}}c^2}\left[2\pi\int_0^\pi \sin\theta\mathrm{d}\theta \int_0^\infty r^2\mathrm{d}r \frac{1}{\pi}\left(\frac{1}{a}\right)^3 \mathrm{e}^{-2r/a}r^2\sin^2\theta \right] \\
&= \frac{e^2 B^2}{3m_{\mathrm{e}}c^2 a^3}\int_0^\infty r^4\mathrm{e}^{-2r/a}\mathrm{d}r = \frac{a^2 e^2 B^2}{4m_{\mathrm{e}}c^2}
\end{aligned}
$$

对于基态，$l = 0$，H' 中第一项无贡献.

(4) 上述能级移动相当于一磁偶极子在磁场中的能量

$$\Delta E = -\boldsymbol{\mu} \cdot \boldsymbol{B}$$

从而

$$\boldsymbol{\mu} = -\frac{e^2 a^2}{4m_{\mathrm{e}}c^2}\boldsymbol{B}$$

$\boldsymbol{\mu}$ 反平行于 $\boldsymbol{B}$，故称抗磁性.

7.77　估算氢原子的超精细结构的磁化率及氦原子基态极化率

题 7.77 原子的磁极化率定义如下:

$$\alpha_H = -\left.\frac{\partial^2 E(H)}{\partial H^2}\right|_{H=0}$$

式中，$E(H)$ 是原子在一匀强外磁场中的能量.

(1) 估计氢原子的超精细基态的磁极化率，其基态为 $F = 0, 1\mathrm{s}$;

(2) 估计氦原子基态 $(1\mathrm{s})^2$ 的磁极化率 (必须给出 α_H 的符号).

解答 (1) 磁场 $\boldsymbol{H}$ 很弱时，利用二级微扰论对基态 $F = 0, 1s$ 进行能量的二级修正. 微扰 Hamilton 量为 $H' = -\boldsymbol{\mu} \cdot \boldsymbol{H}$. 一级微扰对 α_H 是没有贡献的，而

$$E^{(2)}(H) = \sum_{m=-1}^{1} \frac{\left|\langle F = 1, m| - \boldsymbol{\mu} \cdot \boldsymbol{H}|F = 0\rangle\right|^2}{E_{F=0} - E_{F=1}}$$

m 是 $\boldsymbol{F}$ 在 z 轴上投影的量子数.

因 $\boldsymbol{H}$ 沿 z 轴，有

$$\begin{aligned}
\boldsymbol{\mu} \cdot \boldsymbol{H} &= (g_e\mu_B S_z + g_p\mu_p I_z)H \\
&= \left[\frac{1}{2}(g_e\mu_B + g_p\mu_p)(S_z + I_z) + \frac{1}{2}(g_e\mu_B - g_p\mu_p)(S_z - I_z)\right]H
\end{aligned}$$

从而

$$\begin{aligned}
&\sum_{m=-1}^{1} \frac{\left|\langle F = 1, m| - \boldsymbol{\mu} \cdot \boldsymbol{H}|F = 0\rangle\right|^2}{E_{F=0} - E_{F=1}} \\
&= H^2 \sum_{m=-1}^{1} \frac{\left|\langle F = 1, m|\frac{1}{2}(g_e\mu_B - g_p\mu_p)(S_z - I_z)|F = 0\rangle\right|^2}{E_{F=0} - E_{F=1}}
\end{aligned}$$

因 $(S_z - I_z)$ 是反对称的，因而只有 $m = 0$ 时矩阵元不为 0. 所以有

$$E^{(2)}(H) = H^2 \frac{\left|\langle F = 1, m = 0|\frac{1}{2}(g_e\mu_B - g_p\mu_p)(S_z - I_z)|F = 0\rangle\right|^2}{E_{F=0} - E_{F=1}}$$

作为近似有

$$E^{(2)}(H) = \frac{\mu_B^2 H^2}{E_{F=0} - E_{F=1}}$$

所以

$$\begin{aligned}
\alpha(H) &= \frac{\alpha\mu_B^2}{E_{F=0} - E_{F=1}} \\
&= \frac{2 \times (5.79 \times 10^{-9}\text{eV/Gs})^2}{5.88 \times 10^{-6}\text{eV}} \\
&= 1.14 \times 10^{-11}\text{eV/Gs}^2
\end{aligned}$$

(2) 对氦基态 $(1s)^2$，有 $L = S = J = 0$，这样对 $\alpha(H)$ 有贡献的 Hamilton 项为

$$\frac{e^2 \boldsymbol{A}^2}{2mc^2}$$

式中，$\boldsymbol{A} = \frac{1}{2}\boldsymbol{H} \times \boldsymbol{r}$.

对基态的两个电子，有

$$E(H) = \left\langle\psi_0\left|\frac{e^2 \boldsymbol{A}^2}{2mc^2} \cdot 2\right|\psi_0\right\rangle = \frac{2e^2}{2mc^2} \cdot \frac{H^2}{4}\langle\psi_0|(x^2 + y^2)|\psi_0\rangle$$

$$= \frac{e^2 H^2}{4mc^2} \cdot \frac{2}{3} \cdot \frac{\hbar^4}{m^2 e^4} = \frac{e^2 \hbar^2}{6m^2 c^2} \cdot \frac{\hbar^2}{mc^4} H^2$$

所以

$$\alpha(H) \approx \frac{-e^2 \hbar^2}{3m^2 c^2} \cdot \frac{\hbar^2}{me^4} = -\frac{4\hbar^2}{3me^4} \cdot \left(\frac{e\hbar}{2mc} \right)^2$$

$$\approx -\frac{2 \times (0.6 \times 10^{-18} \text{eV/Gs})^2}{3 \times 13 \text{eV}}$$

$$\approx -1.8 \times 10^{-18} \text{eV/Gs}^2$$

7.78　8 个全同粒子放入谐振子势中的基态能量以及再加磁场后的基态能量改变

题 7.78　已知 Hamilton 量为

$$H = \frac{\boldsymbol{p}^2}{2m} + \frac{1}{2} k \boldsymbol{r}^2$$

(1) 求基态和前三个激发态的能量和轨道角动量；

(2) 如果 8 个全同的自旋为 1/2 的非相对论粒子放入这样的简谐势中，求 8 粒子系统的基态能量；

(3) 假定这些粒子具有磁矩值为 $\boldsymbol{\mu}$，如果外加一磁场 $\boldsymbol{B}$，8 粒子系统的基态能量作为 $\boldsymbol{B}$ 的函数，其近似表达式为何种形式？写出磁化强度 $\left(-\dfrac{\partial E}{\partial B} \right)$.

解答　(1) 三维谐振子，其能级公式为

$$E_N = \left(N + \frac{3}{2} \right) \hbar \omega$$

其中，$\omega = \sqrt{\dfrac{k}{m}}$，$N = 2n_r + l$，$N = 0, 1, 2, \cdots$，$n_r = 0, 1, 2, \cdots$，$l = N - 2n_r$. 基态

$$E_0 = \frac{3}{2} \hbar \omega, \quad l = 0$$

第一激发态

$$E_1 = \frac{5}{2} \hbar \omega, \quad L = \hbar$$

式中，第一激发态含三个简并态.

(2) 8 个粒子填充，考虑到能级的简并性质及粒子的自旋，有 2 个粒子填充到基态，6 个粒子填充到 $N = 1$ 的三个激发态，故 8 粒子系统的基态能量为

$$E_0 = 18 \hbar \omega$$

(3) 此时系统的 Hamilton 量为

$$H = \sum_{i=1}^{8} \left(\frac{\boldsymbol{p}_i^2}{2m} + \frac{1}{2} k \boldsymbol{r}_i^2 \right) - \sum_{i=1}^{8} \boldsymbol{\mu}_i \cdot \boldsymbol{B} - \sum_{i=1}^{8} \frac{e}{2me} \boldsymbol{L}_i \cdot \boldsymbol{B}$$

$$+\sum_{i=1}^{8}\frac{e^2}{2mc^2}A\left(\boldsymbol{r}_i\right)^2+\sum_{i=1}^{8}\frac{1}{2m^2c^2\boldsymbol{r}_i^2}\frac{\mathrm{d}V(r_i)}{\mathrm{d}r_i}\boldsymbol{L}_i\cdot\boldsymbol{S}_i$$

式中，　$V(r_i)=\dfrac{1}{2}kr_i^2$，　$\boldsymbol{A}$ 为矢势.

现有 8 个粒子，分居两个壳层，为满壳层，故 $S=0$，$L=0$，$j=0$. 它的波函数为下列函数的乘积 (未包括径向部分):

$$\begin{cases}\mathrm{Y}_{00}(\boldsymbol{e}_1)\mathrm{Y}_{00}(\boldsymbol{e}_2)\dfrac{1}{\sqrt{2}}\left[\alpha(1)\beta(2)-\alpha(2)\beta(1)\right]\\[2mm]\mathrm{Y}_{11}(\boldsymbol{e}_3)\mathrm{Y}_{11}(\boldsymbol{e}_4)\dfrac{1}{\sqrt{2}}\left[\alpha(3)\beta(4)-\alpha(4)\beta(3)\right]\\[2mm]\mathrm{Y}_{10}(\boldsymbol{e}_5)\mathrm{Y}_{10}(\boldsymbol{e}_6)\dfrac{1}{\sqrt{2}}\left[\alpha(5)\beta(6)-\alpha(6)\beta(5)\right]\\[2mm]\mathrm{Y}_{1-1}(\boldsymbol{e}_7)\mathrm{Y}_{1-1}(\boldsymbol{e}_8)\dfrac{1}{\sqrt{2}}\left[\alpha(7)\beta(8)-\alpha(8)\beta(7)\right]\end{cases}$$

式中，　$\boldsymbol{e}_i=\dfrac{\boldsymbol{r}_i}{r_i}$.

原因是每一组内两子空间波函数相同，总空间波函数为对称的，于是总自旋波函数为反对称的，为自旋单态. 由于

$$\sigma_{1x}\frac{1}{\sqrt{2}}\left[\alpha(1)\beta(2)-\alpha(2)\beta(1)\right]=\frac{1}{\sqrt{2}}\left[\beta(1)\beta(2)-\alpha(2)\alpha(1)\right]$$

$$\sigma_{2x}\frac{1}{\sqrt{2}}\left[\alpha(1)\beta(2)-\alpha(2)\beta(1)\right]=-\frac{1}{\sqrt{2}}\left[\beta(1)\beta(2)-\alpha(2)\alpha(1)\right]$$

$$\sigma_{1y}\frac{1}{\sqrt{2}}\left[\alpha(1)\beta(2)-\alpha(2)\beta(1)\right]=\frac{\mathrm{i}}{\sqrt{2}}\left[\beta(1)\beta(2)+\alpha(2)\alpha(1)\right]$$

$$\sigma_{2y}\frac{1}{\sqrt{2}}\left[\alpha(1)\beta(2)-\alpha(2)\beta(1)\right]=-\frac{\mathrm{i}}{\sqrt{2}}\left[\beta(1)\beta(2)+\alpha(2)\alpha(1)\right]$$

$$\sigma_{1z}\frac{1}{\sqrt{2}}\left[\alpha(1)\beta(2)-\alpha(2)\beta(1)\right]=\frac{1}{\sqrt{2}}\left[\alpha(1)\beta(2)+\alpha(2)\beta(1)\right]$$

$$\sigma_{2z}\frac{1}{\sqrt{2}}\left[\alpha(1)\beta(2)-\alpha(2)\beta(1)\right]=-\frac{1}{\sqrt{2}}\left[\alpha(1)\beta(2)+\alpha(2)\beta(1)\right]$$

和左矢　$\dfrac{1}{\sqrt{2}}\left[\alpha(1)\beta(2)-\alpha(2)\beta(1)\right]^{\dagger}$ 内积时，不论 Y 如何，$\langle\sigma_{1x}\rangle$，$\langle\sigma_{2x}\rangle$，$\langle\sigma_{1y}\rangle$，$\langle\sigma_{2y}\rangle$ 为 0，而

$$\langle\sigma_{1z}+\sigma_{2z}\rangle=0$$

得到

$$\begin{aligned}\langle\sigma_{1x}L_{1x}+\sigma_{2x}L_{2x}\rangle&=-\mathrm{i}\hbar\left\langle\frac{\partial}{\partial\varphi_1}\cdot\sigma_{1x}+\frac{\partial}{\partial\varphi_2}\cdot\sigma_{2x}\right\rangle\\&=-\mathrm{i}\hbar\left[\left\langle\frac{\partial}{\partial\varphi_1}\right\rangle\langle\sigma_{1x}\rangle+\left\langle\frac{\partial}{\partial\varphi_2}\right\rangle\langle\sigma_{2x}\rangle\right]\end{aligned}$$

$$= -\mathrm{i}\hbar \left\langle \frac{\partial}{\partial \varphi} \right\rangle \langle \sigma_{1x} + \sigma_{2x} \rangle = 0$$

于是基态能量 (注意到 $\sum \boldsymbol{\mu}_i = 0$)

$$E = 18\hbar\omega + \frac{e^2}{8mc^2} \sum_{i=1}^{8} \left\langle (\boldsymbol{B} \times \boldsymbol{r}_i)^2 \right\rangle = 18\hbar\omega + \frac{e^2 B^2}{8me^2} \sum_{i=1}^{8} \left\langle r_i^2 \sin^2\theta \right\rangle$$

从而磁化强度

$$-\frac{\partial E}{\partial B} = \frac{-e^2 B}{4mc^2} \sum_{i=1}^{8} \left\langle r_i^2 \sin^2\theta \right\rangle = \chi B$$

式中，$\chi = -\dfrac{e^2}{2mc^2} \displaystyle\sum_{i=1}^{8} \left\langle r_i^2 \sin^2\theta \right\rangle$，为磁化率，$x < 0$ 相应于抗磁性.

7.79　氢原子中 s 态电子在强 H_z 与弱 H_x 作用下自旋态的变化

题 7.79　考虑处于强度为 H_z，方向沿 z 轴的磁场中的氢原子的 s 态电子 (假定核无自旋). 在时间 $t = 0$ 时，加上一个沿 x 轴方向的磁场，它的强度均匀地由零增加到 T 时刻的 H_x，并且在 $t = T$ 以后保持为常数 $H_x \ll H_z$. 只计及电子自旋与磁场的相互作用，忽略 $\left(\dfrac{H_x}{H_z}\right)^2$ 及更高阶的项. 如果电子自旋在 $t = 0$ 时沿 z 方向，计算出 $t = T$ 时电子的状态，证明这个态在 T 充分长时是联合磁场 $H = (H_x, 0, H_z)$ 所对应的 Hamilton 量的本征态. 请解释在这里的充分长的含义.

解答　系统 Hamilton 量为

$$H = -\boldsymbol{\mu} \cdot \boldsymbol{B} = -\mu\sigma_z B_z - \mu\sigma_x B_x = H_0 + H'(t)$$

可以用含时微扰论处理这个问题，设波函数为

$$\psi(t) = \mathrm{e}^{-\mathrm{i}E_+ t/\hbar} \left| \frac{1}{2} \right\rangle + a_- \mathrm{e}^{-\mathrm{i}E_- t/\hbar} \left| -\frac{1}{2} \right\rangle$$

则 a_- 可由下式算出：

$$\begin{aligned}
a_- &= \frac{1}{\mathrm{i}\hbar} \int_0^T \mathrm{d}t \left\langle -\frac{1}{2} \left| H' \right| \frac{1}{2} \right\rangle \mathrm{e}^{-\mathrm{i}(E_+ - E_-)t/\hbar} \\
&= \frac{1}{\mathrm{i}\hbar} \int_0^T \mathrm{d}t \left\langle -\frac{1}{2} \left| \frac{e}{mc} \boldsymbol{S} \cdot \boldsymbol{H} \right| \frac{1}{2} \right\rangle \exp\left(-\mathrm{i}\frac{eH_z}{mc}t \right) \\
&= \frac{1}{\mathrm{i}\hbar} \int_0^T \mathrm{d}t \frac{eH_x}{mc} \frac{t}{T} \left\langle -\frac{1}{2} \left| S_x \right| \frac{1}{2} \right\rangle \exp\left(-\mathrm{i}\frac{eH_z}{mc}t \right) \\
&= \frac{eH_x}{2\mathrm{i}mcT} \int_0^T t \exp\left(-\mathrm{i}\frac{eH_z}{mc}t \right) \mathrm{d}t \\
&= \frac{1}{2}\left(\frac{H_x}{H_z} \right) \exp\left(-\mathrm{i}\frac{eH_z}{mc}T \right) - \frac{\mathrm{i}mcH_x}{2eTH_z^2} \left[\exp\left(-\mathrm{i}\frac{eH_z}{mc}T \right) - 1 \right]
\end{aligned}$$

于是，T 时刻电子的自旋态为

$$\psi(T) = \exp\left(-\mathrm{i}\frac{eH_z}{2mc}T\right)\left|\frac{1}{2}\right\rangle + \left\{\frac{1}{2}\left(\frac{H_x}{H_z}\right)\exp\left(-\mathrm{i}\frac{eH_z}{mc}T\right)\right.$$
$$\left.-\frac{\mathrm{i}mcH_x}{2eTH_z^2}\left[\exp\left(-\mathrm{i}\frac{eH_z}{mc}T\right)-1\right]\right\}\exp\left(-\mathrm{i}\frac{eH_z}{2mc}T\right)\left|-\frac{1}{2}\right\rangle$$

当 T 充分长，使得

$$\frac{mc}{eT}\ll H_x$$

时，我们得出 $\psi(T)$ 为 (略去了 a_- 中的第二项)

$$\psi(T) = \exp\left(-\mathrm{i}\frac{eH_z}{2mc}T\right)\left(\left|\frac{1}{2}\right\rangle + \frac{1}{2}\frac{H_x}{H_z}\left|-\frac{1}{2}\right\rangle\right)$$

将 Hamilton 量

$$H = -\boldsymbol{\mu}\cdot\boldsymbol{B} = \frac{eH_z}{mc}S_z + \frac{eH_x}{mc}S_x$$

作用在 $\psi(T)$ 上，则可得出

$$H\psi(T) = \frac{e\hbar H_z}{2mc}\exp\left(-\mathrm{i}\frac{eH_z}{2mc}T\right)\left\{\left[1+\frac{1}{2}\left(\frac{H_x}{H_z}\right)^2\right]\left|\frac{1}{2}\right\rangle + \frac{1}{2}\left(\frac{H_x}{H_z}\right)\left|-\frac{1}{2}\right\rangle\right\}$$
$$= \frac{e\hbar H_z}{2mc}\exp\left(-\mathrm{i}\frac{eH_z}{2mc}T\right)\left(\left|\frac{1}{2}\right\rangle + \frac{1}{2}\frac{H_x}{H_z}\left|-\frac{1}{2}\right\rangle\right)$$
$$= \frac{e\hbar H_z}{2mc}\psi(T)$$

可见 $\psi(T)$ 为与联合磁场 $H = (H_x, 0, H_z)$ 相应的 Hamilton 量的本征态.

7.80 2s 态氢原子通过带电电容器后处于不同 $n=2$ 态的概率

题 7.80 一个长为 l 的电容器的平板之间存在均匀电场 $\mathcal{E}$，如图 7.24 所示，一束处于 2s 激发态的氢原子以速度 $\boldsymbol{v}$ 平行通过极板间. 没有电场时 $n=2$ 的各态简并，但加上电场时某些简并消除.

(1) 哪些态由一级微扰论联系起来?

(2) 找出尽可能消除简并的 $n=2$ 态的线性组合；

(3) $t=0$ 时，粒子束处于 2s 态，找出 $t \leqslant \dfrac{l}{v}$ 时的状态；

(4) 找出出射态中氢原子处于各不同 $n=2$ 态的概率.

解答 氢原子在外电场中的微扰 Hamilton 量为

$$\Delta V = e\mathcal{E}z$$

其矩阵元除 $\langle 210|\Delta V|200\rangle = -3e\mathcal{E}a$ 外皆为 0.

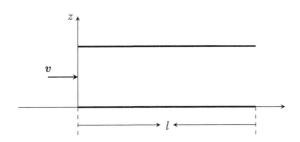

图 7.24　处于 2s 激发态的氢原子以速度 v 平行通过长为 l 的电容器极板间

(1) 2s 态和 2p 态由这个微扰联系起来了 (一级微扰论情形).

(2) Hamilton 量

$$\Delta V = \begin{pmatrix} 0 & -3e\mathcal{E}a \\ -3e\mathcal{E}a & 0 \end{pmatrix}$$

其本征值是 $\pm 3e\mathcal{E}a$, 相应的本征矢是 $\dfrac{1}{\sqrt{2}} \begin{pmatrix} 1 \\ \pm 1 \end{pmatrix}$.

(3) $t = 0$ 时,

$$\psi(0) = \frac{1}{\sqrt{2}}(|+\rangle + |-\rangle)$$

式中

$$|+\rangle = \frac{1}{\sqrt{2}} \begin{pmatrix} 1 \\ 1 \end{pmatrix}, \qquad |-\rangle = \frac{1}{\sqrt{2}} \begin{pmatrix} 1 \\ -1 \end{pmatrix}$$

时间 t 后

$$
\begin{aligned}
|\psi(t)\rangle &= \frac{1}{\sqrt{2}}\left(\mathrm{e}^{-\mathrm{i}3e\mathcal{E}at/\hbar}|+\rangle + \mathrm{e}^{\mathrm{i}3e\mathcal{E}at/\hbar}|-\rangle\right) \\
&= \begin{pmatrix} \cos(3e\mathcal{E}at/\hbar) \\ \sin(3e\mathcal{E}at/\hbar) \end{pmatrix} = \cos\frac{3e\mathcal{E}at}{\hbar}|2\mathrm{s}\rangle + \sin\frac{3e\mathcal{E}at}{\hbar}|2\mathrm{p}\rangle \\
&= \cos\frac{3e\mathcal{E}at}{\hbar}|2\mathrm{s}\rangle + \sin\frac{3e\mathcal{E}at}{\hbar}|2\mathrm{p}\rangle
\end{aligned}
$$

(4) 由第 (3) 小题知, 在 $t \leqslant \dfrac{l}{v}$ 时

$$|\langle 200|\psi(t)\rangle|^2 = \cos^2\frac{3e\mathcal{E}at}{\hbar}$$

$$|\langle 210|\psi(t)\rangle|^2 = \sin^2\frac{3e\mathcal{E}at}{\hbar}$$

7.81　两个相对运动惯性系中的 Schrödinger 方程及基态的变化

题 7.81　(1) 考虑一质量为 m 的粒子, 在含时一维势 $V(x)$ 中运动. 在以速度 v 相对运动的两个参考系 (x, t) 和 (x', t)(这里 $x = x' + vt$) 中分别写出相应的 Schrödinger

方程.

(2) 想象一粒子处于 $\frac{1}{2}m\omega^2x^2$ 的一维势阱中 (图 7.25(a)). $t=0$ 时阱突然受一冲击并开始以速度 v 向右运动 (图 7.25(b)). 就是说, 假定 $V(x,t)$ 具有以下形式:

$$V(x,t) = \begin{cases} \dfrac{1}{2}m\omega^2x^2, & t<0 \\[3mm] \dfrac{1}{2}m\omega^2x'^2, & t>0 \end{cases}$$

若 $t<0$ 时粒子处于 (x,t) 参考系中的基态, 在 $t>0$ 时粒子处于 (x',t) 参考系中的基态的概率是多少?

解答　(1) 它们都是惯性系. K 系

$$\left[-\frac{\hbar^2}{2m}\cdot\frac{\mathrm{d}^2}{\mathrm{d}x^2}+V(x,t)\right]\psi(x,t)=\mathrm{i}\hbar\frac{\partial}{\partial t}\psi(x,t)$$

K′ 系

$$\left[-\frac{\hbar^2}{2m}\cdot\frac{\mathrm{d}^2}{\mathrm{d}x^2}+V'(x',t)\right]\psi(x',t)=\mathrm{i}\hbar\frac{\partial}{\partial t}\psi(x',t)$$

式中

$$V'(x',t)=V'(x-vt,t)=V(x,t)$$

(2) 本题和题 9.31 是相同的, 可利用题 9.31 的计算结果. 这是因为在本题中, 势阱突然向右匀速运动 (注意, 题中只说势阱受一冲击向右运动, 未涉及粒子), 求在 V 的随动系 (V 在其中是相对静止的)K′ 系中粒子处于基态的概率. 这题如站在 K′ 系中观察, 也可等价地表述为: 粒子在 $t=0$ 时刻受到一冲击而向左匀速运动 (V 则一直静止), 求在 V 静止的参考系中粒子处于基态的概率.

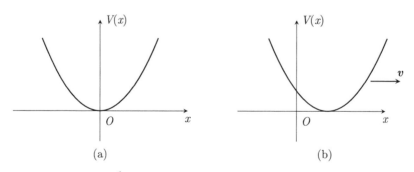

图 7.25　一粒子处于 $\frac{1}{2}m\omega^2x^2$ 的一维势阱中, 阱突然受一冲击并开始向右运动

在题 9.31 中, 粒子 (^{27}Al 核) 由于向右发射一 γ 光子而受到反冲, 向左匀速运动 (振子势则未动), 求在实验室系 (振子势在其中静止, 相当于本题的 K′ 系) 中 ^{27}Al 核仍处于基态的概率.

显然两题本质上是相同的.

7.82　一维浅势阱中的能级

题 7.82　试求一维浅势阱 U 中的能级,假定势阱 U 满足 $|U| \ll \hbar^2/ma^2$ $(ka \ll 1)$,a 为势阱宽度,并且积分 $\int_{-\infty}^{+\infty} U \mathrm{d}x$ 收敛.

解答　在本题势满足的条件下,整个势能可以作为微扰来处理,此时未受微扰的 Schrödinger 方程即粒子的自由运动方程为

$$\Delta \psi^{(0)} + k^2 \psi^{(0)} = 0, \quad k = \frac{\sqrt{2mE}}{\hbar} = \frac{p}{\hbar}$$

式中,$\psi^{(0)}$ 为平面波解.一级近似波函数 $\psi^{(1)}$ 满足下列方程:

$$\Delta \psi^{(1)} + k^2 \psi^{(1)} = \frac{2mU}{\hbar^2} \psi^{(0)}$$

式中,U 为势函数.

由电动力学可以知道,上式的解可写成推迟势形式

$$\psi^{(1)}(x, y, z) = -\frac{m}{2\pi\hbar^2} \int \psi^{(0)} U(x', y', z') \frac{\mathrm{e}^{ikr}}{r} \mathrm{d}^3 \boldsymbol{r}'$$

式中,$r^2 = (x - x')^2 + (y - y')^2 + (z - z')^2$.

现在我们来算能级,先假定能级 $|E| \ll |U|$,此假定将被结果证明是合理的,在此假定下,Schrödinger 方程的右边

$$\frac{\mathrm{d}^2 \psi}{\mathrm{d}x^2} = \frac{2m}{\hbar^2} [U(x) - E] \psi$$

可以略去势阱范围内的 E,而 $\psi \sim \psi^{(0)}$,当 E 很小时 $\psi^{(0)}$ 可看作常数,不失其普遍性,可令 $\psi \sim \psi^{(0)} = 1$,则有

$$\frac{\mathrm{d}^2 \psi}{\mathrm{d}x^2} = \frac{2m}{\hbar^2} U \tag{7.263}$$

式 (7.263) 对 $\mathrm{d}x$ 积分,积分限为 $\pm x_1$,并且 $a \ll x_1 \ll 1/k$,其中 $k = \frac{\sqrt{2m|E|}}{\hbar}$.由于 $U(x)$ 的积分收敛,右边积分可延伸从 $-\infty$ 到 ∞

$$\frac{\mathrm{d}\psi}{\mathrm{d}x}\bigg|_{-x_1}^{x_1} = \frac{2m}{\hbar^2} \int_{-\infty}^{+\infty} U \mathrm{d}x \tag{7.264}$$

在远离势阱处,波函数呈 $\psi = \mathrm{e}^{\pm kx}$ 形式,把它代入式 (7.264),可得

$$-2k = \frac{2m}{\hbar^2} \int_{-\infty}^{+\infty} U \mathrm{d}x$$

即

$$|E| = \frac{m}{2\hbar^2} \left(\int_{-\infty}^{+\infty} U \mathrm{d}x \right)^2$$

由此可见,能级是一个很小的量,是微扰阱深的高阶小量 (二阶小量),与假设相符.

7.83　二维浅势阱中的能级

题 7.83　求二维浅势阱 $U = U(r)$ 中的能级 (r 为平面中的极坐标)；假定积分 $\int_0^\infty rU\mathrm{d}r$ 是收敛的.

解答　和题 7.82 类似，忽略阱内的粒子能量，并假设 Schrödinger 方程右边的 $\psi = 1$，有

$$\frac{1}{r} \cdot \frac{\mathrm{d}}{\mathrm{d}r}\left(r\frac{\mathrm{d}\psi}{\mathrm{d}r}\right) = \frac{2m}{\hbar^2}U(r) \tag{7.265}$$

式 (7.265) 对 r 从 0 到 r_1 积分 (其中 $a \ll r_1 \ll 1/k$)，结果得

$$\left.\frac{\mathrm{d}\psi}{\mathrm{d}r}\right|_{r=r_1} = \frac{2m}{\hbar^2 r_1}\int_0^\infty rU(r)\mathrm{d}r \tag{7.266}$$

在远离势阱处，二维自由运动的方程为

$$\frac{1}{r} \cdot \frac{\mathrm{d}}{\mathrm{d}r}\left(r\frac{\mathrm{d}\psi}{\mathrm{d}r}\right) + \frac{2m}{\hbar^2}E\psi = 0$$

它有 ($r \sim \infty$ 时 $\psi \sim 0$) 的解 $\psi = \mathrm{const} \times \mathrm{H}_0^{(1)}(\mathrm{i}kr)$；当 k 很小时，$\mathrm{H}_0^{(1)}$ 中的首项正比于 $\ln kr$，因此，当我们在 $r \sim a$ 处，把阱内外的 ψ 的对数导数等同起来，利用式 (7.266) 就得到

$$\frac{1}{a\ln ka} \approx \frac{2m}{\hbar^2 a}\int_0^\infty U(r)r\mathrm{d}r \tag{7.267}$$

由式 (7.267) 得到

$$|E| \sim \frac{\hbar^2}{ma^2}\exp\left(-\frac{\hbar^2}{m}\left|\int_0^\infty Ur\mathrm{d}r\right|^{-1}\right) \tag{7.268}$$

由式 (7.268) 可以看到，能级比势阱深 (指数式地) 小很多.

7.84　用变分法求双原子分子的零级近似波函数

题 7.84　用变分法求双原子分子的零级近似波函数.

解答　设一电子在双原子分子的平均场中运动，受到的 Hamilton 量为

$$H = \frac{\boldsymbol{p}^2}{2m} + V_1 + V_2 = H_1 + V_2 = H_2 + V_1 \tag{7.269}$$

式中

$$H_1 = \frac{\boldsymbol{p}^2}{2m} + V_1, \qquad H_2 = \frac{\boldsymbol{p}^2}{2m} + V_2$$

H_1、H_2 分别是电子在原子 1，2 单独作用下的 Hamilton 量，其中 V_1、V_2 分别表示原子 1，2 对电子的平均场. 为用变分法求基态波函数，设试探波函数为

$$\psi(\boldsymbol{r}) = a_1\psi_1(\boldsymbol{r}) + a_2\psi_2(\boldsymbol{r}) \tag{7.270}$$

式中，ψ_1 和 ψ_2 分别为单电子在原子 1 和原子 2 中的原子轨道波函数，a_1 和 a_2 为待定复参数.

由归一化条件可得

$$1 = \int \psi^* \psi \mathrm{d}^3 \boldsymbol{r} = \sum_{i,j=1}^{2} a_i^* \Delta_{ij} a_j, \quad \Delta_{ij} = \int \psi_i^* \psi_j \mathrm{d}^3 \boldsymbol{r} \quad (i,j=1,2) \tag{7.271}$$

由于 ψ_i 正交归一，故 $\Delta_{ij} = \delta_{ij}$. 平均能量为

$$\langle E \rangle = \langle \psi | H | \psi \rangle = \sum_{i,j=1}^{2} a_i^* H_{ij} a_j, \qquad H_{ij} = \int \psi_i^* H \psi_j \mathrm{d}^3 \boldsymbol{r}$$

根据变分法，引进 Lagrange 乘子 ε，在归一化条件式 (7.271) 成立条件下，取 $\langle E \rangle$ 对 a_i^* 的变分为零，可得

$$\sum_{j=1}^{2} H_{ij} a_j = \varepsilon \sum_{j=1}^{2} \Delta_{ij} a_j, \quad j = 1,2 \tag{7.272}$$

ε 的意义从将式 (7.272) 乘以 a_i^* 对 i 求和可知，恰好 $\varepsilon = \langle E \rangle$，即 ε 为 a_1, a_2 满足上述方程时分子中单电子能量.

将 Hamilton 量式 (7.269) 代入式 (7.272)，并注意到 $\Delta_{ij} = \delta_{ij}$，可得

$$\begin{cases} [\varepsilon^0 + k(R_{12}) - \varepsilon] a_1 + [\varepsilon^0 \Delta + J(R_{12}) - \varepsilon \Delta] a_2 = 0 \\ [\varepsilon^0 \Delta + J(R_{12}) - \varepsilon \Delta] a_1 + [\varepsilon^0 + k(R_{12}) - \varepsilon] a_2 = 0 \end{cases} \tag{7.273}$$

在推导式 (7.273) 时用到了

$$H_{11} = \langle \psi_1 | H | \psi_1 \rangle = \int \psi_1^* H_1 \psi_1 \mathrm{d}^3 \boldsymbol{r} + \int \psi_1^* V_2 \psi_1 \mathrm{d}^3 \boldsymbol{r} = \varepsilon^0 + k(R_{12})$$

$$H_{21} = \langle \psi_2 | H | \psi_1 \rangle = \int \psi_2^* H_1 \psi_1 \mathrm{d}^3 \boldsymbol{r} + \int \psi_2^* V_2 \psi_1 \mathrm{d}^3 \boldsymbol{r} = \varepsilon^0 \Delta_{21} + J(R_{12})$$

式中，$k(R_{12}) = \int |\psi_1|^2 V_2 \mathrm{d}V$，为一个原子对另一原子中电子的 Coulomb 作用能，$J(R_{12}) = \int \psi_2^* V_2 \psi_1 \mathrm{d}^3 \boldsymbol{r}$ 为交换能，它们都是两原子距离 R_{12} 的函数. ε^0 是电子在一个单独原子中的能量，设两原子是相同的原子，所以有 $H_{22} = H_{11}$，$H_{21} = H_{12}$，$\Delta_{12} = \Delta_{21} = \Delta$.

由式 (7.273) 有非零解须系数行列式为零，有

$$\begin{vmatrix} \varepsilon^0 + k(R_{12}) - \varepsilon, & \varepsilon^0 \Delta + J(R_{12}) - \varepsilon \Delta \\ \varepsilon^0 \Delta + J(R_{12}) - \varepsilon \Delta, & \varepsilon^0 + k(R_{12}) - \varepsilon \end{vmatrix} = 0 \tag{7.274}$$

式 (7.274) 有两根为

$$\varepsilon = \varepsilon_\pm = \varepsilon^0 + \frac{k(R_{12}) \pm J(R_{12})}{1 \pm \Delta}$$

若忽略上式中的 Δ, 近似有

$$\varepsilon_{\pm} \approx \varepsilon^0 + k(R_{12}) \pm J(R_{12})$$

将 $\varepsilon_{\pm}$ 代回式 (7.273), 可得两组解. $\varepsilon = \varepsilon_+$ 时,

$$\begin{cases} a_1 = a_2 = \dfrac{1}{\sqrt{2(1+\Delta)}} \\ \psi(r) = \psi_+(r) = \dfrac{\psi_1(r)+\psi_2(r)}{\sqrt{2(1+\Delta)}} \end{cases} \tag{7.275}$$

$\varepsilon = \varepsilon_-$ 时,

$$\begin{cases} a_1 = -a_2 = \dfrac{1}{\sqrt{2(1-\Delta)}} \\ \psi(r) = \psi_-(r) = \dfrac{\psi_1(r)-\psi_2(r)}{\sqrt{2(1-\Delta)}} \end{cases} \tag{7.276}$$

式 (7.275)和式 (7.276)即给出两个分子波函数 (或称分子轨道).

讨论　由于 V_1, V_2 都小于 0, 所以 $k(R_{12}) < 0$, $J(R_{12}) < 0$. 由于原子仅对靠近的电子作用显著, 所以 k 的数值较小, 有 $|J| > |K|$. 因此 ψ_+ 的能量比原子轨道低得多, 称为成键轨道, ψ_- 的能量比原子轨道高, 称为反键轨道.

7.85　在有磁场或无磁场时, 核内 “中子振荡” 的跃迁问题

题 7.85　如果重子数守恒, 那么 “中子振荡” 的跃迁

$$\mathrm{n} \leftrightarrow \bar{\mathrm{n}}$$

是禁戒的. 实验上, 对于在没有磁场的自由空间中这种振荡在时间标度上的实验限制为

$$\tau_{\mathrm{n} \leftrightarrow \bar{\mathrm{n}}} \geqslant 3 \times 10^6 \mathrm{s}$$

由于稳定核内中子含量丰富, 人们容易天真地认为有可能得到一个好得多的限制. 本题的目的是了解为什么这种限制如此不好.

设 H_0 是在设有能将 n 和 n̄ 混合的相互作用的世界中的 Hamilton 量, 则对于静止态

$$H_0 |\mathrm{n}\rangle = m_{\mathrm{n}} c^2 |\mathrm{n}\rangle, \quad H_0 |\bar{\mathrm{n}}\rangle = m_{\mathrm{n}} c^2 |\bar{\mathrm{n}}\rangle$$

设 H' 是将 n 变成 n̄ 或者相反的相互作用

$$H' |\mathrm{n}\rangle = \varepsilon |\bar{\mathrm{n}}\rangle, \quad H' |\bar{\mathrm{n}}\rangle = \varepsilon |\mathrm{n}\rangle$$

ε 是实数, 并且 H' 不改变自旋.

(1) $t = 0$ 时从中子开始讨论, 计算在时刻 t 观测到该中子变成一个反中子的概率. 当这个概率第一次等于 50% 时所经历的时间称为 $\tau_{\mathrm{n} \leftrightarrow \bar{\mathrm{n}}}$. 用这个方法将对 $\tau_{\mathrm{n} \leftrightarrow \bar{\mathrm{n}}}$ 的实验限制转化成对 ε 的限制. 注意 $m_{\mathrm{n}} c^2 = 940 \mathrm{MeV}$.

(2) 在计入地球磁场 $\left(B_0 \approx \frac{1}{2}\mathrm{Gs}\right)$ 时要重新考虑这一问题. 中子磁矩为 $\mu_{\mathrm{n}} \approx$ $-6 \times 10^{-18}\mathrm{MeV/Gs}$, 反中子磁矩符号相反. $t = 0$ 时从中子开始讨论, 计算在时刻 t 观测到该中子变成一个反中子的概率 (提示: 计算到小量的最低阶). 忽略可能的辐射跃迁.

(3) 具有自旋的核带有非零磁场. 根据第 (2) 小题, 简单定性地解释处于这种核内的中子何以能如此稳定, 而 $\tau_{\mathrm{n} \leftrightarrow \bar{\mathrm{n}}}$ 仅受到限制 $\tau_{\mathrm{n} \leftrightarrow \bar{\mathrm{n}}} \geqslant 3 \times 10^6 \mathrm{s}$.

(4) 具有零自旋的核其平均磁场为零. 简单地解释在这种核内为什么中子振荡仍然是被抑制的.

解答　(1) 先求 $H = H_0 + H'$ 的本征态. 为此, 引进矩阵记号 (中子 – 反中子表象)

$$|\mathrm{n}\rangle \sim \begin{pmatrix} 1 \\ 0 \end{pmatrix}, \quad |\bar{\mathrm{n}}\rangle \sim \begin{pmatrix} 0 \\ 1 \end{pmatrix}$$

则能量本征值方程为

$$\begin{pmatrix} m_{\mathrm{n}}c - E & \varepsilon \\ \varepsilon & m_{\mathrm{n}}c^2 - E \end{pmatrix} \begin{pmatrix} a \\ b \end{pmatrix} = 0$$

解之, 得

$$E_+ = m_{\mathrm{n}}c^2 + \varepsilon, \quad \begin{pmatrix} a \\ b \end{pmatrix}_+ = \frac{1}{\sqrt{2}} \begin{pmatrix} 1 \\ 1 \end{pmatrix} \tag{7.277}$$

$$E_- = m_{\mathrm{n}}c^2 - \varepsilon, \quad \begin{pmatrix} a \\ b \end{pmatrix}_- = \frac{1}{\sqrt{2}} \begin{pmatrix} 1 \\ -1 \end{pmatrix} \tag{7.278}$$

$t = 0$ 时体系处于中子态

$$|\mathrm{n}\rangle = \frac{1}{\sqrt{2}} |E_+\rangle + \frac{1}{\sqrt{2}} |E_-\rangle$$

式中

$$|E_+\rangle \sim \frac{1}{\sqrt{2}} \begin{pmatrix} 1 \\ 1 \end{pmatrix}, \quad |E_-\rangle \sim \frac{1}{\sqrt{2}} \begin{pmatrix} 1 \\ -1 \end{pmatrix}$$

而在任意时刻 t, 体系状态将变为

$$|\psi, t\rangle = \frac{1}{\sqrt{2}} \mathrm{e}^{-\mathrm{i}E_+ t/\hbar} |E_+\rangle + \frac{1}{\sqrt{2}} \mathrm{e}^{-\mathrm{i}E_- t/\hbar} |E_-\rangle$$

上式在中子 -反中子表象中给出

$$|\psi, t\rangle \sim \mathrm{e}^{-\mathrm{i}m_{\mathrm{n}}c^2 \frac{t}{\hbar}} \begin{pmatrix} \cos \frac{\varepsilon t}{\hbar} \\ -\mathrm{i}\sin \frac{\varepsilon t}{\hbar} \end{pmatrix}$$

因而

$$|\psi, t\rangle = \mathrm{e}^{-\mathrm{i}m_{\mathrm{n}}c^2 t/\hbar} \cos \frac{\varepsilon t}{\hbar} |\mathrm{n}\rangle - \mathrm{i}\mathrm{e}^{-\mathrm{i}m_{\mathrm{n}}c^2 t/\hbar} \sin \frac{\varepsilon t}{\hbar} |\bar{\mathrm{n}}\rangle$$

从而所求概率为

$$P(t) = \sin^2 \frac{\varepsilon t}{\hbar}$$

由定义求出

$$\tau_{\mathrm{n \leftrightarrow \bar n}} = \frac{\pi \hbar}{4\varepsilon}$$

实验对 ε 的限制为

$$\varepsilon \leqslant 1.65 \times 10^{-28} \mathrm{MeV}$$

(2) 注意到 H' 不改变自旋, 在加进磁场后, 可取如下的中子 – 反中子表象:

$$\mathrm{n} \uparrow \sim \begin{pmatrix} 1 \\ 0 \\ 0 \\ 0 \end{pmatrix}, \quad \bar{\mathrm{n}} \uparrow \sim \begin{pmatrix} 0 \\ 1 \\ 0 \\ 0 \end{pmatrix}, \quad \mathrm{n} \downarrow \sim \begin{pmatrix} 0 \\ 0 \\ 1 \\ 0 \end{pmatrix}, \quad \bar{\mathrm{n}} \downarrow \sim \begin{pmatrix} 0 \\ 0 \\ 0 \\ 1 \end{pmatrix}$$

于是, 微扰 Hamilton 量的矩阵元为

$$\begin{pmatrix} -\mu_{\mathrm{n}} B_0 & \varepsilon & 0 & 0 \\ \varepsilon & -\mu_{\bar{\mathrm{n}}} B_0 & 0 & 0 \\ 0 & 0 & \mu_{\mathrm{n}} B_0 & \varepsilon \\ 0 & 0 & \varepsilon & \mu_{\bar{\mathrm{n}}} B_0 \end{pmatrix}$$

式中

$$\mu_{\mathrm{n}} \approx -6 \times 10^{-18} \mathrm{MeV/Gs}, \quad \mu_{\bar{\mathrm{n}}} \approx 6 \times 10^{-18} \mathrm{MeV/Gs}$$

容易看出本征方程可分为两个 (已将 $\mu_{\bar{\mathrm{n}}}$ 换为 $-\mu_{\mathrm{n}}$)

$$\begin{pmatrix} -\mu_{\mathrm{n}} B_0 - E^{(1)} & \varepsilon \\ \varepsilon & \mu_{\mathrm{n}} B_0 - E^{(1)} \end{pmatrix} \begin{pmatrix} b \uparrow \\ a \uparrow \end{pmatrix} = 0 \tag{7.279}$$

$$\begin{pmatrix} \mu_{\mathrm{n}} B_0 - E^{(1)} & \varepsilon \\ \varepsilon & -\mu_{\mathrm{n}} B_0 - E^{(1)} \end{pmatrix} \begin{pmatrix} a \downarrow \\ b \downarrow \end{pmatrix} = 0 \tag{7.280}$$

解之, 得能量修正本征值

$$E_{\pm}^{(1)} = \pm \lambda = \pm \sqrt{\varepsilon^2 + (\mu_{\mathrm{n}} B_0)^2}$$

相应本征态

$$\begin{pmatrix} a \uparrow \\ b \uparrow \end{pmatrix}_+ = \frac{1}{\sqrt{2\lambda}} \begin{pmatrix} \sqrt{\lambda - \mu_{\mathrm{n}} B_0} \\ \sqrt{\lambda + \mu_{\mathrm{n}} B_0} \end{pmatrix}, \quad \begin{pmatrix} a \uparrow \\ b \uparrow \end{pmatrix}_- = \frac{1}{\sqrt{2\lambda}} \begin{pmatrix} \sqrt{\lambda + \mu_{\mathrm{n}} B_0} \\ -\sqrt{\lambda - \mu_{\mathrm{n}} B_0} \end{pmatrix}$$

以及

$$\begin{pmatrix} a \downarrow \\ b \downarrow \end{pmatrix}_+ = \frac{1}{\sqrt{2\lambda}} \begin{pmatrix} \sqrt{\lambda + \mu_{\mathrm{n}} B_0} \\ \sqrt{\lambda - \mu_{\mathrm{n}} B_0} \end{pmatrix}, \quad \begin{pmatrix} a \downarrow \\ b \downarrow \end{pmatrix}_- = \frac{1}{\sqrt{2\lambda}} \begin{pmatrix} \sqrt{\lambda - \mu_{\mathrm{n}} B_0} \\ -\sqrt{\lambda + \mu_{\mathrm{n}} B_0} \end{pmatrix}$$

$t = 0$ 时体系处于中子态

$$n\uparrow \sim \sqrt{\frac{\lambda - \mu_n B_0}{2\lambda}} \begin{pmatrix} a\uparrow \\ b\uparrow \end{pmatrix}_+ + \sqrt{\frac{\lambda + \mu_n B_0}{2\lambda}} \begin{pmatrix} a\uparrow \\ b\uparrow \end{pmatrix}_-$$

$$n\downarrow \sim \sqrt{\frac{\lambda + \mu_n B_0}{2\lambda}} \begin{pmatrix} a\downarrow \\ b\downarrow \end{pmatrix}_+ + \sqrt{\frac{\lambda - \mu_n B_0}{2\lambda}} \begin{pmatrix} a\downarrow \\ b\downarrow \end{pmatrix}_-$$

在任意时刻 t 的状态为

$$(\uparrow) \sim e^{-im_n ct/\hbar} \frac{1}{2\lambda} \begin{pmatrix} (\lambda - \mu_n B_0) e^{-i\lambda t/\hbar} + (\lambda + \mu_n B_0) e^{i\lambda t/\hbar} \\ \sqrt{\lambda^2 - (\mu_n B_0)^2} (e^{-i\lambda t/\hbar} - e^{i\lambda t/\hbar}) \end{pmatrix}$$

$$(\downarrow) \sim e^{-im_n ct/\hbar} \frac{1}{2\lambda} \begin{pmatrix} (\lambda + \mu_n B_0) e^{-i\lambda t/\hbar} + (\lambda - \mu_n B_0) e^{i\lambda t/\hbar} \\ \sqrt{\lambda^2 - (\mu_n B_0)^2} (e^{-i\lambda t/\hbar} - e^{i\lambda t/\hbar}) \end{pmatrix}$$

所以，$n\uparrow \to \bar{n}\uparrow$ 的概率为

$$\begin{aligned} P_{n\uparrow \to \bar{n}\uparrow}(t) &= \frac{\varepsilon^2}{\lambda^2} \sin^2 \frac{\lambda t}{\hbar} \\ &= \frac{\varepsilon^2}{\varepsilon^2 + (\mu_n B_0)^2} \sin^2 \frac{\sqrt{\varepsilon^2 + (\mu_n B_0)^2}\, t}{\hbar} \end{aligned}$$

而 $n\downarrow \to \bar{n}\downarrow$ 的概率为

$$\begin{aligned} P_{n\downarrow \to \bar{n}\downarrow}(t) &= \frac{\varepsilon^2}{\lambda^2} \sin^2 \frac{\lambda t}{\hbar} \\ &= \frac{\varepsilon^2}{\varepsilon^2 + (\mu_n B_0)^2} \sin^2 \frac{\sqrt{\varepsilon^2 + (\mu_n B_0)^2}\, t}{\hbar} \end{aligned}$$

最后，若中子为非极化的，则 $n\downarrow \to \bar{n}\downarrow$ 的概率为

$$\begin{aligned} P(t) &= \frac{1}{2} P_{n\uparrow \to \bar{n}\uparrow}(t) + \frac{1}{2} P_{n\downarrow \to \bar{n}\downarrow}(t) \\ &= \frac{\varepsilon^2}{\varepsilon^2 + (\mu_n B_0)^2} \sin^2 \frac{\sqrt{\varepsilon^2 + (\mu_n B_0)^2}\, t}{\hbar} \end{aligned}$$

即极化与否对概率无影响.

由题所给数据可知 $\mu_n B_0 \gg \varepsilon$，

$$P(t) \leqslant \left(\frac{1.65 \times 10^{-28}}{6 \times 10^{-18} \times 1/2} \right)^2 \approx 0.3 \times 10^{-20}$$

可以看出，转化概率非常小.

(3) 自旋不为 0，核内部磁场很强，远大于 1/2Gs，从第 (2) 小题中结果可知 $P_{n \to \bar{n}} \ll 10^{-20}$，可见转化概率很小，所以可以认为中子是稳定的.

(4) 自旋为 0, 平均磁场为 0, 一般说来, 这只是对核外部的磁场而言, 核内部的磁场不一定为 0, 并且还很大, 因此转化概率 $P_{n \to \bar{n}}$ 很小. 退一步说, 即使核内部磁场在长时间内平均为 0, 中子在每个瞬时感受到的磁场不一定为 0. 从第 (2) 小题的结果来看, 只要存在磁场, $P_{n \to \bar{n}}$ 就要变得很小. 总之, 自旋为 0 的核, 核内的中子振荡也是被抑制的.

7.86 用变分法证明一维吸引势场中至少有一个束缚态

题 7.86 可以证明在一维方势阱中至少有一个束缚态. 用这一事实再用变分原理证明任何形状的一维吸引势场中至少有一个束缚态.

解答 设任意形状的势为 V, 一维方势阱的势表示为 V_s, 则两种势的 Hamilton 量分别为

$$H = T + V \quad 和 \quad H_s = T + V_s$$

式中, T 为动能算符.

设 ψ_s 为 H_s 的能量为 E_s 的本征态, 则显然有

$$\int \psi_s^*(T + V_s)\psi_s \mathrm{d}x = E_s \tag{7.281}$$

这里 E_s 小于 0.

设 E_0 是势 V 的基态能量, 由变分原理可知, 任何波函数的 Hamilton 期望值大于 E_0. 所以有

$$\int \psi_s^*(T + V)\psi_s \mathrm{d}x \geqslant E_0 \tag{7.282}$$

由式 (7.281)、式 (7.282)可知

$$\int \psi_s^*(V - V_s)\psi_s \mathrm{d}x \geqslant E_0 - E_s \tag{7.283}$$

因为无论方势阱多浅总有一个束缚态 ψ_s, 且 V 是负函数, 所以我们总可以使 $V - V_s$ 对所有 x 值小于 0, 在这种情况下, $\int \psi_s^*(V - V_s)\psi_s \mathrm{d}x$ 是负值, 再由式 (7.283)可得

$$E_0 - E_s \leqslant 0$$

因为 E_s 是负值, 故 E_0 也是负值, 即对于 V 至少有一个束缚态, 它的能量为 E_0.

7.87 正交晶格离子在微扰势 $V(r) = Ax^2 + By^2 - (A+B)z^2$ 作用下的能量一阶修正及本征态

题 7.87 正交晶格上一个 $^2\mathrm{p}_{3/2}$ 离子附近的静电势可写为

$$V(\boldsymbol{r}) = Ax^2 + By^2 - (A+B)z^2$$

其中，A、B 为常数. 设对于自由离子的一组波函数是

$$\psi_1 = R(r)\mathrm{Y}_{11}, \qquad \psi_0 = R(r)\mathrm{Y}_{10}, \qquad \psi_{-1} = R(r)\mathrm{Y}_{1-1}$$

这里 $R(r)$ 是离子径向波函数，Y_{11}，Y_{10}，Y_{1-1} 是球谐函数.

(1) 证明，以 $\psi_{11}, \psi_{10}, \psi_{1-1}$ 为基的 $V(\boldsymbol{r})$ 的矩阵为

$$\gamma \begin{pmatrix} A+B & 0 & -A+B \\ 0 & -2(A+B) & 0 \\ -A+B & 0 & A+B \end{pmatrix}$$

这里 λ 为常数.

(2) $V(\boldsymbol{r})$ 以 $M_J = 3/2, 1/2, -1/2, -3/2$ 为基的矩阵为

$$\begin{pmatrix} a & 0 & b & 0 \\ 0 & -a & 0 & b \\ b & 0 & -a & 0 \\ 0 & b & 0 & a \end{pmatrix}$$

式中

$$a = \gamma(A+B), \quad b = \frac{1}{\sqrt{3}}\gamma(B-A)$$

(3) 假设 $V(\boldsymbol{r})$ 很小，证明基态的一阶能量修正是 $\pm\sqrt{a^2+b^2}$，每一个值都是二度简并的. 若相对正能量修正值的本征态之一是 $\cos\theta|3/2\rangle + \sin(\theta/2)|-1/2\rangle$，这里 $\theta = \arctan(b/a)$，求另一个本征态.

解答　(1) 先考虑 V 的一个对角矩阵元 $\langle\psi_1|V|\psi_1\rangle$

$$\langle\psi_1|V|\psi_1\rangle = \int (R(r)\mathrm{Y}_{11})^* V(x,y,z) R(r)\mathrm{Y}_{11}\mathrm{d}V \tag{7.284}$$

球谐函数 $(l=1)$ 可用笛卡儿坐标表示

$$\mathrm{Y}_{1\pm1} = \mp\sqrt{\frac{3}{8\pi}}\sin\theta\mathrm{e}^{\pm\mathrm{i}\varphi} = \mp\sqrt{\frac{3}{8\pi}}\sin\theta(\cos\varphi\pm\mathrm{i}\sin\varphi) = \mp\sqrt{\frac{3}{8\pi}}\frac{x\pm\mathrm{i}y}{r}$$

$$\mathrm{Y}_{10} = \sqrt{\frac{3}{4\pi}}\cos\theta = \sqrt{\frac{3}{4\pi}}\frac{z}{r}$$

这里，$r = \sqrt{x^2+y^2+z^2}$.

将 $V(\boldsymbol{r})$ 的表达式一起代入式 (7.284)，有

$$\langle\psi_1|V|\psi_1\rangle = \gamma_1\int\left|\frac{R(r)}{r}\right|^2 G_{11}\left[Ax^2+By^2-(A+B)z^2\right]\mathrm{d}V \tag{7.285}$$

式中，γ_1 是常数，而

$$G_{11} = (x+\mathrm{i}y)^*(x+\mathrm{i}y) = x^2+y^2 \tag{7.286}$$

被积函数中

$$(x^2+y^2)\left[Ax^2+By^2-(A+B)z^2\right]$$

$$= A\left(x^4 + x^2y^2 - x^2z^2 - y^2z^2\right) + B\left(y^4 + x^2y^2 - x^2z^2 - y^2z^2\right) \tag{7.287}$$

由于 $\left|\dfrac{R(r)}{r}\right|^2$ 只依赖于 r, 可设为 $f(r)$, 由对称应有

$$\int_{\text{全空间}} f(r)x^4\mathrm{d}V = \int_{\text{全空间}} f(r)y^4\mathrm{d}V \tag{7.288}$$

类似应有

$$\int f(r)x^2y^2\mathrm{d}V = \int f(r)y^2z^2\mathrm{d}V = \int f(r)z^2x^2\mathrm{d}V \tag{7.289}$$

将式 (7.287)~ 式 (7.289)代入式 (7.285), 有

$$\langle\psi_1|V|\psi_1\rangle = r(A+B)$$

式中

$$\gamma = \gamma_1 \int f(r)(x^4 + x^2y^2 - x^2z^2 - y^2z^2)\mathrm{d}V = \text{常数}$$

再考虑 $\langle\psi_1|V|\psi_{-1}\rangle$ 矩阵元, 它的积分式与式 (7.285)类似, 只是 G_{11} 被 G_{1-1} 代替, 而 G_{1-1} 为

$$G_{1-1} = -(x+\mathrm{i}y)^*(x-\mathrm{i}y) = -x^2 + y^2 + 2\mathrm{i}xy$$

于是有

$$\langle\psi_1|V|\psi_{-1}\rangle = r_1 \int f(r)G_{1-1}\left[Ax^2 + By^2 - (A+B)z^2\right]\mathrm{d}x\mathrm{d}y\mathrm{d}z \tag{7.290}$$

由式 (7.290)可见, 有关 G_{1-1} 中第三项 $2\mathrm{i}xy$ 的积分将消失, 因为此项对 x 和 y 来说都是奇函数, 全空间积分后为零. 剩下的积分, 易得

$$\langle\psi_1|V|\psi_{-1}\rangle = -\gamma(A-B)$$

类似有

$$\langle\psi_{-1}|V|\psi_1\rangle = -\gamma(A-B)$$
$$\langle\psi_{-1}|V|\psi_{-1}\rangle = \gamma(A+B)$$

由于 $\langle\psi_0|V|\psi_0\rangle$ 的积分式与式 (7.290)相比, 只是用 $G_{00} = 2z^2$ 代替了 G_{1-1}, 易得到积分结果为

$$\langle\psi_0|V|\psi_0\rangle = -2\gamma(A+B)$$

$V(\boldsymbol{r})$ 的其他矩阵元都为 0, 因为它们的被积函数都是 x,y,z 的奇函数, 最后得到 $V(\boldsymbol{r})$ 的矩阵为

$$\gamma \begin{pmatrix} A+B & 0 & -A+B \\ 0 & -2(A+B) & 0 \\ -A+B & 0 & A+B \end{pmatrix}$$

(2) 由轨道角动量与自旋角动量耦合理论可知 $M_J = 3/2$, $1/2$, $-1/2$, $-3/2$ 的耦合态分别为

$$\left|\frac{3}{2}\right\rangle = \psi_1\alpha, \quad \left|\frac{1}{2}\right\rangle = \frac{1}{\sqrt{3}}\left(\sqrt{2}\psi_0\alpha + \psi_1\beta\right)$$

$$\left|-\frac{1}{2}\right\rangle = \frac{1}{\sqrt{3}}\left(\psi_{-1}\alpha + \sqrt{2}\psi_0\beta\right), \quad \left|-\frac{3}{2}\right\rangle = \psi_{-1}\beta$$

式中，α、β 分别是 S_z 的本征值为 $-\frac{1}{2}$ 和 $\frac{1}{2}$ 的本征态. 容易看出

$$\left\langle\frac{3}{2}\right|V\left|\frac{3}{2}\right\rangle = \langle\psi_1\alpha|V|\psi_1\alpha\rangle = \langle\psi_1|V|\psi_1\rangle\langle\alpha|\alpha\rangle = r(A+B)$$

$$\left\langle\frac{3}{2}\right|V\left|\frac{1}{2}\right\rangle = \frac{1}{\sqrt{3}}\langle\psi_1\alpha|V\left|\sqrt{2}\psi_0\alpha + \psi_1\beta\right\rangle$$

$$= \sqrt{\frac{2}{3}}\langle\psi_1\alpha|V\left|\sqrt{2}\psi_0\alpha\right\rangle + \frac{1}{\sqrt{3}}\langle\psi_1\alpha|V|\psi_1\beta\rangle = 0$$

上面计算中考虑到 V 只是空间坐标的函数，与自旋变量无关，且考虑到 α、β 态的正交归一性.

类似可求出其他矩阵元，从而可写出整个矩阵为

$$\begin{pmatrix} a & 0 & b & 0 \\ 0 & -a & 0 & b \\ b & 0 & -a & 0 \\ 0 & b & 0 & a \end{pmatrix} \tag{7.291}$$

式中

$$a = \gamma(A+B), \quad b = \gamma\frac{B-A}{\sqrt{3}}$$

(3) 在自由离子情况下 4 个 M_J 态是简并的，所以基态的一阶能量修正由矩阵 (7.291) 的本征值给出，相应的本征函数是式 (7.291) 的本征矢. 若将矩阵的基矢的顺序由 $M_J = 3/2, 1/2, -1/2, -3/2$ 改为 $M_J = 3/2, -1/2, -3/2, 1/2$，所得到的矩阵更易求解，这时矩阵变为

$$\begin{pmatrix} a & b & 0 & 0 \\ b & -a & 0 & 0 \\ 0 & 0 & a & b \\ 0 & 0 & b & -a \end{pmatrix}$$

变成两个 2×2 矩阵的直和. 由于两个 2×2 矩阵相同，故它们的本征值与本征矢相同，故仍有二重简并，由第 1 个 2×2 矩阵可得方程

$$\begin{pmatrix} a & b \\ b & -a \end{pmatrix}\begin{pmatrix} p \\ q \end{pmatrix} = \lambda\begin{pmatrix} p \\ q \end{pmatrix}$$

解出

$$\lambda = \pm\sqrt{a^2+b^2}, \qquad \frac{p}{q} = \frac{\lambda+a}{b}$$

令 $\tan\theta = b/a$, 对于 $\lambda = \sqrt{a^2+b^2}$ 有

$$\frac{p}{q} = \frac{\sqrt{a^2+b^2}+a}{b} = \frac{1+\cos\theta}{\sin\theta} = \frac{\cos(\theta/2)}{\sin(\theta/2)}$$

由归一化条件 $p^2+q^2=1$, 可知

$$p = \cos(\theta/2), \quad q = \sin(\theta/2)$$

类似对 $\lambda = -\sqrt{a^2+b^2}$ 有

$$p = \sin(\theta/2), \quad q = -\cos(\theta/2)$$

所以相应于本征值 $\lambda = \pm\sqrt{a^2+b^2}$ 的本征态分别为

$$\begin{cases} \cos\dfrac{\theta}{2}\left|\dfrac{3}{2}\right\rangle + \sin\dfrac{\theta}{2}\left|-\dfrac{1}{2}\right\rangle = |1\rangle \\ \sin\dfrac{\theta}{2}\left|\dfrac{3}{2}\right\rangle - \cos\dfrac{\theta}{2}\left|-\dfrac{1}{2}\right\rangle = |2\rangle \end{cases}$$

同理对第 2 个 2×2 矩阵求解本征方程也可得到本征值 $\lambda = \pm\sqrt{a^2+b^2}$, 相应的本征矢为

$$\begin{cases} \cos\dfrac{\theta}{2}\left|-\dfrac{3}{2}\right\rangle + \sin\dfrac{\theta}{2}\left|\dfrac{1}{2}\right\rangle = |3\rangle \\ \sin\dfrac{\theta}{2}\left|-\dfrac{3}{2}\right\rangle - \cos\dfrac{\theta}{2}\left|\dfrac{1}{2}\right\rangle = |4\rangle \end{cases}$$

晶体场离子的能级分裂如图 7.26 所示.

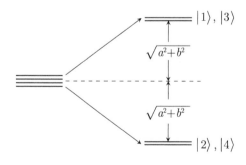

图 7.26 晶体场离子的能级分裂图

7.88　三态系统两个态对未扰能级简并

题 7.88　一个体系无微扰时, 在 H_0 表象中

$$H_0 = \begin{pmatrix} E_1^{(0)} & 0 & 0 \\ 0 & E_1^{(0)} & 0 \\ 0 & 0 & E_2^{(0)} \end{pmatrix} \tag{7.292}$$

其中, $E_2^{(0)} > E_1^{(0)}$. H_0 有两条能级, 其中一条是二重简并的. 在加入微扰后, Hamilton 量表示为

$$H = \begin{pmatrix} E_1^{(0)} & 0 & a \\ 0 & E_1^{(0)} & b \\ a^* & b^* & E_2^{(0)} \end{pmatrix} \tag{7.293}$$

(1) 用微扰论求 H 本征值, 准确到二级近似;

(2) 把 H 严格对角化, 求 H 的精确本征值, 然后进行比较.

解答　(1) 根据题设的式 (7.292)、(7.293), 写出 Hamilton 量微扰项

$$H' = \begin{pmatrix} 0 & 0 & a \\ 0 & 0 & b \\ a^* & b^* & 0 \end{pmatrix} \tag{7.294}$$

以 $\psi_{1\alpha}^{(0)} \equiv \psi_\alpha$、$\psi_{1\beta}^{(0)} \equiv \psi_\beta$ 以及 $\psi_2^{(0)}$ 表示 H_0 的正交归一化本征函数, 前两者相应于能级 $E_1^{(0)}$, 后者相应于 $E_2^{(0)}$. 根据式 (7.294) 可知微扰矩阵元为

$$\begin{aligned} H'_{\alpha\alpha} = H'_{\beta\beta} = H'_{\alpha\beta} = 0 \\ H'_{\alpha 2} = H'^*_{2\alpha} = a, \quad H'_{\beta 2} = H'^*_{2\beta} = b \end{aligned} \tag{7.295}$$

能级 $E_2^{(0)}$ 无简并, 可按非简并态微扰论计算, 利用题 9.14 结果直接写出

$$E_2 = E_2^{(0)} + \frac{|a|^2 + |b|^2}{E_2^{(0)} - E_1^{(0)}} \tag{7.296}$$

能级 $E_1^{(0)}$ 为二重简并. 按简并微扰论, 一般情况下在简并子空间通过将 H' 对角化确定能级一级修正以及确定合适的零级波函数. 根据式 (7.295), 在该简并子空间, H' 为零矩阵, 因而该能级一级修正为零, 零级波函数尚不能确定. 设该能级准确到二级近似的能量为

$$E_1 = E_1^{(0)} + E_1^{(1)} + E_1^{(2)}, \quad E_1^{(1)} = 0 \tag{7.297}$$

H 的相应本征态为

$$\psi_1 = \psi^{(0)} + \psi^{(1)} + \psi^{(2)} \tag{7.298}$$

零级波函数

$$\psi^{(0)} = C_\alpha \psi_\alpha + C_\beta \psi_\beta \tag{7.299}$$

由于在简并子空间，H' 为零矩阵，在作合适的相位约定以后，波函数一级修正 $\psi^{(1)}$、二级修正 $\psi^{(2)}$ 中只含有 $E_2^{(0)}$ 能级的 $\psi_2^{(0)}$ 成分，按照非简并微扰论写出

$$
\begin{aligned}
\psi^{(1)} &= \frac{1}{E_1^{(0)} - E_2^{(0)}} \langle \psi_2^{(0)} | H' | \psi^{(0)} \rangle \psi_2^{(0)} = \frac{H'_{2\alpha} C_\alpha + H'_{2\beta} C_\beta}{E_1^{(0)} - E_2^{(0)}} \psi_2^{(0)} \\
&= \frac{a C_\alpha + b C_\beta}{E_1^{(0)} - E_2^{(0)}} \psi_2^{(0)} = C_1 \psi_2^{(0)}
\end{aligned}
\tag{7.300}
$$

关于 ψ_1 的 Schrödinger 方程的二阶方程给出

$$
\left[H_0 - E_1^{(0)} \right] \psi^{(2)} = \left[E_1^{(1)} - H' \right] \psi^{(1)} + E_1^{(2)} \psi^{(0)}
\tag{7.301}
$$

上式分别对于态 ψ_α 以及 ψ_β 取内积，利用它们与 $\psi^{(1)}$、$\psi^{(2)}$ 的正交性以及式 (7.300) 得到

$$
\left[\frac{|a|^2}{E_1^{(0)} - E_2^{(0)}} - E_1^{(2)} \right] C_\alpha + \frac{a b^*}{E_1^{(0)} - E_2^{(0)}} C_\beta = 0
\tag{7.302a}
$$

$$
\frac{b a^*}{E_1^{(0)} - E_2^{(0)}} C_\alpha + \left[\frac{|b|^2}{E_1^{(0)} - E_2^{(0)}} - E_1^{(2)} \right] C_\beta = 0
\tag{7.302b}
$$

上述关于 C_α、C_β 的方程组存在非零解的条件为

$$
\left|
\begin{array}{cc}
\dfrac{|a|^2}{E_1^{(0)} - E_2^{(0)}} - E_1^{(2)} & \dfrac{a b^*}{E_1^{(0)} - E_2^{(0)}} \\[3mm]
\dfrac{b a^*}{E_1^{(0)} - E_2^{(0)}} & \dfrac{|b|^2}{E_1^{(0)} - E_2^{(0)}} - E_1^{(2)}
\end{array}
\right| = 0
\tag{7.303}
$$

由上式解得

$$
E_1^{(2)} = 0, \quad \frac{|a|^2 + |b|^2}{E_1^{(0)} - E_2^{(0)}}
\tag{7.304}
$$

精确到二级微扰，二重简并能级变为

$$
E_1 = E_1^{(0)}, \quad E_1^{(0)} + \frac{|a|^2 + |b|^2}{E_1^{(0)} - E_2^{(0)}}
\tag{7.305}
$$

二重简并能级 $E_1^{(0)}$ 分裂为 2. 若将式 (7.304) 给出的 $E_1^{(2)}$ 代入式 (7.302)，即可以确定两个零级波函数 $\psi^{(0)}$. 在本题的情况下，简并子空间微扰矩阵元全都是零，须作进一步的近似. 考虑简并子空间之外的矩阵元的影响，这时零级简并能级的零级波函数是和能量二级修正同时确定的[①].

(2) H 的精确本征值由下式决定:

$$
\det(H - \lambda) = \left|
\begin{array}{ccc}
E_1^{(0)} - \lambda & 0 & a \\
0 & E_1^{(0)} - \lambda & b \\
a^* & b^* & E_2^{(0)} - \lambda
\end{array}
\right| = 0
\tag{7.306}
$$

---

① 本题的简并微扰须考虑涉及简并子空间之外态矢量的矩阵元的影响，可采用题 7.21 那样的作法 [参见张永德, 量子力学 (第 5 版)[M], 北京: 科学出版社, 2021, P.211-217] 求解. 另关于二重简并能级的微扰修正的一般讨论，可见钱伯初, 曾谨言, 量子力学习题精选与剖析 [M], 第三版, 科学出版社, 2008, P.290-295.

上述行列式按照第一行展开得

$$\left(E_1^{(0)} - \lambda\right)^2 \left(E_2^{(0)} - \lambda\right) - \left(|a|^2 + |b|^2\right)\left(E_1^{(0)} - \lambda\right) = 0$$

也就是

$$\left(\lambda - E_1^{(0)}\right)\left[\lambda^2 - \left(E_1^{(0)} + E_2^{(0)}\right)\lambda + E_1^{(0)} E_2^{(0)} - |a|^2 - |b|^2\right] = 0$$

这样求得 H 的三个本征值分别为

$$\lambda_1 = E_1^{(0)}, \quad \lambda_\pm = \frac{1}{2}(E_1^{(0)} + E_2^{(0)}) \pm \frac{1}{2}(E_1^{(0)} - E_2^{(0)})\left[1 + \frac{4(|a|^2 + |b|^2)}{(E_1^{(0)} - E_2^{(0)})^2}\right]^{1/2}$$

对于 $\lambda_\pm$ 作展开，保留到 a、b 的二次项，即得

$$\lambda_1 = E_1^{(0)}, \quad \lambda_+ = E_1^{(0)} + \frac{|a|^2 + |b|^2}{E_1^{(0)} - E_2^{(0)}}, \quad \lambda_- = E_2^{(0)} + \frac{|a|^2 + |b|^2}{E_1^{(0)} - E_2^{(0)}}$$

上式结果和微扰论相应结果式 (7.296)、(7.305) 一致.

7.89　夸克 –反夸克对的非相对论性束缚态的基态能量估算

题 7.89　多数介子可由夸克 -反夸克对的非相对论性束缚态 $(q\bar{q})$ 构成. 设 m_q 是夸克质量. 假定构成 $q,\bar{q}$ 束缚态的禁闭势可写成 $V = \dfrac{A}{r} + Br$, $A < 0$, $B > 0$. 请用 A、B、m_q、$\hbar$ 对这个体系的基态能量给出一个合理的近似. 遗憾的是对于一类适合于该题的试探函数，需要解一个三次方程. 如果遇上了这种情况，可以只对 $A = 0$ 的情况完成求解. 请把最后答案写成一个数值常数乘上 B、m_q、$\hbar$ 的一个函数.

解法一　$\mu = m_q/2$ 为 $q\bar{q}$ 体系的约化质量. 体系 Hamilton 量

$$H = \frac{\boldsymbol{p}^2}{2\mu} + \frac{A}{r} + Br \tag{7.307}$$

取试探波函数为氢原子基态波函数，即

$$\psi(r) = \mathrm{e}^{-r/a} \tag{7.308}$$

在题给试探函数下的能量期望值为

$$
\begin{aligned}
\bar{H} &= \frac{\langle\psi|H|\psi\rangle}{\langle\psi|\psi\rangle} \\
&= \frac{\displaystyle\int_0^\infty \mathrm{e}^{-r/a}\left[-\frac{\hbar^2}{2\mu}\left(\frac{\mathrm{d}^2}{\mathrm{d}r^2} + \frac{2}{r}\frac{\mathrm{d}}{\mathrm{d}r}\right) + \frac{A}{r} + Br\right]\mathrm{e}^{-r/a}r^2\mathrm{d}r}{\displaystyle\int_0^\infty \mathrm{e}^{-2r/a}r^2\mathrm{d}r} \\
&= \frac{3Ba}{2} + \frac{\hbar^2}{2\mu a^2} + \frac{A}{a} \tag{7.309}
\end{aligned}
$$

按 Ritz 变分法 $\delta H / \delta a = 0$，所以

$$\frac{3}{2B} - \frac{\hbar^2}{\mu}\frac{1}{a^3} - \frac{A}{a^2} = 0 \tag{7.310}$$

按题意取 $A = 0$，则

$$a = \left(\frac{2\hbar^2}{3B\mu}\right)^{1/3} \tag{7.311}$$

得基态能量

$$E = \frac{3}{4}\left[\frac{36B^2\hbar^2}{m_q}\right]^{1/3} = 2.48\left[\frac{B^2\hbar^2}{m_q}\right]^{1/3} \tag{7.312}$$

解法二 此题基态能量也可用不确定性关系求得，准确到相差一个常系数.

$$\bar{H} = \frac{\boldsymbol{p}^2}{2\mu} + \frac{A}{\Delta r} + B\Delta r \tag{7.313}$$

考虑到 $\bar{p} = \bar{x} = 0$，

$$\bar{H} = \frac{\overline{(\Delta \boldsymbol{p})^2}}{2\mu} + \frac{A}{\Delta r} + B\Delta r \tag{7.314}$$

由于 $\Delta p_x \Delta x \geqslant \hbar/2$，对基态不妨假定 $\Delta p_x \Delta x = \hbar/2$，于是

$$\bar{H} = \frac{\hbar^2}{8\mu(\Delta x)^2} + \frac{\hbar^2}{8\mu(\Delta y)^2} + \frac{\hbar^2}{8\mu(\Delta z)^2} + \frac{A}{\Delta r} + B\Delta r \tag{7.315}$$

求极值 $\dfrac{\partial \bar{H}}{\partial \Delta x} = 0$，得

$$-\frac{\hbar^2}{4\mu(\Delta x)^3} - A\frac{\Delta x}{(\Delta r)^3} + B\frac{\Delta x}{\Delta r} = 0 \tag{7.316}$$

由 x、y、z 对称可知，达极值时 $\Delta x = \Delta y = \Delta z$，即 $\Delta r = 3\Delta x$，于是可得方程

$$-\frac{\hbar^2}{4\mu(\Delta x)^3} - \frac{A}{3\sqrt{3}(\Delta x)^2} + \frac{B}{\sqrt{3}} = 0 \tag{7.317}$$

按题意取 $A = 0$，则可得

$$\Delta x = 3^{1/6}\left(\frac{\hbar^2}{4\mu B}\right)^{1/3}, \quad \Delta r = \left(\frac{9\hbar^2}{4\mu B}\right)^{1/3} \tag{7.318}$$

代入式 (7.314) 中可得

$$\bar{H} = \frac{3\hbar^2}{8\mu(\Delta x)^2} + B\Delta r = 2\left[\frac{9B^2\hbar^2}{4\mu}\right]^{1/3} = 2\left[\frac{9B^2\hbar^2}{2m_q}\right]^{1/3} = 3.30\left[\frac{B^2\hbar^2}{m_q}\right]^{1/3} \tag{7.319}$$

第 8 章 散 射 问 题

8.1 微分散射截面 $\dfrac{\mathrm{d}\sigma}{\mathrm{d}\Omega} = |f(\theta,\varphi)|^2$

题 8.1 沿着 z 轴传播的粒子束被短程势所散射. 如果离势场很远的地方 ($r \gg d$, d 为短程势作用范围) 的粒子波函数可以表示为下面形式:

$$u = \exp(\mathrm{i}kz) + \frac{1}{r} f(\theta,\varphi)\exp(\mathrm{i}kr)$$

试证明微分散射截面为

$$\frac{\mathrm{d}\sigma}{\mathrm{d}\Omega} = |f(\theta,\varphi)|^2$$

解答 考虑远离散射势范围的某处, 垂直于 r 的小面元 $\mathrm{d}S$, 如图 8.1所示. 由图可知, $\mathrm{d}S = r^2\mathrm{d}\Omega$. 入射粒子的波函数为

$$\psi_{\mathrm{i}} = \mathrm{e}^{\mathrm{i}kz}$$

散射粒子的波函数为

$$\psi_{\mathrm{sc}} = \frac{1}{r} f(\theta,\varphi)\,\mathrm{e}^{\mathrm{i}kr}$$

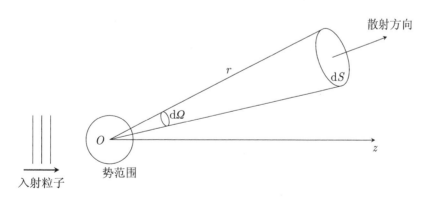

图 8.1 远离散射势范围的某处, 垂直于 r 的小面元 $\mathrm{d}S$

按概率流密度

$$\boldsymbol{J}(\boldsymbol{r},t) = \frac{\mathrm{i}\hbar}{2\mu}\left(\psi\nabla\psi^* - \psi^*\nabla\psi\right)$$

计算, 入射粒子概率流密度为

$$j_{\mathrm{i}} = \frac{\hbar k}{\mu} = v \tag{8.1}$$

由于波函数未归一化 (散射态不满足平方可积, 都不能归一化), 上式按相对概率的含义理解. 散射粒子概率流密度为

$$j = \frac{\hbar}{2\mu\mathrm{i}} \left\{ \left(f(\theta,\varphi) \frac{\mathrm{e}^{\mathrm{i}kr}}{r} \right)^* \nabla \left(f(\theta,\varphi) \frac{\mathrm{e}^{\mathrm{i}kr}}{r} \right) - \left(f(\theta,\varphi) \frac{\mathrm{e}^{\mathrm{i}kr}}{r} \right) \nabla \left(f(\theta,\varphi) \frac{\mathrm{e}^{\mathrm{i}kr}}{r} \right)^* \right\}$$

利用球坐标 $\nabla = \dfrac{\partial}{\partial r} e_r + \dfrac{1}{r} \dfrac{\partial}{\partial \theta} e_\theta + \dfrac{1}{r\sin\theta} \dfrac{\partial}{\partial \varphi} e_\varphi$

$$j_{\mathrm{sc}}(\theta,\varphi) = \frac{\hbar k}{\mu} \frac{|f(\theta,\varphi)|^2}{r^2} e_r + O\left(\frac{1}{r^3}\right) e_\theta + O\left(\frac{1}{r^3}\right) e_\varphi$$

由此可知, 当 $r \to \infty$ 时散射球面波的概率流密度矢量为

$$j_{\mathrm{sc}}(\theta,\varphi) = \frac{\hbar k}{\mu} \frac{|f(\theta,\varphi)|^2}{r^2} e_r$$

将此流密度矢量乘以球面元, 即得沿 (θ,φ) 方向在 $\mathrm{d}\Omega$ 立体角内的散射流

$$J(\theta,\varphi)\mathrm{d}\Omega = j_{\mathrm{sc}} \cdot \mathrm{d}S = \frac{\hbar k}{\mu} |f(\theta,\varphi)|^2 \mathrm{d}\Omega$$

注意这时入射粒子概率流密度 (8.1), 从而微分截面就等于

$$\sigma(\theta,\varphi)\mathrm{d}\Omega = \frac{j_{\mathrm{sc}} \cdot \mathrm{d}S}{j_{\mathrm{i}}} = |f(\theta,\varphi)|^2 \mathrm{d}\Omega$$

就是说, 微分散射截面 $\sigma(\theta,\varphi)$ 是单位时间内散射到 (θ,φ) 方向单位立体角内的粒子数 $\dfrac{\mathrm{d}n}{\mathrm{d}\Omega}$ 与入射粒子流强度 j_{i} 之比

$$\sigma(\theta,\varphi) = \frac{1}{j_{\mathrm{i}}} \left(\frac{\mathrm{d}n}{\mathrm{d}\Omega} \right) = |f(\theta,\varphi)|^2 \tag{8.2}$$

讨论 (1) ψ_{i} 代表粒子数密度为 1 的入射粒子束, 它不能归一化, 因为 ψ_{i} 在全空间积分值无限大, 但它能给出有限的粒子流密度. 另外, $\exp(\mathrm{i}kz)$ 不能用来严格描述入射粒子束, 因为它意味着平面无限大的平面波, 即粒子束的横截面无限大, 而实际上粒子束的横截面总是有限的. 为了描述有限横截面的入射粒子束, 我们应用有一定波矢展宽的波包. 但当横截面的大小远大于粒子 de Broglie 波长的时候, $\exp(\mathrm{i}kz)$ 还是可以近似用来描述入射粒子束.

(2) 当我们将测量散射粒子的探测器放在入射粒子流的外面时, 我们就可以用 ψ_{i} 和 ψ_{s} 分别代表入射粒子流和散射粒子流. 在散射角小时只要探测器有一小张角 $\Delta\theta$, 使 ψ_{i} 与 ψ_{s} 的干涉效应消失, 同样也可以分别视 ψ_{i} 与 ψ_{s} 为入射粒子和散射粒子的波函数.

8.2 短程散射势 p 波的波函数及刚性球散射微分截面

题 8.2 (1) 证明短程散射势外部的散射 p 波的波函数是

$$u(r,\theta) = \frac{1}{r} \left(1 + \frac{\mathrm{i}}{kr} \right) \exp(\mathrm{i}kr) \cos\theta$$

(2) 以 $\exp(\mathrm{i}kz)$ 代表的入射粒子束被半径为 a 的不可穿入刚性球散射, 这里满足 $ka \ll 1$. 在只考虑 s 波、p 波的情况下 (近似到 $(ka)^2$), 证明微分散射截面为

$$\frac{\mathrm{d}\sigma}{\mathrm{d}\Omega} = a^2 \left[1 - \frac{1}{3}(ka)^2 + 2(ka)^2 \cos\theta \right]$$

解答 (1) p 分波关于 θ 的部分是 $l=1$ 的函数 $\mathrm{P}_1(\theta) = \cos\theta$. 设 p 分波的径向波函数为 $R(r) = \chi(r)/r$, 则在势的外部 $\chi(r)$ 应满足下列方程:

$$\frac{\mathrm{d}^2\chi}{\mathrm{d}r^2} + \left[k^2 - \frac{l(l+1)}{r^2} \right]\chi = 0 \tag{8.3}$$

对于题目给定的 $u(r,\theta)$ 有

$$\chi(r) = \left(1 + \frac{\mathrm{i}}{kr} \right) \exp(\mathrm{i}kr) \tag{8.4}$$

将式 (8.4)微商二次代入式 (8.3), 正好满足 $l=1$ 时的方程, 故得证.

(2) 在势的外面包括散射波 s 波、p 波成分的波函数具有下列形式:

$$u = \exp(\mathrm{i}kz) + \frac{A}{r}\exp(\mathrm{i}kr) + \frac{B}{r}\left(1 + \frac{\mathrm{i}}{kr} \right)\exp(\mathrm{i}kr)\cos\theta \tag{8.5}$$

这里, A、B 为常数, 含 A 项为 s 波, 含 B 项为 p 波. 当 $r \to \infty$ 时

$$u \to \exp(\mathrm{i}kz) + \frac{f(\theta)}{r}\exp(\mathrm{i}kr) \tag{8.6}$$

使得式 (8.5)、式 (8.6)中含有 $\dfrac{1}{r}\exp(\mathrm{i}kr)$ 项相等, 导致

$$f(\theta) = A + B\cos\theta \tag{8.7}$$

由于散射势是刚性球, 故 $r=a$ 时波函数应为零

$$\exp(\mathrm{i}ka\cos\theta) + \frac{A}{a}\exp(\mathrm{i}ka) + \frac{B}{a}\left(1 + \frac{\mathrm{i}}{ka} \right)\exp(\mathrm{i}ka)\cos\theta = 0 \tag{8.8}$$

将左边第一项展开, 有

$$\exp(\mathrm{i}ka\cos\theta) = 1 + \mathrm{i}ka\cos\theta - \frac{1}{2}(ka)^2\cos^2\theta + o(k^3a^3) \tag{8.9}$$

将式 (8.9)代入式 (8.8)后, 再略去高于 $(ka)^2$ 的项, 并考虑到 $\left\langle \cos^2\theta = \dfrac{1}{3} \right\rangle$, 可得到方程

$$1 - \frac{1}{6}(ka)^2 + \frac{A}{a}\exp(\mathrm{i}ka) + \left[\mathrm{i}ka + \frac{B}{a}\left(1 + \frac{\mathrm{i}}{ka} \right)\exp(\mathrm{i}ka) \right]\cos\theta = 0 \tag{8.10}$$

为使上式恒等, 须令上式左边含 $\cos\theta$ 项与不含 $\cos\theta$ 的项分别为零, 得到两个方程即可解出 A 和 B, 它们分别是

$$A = -a\left[1 - \frac{1}{6}(ka)^2 \right]\exp(-\mathrm{i}ka) \tag{8.11}$$

$$B = -a(ka)^2 \tag{8.12}$$

在求 B 时考虑到因为 $ka \ll 1$，所以 $\dfrac{\mathrm{i}}{ka} \gg 1$，且只考虑 ka 的 2 次以下的项. 在将式 (8.8)代入式 (8.10)后之所以不令 $\cos^2\theta$ 项为零，是因为那样做还须考虑 d 波的贡献，而本题中没有考虑它.

将式 (8.11)、式 (8.12)代入式 (8.7)，即可得

$$\frac{\mathrm{d}\sigma}{\mathrm{d}\Omega} = |f(\theta)|^2 = |A + B\cos\theta|^2 = a^2\left[1 - \frac{1}{3}(ka)^2 + 2(ka)^2\cos\theta\right] \tag{8.13}$$

8.3　半径为 R 的刚球散射 s 分波截面的量子力学表达式

题 8.3　推导半径为 R 的刚球散射 s 分波 $(l=0)$ 截面的表达式，并讨论高能近似和低能近似下的总截面.

解答　刚球的作用相当于位势

$$V(r) = \begin{cases} \infty, & r \leqslant R, \\ 0, & r > R, \end{cases} \tag{8.14}$$

令 s 分波的径向波函数 $R_0(r) = \chi_0(r)/r$，则

$$\begin{aligned} \chi_0''(r) + k^2\chi_0(r) = 0, & \quad r > R \\ \chi_0(r) = 0, & \quad r < R \end{aligned} \tag{8.15}$$

解 $r > R$ 的方程，得

$$\chi_0(r) = A\sin(kr + \delta_0), \quad r > R \tag{8.16}$$

利用 $r = R$ 时波函数的连接条件，得

$$A\sin(kr + \delta_0) = 0 \tag{8.17}$$

所以

$$\delta_0 = n\pi - kR, \quad \sin\delta_0 = (-1)^{n+1}\sin kR \tag{8.18}$$

其中，$n = 0, 1, 2, 3, \cdots$，于是 s 分波的总截面为

$$\sigma_{\mathrm{t}} = \frac{4\pi}{k^2}\sin^2\delta_0 = \frac{4\pi}{k^2}\sin^2 kR \tag{8.19}$$

低能情况下，$k \to 0$，$\sigma_{\mathrm{t}} = 4\pi R^2$；高能情况下，$k \to \infty$，$\sigma_{\mathrm{t}} = 0$.

8.4　气体内部原子–原子散射主要为 s 波的热平衡温度

题 8.4　氢原子之间势的范围约是 4Å. 对于处在热平衡下的气体，粗略估计它的某一温度，当温度低于此温度时，原子 – 原子散射主要是 s 波.

解答 此题是气体内部原子与原子散射, 当主要是 s 波时, 应有 $ka \ll 1$, 这里 k 为入射原子的相对波矢, a 为散射势的作用范围, $a = 4\text{Å}$. 设两原子的速度分别为 $\boldsymbol{v}_1$、$\boldsymbol{v}_2$, 其相对速度为 $\boldsymbol{v}_r = \boldsymbol{v}_1 - \boldsymbol{v}_2$, v_r 是两原子之间的相对速率. 按不确定关系

$$\mu v_r \cdot a \leqslant \hbar$$

式中, $\mu = m/2$ 是两原子的折合质量. 达到热平衡时

$$\langle \boldsymbol{v} \rangle = 0, \quad \frac{1}{2} m \langle \boldsymbol{v}^2 \rangle = \frac{3}{2} kT$$

容易证得 $\langle \boldsymbol{v}_1 \cdot \boldsymbol{v}_2 \rangle = 0$, 故相对速度的方均值为

$$\langle \boldsymbol{v}_r^2 \rangle = \langle (\boldsymbol{v}_1 - \boldsymbol{v}_2)^2 \rangle = 2 \langle \boldsymbol{v}^2 \rangle = \frac{6kT}{m}$$

于是上面不等式成为

$$\frac{m}{2} a \cdot \sqrt{\frac{6kT}{m}} \leqslant \hbar, \quad T_{\max} = \frac{2\hbar^2}{3mka^2} \approx 2.0\text{K}$$

这说明在平常温度下, 必须考虑其他分波的散射.

8.5 低能粒子被中心势 $-\dfrac{\hbar^2}{\mu}\left[\dfrac{\lambda}{\cosh(\lambda r)}\right]^2$ 散射时的截面

题 8.5 一非相对论的, 质量为 μ 的粒子被一中心势散射, 这一中心势有如下的形式:

$$V(r) = -\frac{\hbar^2}{\mu}\left[\frac{\lambda}{\cosh(\lambda r)}\right]^2$$

式中, λ 是一参数. 这一势有这样一个性质: 当 $E \to 0$ 时, 截面 $\sigma(E)$ 越来越大, 当 $E = 0$ 时, $\sigma(E) \to \infty$. 很明显, 在 E 很小的条件下, $\sigma(E)$ 主要是由 s 分波贡献的. 所以低能 E 时, 只需要计算 s 分波振幅就够了. 与此相关, 为了数学上的方便, 方程

$$\frac{\mathrm{d}^2\phi}{\mathrm{d}r^2} + A\phi = U(r)\phi, \quad \text{其中} A \text{是一正的常数}$$

的通解为

$$\phi = \alpha(\lambda \tanh \lambda r - \mathrm{i}k)\mathrm{e}^{\mathrm{i}kr} + \beta(\lambda \tanh \lambda r + \mathrm{i}k)\mathrm{e}^{-\mathrm{i}kr}$$

式中, $k = \sqrt{A}$, 且 α, β 是积分常数. 记住 $\tanh x = (\mathrm{e}^x - \mathrm{e}^{-x})/(\mathrm{e}^x + \mathrm{e}^{-x})$, 计算 $E \to 0$ 时的 $\sigma(E)$.

解法一 低能散射可采用分波法, 此时 s 波 $(l = 0)$ 占主导. 设粒子质量为 μ, 入射动能为 E. s 波的波函数是球对称的, 设为

$$\psi(r) = \frac{u(r)}{r} \tag{8.20}$$

代入定态 Schrödinger 方程得

$$u''(r) + k^2 u(r) = -\left[\frac{\lambda}{\cosh(\lambda r)}\right]^2 u(r) \tag{8.21}$$

其中，$k = \sqrt{2\mu E}/\hbar$，λ 为常数.

可以验证，式 (8.21) 的二阶常微分方程的解为

$$u(r) = \alpha(\lambda \tanh \lambda r - \mathrm{i}k)\mathrm{e}^{\mathrm{i}kr} + \beta(\lambda \tanh \lambda r + \mathrm{i}k)\mathrm{e}^{-\mathrm{i}kr} \tag{8.22}$$

其中，α、β 为积分常数. 在原点波函数有界，因而 $u(0) = r\psi(r)|_{r=0} = 0$，因而

$$u(r)|_{r\to 0} = \alpha(0 - \mathrm{i}k) + \beta(0 + \mathrm{i}k) = 0$$

所以 $\alpha = \beta$，这样 s 波波函数为

$$\psi(r) = \frac{\alpha}{r}\left[(\lambda \tanh \lambda r - \mathrm{i}k)\mathrm{e}^{\mathrm{i}kr} + (\lambda \tanh \lambda r + \mathrm{i}k)\mathrm{e}^{-\mathrm{i}kr}\right] \tag{8.23}$$

$r \to \infty$ 时，$\tanh \lambda r = \dfrac{\mathrm{e}^{\lambda r} - \mathrm{e}^{-\lambda r}}{\mathrm{e}^{\lambda r} - \mathrm{e}^{-\lambda r}} \to 1$，因而

$$\begin{aligned}
\psi(r) \xrightarrow{r\to\infty} &\frac{\alpha}{r}\left[(\lambda - \mathrm{i}k)\mathrm{e}^{\mathrm{i}kr} + (\lambda + \mathrm{i}k)\mathrm{e}^{-\mathrm{i}kr}\right] \\
= &\frac{\alpha}{r}\sqrt{\lambda^2 + k^2}\left[\mathrm{e}^{\mathrm{i}kr - \mathrm{i}\alpha_1} + \mathrm{e}^{-\mathrm{i}kr + \mathrm{i}\alpha_1}\right] = \frac{\alpha}{r}\sqrt{\lambda^2 + k^2} \cdot 2\cos(kr - \alpha_1) \\
= &\frac{2\alpha}{r}\sqrt{\lambda^2 + k^2}\sin\left(kr + \frac{\pi}{2} - \alpha_1\right)
\end{aligned} \tag{8.24}$$

式中

$$\alpha_1 = \arctan\frac{k}{\lambda} \tag{8.25}$$

所以 s 分波相移为

$$\delta_0 = \frac{\pi}{2} - \alpha_1 \tag{8.26}$$

因而散射总截面为

$$\sigma_{\mathrm{t}} = \frac{4\pi}{k^2}\sin^2\delta_0 = \frac{4\pi}{k^2}\cos^2\alpha_1 = \frac{4\pi}{k^2}\frac{1}{1 + k^2/\lambda^2} \tag{8.27}$$

当 $E \to 0$ 时，$k \to 0, \alpha_1 \to 0$，有

$$\sigma_{\mathrm{t}} = \frac{4\pi}{k^2} = \frac{4\pi}{2\mu E/\hbar^2} = \frac{4\pi\hbar^2}{2\mu E} = \frac{2\pi\hbar^2}{\mu E}$$

这里也看到，散射截面和入射动能 E 成反比，当 $E \to 0$ 时，$\sigma_0 \to \infty$.

解法二　本题所给的势函数是短程势，当 $r \to \infty$ 时，以负指数方式趋于零. 在极低能情形下，式 (8.23) 给出

$$u(r) = r\psi(r) = 2\alpha\lambda \tanh \lambda r \xrightarrow{r\to\infty} 2\alpha\lambda$$

与题 8.48 附录比较, 可知散射长度 $a_0 = \infty$, 因而在极低能情形下出现共振散射. 因此, 根据题 8.48 附录的结果, 散射振幅和散射截面分别为

$$f = \frac{\mathrm{i}}{k} = \frac{\mathrm{i}\hbar}{\sqrt{2\mu E}}$$

$$\sigma_0 = 4\pi|f|^2 = \frac{4\pi}{k^2} = \frac{2\pi\hbar^2}{\mu E}$$

8.6　粒子在球壳 δ- 势作用下的束缚态与低能散射截面

题 8.6　一个质量为 μ 的粒子在如下球对称势场中:

$$V(r) = -\lambda\delta(r-a), \quad \lambda > 0, a > 0$$

即这个作用势是一个 δ-函数, 除非粒子恰好处在与作用中心距离为 a 的位置上, 否则势为零. 其中, λ 是个正的常数.

(1) 求有一个束缚态存在的 λ 的最小值;

(2) 考虑一个散射实验, 其中粒子以低速入射到该势场中. 在低速极限下, 试求散射截面及角分布.

解答　本题涉及束缚态和散射态, 但两者有一定的联系.

(1) 势是球对称的, 束缚态波函数径向部分 $R_l(r) = \chi_l(r)/r$ 的 χ_l 满足方程

$$\frac{\mathrm{d}^2\chi}{\mathrm{d}r^2} + \frac{2\mu}{\hbar^2}\left[E + \lambda\delta(r-a) + \frac{\hbar^2}{2\mu}\frac{l(l+1)}{r^2}\right]\chi = 0, \quad E < 0 \tag{8.28}$$

在只存在一个束缚态的情况下, 这个束缚态应当为 s 态 $(l=0)$, 方程变为

$$\frac{\mathrm{d}^2\chi}{\mathrm{d}r^2} + \left[-\kappa^2 + \frac{2\mu\lambda}{\hbar^2}\delta(r-a)\right]\chi = 0 \tag{8.29}$$

其中, $\kappa = \dfrac{\sqrt{-2\mu E}}{\hbar}$. 分区间求解得

$$\psi(x) = \begin{cases} A\mathrm{e}^{-\kappa x}, & x > a \\ B\sinh\kappa x, & x < a \end{cases} \tag{8.30}$$

这里已经用到 $r \to 0, \infty$ 的边界条件. 在 $x = a$ 处, 由波函数及导数跃变条件得

$$A\mathrm{e}^{-\kappa a} = B\sinh\kappa a \tag{8.31}$$

$$-\kappa A\mathrm{e}^{-\kappa a} - \kappa B\cosh\kappa a = \frac{2}{L}A\mathrm{e}^{-\kappa a} \tag{8.32}$$

其中, $L = \dfrac{\hbar^2}{\mu\lambda}$. 类似于上册题 3.13, 可由非零解条件给出

$$\kappa L = 1 - \mathrm{e}^{-2\kappa a} \tag{8.33}$$

式 (8.33) 的方程有解的条件是 $L < 2a$, 即 $\lambda > \dfrac{\hbar^2}{2\mu a}$, 这就是所求的至少存在一个束缚态的条件.

(2) 散射情形 $E > 0$. 低速入射时, $E \to 0$, 只需考虑 s 波. 此时 χ_l 满足方程

$$\frac{\mathrm{d}^2 \chi}{\mathrm{d}r^2} + \left[k^2 + \frac{2\mu\lambda}{\hbar^2} \delta(r-a) \right] \chi = 0 \tag{8.34}$$

其中, $k = \dfrac{\sqrt{2\mu E}}{\hbar}$. 分区求解得

$$\psi(x) = \begin{cases} A \sin kx, & x < a \\ \sin(kx + \delta_0), & x > a \end{cases} \tag{8.35}$$

在 $x = a$ 处, 由波函数及导数跃变条件得

$$A \sin ka = \sin(ka + \delta_0)$$
$$k \cos(ka + \delta_0) - kA \cos ka = \frac{2}{L} A \sin ka$$

或者

$$\cot(ka + \delta_0) - \cot ka = \frac{2}{kL} \tag{8.36}$$

由上式解出

$$\cot \delta_0 = -\cot ka - \frac{kL}{2} \csc^2 ka \tag{8.37}$$

在低速极限下, $ka \to 0$, $\cot ka \sim 1/ka$, $\csc ka \sim 1/ka$, 这时式 (8.37) 化为

$$\tan \delta_0 = \frac{kLa}{L - 2a} \tag{8.38}$$

由上式得散射的微分截面为

$$\sigma = |f(\theta)|^2 = \frac{4\pi}{k^2} \sin^2 \delta_0 = \frac{4\pi L^2 a^2}{k^2 L^2 a^2 + (L - 2a)^2} \doteq 4\pi \left(\frac{La}{L - 2a} \right)^2$$

由于 s 波占主导, 散射各向同性. 另外由此式看出, 当 $L = 2a$ 时, 散射幅趋于无穷, 这正好是要开始形成束缚态的条件.

附录 (在低能情况下的分波法计算) 设粒子能量为 E. 定态 Schrödinger 方程为

$$\nabla^2 \psi + \left[k^2 - \frac{2\mu}{\hbar^2} V(r) \right] \psi = 0 \tag{8.39}$$

入射波取为 $\psi_{\mathrm{i}} = \mathrm{e}^{\mathrm{i}kz}$, 其中 $k = \sqrt{2\mu E}$. 将 ψ 按如下 $\boldsymbol{L}^2$、L_z 的共同本征态展开

$$\psi = \sum_l R_l(r) Y_{lm}(\theta) = \frac{1}{\sqrt{4\pi}} \sum_l \sqrt{2l+1} R_l(r) P_l(\cos\theta) \tag{8.40}$$

R_l 为第 l 分波的径向波函数, 按照分波法一般结果它具有下列渐近性质:

$$R_l(r) \xrightarrow{kr \to \infty} \frac{1}{kr} \sin\left(kr - \frac{l\pi}{2} + \delta_l\right) \tag{8.41}$$

将式 (8.40) 代入式 (8.39), 可知 R_l 满足径向方程

$$\frac{\mathrm{d}^2}{\mathrm{d}r^2} R_l + \frac{2}{r}\frac{\mathrm{d}}{\mathrm{d}r} R_l + \left[k^2 - \frac{l(l+1)}{r^2} - \frac{2\mu}{\hbar^2}\gamma\delta(r-a)\right] R_l = 0 \tag{8.42}$$

对势函数引进无量纲参数 Ω, 令

$$\gamma = \frac{\hbar^2}{2\mu a}\Omega \tag{8.43}$$

并令 $kr = \rho$, 方程 (8.42) 可以写成

$$\frac{\mathrm{d}^2 R_l}{\mathrm{d}\rho^2} + \frac{2}{\rho}\frac{\mathrm{d}R_l}{\mathrm{d}\rho} + \left[1 - \frac{l(l+1)}{\rho^2}\right] R_l - \frac{\Omega}{ka}\delta(\rho - ka) R_l = 0 \tag{8.44}$$

当 $\rho \neq ka$ 时, 式 (8.44) 即球 Bessel 方程, 在 $\rho < ka$ 区域, 该式在 $\rho \to 0$ 处有限的解

$$R_l = C\mathrm{j}_l(\rho), \quad \rho < ka \tag{8.45}$$

在 $\rho > ka$ 区域, 式 (8.44) 具有渐近性质 (8.41) 的解

$$R_l = \mathrm{j}_l(\rho)\cos\delta_l - \mathrm{n}_l(\rho)\sin\delta_l, \quad \rho > ka \tag{8.46}$$

其中, j_l 为球 Bessel 函数, n_l 为球 Neumann 函数.

在 $\rho \neq ka$ 处, 波函数连续性条件给出

$$C\mathrm{j}_l(ka) - \mathrm{j}_l(ka)\cos\delta_l + \mathrm{n}_l(ka)\sin\delta_l = 0 \tag{8.47}$$

方程 (8.44) 在 $\rho = ka$ 的邻域作积分: $\int_{ka-0^+}^{ka+0^+} \mathrm{d}\rho$, 即得

$$R_l'(ka+0^+) - R_l'(ka-0^+) = \frac{\Omega}{ka} R_l(ka) \tag{8.48}$$

代入波函数表达式 (8.45)、(8.46), 即得

$$\mathrm{j}_l'(ka)\cos\delta_1 - \mathrm{n}_l'(ka)\sin\delta_l - \mathrm{j}_l'(ka) = \frac{\Omega}{ka} C\mathrm{j}_l(ka) \tag{8.49}$$

式 (8.47) 乘 j_l' 并与式 (8.49) 乘 j_l 相加消去 C, 并利用公式

$$\mathrm{j}_l(\rho)\mathrm{n}_l'(\rho) - \mathrm{n}_l'(\rho)\mathrm{j}_l'(\rho) = \frac{1}{\rho^2}$$

即得

$$\tan\delta_l = \frac{ka\Omega[\mathrm{j}_l(ka)]^2}{ka\Omega\mathrm{j}_l(ka)\mathrm{n}_l(ka) - 1} \tag{8.50}$$

由此式即可确定 δ_l.

当 $\Omega \gg 1$ 时, 式 (8.50) 分母中可以略去 (-1), 得到

$$\tan \delta_l \approx \frac{\mathrm{j}_l(ka)}{\mathrm{n}_l(ka)}$$

与刚球 (半径 a) 的散射相移公式[①]相同.

对于低能散射, $ka \ll 1$, 式 (8.50) 分母中 $ka\Omega$ 项可以略去 (低能极限), 则得

$$\delta_l \approx \tan \delta_l \approx -ka\Omega \left[\mathrm{j}_l(ka) \right]^2 \approx -\Omega \frac{(ka)^{2l+1}}{\left[(2l+1)!! \right]^2}$$

δ_l 和作用强度 Ω 以及 $(ka)^{2l+1}$ 成正比, 与球方势垒 (阱) 低能散射结果类似. 引进无量纲参数 Ω, 令 $\gamma = \frac{\hbar^2}{2\mu a}\Omega$, 则

$$\tan \delta_l = \frac{ka\Omega [\mathrm{j}_l(ka)]^2}{ka\Omega \mathrm{j}_l(ka)\mathrm{n}_l(ka) - 1}$$

若 $\Omega \gg 1$, 则

$$\tan \delta_l \approx \frac{\mathrm{j}_l(ka)}{\mathrm{n}_l(ka)}$$

与刚球 (半径 a) 的散射相移公式相同. 对于低能散射, $ka \ll 1$,

$$\tan \delta_l \approx \frac{\mathrm{j}_l(ka)}{\mathrm{n}_l(ka)} \delta_l \approx \tan \delta_l \approx -ka\Omega \left[\mathrm{j}_l(ka) \right]^2 \approx -\Omega \frac{(ka)^{2l-1}}{\left[(2l+1)!! \right]^2}$$

与球方势垒 (阱) 低能散射结果类似.

8.7 粒子在球壳 δ- 势作用下的高能散射

题 8.7 质量为 m 的粒子被球壳势场 $V(r) = \gamma\delta(r-a)$ 散射, 在高能情况下, 用 Born 近似计算散射截面、微分截面、总截面, 并讨论 $\theta = 0$ 的微分截面.

解答 Born 近似散射振幅如下给出:

$$f(\theta, \varphi) = -\frac{m}{2\pi\hbar^2} \iiint \mathrm{d}^3\boldsymbol{r} \mathrm{e}^{-\mathrm{i}\boldsymbol{q}\cdot\boldsymbol{r}} V(\boldsymbol{r}) \tag{8.51}$$

在弹性散射下, 散射粒子与入射粒子波数矢量差

$$\boldsymbol{k}_{\mathrm{f}} - \boldsymbol{k}_{\mathrm{i}} = \boldsymbol{q}, \quad q = q(\theta) = 2k\sin\frac{\theta}{2} \tag{8.52}$$

$\hbar\boldsymbol{q}$ 是散射导致的动量转移. 微分截面

$$\sigma(\theta, \varphi) = |f(\theta, \varphi)|^2 \tag{8.53}$$

---

①参见曾谨言, 量子力学 (第五版卷 I)[M], 北京: 科学出版社, 2013, P.438-439.

对于中心势 $V(r)$，散射振幅与 φ 无关. 此时散射振幅用下面一维定积分计算:

$$f(\theta) = \frac{-2m}{\hbar^2 q} \int_0^\infty rV(r)\sin qr\mathrm{d}r \tag{8.54}$$

将题给球壳势场代入计算

$$
\begin{aligned}
f(\theta) &= \frac{-2m}{\hbar^2 q} \int_0^\infty rV(r)\sin qr\mathrm{d}r = \frac{-2m}{\hbar^2 q} \int_0^\infty r\gamma\delta(r-a)\sin qr\mathrm{d}r \\
&= \frac{-2m\gamma}{\hbar^2 q} a\sin qa
\end{aligned}
$$

其中动量转移的大小 $q = 2k\sin(\theta/2)$，故

$$f(\theta) = -\frac{2m\gamma a^2}{\hbar^2} \frac{\sin\left(2ak\sin\dfrac{\theta}{2}\right)}{2ak\sin\dfrac{\theta}{2}} \tag{8.55}$$

这样得微分散射截面为

$$\sigma(\theta) = |f(\theta)|^2 = \frac{4m^2 a^2 \gamma^2}{\hbar^4 q^2}\sin^2 qa = \frac{4m^2 a^2 \gamma^2}{\hbar^4} \frac{\sin^2\left(2ak\sin\dfrac{\theta}{2}\right)}{\left(2ak\sin\dfrac{\theta}{2}\right)^2} \tag{8.56}$$

在高能条件 $(ka \gg 1)$ 下，对于一般的散射角 θ，有 $ka\theta \gg 1$，上式中 $\sin\left(2ak\sin\dfrac{\theta}{2}\right)$ 随 θ 变化而快速振荡，因而其平方可以取其期望值 $1/2$，此时微分散射截面可表示为

$$\sigma(\theta) \approx \frac{m^2 a^2 \gamma^2}{2\hbar^4 k^2 \sin^2\dfrac{\theta}{2}}, \quad ka\theta \gg 1 \tag{8.57}$$

对于 $\theta \to 0$，式 (8.57) 不适用. 根据式 (8.55)，

$$f(0) = -\frac{2m\gamma a^2}{\hbar^2} \tag{8.58}$$

故 $\theta \to 0$ 时微分散射截面为

$$\sigma(0) = |f(0)|^2 = \frac{4m^2 a^4 \gamma^2}{\hbar^4} \tag{8.59}$$

总截面为

$$\sigma_t = \int \sigma(\theta)\mathrm{d}\Omega = 2\pi\int_0^\pi \sigma(\theta)\sin\theta\mathrm{d}\theta$$

当 $\theta > 1/ka$，$\sigma(\theta)$ 即远小于 $\sigma(0)$，因此 σ_t 的值主要来自角范围 $\theta \leqslant 1/ka$，由此可得

$$
\begin{aligned}
\sigma_t &\sim 2\pi\sigma(0)\int_0^{1/ka}\sin\theta\mathrm{d}\theta \sim \pi\sigma(0)k^2 a^2 \\
&\sim \frac{4\pi m^2 V_0^2 a^2}{k^2\hbar^4} = \frac{2\pi m V_0^2 a^2}{\hbar^2 E}
\end{aligned} \tag{8.60}
$$

8.8 无自旋粒子在吸引球方势阱作用下的散射

题 8.8 一个无自旋的粒子，质量为 m，能量为 E，以角 θ 在吸引势 $V(r)$ 上散射

$$V(r) = \begin{cases} -V_0, & 0 < r < a \\ 0, & r > a \end{cases}$$

其中，$V_0 > 0$.

(1) 求 V_0, a, m 满足什么关系时，在零能处 $(E = 0)$ 的散射截面为零. 对于满足上述关系的参数，当 $E \to 0$ 时，微分散射截面将有下列形式：

$$\frac{\mathrm{d}\sigma}{\mathrm{d}\Omega} \xrightarrow{E \to 0} E^\lambda F(\cos\theta)$$

(2) 指数 λ 是多少?

(3) 角分布函数 $F(\cos\theta)$ 是 $\cos\theta$ 的多项式，$\cos\theta$ 的最高次数是多少?

解答 (1) 在能量很低时，只需考虑 $l = 0$ 分波. 设径向波函数为 $R(r) = \chi(r)/r$，则 $\chi(r)$ 满足方程

$$\begin{cases} \chi'' + \dfrac{2mE}{\hbar^2}\chi = 0, & r > a \\ \chi'' + \dfrac{2m}{\hbar^2}(E + V_0)\chi = 0, & 0 < r < a \end{cases}$$

令 $k = \sqrt{\dfrac{2mE}{\hbar^2}}$，$K = \sqrt{\dfrac{2m(E + V_0)}{\hbar^2}}$，则方程的解具有形式

$$\chi(r) = \sin(kr + \delta_0), \quad r > a$$
$$\chi(r) = A\sin Kr, \quad 0 < r < a$$

边界条件

$$\sin(ka + \delta_0) = A\sin Ka$$
$$k\cos(ka + \delta_0) = KA\cos Ka$$

也就是

$$K\tan(ka + \delta_0) = k\tan Ka$$
$$\delta_0 = \arctan\left[\frac{k}{K}\tan(Ka)\right] - ka$$

当 $k \to 0$ 时，

$$K \to K_0 = \sqrt{\frac{2mV_0}{\hbar^2}}, \quad \delta_0 \to k\left(\frac{\tan K_0 a}{K_0} - a\right)$$

按题意零能时截面为零. 即

$$\frac{4\pi}{k^2}\sin^2\delta_0 \to 4\pi a^2\left(\frac{\tan K_0 a}{K_0 a} - 1\right)^2 = 0$$

由此得到超越方程 $\tan K_0 a = K_0 a$, 即

$$\tan\left(\frac{\sqrt{2mV_0}}{\hbar}a\right) = \frac{\sqrt{2mV_0}}{\hbar}a$$

(2)、(3) 尽管 $k \to 0$ 时, 微分散射截面中 $l = 0$ 分波项趋于零, 但仍是主要贡献之一. 对 k 作 Taylor 展开, 略去 k^3 以上项

$$\tan Ka = \tan a\sqrt{k^2 + K_0^2} = \tan K_0 a + \frac{ak^2}{2\cos^2 K_0 a \cdot K_0} + \cdots$$

相移

$$
\begin{aligned}
\delta_0 &= \arctan\left(\frac{k}{K}\tan Ka\right) - ka \\
&= \arctan\left[k \cdot \frac{1}{K_0}\left(1 - \frac{k^2}{K_0^2}\right) \cdot \left(\tan K_0 a + \frac{ak^2}{2\cos^2 K_0 a \cdot K_0}\right)\right] - ka \\
&= \arctan\left(ka + \frac{k^3 a}{2K_0^2 \cos^2 K_0 a} - \frac{k^3 a}{K_0^2}\right) - ka \\
&= \frac{k^3 a}{2K_0^2 \cos^2 K_0 a} - \frac{k^3 a}{K_0^2} - \frac{k^3 a^3}{3}
\end{aligned}
$$

它对 $\dfrac{\mathrm{d}\sigma}{\mathrm{d}\Omega}$ 的贡献正比于 k^4.

为了考察 $l = 1$ 项的贡献, 我们先求出其径向波函数. 径向波函数满足方程

$$\frac{1}{r^2}\frac{\mathrm{d}}{\mathrm{d}r}\left(r^2\frac{\mathrm{d}}{\mathrm{d}r}R\right) + \left(k^2 - \frac{2}{r^2} + k_0^2\right)R = 0, \quad r < a$$

$$\frac{1}{r^2}\frac{\mathrm{d}}{\mathrm{d}r}\left(r^2\frac{\mathrm{d}}{\mathrm{d}r}R\right) + \left(k^2 - \frac{2}{r^2}\right)R = 0, \qquad r > a$$

其解为一阶球 Bessel 函数

$$R_1 = \begin{cases} \dfrac{\sin Kr}{(Kr)^2} - \dfrac{\cos Kr}{Kr}, & 0 < r < a \\[3mm] A\left[\dfrac{\sin(kr+\delta_1)}{(kr)^2} - \dfrac{\cos(kr+\delta_1)}{kr}\right], & r > a \end{cases}$$

利用边界 $r = a$ 处的波函数连接条件, 即 R_1 和 $(r^2 R_1)'$ 连续, 得

$$\frac{\sin Ka}{(Ka)^2} - \frac{\cos Ka}{Ka} = A\left[\frac{\sin(ka+\delta_1)}{(ka)^2} - \frac{\cos(ka+\delta_1)}{ka}\right]$$

$$\sin Ka = A\sin(ka+\delta_1)$$

所以

$$\cot(ka+\delta_1) = \frac{1}{ka} - \frac{k}{K^2 a} + \frac{k\cot Ka}{K} = \frac{1}{ka}\left(1 - \frac{k^2}{K^2} + \frac{k^2 a\cot Ka}{K}\right)$$

或者

$$\tan(ka+\delta_1) = ka\left(1 + \frac{k^2}{K^2} - \frac{k^2 a\cot Ka}{K} + o(k^3)\right)$$

$$= ka + o(k^4)$$

所以

$$\delta_1 = \arctan\left[ka + o(k^4)\right] - ka = -\frac{1}{3}(ka)^3 + o(k^4)$$

对 $\dfrac{\mathrm{d}\sigma}{\mathrm{d}\Omega}$ 的贡献也正比于 k^4.

类似地, 可解出 $l = 2$ 的径向波函数为

$$R_2 = \begin{cases} \left[\dfrac{3}{(Kr)^3} - \dfrac{1}{Kr}\right]\sin Kr - \dfrac{3}{(Kr)^2}\cos Kr, & 0 < r < a \\ \left[\dfrac{3}{(kr)^3} - \dfrac{1}{kr}\right]\sin(kr + \delta_2) - \dfrac{3}{(kr)^2}\cos(kr + \delta_2), & r > a \end{cases}$$

利用连接条件, 在 $r = a$ 处 R_1 和 $(r^2 R_1)'$ 连续, 得

$$\frac{\left[\dfrac{3}{(ka)^3} - \dfrac{1}{ka}\right]\tan(ka + \delta) - \dfrac{3}{(ka)^2}}{\left[\dfrac{3}{(Ka)^3} - \dfrac{1}{Ka}\right]\tan Ka - \dfrac{3}{(Ka)^2}} = \frac{k\left[ka\tan(ka + \delta_2) - (ka)^2\right]}{K\left[Ka\tan Ka - (Ka)^2\right]}$$

令 $y = \tan(ka + \delta_2) - ka$, 则

$$\left[\frac{3}{(ka)^3} - \frac{1}{ka}\right]y - 1 = \frac{y(-1 + o(k))}{bK^2(1 + o(k^2))}$$

式中, $b = \dfrac{a}{2\cos^2 K_0 a - K_0}$, 所以

$$\begin{aligned} y &= \frac{1}{\dfrac{3}{(ka)^3} - \dfrac{1}{ka} + \dfrac{1}{bK_0^2} + o(k)} \\ &= \frac{1}{\dfrac{3}{(ka)^3}\left[1 - \dfrac{(ka)^2}{3} + \dfrac{(ka)^3}{3bK_0^2} + o(k^4)\right]} \\ &= \frac{(ka)^3}{3}\left[1 + \dfrac{(ka)^2}{3} - \dfrac{(ka)^3}{3bK_0^2} + o(k^4)\right] \\ &= \frac{(ka)^3}{3} + \frac{(ka)^5}{9} + o(k^6) \end{aligned}$$

从而

$$\delta_2 = o(k^4)$$

可以肯定 $l > 2$ 各分波的贡献将更小. 由

$$\frac{\mathrm{d}\sigma}{\mathrm{d}\Omega} = |f(\theta)|^2 = \frac{1}{k^2}\left|\sum_{l=0}^{\infty}(2l + 1)\mathrm{e}^{\mathrm{i}\delta l}\sin\delta_l \mathrm{P}_l(\cos\theta)\right|^2$$

可知

$$\frac{\mathrm{d}\sigma}{\mathrm{d}\Omega} \xrightarrow{E\to 0} k^4 F(\cos\theta) \sim E^2 F(\cos\theta)$$

指数 λ 为 2，由于分波贡献主要来自 s 波与 p 波，角分布函数 $F(\cos\theta)$ 作为 $\cos\theta$ 的多项式，其幂的最高次也为 2.

8.9 球壳势作用下，Schrödinger 方程的散射态解和束缚态存在条件

题 8.9 Schrödinger 方程中的势为球壳势 $V(r) = \alpha\delta(r-a)$，

(1) $E > 0$ 时 s 态 ($l=0$) 波函数如何？须写出确定相移 δ 的方程. 对于 $\hbar k = \sqrt{2mE}$，证明当 $k\to 0$ 时，$\delta\to Ak$，这里 A 是一个常数 (叫做散射长度). 将 A 写成 α 和 a 的函数；

(2) $l=0$ 时有多少个束缚态，它们的存在怎样依赖于 α(一个图示即可)？

(3) 当存在一个 $E=0$ 的束缚态时的散射长度是多大？描述当 α 从正变负并增加到束缚时 A 的行为. A 的范围对不同的 α 也不同吗？作 A 对 α 的草图.

解答 (1) Schrödinger 方程 ($l=0$)

$$-\frac{\hbar^2}{2m}\cdot\frac{1}{r^2}\frac{\partial}{\partial r}\left(r^2\frac{\partial}{\partial r}\psi\right)+V(r)\psi = E\psi$$

令 $\psi = \chi/r$，上式化为

$$-\frac{\hbar^2}{2m}\chi'' + \alpha\delta(r-a)\chi = E\chi$$

或者

$$\chi'' - \beta\delta(r-a)\chi = -k^2\chi$$

式中

$$\beta = \frac{2m\alpha}{\hbar^2}, \quad k = \sqrt{\frac{2mE}{\hbar^2}}$$

分区间求解得到

$$\chi = \begin{cases} a'\sin kr, & r < a \\ a\sin(kr+\delta), & r > a \end{cases}$$

由 $r=a$ 处波函数连接条件

$$\begin{cases} a'\sin ka = a\sin(ka+\delta) \\ a'\dfrac{\beta}{k}\sin ka = a\cos(ka+\delta) - a'\cos ka \end{cases}$$

则有

$$\tan(ka+\delta) = \frac{\tan ka}{1 + \dfrac{\beta}{k}\tan ka}$$

在极限情况，$ka, \delta \to 0$ 时

$$\delta \to \frac{-a}{1 + \dfrac{\hbar^2}{2m\alpha a}} k = Ak$$

其中，$A = \dfrac{-a}{1 + \dfrac{\hbar^2}{2m\alpha a}}$ 称散射长度.

(2) 束缚态 Schrödinger 方程

$$-\frac{\hbar^2}{2m}\chi'' + \alpha\delta(r-a)\chi = E\chi$$

化成

$$\chi'' - \beta\delta(r-a)\chi = k^2\chi$$

式中

$$\beta = \frac{2m\alpha}{\hbar^2}, \quad k^2 = -\frac{2mE}{\hbar^2}$$

分区间求解得到

$$\chi = \begin{cases} a'\sin kr, & r < a \\ a\mathrm{e}^{-kr}, & r > a \end{cases}$$

由 $r = a$ 处波函数连接条件

$$\begin{cases} a'\sinh ka = a\mathrm{e}^{-ka} \\ \beta a\mathrm{e}^{-ka} = -ak\mathrm{e}^{-ka} - a'k\cosh ka \end{cases}$$

化简得

$$1 - \mathrm{e}^{-2ka} = -\frac{2ka}{\beta a} = -\frac{\hbar^2 k}{m\alpha}$$

从图 8.2 易见仅当 $0 > \dfrac{1}{\beta a} > -1$ 时才有束缚态存在，这时有 $\dfrac{2m a\alpha}{\hbar^2} < 1$.

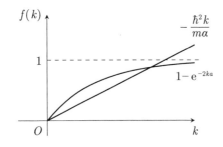

图 8.2　球壳势中运动的粒子束缚态存在的条件

(3) 当 α 改变趋近于有一个 $E \sim 0$ 的束缚态时，从第 (2) 小题的结果可知 $\beta a \to -1$，代入

$$\tan(ka - \delta) = \frac{\tan ka}{1 + \dfrac{\beta a}{ka}\tan ka}$$

中，易知 $\delta \to \pm\pi/2$, $A \to \infty$. 散射长度

$$A = \frac{-a}{1 + \dfrac{\hbar^2}{2m\alpha a}} = \frac{-a}{1 + \dfrac{\hbar^2}{2m\alpha a}}$$

对 A 的行为可作如下的草图 8.3：

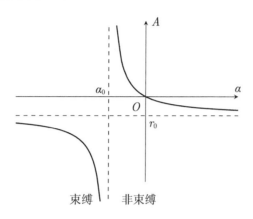

图 8.3　当 α 从正变负并增加到束缚时散射长度的行为

8.10　氦核的两个最低不稳定能级对氦气的 α 粒子散射的影响

题 8.10　核 ^{8}Be 相对于离解成两个 α 粒子来说是不稳定的，但核反应实验定出该核的两个最低不稳定能级如下：

$J = 0$，偶宇称，高于离解能级约 95keV；

$J = 2$，偶宇称，高于离解能级约 3MeV.

考虑由于这些能级存在将对氦气与 α 粒子之间散射产生怎样的影响，特别：

(1) 写出 $r \to \infty$ 时弹性散射波函数的分波表达式；

(2) 定性描述作为能量函数的相应相移在每个能级附近如何变化；

(3) 描述该变化对粒子的角分布有何影响.

解答　(1) 首先由于 α 粒子是自旋为零的粒子，两个 α 粒子 (全同粒子) 组成的体系由于 Bose-Einstein 统计的限制，相互运动角动量量子数 l 只能为偶数，即分波展开式中只有 l 为偶数的部分. 现在附加相移有两部分：Coulomb 相互作用引起的 δ_l^C 与核力引起的 δ_l^N. 所以当 $r \to \infty$ 时，波函数

$$\psi = \sum_{l=0,2,4,\cdots} (2l+1) \frac{i^l}{kr} \exp\left\{ i\left(\delta_l^C + \delta_l^N\right) \right\}$$

$$\times \sin\left(kr - \frac{l\pi}{2} + \delta_l^C + \delta_l^N - \gamma \ln 2kr \right) P_l(\cos\theta)$$

式中，k 为质心系中测得的波数，$\gamma = (2e)^2/\hbar\nu_r$.

(2) 在能量逐渐增大到一定值的过程中, 由于受核引力作用, δ_l^N 由零逐渐增大. 特别地, 当能量接近或离开具有确定 l 的复合核不稳定能级时, 每个 δ_l^N 在 π 弧度附近较快地变化. 对 ${}^8\text{Be}$ 情况, $l = 0$ 时, 在 95keV 附近, $l = 2$ 时在 3MeV 附近出现以上情况.

一般说来, 在能量低于 Coulomb 势垒, 即当 r 在核力作用范围内但 Coulomb 斥力与离心力共同作用使得相应的分波振幅减小处, 核力的作用是可以忽略的. 在这种情况下, δ_l^N 保持在 0(或 $n\pi$) 附近, 除非在共振点附近 δ_l^N 增大到 π. 近似取 He^{2+} 半径 R 为 $1.5 \times 10^{-13}\text{cm}$, 则当两 α 粒子接触时的 Coulomb 势垒高为 $(2e)^2/2R \sim 2\text{MeV}$. 这样 95keV, $l = 0$ 的共振峰宽度由于 Coulomb 势垒而被大大减小, 或者说 δ_l^N 升得很快, 而 $l = 2$ 的共振峰仍然保持较宽.

(3) 为了展示核力对角分布的影响, 我们改写分波展开如下:

$$\psi = \sum_{l=0,2,4,\cdots}^{\infty} (2l+1)\mathrm{i}^l \exp\left(\mathrm{i}\delta_l^C\right)(kr)^{-1}\left\{\sin\left(kr - \frac{l\pi}{2} - \gamma\ln 2kr + \delta_l^C\right)\right.$$
$$\left. + \left(\frac{\exp(2\mathrm{i}\delta_l^N - 1)}{2\mathrm{i}}\right)\exp\mathrm{i}\left(kr - \frac{l\pi}{2} - \gamma\ln 2kr + \delta_l^C\right)\right\}\mathrm{P}_l(\cos\theta)$$

式中, 大括号中前一项是未受核力影响的 Coulomb 散射波函数, 并对 l 相加后得

$$\exp\mathrm{i}\left\{kr\cos\theta - \gamma\ln\left[kr(1-\cos\theta)\right] + \delta_0^C\right\}$$
$$-\gamma(kr)^{-1}\exp\left\{\mathrm{i}\left[kr\cos\theta - \gamma\ln(kr) + \delta_0^C\right]\right\}$$
$$\times\frac{1}{\sqrt{2}}\left\{\frac{\exp\left[-\mathrm{i}\gamma\ln(1-\cos\theta)\right]}{1-\cos\theta} + \frac{\exp\left[-\mathrm{i}\gamma\ln(1+\cos\theta)\right]}{1+\cos\theta}\right\}$$

最后括号中两项起源于两个 He^{2+} 的全同性, 这在一般 Rutherford 散射中不出现.

上面 ψ 展开式大括号中第二项贡献源于核力造成的向外传播波. 它的振幅在各方向上与 Coulomb 散射振幅相干涉, 当 δ_l^N 保持在 π 整数倍附近, 例如, 能量低于 Coulomb 位垒时, 两者的相干效应很小. 注意后一项振幅在 δ_l^N 比 π 大一些和比 π 小一些时符号相反. 尽管共振发生在低能处, 相应的干涉效应探测起来也会很显著.

8.11 弹性截面的上下限

题 8.11 考虑有非弹性散射的量子力学散射问题. 假设我们有形如下式的弹性散射道散射振幅的分波展开:

$$f(k,\theta) = \sum_{l=0}^{\infty}(2l+1)\frac{\eta_l\mathrm{e}^{2\mathrm{i}\delta_l} - 1}{2\mathrm{i}k}\mathrm{P}_l(\cos\theta)$$

式中, $\delta_l(k)$ 和 $\eta_l(k)$ 是实量, 且 $0 \leqslant \eta_l \leqslant 1$, 波数用 k 标志, θ 是散射角. 对于一给定的 l 分波, 求出用 $\sigma_{\text{非弹性}}^{(l)}$ 表示的弹性截面 $\sigma_{\text{弹性}}^{(l)}$ 的上、下限.

解答 l 分波弹性截面与非弹性截面如下给出:

$$\sigma_{\text{非弹性}}^{(l)} = \pi\lambda^2(2l+1)\left|1 - \eta_l\mathrm{e}^{2\mathrm{i}\delta_l}\right|^2$$

$$\sigma_{\text{弹性}}^{(l)} = \pi \lambda^2 (2l+1) \left(1 - \left| \eta_l e^{2i\delta_l} \right|^2 \right)$$

式中，$\lambda = \dfrac{\lambda}{2\pi} = \dfrac{1}{k}$，所以

$$\sigma_{\text{弹性}}^{(l)} = \frac{\left| 1 - \eta_l e^{2i\delta_l} \right|^2}{1 - \left| \eta_l e^{2i\delta_l} \right|^2} \sigma_{\text{非弹性}}^{(l)}$$

由于 η_l，δ_l 为实量，且 $0 \leqslant \eta_l \leqslant 1$，所以

$$\frac{(1-\eta_l)^2}{1-\eta_l^2} \leqslant \frac{\left| 1 - \eta_l e^{2i\delta_l} \right|^2}{1 - \left| \eta_l e^{2i\delta_l} \right|^2} \leqslant \frac{(1+\eta_l)^2}{1-\eta_l^2}$$

从而

$$\frac{(1-\eta_l)^2}{1-\eta_l^2} \sigma_{\text{非弹性}}^{(l)} \leqslant \sigma_{\text{弹性}}^{(l)} \leqslant \frac{(1+\eta_l)^2}{1-\eta_l^2} \sigma_{\text{非弹性}}^{(l)}$$

所以 $\sigma_{\text{弹性}}^{(l)}$ 的上、下限分别为

$$\frac{(1+\eta_l)^2}{1-\eta_l^2} \sigma_{\text{非弹性}}^{(l)}, \qquad \frac{(1-\eta_l)^2}{1-\eta_l^2} \sigma_{\text{非弹性}}^{(l)}$$

8.12 波数为 k 的慢中子被半径为 R 的中性原子散射时相移 δ 与 k 的关系

题 8.12 一个波数为 k 的慢电子被一个有效 (最大) 半径为 R 的中性原子散射，$kR \ll 1$.

(1) 假定电子 – 原子势是已知的，请解释相关的相移 δ 如何与 Schrödinger 方程的解联系起来；

(2) 给出以 δ 与 k 表示的微分散射截面公式 (如果你记不起这个公式，请用量纲分析法猜出)；

(3) 用一个 Schrödinger 方程解的图像说明一个非零纯吸引势可以在一个特定的 k 上没有散射；

(4) 请再用一个图像解释一个在短程为吸引、长程为排斥的势如何能在一个特定的 k 外给出共振散射；

(5) 在共振峰中央总散射截面的极大值为多少？

解答 (1) 由于 $kR \ll 1$，故只需要考虑 s 波. 在远距离处 Schrödinger 方程的解有渐近形式

$$\psi(r) \to \frac{\sin(kr + \delta)}{kr}$$

这就把 δ 与方程解联系起来了.

(2) 所要求的微分散射截面公式为

$$\sigma(\theta) = \frac{\sin^2 \delta}{k^2}$$

(3) 相移 δ 一般说来, 是波数 k 的函数. 当 $\delta = n\pi$ 时, $\sigma(\theta) = 0$, $\sigma_{\mathrm{t}} = 0$, 这时没有散射. $l = 0$ 情况 Schrödinger 方程的渐近解 $(\chi(r) = r\psi, r \to \infty)$ 图形如图 8.4 所示.

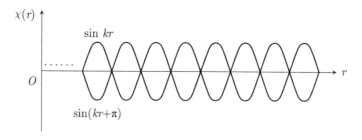

图 8.4　$l = 0$ 情况 Schrödinger 方程的渐近解图形

(4) 如图 8.5 给出的势, 当入射粒子的能量接近势阱的 (束缚态) 本征值时, 阱内与阱外的波函数强烈耦合, 在阱内的波函数具有较大的幅度值, 即发生了共振散射.

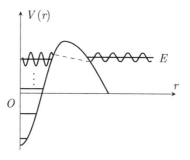

图 8.5　共振散射

(5) 在共振峰中心的总散射截面的极大值为 $4\pi R^2$, 这里 R 为力程.

8.13　吸引球方势阱作用下, 正能量粒子的 $l = 0$ 分波相移 δ_0 与能量的关系

题 8.13　对吸引的球方势阱 $V = -V_0$, $r < a$; $V = 0$, $r > a$, 求出正能量下 $l = 0$ 的相移 δ_0 的能量依赖关系. 由此证明, 高能时 $\delta(k) \to \dfrac{maV_0}{\hbar^2 k}$, 并从 Born 近似得出这个结果.

解答　设 $\chi = rR$, 则对 $l = 0$ 分波有

$$\chi'' + {k'}^2 \chi = 0, \quad r < a$$
$$\chi'' + k^2 \chi = 0, \quad r > a$$

其中, $k = \sqrt{\dfrac{2mE}{\hbar^2}}$, $k' = \sqrt{k^2 \left(1 + \dfrac{V_0}{E}\right)}$. 分区间求解得

$$\chi = \begin{cases} \sin k'r, & r < a \\ A\sin(kr + \delta_0), & r > a \end{cases}$$

由波函数连接条件

$$(\ln\chi)'\big|_{r=a^-} = (\ln\chi)'\big|_{r=a^+}$$

得决定 δ_0 的方程

$$k'\cot k'a = k\cot(ka+\delta_0)$$

令 $k\to\infty$，得

$$\delta_0 \to (k'-k)a = k\frac{V_0}{2E}a = \frac{maV_0}{\hbar^2 k}$$

另一方面，从 Born 近似和分波法相比较得

$$
\begin{aligned}
\delta_0 &\approx -\frac{2mk}{\hbar^2}\int_0^\infty V(r)\mathrm{j}_0^2(kr)r^2\mathrm{d}r = \frac{2mk_0V_0}{\hbar^2}\int_0^a \frac{\sin^2 kr}{k^2}\mathrm{d}r \\
&= \frac{2mV_0}{\hbar^2 k^2}\int_0^{ka}\sin^2 t\,\mathrm{d}t = \frac{mV_0}{\hbar^2 k^2}\left(ka - \frac{1}{2}\sin 2ka\right)
\end{aligned}
$$

当 $k\to\infty$ 时，$\delta_0 \to \dfrac{mV_0 a}{\hbar^2 k}$.

8.14　吸引球方势阱作用下低能粒子的散射截面，并与 Born 近似比较

题 8.14　对势为 $V=-V_0$, $r<a$; $V=0$, $r>a$ 的低能粒子，计算其散射截面，并将结果与 Born 近似结果相比较.

解答　设 $\chi = rR$ 为径向波函数，则有

$$\chi_l''(r) + \left[k^2 - \frac{l(l+1)}{r^2}\right]\chi_l(r) = 0, \quad r \geqslant a$$

$$\chi_l''(r) + \left[k'^2 - \frac{l(l+1)}{r^2}\right]\chi_l(r) = 0, \quad r < a$$

其中，$k = \sqrt{\dfrac{2mE}{\hbar^2}}$，$k' = \sqrt{\dfrac{2m(E+V_0)}{\hbar^2}}$.

由低能条件，计算 s 分波，$l=0$，

$$\chi_l''(r) + k^2\chi_l(r) = 0, \quad r \geqslant a \tag{8.61}$$

$$\chi_l''(r) + k'^2\chi_l(r) = 0, \quad r < a \tag{8.62}$$

求解上式得到波函数的解形式为

$$\chi_l(r) = \begin{cases} A\sin(k'r), & r < a \\ A'\sin(kr+\delta_0), & r \geqslant a \end{cases}$$

由 $r=a$ 处波函数连续性条件，

$$k'a\cot k'a = ka\cot(ka+\delta_0)$$

$$\tan(ka + \delta_0) = \frac{k}{k'} \tan k'a$$

所以

$$\delta_0 = \arctan\left(\frac{k}{k'} \tan k'a\right) - ka$$

当 $k \to 0$, $k' \to k_0 = \sqrt{\frac{2mV_0}{\hbar^2}}$

$$\frac{k}{\tan(ka + \delta_0)} = \frac{k_0}{\tan k_0 a}$$

为常数，所以

$$ka + \delta_0 \to 0$$
$$\tan(ka + \delta_0) \approx ka + \delta_0$$

所以

$$\delta_0 \approx ka\left(\frac{\tan k_0 a}{k_0 a} - 1\right)$$
$$\sigma \approx \frac{4\pi}{k^2} \sin^2 \delta_0 \approx \frac{4\pi}{k^2} \delta_0^2 = 4\pi a^2 \left(\frac{\tan k_0 a}{k_0 a} - 1\right)^2$$

当 $k_0 a \ll 1$ 时

$$\sigma \approx 4\pi a^2 \left[\frac{1}{3}(k_0 a)^2\right]^2 = \frac{16\pi a^6 m^2 V^2}{9\hbar^4}$$

采用 Born 近似

$$\begin{aligned}
f(\theta) &= -\frac{2m}{\hbar^2} \int_0^\infty V(r) \frac{\sin qr}{qr} r^2 \mathrm{d}r = \frac{2mV_0}{\hbar^2 q} \int_0^a r \sin qr \mathrm{d}r \\
&= \frac{2mV_0}{\hbar^3 q^3} (\sin qa - qa \cos qa)
\end{aligned}$$

式中，$q = 2k \sin\frac{\theta}{2}$ 为动量转移的大小

$$\sigma(\theta) = |f(\theta)|^2 = \frac{4m^2 V_0^2}{\hbar^4 q^6} (\sin qa - qa \cos qa)^2$$

当 $k \to 0$, $q \to 0$ 时

$$\sin qa \approx qa - \frac{1}{3!}(qa)^3, \quad \cos qa \approx 1 - \frac{1}{2!}(qa)^2$$

所以

$$\sigma(\theta) \approx \frac{4m^2 V_0^2 a^6}{q\hbar^4}$$

最后得

$$\sigma = \int \mathrm{d}\Omega \sigma(\theta) = \frac{16\pi m^2 V_0^2 a^6}{q\hbar^4}$$

可见，当 $k \to 0$，且 $k_0 a \ll 1$ 时，两种方法结果一致. 其物理意义如下：分波法时只计算 s 分波，条件为 $l_{\max} \leqslant ka \sim 0$，即 $ka \ll 1$，而 Born 近似适用条件为 $k \gg k_0$. 当 $k_0 a \ll ka \ll 1$ 时，两者的成立条件同时满足，结果也就一致. 一般而言，分波法与 Born 近似适用条件不同，但在某些条件下，两种方法的适用条件也可以都满足.

8.15　导出一级 Born 近似下，散射波函数满足的微分方程

题 8.15　粒子在势 $V(r)$ 的散射下，其波函数可写成一个入射平面波加上出射散射波

$$\psi = \mathrm{e}^{\mathrm{i}kz} + \phi(\boldsymbol{r})$$

请导出第一级 Born 近似下 $\phi(\boldsymbol{r})$ 的微分方程.

解法一　粒子入射能量为 E，令

$$U = \frac{2m}{\hbar^2} V, \quad k = \sqrt{\frac{2mE}{\hbar^2}}$$

则定态 Schrödinger 方程为

$$(\nabla^2 + k^2)\psi = U\psi$$

相应的 Green 函数方程为

$$(\nabla^2 + k^2)G(\boldsymbol{r} - \boldsymbol{r}') = -4\pi\delta(\boldsymbol{r} - \boldsymbol{r}')$$

满足散射边界条件的解是

$$G(\boldsymbol{r} - \boldsymbol{r}') = \frac{\exp(\mathrm{i}k|\boldsymbol{r} - \boldsymbol{r}'|)}{|\boldsymbol{r} - \boldsymbol{r}'|}$$

得波函数为

$$\psi(\boldsymbol{r}) = \psi_0(\boldsymbol{r}) - \frac{1}{4\pi}\int \mathrm{d}^3\boldsymbol{r}' G(\boldsymbol{r} - \boldsymbol{r}')U(\boldsymbol{r}')\psi(\boldsymbol{r}')$$

入射波为平面波 $\mathrm{e}^{\mathrm{i}kz'}$，在一级 Born 近似下作以下近似代换：

$$U(\boldsymbol{r}')\psi(\boldsymbol{r}') \leftrightarrow U(\boldsymbol{r}')\mathrm{e}^{\mathrm{i}kz'}$$

因此

$$\psi(\boldsymbol{r}) = \mathrm{e}^{\mathrm{i}kz} - \frac{1}{4\pi}\int \frac{\exp(\mathrm{i}k|\boldsymbol{r} - \boldsymbol{r}'|)}{|\boldsymbol{r} - \boldsymbol{r}'|} U(\boldsymbol{r}')\mathrm{e}^{\mathrm{i}kz'}\mathrm{d}^3\boldsymbol{r}'$$

与入射波比较，得散射波 $\phi(\boldsymbol{r})$ 为

$$\phi(\boldsymbol{r}) = -\frac{1}{4\pi}\int \frac{\exp(\mathrm{i}k|\boldsymbol{r} - \boldsymbol{r}'|)}{|\boldsymbol{r} - \boldsymbol{r}'|} U(\boldsymbol{r}')\mathrm{e}^{\mathrm{i}kz'}\mathrm{d}^3\boldsymbol{r}'$$

两边作用算子 $(\nabla^2 + k^2)$，由 Green 函数方程得

$$
\begin{aligned}
(\nabla^2 + k^2)\phi(\boldsymbol{r}) &= -\frac{1}{4\pi} \int (\nabla^2 + k^2) \frac{\exp\left(\mathrm{i}k\left|\boldsymbol{r} - \boldsymbol{r}'\right|\right)}{\left|\boldsymbol{r} - \boldsymbol{r}'\right|} U(\boldsymbol{r}')\mathrm{e}^{\mathrm{i}kz'}\mathrm{d}^3\boldsymbol{r}' \\
&= \int \delta(\boldsymbol{r} - \boldsymbol{r}')U(\boldsymbol{r}')\mathrm{e}^{\mathrm{i}kz'}\mathrm{d}^3\boldsymbol{r}'
\end{aligned}
$$

$\phi(\boldsymbol{r})$ 满足的微分方程在一阶 Born 近似下为

$$
(\nabla^2 + k^2)\phi(\boldsymbol{r}) = U(\boldsymbol{r})\mathrm{e}^{\mathrm{i}kz}
$$

解法二　Schrödinger 方程为

$$
(\nabla^2 + k^2)\psi = U\psi
$$

式中，$U = \dfrac{2m}{\hbar^2}V$，$k = \sqrt{\dfrac{2mE}{\hbar^2}}$，将 $\psi = \mathrm{e}^{\mathrm{i}kz} + \phi(\boldsymbol{r})$ 代入上述方程，得

$$
(\nabla^2 + k^2)\mathrm{e}^{\mathrm{i}kz} + (\nabla^2 + k^2)\phi(\boldsymbol{r}) = U\left[\mathrm{e}^{\mathrm{i}kz} + \phi(\boldsymbol{r})\right]
$$

或者

$$
(\nabla^2 + k^2)\phi(\boldsymbol{r}) = \frac{2m}{\hbar^2}V\left[\mathrm{e}^{\mathrm{i}kz} + \phi(\boldsymbol{r})\right]
$$

作一级 Born 近似，即令上式右端 $\mathrm{e}^{\mathrm{i}kz} + \phi(\boldsymbol{r}) \approx \mathrm{e}^{\mathrm{i}kz}$，得所求方程

$$
(\nabla^2 + k^2)\phi(\boldsymbol{r}) \approx \frac{2m}{\hbar^2}V\mathrm{e}^{\mathrm{i}kz}
$$

8.16　Hamilton 量绕任意轴旋转不变并不意味着散射振幅 $f(\theta, \varphi)$ 与 θ 无关

题 8.16　一个给定势对零自旋粒子的散射量子理论给出如下波函数的渐近表达式：

$$
\psi(\boldsymbol{r}) \overset{r \to \infty}{\longrightarrow} \mathrm{e}^{\mathrm{i}kz} + f(\theta, \varphi)\frac{\mathrm{e}^{\mathrm{i}kr}}{r}
$$

(1) 如果总 Hamilton 量算符旋转不变 (如有心力场)，试讨论散射振幅 f 为何不依赖于 φ；

(2) 为什么这个讨论不能推广为 f 也不依赖于 θ；

(3) 当入射波能量趋于 0 时，请再考虑第 (2) 小题；

(4) 如何用 f 表示出散射截面的公式？

(5) f 的一级 Born 近似公式是什么？(务必定义你所引入的量)

(6) Born 近似适用的条件是什么？

解法一　(1) 当系统总的 Hamilton 量算符旋转不变时，角动量为守恒量. 入射波 $\mathrm{e}^{\mathrm{i}kz} = \mathrm{e}^{\mathrm{i}kr\cos\theta}$ 与方位角 φ 无关，即它是角动量 L_z 的本征态，本征值为 0. 由于角动量为守恒量，可知出射波也应为 L_z 的 0 本征值本征态

$$
L_z f(\theta, \varphi) = 0, \quad L_z = -\mathrm{i}\hbar\frac{\partial}{\partial\varphi}
$$

因此 $\dfrac{\partial}{\partial\varphi}f(\theta,\varphi)=0$, 即 $f=f(\theta)$ 与 φ 无关.

(2) 入射波虽然是 L_z 的本征态, 但却不是 $\boldsymbol{L}^2$ 的本征态, 这可以从平面波的一般展开式看出

$$\mathrm{e}^{\mathrm{i}kz}=\sum_{l=0}^{\infty}A_l\mathrm{j}_l(kr)\mathrm{Y}_{l0}(\theta)$$

其中 $A_l=\sqrt{4\pi(2l+1)}\mathrm{i}^l$, $k=\sqrt{2\mu E}/\hbar$. 可见入射波 $\mathrm{e}^{\mathrm{i}kz}$ 为各种 l 即 $\boldsymbol{L}^2$ 的各种本征态的叠加, 而不是 s 态 $(l=0)$. 故而 f 中也包含各种角动量态, 因此一般依赖于 θ(只有 $l=0$ 才不依赖于 θ).

(3) 当入射能量趋于 0 时, $k\to0$, 由球 Bessel 函数的渐近表达式

$$\mathrm{j}_l(kr)\xrightarrow{kr\to0}\frac{k^lr^l}{(2k+1)!!}$$

可知, 只有 $l=0$ 这一项为主要的, 即 s 波散射占主导. 此时可以认为 f 中只含 s 波, 各向同性, 因而也就不依赖于 θ 了.

(4) 散射截面的公式为

$$\frac{\mathrm{d}\sigma}{\mathrm{d}\Omega}=|f(\theta,\varphi)|^2$$

(5) f 的一级 Born 近似公式为

$$f(\theta,\varphi)=-\frac{m}{2\pi\hbar^2}\int\mathrm{d}\boldsymbol{r}'V(\boldsymbol{r}')\exp\left(-\mathrm{i}\boldsymbol{q}\cdot\boldsymbol{r}'\right)$$

式中, $V(\boldsymbol{r}')$ 为散射势, 而 $\boldsymbol{q}=\boldsymbol{k}-\boldsymbol{k}_0$ 为动量转移量, $\boldsymbol{k}_0$、$\boldsymbol{k}$ 分别为散射前后粒子的动量. 对于中心势场

$$f(\theta,\varphi)=-\frac{2m}{\hbar^2q}\int_0^{\infty}\mathrm{d}r'r'V(r')\sin qr'$$

(6) Born 近似的适用范围为相对于粒子的入射能量来说, 相互作用势较小.

解法二 (关于第 (3) 小题) 但是, 当能量 $E\to0$, 即 $k\to0$ 时, 入射波 $\mathrm{e}^{\mathrm{i}kz}$ 几乎只包含 $l=0$ 的分波, 其他分波的振幅很小, 可以略去. 这时, H 在旋转下的不变性导致 $\boldsymbol{L}^2$ 守恒, 所以出射波也应为 $\boldsymbol{L}^2$ 的本征值 $l=0$ 的本征态 (近似), 于是应有

$$\frac{1}{\sin\theta}\cdot\frac{\mathrm{d}}{\mathrm{d}\theta}\left[\sin\theta\frac{\mathrm{d}f(\theta)}{\mathrm{d}\theta}\right]=0$$

注意到必须具有波函数的良好性质, 所以

$$\frac{\mathrm{d}f(\theta)}{\mathrm{d}\theta}=0$$

8.17 粒子在一维势 $V(x)$ 上的散射

题 8.17 考虑一个质量为 m 的粒子在一维势 $V(x)$ 上的散射.

(1) 证明

$$G_E(x) = \frac{1}{2\pi} \int_{-\infty}^{+\infty} \mathrm{d}k \frac{\mathrm{e}^{\mathrm{i}kx}}{E - \dfrac{\hbar^2 k^2}{2m} + \mathrm{i}\varepsilon}, \quad \varepsilon \text{ 是正无穷小}$$

是能量为 E 的与时间无关的 Schrödinger 方程在出射波边界条件下的自由粒子 Green 函数.

(2) 写出一个沿正 x 方向的入射波能量本征函数所满足的积分方程. 用此方程, 求在一级 Born 近似下势为

$$V(x) = \begin{cases} V_0, & |x| < a/2 \\ 0, & |x| > a/2 \end{cases}$$

的反射概率. 你预计在 E 取什么范围的值时, 所采用近似的准确度较高?

解答 (1) 相应于定态 Schrödinger 方程

$$\left(\frac{\hbar^2}{2m} \frac{\mathrm{d}^2}{\mathrm{d}x^2} + E \right) \psi = V\psi \tag{8.63}$$

的自由粒子 Green 函数 $G_E(x)$, 满足

$$\left(\frac{\hbar^2}{2m} \frac{\mathrm{d}^2}{\mathrm{d}x^2} + E \right) G_E(x) = \delta(x) \tag{8.64}$$

我们将 $G_E(x)$ 和 $\delta(x)$ 都写成 Fourier 积分的形式

$$G_E(x) = \frac{1}{2\pi} \int_{-\infty}^{+\infty} \mathrm{d}k f(k) \mathrm{e}^{\mathrm{i}kx} \tag{8.65}$$

$$\delta(x) = \frac{1}{2\pi} \int_{-\infty}^{+\infty} \mathrm{d}k \mathrm{e}^{\mathrm{i}kx} \tag{8.66}$$

代入 $G_E(x)$ 满足的方程, 有

$$\left(-\frac{\hbar^2 k^2}{2m} + E \right) f(k) = 1$$

从而

$$f(k) = \frac{1}{E - \dfrac{\hbar^2 k^2}{2m}} \tag{8.67}$$

需对 $f(k)$ 作 Fourier 反变换. 由于 $f(k)$ 的奇点在积分路径上, 而 Fourier 积分可以理解成复 k 平面上的积分, 我们不妨在 $f(k)$ 的表达式分母中加上一项 $\mathrm{i}\varepsilon$, ε 为实数. 在完成了 $G_E(x)$ 的积分计算后再令 $\varepsilon \to 0$, 而 ε 的正负号则由边界条件决定. 考虑积分

$$G_E(x) = \frac{1}{2\pi} \int_{-\infty}^{+\infty} \mathrm{d}k \frac{\mathrm{e}^{\mathrm{i}kx}}{E - \dfrac{\hbar^2 k^2}{2m} + \mathrm{i}\varepsilon}$$

其中, $\varepsilon > 0$. 在 $x > 0$ 时, 积分可以沿上半平面半径无限大的围道计算, $k_1 =$

$\dfrac{(2m)^{1/2}}{\hbar}(E+\mathrm{i}\varepsilon)^{1/2}$ 为上半平面唯一的奇点. 由留数定理

$$G_E(x) = -\mathrm{i}\frac{m}{\hbar^2 k_1}\mathrm{e}^{\mathrm{i}k_1 x}, \quad x>0$$

$\varepsilon \to 0$ 时, $k_1 \to k$.

同样, $x<0$ 时, 积分可以沿下半平面的围道计算

$$G_E(x) = -\mathrm{i}\frac{m}{\hbar^2 k_1}\mathrm{e}^{-\mathrm{i}k_1 x}, \quad x<0$$

于是 $G_E(x)$ 在 $x>0$ 和 $x<0$ 时都代表出射波 (如果取 $\varepsilon<0$, 则得到具有入射波边界条件的解). 所以 $G_E(x)$ 是定态 Schrödinger 方程在出射波边条件下的自由粒子 Green 函数.

(2) 定态 Schrödinger 方程的解满足积分方程

$$\begin{aligned}
\psi_E(x) &= \psi^0(x) + G_E(x)*[V(x)\psi_E(x)] \\
&= \psi^0(x) + \int_{-\infty}^{+\infty} G_E(x-\xi)V(\xi)\psi_E(\xi)\mathrm{d}\xi
\end{aligned}$$

式中, $\psi^0(x)$ 是齐次 Schrödinger 方程

$$\left(\frac{\hbar^2}{2m}\frac{\mathrm{d}^2}{\mathrm{d}x^2}+E\right)\psi(x)=0$$

的解.

在一级 Born 近似下, 我们用入射波函数代换积分方程右边的 $\psi(x)$ 项

$$\begin{aligned}
\psi_E(x) &= \mathrm{e}^{\mathrm{i}kx} + \int_{-\infty}^{+\infty} G_E(x-\xi)V(\xi)\mathrm{e}^{\mathrm{i}k\xi}\mathrm{d}\xi \\
&= \mathrm{e}^{\mathrm{i}kx} + \int_{-\infty}^{x}(-\mathrm{i})\frac{m}{\hbar^2 k}\mathrm{e}^{\mathrm{i}k(x-\xi)}V(\xi)\mathrm{e}^{\mathrm{i}k\xi}\mathrm{d}\xi + \int_{x}^{\infty}(-\mathrm{i})\frac{m}{\hbar^2 k}\mathrm{e}^{-\mathrm{i}k(x-\xi)}V(\xi)\mathrm{d}\xi\,\mathrm{e}^{\mathrm{i}k\xi}
\end{aligned}$$

我们要求 $x \to -\infty$ 时的解的形式, 显然积分

$$\int_{-\infty}^{x}(-\mathrm{i})\frac{m}{\hbar^2 k}\mathrm{e}^{\mathrm{i}k(x-\xi)}V(\xi)\mathrm{e}^{\mathrm{i}k\xi}\mathrm{d}\xi = 0$$

$$\int_{x}^{\infty}(-\mathrm{i})\frac{m}{\hbar^2 k}\mathrm{e}^{-\mathrm{i}kx}\mathrm{e}^{2\mathrm{i}k\xi}V(\xi)\mathrm{d}\xi = \int_{-a/2}^{a/2}(-\mathrm{i})\frac{m}{\hbar^2 k}\mathrm{e}^{-\mathrm{i}kx}V_0\mathrm{e}^{2\mathrm{i}k\xi}\mathrm{d}\xi$$

$$= -\mathrm{i}\frac{mV_0}{\hbar^2 k^2}\sin ka\,\mathrm{e}^{-\mathrm{i}kx}$$

所以反射概率为

$$R = \frac{m^2 V_0^2}{\hbar^4 k^4}\sin^2 ka$$

在能量较高时

$$\left|\int_{-\infty}^{+\infty} G_E(x-\xi)V(\xi)\mathrm{e}^{\mathrm{i}k\xi}\mathrm{d}\xi\right| \ll \left|\mathrm{e}^{\mathrm{i}kx}\right|$$

因而用 $\mathrm{e}^{\mathrm{i}kx}$ 代替积分方程右边的 $\psi(x)$ 项, 近似的准确度较高.

8.18 用 Born 近似计算一个质量为 m 的粒子被 δ-函数势散射的截面

题 8.18 在 Born 近似下计算一个质量为 m 的粒子被 δ-函数势 $V(r) = V_0\delta^{(3)}(\boldsymbol{r})$ 散射的微分截面及总截面. 截面有何特点? 并与低能粒子的散射截面及 Coulomb 势的散射截面的特点比较.

解答 根据式 (8.51) 得散射振幅为

$$f(\theta, \varphi) = -\frac{\mu}{2\pi\hbar^2} \iiint \mathrm{d}^3\boldsymbol{r}\,\mathrm{e}^{-\mathrm{i}\boldsymbol{q}\cdot\boldsymbol{r}}\gamma\delta^{(3)}(\boldsymbol{r}) = -\frac{\mu\gamma}{2\pi\hbar^2} \tag{8.68}$$

可见散射振幅各向同性. 根据式 (8.53), 得微分散射截面为

$$\sigma(\theta, \varphi) = \frac{\mu^2 V_0^2}{4\pi^2\hbar^4}$$

各向同性, 而且与粒子能量无关. 散射总截面为

$$\sigma_{\mathrm{t}} = \frac{\mu^2 V_0^2}{\pi\hbar^4}$$

低能粒子的刚球散射或者球方势阱散射也有同样的特点, 即散射振幅各向同性并且与粒子能量无关. 其实这种特点对于低能粒子的散射具有一定的普遍性, 设短程相互作用势函数为 $V(\boldsymbol{r})$ 局限在空间有限区域, 相互作用力程量级为 r_0. 若 Born 近似适用[①], 则根据式 (8.51) 得散射振幅为

$$f(\theta, \varphi) = -\frac{\mu}{2\pi\hbar^2} \iiint \mathrm{d}^3\boldsymbol{r}\,\mathrm{e}^{-\mathrm{i}\boldsymbol{q}\cdot\boldsymbol{r}}V(\boldsymbol{r}) \tag{8.69}$$

若粒子能量足够低, 粒子波数 k 足够小 (粒子运动 de Broglie 波波长足够长), 使得 $kr_0 \ll 1$, 此时上面积分式中 $\mathrm{e}^{-\mathrm{i}\boldsymbol{q}\cdot\boldsymbol{r}}$ 可以取为 1, 这样

$$f(\theta, \varphi) \approx -\frac{\mu}{2\pi\hbar^2} \iiint \mathrm{d}^3\boldsymbol{r}\,V(\boldsymbol{r}) = -\frac{\mu A}{2\pi\hbar^2} \tag{8.70}$$

其中, $A = \iiint \mathrm{d}^3\boldsymbol{r}\,V(\boldsymbol{r})$ 为一实的常数量.

可见相互作用力程有限的势场对于能量足够低的粒子的散射, 与 δ-势的散射相同. 我们也可以说 δ-势是一个理想的, 作用力程极小的相互作用势, 作用力程要远小于碰撞粒子的相对运动的 de Broglie 波波长. 作为例子, δ-势用来近似地描述足够慢的中子受原子核的散射.

与此不同, Coulomb 势散射的特点则是: (i) 主要集中在小角度 ($\theta \approx 0$ 附近); (ii) 截面与入射粒子能量平方成反比. 导致这种不同的主要原因是, Coulomb 力是长程力.

[①] 关于 Born 近似适用条件的分析可参见张永德, 量子力学 (第 5 版)[M], 北京: 科学出版社, 2021, P.271-272.

8.19 球壳势 $B\delta(r-a)$ 对高、低能粒子散射的微分截面

题 8.19 设有一个质量为 m，能量为 E 的粒子在球对称势 $B\delta(r-a)$ 上散射，其中 B 和 a 都是常数.

(1) 在散射能量很高的情况下，用 Born 近似计算微分散射截面；

(2) 在其低能散射的情形，微分散射截面为何？

解答　(1) 按 Born 近似

$$\begin{aligned}
f &= -\frac{2m}{\hbar^2}\int_0^\infty r^2 \frac{\sin qr}{qr}B\delta(r-a)\mathrm{d}r \\
&= -\frac{2m\sin qa}{\hbar^2 q}Ba
\end{aligned}$$

所以

$$\frac{\mathrm{d}\sigma}{\mathrm{d}\Omega} = \left(\frac{2m\sin qa}{\hbar^2 q}Ba\right)^2$$

(2) 在能量很低的情形，只需考虑 $l=0$ 的分波. 设径向波函数 $R(x)=\chi(r)/r$，$\chi(r)$ 则满足

$$\chi'' + \frac{2m}{\hbar^2}[E-B\delta(r-a)]\chi = 0$$

分区间求解得到其解形式为

$$\begin{cases}
\chi = A\sin kr, & r < a \\
\chi = A'\sin(kr+\delta_0), & r > a
\end{cases}$$

其中，$k = \sqrt{\dfrac{2mE}{\hbar^2}}$. 利用边界条件

$$\chi(a+0) = \chi(a-0)$$

$$\chi'(a+0) - \chi'(a-0) - \frac{2m}{\hbar^2}B\chi(a) = 0$$

可得

$$k\cot(ka+\delta_0) - k\cot ka = \frac{2m}{\hbar^2}B$$

显然 $k\to 0$ 时，δ_0 随 k 趋于 0

$$\delta_0 \to \frac{k}{\dfrac{2mB}{\hbar^2}+\dfrac{1}{a}}$$

所以

$$\frac{\mathrm{d}\sigma}{\mathrm{d}\Omega} = \frac{1}{k^2}\left|\sin\delta_0 \mathrm{e}^{\mathrm{i}\delta}\right| \to \left(\frac{1}{\dfrac{2mB}{\hbar^2}+\dfrac{1}{a}}\right)^2$$

即散射是各向同性的.

8.20 核子被一重核弹性散射

题 8.20 一个核子被一个重核弹性散射, 该重核的效果可表示为一个固定势

$$V(r) = \begin{cases} -V_0, & r < R \\ 0, & r > R \end{cases}$$

式中, V_0 是一个正常数, 计算微分截面到 V_0 的最低级.

解答 在 Born 近似下, 有

$$\begin{aligned} \sigma(\theta) &= |f(\theta)|^2 = \frac{4\mu^2}{\hbar^4 q^2} \left| \int_0^\infty \mathrm{d}r' r' v(r') \sin qr' \right|^2 \\ &= \frac{4\mu^2 V_0^2}{\hbar^4 q^6} (\sin qR - qR \cos qR)^2 \end{aligned}$$

式中, $q = 2k \sin \dfrac{\theta}{2}$ 是动量转移的大小, k 是入射核子的波数.

8.21 用 Born 近似计算粒子在球对称分布电荷的静电势场中的散射问题

题 8.21 设中性原子的电荷分布为球对称, 密度 $\rho(r)$ 具有如下性质: $r \to \infty$, $\rho(r)$ 迅速趋于 0, 并有 $\int \rho(r) \mathrm{d}^3 \boldsymbol{x} = 0$, 但 $\int \rho(r) r^2 \mathrm{d}^3 \boldsymbol{x} = A \neq 0$(正负电荷分布不均匀). 今有质量为 m, 荷电 e 粒子沿 z 轴方向入射, 受到此电荷分布所产生静电场的散射. 试用 Born 近似计算向前散射 $(\theta = 0)$ 的微分截面.

解法一 对于非相对论粒子, 忽略磁场作用, 入射带电粒子受到的静电作用势为

$$V(r) = e \int \frac{\rho(r')}{|\boldsymbol{x} - \boldsymbol{x}'|} \mathrm{d}^3 \boldsymbol{x}' \tag{8.71}$$

按题意采用 Born 近似计算粒子受该势场的散射截面. 设入射粒子的能量为 E, 入射波波矢为 $\boldsymbol{k}_0 = (0, 0, k)$, 被散射到 (θ, φ) 方向粒子的波矢记为 $\boldsymbol{k}$. 由于弹性散射, $|\boldsymbol{k}| = |\boldsymbol{k}_0| = k$. 势函数球对称, 散射振幅与 φ 无关, 按照 Born 一级近似, 散射振幅为

$$f(\theta) = -\frac{m}{2\pi\hbar^2} \int V(r) \mathrm{e}^{\mathrm{i}(\boldsymbol{k}_0 - \boldsymbol{k}) \cdot \boldsymbol{x}} \mathrm{d}^3 \boldsymbol{x} \tag{8.72}$$

对于前向散射 $(\theta = 0)$, $\boldsymbol{k} = \boldsymbol{k}_0$, 散射振幅为

$$f(0) = -\frac{m}{2\pi\hbar^2} \int V(r) \mathrm{d}^3 \boldsymbol{x} \tag{8.73}$$

将式 (8.71) 代入得

$$f(0) = -\frac{me}{2\pi\hbar^2} \iint \frac{\rho(r')}{|\boldsymbol{x} - \boldsymbol{x}'|} \mathrm{d}^3 \boldsymbol{x}' \mathrm{d}^3 \boldsymbol{x} = -\frac{me}{2\pi\hbar^2} \int \rho(r') \int \frac{1}{|\boldsymbol{x} - \boldsymbol{x}'|} \mathrm{d}^3 \boldsymbol{x} \mathrm{d}^3 \boldsymbol{x}' \tag{8.74}$$

其中, $\int \dfrac{1}{|\boldsymbol{x} - \boldsymbol{x}'|} \mathrm{d}^3\boldsymbol{x}$ 可以直接进行积分, 也可以如下借用静电场模型进行计算. 假设空间均匀分布单位电荷密度, 则该积分为这种均匀分布电荷在 $\boldsymbol{x}'$ 处的总电势. 按电势叠加原理, 把空间分为以原点为球心, 以原点到 $\boldsymbol{x}'$ 的距离为半径的球内部分和球外两部分. 按照对称性和静电场 Gauss 定理, 球内部分电荷在 $\boldsymbol{x}'$ 激发的电场与所有电荷集中在原点给出的电场完全相同, 因而这部分电荷在 $\boldsymbol{x}'$ 激发的电势 (采用 Gauss 单位制, 下同) 为

$$\frac{4\pi}{3} r'^3 \frac{1}{r'} = \frac{4\pi}{3} r'^2$$

球外部分以原点为球心, 分为一系列厚度为 $\mathrm{d}r$ 的薄球壳. 按照对称性和静电场 Gauss 定理, 对于某一 r 到 $r + \mathrm{d}r$ 的薄球壳上的电荷, 在其薄球壳内激发的电场为零, 而其外的电场与电荷集中在原点相同. 因而薄球壳上的电荷在 $\boldsymbol{x}'$ 处产生的电势与在薄球壳上产生的相等, 为

$$4\pi r^2 \mathrm{d}r \frac{1}{r} = 4\pi r \mathrm{d}r$$

根据以上分析和电势叠加原理,

$$\int \frac{1}{|\boldsymbol{x} - \boldsymbol{x}'|} \mathrm{d}^3\boldsymbol{x} = \frac{4\pi}{3} r'^2 + \int_{r'}^{\infty} 4\pi r \mathrm{d}r = 2\pi R^2 - \frac{2\pi}{3} r'^2, \quad R \to \infty \tag{8.75}$$

把上式代入式 (8.74), 即得

$$f(0) = \frac{me}{\hbar^2} \lim_{R \to \infty} \int \rho(r') \left(\frac{1}{3} r'^2 - R^2 \right) \mathrm{d}^3\boldsymbol{x}' \tag{8.76}$$

代入题设结果 $\int \rho(r) \mathrm{d}^3\boldsymbol{x} = 0$, 以及 $\int \rho(r) r^2 \mathrm{d}^3\boldsymbol{x} = A$ 即得

$$f(0) = \frac{meA}{3\hbar^2} \tag{8.77}$$

因而向前散射 $(\theta = 0)$ 的微分截面为

$$\sigma(0) = |f(0)|^2 = \frac{m^2 e^2 A^2}{9\hbar^4} \tag{8.78}$$

解法二 按 Born 近似, 散射振幅

$$f = -\frac{m}{2\pi\hbar^2} \int V(\boldsymbol{r}) \mathrm{e}^{\mathrm{i}(\boldsymbol{k_0} - \boldsymbol{k}) \cdot \boldsymbol{x}} \mathrm{d}^3\boldsymbol{x}$$

式中, $\quad \boldsymbol{q} = \boldsymbol{k_0} - \boldsymbol{k}, q = 2k \sin\dfrac{\theta}{2} = \dfrac{2p}{\hbar} \sin\dfrac{\theta}{2}$. $V(\boldsymbol{r})$ 是静电 Coulomb 势, 满足 Poisson 方程

$$\nabla^2 V = -4\pi\rho(r)$$

作 Fourier 变换

$$F(q) \equiv \int \rho(r) \exp(\mathrm{i}\boldsymbol{q} \cdot \boldsymbol{r}) \mathrm{d}^3\boldsymbol{x}$$

则有

$$\int U(r)\exp\left(\mathrm{i}\boldsymbol{q}\cdot\boldsymbol{r}\right)\mathrm{d}^3x = \frac{4\pi}{q^2}F(q)$$

于是

$$\frac{\mathrm{d}\sigma}{\mathrm{d}\Omega} = \frac{m^2e^2}{4\pi^2\hbar^4}\cdot\frac{(4\pi)^2}{q^4}|F(q)|^2 = \frac{4m^2e^2}{\hbar^4q^4}|F(q)|^2$$

在向前散射时, θ 很小, q 很小, 于是

$$\begin{aligned}
F(q) &= \int\rho(r)\exp\left(\mathrm{i}\boldsymbol{q}\cdot\boldsymbol{r}\right)\mathrm{d}^3x = \int\rho(r)\left[1+\mathrm{i}\boldsymbol{q}\cdot\boldsymbol{r}+\frac{1}{2!}\left(\mathrm{i}\boldsymbol{q}\cdot\boldsymbol{r}\right)^2+\cdots\right]\mathrm{d}^3\boldsymbol{x}\\
&= \int\rho(r)\mathrm{d}^3\boldsymbol{x} - \frac{1}{2!}\int\rho(r)(\boldsymbol{q}\cdot\boldsymbol{r})^2\mathrm{d}^3\boldsymbol{x}\\
&= -\frac{1}{6}q^2\int\rho(r)r^2\mathrm{d}^3x = -\frac{Aq^2}{6}
\end{aligned}$$

从而向前散射 $(\theta=0)$ 的微分截面为

$$\left.\frac{\mathrm{d}\sigma}{\mathrm{d}\Omega}\right|_{\theta=0} = \frac{A^2m^2e^2}{9\hbar^4}$$

8.22　用 Born 近似计算粒子在 $V = A\mathrm{e}^{-r^2/a^2}$ 中的散射截面

题 8.22　一个质量为 m 的粒子, 在排斥势

$$V = A\mathrm{e}^{-r^2/a^2}$$

中运动, 用 Born 近似求出微分散射截面, 确定到一个相乘的常数.

解答　对于中心势 $V(r)$, 散射振幅计算公式为

$$f(\theta) = \frac{-2\mu}{\hbar^2q}\int_0^\infty rV(r)\sin qr\mathrm{d}r \tag{8.79}$$

其中, $q = q(\theta) = 2k\sin\dfrac{\theta}{2}$, 而 $\hbar k$ 为入射粒子动量大小. 令 $\alpha = 1/a^2$, 题给势函数记为 $V(r) = A\mathrm{e}^{-\alpha r^2}$ $(\alpha>0)$, 根据式 (8.79) 得散射振幅为

$$\begin{aligned}
f(\theta) &= \frac{-2\mu}{\hbar^2q}\int_0^\infty rA\mathrm{e}^{-\alpha r^2}\sin qr\mathrm{d}r = \frac{\mu A}{\hbar^2q\alpha}\int_0^\infty\sin qr\mathrm{d}\mathrm{e}^{-\alpha r^2}\\
&= \frac{\mu A}{\hbar^2\alpha}\int_0^\infty\mathrm{e}^{-\alpha r^2}\cos qr\mathrm{d}r = \frac{\mu A}{2\hbar^2\alpha}\int_{-\infty}^{+\infty}\mathrm{e}^{-\alpha r^2}\cos qr\mathrm{d}r\\
&= \frac{\mu A}{4\hbar^2\alpha}\int_{-\infty}^{+\infty}\left(\mathrm{e}^{-\alpha r^2+\mathrm{i}qr}+\mathrm{e}^{-\alpha r^2-\mathrm{i}qr}\right)\mathrm{d}r\\
&= \frac{\mu A}{4\hbar^2\alpha}\sqrt{\frac{\pi}{\alpha}}\left(\mathrm{e}^{-\frac{q^2}{4\alpha}}+\mathrm{e}^{-\frac{q^2}{4\alpha}}\right) = \frac{\sqrt{\pi}\mu A}{2\hbar^2\alpha^{\frac{3}{2}}}\mathrm{e}^{-\frac{q^2}{4\alpha}}
\end{aligned}$$

或者

$$f(\theta) = \frac{\sqrt{\pi}\mu Aa^3}{2\hbar^2}\mathrm{e}^{-\frac{q^2a^2}{4}} \tag{8.80}$$

上面用到了书后附录中广义 Gauss 积分公式 (A.5). 这样得微分散射截面为

$$\sigma(\theta) = \frac{\pi\mu^2 A^2 a^6}{4\hbar^4} \mathrm{e}^{-\frac{q^2 a^2}{2}} \tag{8.81}$$

8.23　用 Born 近似计算粒子受球方势阱作用的散射截面

题 8.23　一个非相对论粒子被如下球方势阱散射：

$$V(r) = \begin{cases} -V_0, & r < R \quad (V_0 > 0) \\ 0, & r > R \end{cases}$$

(1) 假定轰击能量足够高, 用 Born 近似计算散射截面 (不必归一化), 并画出角分布的形状, 指出角度单位；

(2) 如何用这个结果来测量 R?

(3) 假定 Born 近似是有效的, 为使散射对于 R 敏感, 能量必须大致要多高? 设粒子是质子, 球方势阱的半径

$$R = 5 \times 10^{-13} \mathrm{cm}$$

解答　(1) 按 Born 近似, 散射振幅

$$\begin{aligned} f(\theta) &\propto \frac{-1}{q} \int_0^\infty r V(r) \sin qr \mathrm{d}r \\ &= \frac{V_0}{q} \int_0^R r \sin qr \mathrm{d}r = \frac{V_0}{q^3} (\sin qR - qR \cos qR) \end{aligned}$$

故得

$$\frac{\mathrm{d}\sigma}{\mathrm{d}\Omega} \propto \left(\frac{\sin x - x\cos x}{x^3} \right)^2$$

式中, $x = qR = 2kR\sin\dfrac{\theta}{2}$, 角分布如图 8.6 所示.

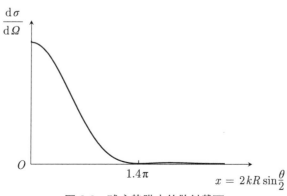

图 8.6　球方势阱中的散射截面

(2) 由角分布公式知，$\dfrac{\mathrm{d}\sigma}{\mathrm{d}\Omega}$ 的第一个零点是超越方程

$$x = \tan x$$

的第一个解，这个解约为 1.4π. 代入 x 的公式

$$R = \frac{1.4\pi}{2k\sin\dfrac{\theta_1}{2}}$$

式中，θ_1 是由实验测得的 $\dfrac{\mathrm{d}\sigma}{\mathrm{d}\Omega} = 0$ 的最小 θ 角.

(3) 为了能够由 $\dfrac{\mathrm{d}\sigma}{\mathrm{d}\Omega}$ 的零点测量得出 R，必须要求 x 的最大值 $(2kR)$ 大于 1.4π，以使零点存在. 于是得

$$E \geqslant \frac{\hbar^2}{2m_\mathrm{p}}\left(\frac{1.4\pi}{2R}\right)^2 = \frac{(\hbar c)^2 (1.4\pi)^2}{2(m_\mathrm{p}c^2)(2R)^2} = 4.0\,\mathrm{MeV}$$

8.24　已知散射截面曲线 $\dfrac{\mathrm{d}\sigma}{\mathrm{d}\Omega}$ 回答散射势的力程与行为

题 8.24　某些中心势的弹性散射可合理地用一级 Born 近似来计算. 实验结果给出下列以 $q = |\boldsymbol{k}' - \boldsymbol{k}|$(动量转移大小) 为变量的散射截面曲线. 如图 8.7中给出的参数回答：

(1) 势能 V 的近似力程 (即空间扩展) 为多大 (提示：对小 q 展开 Born 近似公式)？

(2) 在小距离上势 V 的行为如何？

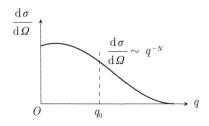

图 8.7　以 q(动量转移大小) 为变量的散射截面实验曲线

解答　(1) Born 近似公式为

$$f(\theta) = -\frac{2m}{\hbar^2 q}\int \mathrm{d}r r V(r)\sin qr$$

$$f(0) \approx -\frac{2m}{\hbar^2}\int_0^R \mathrm{d}r r^2 V(r) = -\frac{2m}{3\hbar^2}R^3\bar{V}$$

式中，$\bar{V}$ 是在有效力程 R 内的期望值. 另外对小的 q_0 有

$$f(q_0) \quad = \quad -\frac{2m}{\hbar^2 q_0}\int \mathrm{d}r r V(r)\left(q_0 r - \frac{1}{6}q_0^3 r^3\right)$$

$$\approx \quad f(0)+\frac{mq_0^2}{15\hbar^2}R^5\bar V=f(0)-\frac{q_0^2}{10}R^2f(0)$$

于是可得力程的近似值公式

$$R=\sqrt{\frac{10}{q_0^2|f(0)|}\left[|f(0)|-|f(q_0)|\right]}$$

式中，$|f(q_0)|$ 是对某一小 q_0 测得的 $\left.\sqrt{\dfrac{\mathrm d\sigma}{\mathrm d\Omega}}\right|_{q_0}$，$|f(0)|$ 为在一组小 q_0 处测得的一组微分截面根号的外推 (至 $q=0$) 值. 由此式可根据实测数据推算有效 (等效) 力程.

(2) 注意到在大 q 下散射截面的行为，可知这时 Born 积分主要来源于 $qr\leqslant\pi$ 范围内的贡献，而在此之外由于正弦函数的振荡性及有界性，贡献几乎为零. 于是只需对小范围内的 r 积分即可.

设在小距离上，$V(r)\sim r^n$(之所以这样假设，可从下面运算中看出) 于是

$$\begin{aligned}f(\theta)&=-\frac{2m}{\hbar^2}\int\mathrm dr r^2V(r)\frac{\sin qr}{qr}\\&\approx-\frac{2m}{\hbar^2}\int_0^x\mathrm d(qr)(qr)^2V(qr)\frac{\sin qr}{qr}q^{-(3+n)}\\&=\frac{1}{q^{3+n}}\left[-\frac{2m}{\hbar^2}\int_0^\pi\mathrm dx x^2V(x)\frac{\sin x}{x}\right]\end{aligned}$$

与散射截面行为相比较，可知应有

$$\frac{N}{2}=3+n$$

因此，小距离范围上 V 的行为是

$$V\sim r^{(N/2-3)}$$

8.25 用 Born 近似计算粒子被屏蔽势散射的散射截面

题 8.25 一个电荷为 q 的粒子被一个核荷为 Q 的原子散射，作用势为 $V=q\dfrac{Q}{r}\mathrm e^{-\alpha r}$，其中 α^{-1} 表示原子中电子的屏蔽长度.

(1) 用 Born 近似计算散射截面；

(2) 结果怎样依赖于核荷 Z?

解答 (1) 设粒子质量是 m，势函数是 $V(\boldsymbol r)$. 入射粒子波数 $\boldsymbol k_\mathrm i=(0,0,k)$，散射粒子波数 $\boldsymbol k_\mathrm f$. 因是弹性散射，散射前后波数大小不变 $k_\mathrm f=k_\mathrm i=k$ 不变，它与粒子能量 E 的关系是 $k^2=2mE/\hbar^2$. 散射粒子与入射粒子波数矢量差为

$$\boldsymbol k_\mathrm f-\boldsymbol k_\mathrm i=\boldsymbol q',\quad q'=q'(\theta)=2k\sin\frac{\theta}{2}\tag{8.82}$$

$\hbar q'$ 是散射导致的动量转移. 散射振幅如下给出:

$$f(\theta,\varphi) = -\frac{m}{2\pi\hbar^2} \iiint \mathrm{d}^3 \boldsymbol{r} \mathrm{e}^{-\mathrm{i}\boldsymbol{q}'\cdot\boldsymbol{r}} V(\boldsymbol{r}) \tag{8.83}$$

此为 Born 散射振幅公式, 一般适用于高能粒子散射. 对于中心势 $V(r)$, 散射振幅与 φ 无关. 此时散射振幅用下述一维定积分计算:

$$f(\theta) = \frac{-2m}{\hbar^2 q'} \int_0^\infty r V(r) \sin q' r \mathrm{d}r \tag{8.84}$$

微分截面

$$\sigma(\theta) = |f(\theta)|^2. \tag{8.85}$$

对于题给势函数, 根据式 (8.84) 得散射振幅为

$$f(\theta) = \frac{-2m}{\hbar^2 q'} \int_0^\infty r \left(qQ \frac{\mathrm{e}^{-\alpha r}}{r} \right) \sin q' r \mathrm{d}r = \frac{-2mqQ}{\hbar^2 q'} \int_0^\infty \mathrm{e}^{-\alpha r} \sin q' r \mathrm{d}r \tag{8.86}$$

式中出现的积分 $I = \int_0^\infty \mathrm{e}^{-\alpha r} \sin q' r \mathrm{d}r$ 可以直接利用书后附录中式 (A.15) 或者如下计算:

$$\begin{aligned}
I &= \int_0^\infty \mathrm{e}^{-\alpha r} \sin q' r \mathrm{d}r = \frac{1}{-\alpha} \int_0^\infty \sin q' r \mathrm{d}\mathrm{e}^{-\alpha r} \\
&= 0 - \frac{q'}{-\alpha} \int_0^\infty \mathrm{e}^{-\alpha r} \cos q' r \mathrm{d}r = -\frac{q'}{\alpha^2} \int_0^\infty \cos q' r \mathrm{d}\mathrm{e}^{-\alpha r} \\
&= -\frac{q'}{\alpha^2} \left(\cos q' r \mathrm{e}^{-\alpha r} \Big|_0^\infty - q' \int_0^\infty -\sin q' r \mathrm{e}^{-\alpha r} \mathrm{d}r \right) = \frac{q'}{\alpha^2} - \frac{q'^2}{\alpha^2} I
\end{aligned}$$

即有 $I = \frac{q'}{\alpha^2} - \frac{q'^2}{\alpha^2} I$, 可见 $I = \frac{q'}{\alpha^2} \Big/ \left(1 + \frac{q'^2}{\alpha^2} \right) = \frac{q'}{\alpha^2 + q'^2}$. 将此积分结果代入式 (8.86) 得到散射振幅为

$$f(\theta) = \frac{-2m\kappa}{\hbar^2 q'} \times \frac{q'}{\alpha^2 + q'^2} = \frac{-2mqQ}{\hbar^2 \left(\alpha^2 + 4k^2 \sin^2 \dfrac{\theta}{2} \right)} \tag{8.87}$$

根据式 (8.85), 得微分散射截面为

$$\sigma(\theta) = \frac{4m^2 q^2 Q^2}{\hbar^4 \left(\alpha^2 + 4k^2 \sin^2 \dfrac{\theta}{2} \right)^2} \tag{8.88}$$

(2) 下面求 α 的表达式. 由 Thomas-Fermi 近似, 当 Z 较大时, 在原子内静电场 $\phi(r)$ 变化不大的范围内已有足够多的电子, 这些电子可看成自由的 Fermi 气体.

电子束缚在原子内, 故其能量不大于无穷远处能量值 $E(\infty)$, 于是 r 处可能的最大动量 $p_{\max}$ 满足

$$\frac{1}{2m} p_{\max}^2(r) - e\phi(r) = 0$$

而 r 处的 Fermi 动量

$$p_{\mathrm{F}}(r) = p_{\max}(r) = [2me\phi(r)]^{1/2} \tag{8.89}$$

又对于自由电子 Fermi 气体有

$$p_{\mathrm{F}} = \hbar(3\pi^2 n)^{1/3} \tag{8.90}$$

其中, n 为电子密度.

联立式 (8.89)和式 (8.90), 得

$$\begin{aligned}
n(r) &= \frac{1}{3\pi^2\hbar^3}[2me\phi(r)]^{3/2} \\
&= \frac{1}{3\pi^2\hbar^3}\left(2mZe^2\frac{1}{r}e^{-\alpha r}\right)^{3/2}
\end{aligned} \tag{8.91}$$

因而

$$\begin{aligned}
Z &= \int n\mathrm{d}V = 4\pi\int_0^\infty n(r)r^2\mathrm{d}r \\
&= \frac{4}{3\pi\hbar^2}\left(2mZe^2\right)^{3/2}\int_0^\infty \mathrm{e}^{-\frac{3}{2}\alpha r}r^{1/2}\mathrm{d}r \\
&= \frac{2}{3\sqrt{\pi}\hbar^2}\left(\frac{4me^2}{3}\right)^{3/2}\frac{Z^{3/2}}{\alpha^{3/2}}
\end{aligned} \tag{8.92}$$

所以

$$\alpha = \frac{4me^2}{3\hbar^2}\left(\frac{4}{9\pi}\right)^{1/3}Z^{1/3} = \frac{4}{3}\left(\frac{4}{9\pi}\right)^{1/3}\frac{1}{a_0}Z^{1/3} \tag{8.93}$$

其中, $a_0 = \dfrac{\hbar^2}{me^2}$ 为 Bohr 半径. 散射截面式 (8.88)与 α 有关, 上式看到 α 与 $Z^{1/3}$ 成正比, 从而散射截面与 Z 有关.

8.26 用 Born 近似计算势场 $V(r) = V_0\mathrm{e}^{-r/a}$ 作用下的散射截面

题 8.26 一个质量为 m 的粒子被势场 $V(r) = V_0\mathrm{e}^{-r/a}$ 所散射.

(1) 在一级 Born 近似下计算微分散射截面, 画出小 k 和大 k 下的角度依赖关系, 这里 k 是被散射粒子的波数. 在什么 k 值时散射开始显著地各向异性? 将这个估计与基于角动量基础理论得到的值比较;

(2) Born 近似的判据是

$$\left|\frac{\psi^{(1)}(0)}{\psi^{(0)}(0)}\right| \ll 1$$

这里 $\psi^{(1)}$ 是对入射平面波的一级修正. 在目前这个势场情况下具体算出这个判据, 你的结论中小 k 的极限是多少? 大 k 极限对于这个判据来说在势的强度上的限制如何?

解答 (1) Born 近似给出

$$\begin{aligned}
f(\theta) &= \frac{-2m}{\hbar^2 q}\int_0^\infty rV_0\mathrm{e}^{-\alpha r}\sin qr\,\mathrm{d}r \\
&= \frac{imV_0}{\hbar^2 q}\int_0^\infty \left[r\mathrm{e}^{-(\alpha-\mathrm{i}q)r} - r\mathrm{e}^{-(\alpha+\mathrm{i}q)r}\right]\mathrm{d}r
\end{aligned}$$

$$= \frac{\mathrm{i}mV_0}{\hbar^2 q}\left[\frac{1}{(\alpha - \mathrm{i}q)^2} - \frac{1}{(\alpha + \mathrm{i}q)^2}\right] = \frac{\mathrm{i}mV_0}{\hbar^2 q}\frac{4\mathrm{i}\alpha q}{(\alpha^2 + q^2)^2}$$

其中，　$\alpha = 1/a$, 即得散射振幅为

$$f(\theta) = -\frac{mV_0}{\hbar^2}\frac{4\alpha}{\left(\alpha^2 + q^2\right)^2}$$

式中，　$q = q(\theta) = 2k\sin\dfrac{\theta}{2}$. 由此得微分散射截面为

$$\sigma(\theta) = \frac{16m^2V_0^2}{\hbar^4}\frac{\alpha^2}{(\alpha^2 + q^2)^4} = \frac{16m^2V_0^2}{\hbar^4 a^2}\frac{1}{\left(1 + 4k^2a^2\sin^2\dfrac{\theta}{2}\right)^4}$$

图 8.8 为对于 $ka = 0$ 以及 $ka = 1$ 两种情形画出的微分散射截面. 可见当 $ka \geqslant 1$(与 1 相当或者大于 1) 时，散射截面显著地各向异性.

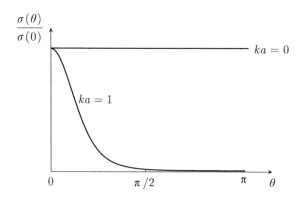

图 8.8　$ka = 0$ 以及 $ka = 1$ 两种情形的微分散射截面

由角动量理论分析, 只考虑 s 波散射的条件

$$a\hbar k \leqslant \hbar \ \Rightarrow ka \leqslant 1$$

当 $ka \sim 1$ 时即显示出各向异性, 可见两者相符.

(2) 波函数精确到一级时为

$$\psi(\boldsymbol{r}) = \mathrm{e}^{\mathrm{i}kz} - \frac{1}{4\pi}\int\frac{\mathrm{e}^{\mathrm{i}k|\boldsymbol{r}-\boldsymbol{r}'|}}{|\boldsymbol{r}-\boldsymbol{r}'|}\ \frac{2m}{\hbar^2}V(\boldsymbol{r}')\mathrm{e}^{\mathrm{i}kz'}\mathrm{d}\boldsymbol{r}'$$

所以

$$\left|\frac{\psi^{(1)}(0)}{\psi^{(0)}(0)}\right| = \left|\frac{V_0}{4\pi}\int\frac{\mathrm{e}^{\mathrm{i}kr'}}{r'}\ \frac{2m}{\hbar^2}\mathrm{e}^{-r'/(a+\mathrm{i}kz')}\mathrm{d}V'\right|$$

$$= \left|\frac{mV_0}{\hbar^2}\int r'\mathrm{e}^{\mathrm{i}kr'-r'/(a+\mathrm{i}kr'\cos\theta')}\sin\theta'\mathrm{d}\theta'\mathrm{d}r'\right|$$

$$= \frac{2m\,|V_0|\,a^2\sqrt{1+4k^2a^2}}{\hbar^2(4k^2a^2+1)} = \frac{2m\,|V_0|\,a^2}{\hbar^2\sqrt{1+4k^2a^2}}$$

利用给出的判据，即有

$$\frac{2m\,|V_0|\,a^2}{\hbar^2\sqrt{1+4k^2a^2}} \ll 1$$

小 k 极限下，$ka \leqslant 1$，结果为

$$\frac{2m\,|V_0|\,a^2}{\hbar^2} \ll 1, \quad |V_0| \ll \frac{\hbar^2}{ma^2}$$

即势足够弱，足够局域.

大 k 极限下，$ka \gg 1$，结果为

$$\frac{m\,|V_0|\,a}{\hbar^2 k} \ll 1, \quad |V_0| \ll \frac{\hbar^2 k}{ma}$$

即入射粒子能量足够高.

从上述推导过程中可看出，大 k 情况下对势的限制弱些.

8.27 用 Born 近似计算 Yukawa 势下的散射截面

题 8.27 对于相互作用 $V(r) = \kappa \dfrac{\mathrm{e}^{-\alpha r}}{r}$ $(\alpha > 0)$，用 Born 近似求出微分散射截面. 有效性条件是什么？提出一个或更多的这一模型的物理应用.

解答 $V(r) = \kappa \dfrac{\mathrm{e}^{-\alpha r}}{r}$ $(\alpha > 0)$，根据式 (8.54) 得散射振幅为

$$f(\theta) = \frac{-2\mu}{\hbar^2 q}\int_0^\infty r\left(\kappa\frac{\mathrm{e}^{-\alpha r}}{r}\right)\sin qr\,\mathrm{d}r = \frac{-2\mu\kappa}{\hbar^2 q}\int_0^\infty \mathrm{e}^{-\alpha r}\sin qr\,\mathrm{d}r \tag{8.94}$$

式中出现的积分 $I = \displaystyle\int_0^\infty \mathrm{e}^{-\alpha r}\sin qr\,\mathrm{d}r$ 可以如下计算：

$$\begin{aligned}
I &= \int_0^\infty \mathrm{e}^{-\alpha r}\sin qr\,\mathrm{d}r = \frac{1}{-\alpha}\int_0^\infty \sin qr\,\mathrm{d}\mathrm{e}^{-\alpha r}\\
&= 0 - \frac{q}{-\alpha}\int_0^\infty \mathrm{e}^{-\alpha r}\cos qr\,\mathrm{d}r = -\frac{q}{\alpha^2}\int_0^\infty \cos qr\,\mathrm{d}\mathrm{e}^{-\alpha r}\\
&= -\frac{q}{\alpha^2}\left(\cos qr\,\mathrm{e}^{-\alpha r}\Big|_0^\infty - q\int_0^\infty -\sin qr\,\mathrm{e}^{-\alpha r}\,\mathrm{d}r\right) = \frac{q}{\alpha^2} - \frac{q^2}{\alpha^2}I
\end{aligned}$$

即有 $I = \dfrac{q}{\alpha^2} - \dfrac{q^2}{\alpha^2}I$，可见 $I = \dfrac{q}{\alpha^2}\Big/\left(1+\dfrac{q^2}{\alpha^2}\right) = \dfrac{q}{\alpha^2+q^2}$. 这样式 (8.94) 得到散射振幅为

$$f(\theta) = \frac{-2\mu\kappa}{\hbar^2 q}\times\frac{q}{\alpha^2+q^2} = \frac{-2\mu\kappa}{\hbar^2\left(\alpha^2+q^2\right)} \tag{8.95}$$

故微分散射截面为

$$\sigma(\theta) = \frac{4\mu^2\kappa^2}{\hbar^4\left(\alpha^2+q^2\right)^2}$$

Born 散射公式是将势场作为微扰而得出的, 即有

$$|\psi_1| \ll |\psi_0|$$

这里 $\psi(\boldsymbol{r}) = \psi_0(\boldsymbol{r}) + \psi_1(\boldsymbol{r})$, 而

$$\psi_1(\boldsymbol{r}) \approx -\frac{m}{2\pi\hbar^2} \int \frac{\mathrm{e}^{\mathrm{i}k|\boldsymbol{r}-\boldsymbol{r}'|}}{|\boldsymbol{r}-\boldsymbol{r}'|} V(\boldsymbol{r}')\psi_0(\boldsymbol{r}')\mathrm{d}^3\boldsymbol{r}'$$

分两种情况讨论. 设 a 为势不显著为零的空间尺度的数量级.

(i) 势足够弱或势场足够局域.

$$|\psi_1| \leqslant \frac{m}{2\pi\hbar^2} \int \frac{|V(\boldsymbol{r}')|}{|\boldsymbol{r}-\boldsymbol{r}'|} |\psi_0(\boldsymbol{r}')|\mathrm{d}^3\boldsymbol{r}' \sim \frac{m|V|a^2|\psi_0|}{\hbar^2} \leqslant |\psi_0|$$

我们就得条件

$$|V| \ll \frac{\hbar^2}{ma^2} \tag{8.96}$$

即势足够弱或势场足够局域时, Born 近似成立. 注意, 本条件不包含入射粒子速度, 因此若势场满足本条件, 则 Born 近似对一切能量的入射粒子均成立.

(ii) 高能散射, $ka \gg 1$, $\psi_0 = \mathrm{e}^{\mathrm{i}kz}$. 考虑 ψ_1 满足的方程

$$\nabla^2\psi_1 + k^2\psi_1 = \frac{2m}{\hbar^2}V\mathrm{e}^{\mathrm{i}kz}$$

令 $\psi_1 = \mathrm{e}^{\mathrm{i}kz}f$, 由于假定 k 值很大, 在 $\nabla^2\psi_1$ 中我们只保留 $\mathrm{e}^{\mathrm{i}kz}$ 因子经过一次或两次微商后所得的项. 因此可得

$$\frac{\partial f}{\partial z} = -\frac{\mathrm{i}m}{\hbar^2 k}V$$

从而

$$\psi_1 = \mathrm{e}^{\mathrm{i}kz}f = -\frac{\mathrm{i}m}{\hbar^2 k}\mathrm{e}^{\mathrm{i}kz}\int V\mathrm{d}z$$

若要 $|\psi_1| \sim \dfrac{m|V|a}{\hbar^2 k} \ll |\psi_0| = 1$ 满足, 要求

$$|V| \ll \frac{\hbar^2 k}{ma} = \frac{\hbar v}{a} \tag{8.97}$$

其中, $v = \dfrac{p}{m} = \dfrac{\hbar k}{m}$ 为入射粒子的速度. 上式可见对高能散射当入射粒子速度足够高时, Born 近似总可以成立.

从以上结果还可以看出, 低能时一个势场若可作微扰来处理, 那么在高能时该势场一定仍然可作微扰来处理. 反之则不成立.

本题 $a = 1/\alpha$, $V(a) = \kappa\alpha$ 有效性条件化为

(i) $|\kappa| \ll \dfrac{\alpha\hbar^2}{m}$;

(ii) $|\kappa| \ll \hbar v = \dfrac{\hbar^2 k}{m}$, $k = \sqrt{\dfrac{2mE}{\hbar^2}}$.

上述相互作用势的模型于 1934 年由 Yukawa 用于原子核. Yukawa 认为核子之间的作用势与此模型相同, 较好地解释了强作用力的短程性. 关于 Yukawa 势的进一步论述, 可参见 J. M. Ziman, *Elements of Advanced Quantum Theory*, P.26.

8.28 求球对称势 $V(r) = \dfrac{\beta}{r}\mathrm{e}^{-\gamma r}$ 下的微分散射截面，并推导 Rutherford α 粒子散射公式

题 8.28 (1) 粒子入射球对称势 $V(r) = \dfrac{\beta}{r}\mathrm{e}^{-\gamma r}$，这里 β 和 γ 是常数. 证明，在 Born 近似下微分散射截面为

$$\frac{\mathrm{d}\sigma}{\mathrm{d}\Omega} = \left[\frac{2m\beta}{\hbar^2(q^2+\gamma^2)}\right]^2$$

式中，$q = |\boldsymbol{k} - \boldsymbol{k}'|$，而 $\boldsymbol{k}$、$\boldsymbol{k}'$ 分别为入射粒子与散射粒子的波矢.

(2) 用以上结果导出 α 粒子散射的 Rutherford 公式，即对于能量为 E 的 α 粒子射向原子序数为 Z 的核时，沿 θ 方向的微分散射截面为

$$\frac{\mathrm{d}\sigma}{\mathrm{d}\Omega} = \left[\frac{Ze^2}{8\pi\varepsilon_0 E \sin^2(\theta/2)}\right]^2$$

解答 (1) 由 Born 近似给出散射振幅

$$
\begin{aligned}
f(\theta) &= -\frac{m}{2\pi\hbar^2}\int V(r)\exp(-\mathrm{i}\boldsymbol{q}\cdot\boldsymbol{r})\mathrm{d}V \\
&= -\frac{m}{2\pi\hbar^2}\int_0^\infty V(r)r^2\mathrm{d}r\int\int \mathrm{e}^{-\mathrm{i}qr\cos\theta}\sin\theta\mathrm{d}\theta\mathrm{d}\phi
\end{aligned}
\tag{8.98}
$$

式中，θ 为 $\boldsymbol{q}$ 与 $\boldsymbol{r}$ 的夹角 (设 $\boldsymbol{q}$ 沿极轴方向). 由于

$$\int_0^{2\pi}\int_0^\pi \exp(\mathrm{i}qr\cos\theta)\sin\theta\mathrm{d}\theta\mathrm{d}\phi = \frac{4\pi}{qr}\sin qr \tag{8.99}$$

将式 (8.99) 代入式 (8.98)，并将 $V(r)$ 代入，可得

$$f(\theta) = -\frac{2m\pi}{q\hbar^2}\int_0^\infty \sin qr\,\mathrm{e}^{-\gamma r}\mathrm{d}r \tag{8.100}$$

对式 (8.100) 积分后，易得

$$f(\theta) = \frac{2m\beta^2}{\hbar^2(q^2+\gamma^2)} \tag{8.101}$$

从而沿 θ 方向的微分散射截面为

$$\frac{\mathrm{d}\sigma}{\mathrm{d}\Omega} = |f(\theta)|^2 = \left[\frac{2m\beta}{\hbar^2(q^2+\gamma^2)}\right]^2 \tag{8.102}$$

(2) 因为 α 粒子带 Ze 的正电，核电荷为 Ze，故静电势为 $V(r) = \dfrac{2Ze^2}{4\pi\varepsilon_0}\cdot\dfrac{1}{r}$，与小题中的 $V(r)$ 相比较，可知

$$\beta = \frac{2Ze^2}{4\pi\varepsilon_0}, \quad \gamma = 0 \tag{8.103}$$

将式 (8.103) 代入式 (8.102)，给出

$$\frac{\mathrm{d}\sigma}{\mathrm{d}\Omega} = \left(\frac{mZe^2}{\pi\varepsilon_0\hbar^2 q^2}\right)^2 \tag{8.104}$$

由于是弹性散射，故入射粒子与散射粒子的动量大小不变，即 $p = \hbar k = p' = \hbar k'$. 这时有

$$q = |\boldsymbol{k} - \boldsymbol{k}'| = 2k \sin \frac{\theta}{2} \tag{8.105}$$

另外考虑到 α 粒子能量 E 为

$$E = \frac{p^2}{2m} = \frac{\hbar^2 k^2}{2m} \tag{8.106}$$

由式 (8.105), 式 (8.106)可得

$$\hbar^2 q^2 = 8mE \sin^2 \frac{\theta}{2} \tag{8.107}$$

将式 (8.107)代入式 (8.104)即可得所求的结果.

讨论　本题获得 Rutherford 公式, 所用的方法是不严格的. 因为上面题中式 (8.98)只适用于散射势函数 $V(r)$ 当 $r \to \infty$ 时, 趋于零的速度比 $1/r$ 还快, 即短程散射势的情况. 这对于核作用力及受电子屏蔽的原子核的静电 Coulomb 力是适用的, 但对纯 Coulomb 力则不适用. Coulomb 力的力程足够长, 以至于当时入射粒子仍处于势场中, 不能视为自由粒子, 波函数不能用 e^{ikz} 表示. 长程势的散射问题严格解法更为复杂, 这里不准备涉及此问题, 但庆幸的是对 Rutherford 公式的推导结果与本题是相同的.

Rutherford 在 1913 年用经典力学方法获得了与量子力学推导结果同样的公式, 一般来说公式中不包含普朗克常量 $\hbar$ 的量子力学结果往往也能用经典力学方法获得.

8.29　求解金箔对 α 粒子的散射, 由此求金的原子序数

题 8.29　(1) 假定一束窄的 α 粒子束正入射到一块很薄的金箔上, 沿与入射方向成 θ 角的散射粒子被一探测器 s 接收, 探测器相对原点 C(α 粒子入射金箔的位置中心) 所张角为 $\mathrm{d}\Omega$. 试证明, 被 s 探射到的散射粒子数占入射粒子的比例是

$$f = \frac{\mathrm{d}\sigma}{\mathrm{d}\Omega} nd\mathrm{d}\Omega$$

这里, $\dfrac{\mathrm{d}\sigma}{\mathrm{d}\Omega}$ 是单核的微分散射截面, n 是金箔中单位体积的核数目, d 是箔厚. 箔厚 d 足够小, 以至于可以认为在箔内任何深度的入射粒子流密度与入射前相同.

(2) α 粒子散射的系统测量最早由 Geiger 和 Marsdon 在 1913 年完成. 他们所用的源是 $^{214}\mathrm{Po}$, 发射的 α 粒子能量 $E = 7.68\mathrm{MeV}$, 探测器面积 $1\mathrm{mm}^2$, 离散射中心 C 点距离 10mm, 箔厚 $d = 2.1 \times 10^{-7}\mathrm{m}$, $\theta = 45°$, 他们发现 $f = 3.7 \times 10^{-7}$. (金的原子质量 W_A 为 197, 金箔密度为 $19300\mathrm{kg/m}^3$.

(3) 试从这些测量结果中求金的原子序数.

解答　(1) 由微分散射截面的定义可知, 每秒沿 θ 方向被单核散射到立体角 $\mathrm{d}\Omega$ 内的散射粒子数为 $\dfrac{\mathrm{d}\sigma}{\mathrm{d}\Omega} J_i \mathrm{d}\Omega$, 这里 J_i 为入射粒子流密度. 如果粒子打在金箔上一块面积为 A 厚度为 d 的小区域上, 则入射粒子束拥有 nAd 个原子核, 它们都独立地引起

入射粒子散射, 这样每秒钟向 $\mathrm{d}\Omega$ 角内散射的总粒子数为

$$n_{\mathrm{s}} = \frac{\mathrm{d}\sigma}{\mathrm{d}\Omega} J_{\mathrm{i}} \mathrm{d}\Omega n A d \tag{8.108}$$

而每秒钟射到金箔上的入射粒子数 n_{i} 为 $J_{\mathrm{i}} A$, 故两者比例为

$$f = \frac{n_{\mathrm{s}}}{n_{\mathrm{i}}} = \frac{\mathrm{d}\sigma}{\mathrm{d}\Omega} n d \mathrm{d}\Omega \tag{8.109}$$

式 (8.109) 的结果用到对所有核而言 J_{i} 不变, 这只有 d 很小时近似成立, 否则 J_{i} 将指数衰减.

(2) 将 $E = 7.68\mathrm{MeV} = 7.68 \times 1.602 \times 10^{-13}\mathrm{J}$ 和 $\theta = 45°$ 代入题 8.28 第 (2) 小题的结果中, 可得

$$\frac{\mathrm{d}\sigma}{\mathrm{d}\Omega} = 4.10 \times 10^{-31} \times Z^2 (\mathrm{m}^2) \tag{8.110}$$

单位体积的金原子数为 $n = 10^3 N_{\mathrm{A}} \rho / W_{\mathrm{A}}$, 其中 N_{A} 为常数. 将 $\rho = 19300\mathrm{kg/m}^3$ 代入, 可知

$$n = 5.90 \times 10^{28}\mathrm{m}^{-3} \tag{8.111}$$

探测器所张的立体角 $\mathrm{d}\Omega = s/r^2$, 其中 s 是探测器的面积, r 为它到 C 点的距离, 由题目条件易算出

$$\mathrm{d}\Omega = 10^{-2}\mathrm{rad} \tag{8.112}$$

将式 (8.110)~ 式 (8.112) 代入式 (8.109), 结果可算出 $Z = 85$, 这与精确的金的原子序数 79 很接近.

8.30　求解中子束在 20 ℃干燥空气中行进 1m 后的衰减

题 8.30　氮和氧原子对能量为 25MeV 的中子的总散射截面和吸收截面分别为下表所示

	$\sigma_{\mathrm{s}}/(\times 10^{-28}\mathrm{m}^2)$	$\sigma_{\mathrm{a}}/(\times 10^{-28}\mathrm{m}^2)$
氮原子	11.5	1.8
氧原子	4.2	0.0

估计这样能量的中子束在温度为 20 ℃的干燥空气中行进 1m 后的衰减 (20 ℃时空气密度为 $1.20\mathrm{kg/m}^3$).

解答　散射截面 σ_{t} 和吸收截面 σ_{a} 分别表示每秒散射的总粒子数和吸收的粒子数与入射粒子的流密度之比. 因此, 每秒钟从入射粒子流失去的粒子数与入射粒子流密度之比可视为总截面 $\sigma_{\mathrm{t}} = \sigma_{\mathrm{s}} + \sigma_{\mathrm{a}}$.

设中子束沿 z 轴方向运动, 流经一单位横截面积厚度为 d 的圆柱形空气柱, 见图 8.9, 入射时流密度为 J, 流出柱体时流密度为 $J + \mathrm{d}J$. 如果此空气柱中包含的氮原

子和氧原子数密度分别是 n_N 和 n_O, 又考虑到空气柱的体积为 $dz \cdot 1$, 则容易计算出经过空气柱后, 流密度的变化 dJ 为

$$-dJ = (\sigma_{N总}n_N + \sigma_{O总}n_O)J dz = \alpha J dz \tag{8.113}$$

式中, $\sigma_{N总}$ 和 $\sigma_{O总}$ 分别表示氮原子和氧原子的总截面, $\alpha = \sigma_{N总}n_N + \sigma_{O总}n_O$. 对式 (8.113) 积分易得

$$J(z) = J_0 e^{-\alpha z} \tag{8.114}$$

假设空气中氮与氧的比例为 4:1, 即 $n_N = 4n_O$, 则空气的密度为

$$\rho = [(4 \times 14) + (1 \times 16)]\frac{n_O}{10^3 N_A} \tag{8.115}$$

式中, N_A 为阿伏加德罗常量 ($N_A = 6.02 \times 10^{23} \text{mol}^{-1}$). 在已知 $\rho = 1.20 \text{kg/m}^3$ 的条件下, 由式 (8.115) 可算出

$$n_O = 1.003 \times 10^{25} \text{m}^{-3}$$

由上式和题目所给条件易求出

$$\alpha = \sigma_{N总}n_N + \sigma_{O总}n_O = 0.057 \text{m}^{-1}$$

当 $z = 1\text{m}$ 时, $e^{-\alpha z} = 0.944$, 即每经过 1m, 中子束的衰减为 5.6%.

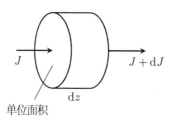

图 8.9　中子束沿 z 轴方向运动流经一单位横截面积厚度为 d 的圆柱形空气柱

8.31　中子束被球对称方势阱散射的散射长度与总散射截面

题 8.31 质量为 m, 能量为 E 的中子流入射一球对称方阱,

$$V(r) = \begin{cases} -V_0, & r \leqslant a \\ 0, & r > a \end{cases}$$

此势可表示中子与散射核之间的核力. 如果中子速度 $v \ll \dfrac{\hbar}{ma}$,

(1) 证明散射是球对称的;

(2) 证明 s 波的相移 δ 满足 $j\tan(ka + \delta) = k\tan ja$, 其中 $k = \sqrt{2mE}/\hbar$, $j = \sqrt{2m(V_0 + E)}/\hbar$;

(3) 证明散射长度为 $b = a\left(1 - \dfrac{\tan y}{y}\right)$，这里 $y = (2mV_0)^{1/2}a/\hbar$；

(4) 求当 E 趋于零时的总散射截面.

解答 (1) 中子波长 $\lambda = h/mv$，所以如果

$$v = \frac{h}{m\lambda} \ll \frac{h}{ma}$$

则 $\lambda \gg a$，即粒子波长比势的范围大得多，这种条件下只有粒子的 s 分波被散射，这意味着散射是球对称的.

(2) s 分波波函数 $u(r)$ 只依赖于 r，可以写成

$$u(r) = \frac{\chi(r)}{r}$$

式中，$\chi(r)$ 满足方程

$$\frac{\mathrm{d}^2\chi}{\mathrm{d}r^2} + \left[k^2 - \frac{2m}{\hbar^2}V(r)\right]\chi = 0$$

将题目中的 $V(r)$ 代入上式有

$$\frac{\mathrm{d}^2\chi}{\mathrm{d}r^2} + j^2\chi = 0, \quad r \leqslant a$$

$$\frac{\mathrm{d}^2\chi}{\mathrm{d}r^2} + k^2\chi = 0, \quad r > a$$

考虑到 $r = 0$ 处波函数满足的边界条件 $(\chi(r)|_{r=0} = 0)$，上式的解为

$$\chi(r) = A\sin jr, \quad r \leqslant a \tag{8.116}$$

$$\chi(r) = B\sin(kr + \delta), \quad r > a \tag{8.117}$$

式中，A，B，δ 为待定常数. 将式 (8.116)、式 (8.117) 代入 $r = a$ 的波函数连接条件，可得

$$A\sin ja = B\sin(ka + \delta) \tag{8.118}$$

$$jA\cos ja = kB\cos(ka + \delta) \tag{8.119}$$

上面两式相除，有

$$j\tan(ka + \delta) = k\tan ja \tag{8.120}$$

(3) 散射长度的定义是

$$b = -\lim_{k\to 0}\frac{\tan\delta}{k} \tag{8.121}$$

由式 (8.120) 可知

$$k\tan ja = j\frac{\tan ka + \tan\delta}{1 - \tan ka\tan ja}$$

由此可得

$$\tan\delta = \frac{k\tan ja - j\tan ka}{j + k\tan ka\tan ja} \tag{8.122}$$

当 $k \to 0$ 时, $\tan ka \to ka$, $ja \to (2mV_0)^{1/2}a/\hbar$, 令 $y = ja$. 而 $k\tan ka\tan ja$ 趋向于 $k^2a\tan ja$, 与 j 相比此项可以忽略, 于是式 (8.122)变为

$$\tan\delta \to \frac{k\tan ja - kja}{j} \to ak\frac{\tan y - y}{y} \tag{8.123}$$

将式 (8.123)代入式 (8.121), 可得

$$b = a\left(1 - \frac{\tan y}{y}\right)$$

(4) 由于只考虑 s 分波散射, 所以有

$$f(\theta) = \frac{1}{2\mathrm{i}k}\left[\exp(2\mathrm{i}\delta) - 1\right] = \exp(\mathrm{i}\delta)\frac{\sin\delta}{k} \tag{8.124}$$

于是微分散射截面为

$$\frac{\mathrm{d}\sigma}{\mathrm{d}\Omega} = |f(\theta)|^2 = \frac{\sin^2\delta}{k^2} \tag{8.125}$$

当 $k \to 0$ 时, $\sin\delta \to \tan\delta \to 0$, 由式 (8.121), 式 (8.124), 式 (8.125)可知

$$f(\theta) \to -b, \quad \frac{\mathrm{d}\sigma}{\mathrm{d}\Omega} \to b^2$$

由于 $\dfrac{\mathrm{d}\sigma}{\mathrm{d}\Omega}$ 与方向无关, 故总散射截面为

$$\sigma_\mathrm{t} = 4\pi b^2 = 4\pi a^2\left(1 - \frac{\tan y}{y}\right)^2$$

8.32　材料的折射率与全反射临界角

题 8.32　(1) 证明在球对称势 $V(r) = g\delta(\boldsymbol{r})$(这里 g 为常数, $\delta(\boldsymbol{r})$ 为三维 δ-函数)中, 在 Born 近似下, 散射振幅为

$$f(\theta) = -\frac{m}{2\pi\hbar^2}g$$

(2) 若用 δ-势来模拟散射长度为 b 的核对热中子的散射势, 求 g 的表达式;

(3) 波长为 λ 的热中子入射一块材料厚片, 设其中的核具有相等的散射长度, 证明厚片的行为像一块折射率为 n 的介质, n 为

$$n = 1 - \frac{1}{2\pi}Nb\lambda^2$$

这里 N 是单位体积的核数;

(4) 证明若 $b > 0$, 则介质表面全反射的临界角 $r_\mathrm{c} = \lambda(Nb/\pi)^{\frac{1}{2}}$.

解答　(1) Born 近似下的散射振幅是

$$f(\theta) = -\frac{m}{2\pi\hbar^2}\int V(r)\exp(-\mathrm{i}\boldsymbol{k}\cdot\boldsymbol{r})\mathrm{d}V$$

将 $V(\boldsymbol{r}) = g\delta(\boldsymbol{r})$ 代入上式易得

$$f(\theta) = -\frac{m}{2\pi\hbar^2}g \tag{8.126}$$

(2) 因为 g 是常数，所以 $f(\theta)$ 也是常数，这个常数对于核的热中子散射来说应为 $-b$(b 是散射长度). 所以令式 (8.126)等于 $-b$，即可得到

$$g = \frac{2\pi\hbar^2 b}{m_\mathrm{n}}$$

这里，m_n 是中子质量.

(3) 设中子在真空中的波数为 k_0，在介质中的波数为 k，则介质的折射率 $n = k/k_0$. 下面先求材料中由核引起的平均势能. 设每个核有一个 δ-势，这些势函数对整个体积求积分后再用整个体积除，容易得到

$$\bar{V} = Ng = N\frac{2\pi\hbar^2}{m_\mathrm{n}}b \tag{8.127}$$

这里 N 是核的密度.

中子在真空中的能量为 E(全部是动能)，在介质中的动能是 $E - \bar{V}$，这样有

$$k_0 = \sqrt{\frac{2m_\mathrm{n}}{\hbar^2}E}, \quad k = \sqrt{\frac{2m_\mathrm{n}}{\hbar^2}(E - \bar{V})} \tag{8.128}$$

由此可知

$$n = \frac{k}{k_0} = \left(1 - \frac{\bar{V}}{E}\right)^{1/2}$$

由式 (8.127)和式 (8.128)，有

$$\frac{\bar{V}}{E} = \frac{4\pi Nb}{k_0^2} = \frac{Nb\lambda^2}{\pi}$$

这里 $\lambda = 2\pi/k_0$ 是中子在真空中的波长.

因为 $N \sim 1/d^3$，d 是散射物质中原子之间的距离 (数量级 $\sim 10^{-10}$m). 热中子波长也具有相同的量级，而散射长度 b 的量级为 10^{-14}m，所以

$$Nb\lambda^2 \sim \frac{b}{d} \sim 10^{-4}$$

所以 $\bar{V} \ll E$，因而有

$$n = \left(1 - \frac{\bar{V}}{E}\right)^{1/2} \approx 1 - \frac{\bar{V}}{2E} = 1 - \frac{Nb\lambda^2}{2\pi}$$

(4) 因为 $Nb\lambda^2 \ll 1$, 所以当 $b > 0$ 时, 折射率 n 比 1 稍小一点点, 所以从真空入射时的临界掠射角 r_c 也很小, 它满足公式

$$n = \frac{\sin i}{\sin r} = \frac{\cos r_c}{1}$$

当 r_c 很小时有

$$\cos r_c \approx 1 - \frac{1}{2}r_c^2 \approx n = 1 - \frac{Nb\lambda^2}{2\pi}$$

即有

$$r_c = \left(\frac{Nb}{\pi}\right)^{1/2}\lambda$$

讨论　(1) 散射问题中 Born 近似的有效条件是入射粒子的波函数只被散射势微扰. 这一条件并不适用于热中子散射, 因为那时入射中子的最初波函数受到很强的干扰. 但是若用 δ-势表示散射势, 用 Born 近似又可以得到正确的结果即散射振幅 $f(\theta)$ 为常数 (与 θ 和中子能量无关). 这就是用 δ-势描述热中子散射的合理性的理由, 它大大简化了热中子的理论处理.

(2) 中子全反射现象在实验中有重要的作用, 临界角 r_c 的测量提供了确定散射长度的方法. 另一个应用是中子导管, 它提供了通过管内壁全反射而长距离输运热中子束的方法, 如同光线在光纤内传导.

8.33　热中子 + 质子 ⇌ 氘核 + 光子, 求一盒中两种过程的截面比

题 8.33　一个速度为 $v/2$ 的热中子被一个速度为 $-v/2$ 的质子吸收产生一个氘核和一个能量为 E 的光子. 相反的过程是一个能量 E 的光子引起一个具有等大但方向相反的动量的氘核分裂为速度为 $v/2$ 和 $-v/2$ 的质子与中子. 若用 σ_a 和 σ_d 分别表示这两种过程的截面, 则

(1) 在一个体积为 V 的盒子里含有一定数量的中子 – 质子对和一定数量的光子 – 氘核对, 每对中子 – 质子对的质心相对盒子静止但相对速度为 v, 类似有每对光子 – 氘核对中光子与氘核的动量大小相等而方向相反, 而每个光子能量为 E. 试证明吸收截面

$$\sigma_a = \frac{2\pi}{\hbar}V\frac{\rho_B}{v}\left|\langle B|H^{(1)}|A\rangle\right|^2$$

式中, $|A\rangle$ 表示中子 – 质子对的态, $|B\rangle$ 表示光子 – 氘核对的态, ρ_B 是 $|B\rangle$ 态的态密度, $H^{(1)}$ 是引起两个过程的微扰 Hamilton 量;

(2) 由此证明

$$\frac{\sigma_a}{\sigma_d} = 6\left(\frac{E}{mvc}\right)^2$$

这里 m 是中子质量 (与质子相同), c 是光速.

解答　(1) 用 N_A, N_B 分别表示盒中中子 – 质子对与光子 – 氘核对的数目, 用 $n_{A\to B}$ 表示单位时间从 A 态到 B 态的跃迁数目, 则由吸收截面的定义可知

$$\sigma_a = \sigma_{A\to B} = \frac{n_{A\to B}}{S_A} \tag{8.129}$$

式中，S_A 为中子流密度，这里由题意可知

$$S_A = \frac{N_A}{V} v \tag{8.130}$$

根据 Fermi 黄金法则有

$$n_{A \to B} = \frac{2\pi}{\hbar} \rho_B \left| \langle B | H^{(1)} | A \rangle \right|^2 N_A \tag{8.131}$$

将式 (8.130)、式 (8.131)代入式 (8.129)，可得

$$\sigma_{A \to B} = \frac{2\pi}{\hbar} V \frac{\rho_B}{v} \left| \langle B | H^{(1)} | A \rangle \right|^2 \tag{8.132}$$

(2) 与上面类似，我们可以导出

$$\sigma_{B \to A} = \frac{2\pi}{\hbar} V \frac{\rho_A}{c} \left| \langle A | H^{(1)} | B \rangle \right|^2 \tag{8.133}$$

在由式 (8.132)到式 (8.133)的推导中，我们考虑到光子与氘核的相对速度为光速 c. 因为对两种过程 $H^{(1)}$ 相同，故有

$$\langle A | H^{(1)} | B \rangle = \langle B | H^{(1)} | A \rangle^*$$

也就是

$$\left| \langle A | H^{(1)} | B \rangle \right|^2 = \left| \langle B | H^{(1)} | A \rangle \right|^2 \tag{8.134}$$

由式 (8.132)～ 式 (8.134)，可知

$$\frac{\sigma_{\mathrm{a}}}{\sigma_{\mathrm{d}}} = \frac{\rho_B}{\rho_A} \frac{c}{v} \tag{8.135}$$

式中，ρ_A 的大小可以这样计算，在盒中只允许这样的中子态存在，它的 de Broglie 波是周期性的 (这与质子波的数量相等，因为它们具有相等的动量大小)，易得到

$$\rho_A = \frac{V}{2\pi^2 \hbar^3} \frac{P^2}{v} g_{\mathrm{A}} \tag{8.136}$$

式中，$P = \frac{1}{2} mv$ 是中子或质子在质心坐标系中的动量. g_A 是每个动量态的自旋简并度，此简并度为

$$g_A = (2I_{\mathrm{n}} + 1)(2I_{\mathrm{p}} + 1)$$

这里 I_{n}，I_{p} 分别是中子与质子的自旋. 因为 $I_{\mathrm{n}} = I_{\mathrm{p}} = \frac{1}{2}$，所以 $g_A = 4$. ρ_B 的表达式类似式 (8.136)，即

$$\rho_B = \frac{V}{2\pi^2 \hbar^3} \frac{P_b^2}{c} g_B \tag{8.137}$$

式中，P_b 是氘核动量或光子动量，因为在质心系中光子能量为 E，所以动量为 $\rho_b = E/C$.

因为氘核自旋 $I = 1$，简并度为 3，光子有两个极化态 (沿两个垂直方向或左、右圆偏振)，所以有 $g_B = 3 \times 2 = 6$.

将式 (8.136)，式 (8.137)及 g_A，g_B 的数值代入式 (8.135)，最后得到

$$\frac{\sigma_{\mathrm{a}}}{\sigma_{\mathrm{d}}} = 6 \left(\frac{E}{mvc} \right)^2$$

8.34 1keV 质子被氢原子散射的散射截面

题 8.34 考虑 1keV 的质子被氢原子散射.

(1) 角分布如何? 请画图并加以解释;

(2) 估计总截面. 用 cm^2、m^2 或 b 给出, 解释你的理由.

解答 问题等价于约化质量为 $\mu = \dfrac{m_p}{2} = 470\text{MeV}/c^2$，入射能量为 $E_r = 0.5\text{keV}$ 的粒子在屏蔽势

$$V = \frac{e^2}{r}\mathrm{e}^{-r/a}$$

作用下的势散射, 其中 $a = 0.53\text{Å}$ 为势作用力程. 由于

$$
\begin{aligned}
ka &= a\frac{\sqrt{2\mu E_r}}{\hbar} = a\frac{\sqrt{2\mu c^2 E_r}}{\hbar c}\\
&= 0.53\text{Å}\frac{\sqrt{2\times 470\text{MeV}\times 0.5\times 10^{-3}\text{MeV}}}{197\text{MeV}\cdot\text{fm}}\\
&= 1.84\times 10^2 \gg 1
\end{aligned}
$$

按题 8.27 式 (8.97), 若 Born 近似适用, 要求

$$|V| \sim \frac{e^2}{a} \ll \frac{\hbar v}{a}$$

或者要求

$$\frac{v}{c} \gg \frac{e^2}{\hbar c} = \frac{1}{137}$$

由于

$$\frac{v}{c} = \sqrt{\frac{2E_r}{\mu c^2}} = \frac{2\times 0.5\text{keV}}{470\text{MeV}} = \frac{1}{470\times 10^3} \sim 1.5\times 10^{-3}$$

所以 Born 近似条件不满足. 但从估算的角度, 我们仍采用此近似.

(1) 质子与氢原子碰撞时, 一方面受到原子核的 Coulomb 作用, 另一方面受到电子的斥力. 将电子看成 "电子云", 分布为 $-e\rho(\boldsymbol{r})$, 则

$$V(r) = \frac{e^2}{r} - e^2\int\frac{\rho(\boldsymbol{r}')}{|\boldsymbol{r}-\boldsymbol{r}'|}\mathrm{d}\boldsymbol{r}'$$

用 Born 近似, 并利用公式

$$\int\frac{\mathrm{e}^{\mathrm{i}\boldsymbol{q}\cdot\boldsymbol{r}}}{r}\mathrm{d}r = \frac{4\pi}{q^2}$$

可求得

$$
\begin{aligned}
f(\theta) &= -\frac{\mu e^2}{2\pi\hbar^2}\int\mathrm{e}^{\mathrm{i}\boldsymbol{q}\cdot\boldsymbol{r}}\left[\frac{1}{r} - \int\frac{\rho(\boldsymbol{r}')}{|\boldsymbol{r}-\boldsymbol{r}'|}\mathrm{d}\boldsymbol{r}'\right]\mathrm{d}\boldsymbol{r}\\
&= -\frac{2\mu e^2}{\hbar^2 q^2}[1 - F(\theta)]
\end{aligned}
$$

式中，$\mu = \dfrac{m_{\mathrm{p}}}{2}$，$q = 2k\sin\dfrac{\theta}{2}$，$F(\theta) = \displaystyle\int \mathrm{e}^{\mathrm{i}\boldsymbol{q}\cdot\boldsymbol{r}}\rho(r)\mathrm{d}\boldsymbol{r}$.

对氢原子基态，有

$$\rho(r) = |\psi_{100}|^2 = \frac{1}{\pi a^3}\mathrm{e}^{-2r/a}$$

$$F(\theta) = \frac{1}{\pi a^3}\int \mathrm{e}^{\mathrm{i}\boldsymbol{q}\cdot\boldsymbol{r}-2r/a}\mathrm{d}\boldsymbol{r} = \frac{1}{\left(1 + \dfrac{a^2q^2}{4}\right)^2}$$

考虑粒子的全同性 (两质子)，应有

$$单态: \sigma_{\mathrm{s}} = |f(\theta) + f(\pi-\theta)|^2$$

$$三重态: \sigma_{\mathrm{a}} = |f(\theta) - f(\pi-\theta)|^2$$

则散射截面 (不考虑极化) 为

$$\sigma = \frac{1}{4}\sigma_{\mathrm{s}} + \frac{3}{4}\sigma_{\mathrm{a}}$$

我们考虑几个特殊情况:

(i) $\theta \approx 0$

$$\begin{aligned}
\sigma_{\mathrm{s}} &= \frac{\mu^2 e^4}{4\hbar^4 k^4}\left[\frac{1-F(\theta)}{\sin^2(\theta/2)} + \frac{1-F(\pi-\theta)}{\cos^2(\theta/2)}\right]^2 \\
&\approx \frac{\mu^2 e^4}{4\hbar^4 k^4}\left[2a^2k^2 + \frac{1}{\cos^2(\theta/2)}\right]^2 \\
&\approx \frac{\mu^2 e^4}{\hbar^4}a^4 = \left(\frac{m_{\mathrm{p}}}{2m_{\mathrm{a}}}\right)^2 a^2
\end{aligned}$$

上面第二步利用展开式

$$\frac{1}{(1+x)^2} \approx 1 - 2x, \quad x \approx 0 \text{ 及 } a^2k^2 \gg 1$$

同理可得

$$\sigma_{\mathrm{a}} = \left(\frac{m_{\mathrm{p}}}{2m_{\mathrm{a}}}\right)^2 a^2$$

(ii) $\theta = \pi$. 同理可求得

$$\sigma_{\mathrm{s}} = \sigma_{\mathrm{a}} = \left(\frac{m_{\mathrm{p}}}{2m_{\mathrm{a}}}\right)^2 a^2$$

(iii) $a^2k^2\sin^2\dfrac{\theta}{2} = 10$ 时

$$\theta \approx 0.07\pi$$

所以当 $0.07\pi \leqslant \theta \leqslant 0.93\pi$ 时

$$\sigma(\theta) = \frac{1}{4}\cdot\frac{\mu^2 e^4}{4\hbar^4 k^4}\left[\frac{1}{\sin^2(\theta/2)} + \frac{1}{\cos^2(\theta/2)}\right]^2$$

$$+\frac{3}{4}\cdot\frac{\mu^2 e^4}{4\hbar^4 k^4}\left[\frac{1}{\sin^2(\theta/2)}-\frac{1}{\cos^2(\theta/2)}\right]^2$$

$$=\frac{\mu^2 e^4}{\hbar^4 k^4}\cdot\frac{3\cos^2\theta+1}{\sin^4\theta}$$

令 $\sigma_0=\dfrac{\mu^2 e^4}{\hbar^4 k^4}$，角分布如图 8.10所示.

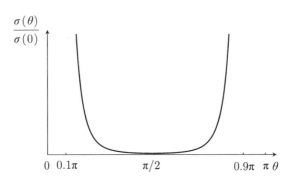

图 8.10　角分布

(2) 我们仅考虑较大角度的散射总截面,

$$\begin{aligned}\sigma_{\mathrm{t}} &= 2\pi\sigma_0\int_{0.07\pi}^{0.93\pi}\frac{3\cos^2\theta+1}{\sin^4\theta}\ \sin\theta\mathrm{d}\theta\\ &= 2\pi\sigma_0\int_{0.07\pi}^{0.93\pi}\frac{4-3\sin^2\theta}{\sin^3\theta}\ \mathrm{d}\theta\\ &= 2\pi\sigma_0\left(-\ln\tan\frac{\theta}{2}-2\frac{\cot\theta}{\sin\theta}\right)\Bigg|_{0.07\pi}^{0.93\pi}\\ &= 155\pi\sigma_0\end{aligned}$$

小角度散射总截面比较大,

$$\sigma_{\mathrm{t}} > 2\pi\int_0^{0.07\pi}\sigma(0.07\pi)\sin\theta\mathrm{d}\theta\times 2$$

$$= 2\pi\times 1703\sigma_0\left[1-\cos(0.07\pi)\right]\times 2$$

或者

$$\sigma_{\mathrm{t}} > 164\pi\sigma_0$$

8.35　根据高能电子被核散射的结果考察核电荷的分布

题 8.35　高能电子被核散射的研究给出核及核子中电荷分布的非常有用的信息. 这里我们考虑该理论的一简单变形, 认为电子自旋为 0, 同时我们也假设电荷为 Ze 的核在空间固定 (即具有无限大质量, 即 Oppenheimer 近似). 设核电荷分布是球对称的, 除此之外不再加限制.

以 $\rho(\boldsymbol{x})$ 标记核电荷密度. 以 $\boldsymbol{p}_i,\boldsymbol{p}_f$ 分别表示电子的始、末动量，$f_e(\boldsymbol{p}_i,\boldsymbol{p}_f)$ 表示电子被一点核 (电荷 Ze) 散射的一级 Born 近似给出的散射振幅，而 $f(\boldsymbol{p}_i,\boldsymbol{p}_f)$ 则表示一级 Born 近似下电子被具有同样电荷数的实际核散射的散射振幅. 以 $\boldsymbol{q}=\boldsymbol{p}_f-\boldsymbol{p}_i$ 表示动量转移，量 F 定义为

$$f(\boldsymbol{p}_i,\boldsymbol{p}_f)=F(q^2)f_e(\boldsymbol{p}_i,\boldsymbol{p}_f)$$

且称之为形状因子. 容易看出 F 仅仅通过 q^2 对 $(\boldsymbol{p}_i,\boldsymbol{p}_f)$ 有依赖关系.

(1) 形状因子 $F(q^2)$ 与电荷密度 $\rho(\boldsymbol{x})$ 的 Fourier 变换有一简单关系. 在非相对论的 Schrödinger 理论框架下叙述并导出这个关系. 电子运动的非相对论假设只是为了使问题尽可能简化，如果仔细考虑，则可能清楚地看出这个假设是无关的，即在实验时的相对论情形可以用相同的结论. 同样，忽略电子自旋也不影响我们这里所涉及问题的本质；

(2) 图 8.11给出的是确定质子的形状因子的实验结果，应该认为我们的理论可以应用到这些数据上. 在给出的数据基础上，计算质子的电荷半径的均方根值.

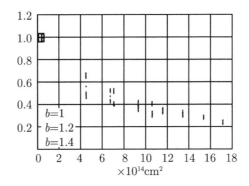

图 8.11　确定质子的形状因子的实验结果

提示　在均方根半径与 $F(q^2)$ 对 q^2 的导数 ($q^2=0$ 时) 间有一简单关系，找出这个关系再计算.

解答　(1) 在非相对论量子力学中，中心力场的散射振幅的一级 Born 近似为

$$f(\boldsymbol{p}_i,\boldsymbol{p}_f)=-\frac{2m}{\hbar^2 q}\int_0^\infty \mathrm{d}r' r' V(r')\sin qr' \tag{8.138}$$

对于点核，其散射势为

$$V_e(r)=-\frac{Ze^2}{r}$$

而对于实际电荷分布的核，其散射势为

$$V(\boldsymbol{r})=-e\int\frac{\rho(\boldsymbol{r}')\mathrm{d}\boldsymbol{r}'}{|\boldsymbol{r}-\boldsymbol{r}'|}=-4\pi e\int_0^\infty\frac{\rho(r')r'^2\mathrm{d}r'}{|\boldsymbol{r}-\boldsymbol{r}'|}$$

或者表示成微分方程形式 (注意此处 V 是势能，并非电场的势，而且电子电荷为负)

$$\nabla^2 V(\boldsymbol{r})=\frac{1}{r}\cdot\frac{\mathrm{d}^2}{\mathrm{d}r^2}(rV)=4\pi e\rho(\boldsymbol{r})$$

代入 Born 近似公式, 可得

$$
\begin{aligned}
f(\boldsymbol{p}_{\mathrm{i}}, \boldsymbol{p}_{\mathrm{f}}) &= -\frac{2m}{\hbar^2 q} \int_0^\infty \mathrm{d}r\, r V(r) \sin qr \\
&= -\frac{2m}{\hbar^2 q}\left(-\frac{1}{q^2}\right) \int_0^\infty \mathrm{d}r\, (rV)'' \sin qr \\
&= \frac{2m}{\hbar^2 q} \cdot \frac{4\pi e}{q^2} \int_0^\infty \mathrm{d}r\, r \rho(r) \sin qr
\end{aligned} \tag{8.139}
$$

而在点电荷情形下, 只有在 $r=0$ 附近积分才有贡献, 注意到

$$
4\pi \int_0^\infty \mathrm{d}r\, r \rho(r) \sin qr = 4\pi q \int_0^\infty \mathrm{d}r\, r^2 \rho(r) = qZe
$$

所以

$$
f_{\mathrm{e}}(\boldsymbol{p}_{\mathrm{i}}, \boldsymbol{p}_{\mathrm{f}}) = \frac{2mZe^2}{\hbar^2 q^2} \tag{8.140}
$$

比较式 (8.139)、式 (8.140)两式则得出

$$
f(\boldsymbol{p}_{\mathrm{i}}, \boldsymbol{p}_{\mathrm{f}}) = f_{\mathrm{e}}(\boldsymbol{p}_{\mathrm{i}}, \boldsymbol{p}_{\mathrm{f}}) \frac{4\pi}{Ze} \int_0^\infty \mathrm{d}r\, r^2 \rho(r) \frac{\sin qr}{qr}
$$

于是得出形状因子与电荷密度间的关系

$$
F(q^2) = \frac{4\pi}{Ze} \int_0^\infty \mathrm{d}r\, r^2 \rho(\boldsymbol{r}) \frac{\sin qr}{qr} \tag{8.141}
$$

或者

$$
F(\boldsymbol{q}) = \frac{1}{Ze} \int \mathrm{d}\boldsymbol{r}\, \rho(\boldsymbol{r}) \mathrm{e}^{-\mathrm{i}\boldsymbol{q}\cdot\boldsymbol{r}}
$$

这就是所要求的 Fourier 变换关系.

(2) 将式 (8.141)两边对 q 微商, 则有

$$
\frac{\mathrm{d}F}{\mathrm{d}q} = \frac{4\pi}{Ze} \int_0^\infty \mathrm{d}\boldsymbol{r}\, r^2 \rho(\boldsymbol{r}) \left(\frac{r\cos qr}{qr} - \frac{\sin qr}{q^2 r}\right)
$$

所以

$$
\frac{\mathrm{d}F}{\mathrm{d}(q^2)} = \frac{\mathrm{d}F}{\mathrm{d}q} \cdot \frac{\mathrm{d}q}{\mathrm{d}(q^2)} = \frac{1}{2q} \cdot \frac{4\pi}{Ze} \int_0^\infty \mathrm{d}r\, r^2 \rho(r) \left(\frac{r\cos qr}{qr} - \frac{\sin qr}{q^2 r}\right)
$$

为了得到 $\left.\dfrac{\mathrm{d}F}{\mathrm{d}(q^2)}\right|_{q=0}$, 先计算极限

$$
\begin{aligned}
\lim_{q\to 0}\left(\frac{r\cos qr}{q^2 r} - \frac{\sin qr}{q^3 r}\right) &= \lim_{q\to 0}\left\{\frac{r\left[1 - \frac{1}{2}(qr)^2\right]}{q^2 r} - \frac{qr - \frac{1}{6}(qr)^3}{q^3 r}\right\} \\
&= \lim_{q\to 0}\left(-\frac{1}{3}r^2\right) = -\frac{r^2}{3}
\end{aligned}
$$

于是

$$\left.\frac{\mathrm{d}F}{\mathrm{d}(q^2)}\right|_{q=0} = -\frac{1}{6} \cdot \frac{4\pi}{Ze} \int_0^\infty \mathrm{d}r r^2 \rho(r) r^2 = -\frac{1}{6}\langle r^2 \rangle$$

在所给的图 8.11中求出 $q^2 = 0$ 时 $F(q^2)$ 对 q^2 的导数值, 则可求出电荷方均根半径,

$$\sqrt{\langle r^2 \rangle} = \left(-6 \left.\frac{\mathrm{d}F}{\mathrm{d}(q^2)}\right|_{q=0} \right)^{1/2}$$

8.36 Ramsauer–Townsend 效应的起源及低能电子的最大散射截面

题 8.36 早在 20 世纪 20 年代, Ramsauer 和 Townsend 各自独立地发现对于能量约 0.4eV 的电子, 在气态氩原子上的散射截面比几何散射截面 (πa^2, a 为原子半径) 小得多. 同时还发现, 6eV 的电子的散射截面是几何散射截面的 3.5 倍, 而且散射几乎是各向同性的. 问反常散射截面的起源为何? 对于低能电子来说, 最大的可达到的散射截面多大?

解答 当吸引势足够强时, 在某一能量处 $l = 0$ 的分波可能被拉入半周, 其相移 δ_0 为 π. 此时 $l = 0$ 的分波对散射截面没有贡献, 而其他分波的贡献又很小 (能量很低), 因而散射截面变得很小, 这就是所谓的 Ramsauer-Townsend 效应. 对于低能电子来说, 最大的可能的截面是几何散射截面的 4 倍.

8.37 由光在介质中被一散射中心散射的散射振幅推导色散关系

题 8.37 设 $f(\omega)$ 为某光学介质中光在一个散射中心上向前散射的散射振幅. 如果将入射和出射光波分别记为 $A_{\mathrm{in}}(\omega)$ 和 $A_{\mathrm{out}}(\omega)$, 则有 $A_{\mathrm{out}}(\omega) = f(\omega)A_{\mathrm{in}}(\omega)$. 假定 Fourier 变换

$$\tilde{A}_{\mathrm{in}}(x-t) = \frac{1}{\sqrt{2\pi}} \int_{-\infty}^{+\infty} \mathrm{d}\omega \mathrm{e}^{\mathrm{i}\omega(x-t)} A_{\mathrm{in}}(\omega)$$

对 $x - t > 0$ 值为零.

(1) 用因果性关系 (信号传播速度不大于光速 $c = 3 \times 10^8 \mathrm{m/s}$) 证明 $f(\omega)$ 在上半复平面 $\mathrm{Im}\,\omega > 0$ 是解析的.

(2) 利用 $f(\omega)$, $\tilde{A}_{\mathrm{in}}$ 和 $\tilde{A}_{\mathrm{out}}$ 实部的解析性, 假定 $f(\omega)$ 在无穷远处有界, 推导色散关系

$$\mathrm{Re}(f(\omega + \mathrm{i}\varepsilon) - f(0)) = \frac{2\omega^2}{\pi} \mathrm{P.V.} \int_0^\infty \mathrm{d}\omega' \frac{\mathrm{Im}f(\omega' + \mathrm{i}\varepsilon)}{\omega'(\omega'^2 - \omega^2)}$$

ε 为任意小的正数.

解答 (1) $t < x$ 时 $\tilde{A}_{\mathrm{in}}(x-t) = 0$ 意味着 $t < x$ 时

$$\tilde{A}_{\mathrm{out}}(x-t) = 0$$

因此

$$A_{\substack{\mathrm{in} \\ \mathrm{out}}}(\omega) = \frac{1}{\sqrt{2\pi}} \int_{-\infty}^0 \mathrm{d}\tau \mathrm{e}^{-\mathrm{i}\omega\tau} \tilde{A}_{\substack{\mathrm{in} \\ \mathrm{out}}}(\tau)$$

当 $\mathrm{Im}\,\omega > 0$ 时为正则函数. 因为 $\tau < 0$, 积分项中的因子 $\exp(\mathrm{Im}\,\omega\tau)$ 收敛.

$A_{\mathrm{out}}(\omega) = f(\omega)A_{\mathrm{in}}(\omega)$, 当 $\mathrm{Im}(\omega) > 0$ 时 $f(\omega)$ 也是解析的. 因为对于一大类函数 $A_{\mathrm{in}}(\omega)$ 来说 $f(\omega)$ 为散射振幅, 个别 $A_{\mathrm{in}}(\omega)$ 可能的零点并不意味着是 $f(\omega)$ 的极点.

(2) 对 $\omega \to \infty$, $0 \leqslant \arg\omega \leqslant \pi$, 我们有 $|f(\omega)| < M$. 假定 $f(0)$ 是有界的 (否则另选一点), 则

$$\chi(\omega) = \frac{f(\omega) - f(0)}{\omega}$$

在无限远处是充分小的, 因此

$$\chi(\omega) = \frac{1}{2\pi\mathrm{i}} \int_{-\infty}^{+\infty} \mathrm{d}\omega' \frac{x(\omega' + \mathrm{i}0^+)}{\omega' - \omega}, \quad \mathrm{Im}\,\omega > 0$$

利用

$$\frac{1}{\omega' - \omega - \mathrm{i}0^+} = \frac{1}{\omega' - \omega}\mathrm{P.V.} + \mathrm{i}\pi\delta(\omega' - \omega)$$

(当 ω 为实数时) 得

$$\mathrm{Re}\,\chi(\omega) = \frac{1}{\pi}\mathrm{P.V.}\int_{-\infty}^{+\infty}\mathrm{d}\omega'\frac{\mathrm{Im}\,\chi(\omega' + \mathrm{i}0^+)}{\omega' - \omega}$$

$A_{\substack{\mathrm{in}\\\mathrm{out}}}$ 为实, 意味着 $A_{\substack{*\mathrm{in}\\\mathrm{out}}}(-\omega^*) = A_{\substack{\mathrm{in}\\\mathrm{out}}}(\omega)$, 因此 $f^*(\omega^*) = f(-\omega)$, 故

$$\mathrm{Im}\,f(\omega + \mathrm{i}0^+) = -\mathrm{Im}\,f(-\omega + \mathrm{i}0^+)$$

且有

$$\mathrm{Re}\left[f(\omega + \mathrm{i}0^+) - f(0)\right] = \frac{2\omega^2}{\pi}\mathrm{P.V.}\int_0^{\infty}\mathrm{d}\omega'\frac{\mathrm{Im}\,f(\omega' + \mathrm{i}0^+)}{\omega'(\omega'^2 - \omega^2)}$$

式中, P.V. 代表积分取主值.

8.38 两个自旋 1/2 粒子在势 $H_{\mathrm{int}} = A\boldsymbol{\sigma}_1 \cdot \boldsymbol{\sigma}_2 \dfrac{\mathrm{e}^{-\mu r}}{r}\,(\mu > 0)$ 作用下的散射截面

题 8.38 一个自旋为 $1/2$, 质量为 m, 能量为 $E = \dfrac{\hbar^2 k^2}{2m}$ 的粒子与无限重的自旋为 1/2 靶粒子散射, 相互作用的 Hamilton 量为

$$H_{\mathrm{int}} = A\boldsymbol{\sigma}_1 \cdot \boldsymbol{\sigma}_2 \frac{\mathrm{e}^{-\mu r}}{r}, \quad \mu > 0$$

其中, $\boldsymbol{\sigma}_1$ 和 $\boldsymbol{\sigma}_2$ 是入射粒子及靶粒子自旋的 Pauli 算符. 在一阶 Born 近似下求微分散射截面 $\mathrm{d}\sigma/\mathrm{d}\Omega$. 其中, 对自旋初态求平均, 对自旋末态求和.

解法一 由相互作用势 V 的形式可知, 总自旋 $\boldsymbol{S}^2$ 和 S_z 是守恒量, 故在 16 个分道中, 仅存如下 4 个分道截面不为零: $S = 0$ 单态, $S = 1$ 三重态.

对 $S = 0$, $\boldsymbol{\sigma}_1 \cdot \boldsymbol{\sigma}_2 = -3$, 此时 $V_0 = -3A\dfrac{\mathrm{e}^{-\mu r}}{r}$. 由题 8.25 结果知散射振幅为

$$f_0 = \frac{6Am}{\mu^2 + q^2} \tag{8.142}$$

散射截面

$$\sigma_0 = \frac{36m^2A^2}{\hbar^4\left[\mu^2+4k^2\sin^2\dfrac{\theta}{2}\right]^2} \tag{8.143}$$

而对 $S=1$，$\boldsymbol{\sigma}_1\cdot\boldsymbol{\sigma}_2=1$，此时有 $V_1=A\dfrac{\mathrm{e}^{-\mu r}}{r}$，同样由题 8.27、8.28 结果给出散射振幅为

$$f_1 = \frac{2Am}{\mu^2+q^2} \tag{8.144}$$

散射截面

$$\sigma_1 = \frac{4m^2A^2}{\hbar^4\left[\mu^2+4k^2\sin^2\dfrac{\theta}{2}\right]^2} \tag{8.145}$$

由于是非极化情况，对自旋初态求平均，自旋末态求和，有微分散射截面

$$\frac{\mathrm{d}\sigma}{\mathrm{d}\Omega} = \frac{1}{4}\sigma_0 + \frac{3}{4}\sigma_1 = \frac{12m^2A^2}{\hbar^4\left[\mu^2+4k^2\sin^2\dfrac{\theta}{2}\right]^2} \tag{8.146}$$

解法二 设粒子沿 z 方向入射，即 $\boldsymbol{k}_0=k\boldsymbol{e}_z$. 在一阶 Born 近似下，散射振幅为

$$\begin{aligned}
f(\theta) &= -\frac{m}{2\pi\hbar^2}\int \mathrm{e}^{\mathrm{i}(\boldsymbol{k}_0-\boldsymbol{k})\cdot\boldsymbol{r}}\langle\chi_\mathrm{f}|A\boldsymbol{\sigma}_1\cdot\boldsymbol{\sigma}_2|\chi_\mathrm{i}\rangle\frac{\mathrm{e}^{-\mu r'}}{r'}\mathrm{d}^3\boldsymbol{r}' \\
&= \frac{-m}{2\pi\hbar^2}\int \mathrm{e}^{\mathrm{i}\boldsymbol{q}\cdot\boldsymbol{r}}\langle\chi_\mathrm{f}|A\boldsymbol{\sigma}_1\cdot\boldsymbol{\sigma}_2|\chi_\mathrm{i}\rangle\frac{\mathrm{e}^{-\mu r'}}{r'}\mathrm{d}^3\boldsymbol{r}' \\
&= -\frac{2m}{\hbar^2}\langle\chi_\mathrm{f}|A\boldsymbol{\sigma}_1\cdot\boldsymbol{\sigma}_2|\chi_\mathrm{i}\rangle\frac{1}{\mu^2+q^2}
\end{aligned} \tag{8.147}$$

其中

$$\boldsymbol{q} = \boldsymbol{k}_0 - \boldsymbol{k}, \quad q = 2k\sin\frac{\theta}{2}$$

$|\chi_\mathrm{i}\rangle$、$|\chi_\mathrm{f}\rangle$ 分别为散射初态与散射末态的自旋态. 对系统总自旋 $S=0$ 态，解法一式 (8.142) 与 (8.143) 给出散射振幅与截面. 对系统总自旋 $S=1$ 态，解法一式 (8.144) 与 (8.145) 给出相应的散射振幅与截面.

设入射粒子自旋初态为 $\begin{pmatrix}1\\0\end{pmatrix}^p=\alpha_\mathrm{p}$，靶核自旋初态为 $\begin{pmatrix}1\\0\end{pmatrix}^T=\alpha_\mathrm{T}$，则体系的自旋初态为 $\Theta_{11}=\alpha_\mathrm{p}\alpha_\mathrm{T}$，此时的散射波函数为 $f_1(\theta)\dfrac{\mathrm{e}^{\mathrm{i}kr}}{r}\Theta_{11}$，而相应的极化微分散射截面为

$$\frac{\mathrm{d}\sigma}{\mathrm{d}\Omega}\left(\frac{1}{2}\frac{1}{2};\frac{1}{2}\frac{1}{2}\right) = |f_1(\theta)|^3$$

$$\frac{\mathrm{d}\sigma}{\mathrm{d}\Omega}\left(\frac{1}{2}\frac{1}{2};\frac{1}{2}-\frac{1}{2}\right) = \frac{\mathrm{d}\sigma}{\mathrm{d}\Omega}\left(\frac{1}{2}\frac{1}{2};-\frac{1}{2}\frac{1}{2}\right) = \frac{\mathrm{d}\sigma}{\mathrm{d}\Omega}\left(\frac{1}{2}\frac{1}{2};-\frac{1}{2}-\frac{1}{2}\right) = 0$$

同样的方法, 注意体系的自旋三重态为

$$\Theta_{11} = \alpha_{\mathrm{p}}\alpha_{\mathrm{T}}, \quad \Theta_{1-1} = \beta_{\mathrm{p}}\beta_{\mathrm{T}}, \quad \Theta_{10} = \frac{1}{\sqrt{2}}\left(\alpha_{\mathrm{p}}\beta_{\mathrm{T}} + \beta_{\mathrm{p}}\alpha_{\mathrm{T}}\right)$$

自旋单态为 $\Theta_{00} = \dfrac{1}{\sqrt{2}}\left(\alpha_{\mathrm{p}}\beta_{\mathrm{T}} - \beta_{\mathrm{p}}\alpha_{\mathrm{T}}\right)$, 并且 $\alpha_{\mathrm{p}}\beta_{\mathrm{T}} = \dfrac{1}{\sqrt{2}}\left(\Theta_{10} + \Theta_{00}\right)$ 等, 可求得其他的极化微分散射截面为

$$\frac{\mathrm{d}\sigma}{\mathrm{d}\Omega}\left(\frac{1}{2} - \frac{1}{2}; \frac{1}{2} - \frac{1}{2}\right) = \frac{1}{4}\left|f_1(\theta) - f_0(\theta)\right|^2$$

$$\frac{\mathrm{d}\sigma}{\mathrm{d}\Omega}\left(\frac{1}{2} - \frac{1}{2}; -\frac{1}{2}\frac{1}{2}\right) = \frac{1}{4}\left|f_1(\theta) - f_0(\theta)\right|^2$$

$$\frac{\mathrm{d}\sigma}{\mathrm{d}\Omega}\left(\frac{1}{2} - \frac{1}{2}; \frac{1}{2}\frac{1}{2}\right) = \frac{\mathrm{d}\sigma}{\mathrm{d}\Omega}\left(\frac{1}{2} - \frac{1}{2}; -\frac{1}{2} - \frac{1}{2}\right) = 0$$

$$\frac{\mathrm{d}\sigma}{\mathrm{d}\Omega}\left(-\frac{1}{2}\frac{1}{2}; \frac{1}{2} - \frac{1}{2}\right) = \frac{1}{4}\left|f_1(\theta) - f_0(\theta)\right|^2$$

$$\frac{\mathrm{d}\sigma}{\mathrm{d}\Omega}\left(-\frac{1}{2}\frac{1}{2}; -\frac{1}{2}\frac{1}{2}\right) = \frac{1}{4}\left|f_1(\theta) + f_0(\theta)\right|^2$$

$$\frac{\mathrm{d}\sigma}{\mathrm{d}\Omega}\left(-\frac{1}{2}\frac{1}{2}; \frac{1}{2}\frac{1}{2}\right) = \frac{\mathrm{d}\sigma}{\mathrm{d}\Omega}\left(-\frac{1}{2}\frac{1}{2}; -\frac{1}{2} - \frac{1}{2}\right) = 0$$

$$\frac{\mathrm{d}\sigma}{\mathrm{d}\Omega}\left(-\frac{1}{2} - \frac{1}{2}; -\frac{1}{2} - \frac{1}{2}\right) = \left|f_1(\theta)\right|^2$$

$$\frac{\mathrm{d}\sigma}{\mathrm{d}\Omega}\left(-\frac{1}{2} - \frac{1}{2}; \frac{1}{2}\frac{1}{2}\right) = \frac{\mathrm{d}\sigma}{\mathrm{d}\Omega}\left(-\frac{1}{2} - \frac{1}{2}; -\frac{1}{2}\frac{1}{2}\right) = \frac{\mathrm{d}\sigma}{\mathrm{d}\Omega}\left(-\frac{1}{2} - \frac{1}{2}; \frac{1}{2} - \frac{1}{2}\right) = 0$$

对自旋初态 (i) 求平均, 对自旋末态 (f) 求和, 得

$$\begin{aligned}\frac{\mathrm{d}\sigma}{\mathrm{d}\Omega} &= \frac{1}{4}\sum_{s_{\mathrm{p}z}^{(\mathrm{i})}, s_{\mathrm{T}z}^{(\mathrm{i})}, s_{\mathrm{p}z}^{(\mathrm{f})}, s_{\mathrm{T}z}^{(\mathrm{f})}}\frac{\mathrm{d}\sigma}{\mathrm{d}\Omega}\left(s_{\mathrm{p}z}^{(\mathrm{i})}, s_{\mathrm{T}z}^{(\mathrm{i})}; s_{\mathrm{p}z}^{(\mathrm{f})}, s_{\mathrm{T}z}^{(\mathrm{f})}\right) \\ &= \frac{1}{4}\left[3f_1^2(\theta) + f^2(\theta)\right] = \frac{12m^2A^2}{\hbar^4\left[\mu^2 + 4k^2\sin^2\dfrac{\theta}{2}\right]^2}\end{aligned} \tag{8.148}$$

说明 此题后半部作自旋统计时, 可有如解法一的一些十分简便的办法. 但这里的遍举法较具体详尽.

8.39 用 Born 近似计算中子–中子散射的散射截面

题 8.39 用 Born 近似计算中子–中子散射的微分散射截面. 假设散射势对于自旋三重态为零, 对于自旋单态为

$$V(r) = V_0\frac{\mathrm{e}^{-\mu r}}{r}$$

对非极化 (无规自旋取向) 初始态计算截面.

解答 散射势是中心势场，Born 近似给出

$$f(\theta) = -\frac{2m}{\hbar^2 q} \int_0^\infty \mathrm{d}r\, r V(r) \sin qr$$

$$= -\frac{2m}{\hbar^2 q} \int_0^\infty \mathrm{d}r V_0 \mathrm{e}^{-\mu r} \sin qr$$

$$= -\frac{2mV_0}{\hbar^2 q} \cdot \frac{q}{q^2 + \mu^2}, \quad q = 2|\boldsymbol{k}| \sin\frac{\theta}{2}$$

式中，$\boldsymbol{k}$ 是中子相对运动的波矢，$m = \dfrac{m_\mathrm{n}}{2}$ 为约化质量.

考虑到自旋单态的自旋波函数反对称，所以空间波函数应对称化，这样就有

$$\sigma_\mathrm{s} = |f(\theta) + f(\pi - \theta)|^2$$

$$= \frac{4m^2 V_0^2}{\hbar^4} \left(\frac{1}{\mu^2 + 4k^2 \sin^2\dfrac{\theta}{2}} + \frac{1}{\mu^2 + 4k^2 \cos^2\dfrac{\theta}{2}} \right)^2$$

$$= \frac{16 m^2 V_0^2 (\mu^2 + 2k^2)^2}{\hbar^4 \left(\mu^2 + 4k^2 \sin^2\dfrac{\theta}{2} \right)^2 \left(\mu^2 + 4k^2 \cos^2\dfrac{\theta}{2} \right)^2}$$

又因中子初始是非极化的，故所求散射截面为

$$\sigma(\theta) = \frac{1}{4}\sigma_\mathrm{s} + \frac{3}{4}\sigma_\mathrm{t} = \frac{1}{4}\sigma_\mathrm{s}$$

$$= \frac{4m^2 V^2 (\mu^2 + 2k^2)^2}{\hbar^4 \left(\mu^2 + 4k^2 \sin^2\dfrac{\theta}{2} \right)^2 \left(\mu^2 + 4k^2 \cos^2\dfrac{\theta}{2} \right)^2}$$

8.40 低能中子受质子的散射与不同自旋态的关系

题 8.40 低能中子在质子上的散射是与自旋有关的. 当中子–质子体系是自旋单态时，截面为 $\sigma_1 = 78 \times 10^{-24}\mathrm{cm}^2$，自旋三重态时截面是 $\sigma_1 = 2 \times 10^{-24}\mathrm{cm}^2$，令 f_3 和 f_1 是对应的散射振幅. 用 f_3 和 f_1 表示下面的答案：

(1) 非极化中子在非极化质子上的总截面是多少？

(2) 设一个原先自旋向上的中子在一个最初自旋向下的质子上散射，中子和质子自旋翻转的概率是多少？

(3) H_2 分子有两种形式 —— 质子总自旋为 1 的为正氢，总自旋为 0 的为仲氢. 设有一低能中子 $(\lambda_n \gg \langle d \rangle$，$\langle d \rangle$ 是分子中质子的平均距离) 在氢分子上散射. 非极化中子在非极化的正氢和仲氢上散射截面之比是多少？

解答 (1) 定义如下散射振幅算符：

$$f = \frac{f_1 + 3f_3}{4} + \frac{f_3 - f_1}{4} (\boldsymbol{\sigma}_\mathrm{n} \cdot \boldsymbol{\sigma}_\mathrm{p})$$

可证 f 在三重态和单态上的本征值为 f_3 和 f_1. 利用散射振幅算符总截面可表示为

$$\sigma = 4\pi \left\langle f^\dagger f \right\rangle$$

其中

$$f^\dagger f = f^2 = \frac{3}{4} f_3^2 + \frac{1}{4} f_1^2 + \frac{1}{4} \left(f_3^2 - f_1^2 \right) \left(\boldsymbol{\sigma}_{\mathrm{n}} \cdot \boldsymbol{\sigma}_{\mathrm{p}} \right)$$

设入射中子自旋态为

$$\begin{pmatrix} \mathrm{e}^{-\mathrm{i}\alpha} \cos\beta \\ \mathrm{e}^{\mathrm{i}\alpha} \sin\beta \end{pmatrix}$$

式中，$(2\beta, 2\alpha)$ 为中子自旋方向的极角. 考虑极化质子态 $\begin{pmatrix} 1 \\ 0 \end{pmatrix}$

$$
\begin{aligned}
\sigma_{\mathrm{t}} &= 4\pi \begin{pmatrix} \mathrm{e}^{-\mathrm{i}\alpha} \cos\beta \\ \mathrm{e}^{\mathrm{i}\alpha} \sin\beta \end{pmatrix}_{\mathrm{n}}^{\dagger} \begin{pmatrix} 1 \\ 0 \end{pmatrix}_{\mathrm{p}}^{\dagger} f^2 \begin{pmatrix} 1 \\ 0 \end{pmatrix}_{\mathrm{p}} \begin{pmatrix} \mathrm{e}^{-\mathrm{i}\alpha} \cos\beta \\ \mathrm{e}^{\mathrm{i}\alpha} \sin\beta \end{pmatrix}_{\mathrm{n}} \\
&= \pi \left[3f_3^2 + f_1^2 - \left(f_3^2 - f_1^2 \right) \cos 2\beta \right] \\
&= \frac{3}{4} \sigma_3 + \frac{1}{4} \sigma_1 - \left(\sigma_3 - \sigma_1 \right) \frac{\cos 2\beta}{4}
\end{aligned}
$$

中子束无极化，$\overline{\cos 2\beta} = 0$

$$\sigma_{\mathrm{t}} = \frac{3}{4} \sigma_3 + \frac{1}{4} \sigma_1$$

由于 z 轴取向任意，非极化质子的总截面与极化质子总截面相同.

(2) 相互作用前态矢为

$$\begin{pmatrix} 1 \\ 0 \end{pmatrix}_{\mathrm{n}} \begin{pmatrix} 0 \\ 1 \end{pmatrix}_{\mathrm{p}}$$

用三重态和单态自旋波函数展开

$$
\begin{pmatrix} 1 \\ 0 \end{pmatrix}_{\mathrm{n}} \begin{pmatrix} 0 \\ 1 \end{pmatrix}_{\mathrm{p}} = \frac{1}{\sqrt{2}} \left\{ \frac{1}{\sqrt{2}} \left[\begin{pmatrix} 1 \\ 0 \end{pmatrix}_{\mathrm{n}} \begin{pmatrix} 0 \\ 1 \end{pmatrix}_{\mathrm{p}} + \begin{pmatrix} 0 \\ 1 \end{pmatrix}_{\mathrm{n}} \begin{pmatrix} 1 \\ 0 \end{pmatrix}_{\mathrm{p}} \right] \right.
$$
$$
\left. + \frac{1}{\sqrt{2}} \left[\begin{pmatrix} 1 \\ 0 \end{pmatrix}_{\mathrm{n}} \begin{pmatrix} 0 \\ 1 \end{pmatrix}_{\mathrm{p}} - \begin{pmatrix} 0 \\ 1 \end{pmatrix}_{\mathrm{n}} \begin{pmatrix} 1 \\ 0 \end{pmatrix}_{\mathrm{p}} \right] \right\}
$$

散射波形式是

$$
\frac{\mathrm{e}^{\mathrm{i}kr}}{r} \frac{1}{\sqrt{2}} \left\{ f_3 \frac{1}{\sqrt{2}} \left[\begin{pmatrix} 1 \\ 0 \end{pmatrix}_{\mathrm{n}} \begin{pmatrix} 0 \\ 1 \end{pmatrix}_{\mathrm{p}} + \begin{pmatrix} 0 \\ 1 \end{pmatrix}_{\mathrm{n}} \begin{pmatrix} 1 \\ 0 \end{pmatrix}_{\mathrm{p}} \right] \right.
$$
$$
\left. + f_1 \frac{1}{\sqrt{2}} \left[\begin{pmatrix} 1 \\ 0 \end{pmatrix}_{\mathrm{n}} \begin{pmatrix} 0 \\ 1 \end{pmatrix}_{\mathrm{p}} - \begin{pmatrix} 0 \\ 1 \end{pmatrix}_{\mathrm{n}} \begin{pmatrix} 1 \\ 0 \end{pmatrix}_{\mathrm{p}} \right] \right\}
$$

$$= \frac{\mathrm{e}^{\mathrm{i}kr}}{r} \left[\frac{f_3 + f_1}{2} \begin{pmatrix} 1 \\ 0 \end{pmatrix}_{\mathrm{n}} \begin{pmatrix} 0 \\ 1 \end{pmatrix}_{\mathrm{p}} + \frac{f_3 - f_1}{2} \begin{pmatrix} 0 \\ 1 \end{pmatrix}_{\mathrm{n}} \begin{pmatrix} 1 \\ 0 \end{pmatrix}_{\mathrm{p}} \right]$$

所以取向翻转的概率为

$$\frac{(f_3 - f_1)^2}{(f_3 + f_1)^2 + (f_3 - f_1)^2} = \frac{1}{2} \cdot \frac{(f_3 - f_1)^2}{f_3^2 + f_1^2}$$

(3) 可令

$$F = f_1 + f_2 = \frac{f_1 + 3f_3}{2} + \frac{1}{4}(f_3 - f_1) \left[\boldsymbol{\sigma}_{\mathrm{n}} \cdot \left(\boldsymbol{\sigma}_{\mathrm{p}_1} + \boldsymbol{\sigma}_{\mathrm{p}_2} \right) \right]$$

总自旋

$$\boldsymbol{S} = \frac{1}{2}(\boldsymbol{\sigma}_{\mathrm{p}_1} + \boldsymbol{\sigma}_{\mathrm{p}_2})$$

则有

$$(\boldsymbol{\sigma}_{\mathrm{n}} \cdot \boldsymbol{S})^2 = \boldsymbol{S}^2 - \boldsymbol{\sigma}_{\mathrm{n}} \cdot \boldsymbol{S}$$

可得

$$F^2 = \frac{1}{4} \left[(f_1 + 3f_3)^2 + \left(5f_3^2 - 3f_1^2 - 2f_1 f_3 \right) \boldsymbol{\sigma}_{\mathrm{n}} \cdot \boldsymbol{S} + (f_3 - f_1)^2 \boldsymbol{S}^2 \right]$$

对于仲氢

$$\sigma_{仲} = \pi(f_1 + 3f_3)^2$$

由于没有物理上的特殊方向, 截面与入射中子的极化无关. 对于正氢

$$\sigma_{正} = \pi \left[(f_1 + 3f_3)^2 + \left(5f_3^2 - 2f_1 f_3 - 3f_1^2 \right) \cos 2\beta + 2 (f_3 - f_1)^2 \right]$$

式中, 2β 是 $\boldsymbol{S}$ 与 $\boldsymbol{\sigma}_{\mathrm{n}}$ 之间的夹角. 中子未极化时 $\cos 2\beta = 0$

$$\sigma_{正} = \pi \left[(f_1 + 3f_3)^2 + 2 (f_3 - f_1)^2 \right]$$

这些结果自然与氢分子的极化与否无关. 所求比例为

$$\frac{\sigma_{仲}}{\sigma_{正}} = 1 + \frac{2(f_3 - f_1)^2}{(f_1 + 3f_3)^2}$$

8.41 求吸引球方势阱作用下低能粒子的散射截面, 并与 Born 近似比较

题 8.41 求中子 – 中子低能散射 $(E \to 0)$s 分波的散射截面. 设两个中子之间的作用势为

$$V(r) = \begin{cases} V_0 \boldsymbol{\sigma}_1 \cdot \boldsymbol{\sigma}_2, & r \leqslant a \\ 0, & r > a \end{cases}$$

其中, $V_0 > 0$, $\boldsymbol{\sigma}_1$、$\boldsymbol{\sigma}_2$ 为中子的 Pauli 自旋算符, $\boldsymbol{r} = \boldsymbol{r}_1 - \boldsymbol{r}_2$. 入射中子和靶中子都是未极化的.

解答   自旋 1/2 全同粒子交换反对称. 对于 s 态 ($l=0$), 空间波函数对称, 这要求自旋波函数反对称, 两粒子自旋只能是单态 (χ_{00} 态, $s=0$). 在自旋单态下 $\boldsymbol{\sigma}_1 \cdot \boldsymbol{\sigma}_2 = -3$ ($\boldsymbol{\sigma}_1 \cdot \boldsymbol{\sigma}_2 \chi_{00} = -3\chi_{00}$). 这样两粒子的相互作用为

$$V(r) = \begin{cases} -3V_0, & r \leqslant a \\ 0, & r > a \end{cases}$$

这是低能粒子的球方势阱散射问题. 设粒子能量为 E, 令

$$k = \frac{\sqrt{2\mu E}}{\hbar}, \quad k_0 = \frac{\sqrt{6\mu V_0}}{\hbar}, \quad k_1 = \sqrt{k_0^2 + k^2} \tag{8.149}$$

当 $r < a$ 时, 方势阱内波函数满足的定态 Schrödinger 方程可为

$$\frac{\mathrm{d}^2}{\mathrm{d}r^2}u + k_1^2 u = 0$$

其中, $u = r\psi$. 上式满足 $r = 0$ 处自然边界条件的解为

$$u(r) = A\sin k_1 r \tag{8.150}$$

当 $r < a$ 时, 有

$$\frac{\mathrm{d}^2}{\mathrm{d}r^2}u + k^2 u = 0$$

其解为

$$u(r) = \sin(kr + \delta_0) \tag{8.151}$$

其中, δ_0 为 s 波相移.

利用 $r = a$ 处波函数 ψ(从而 u) 及其一阶导数连续, 有

$$k_1 \cot k_1 a = k \cot(ka + \delta_0) \tag{8.152}$$

令 $k \to 0$ 可知 s 波相移 δ_0 由下式给出[①]:

$$\tan\delta_0 = \frac{k\tan k_1 a - k_1 \tan ka}{k_1 + k\tan k_1 a \tan ka} \approx ka\left(\frac{\tan k_0 a}{k_0 a} - 1\right), \quad ka \ll 1, k \ll k_0 \tag{8.153}$$

而散射振幅为

$$f(\theta) = \frac{1}{k}\mathrm{e}^{\mathrm{i}\delta_0}\sin\delta_0 \tag{8.154}$$

考虑粒子的全同性后散射振幅为

$$f(\theta) + f(\pi - \theta) = 2f(\theta) = 2 \times \frac{1}{k}\mathrm{e}^{\mathrm{i}\delta_0}\sin\delta_0$$

故得微分散射截面为

$$\sigma = |f(\theta) + f(\pi - \theta)|^2 = \frac{4}{k^2}\sin^2\delta_0 \approx \frac{4}{k^2}\tan^2\delta_0 \approx 4a^2\left(\frac{\tan k_0 a}{k_0 a} - 1\right)^2 \tag{8.155}$$

---

① 也可根据球方势阱散射问题的已知结果直接写下, 例如, 参见曾谨言, 量子力学 (第五版卷 I)[M], 北京: 科学出版社, 2013, P.438-439.

满足各向同性. 总截面为 $\sigma_t = 4\pi\sigma$.

由于入射粒子和靶粒子均未极化, 自旋取向随机分布, 两粒子自旋形成单态 (χ_{00} 态, $S = 0$) 的概率是 $1/4$, 而形成三重态 (χ_{1s_z} 态, $S = 1$) 的概率是 $3/4$, 而后者对于 s 波散射无贡献. 因此有效的总截面为

$$\sigma_{\text{eff}} = \frac{1}{4}\sigma_t = \pi\sigma \approx 4\pi a^2 \left(\frac{\tan k_0 a}{k_0 a} - 1\right)^2 \tag{8.156}$$

在不发生共振散射的条件下, 散射振幅和散射截面均和入射能量无关, 这是低能散射的特点. 如果 V_0 足够大, 使得式 (8.149) 定义的 k_0 满足

$$k_0 a = \frac{\pi}{2}n, \quad n = 1, 3, 5, 7, \cdots \tag{8.157}$$

此时发生共振散射 (这也是势阱口具有束缚态的条件). 式 (8.153) 表明, 这相应于 $\delta_0 = \pm\pi/2$. 此时式 (8.155) 与 (8.156) 分别为

$$\sigma = \frac{4}{k^2}\sin^2\delta_0 = \frac{4}{k^2} = \frac{2\hbar}{\mu E} \tag{8.158}$$

$$\sigma_{\text{eff}} = \frac{1}{4}\sigma_t = \pi\sigma = \frac{4\pi}{k^2} = \frac{2\pi\hbar}{\mu E} \tag{8.159}$$

8.42 自旋 1/2 的粒子束被重核散射, 散射势为 $V = As_1 \cdot s_2\delta(r)$, 求散射截面

题 8.42 质量为 m 的粒子被很重的靶粒子散射, 两粒子的自旋均为 $1/2$. 设相互作用势为

$$V = As_1 \cdot s_2\delta(r), \quad r = r_1 - r_2 \tag{8.160}$$

A 是很小的常量, 因此可以用 Born 一级近似来处理. 设入射粒子的自旋 "向上", 靶粒子的自旋取无规分布. 求散射总截面以及散射后粒子自旋仍然保持 "向上" 的概率.

解法一 由于靶粒子很重, 可视为固定的散射中心, 质心系和实验室系就是同一的, 所以系统的相对运动方程为

$$\left(-\frac{\hbar^2}{2m}\nabla_r^2 + As_1 \cdot s_2\delta(r)\right)\psi(r) = E\psi(r) \tag{8.161}$$

按题意, A 是很小的常量, 所以可用 Born 近似, 在考虑自旋角动量的情况下有

$$\begin{aligned}
f(\theta, \varphi) &= -\frac{m}{2\pi\hbar^2}\int \mathrm{d}^3r' \mathrm{e}^{\mathrm{i}q \cdot r'}\langle\omega_f|As_1 \cdot s_2\delta(r')|\omega_i\rangle \\
&= -\frac{mA}{2\pi\hbar^2}\langle\omega_f|s_1 \cdot s_2|\omega_i\rangle \\
&= -\frac{mA}{2\pi\hbar^2}\langle\omega_f|S^2 - s_1^2 - s_2^2|\omega_i\rangle
\end{aligned} \tag{8.162}$$

由题意可知, 入射粒子自旋 "向上", 靶粒子非极化, 故入射双粒子自旋态为

$\begin{pmatrix} 1 \\ 0 \end{pmatrix}_1 \begin{pmatrix} 0 \\ 1 \end{pmatrix}_2$ 与 $\begin{pmatrix} 1 \\ 0 \end{pmatrix}_1 \begin{pmatrix} 1 \\ 0 \end{pmatrix}_2$ 的等概率混态, 用耦合表象基表示, 即 $\frac{1}{\sqrt{2}}(|\chi_{10}\rangle +$

$|\chi_{00}\rangle)$ 和 $|\chi_{11}\rangle$ 的等概率混合. 考虑到相互作用势的特点, $\boldsymbol{L}^2$、L_z、$\boldsymbol{S}^2$ 以及 $\boldsymbol{S}_z$ 守恒, 故散射态中不可能出现 $|\chi_{1-1}\rangle$ 态, 考虑所有不为零的散射分道有

$$f_1 = -\frac{mA}{4\pi\hbar^2}\langle\chi_{11}|\boldsymbol{S}^2 - \boldsymbol{s}_1^2 - \boldsymbol{s}_2^2|\chi_{11}\rangle = -\frac{mA}{8\pi}$$

$$f_2 = -\frac{mA}{4\pi\hbar^2}\frac{1}{\sqrt{2}}\left(\langle\chi_{10}| + \langle\chi_{00}|\right)\left|\boldsymbol{S}^2 - \boldsymbol{s}_1^2 - \boldsymbol{s}_2^2\right|\frac{1}{\sqrt{2}}\left(|\chi_{10}\rangle + |\chi_{00}\rangle\right) = \frac{mA}{8\pi}$$

$$f_3 = -\frac{mA}{4\pi\hbar^2}\frac{1}{\sqrt{2}}\left(\langle\chi_{10}| - \langle\chi_{00}|\right)\left|\boldsymbol{S}^2 - \boldsymbol{s}_1^2 - \boldsymbol{s}_2^2\right|\frac{1}{\sqrt{2}}\left(|\chi_{10}\rangle - |\chi_{00}\rangle\right) = -\frac{mA}{4\pi}$$

对初态求平均, 对末态求和, 可得总散射截面为

$$\sigma_{\mathrm{t}} = \frac{1}{2}|f_1|^2 + \frac{1}{2}\left(|f_2|^2 + |f_3|^2\right) = \frac{3m^2|A|^2}{64\pi^2}$$

由于 f_3 表示散射态为 $\begin{pmatrix} 1 \\ 0 \end{pmatrix}_1 \begin{pmatrix} 0 \\ 1 \end{pmatrix}_2$ 与 $\begin{pmatrix} 1 \\ 0 \end{pmatrix}_1 \begin{pmatrix} 1 \\ 0 \end{pmatrix}_2$, 即散射粒子自旋 "向下". 所以散射后, 散射粒子自旋向上的概率应为

$$P = \frac{\sigma_{\mathrm{t}} - \frac{1}{2}|f_3|^2}{\sigma_{\mathrm{t}}} = \frac{\dfrac{m^2|A|^2}{64\pi^2}}{\dfrac{3m^2|A|^2}{64\pi^2}} = \frac{1}{3}$$

解法二 由于靶粒子很重, 可视为固定的散射中心, 质心系和实验室系就是同一的, 所以系统的相对运动方程为

$$\left(-\frac{\hbar^2}{2m}\nabla_r^2 + A\boldsymbol{s}_1 \cdot \boldsymbol{s}_2\delta(\boldsymbol{r})\right)\psi(\boldsymbol{r}) = E\psi(\boldsymbol{r}) \tag{8.163}$$

可见虽然由于靶粒子很重, 可以不考虑其空间运动, 但其自旋状态显然与散射过程有关, 应该包括在入射波和散射波的波函数中加以分析. 考虑到相互作用势的特点, $\boldsymbol{L}^2$、L_z、$\boldsymbol{S}^2$ 以及 $\boldsymbol{S}_z$ 守恒, 其中 $\boldsymbol{S}$ 为两粒子的总自旋算符

$$\boldsymbol{S} = \boldsymbol{s}_1 + \boldsymbol{s}_2 \tag{8.164}$$

由于 $\boldsymbol{S}^2$ 守恒, $\boldsymbol{S}^2$ 本征态 (自旋单态或者三重态) 的本征态属性在散射过程中不变. 对于自旋单态, 散射过程可以表示成

$$\chi_{00}\mathrm{e}^{\mathrm{i}kz} \to \chi_{00}f_1(\theta, \varphi)\frac{1}{r}\mathrm{e}^{\mathrm{i}kr} \tag{8.165}$$

$f_1(\theta, \varphi)$ 为自旋单态散射振幅. 对于自旋三重态, 散射过程可以表示成

$$\chi_{1M}\mathrm{e}^{\mathrm{i}kz} \to \chi_{1M}f_3(\theta, \varphi)\frac{1}{r}\mathrm{e}^{\mathrm{i}kr}, \quad M = -1, 0, 1 \tag{8.166}$$

$f_3(\theta,\varphi)$ 为自旋三重态散射振幅.

按题意, 作用势很弱 (A 很小), 因而 $f_1(\theta,\varphi)$、$f_3(\theta,\varphi)$ 可用 Born 近似公式计算

$$f(\theta,\varphi) = -\frac{m}{2\pi\hbar^2} \int V(\boldsymbol{r}') \mathrm{e}^{\mathrm{i}\boldsymbol{q}\cdot\boldsymbol{r}'} \mathrm{d}^3\boldsymbol{r}' \tag{8.167}$$

对于入射粒子–靶粒子体系的自旋单态 ($S=0$) 和三重态 ($S=1$), 式 (8.160) 中 $\boldsymbol{s}_1 \cdot \boldsymbol{s}_2$ 分别等于 $-3\hbar^2/4$ 和 $\hbar^2/4$, 作用势分别为

$$V_1 = -\frac{3}{4}A\hbar^2\delta(\boldsymbol{r}), \quad V_3 = \frac{1}{4}A\hbar^2\delta(\boldsymbol{r}) \tag{8.168}$$

代入式 (8.167), 给出自旋单态或者三重态的散射振幅

$$f_1 = \frac{3}{8\pi}mA, \quad f_3 = -\frac{1}{8\pi}mA \tag{8.169}$$

二者均和方位角 (θ,φ) 无关, 散射是各向同性的. 上式可见 $f_1 = -3f_3$. 由此得到自旋单态或者三重态散射的总截面为

$$\sigma_1 = 4\pi f_1^2, \quad \sigma_3 = 4\pi f_3^2 \tag{8.170}$$

本题入射粒子的自旋 "向上", 靶粒子的自旋非极化. 若用 α、β 表示粒子自旋 "向上""向下" 的状态. 入射粒子自旋态为 α, 靶粒子自旋态为 α 及 β 的概率各为 1/2. 下面分别予以分析.

(a) 靶粒子自旋 "向上", 则入射波波函数

$$\varPsi_\mathrm{i} = \alpha(1)\alpha(2)\mathrm{e}^{\mathrm{i}kz} = \chi_{11}\mathrm{e}^{\mathrm{i}kz} \tag{8.171}$$

为三重态, 总截面为 σ_3. 按照式 (8.166), 散射波应该是

$$\psi_\mathrm{sc} \xrightarrow{r\to\infty} \chi_{11} f_3(\theta,\varphi) \frac{1}{r}\mathrm{e}^{\mathrm{i}kr} \tag{8.172}$$

入射粒子的自旋指向在散射过程中保持不变, 仍为 "向上".

出现这种情况的概率为 1/2, 故对总截面的贡献为 $\frac{1}{2}\sigma_3$.

(b) 靶粒子自旋 "向下", 则入射波波函数

$$\varPsi_\mathrm{i} = \alpha(1)\beta(2)\mathrm{e}^{\mathrm{i}kz} = \frac{1}{\sqrt{2}}(\chi_{10} + \chi_{00})\mathrm{e}^{\mathrm{i}kz} \tag{8.173}$$

按照式 (8.165)、式 (8.166), 散射波应该是

$$\begin{aligned}
\psi_\mathrm{sc} &\xrightarrow{r\to\infty} \frac{1}{\sqrt{2}}(f_3\chi_{10} + f_1\chi_{00})\frac{1}{r}\mathrm{e}^{\mathrm{i}kr} \\
&= \left[\frac{1}{2}(f_3 + f_1)\alpha(1)\beta(2) + \frac{1}{2}(f_3 - f_1)\beta(1)\alpha(2)\right]
\end{aligned} \tag{8.174}$$

相应的总截面为

$$\sigma = 4\pi \left|\frac{1}{\sqrt{2}}(f_3\chi_{10} + f_1\chi_{00})\right|^2 = 2\pi(f_3^2 + f_1^2) \tag{8.175}$$

上面用到了自旋态 χ_{10}、χ_{00} 的正交归一性.

出现这种情况的概率亦为 $1/2$，故对总截面的贡献为

$$\pi\left(f_3^2 + f_1^2\right) = \frac{1}{4}(\sigma_3 + \sigma_1)$$

综合 (a)、(b) 两种情况，可知有效的总截面为

$$\begin{aligned}
\sigma_{\mathrm{t}} &= \frac{1}{2}\sigma_3 + \frac{1}{4}(\sigma_3 + \sigma_1) \\
&= \frac{3}{4}\sigma_3 + \frac{1}{4}\sigma_1 = \frac{3}{16\pi}m^2 A^2
\end{aligned}$$

只有 (b) 的式 (8.174) 中第二项相当于入射粒子经过散射后自旋方向"向下"，按照散射截面的意义，易知相应的概率为

$$P_{\mathrm{flip}} = \frac{1}{\sigma_{\mathrm{t}}} \times \frac{1}{2} \times 4\pi\left(\frac{f_3 - f_1}{2}\right)^2 = \frac{(f_3 - f_1)^2}{3f_3^2 + f_1^2} = \frac{2}{3}$$

散射后粒子自旋仍然保持"向上"的概率为 $P_{\mathrm{nflip}} = 1 - 2/3 = 1/3$.

解法三 (较形式的处理) 设入射波波函数为

$$\Psi_{\mathrm{i}} = \chi \mathrm{e}^{\mathrm{i}kz} \tag{8.176}$$

其中 χ 为入射波两粒子的归一化自旋态. 我们可以将入射波波函数 (8.176) 按照 $\boldsymbol{S}^2$ 的本征态即自旋单态与三重态展开. 利用自旋单态与三重态投影算符

$$\hat{P}_1 = \frac{1}{4}\left(1 - \boldsymbol{\sigma}_1 \cdot \boldsymbol{\sigma}_2\right), \quad \hat{P}_3 = \frac{1}{4}\left(1 + \boldsymbol{\sigma}_1 \cdot \boldsymbol{\sigma}_2\right) \tag{8.177}$$

式 (8.176) 自旋态 χ 可展开为 $\chi = \hat{P}_1\chi + \hat{P}_3\chi$，$\hat{P}_1\chi$ 与 $\hat{P}_3\chi$ 分别为自旋单态与三重态，相应的入射波波函数 (8.176) 展开为

$$\hat{P}_1\chi\mathrm{e}^{\mathrm{i}kz}, \quad \hat{P}_3\chi\mathrm{e}^{\mathrm{i}kz} \tag{8.178}$$

散射过程中自旋态 $\hat{P}_1\chi$ 与 $\hat{P}_3\chi$ 不改变，相应的散射态为

$$\hat{P}_1\chi f_1\left(\theta,\varphi\right)\frac{1}{r}\mathrm{e}^{\mathrm{i}kr}, \quad \hat{P}_3\chi f_3\left(\theta,\varphi\right)\frac{1}{r}\mathrm{e}^{\mathrm{i}kr} \tag{8.179}$$

总的散射态为上式二者之和，即

$$\left[f_1\left(\theta,\varphi\right)\hat{P}_1 + f_3\left(\theta,\varphi\right)\hat{P}_3\right]\chi\frac{1}{r}\mathrm{e}^{\mathrm{i}kr} \tag{8.180}$$

相应于入射波波函数 (8.176) 的散射态可写为

$$\begin{aligned}
\Psi_{\mathrm{sc}} &\xrightarrow{r\to\infty} \phi\left(\theta,\varphi\right)\frac{1}{r}\mathrm{e}^{\mathrm{i}kr} \\
&= \left[f_1\left(\theta,\varphi\right)\hat{P}_1 + f_3\left(\theta,\varphi\right)\hat{P}_3\right]\chi\frac{1}{r}\mathrm{e}^{\mathrm{i}kr} \tag{8.181}
\end{aligned}$$

其中, $\phi(\theta,\varphi)$ 是 (θ,φ) 方向散射波的自旋态.

引进 "散射振幅算符"

$$
\begin{aligned}
\hat{f} &= f_1(\theta,\varphi)\hat{P}_1 + f_3(\theta,\varphi)\hat{P}_3 \\
&= \frac{1}{4}(f_1 + 3f_3) + \frac{1}{4}(f_3 - f_1)\boldsymbol{\sigma}_1 \cdot \boldsymbol{\sigma}_2
\end{aligned}
\tag{8.182}
$$

则 (θ,φ) 方向散射波的自旋态 $\phi(\theta,\varphi)$ 可表示为

$$
\phi = \hat{f}\chi = f_1(\theta,\varphi)\hat{P}_1\chi + f_3(\theta,\varphi)\hat{P}_3\chi
\tag{8.183}
$$

而散射截面可表示为

$$
\sigma(\theta,\varphi) = \phi^\dagger\phi = \chi^\dagger\hat{f}^\dagger\hat{f}\chi = \chi^\dagger\hat{f}^2\chi
\tag{8.184}
$$

也即 "散射振幅算符" 平方在入射波自旋态下的期望值.

更一般地, 若入射波的自旋态是混合态, 用密度算符 $\rho_i = \sum_\alpha p_\alpha \chi_\alpha \chi_\alpha^\dagger$ 描述, 则散射波的自旋密度算符为

$$
\rho_{\mathrm{sc}} = \sum_\alpha p_\alpha \phi_\alpha \phi_\alpha^\dagger = \hat{f}\sum_\alpha p_\alpha \chi_\alpha \chi_\alpha^\dagger \hat{f}^\dagger = \hat{f}\rho_i\hat{f},
\tag{8.185}
$$

而散射截面可表示为

$$
\begin{aligned}
\sigma(\theta,\varphi) &= \sum_\alpha p_\alpha \mathrm{Tr}\phi_\alpha \phi_\alpha^\dagger = \mathrm{Tr}\sum_\alpha p_\alpha \phi_\alpha \phi_\alpha^\dagger \\
&= \mathrm{Tr}\rho_{\mathrm{sc}} = \mathrm{Tr}\hat{f}\rho_i\hat{f} = \mathrm{Tr}\hat{f}^2\rho_i
\end{aligned}
\tag{8.186}
$$

为 "散射振幅算符" 平方与入射波自旋态密度矩阵相乘以后求迹, 也即 "散射振幅算符" 平方在入射波自旋态下的期望值.

对于本题, 根据式 (8.169), "散射振幅算符" 为

$$
\hat{f} = \lambda\boldsymbol{\sigma}_1 \cdot \boldsymbol{\sigma}_2, \quad \lambda = f_3 = -\frac{1}{8\pi}mA
\tag{8.187}
$$

利用 Pauli 算符的代数关系, $\sigma_i\sigma_j = \delta_{ij} + \mathrm{i}\varepsilon_{ijk}\sigma_k$, "散射振幅算符" 平方为

$$
\hat{f}^2 = \lambda^2(3 - 2\boldsymbol{\sigma}_1 \cdot \boldsymbol{\sigma}_2)
\tag{8.188}
$$

本题入射粒子的自旋 "向上", 靶粒子的自旋非极化, 则自旋态可用如下密度矩阵表示:

$$
\rho_i = \alpha(1)\alpha(1)^\dagger \otimes \frac{1}{2}I_2 = \frac{1}{4}(1 + \sigma_{1z})\otimes I_2
$$

$\hat{f}^2$ 中第 2 个粒子的自旋算符 $\boldsymbol{\sigma}_2$ 对于非极化态求平均给出零, 这样得到 $\hat{f}^2$ 在入射波自旋态下的期望值为

$$
\sigma(\theta,\varphi) = \mathrm{Tr}\rho_{\mathrm{sc}} = \mathrm{Tr}\hat{f}^2\rho_i = 3\lambda^2 = \frac{3m^2A^2}{64\pi^2}
$$

与空间方位角 (θ,φ) 无关, 这样总截面为 $\dfrac{3m^2A^2}{16\pi}$.

散射后粒子自旋仍然保持"向上"的可能态有 $\alpha(1)\alpha(2)$ 与 $\alpha(1)\beta(2)$, 可以分别用如下密度算符表示:

$$\rho_1 = \alpha(1)\alpha(1)^{\dagger} \otimes \alpha(2)\alpha(2)^{\dagger} = \frac{1}{4}(1+\sigma_{1z}) \otimes (1+\sigma_{2z}) \tag{8.189a}$$

$$\rho_2 = \alpha(1)\alpha(1)^{\dagger} \otimes \beta(2)\beta(2)^{\dagger} = \frac{1}{4}(1+\sigma_{1z}) \otimes (1-\sigma_{2z}) \tag{8.189b}$$

利用散射波的自旋密度算符 ρ_{sc}, 按照对末态求和, 知粒子自旋仍然保持"向上"的概率为

$$
\begin{aligned}
P_{\mathrm{nflip}} &= \frac{\mathrm{Tr}\rho_{\mathrm{sc}}\rho_1}{\mathrm{Tr}\rho_{\mathrm{sc}}} + \frac{\mathrm{Tr}\rho_{\mathrm{sc}}\rho_2}{\mathrm{Tr}\rho_{\mathrm{sc}}} = \frac{\mathrm{Tr}\rho_{\mathrm{sc}}(\rho_1+\rho_2)}{\mathrm{Tr}\rho_{\mathrm{sc}}} = \frac{1}{3\lambda^2}\mathrm{Tr}\hat{f}\rho_i\hat{f}(\rho_1+\rho_2) \\
&= \frac{1}{3} \times \frac{1}{8}\mathrm{Tr}\,\boldsymbol{\sigma}_1 \cdot \boldsymbol{\sigma}_2 (1+\sigma_{1z}) \otimes I_2 \boldsymbol{\sigma}_1 \cdot \boldsymbol{\sigma}_2 (1+\sigma_{1z}) \otimes I_2 \\
&= \frac{1}{3} \times \frac{1}{4}\mathrm{Tr}\,\sigma_{1i}(1+\sigma_{1z})\sigma_{1i}(1+\sigma_{1z})
\end{aligned}
$$

上面最后一个等号用到了 Pauli 算符的代数关系, 并通过对第二个粒子自旋态空间求迹得到. 重复指标 i 表示求和. 对 $i=x,y$, 由于 Pauli 算符不同分量的反对易性, 求迹均给出零, 只有 $i=z$ 给出不为零的结果, 这样所求的概率为

$$
\begin{aligned}
P_{\mathrm{nflip}} &= \frac{1}{12}\mathrm{Tr}\,\sigma_{1z}(1+\sigma_{1z})\sigma_{1z}(1+\sigma_{1z}) \\
&= \frac{1}{12}\mathrm{Tr}(1+\sigma_{1z})^2 = \frac{1}{12}\mathrm{Tr}(2+2\sigma_{1z}) \\
&= \frac{1}{3}
\end{aligned}
\tag{8.190}
$$

上面看到, 三种解法所得结果完全一致.

8.43　两个自旋 1/2 的全同粒子在屏蔽 Coulomb 势 $V(r) = \dfrac{\beta}{r}\mathrm{e}^{-r/a}$ 作用下的散射截面

题 8.43　两个自旋为 $1/2$, 质量为 m 的全同粒子间存在一个"屏蔽"Coulomb 势相互作用

$$V(r) = \frac{\beta}{r}\mathrm{e}^{-r/a}$$

式中, a 为屏蔽长度. 设有一散射实验, 其中每个粒子在质心系中都具有动能 E. 设 E 很大, 入射粒子的自旋取向是随机的, (在质心系中) 计算散射截面 $\dfrac{\mathrm{d}\sigma}{\mathrm{d}\Omega}$, 出射粒子的方向与入射粒子方向的夹角记为 θ, 如图 8.12 所示,

(1) 设入射粒子能量 E 很大 ($ka \gg 1$), 求微分散射截面;

(2) 设 θ 及 $\pi-\theta$ 方向测得两个出射粒子, 求它们的总自旋为 1 的概率, 以及两个粒子自旋都指向入射方向 (z 轴) 的概率;

(3) 在 (1) 中作近似, 对能量 E 有何要求?

(4) 如果 $E \to 0$, 散射后两个粒子总自旋为 1 的概率是多少?

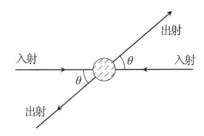

图 8.12　两个自旋为 $1/2$，质量为 m 的全同粒子的碰撞

解答　本题的实验室坐标系就是质心系，总动能 $E_c = 2E$，约化质量 $\mu = m/2$. 令

$$k = \frac{\sqrt{2\mu E_c}}{\hbar} = \frac{\sqrt{2mE}}{\hbar} \tag{8.191}$$

(1) 对于高能情况 $(ka \gg 1)$，采用一阶 Born 近似，对题给的屏蔽势，由题 8.27、8.28 结果知散射振幅为

$$f(\theta) = -\frac{2\mu\beta a^2}{\hbar^2} \frac{1}{1 + 4k^2 a^2 \sin^2 \dfrac{\theta}{2}} \tag{8.192}$$

由于 $ka \gg 1$，故除 $\theta \to 0$ 外，可取近似

$$f(\theta) \approx \frac{2\mu\beta}{4\hbar^2 k^2 \sin^2 \dfrac{\theta}{2}} = -\frac{\beta}{8E} \frac{1}{\sin^2 \dfrac{\theta}{2}} \tag{8.193}$$

由于粒子自旋为 $1/2$，为 Fermi 子，二粒子体系的总波函数应该是交换反对称的，如果入射波为自旋单态 $(S = 0)$，空间波函数必为对称态，微分散射截面为

$$\sigma_s(\theta) = |f(\theta) + f(\pi - \theta)|^2 = \frac{\beta^2}{64E^2} \left(\frac{1}{\sin^2 \dfrac{\theta}{2}} + \frac{1}{\cos^2 \dfrac{\theta}{2}} \right)^2 = \frac{\beta^2}{4E^2} \frac{1}{\sin^4 \theta} \tag{8.194}$$

如果入射波为自旋三重态 $(S = 1)$，空间波函数必为反对称态，微分散射截面为

$$\sigma_a(\theta) = |f(\theta) + f(\pi - \theta)|^2 = \frac{\beta^2}{4E^2} \frac{\cos^2 \theta}{\sin^4 \theta} \tag{8.195}$$

由于入射粒子自旋取向是混乱的，构成自旋单态的概率为 $1/4$，构成三重态的概率为 $3/4$，故微分散射截面的有效值是

$$\sigma(\theta) = \frac{1}{4}\sigma_s(\theta) + \frac{3}{4}\sigma_a(\theta) = \frac{\beta^2(1 + 3\cos^2 \theta)}{16E^2 \sin^4 \theta} \tag{8.196}$$

(2) 在 θ 及 $\pi - \theta$ 方向测得出射粒子的概率和微分散射截面成正比，两个出射粒子总自旋 $S = 0$ 和 1 的概率显然为

$$P(S = 0) = \frac{\frac{1}{4}\sigma_s(\theta)}{\sigma(\theta)} = \frac{1}{1 + 3\cos^2 \theta} \tag{8.197}$$

$$P(S=1) = \frac{\frac{1}{4}\sigma_{\mathrm{a}}(\theta)}{\sigma(\theta)} = \frac{3\cos^2\theta}{1+3\cos^2\theta} \tag{8.198}$$

$S=1$ 共有三种状态, 即

$$\chi_{1,1} = \begin{pmatrix} 1 \\ 0 \end{pmatrix}_1 \begin{pmatrix} 1 \\ 0 \end{pmatrix}_2, \quad \chi_{1-1} = \begin{pmatrix} 0 \\ 1 \end{pmatrix}_1 \begin{pmatrix} 0 \\ 1 \end{pmatrix}_2$$

$$\chi_{10} = \frac{1}{\sqrt{2}} \left[\begin{pmatrix} 1 \\ 0 \end{pmatrix}_1 \begin{pmatrix} 0 \\ 1 \end{pmatrix}_2 + \begin{pmatrix} 0 \\ 1 \end{pmatrix}_1 \begin{pmatrix} 1 \\ 0 \end{pmatrix}_2 \right]$$

两个粒子自旋均指向入射方向, 即状态 χ_{11}, 另外两种状态并不包含此种成分, 可见, 散射后两粒子自旋指向入射方向的概率为

$$P(\uparrow\uparrow) = \frac{1}{3}P(S=1) = \frac{\cos^2\theta}{1+3\cos^2\theta} \tag{8.199}$$

(3) Born 近似成立的条件相当于微扰论成立的条件. 式 (8.192)来源于散射后波函数的渐近表示式

$$\psi(\boldsymbol{x}) \approx \mathrm{e}^{\mathrm{i}kz} - \frac{\mu}{2\pi\hbar^2} \int \frac{\mathrm{e}^{\mathrm{i}k|\boldsymbol{x}-\boldsymbol{x}'|}}{|\boldsymbol{x}-\boldsymbol{x}'|} V(\boldsymbol{x}')\mathrm{e}^{\mathrm{i}\boldsymbol{k}_0\cdot\boldsymbol{x}'}\mathrm{d}^3\boldsymbol{x}' \tag{8.200}$$

按照微扰论的观点, 上式即

$$\psi \approx \psi^{(0)} + \psi^{(1)} \tag{8.201}$$

微扰论成立的条件为 $\left|\psi^{(1)}\right| \ll \left|\psi^{(0)}\right|$, 即在 $V(r)$ 的有效范围内

$$-\frac{\mu}{2\pi\hbar^2} \left| \int \frac{\mathrm{e}^{\mathrm{i}k|\boldsymbol{x}-\boldsymbol{x}'|}}{|\boldsymbol{x}-\boldsymbol{x}'|} \frac{\beta}{r'}\mathrm{e}^{-r'/a}\mathrm{e}^{\mathrm{i}\boldsymbol{k}_0\cdot\boldsymbol{x}'}\mathrm{d}^3\boldsymbol{x}' \right| \ll 1 \tag{8.202}$$

积分的主要贡献来自 r' 的变化范围 $\Delta r' \sim 1/k$, 作为数量级估计, 可取

$$|\boldsymbol{x}-\boldsymbol{x}'| \sim r', \quad \mathrm{d}^3\boldsymbol{x}' \sim 4\pi r'^2 \Delta r' \sim 4\pi r'^2/k, \quad \int \cdots \mathrm{d}^3\boldsymbol{x}' \sim 4\pi\beta/k \tag{8.203}$$

故条件 (8.202)相当于

$$\frac{2\mu\beta}{\hbar^2 k} \ll 1, \quad E \gg \frac{m\beta^2}{2\hbar^2} \tag{8.204}$$

在此条件下, 式 (8.192)成立.

式 (8.193)成立的条件是 $ka \gg 1$, 即 $E \gg \hbar^2/2ma^2$.

(4) 如 $E \to 0$, 仅 s 波 ($l=0$) 对散射截面有贡献, 这时散射振幅 $f(\theta)$ 为常量, $f(\theta) = f(\pi-\theta)$, 所以 $\sigma_{\mathrm{a}} = 0$, 只有自旋单态对散射截面有贡献. 因此散射后两个出射粒子必然处于总自旋 $S=0$ 的状态, 而 $S=1$ 的概率为 0.

8.44 Born 近似计算电子在势 $V = \mathrm{e}^{-\mu r^2}(A + B\boldsymbol{\sigma} \cdot \boldsymbol{r})$ 作用下的散射截面

题 8.44 一个动量为 $\boldsymbol{p}$ 质量为 m 的电子穿过一个与自旋有关 (宇称破环) 的势

$$V = \mathrm{e}^{-\mu r^2}(A + B\boldsymbol{\sigma} \cdot \boldsymbol{r})$$

并在 θ 角被散射. 式中 $\mu(> 0), A, B$ 为常数， $\sigma_x, \sigma_y, \sigma_z$ 是通常的 Pauli 自旋矩阵. 令 $\dfrac{\mathrm{d}\sigma_i}{\mathrm{d}\Omega}$ 是初态自旋一定而对所有自旋末态求和的微分散射截面. 下标 i 标志入射电子的初态. 特别地，若电子自旋在入射方向极化，我们可分别考虑: 入射自旋 "朝上" (↑) 或 "朝下" (↓). 在最低级 Born 近似下，计算 $\dfrac{\mathrm{d}\sigma_\uparrow}{\mathrm{d}\Omega}$ 和 $\dfrac{\mathrm{d}\sigma_\downarrow}{\mathrm{d}\Omega}$ 表示为 $\boldsymbol{p}$ 和 θ 的函数.

解答 令 x 轴正向为电子入射方向，在 σ_z 对角表象中，由题设，入射电子自旋波函数可表为

$$\psi_+ = \frac{1}{\sqrt{2}}\begin{pmatrix} 1 \\ 1 \end{pmatrix} \quad \text{或} \quad \psi_- = \frac{1}{\sqrt{2}}\begin{pmatrix} 1 \\ -1 \end{pmatrix}$$

又令 $\boldsymbol{n}$ 为 $\boldsymbol{r}$ 方向上的单位矢量，则

$$\begin{aligned}
\boldsymbol{\sigma} \cdot \boldsymbol{n} &= \begin{pmatrix} 0 & 1 \\ 1 & 0 \end{pmatrix}\sin\theta\cos\varphi + \begin{pmatrix} 0 & -\mathrm{i} \\ \mathrm{i} & 0 \end{pmatrix}\sin\theta\sin\varphi \\
&\quad + \begin{pmatrix} 1 & 0 \\ 0 & -1 \end{pmatrix}\cos\theta = \begin{pmatrix} \cos\theta, & \sin\theta\mathrm{e}^{-\mathrm{i}\varphi} \\ \sin\theta\mathrm{e}^{\mathrm{i}\varphi}, & -\cos\theta \end{pmatrix}
\end{aligned}$$

先考虑 ψ_+

$$\begin{aligned}
(\boldsymbol{\sigma} \cdot \boldsymbol{n})\psi_+ &= \frac{1}{\sqrt{2}}\begin{pmatrix} \cos\theta + \sin\theta\mathrm{e}^{-\mathrm{i}\varphi} \\ \sin\theta\mathrm{e}^{\mathrm{i}\varphi} - \cos\theta \end{pmatrix} \\
&= \frac{1}{\sqrt{2}}(\cos\theta + \sin\theta\mathrm{e}^{-\mathrm{i}\varphi})\alpha + \frac{1}{\sqrt{2}}(\sin\theta\mathrm{e}^{\mathrm{i}\varphi} - \cos\theta)\beta
\end{aligned}$$

式中，$\alpha = \begin{pmatrix} 1 \\ 0 \end{pmatrix}, \beta = \begin{pmatrix} 0 \\ 1 \end{pmatrix}$ 为 Pauli 表象中 σ_x 的本征态，故散射振幅 (带自旋) 为

$$f(\theta) = -\frac{m}{2\pi\hbar^2}\int \mathrm{e}^{-\mathrm{i}q \cdot r'}V(r')\psi_+\mathrm{d}^3 x'$$

式中， $\boldsymbol{q} = \dfrac{1}{\hbar}(\boldsymbol{p}_\mathrm{f} - \boldsymbol{p}_\mathrm{i})$，其大小 $|q| = q = \dfrac{2p}{\hbar}\sin\dfrac{\theta}{2}$，即

$$\begin{aligned}
f(\theta) &= -\frac{m}{2\pi\hbar^2}\int \mathrm{e}^{-\mathrm{i}qr'\cos\theta'}\mathrm{e}^{-\mu r'^2}[A\psi_+ + r'B(\sigma \cdot \boldsymbol{n})\psi_+]\mathrm{d}^3 x' \\
&= I_1(\theta)\alpha + I_2(\theta)\beta
\end{aligned}$$

式中，

$$I_1(\theta) = -\frac{m}{2\pi\hbar^2}\int \mathrm{e}^{-\mathrm{i}qr'\cos\theta'}\mathrm{e}^{-\mu r'^2}\frac{1}{\sqrt{2}}\left[A + r'B(\cos\theta' + \sin\theta'\mathrm{e}^{-\mathrm{i}\varphi'})\right]r'^2\sin\theta'\mathrm{d}r'\mathrm{d}\theta'\mathrm{d}\varphi'$$

由于 $\int_0^{2\pi} \mathrm{e}^{\pm \mathrm{i} p'}\mathrm{d}\varphi' = 0$, 所以

$$I_1(\theta) = -\frac{m}{2\pi\hbar^2}\int_0^\pi \int_0^\infty \mathrm{e}^{-\mathrm{i}qr'\cos\theta'}\mathrm{e}^{-\mu r'^2}\frac{1}{\sqrt{2}}(A + r'B\cos\theta')r^2\sin\theta'\mathrm{d}\theta'\mathrm{d}r'$$

积出 θ' 部分

$$\begin{aligned}
I_1(\theta) &= -\frac{2m}{\hbar^2 q}\frac{A}{\sqrt{2}}\int_0^\infty r'\mathrm{e}^{-\mu r'^2}\sin qr'\mathrm{d}r' - \frac{2m\mathrm{i}}{\hbar^2 q}\frac{3}{\sqrt{2}}\int_0^\infty r'^2\mathrm{e}^{-\mu r'^2}\cos qr'\mathrm{d}r' \\
&\quad + \frac{2m\mathrm{i}}{\hbar^2 q^2}\frac{B}{\sqrt{2}}\int_0^\infty r'\mathrm{e}^{-\mu r'^2}\sin qr'\mathrm{d}r'
\end{aligned}$$

用复变函数方法 (或者其他方法) 可算得

$$f(\mu, q) = \int_0^\infty \mathrm{e}^{-\mu r'^2}\cos qr'\mathrm{d}r' = \frac{1}{2}\sqrt{\frac{\pi}{\mu}}\exp\left(-\frac{q^2}{4\mu}\right)$$

$$\frac{\partial f}{\partial q} = -\int_0^\infty r'\mathrm{e}^{-\mu r'^2}\sin qr'\mathrm{d}r' = -\frac{q}{4\mu}\sqrt{\frac{\pi}{\mu}}\exp\left(-\frac{q^2}{4\mu}\right)$$

故有

$$\int_0^\infty r'\mathrm{e}^{-\mu r'^2}\sin qr'\mathrm{d}r' = \sqrt{\frac{\pi}{\mu}}\cdot\frac{q}{4\mu}\exp\left(-\frac{q^2}{4\mu}\right)$$

又有

$$\begin{aligned}
\frac{\partial f}{\partial \mu} &= -\int_0^\infty r'^2\mathrm{e}^{-\mu r'^2}\cos qr'\mathrm{d}r' \\
&= \sqrt{\frac{\pi}{\mu}}\left(-\frac{1}{4\mu}\right)\exp\left(-\frac{q^2}{4\mu}\right) + \frac{q^2}{8\mu^2}\sqrt{\frac{\pi}{\mu}}\exp\left(-\frac{q^2}{4\mu}\right)
\end{aligned}$$

或者

$$\int_0^\infty r'^2\mathrm{e}^{-\mu r'^2}\cos qr'\mathrm{d}r' = \frac{1}{4\mu}\sqrt{\frac{\pi}{\mu}}\exp\left(-\frac{q^2}{4\mu} - \frac{q^2}{8\mu^2}\right)\sqrt{\frac{\pi}{\mu}}\exp\left(-\frac{q^2}{4\mu}\right)$$

从而

$$\begin{aligned}
I_1(\theta) &= -\frac{2m}{\hbar^2 q}\cdot\frac{A}{\sqrt{2}}\sqrt{\frac{\pi}{\mu}}\frac{q}{4\mu}\exp\left(-\frac{q^2}{4\mu}\right) - \frac{2m\mathrm{i}}{\hbar^2 q}\cdot\frac{B}{\sqrt{2}}\sqrt{\frac{\pi}{\mu}}\exp\left(-\frac{q^2}{4\mu}\right)\left(\frac{1}{4\mu} - \frac{q^2}{8\mu^2}\right) \\
&\quad + \frac{2m\mathrm{i}}{\hbar^2 q^2}\cdot\frac{B}{\sqrt{2}}\sqrt{\frac{\pi}{\mu}}\exp\left(-\frac{q^2}{4\mu}\right)\cdot\frac{q}{4\mu} \\
&= -\frac{mA}{2\hbar\mu}\sqrt{\frac{\pi}{2\mu}}\exp\left(-\frac{q^2}{4\mu}\right) + \mathrm{i}\frac{2mB}{\hbar^2 q}\sqrt{\frac{\pi}{2\mu}}\exp\left(-\frac{q^2}{4\mu}\right)\frac{q^2}{8\mu^2} \\
&= \sqrt{\frac{\pi}{2\mu}}\cdot\frac{m}{2\hbar^2\mu}\left(-A + \mathrm{i}\frac{Bq}{2\mu}\right)\exp\left(-\frac{q^2}{4\mu}\right)
\end{aligned}$$

所以

$$\frac{\mathrm{d}\sigma_\uparrow}{\mathrm{d}\Omega} = |I_1(\theta)|^2 = \frac{\pi m^2}{8\mu^3\hbar^4}\exp\left(-\frac{q^2}{2\mu}\right)\left(A^2 + \frac{q^2 B^2}{4\mu^2}\right)$$

类似可得

$$I_2(\theta) = -\frac{mA}{2\hbar^2\mu}\sqrt{\frac{\pi}{2\mu}}\exp\left(-\frac{q^2}{4\mu}\right) - \mathrm{i}\frac{mBq}{4\hbar^2\mu^2}\sqrt{\frac{\pi}{2\mu}}\exp\left(-\frac{q^2}{4\mu}\right)$$

从而

$$\frac{\mathrm{d}\sigma_\downarrow}{\mathrm{d}\Omega} = |I_2(\theta)|^2 = \frac{\mu m^2}{8\mu^3\hbar^4}\exp\left(-\frac{q^2}{2\mu}\right)\left(A^2 + \frac{q^2B^2}{4\mu^2}\right)$$

式中, $q = \dfrac{2p}{\hbar}\sin\dfrac{\theta}{2}$.

对 $\psi_- = \dfrac{1}{\sqrt{2}}\begin{pmatrix}1\\-1\end{pmatrix}$ 计算可得与上面相同的结果.

8.45 入射粒子 P_2 被处于束缚态的粒子 P_1 在接触势 $V(\boldsymbol{r}-\boldsymbol{r}') = V_0b^3\delta^3(\boldsymbol{r}-\boldsymbol{r}')$ 作用下的散射振幅

题 8.45 一无自旋带电粒子 P_1 束缚在一球对称态中, 波函数为

$$\psi_1(r) = (\pi a)^{-3/2}\mathrm{e}^{-r^2/2a^2}$$

若一无自旋非相对论入射粒子 P_2 与 P_1 间通过势 $V(\boldsymbol{r}-\boldsymbol{r}') = V_0b^3\delta^3(\boldsymbol{r}-\boldsymbol{r}')$ 相互作用, 计算第一级 Born 近似下, P_2 被上述 P_1 束缚态弹性散射的振幅 (可以不必管整体的归一化), 假定 P_1 很重, 以致其反冲能量可忽略, 描绘出被散射的入射粒子的角分布 $\mathrm{d}\sigma(\theta)/\mathrm{d}\Omega$ 的形状. 该形状怎样随入射能改变? 怎样用它来确定 P_1 束缚态的尺度? 是什么确定了测量该尺度所需要的 P_2 的最小能量?

解答 由于 P_1 很重, 所以 P_2 的 Schrödinger 方程为

$$\left[-\frac{\hbar^2}{2m}\nabla^2 + \int\mathrm{d}\boldsymbol{r}'\rho_1(\boldsymbol{r}')V_0b^3\delta(\boldsymbol{r}-\boldsymbol{r}')\right]\psi(\boldsymbol{r}) = E\psi(\boldsymbol{r})$$

也就是

$$\left(-\frac{\hbar^2}{2m}\nabla^2 + V_0b^3\rho_1(\boldsymbol{r})\right)\psi(r) = E\psi(\boldsymbol{r})$$

式中, $\rho_1(\boldsymbol{r}) = |\psi_1(\boldsymbol{r})|^2$ 是粒子 P_1 在 $\boldsymbol{r}$ 处的概率密度, 按题设满足球对称, m 是 P_2 的质量, 由 Born 近似得

$$f(\theta) = -\frac{2m}{\hbar^2 q}\int_0^\infty r'\cdot V_0b^3\rho_1(r')\sin qr'\mathrm{d}r'$$

所以

$$f(\theta) \propto \frac{1}{q}\left(\frac{b}{a}\right)^3\int_0^\infty r'\exp\left(-\frac{r'}{a^2}\right)\sin qr'\mathrm{d}r' \propto b^3\exp\left[-\frac{1}{4}(qa)^2\right]$$

微分散射截面为

$$\frac{\mathrm{d}\sigma}{\mathrm{d}\Omega} = |f(\theta)|^2 = \sigma_0\exp\left[-\frac{1}{2}(qa)^2\right]$$

$$= \sigma_0 \exp\left[-2(ka)^2 \sin^2\frac{\theta}{2}\right]$$

式中，$\sigma_0 = \sigma(\theta = 0)$ 与 a 无关，$\dfrac{\mathrm{d}\sigma}{\mathrm{d}\Omega}$ 的形状如图 8.13 所示. 当入射能量增加时，$\dfrac{\mathrm{d}\sigma}{\mathrm{d}\Omega}$ 随 θ 增加而很快地减小. 由上式可得

$$\ln\frac{\mathrm{d}\sigma}{\mathrm{d}\Omega} = -2k^2a^2\sin^2\frac{\theta}{2} + c$$

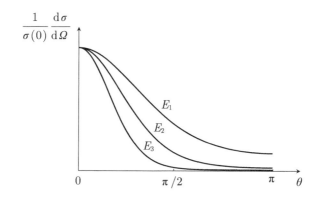

图 8.13　接触势作用下的散射截面 $(E_1 < E_2 < E_3)$

绘出 $\ln\dfrac{\mathrm{d}\sigma}{\mathrm{d}\Omega}$-$\sin^2\dfrac{\theta}{2}$ 图，根据此直线的斜率即可给出 k^2a^2. 从而即可定出 a.

从 $\dfrac{\mathrm{d}\sigma}{\mathrm{d}\Omega}$ 的表达式来看，入射能量 E 似乎没有什么限制，但我们是用 Born 近似得到它的，所以 Born 近似的适用条件决定了测量该尺度所需要的最小能量. Born 近似要求

$$\frac{\hbar^2 k}{ma} \gg |V| \sim V_0\left(\frac{b}{a}\right)^3$$

所以

$$k_{\min} \sim \frac{mb^3 V_0}{\hbar^2 a^2}$$

8.46　已知弹性散射总截面，求共振角动量以及发生共振时 $\theta = \pi$ 的微分散射截面

题 8.46　考虑一个弹性散射实验 $a + x \to a + x$，其中 x 远重于 a(不考虑两者的自旋). 实验结果中总散射截面 σ_{t} 对 $\hbar k$ 的依赖关系可见图 8.14，发现在 $k = k_R = 10^{14}\,\mathrm{cm}^{-1}$ 处，总散射截面有一共振峰，此时 $\sigma_{\mathrm{t}} = \sigma_R = 4.4 \times 10^{-27}\,\mathrm{cm}^2$，且共振时，从各个角度 θ 都可以观察到散射效应，除了 $\theta = \dfrac{\pi}{2}$ 之外 (在这个角度上散射消失). 在远

离共振区时，σ 是各向同性的. 试求:

(1) 共振的角动量 J 是多少?

(2) 计算在共振时，在 $\theta = \pi$ 方向的微分散射截面的近似值.

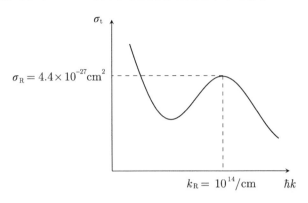

图 8.14　实验总散射截面 σ_t 对 $\hbar k$ 的依赖关系

解答　(1) 我们用分波法计算此题. 共振与一确定的分波相联系，每个分波的角动量由相应的角量子数 l 确定，每个分波的角分布由勒让德多项式 P_l 描述. 由本题条件可知共振时除了 $\theta = \dfrac{\pi}{2}$ 处无散射，其余任何方向都有散射，由此可知角量子数 $l = 1$，因为只有 P_1 满足这个条件，因此角量子数 $l = 1$，角动量 $\boldsymbol{J}^2 = 2\hbar^2$.

(2) 由分波法可知角度 θ 方向散射振幅

$$f_k(\theta) = \frac{1}{k}\sum_{l=0}^{\infty}(2l+1)\mathrm{e}^{\mathrm{i}\delta l}\sin\delta_l P_l(\cos\theta) \tag{8.205}$$

微分散射截面

$$\sigma(\theta) = |f_k(\theta)|^2$$

散射总截面

$$\sigma_t = \frac{4\pi}{k_2}\sum_{l=0}^{\infty}(2l+1)\sin^2\delta_l \tag{8.206}$$

题给远离共振时，截面是各向同性的，由此可知，这时在 $f(\theta)$ 中只有 $l = 0$ 的分波存在. 因此考虑共振时的总截面时，我们只考虑 0、1 两个分波，这时由式 (8.206)可知，

$$\sigma_R = \frac{4\pi}{k^2}(\sin^2\delta_0 + 3) \tag{8.207}$$

导出上面公式时，用到对于共振峰相应的 $\delta_1 = \dfrac{\pi}{2}$. 由上式可得

$$\sin^2\delta_0 = \left(\frac{k_R^2\sigma_R}{4\pi} - 3\right) \approx \frac{1}{2} \tag{8.208}$$

将 $\sin\delta_0$, $\sin\delta_1$ 代入式 (8.205)，然后取模方可得

$$\sigma_R(\theta) = \frac{1}{k_R^2}\left(9 - 5\sin^2\delta_0\right) \approx 6.5 \times 10^{-28}\mathrm{cm}^2 \tag{8.209}$$

8.47 低能中子被一核子系统散射, 求散射长度

题 8.47 (1) 低能中子被一核子系统散射, 核的自旋为 S_1(不为 0). 若 $\boldsymbol{S}_1$ 和 $\boldsymbol{S}_2$ 分别为核子与中子的自旋角动量算符 (以 $\hbar$ 为单位), 证明算符 $\boldsymbol{S}_1 \cdot \boldsymbol{S}_2$ 的本征值是

$$\begin{cases} \dfrac{1}{2}S_1, & j = S_1 + \dfrac{1}{2} \\ -\dfrac{1}{2}(S_1+1), & j = S_1 - \dfrac{1}{2} \end{cases}$$

上面 j 为核子与中子系统的总自旋;

(2) 设中子散射长度算符为

$$b = A + B\boldsymbol{S}_1 \cdot \boldsymbol{S}_2$$

式中, A, B 是常数, 证明 A, B 分别为

$$A = \frac{(S_1+1)b^+ + S_1 b^-}{2S_1+1}$$

$$B = \frac{2(b^+ - b^-)}{2S_1+1}$$

式中, b^+ 和 b^- 分别为 $j = S_1 + \dfrac{1}{2}$ 和 $j = S_1 - \dfrac{1}{2}$ 时 b 的本征值, 即散射长度.

(3) 由此证明, 当中子波长与氢原子的两个质子间距相比足够长时, 对于总自旋量子数为 1 的氢分子和总自旋为零的氢分子的总散射截面分别为

$$\sigma_1 = \frac{4\pi}{9}\left[(3b^+ + b^-)^2 + 2(b^+ - b^-)^2\right]$$

$$\sigma_2 = \frac{4\pi}{9}(3b^+ + b^-)^2$$

这里, b^+ 和 b^- 分别是对固定质子的三重态散射长度和单态散射长度 (对一个氢分子中的质子的散射长度是固定散射长度的 2/3 倍, 原因是两者折合质量不同).

解答 (1) 因为 $\boldsymbol{J} = \boldsymbol{S}_1 + \boldsymbol{S}_2$, 所以有

$$\boldsymbol{J}^2 = (\boldsymbol{S}_1 + \boldsymbol{S}_2) \cdot (\boldsymbol{S}_1 + \boldsymbol{S}_2) = \boldsymbol{S}_1^2 + \boldsymbol{S}_2^2 + 2\boldsymbol{S}_1 \cdot \boldsymbol{S}_2 \tag{8.210}$$

若 ψ 是 $\boldsymbol{J}^2$, $\boldsymbol{S}_1^2$, $\boldsymbol{S}_2^2$ 的本征态, 本征值分别为 $j(j+1)$, $S_1(S_1+1)$, $S_2(S_2+1)$, 则有

$$\begin{aligned} \boldsymbol{S}_1 \cdot \boldsymbol{S}_2 \psi &= \frac{1}{2}\left(\boldsymbol{J}^2 - \boldsymbol{S}_1^2 - \boldsymbol{S}_2^2\right)\psi \\ &= \frac{1}{2}\left[j(j+1) - S_1(S_1+1) - S_2(S_2+1)\right]\psi \end{aligned}$$

因为中子自旋 $S_2 = \dfrac{1}{2}$, 所以 $j = S_1 \pm \dfrac{1}{2}$, 代入上式有

$$\frac{1}{2}\left[j(j+1) - S_1(S_1+1) - S_2(S_2+1)\right] = \begin{cases} \dfrac{1}{2}S_1, & j = S_1 + \dfrac{1}{2} \\ -\dfrac{1}{2}(S_1+1), & j = S_1 - \dfrac{1}{2} \end{cases}$$

(2) 设 $|+\rangle$ 为 b 的本征值为 b^+ 的本征态, 则有

$$b|+\rangle = (A + B\boldsymbol{S}_1 \cdot \boldsymbol{S}_2)|+\rangle = \left(A + \frac{1}{2}S_1 B\right)|+\rangle = b^+|+\rangle$$

也就是

$$A + \frac{1}{2}S_1 B = b^+ \tag{8.211}$$

类似有

$$A - \frac{1}{2}(S_1 + 1)B = b^- \tag{8.212}$$

由式 (8.211)、式 (8.212), 可得

$$A = \frac{(S_1 + 1)b^+ + S_1 b^-}{2S_1 + 1} \tag{8.213}$$

$$B = \frac{2(b^+ - b^-)}{2S_1 + 1} \tag{8.214}$$

(3) 当核子系统为一个质子时, $S_1 = \dfrac{1}{2}$, 所以有

$$A = \frac{1}{4}(3b^+ + b^-), \quad B = b^+ - b^-$$

当中子被氢分子散射时, 每个质子都是各自的球对称散射波的中心. 当中子波长比两个质子间距长时, 两个散射波是同相位的, 因此分子的散射长度算符是两个质子散射长度算符之和, 即

$$b_{\text{mol}} = 2A + B\boldsymbol{S}_{\text{分}} \cdot \boldsymbol{S}_2$$

这里 $\boldsymbol{S}_{\text{分}}$ 是两个质子的总自旋算符, 它的本征值对于氢分子来说为 1, 对氢分子来说为 0. 由第 (1) 小题可知, $\boldsymbol{S}_{\text{分}} \cdot \boldsymbol{S}_2$ 的本征值为 $\dfrac{1}{2}[j(j+1) - S_{\text{分}}(S_{\text{分}} - 1) - S_2(S_2 + 1)]$, 这里 j 是氢分子与中子的总自旋. 所以对氢分子来说, $S_{\text{分}} = 1$, $j = \dfrac{3}{2}$ 或 $\dfrac{1}{2}$, 这时 $\boldsymbol{S}_{\text{分}} \cdot \boldsymbol{S}_2$ 的本征值是

$$\frac{1}{2}[j(j+1)S_{\text{分}}(S_{\text{分}} + 1) - S_2(S_2 + 1)] = \begin{cases} \dfrac{1}{2}, & j = \dfrac{3}{2} \\[2mm] -1, & j = \dfrac{1}{2} \end{cases}$$

当中子被氢分子散射时, 氢分子可以处于两个 j 值的所有态, 每个 j 值的简并度为 $2j + 1$, 即当 $j = 3/2$ 时, 简并度为 4; 当 $j = 1/2$ 时, 简并度为 2. 因此 $\boldsymbol{S}_{\text{分}} \cdot \boldsymbol{S}_2$ 的平均本征值必须经过加权平均后获得

$$\langle \boldsymbol{S}_{\text{分}} \cdot \boldsymbol{S}_2 \rangle = \frac{1}{6} \times \left[\left(4 \times \frac{1}{2}\right) - (2 \times 1)\right] = 0$$

同样可求出 $(\boldsymbol{S}_{\text{分}} \cdot \boldsymbol{S}_2)^2$ 的平均本征值为

$$\langle (\boldsymbol{S}_{\text{分}} \cdot \boldsymbol{S}_2)^2 \rangle = \frac{1}{6} \times \left[\left(4 \times \frac{1}{4}\right) + (2 \times 1)\right] = \frac{1}{2}$$

综合上述结果，由于测量的微分散射截面是 $(b_{\text{mol}})^2$ 的平均本征值，所以对于氢分子而言，有

$$
\begin{aligned}
\left\langle (b_{\text{mol}})^2 \right\rangle &= \left\langle (2A + B\boldsymbol{S}_{\text{分}} \cdot \boldsymbol{S}_2)^2 \right\rangle \\
&= 4A^2 + 4AB \left\langle \boldsymbol{S}_{\text{分}} \cdot \boldsymbol{S}_2 \right\rangle + B^2 \left\langle (\boldsymbol{S}_{\text{分}} \cdot \boldsymbol{S}_2)^2 \right\rangle \\
&= \frac{1}{4}(3b^+ + b^-)^2 + \frac{1}{2}(b^+ - b^-)^2
\end{aligned} \tag{8.215}
$$

类似对于氢分子，$\boldsymbol{S}_{\text{分}} = 0$，所以有

$$
\left\langle (b_{\text{mol}})^2 \right\rangle = 4A^2 = \frac{1}{4}(3b^+ + b^-)^2 \tag{8.216}
$$

因为总散射截面是 $\left\langle (b_{\text{mol}})^2 \right\rangle$ 的 4π 倍，同时上面公式中的 b^+，b^- 都是一个固定质子的固定散射长度，考虑到题给氢分子中的每个质子散射长度是固定质子散射长度的 $\dfrac{2}{3}$，所以氢分子的散射总截面 σ_{t} 为

$$
\sigma_{\text{t}} = \frac{16\pi}{9} \left\langle (b_{\text{mol}})^2 \right\rangle \tag{8.217}
$$

将式 (8.216)，代入上式，即得到所求证的结果.

8.48 对于原点距离负四次幂中心势场的低能散射

题 8.48 粒子被势场 $V(r) = \alpha/r^4 (\alpha > 0)$ 散射，求低能极限下 (只考虑 s 波) 散射的散射长度、相移、散射振幅和截面.

提示 引进无量纲变量 $\xi = \hbar r / \sqrt{2\mu\alpha}$.

解答 低能散射可采用分波法，此时 s 波 ($l = 0$) 占主导. 设粒子质量为 μ，入射动能为 E. s 波的波函数是球对称的，设为

$$
\psi(r) = \frac{u(r)}{r} \tag{8.218}
$$

代入定态 Schrödinger 方程，在 $E \to 0$ 下得如下径向方程：

$$
\frac{\mathrm{d}^2 u}{\mathrm{d}r^2} + k^2 u(r) = \frac{2\mu}{\hbar^2} V(r) u = \frac{2\mu\alpha}{\hbar^2} \frac{u}{r^4} \tag{8.219}
$$

按题给提示，引进无量纲变量 $\xi = \hbar r / \sqrt{2\mu\alpha}$，式 (8.219) 变成

$$
\frac{\mathrm{d}^2}{\mathrm{d}\xi^2} u - \frac{u}{\xi^4} = 0 \tag{8.220}
$$

容易验证，上式满足 $u(r)|_{r=0}$ 的解为

$$
u = \xi \mathrm{e}^{-\frac{1}{\xi}} \tag{8.221}
$$

当 $r \to \infty$, $1/\xi \to 0$ 时, $u(r)$ 的渐近表示为

$$u(r) \approx \xi\left(1 - \frac{1}{\xi}\right) = \xi - 1$$
$$= -\left(1 - \frac{\hbar}{\sqrt{2\mu\alpha}}r\right) \tag{8.222}$$

把式 (8.222) 和本题附录式 (8.229) 比较, 即得散射长度

$$a_0 = \sqrt{2\mu\alpha}/\hbar \tag{8.223}$$

按本题附录式 (8.236)、式 (8.229), 可得相移

$$\delta_0 = -ka_0 = -\frac{k}{\hbar}\sqrt{2\mu\alpha} = -\frac{2\mu}{\hbar^2}\sqrt{\alpha E} \tag{8.224}$$

以及散射振幅

$$f = -a_0 = \sqrt{2\mu\alpha}/\hbar \tag{8.225}$$

从而总截面为

$$\sigma_{\mathrm{t}} = 4\pi|f|^2 = 8\pi\mu\alpha/\hbar^2$$

附录 (关于极低能粒子的短程中心势散射的散射长度、相移、散射振幅和截面) 设势函数为 $V(r)$, 由于是短程作用势, 当 r 大于某个值 ("作用球" 半径 a), $V(r)$ 即迅速趋于 0(快于 $1/r^3$). 设入射粒子质量为 μ, 能量为 E, 低能粒子散射 s 波占主导, s 波 ($l = 0$) 的波函数可以记为

$$\psi = \frac{1}{\sqrt{4\pi}}R_0(r) = \frac{u(r)}{r} \tag{8.226}$$

它满足径向方程

$$\frac{\mathrm{d}^2}{\mathrm{d}r^2}u + \left[k^2 - \frac{2\mu}{\hbar^2}V(r)\right]u = 0 \tag{8.227}$$

其中, $k = \sqrt{2\mu E}$.

方程 (8.227) 中当 $r > a$ 时 $V(r)$ 可以略去; 如再取低能极限, 即 $k \to 0$, 则方程 (8.227) 成为

$$\frac{\mathrm{d}^2}{\mathrm{d}r^2}u \approx 0 \quad (r > a, k \to 0) \tag{8.228}$$

其解为

$$u(r) \approx C\left(1 - \frac{r}{a_0}\right) \tag{8.229}$$

其中, C 为归一化常数, a_0 称为散射长度.

另外, 在作用球外 ($r > a$), $V(r) \to 0$, 方程 (8.227) 的一般解可以表示为

$$u(r) \approx A\sin(kr + \delta_0) = A\sin\delta_0\left(\cos kr + \cot\delta_0 \sin kr\right) \tag{8.230}$$

δ_0 为 s 波相移, 对上式同样取低能极限 $k \to 0$, 则 $\cos kr \to 1$ 以及 $\sin kr \to kr$, 因而

$$u(r) \approx A \sin \delta_0 (1 + kr \cot \delta_0) \qquad (8.231)$$

比较式 (8.229)、式 (8.231), 即得相移和散射长度的关系

$$k \cot \delta_0 = -\frac{1}{a_0} \quad (k \to 0) \qquad (8.232)$$

在低能极限, 散射 s 波占主导, 散射振幅可以只计 s 波振幅, 即得

$$f = \frac{1}{k} \mathrm{e}^{\mathrm{i}\delta_0} \sin \delta_0 = \frac{1}{k \cot \delta_0 - \mathrm{i}k} \qquad (8.233)$$

为各向同性. 将式 (8.232) 代入式 (8.233), 即得

$$f = -\frac{a_0}{1 + \mathrm{i}ka_0} \quad (k \to 0) \qquad (8.234)$$

总截面为

$$\sigma_0 = 4\pi |f|^2 = \frac{4\pi a_0^2}{1 + (ka_0)^2} \qquad (8.235)$$

如果散射长度 a_0 取有限值, 则在低能极限 $k \to 0$, $k|a_0| \ll 1$, 式 (8.234) 和 (8.235) 分母上的 ka_0 可以略去, 从而得到

$$f = -a_0, \quad \sigma_0 = 4\pi a_0^2 \quad (k \to 0) \qquad (8.236)$$

而式 (8.232) 则给出

$$-ka_0 = \tan \delta_0 \approx \delta_0 \quad (k \to 0) \qquad (8.237)$$

这种情况下势场 $V(r)$ 的散射效果相当于半径为 a_0 的刚球.

如果散射长度 $a_0 \to \infty$, 就出现共振散射, 这时式 (8.232) 给出

$$k \cot \delta_0 \to 0, \quad \delta_0 = \frac{\pi}{2} \text{或} -\frac{\pi}{2} \qquad (8.238)$$

因而此时式 (8.233)、式 (8.235) 给出

$$f = \frac{\mathrm{i}}{k}, \quad \sigma_0 = 4\pi |f|^2 = \frac{4\pi}{k^2} = \frac{2\pi \hbar^2}{\mu E} \qquad (8.239)$$

散射截面和入射动能 E 成反比, 当 $E \to 0$ 时, $\sigma_0 \to \infty$.

第 9 章 含时近似方法与跃迁

9.1 关于吸收或发射一个光子的原子态在电偶极作用时的选择定则

题 9.1 (1) 对于吸收或发射一个光子的原子态，叙述电偶极跃迁选择定则；

(2) 用光子的轨道角动量、自旋、螺旋度和宇称解释这个选择定则；

(3) 用 Bohr 模型和经典公式

$$P = \frac{2}{3}\frac{q^2}{c^3}|\dot{\boldsymbol{v}}^2| \quad \text{(c. g. s 单位)}$$

对氢原子 2p 态寿命作半径典估计. 用 e，$\hbar$，c，a 和 ω 表示结果. P 是电荷为 q，加速度为 v 的粒子的辐射功率，a 是 Bohr 半径，ω 是电子圆轨道运动的角速度；

(4) 由第 (3) 小题的答案，计算 2p 态宽度为多少电子伏特?

解答 (1) 电偶极跃迁选择定则为

$$\Delta l = \pm 1, \quad \Delta m = \pm 1, 0$$

(2) 光子轨道角动量为 0，自旋为 1，螺旋度为 ± 1，宇称为 "$-$".

由角动量守恒，得

$$\Delta l = 0, \pm 1, \quad \Delta m = \pm 1, 0$$

由宇称守恒，得

$$(-1)^l = -(-1)^{l'}, \quad l \neq l'$$

所以

$$\Delta l = \pm 1, \quad \Delta m = \pm 1, 0$$

(3) 圆轨道

$$|\dot{\boldsymbol{v}}| = r\omega^2, \quad \omega^2 = \frac{e^2}{mr^3}$$

2p 态 $n = 2$，根据平均 $r = \frac{1}{2}\left[3n^2 - l(l+1)\right]a_0$，知 $r = 5a_0$，辐射功率为

$$P = \frac{50}{3} \cdot \frac{e^2 a^2 \omega^4}{c^3}$$

跃迁到基态，能级差为

$$\Delta E = \frac{3e^2}{8a_0}$$

估算氢原子 2p 态寿命为

$$\begin{aligned} t &= \frac{\Delta E}{P} = \left(\frac{3}{20}\right)^2 \frac{c^3}{a_0^3 \omega^4} = \left(\frac{75}{4}\right)^2 \frac{m^2 a_0^3 c^3}{e^4} \\ &\approx 2.2 \times 10^{-8} \text{s} \end{aligned}$$

(4) 按不确定性关系, 2p 态宽度

$$\Gamma = \frac{\hbar}{t} = \left(\frac{20}{3}\right)^2 \frac{a_0^3 \omega^4 \hbar}{c^3} = 3.0 \times 10^{-8} \text{eV}$$

9.2   无限深势阱中处于 $n=1$ 态的电子在 $\mathcal{E}(t)$ 作用下跃迁到 $n=2,3$ 的概率

题 9.2   一电子处在宽度从 $x = -\dfrac{a}{2}$ 到 $x = \dfrac{a}{2}$ 的一维无限深方势阱的 $n=1$ 本征态. $t=0$ 时在 x 方向加一均匀电场 $\mathcal{E}$, 直至 $t=\tau$ 时撤去, 利用含时微扰论计算在 $t>\tau$ 时电子分别处于 $n=2$ 及 $n=3$ 的概率 P_2 和 P_3. 假设 $\tau \ll \dfrac{\hbar}{E_1 - E_2}$, 指出为使含时微扰有效, 对题给参数有什么要求?

解答   未加电场时, 电子的势函数

$$V = \begin{cases} 0, & |x| \leqslant \dfrac{a}{2} \\ \infty, & \text{其他} \end{cases}$$

能量本征态

$$\psi_n(x) = \sqrt{\frac{2}{a}} \sin \frac{\pi n}{a} \left(\frac{a}{2} + x\right)$$

其中, $n = 1, 2, \cdots$, 相应能量本征值

$$E_n = \frac{\hbar^2 \pi^2 n^2}{2ma^2}$$

$0 < t < \tau$ 时间加了电场 $\mathcal{E}(t)$, 电子电荷为 $-e$, 微扰 Hamilton 量为

$$H' = e\mathcal{E}x$$

微扰矩阵元

$$\begin{aligned} \langle n_2 | H' | n_1 \rangle &= \frac{2}{a} \int_{-\frac{a}{2}}^{\frac{a}{2}} \sin \frac{n_1 \pi}{a} \left(x + \frac{a}{2}\right) \sin \frac{n_2 \pi}{a} \left(x + \frac{a}{2}\right) (e\mathcal{E}x) \mathrm{d}x \\ &= \frac{e\mathcal{E}}{a} \int_{-\frac{a}{2}}^{\frac{a}{2}} \left[\cos \frac{(n_1 - n_2)}{a} \pi \left(x + \frac{a}{2}\right) - \cos \frac{(n_1 + n_2)}{a} \pi \left(x + \frac{a}{2}\right)\right] x \mathrm{d}x \\ &= \frac{e\mathcal{E}}{a} \left\{\frac{a^2}{(n_1 - n_2)^2 \pi^2} \left[(-1)^{n_1 - n_2} - 1\right] - \frac{a^2}{(n_1 + n_2)^2 \pi^2} \left[(-1)^{n_1 + n_2} - 1\right]\right\} \end{aligned}$$

$$= \frac{4e\mathcal{E}a}{\pi^2} \cdot \frac{n_1 n_2}{(n_1^2 - n_2^2)^2} \left[(-1)^{n_1+n_2} - 1 \right]$$

可设

$$\omega_{n_2 n_1} = \frac{1}{\hbar}(E_{n_2} - E_{n_1}) = \frac{\hbar\pi^2}{2ma^2}(n_2^2 - n_1^2)$$

则有

$$\begin{aligned} C_{k'k}(\tau) &= \frac{1}{i\hbar} \int_0^\tau H'_{k'k} e^{i\omega_{k'k}\tau} \mathrm{d}t \\ &= \frac{1}{\hbar} H'_{k'k} (1 - e^{i\omega_{k'k}\tau}) \frac{1}{\omega_{k'k}} \end{aligned}$$

对于 $1 \to 2$

$$\langle 2|H'|1 \rangle = -\frac{16e\mathcal{E}a}{9\pi^2}, \quad \omega_{21} = \frac{3\hbar\pi^2}{2ma^2}$$

由此得

$$\begin{aligned} P_2 &= |C_{21}(\tau)|^2 = \frac{1}{\hbar^2 \omega_{21}^2} {H'_{21}}^2 (1 - e^{i\omega_{21}\tau})(1 - e^{-i\omega_{21}\tau}) \\ &= \left(\frac{16a^2}{9\pi^2} \right)^3 \left[\frac{e\mathcal{E}m}{\hbar^2\pi} \sin\left(\frac{3\hbar\pi^2}{4ma^2}\tau \right) \right]^2 \end{aligned}$$

对于 $1 \to 3$, $\langle 2|H'|1 \rangle = 0$, 从而

$$P_3 = |C_{31}(\tau)|^2 = 0$$

对于 $\mathcal{E}$ 很小及 $\tau \ll \dfrac{\hbar}{E_1 - E_2}$, 即 ΔE 充分小, 微扰论适用.

9.3　一维势箱的长度突变

题 9.3　一个质量为 m 的粒子被置于一个长度为 l 的一维势箱中, 其本征态定义为

$$\psi_n(x) = \sqrt{\frac{2}{l}} \sin\frac{n\pi x}{l}, \quad 0 \leqslant x \leqslant l$$

$$E_n = \frac{1}{2m}\left(\frac{m\pi\hbar}{l} \right)^2, \quad n = \pm 1, \pm 2, \cdots$$

假设该粒子原来处于状态 $|n\rangle$, 而势箱的长度在时间 $t \ll \hbar/E_n$ 内增加为 $2l$ ($0 \leqslant x \leqslant 2l$). 在此之后该粒子处于能量为 E_n 的本征态的概率是多少?

解答　考虑一维箱的长度从 l 增加到 $2l$ 这一过程. 题设 $t \ll \hbar/E_n$, 可见该过程经历的时间非常短, 有理由设想箱中粒子的状态来不及作出响应. 因此, 过程完成后粒子的波函数为

$$\psi(x) = \begin{cases} \sqrt{\dfrac{2}{l}} \sin\dfrac{n\pi x}{l}, & 0 \leqslant x \leqslant l \\ 0, & l < x \leqslant 2l \end{cases}$$

另外, 在长度为 $2l$ 的一维箱中, 能量本征态和本征值分别为

$$\phi_{n'}(x) = \sqrt{\frac{1}{l}} \sin \frac{n'\pi x}{2l}, \quad 0 \leqslant x \leqslant 2l$$

$$E_{n'} = \frac{1}{2m}\left(\frac{n'\pi\hbar}{2l}\right)^2, \quad n' = \pm 1, \pm 2, \cdots$$

这时, 对应于能量 E_n 的本征态是 $\phi_{2n}(n' = 2n)$.

于是, 所求的概率幅为

$$A = \int_0^{2l} dx \phi_{2n}(x)\psi(x) = \frac{\sqrt{2}}{l}\int_0^l dx \sin^2 \frac{n\pi x}{l} = \frac{1}{\sqrt{2}}$$

而概率为

$$P = |A|^2 = \frac{1}{2}$$

9.4 处于无限深势阱中的粒子, 在壁突然变化时, 其态与动量的变化

题 9.4 一个位于 0 到 l 的无穷深势阱中有一粒子处于基态. $x = l$ 处的壁突然移动到 $x = 2l$.

(1) 计算粒子处于扩展后盒子内基态的概率;

(2) 求扩展后盒子中该粒子最可能占有的态;

(3) 假设盒子 $[0, l]$ 的壁突然解除, 粒子原来处于基态, 求自由了的粒子的动量分布.

解答 (1) 扩展前体系波函数为

$$\psi(x) = \begin{cases} \sqrt{\dfrac{2}{l}} \sin \dfrac{n\pi x}{l}, & 0 \leqslant x \leqslant l \\ 0, & \text{其他} \end{cases}$$

扩展后体系基态波函数为

$$\phi(x) = \begin{cases} \sqrt{\dfrac{1}{l}} \sin \dfrac{n\pi x}{2l}, & 0 \leqslant x \leqslant 2l \\ 0, & \text{其他} \end{cases}$$

所求概率为

$$P_1 = \left|\int_{-\infty}^{+\infty} dx \phi^*(x)\psi(x)\right|^2 = \frac{32}{9\pi^2}$$

(2) 第一激发态波函数

$$\phi_2(x) = \begin{cases} \sqrt{\dfrac{1}{l}} \sin \dfrac{n\pi x}{l}, & 0 \leqslant x \leqslant 2l \\ 0, & \text{其他} \end{cases}$$

第一激发态上发现粒子的概率为

$$P_2 = \left| \int_{-\infty}^{+\infty} \mathrm{d}x \phi_2^*(x)\psi(x) \right|^2 = \frac{1}{2}$$

由于总概率为 1，所以由上式知粒子处于第一激发态的概率最大.

(3) 动量为 p 的自由粒子波函数为

$$\frac{1}{\sqrt{2\pi\hbar}}\mathrm{e}^{\mathrm{i}px}/\hbar$$

所以动量空间波函数为

$$
\begin{aligned}
\psi(p) &= \int \mathrm{d}x \frac{1}{\sqrt{2\pi\hbar}}\mathrm{e}^{\mathrm{i}px/\hbar}\psi(x) \\
&= \int_0^l \mathrm{d}x \frac{1}{\sqrt{2\pi\hbar}}\mathrm{e}^{-\mathrm{i}px/\hbar}\sqrt{\frac{2}{l}}\sin\frac{\pi x}{l} \\
&= \frac{1}{\sqrt{\pi\hbar l}}\left[1 + \mathrm{e}^{-\mathrm{i}pl/\hbar}\right]\frac{l/\pi}{1 - (pl/\hbar\pi)^2}
\end{aligned}
$$

这样动量的分布概率为

$$|\psi(p)|^2 = \frac{2\pi\hbar^3 l}{(\hbar^2\pi^2 - p^2 l^2)^2}\left(1 + \cos\frac{pl}{\hbar}\right)$$

9.5　一维无限深势阱中的粒子，当墙突然撤除时，其能量与动量分布

题 9.5　一个在 x 方向上运动的粒子被两堵位于 $x=0$ 和 $x=a$ 的墙束缚在中间，如果粒子处于基态，它的能量是多少？设想墙忽然被分开相距无穷远，粒子动量值在 p 到 $p+\mathrm{d}p$ 间的概率是多少？这样粒子的能量是多少？如果结果与原先的基态能量不符，你如何看待有关能量守恒的问题？

解答　初始时粒子被束缚在 $x=0$ 和 $x=a$ 之间，基态波函数为

$$\psi(x) = \begin{cases} \sqrt{\dfrac{2}{a}}\sin\dfrac{n\pi x}{a}, & 0 \leqslant x \leqslant a \\ 0, & \text{其他} \end{cases}$$

粒子的能量为 $\dfrac{\pi^2\hbar^2}{2ma^2}$.

当墙忽然被分开并相距无穷远，也即墙被瞬间完全拆除时，粒子的波函数在这瞬间来不及改变，仍保留为原来的形式. 但由于拆除墙之后的 Hamilton 量已不同于拆除前的，这个原来形式的波函数并不是新的拆除后的 Hamilton 量的本征态. 所以拆除后的问题是：把上述基态波函数作为初始条件，求解自由粒子 $\left(\text{其 Hamilton 量} H = \dfrac{p^2}{2m}\right)$ 的 Schrödinger 方程. 这个原来的阱中基态的波包要弥

散, 以至于当 $t \to \infty$ 时成为空间均匀的概率分布 (但却处处为零).

于是这个初始的波包转到动量表象 $(p = \hbar k)$,

$$\psi(p) = \frac{1}{\sqrt{2\pi\hbar}} \int_0^a \sqrt{\frac{2}{a}} \sin\frac{\pi x}{a} \mathrm{e}^{ipx} \mathrm{d}x = -\sqrt{\frac{a\pi}{\hbar}} \frac{1 + \mathrm{e}^{ipa}}{(pa)^2 - \pi^2}$$

在将势阱完全撤除的瞬间, 动量在 $p \to p + \mathrm{d}p$ 内的概率为

$$f(p)\mathrm{d}p = \left(|\psi(p)|^2 + |\psi(-p)|^2 \right) \mathrm{d}p = 8\frac{a\pi}{\hbar} \frac{\cos^2\dfrac{pa}{2}\mathrm{d}p}{[(pa)^2 - \pi^2]^2}, \quad p \neq 0$$

$$f(0)\mathrm{d}p = |\psi(0)|^2 \mathrm{d}p = 4\frac{a}{\pi^3\hbar}\mathrm{d}p$$

由于撤除后的系统的 Hamilton 量 $\left(H = \dfrac{p^2}{2m} \right)$ 显然不含 t, 故其能量的期望值可用这个作为初始条件的波包计算, 即

$$\begin{aligned}
\bar{E} &= \int_0^\infty \frac{\hbar^2 k^2}{2m} 8\frac{a\pi}{\hbar} \frac{\cos^2\left(\dfrac{pa}{2}\right)}{[(pa)^2 - \pi^2]^2} \mathrm{d}(\hbar k) \\
&= 8\frac{\hbar^2}{2ma^2} \int_0^\infty \frac{y^2 \cos^2\left(\dfrac{\pi y}{2}\right)}{(y^2 - 1)^2} \mathrm{d}y = \frac{\pi^2\hbar^2}{2ma^2}
\end{aligned}$$

这里利用了式中的定积分为 $\dfrac{\pi^2}{8}$ 这一事实.

这就是说, 在突然地, 完全地撤除这种无限深方阱的过程中, 系统能量不变. 这显然是对的, 因为对撤除前

$$\langle \psi_0 | H_前 | \psi_0 \rangle = \int_0^a \psi_0^* \frac{p^2}{2m} \psi_0 \mathrm{d}x$$

对撤除后

$$\begin{aligned}
\langle \psi(t) | H_后 | \psi(t) \rangle &= \langle \psi_0 | \exp\left(\mathrm{i}H_后 t/\hbar\right) H_后 \exp\left(-\mathrm{i}H_后 t/\hbar\right) | \psi_0 \rangle \\
&= \langle \psi_0 | H_后 | \psi_0 \rangle = \int_0^a \psi_0^* \frac{p^2}{2m} \psi_0 \mathrm{d}x
\end{aligned}$$

是相等的. 当墙缓慢外移直至相距无穷远, 或当墙并非无限高而突然完全撤除这两种情况下, 由于粒子与墙的能量交换, 撤除前后粒子能量均要发生改变.

9.6　带电谐振子在突加均匀电场中的跃迁概率

题 9.6　若在 $t = 0$ 时, 电荷为 e 质量为 m 的线型谐振子处于基态, 在 $t > 0$ 时, 附加一个与谐振子振动方向相同的恒定外电场 $\mathcal{E}$, 求谐振子处于任意态的概率.

解答　加了均匀电场 $\mathcal{E} = (\mathcal{E}, 0, 0)$ 之后，带电量为 e 的谐振子的势能为

$$V(x) = \frac{1}{2}m\omega^2 x^2 + e\mathcal{E}x = \frac{m\omega^2}{2}(x - x_0)^2 - \frac{(e\mathcal{E})^2}{2m\omega^2} \tag{9.1}$$

其中，　$x_0 = \dfrac{e\mathcal{E}}{m\omega^2}$.

由于微扰后的势能仍为谐振子势 (只是平衡位置移动 x_0)，所以受微扰后振子的定态波函数为

$$\psi_k(x - x_0) = \left(\frac{m\omega}{\pi\hbar}\right)^{1/4} \frac{1}{\sqrt{2^n n!}} e^{-\frac{m\omega}{2\hbar}(x - x_0)^2} H_n\left((x - x_0)\sqrt{\frac{m\omega}{\hbar}}\right) \tag{9.2}$$

其中，H_n 为 n 阶 Hermite 多项式. $t = 0$ 时初态波函数是未受微扰时的谐振子基态波函数 $\psi_0(x)$，即

$$\psi_0(x) = \left(\frac{m\omega}{\hbar\pi}\right)^{1/4} e^{-\frac{m\omega}{2\hbar}x^2} \tag{9.3}$$

它可用新 Hamilton 量本征态展开

$$\psi_0(x) = \sum_n a_n \psi_n(x - x_0) \tag{9.4}$$

在新 Hamilton 量作用下，t 时刻的态矢为

$$\psi_0(x, t) = \sum_n a_n \psi_n(x - x_0) e^{-i\hbar E_n t} \tag{9.5}$$

t 时刻体系处于波函数 $\psi_k(x - x_0)$ 态的概率振幅为

$$a_k = e^{-i\hbar E_k t} \int_{-\infty}^{+\infty} \psi_k^*(x - x_0)\psi_0(x)\mathrm{d}x \tag{9.6}$$

$$= e^{-i\hbar E_k t} \frac{(-1)^k}{\sqrt{2^k k!\pi}} e^{-\xi_0^2/2} \int_{-\infty}^{+\infty} e^{-\xi\xi_0} \frac{\mathrm{d}^k}{\mathrm{d}\xi^k} e^{-\xi^2 + 2\xi\xi_0}\mathrm{d}\xi \tag{9.7}$$

上式中 $\xi = x\sqrt{m\omega/\hbar}$，　$\xi_0 = x_0\sqrt{m\omega/\hbar}$，并考虑到了 k 阶 Hermite 多项式的如下表达式：

$$H_k(\xi) = (-1)^k e^{\xi^2} \frac{\mathrm{d}^k}{\mathrm{d}\xi^k} e^{-\xi^2}$$

式 (9.7)经过 k 次分步积分后利用 Poisson 积分公式变为

$$\xi_0^k \int_{-\infty}^{+\infty} e^{-\xi^2 + \xi\xi_0}\mathrm{d}\xi = \xi_0^k \sqrt{\pi} e^{\xi_0^2/4} \tag{9.8}$$

上面用到了广义 Gauss 积分公式 (A.5). 上式代入式 (9.7)给出

$$a_k = \frac{(-1)^k}{\sqrt{2^k k!}} \xi_0^n e^{-\xi_0^2/4} e^{-i\hbar E_k t} \tag{9.9}$$

谐振子从基态到激发态 k 的跃迁概率为

$$W_{k0} = |a_k|^2 = \frac{1}{2^k k!} \xi_0^{2n} e^{-\xi_0^2/2} = \frac{\lambda^k}{k!} e^{-\lambda}, \quad \lambda = \frac{\xi_0^2}{2} \tag{9.10}$$

作为量子数 k 的函数, 上式是 Poisson 分布, 其中 λ 是 k 的期望值.

说明 在 $\mathcal{E}$ 较大时, 本题计算结果依然适用. 当 $\mathcal{E}$ 很小时, $\lambda \ll 1$, 微扰论适用, 这时 W_{k0} 很小, 随 λ 增大迅速衰减, 最大概率为 $W_{10} \approx \lambda$; 当 $\mathcal{E}$ 很大时, $\lambda \gg 1$, 激发振子产生的概率很大, 该振子留在基态的概率只有 $W_{00} = \mathrm{e}^{-\lambda}$.

9.7 基态原子受急剧冲撞后的激发概率

题 9.7 处于基态的原子的原子核, 受到急剧冲撞后具有速度 u, 撞击时间为 τ, 假定 τ 既小于电子周期, 又小于 a/u(a 为原子尺度). 求该原子在冲撞下的激发概率.

解答 冲撞后, 原子具有速度 $\boldsymbol{u}$, 则从 K′ 惯性系看 (K、K′ 系分别为冲撞前、冲撞后的原子静止参照系), 由于冲撞时间 τ 很小 ($\tau \ll a/u$), 故可认为冲撞过程中原子位置几乎没有移动, 因此冲撞后, K′ 系中的电子坐标与冲撞前参考系 K 中的电子坐标相同. 冲撞后的原子波函数 (K′ 系中, 各电子具有附加速度 $\boldsymbol{u}$)ψ_0' 可通过对冲撞前的原子波函数 ψ_0 作一个动量平移变换得到

$$\psi_0' = \psi_0 \exp\left(-\mathrm{i}\boldsymbol{q} \cdot \sum_a \boldsymbol{r}_a\right)$$

式中, $\boldsymbol{q} = \dfrac{m\boldsymbol{u}}{\hbar}$, $\boldsymbol{r}_a$ 为各电子的坐标, 而 ψ_0 为原子未动时的基态波函数. 上式可以展开为不同激发态的叠加, 叠加系数的模平方即跃迁概率, 因此有

$$P_{k0} = \left| \left\langle \psi_k \left| \exp\left(-\mathrm{i}\boldsymbol{q} \cdot \sum_a \boldsymbol{r}_a\right) \right| \psi_0 \right\rangle \right|^2$$

式中, $|\psi_k\rangle$、$|\psi_0\rangle$ 都是相对 K 系的原子本征态. 特别当 $qa \ll 1$ 时, 积分函数中指数因子可以展开, 只保留两项, 再考虑到 $|\psi_k\rangle$ 与 $|\psi_0\rangle$ 的正交性, 最后可得

$$P_{k0} = \left| \left\langle \psi_k \left| \boldsymbol{q} \cdot \sum_a \boldsymbol{r}_a \right| \psi_0 \right\rangle \right|^2$$

9.8 氢原子受到突然冲撞后激发和电离的总概率

题 9.8 求氢原子受到突然 "冲撞" 后激发和电离的总概率 (参考题 9.7).

解答 激发和电离的总概率为 1 减去氢原子仍留在基态的概率, 因此总概率可以如下计算:

$$P = 1 - P_{00} = 1 - \left| \int \psi_0^2 \mathrm{e}^{-\mathrm{i}\boldsymbol{q} \cdot \boldsymbol{r}} \mathrm{d}V \right|^2 \tag{9.11}$$

式中, P_{00} 为原子仍留在基态的概率. 将氢原子的基态波函数

$$\psi_0 = \frac{1}{\sqrt{\pi a_0^3}} \mathrm{e}^{-r/a_0}$$

(a_0 为 Bohr 半径) 代入式 (9.11)中的积分部分, 有

$$\int \psi_0^2 \mathrm{e}^{-i\boldsymbol{q}\cdot\boldsymbol{r}} \mathrm{d}V = \int \frac{1}{\pi a_0^3} \mathrm{e}^{-2r/a_0} \mathrm{e}^{-iqr\cos\theta} r^2 \mathrm{d}r \sin\theta \mathrm{d}\theta \mathrm{d}\phi$$
$$= \frac{1}{\left(1 + \dfrac{1}{4} q^2 a^2\right)^2} \tag{9.12}$$

将式 (9.12)代入式 (9.11), 可得

$$P = 1 - P_{00} = 1 - \frac{1}{\left(1 + \dfrac{1}{4} q^2 a^2\right)^4}$$

当 $qa \ll 1$ 时, $P \approx q^2 a^2$ 趋于零; 当 $qa \gg 1$ 时, $P \approx 1 - (2/qa)^8$ 趋于 1.

9.9 恒定微扰势作用下由 $\psi_1^{(0)}$ 到 $\psi_2^{(0)}$ 的跃迁概率

题 9.9 设有一系统, 在 $t = 0$ 时刻处于二重简并能级的 $\psi_1^{(0)}$ 态, 在某一恒定微扰势 V 作用下发生跃迁, 求 t 时刻该系统跃迁到同一能级的 $\psi_2^{(0)}$ 态的概率.

解答 设微扰势 V 在 $\psi_1^{(0)}$、$\psi_2^{(0)}$ 上的矩阵元为 V_{11}, V_{12}, V_{21}, V_{22}, 即

$$V_{ij} = \left\langle \psi_i^{(0)} \left| V \right| \psi_j^{(0)} \right\rangle, \quad i, j = 1, 2$$

则由久期方程

$$\begin{vmatrix} V_{11} - E^{(1)} & V_{12} \\ V_{21} & V_{22} - E^{(1)} \end{vmatrix} = 0$$

可求出能量一级修正

$$E^{(1)} = \frac{1}{2} \left[(V_{11} + V_{22}) \pm \hbar\omega^{(1)} \right]$$

式中, $\hbar\omega^{(1)} = \sqrt{(V_{11} - V_{22})^2 + 4|V_{12}|^2}$ 为两个修正后的能级差. 再由简并微扰论可得两个零级近似波函数

$$\begin{cases} \psi^{(0)} = C_1 \psi_1^{(0)} + C_2 \psi_2^{(0)}, & E^{(1)} = \dfrac{1}{2} \left[(V_{11} + V_{22}) + \hbar\omega^{(1)} \right] \\ \psi'^{(0)} = C_1' \psi_1^{(0)} + C_2' \psi_2^{(0)}, & E^{(1)'} = \dfrac{1}{2} \left[(V_{11} + V_{22}) - \hbar\omega^{(1)} \right] \end{cases} \tag{9.13}$$

其中

$$C_1 = \left\{ \frac{V_{12}}{2|V_{12}|} \left[1 + \frac{V_{11} - V_{22}}{\hbar\omega^{(1)}} \right] \right\}^{1/2}$$
$$C_2 = \left\{ \frac{V_{12}}{2|V_{12}|} \left[1 - \frac{V_{11} - V_{22}}{\hbar\omega^{(1)}} \right] \right\}^{1/2}$$

$$C_1' = \left\{ \frac{V_{12}}{2\,|V_{12}|} \left[1 - \frac{V_{11} - V_{22}}{\hbar\omega^{(1)}} \right] \right\}^{1/2}$$

$$C_2' = \left\{ \frac{V_{12}}{2\,|V_{12}|} \left[1 + \frac{V_{11} - V_{22}}{\hbar\omega^{(1)}} \right] \right\}^{1/2}$$

由逆变换可得

$$\psi_1^{(0)} = \frac{C_2'\psi^{(0)} - C_2\psi'^{(0)}}{C_1C_2' - C_1'C_2}$$

$$\psi_2^{(0)} = \frac{C_1'\psi^{(0)} - C_1\psi'^{(0)}}{C_1'C_2 - C_1C_2'}$$

引入时间演化因子后, 与时间有关的波函数为

$$\Psi(\boldsymbol{r},t) = \frac{\mathrm{e}^{-\frac{\mathrm{i}}{\hbar}E^{(0)}t}}{C_1C_2' - C_1'C_2} \left[C_2'\psi^{(0)}\mathrm{e}^{-\frac{\mathrm{i}}{\hbar}E^{(1)}t} - C_2\psi'^{(0)}\mathrm{e}^{-\frac{\mathrm{i}}{\hbar}E^{(1)'}t} \right] \tag{9.14}$$

当 $t = 0$ 时, $\Psi(t) = \psi_1^{(0)}$. 将式 (9.13)代入式 (9.14), $\Psi(t)$ 变成 $\psi_1^{(0)}$ 与 $\psi_2^{(0)}$ 的线性组合, $\psi_1^{(0)}$ 与 $\psi_2^{(0)}$ 前的系数与时间有关, 而 $\psi_2^{(0)}$ 函数前系数的模的平方即为在 t 时刻跃迁到 $\psi_2^{(0)}$ 的概率, 即

$$P_{21} = \frac{2|V_{12}|^2}{(\hbar\omega^{(1)})^2} \left[1 - \cos\omega^{(1)}t \right]$$

由上式可知, 此概率随时间以频率 $\omega^{(1)}$ 作振荡.

9.10　频率满足 $E_m^{(0)} - E_n^{(0)} = \hbar(\omega + \varepsilon)(\varepsilon$ 为小量) 的周期性微扰对本征态的改变

题 9.10　设有一周期性微扰 $V = F\mathrm{e}^{-\mathrm{i}\omega t} + F^\dagger\mathrm{e}^{\mathrm{i}\omega t}$, 其频率 ω 满足 $E_m^{(0)} - E_n^{(0)} = \hbar(\omega + \varepsilon)$, ε 是一个小量. 求 Schrödinger 方程本征值为 $E_m^{(0)}$ 和 $E_n^{(0)}$ 的本征态受这种微扰后的改变量.

解答　受微扰后 Schrödinger 方程为

$$\mathrm{i}\hbar\frac{\partial\Psi}{\partial t} = (H_0 + V)\Psi \tag{9.15}$$

把解表示成以下求和形式:

$$\Psi = \sum_k a_k\psi_k^{(0)} \tag{9.16}$$

式中, $\psi_k^{(0)}$ 满足下列方程:

$$\mathrm{i}\hbar\frac{\partial\psi_k^{(0)}}{\partial t} = H_0\psi_k^{(0)} \tag{9.17}$$

将式 (9.16)代入式 (9.17), 得

$$\mathrm{i}\hbar\sum_k\psi_k^{(0)}\frac{\mathrm{d}a_k}{\mathrm{d}t} = \sum_k a_kV\psi_k^{(0)}$$

上式两边左乘 $\psi_m^{(0)*}$ 后，全空间积分，得

$$\mathrm{i}\hbar\frac{\mathrm{d}a_m}{\mathrm{d}t} = \sum_k V_{mk}(t)a_k \tag{9.18}$$

式中

$$\begin{aligned}
V_{mk}(t) &= V_{mk}\mathrm{e}^{\mathrm{i}\omega_{mk}t} \\
&= F_{mk}\mathrm{e}^{\mathrm{i}(\omega_{mk}-\omega)t} + F_{km}^*\mathrm{e}^{\mathrm{i}(\omega_{mk}+\omega)t}
\end{aligned}$$

很显然对式 (9.18) 积分时，随时间变化频率 $(\omega_{mk}-\omega)$ 越小的项越重要，故略去所有其他各项后，我们得到两个联立方程

$$\begin{cases}
\mathrm{i}\hbar\dfrac{\mathrm{d}a_m}{\mathrm{d}t} = F_{mn}\mathrm{e}^{\mathrm{i}(\omega_{mn}-\omega)t}a_n = F_{mn}\mathrm{e}^{\mathrm{i}\varepsilon t}a_n \\
\mathrm{i}\hbar\dfrac{\mathrm{d}a_n}{\mathrm{d}t} = F_{mn}^*\mathrm{e}^{-\mathrm{i}\varepsilon t}a_m
\end{cases} \tag{9.19}$$

作变换代换

$$a_n\mathrm{e}^{\mathrm{i}\varepsilon t} = b_n \tag{9.20}$$

式 (9.19) 变为

$$\begin{cases}
\mathrm{i}\hbar\dot{a}_m = F_{mn}b_n \\
\mathrm{i}\hbar(\dot{b}_n - \mathrm{i}\varepsilon b_n) = F_{mn}^*a_m
\end{cases} \tag{9.21}$$

由上两式消去 a_m 后，得

$$\ddot{b}_n - \mathrm{i}\varepsilon\dot{b}_n + |F_{mn}|^2 b_n/\hbar^2 = 0 \tag{9.22}$$

上式为常系数二阶微分方程，解出 b_n 后代入式 (9.20)、式 (9.21) 可得到两套独立解

$$a_n = A\mathrm{e}^{\mathrm{i}\alpha_1 t}, \quad a_m = -\frac{A\hbar\alpha_1\mathrm{e}^{\mathrm{i}\alpha_2 t}}{F_{mn}^*}$$

以及

$$a_n' = B\mathrm{e}^{-\mathrm{i}\alpha_2 t}, \quad a_m' = \frac{B\hbar\alpha_2\mathrm{e}^{-\mathrm{i}\alpha_1 t}}{F_{mn}^*}$$

式中，A、B 是常数，由归一化条件求出，$\alpha_1 = -\dfrac{\varepsilon}{2}+\Omega$, $\alpha_2 = \dfrac{\varepsilon}{2}+\Omega$, $\Omega = \sqrt{\dfrac{\varepsilon^2}{4}+|\eta|^2}$, $\eta = F_{mn}/\hbar$.

因此，在所给微扰作用下，解出两个独立解

$$\psi_1 = a_n\psi_n^{(0)} + a_m\psi_m^{(0)}$$
$$\psi_2 = a_n'\psi_n^{(0)} + a_m'\psi_m^{(0)}$$

通解设为 $\Psi = C_1\psi_1 + C_2\psi_2$，假定该系统在 $t=0$ 时处于 $\Psi_m^{(0)}$ 态，由初始条件与归一化条件可定出 C_1，C_2，结果得到

$$\Psi = \mathrm{e}^{\frac{\mathrm{i}\varepsilon t}{2}}\left(\cos\Omega t - \frac{\mathrm{i}\varepsilon}{2\Omega}\sin\Omega t\right)\psi_m^{(0)} - \frac{\mathrm{i}\eta^*}{\Omega}\mathrm{e}^{-\mathrm{i}\frac{\varepsilon t}{2}}\sin\Omega t\,\psi_n^{(0)} \tag{9.23}$$

式 (9.23) 中 $\psi_n^{(0)}$ 前系数的模量的平方为

$$\frac{|\eta|^2}{2\Omega^2}(1-\cos 2\Omega t)$$

这正是在 t 时刻发现系统处于 $\psi_n^{(0)}$ 态的概率. 此概率以 2Ω 为频率振荡, 概率值在 $0\sim|\eta|^2/\Omega^2$ 变化.

当 $\varepsilon=0$ 时 (严格共振), 概率变为 $\dfrac{1}{2}(1-\cos 2|\eta|t)$ 在 $0\sim 1$ 间周期性变化.

9.11 含时 $H(t)$ 下作绝热演化系统的含时波函数及 Berry 相位

题 9.11 设含时系统 $H(t)$ 作绝热演化初态为对应 $E(0)$ 的定态 $|\varphi(0)\rangle$. 由于演化无限缓慢, 这时有 $|\varphi(t)\rangle$ 存在, 使得下面准定态方程成立:

$$H(t)|\varphi(t)\rangle = E(t)|\varphi(t)\rangle \tag{9.24}$$

(1) 证明此时初态 $|\varphi(0)\rangle$ 的含时 Schrödinger 方程

$$i\hbar\frac{\partial}{\partial t}|\psi(t)\rangle = H(t)|\psi(t)\rangle \tag{9.25}$$

的解 $|\psi(t)\rangle$ 可以表示为

$$|\psi(t)\rangle = \exp\left\{-\frac{i}{\hbar}\int_0^t E(\tau)d\tau\right\}\exp\{i\gamma(t)\}|\varphi(t)\rangle \tag{9.26}$$

求出 $\gamma(t)$ 的表达式;

(2) 这里相位 $\gamma(t)$ 包括两种情况. 平庸情况: $\gamma(t)$ 表达式是可积单值的, 系统绝热演化一周返回 $|\varphi(0)\rangle$ 时, $\gamma(\tau)=0$; 非平庸情况: $\gamma(t)$ 表达式是不可积的, 多值的, $\gamma(T)\neq 0$, 这便是著名的 Berry 相位. 试分析平庸的 $\gamma(t)$ 是否总是恒为零.

解答 (1) 将式 (9.26) 代入式 (9.25), 有

$$\begin{aligned}
i\hbar\frac{\partial|\psi(t)\rangle}{\partial t} &= i\hbar\left\{-\frac{i}{\hbar}E(t)\exp\left\{-\frac{i}{\hbar}\int_0^t E(\tau)d\tau\right\}\exp\{i\gamma(t)\}|\varphi(t)\rangle\right.\\
&\quad +\exp\left\{-\frac{i}{\hbar}\int_0^t E(\tau)d\tau\right\}\cdot i\frac{\partial\gamma(t)}{\partial t}\exp(i\gamma(t))|\varphi(t)\rangle\\
&\quad \left.+\exp\left\{-\frac{i}{\hbar}\int_0^t E(\tau)d\tau\right\}\exp(i\gamma(t))\frac{\partial|\varphi(t)\rangle}{\partial t}\right\}\\
&= H(t)|\psi(t)\rangle
\end{aligned} \tag{9.27}$$

考虑到式 (9.24), 上式左边的第一项同右边的一项可以消去, 故而有

$$i\frac{\partial\gamma(t)}{\partial t}|\varphi(t)\rangle = -\frac{\partial}{\partial t}|\varphi(\tau)\rangle \tag{9.28}$$

用 $|\varphi(t)\rangle$ 左乘上式两边, 考虑到 $|\varphi(t)\rangle$ 的归一性, 可得

$$\frac{\partial\gamma(t)}{\partial t} = i\left\langle\varphi(t)\left|\frac{\partial}{\partial t}\right|\varphi(t)\right\rangle \tag{9.29}$$

对上式积分有

$$\gamma(t) = \mathrm{i} \int_0^t \left\langle \varphi(\tau) \left| \frac{\partial}{\partial \tau} \right| \varphi(\tau) \right\rangle \mathrm{d}\tau \tag{9.30}$$

(2) 因为 $\langle \varphi(t) | \varphi(t) \rangle = 1$ 为常数，所以有

$$\frac{\partial}{\partial \tau} \langle \varphi(\tau) | \varphi(\tau) \rangle = \left[\frac{\partial}{\partial \tau} \langle \varphi(\tau) | \right] | \varphi(\tau) \rangle + \left\langle \varphi(\tau) \left| \frac{\partial}{\partial \tau} \right| \varphi(\tau) \right\rangle = 0 \tag{9.31}$$

在一维情况下，定态波函数总可以表示为实函数，所以上式左边两项相等，故而有

$$\left\langle \varphi(\tau) \left| \frac{\partial}{\partial \tau} \right| \varphi(\tau) \right\rangle = 0 \tag{9.32}$$

由于式 (9.30) 中的被积函数为零，故 $\gamma(t)$ 恒为零.

9.12　氚 β 衰变后仍留在基态的概率

题 9.12　氚 (^{3}H) 可放出 β 粒子而自发衰变成 ^{3}He 离子 (^{3}He$^+$). 电子离开如此之快，整个过程只显示出核电荷从 $Z = 1$ 变到 $Z = 2$. 计算 ^{3}He$^+$ 留在基态的概率.

解答　^{3}He$^+$ 的基态波函数为

$$\psi_{1s}^{\mathrm{He}^+} = \frac{1}{\sqrt{\pi}} \left(\frac{2}{a} \right)^{3/2} \mathrm{e}^{-2r/a}$$

式中，a 是 Bohr 半径. 设 ^{3}H 体系的波函数是 $\varphi(\boldsymbol{r})$，由于 β 衰变过程很快，当 ^{3}H 衰变成 ^{3}He$^+$ 时，体系的波函数没有发生变化，所以发现 ^{3}He$^+$ 处于基态的概率为

$$p = \frac{\left| \left\langle \psi_{1s}^{\mathrm{He}^+} \middle| \varphi \right\rangle \right|^2}{|\langle \varphi | \varphi \rangle|^2}$$

本题设 ^{3}H 处于基态

$$\varphi(\boldsymbol{r}) = \frac{1}{\sqrt{\pi}} \left(\frac{1}{a} \right)^{3/2} \mathrm{e}^{-r/a}$$

则 ^{3}He$^+$ 留在基态的概率为

$$\begin{aligned}
p &= \left| 4 \left(\frac{2}{a^2} \right)^{3/2} \int_0^\infty r^2 \exp\left(-\frac{3r}{a} \right) \mathrm{d}r \right|^2 \\
&= \frac{2^7}{3^6} \left| \int_0^\infty x^2 \mathrm{e}^{-x} \mathrm{d}x \right|^2 = \frac{2^9}{3^6} \approx 70.2\%
\end{aligned}$$

9.13　氚 β 衰变后，处于 1s 或 2p 态的概率

题 9.13　氚 (质量数为 3 的氢) 具有 β 放射性，并且衰变成质量数为 3 的氦核 (^{3}He)，同时放出一个电子和一个中微子. 假设原先束缚在氚原子中的电子处于基态，并且该电子与衰变产生的 ^{3}He 核结合在一起形成 ^{3}He$^+$.

(1) 计算 $^3\mathrm{He}^+$ 处于 1s 态的概率;

(2) $^3\mathrm{He}^+$ 处于 2p 态的概率是多少?

解答　不考虑氢原子体系约化质量与氦离子体系约化质量的微小差异, $^3\mathrm{He}^+$ 的 Bohr 半径为 $a_0/2$, 于是

$$\psi_{1\mathrm{s}}^{\mathrm{H}} = \mathrm{Y}_{00}\frac{2}{a_0^{3/2}}\mathrm{e}^{-r/a_0}, \quad \psi_{1\mathrm{s}}^{\mathrm{He}^+} = \mathrm{Y}_{00}\frac{2}{(a_0/2)^{3/2}}\mathrm{e}^{-2r/a_0}$$

$$\psi_{2\mathrm{p}}^{\mathrm{He}^+} = \mathrm{Y}_{1m}\frac{1}{2\sqrt{6}(a_0/2)^{3/2}}\frac{2r}{a_0}\mathrm{e}^{-r/a_0}, \quad m = 1,\, 0,\, -1$$

(1) 发现 $^3\mathrm{He}^+$ 处于 1s 态的概率振幅为

$$A = \int \psi_{1\mathrm{s}}^{*\,\mathrm{He}^+}\psi_{1\mathrm{s}}^{\mathrm{H}}\mathrm{d}^3x = \frac{2^{\tau/2}}{a_0^3}\int_0^\infty \mathrm{d}r r^2\mathrm{e}^{-3r/a_0} = \frac{16\sqrt{2}}{27}$$

概率为

$$|A|^2 = 2\left(\frac{16}{27}\right)^2 = 0.7023$$

(2) 根据球谐函数正交性, 发现 $^3\mathrm{He}^+$ 处于 2p 态的概率为零.

9.14　沿 x 方向极化的热中子束通过一磁场 $\boldsymbol{B}$, 证明自旋是 $\boldsymbol{S}_\rho$ 的本征态 ($\boldsymbol{S}_\rho$ 是自旋沿某一随时间转动方向的分量)

题 9.14　一束在 x 方向极化的热中子束, 在 $t=0$ 时刻通过一个不变磁场 $\boldsymbol{B}$, 磁场 $\boldsymbol{B}$ 沿 z 轴方向.

(1) 证明中子的自旋态 $\psi(t)$ 是算符 $\boldsymbol{S}_\rho$ 的本征态 ($\boldsymbol{S}_\rho$ 是自旋角动量沿 $(\cos\rho,\sin\rho,0)$ 方向的分量), 这里 $\rho=2\mu_\mathrm{n}Bt/\hbar$($\mu_\mathrm{n}$ 是中子的磁矩);

(2) 证明这一结果与一进动陀螺的经典结果一致;

(3) 当 $B=10.00\mathrm{mT}$, 自旋转动 2π 的时间是 $3.429\mu\mathrm{s}$. 计算 μ_n 的值 (用核磁子表示).

解答　(1) 中子类似电子, 自旋角动量为 $\dfrac{1}{2}$. 设其自旋算符为 S_z, S_z 有两个本征态 α 和 β, 相应的本征值为 $\dfrac{\hbar}{2}$ 和 $-\dfrac{\hbar}{2}$. 中子的磁矩 μ_n(我们取正量) 是指分量值, 它的方向与其自旋角动量方向相反, 可以设想是负电荷分布的转动.

在 $t=0$ 时, 中子处于 S_x 的本征值 $\dfrac{\hbar}{2}$ 的本征态 (S_x 是自旋角动量沿 x 轴的分量), 即

$$\psi(0) = \frac{\alpha+\beta}{\sqrt{2}}$$

在磁场作用的区域, Hamilton 量 H 为正比于 S_z 的项, 所以 H 的本征态是 α 和 β, 相应的能量是

$$E_\alpha = \mu_\mathrm{n}B, \quad E_\beta = -\mu_\mathrm{n}B$$

这样用时间演化算符作用到 $\psi(0)$ 上可得

$$\psi(t) = \frac{\alpha \exp(-\mathrm{i}\omega t) + \beta \exp(\mathrm{i}\omega t)}{\sqrt{2}} \tag{9.33}$$

这里

$$\omega = \frac{\mu_{\mathrm{n}} B}{\hbar}$$

现在我们考虑方向 $(\cos\rho, \sin\rho, 0)$，即在 xy 平面内与 x 轴成 ρ 角度的方向. 相应这个方向的 Pauli 算符是

$$\sigma_\rho = \cos\rho\, \sigma_x + \sin\rho\, \sigma_y \tag{9.34}$$

由 Pauli 矩阵形式

$$\sigma_x \alpha = \beta, \quad \sigma_y \alpha = \mathrm{i}\beta \tag{9.35}$$

由式 (9.34)、式 (9.35)可知

$$\begin{aligned}
\sigma_\rho \alpha &= \cos\rho\, \sigma_x \alpha + \sin\rho\, \sigma_y \alpha \\
&= (\cos\rho + \mathrm{i}\sin\rho)\beta = \mathrm{e}^{\mathrm{i}\rho}\beta
\end{aligned}$$

类似有

$$\sigma_\rho \beta = \mathrm{e}^{-\mathrm{i}\rho}\alpha$$

这样

$$\sigma_\rho \frac{1}{\sqrt{2}} \left(\mathrm{e}^{-\mathrm{i}\rho/2}\alpha + \mathrm{e}^{\mathrm{i}\rho/2}\beta \right) = \frac{1}{\sqrt{2}} \left(\mathrm{e}^{\mathrm{i}\rho/2}\beta + \mathrm{e}^{-\mathrm{i}\rho/2}\alpha \right)$$

即函数

$$\frac{1}{\sqrt{2}} \left(\mathrm{e}^{-\mathrm{i}\rho/2}\alpha + \mathrm{e}^{\mathrm{i}\rho/2}\beta \right) \tag{9.36}$$

是 σ_ρ 的本征值为 1 的本征态. 对比式 (9.33)与式 (9.36)可知 $\psi(t)$ 正是 σ_ρ 的本征值为 1 的本征态，而且有

$$\rho = 2\omega t = \frac{2\mu_{\mathrm{n}} B t}{\hbar}$$

量子力学的结果是在 xy 平面中自旋以 ω_{L} 的角速度进动，进动角速度 ω_{L} 为

$$\omega_{\mathrm{L}} = 2\omega = \frac{2\mu_{\mathrm{n}} B}{\hbar} \tag{9.37}$$

(2) 图 9.1给出了上述运动的经典描述，当角动量矢量沿 $+x$ 方向，而磁矩沿 $-x$ 方向，磁场 $\boldsymbol{B}$ 沿 z 方向时作用在磁矩上的力矩为

$$\boldsymbol{G} = \boldsymbol{\mu}_{\mathrm{n}} \times \boldsymbol{B} = \mu_{\mathrm{n}} B \boldsymbol{e}_y$$

$\boldsymbol{e}_y$ 为 y 轴的单位方向矢量. 此力矩将引起 $\boldsymbol{S}$ 绕 $\boldsymbol{B}$ 方向进动. 经过 δt 时间，力矩将产生 $\boldsymbol{G}\delta t$ 的角动量. 因为中子已具有 x 方向的自旋角动量 $\frac{1}{2}\hbar$，要获得所要求的角动量，可以让 $\boldsymbol{S}$ 在 xy 平面里转动一个小角度 $\delta\theta$，这时有

$$\frac{1}{2}\hbar \sin\delta\theta \approx \frac{1}{2}\hbar\delta\theta = \mu_{\mathrm{B}} B \delta t$$

这时转动的角速度为

$$\omega_{\rm L} = \frac{\delta\theta}{\delta t} = \frac{2\mu_{\rm n}B}{\hbar}$$

这与式 (9.37) 的结果一致.

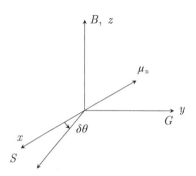

图 9.1　中子自旋运动的经典描述

$\omega_{\rm L}$ 称为 Larmor 频率, 通常一个均匀磁场 $\boldsymbol{B}$ 总是引起粒子磁矩绕 $\boldsymbol{B}$ 的方向进动, 其角频率为

$$\omega_{\rm L} = \gamma B$$

这里, γ 称为回磁比, 即磁矩分量与角动量分量之比.

(3) 设 t_0 是自旋转动 2π 角所需时间, 则有

$$\omega_{\rm L} = \frac{2\pi}{t_0} = \frac{2\mu_{\rm n}B}{\hbar}$$

也就是

$$\mu_{\rm n} = \frac{\pi\hbar}{Bt_0} = 9.662 \times 10^{-27}{\rm J/T} = 1.913\mu_{\rm N}$$

讨论　　对 S_x, S_y 求期望值可得

$$\langle S_x \rangle = \frac{\hbar}{2}\cos\frac{2\mu_{\rm n}Bt}{\hbar}, \quad \langle S_y \rangle = \frac{\hbar}{2}\sin\frac{2\mu_{\rm n}Bt}{\hbar}$$

与经典图像类似.

9.15　氢分子通过两个不同取向的 Stern-Gerlach 装置后各分束分子数的比例

题 9.15　(1) 三重态氢分子 (两质子自旋态 $S=1$) 束沿 y 轴运动, 通过一个磁场沿 x 轴方向的 Stern-Gerlach 实验装置 (图 9.2). 分子束从装置射出后, $M_s = 1$ 的分子又通过第二个 Stern-Gerlach 实验装置, 它的磁场同样沿 x 轴. 一个磁感应强度 $\boldsymbol{B}$ 沿 z 轴方向的常磁场位于两个实验装置的通路上. 证明从第二个实验装置出来的 $M_s = 1, 0, -1$ 的分子数的比例是

$$\cos^4(\omega t/2), \quad 2\cos^2(\omega t/2)\sin^2(\omega t/2), \quad \sin^4(\omega t/2)$$

这里, $\omega = 2\mu_{\mathrm{p}}B/\hbar$, t 是分子在磁场 $\boldsymbol{B}$ 中的飞行时间 (μ_{p} 是质子的磁矩);

(2) 当处于 $\boldsymbol{B}$ 中的路程长为 20mm, 分子能量为 25meV 时, 将发现, 若磁场的磁感应强度大小为 $B = 1.80\left(n + \dfrac{1}{2}\right)$mT, 第二个实验装置中没有 $M_s = 1$ 的分子出来, 这里 n 为整数. 由此导出 μ_{p} 的大小用核磁子表示 (正 (ortho) 氢分子中的电子的自旋是反平行的).

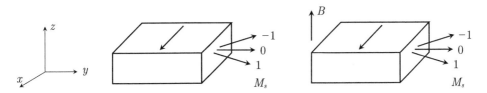

图 9.2　氢分子依次通过两个 Stern-Gerlach 实验装置

解答　(1) 正氢分子中两个质子的自旋态量子数 $S = 1$, 所以有 $M_s = 1$, 0, -1. 由于分子中两个电子的自旋是反平行的, 所以 Stern-Gerlach 实验装置和两个实验装置之间通道上的磁场都只对质子的磁矩有作用. 从第一个 Stern-Gerlach 实验装置出来的 S_x 的本征值为 $M_s = 1$ 的本征态可视为是刚进入磁场 $\boldsymbol{B}$ 的初态 $\psi(0)$, $t = 0$ 设定为分子刚进入磁场 $\boldsymbol{B}$ 的时刻. 我们必须先将 $\psi(0)$ 写成 Hamilton 量的本征态的线性组合, 由角动量理论容易得到

$$\psi(0) = \frac{\phi_1 + \sqrt{2}\phi_0 + \phi_{-1}}{2}$$

式中, ϕ_1, ϕ_0, ϕ_{-1} 分别是 S_z 的本征值 $M_s = 1$, 0, -1 的本征态. 正氢分子的磁矩 $\mu = 2\mu_{\mathrm{p}}$(μ_{p} 为核磁子), 所以 ϕ_1, ϕ_0, ϕ_{-1} 在磁场 $\boldsymbol{B}$ 中的能量分别为

$$E_1 = -\mu B, \quad E_0 = 0, \quad E_{-1} = \mu B$$

因此, 有

$$\psi(t) = \frac{1}{2}\left[\phi_1 \exp(\mathrm{i}\omega t) + \sqrt{2}\phi_0 + \phi_{-1} \exp(-\mathrm{i}\omega t)\right] \tag{9.38}$$

式中

$$\omega = \frac{\mu B}{\hbar} \tag{9.39}$$

下面我们再用 S_x 的本征态的线性组合写出 $\psi(t)$, 这里 t 时刻表示分子离开磁场 $\boldsymbol{B}$ 的时刻, 用表象变换理论同样可得

$$\begin{aligned} \psi(t) &= C_1\phi_1' + C_0\phi_0' + C_{-1}\phi_{-1}' \\ &= C_1\frac{\phi_1 + \sqrt{2}\phi_0 + \phi_{-1}}{2} + C_0\frac{\phi_1 - \phi_{-1}}{\sqrt{2}} + C_{-1}\frac{\phi_1 - \sqrt{2}\phi_0 + \phi_{-1}}{2} \end{aligned} \tag{9.40}$$

式中, ϕ_1', ϕ_0', ϕ_{-1}' 分别是 S_x 的本征态.

对比式 (9.38)、式 (9.40) 两式, 可知

$$C_1 + C_{-1} + \sqrt{2}C_0 = \exp(\mathrm{i}\omega t)$$

$$C_1 + C_{-1} - \sqrt{2}C_0 = \exp(-\mathrm{i}\omega t) \tag{9.41}$$
$$C_1 - C_{-1} = 1$$

由式 (9.41)易得

$$C_1 = \cos^2 \frac{\omega t}{2}, \quad C_{-1} = \sin^2 \frac{\omega t}{2}, \quad C_0 = \frac{\mathrm{i}}{\sqrt{2}} \sin \omega t \tag{9.42}$$

这样从第二个 Stern-Gerlach 实验装置出来的 $M_s = 1,\, 0,\, -1$ 的分子概率之比为

$$|C_1|^2 : |C_0|^2 : |C_{-1}|^2$$

也就是

$$\cos^4(\omega t/2) : 2\cos^2(\omega t/2)\sin^2(\omega t/2) : \sin^4(\omega t/2)$$

(2) 当 $\omega t = (2n+1)\pi$(其中 n 为整数) 时, 由式 (9.42)可知从第二个实验装置出来的分子中没有 $M_s = 1$ 的分子. 由式 (9.39)可知, 这相当于

$$\frac{\mu B}{\hbar} t = \frac{2\mu_{\mathrm{p}} B}{\hbar} t = (2n+1)\pi$$

也就是

$$\mu_{\mathrm{p}} = \frac{\pi\hbar}{B_0 t} \tag{9.43}$$

这里, $B_0 = 1.80\mathrm{mT}$.

若 E 是分子的动能, d 是分子在 $\boldsymbol{B}$ 中经过的距离, 则

$$E = \frac{1}{2}mv^2 = \frac{m_{\mathrm{p}}d^2}{t^2} \tag{9.44}$$

式中, m 为氢分子的质量, 它等于 2 倍的质子质量 m_{p}. 从式 (9.44)得到 t 代入式 (9.43), 有

$$\mu_{\mathrm{p}} = \frac{\pi\hbar}{B_0 d} \left(\frac{E}{m_{\mathrm{p}}} \right)^{1/2} = 1.424 \times 10^{-26} \mathrm{J/T} = 2.82\mu_{\mathrm{n}}$$

讨论 (1) 本题是这样一个事实的直接显例, $\psi(t)$ 是 S_ρ 的本征值 $M_s = 1$ 的本征态, 这里的 S_ρ 是自旋沿 $(\cos\rho, -\sin\rho, 0)$ 的分量

$$\rho = \frac{\mu}{\hbar} B t$$

换言之, 正如上题结果, 量子力学的计算结果与将两个质子看成陀螺在磁场力作用下, 绕着场 $\boldsymbol{B}$ 方向以 Larmor 频率 $\omega_{\mathrm{L}} = \gamma B$ 作进动的经典图像一致. 不过这里的回磁比 $\gamma = \mu/\hbar$, 这里的进动方向与中子相反, 原因是质子自旋角动量与磁矩方向相同.

(2) 当自旋进动过 π 角后, 分子将处于 $M_s = -1$ 态 (相对于 x 轴). 这一点我们也许能通过物理直觉猜测到, 然而如果猜测进动 $\frac{\pi}{2}$ 是 $M_s = 0$ 的态那就错了, 量子力学计算证明这时态是以 50% 的概率处于 $M_s = 0$, 以 25% 的概率处于 $M_s = \pm 1$ 中的一个. 而对于进动 $\frac{\pi}{2}$ 后, 期望值 $\langle S_x \rangle = 0$.

9.16 位移期望值的变化与经典振子相似的谐振子波包

题 9.16 一个质量为 m，角频率为 ω 的一维谐振子，在 $t=0$ 时初态为

$$\psi(0) = \frac{1}{\sqrt{2S}} \sum_n |n\rangle$$

这里，$|n\rangle$ 是 Hamilton 量的量子数为 n 的本征态，求和从 $n=N-S$ 到 $n=N+S$，并且有 $N \gg S \gg 1$.

(1) 证明位移的期望值按正弦规律变化，振幅为 $(2\hbar N/m\omega)^{1/2}$；

(2) 将上述结果与一个经典谐振子的位移随时间的变化相比较.

解答　(1) 因为 $\psi(0) = \dfrac{1}{\sqrt{2S}} \sum_n |n\rangle$，所以

$$
\begin{aligned}
\psi(t) &= \frac{1}{\sqrt{2S}} \sum_n |n\rangle \exp(-\mathrm{i}E_n t/\hbar) \\
&= \frac{1}{\sqrt{2S}} \sum_n |n\rangle \exp\left[-\mathrm{i}\left(n+\frac{1}{2}\right)\omega t\right]
\end{aligned}
$$

式中，$E_n = \left(n+\dfrac{1}{2}\right)\hbar\omega$ 为谐振子能量. 位移 x 可写为

$$x = g(a + a^\dagger)$$

式中，a、$a^\dagger$ 为谐振子湮灭、产生算符，$g = \left(\dfrac{\hbar}{2m\omega}\right)^{1/2}$.

位移的期望值可写为

$$
\begin{aligned}
\langle x \rangle &= g\left\langle \psi(t) \left| a + a^\dagger \right| \psi(t) \right\rangle \\
&= \frac{g}{2S} \sum_{n'n} \left\langle n' \left| a + a^\dagger \right| n \right\rangle \exp[\mathrm{i}(n'-n)\omega t]
\end{aligned}
$$

由关系式

$$a|n\rangle = \sqrt{n}\,|n-1\rangle, \quad a^\dagger|n\rangle = \sqrt{n+1}\,|n+1\rangle$$

可证，除非 $n' = n \pm 1$，其余矩阵元为零，所以有

$$\langle x \rangle = \frac{g}{2S} \sum_n \left[\sqrt{n}\exp(-\mathrm{i}\omega t) + \sqrt{n+1}\exp(\mathrm{i}\omega t)\right] \tag{9.45}$$

因为求和号中 n 从 $n = N-S$ 到 $n = N+S$，并且有 $N \gg S \gg 1$，所以有

$$\sqrt{n} \approx \sqrt{n+1} \approx \sqrt{N}$$

求和号中共有 $2S+1 \approx 2S$ 项，每项大小基本相等，因此，有

$$\sum_n \left[\sqrt{n}\exp(-\mathrm{i}\omega t) + \sqrt{n+1}\exp(\mathrm{i}\omega t)\right] \approx 4S\sqrt{N}\cos\omega t$$

代入式 (9.45)，得

$$\langle x \rangle = \left(\frac{2\hbar N}{m\omega} \right)^{1/2} \cos \omega t \tag{9.46}$$

(2) 经典谐振子运动方程为

$$m\frac{\mathrm{d}^2 x}{\mathrm{d}t^2} + kx = 0 \tag{9.47}$$

令 $k = m\omega^2$，方程的一个解为 $x = A\cos\omega t$，振子总能量为

$$E = \frac{1}{2}kx^2 + \frac{1}{2}m\dot{x}^2 = \frac{1}{2}m\omega^2 A^2 \tag{9.48}$$

在量子计算中

$$E \approx \left(N + \frac{1}{2} \right)\hbar\omega \approx N\hbar\omega$$

所以量子力学振幅为

$$\left(\frac{2\hbar N}{m\omega} \right)^{1/2} \approx \left(\frac{2E}{m\omega^2} \right)^{1/2}$$

由式 (9.48)可见，量子振幅与经典振幅相同，所以式 (9.46)中 $\langle x \rangle$ 的表达式与式 (9.47)中的经典结果相同. 这样我们就证明了一个大数量的能量本征态的相干组合，组合的能量分布比它们的平均能量小得多 $(1 \ll S \ll N)$，则这一组合的解类似一个经典振子.

9.17 处于基态的氢原子在电场强度指数衰减的电容器中经过足够长时间以后处于 2p 态的比例

题 9.17 将处于基态的氢原子放在一个平行板电容器的电场中，取平行板的法线方向 z 轴方向，则电场沿 z 轴方向可以看作均匀电场，若电容器突然充电，而后放电，则电场随时间的变化为

$$\mathcal{E}(t) = \begin{cases} 0, & t < 0 \\ \mathcal{E}_0 \exp(-t/\tau), & t > 0 \end{cases}$$

其中，τ 为常数，求时间足够长后，氢原子跃迁到 2s 态和 2p 态的概率.

解答 根据氢原子定态结果，不考虑自旋，氢原子基态波函数

$$\psi_{100} = \frac{1}{\sqrt{\pi a_0^3}} \mathrm{e}^{-\frac{r}{a_0}} \tag{9.49}$$

其中，$a_0 = \hbar^2/(\mu e^2)$ 为 Bohr 半径. 而 2s 态及 2p 态波函数

$$\begin{aligned} \psi_{200} = R_{20}(r)\mathrm{Y}_{00}, \quad \psi_{211} = R_{21}(r)\mathrm{Y}_{11} \\ \psi_{210} = R_{21}(r)\mathrm{Y}_{10}, \quad \psi_{21-1} = R_{21}(r)\mathrm{Y}_{1-1} \end{aligned} \tag{9.50}$$

其中，R_{20}、R_{21} 为氢原子归一化径向波函数，而各 Y_{lm} 为氢原子归一化角向波函数，即球谐函数. R_{20}、R_{21} 如下给出：

$$R_{20} = \frac{1}{\sqrt{2}a_0^{3/2}} \left(1 - \frac{r}{2a_0} \right)\mathrm{e}^{-\frac{r}{2a_0}}, \quad R_{21} = \frac{1}{2\sqrt{6}a_0^{3/2}} \frac{r}{a_0}\mathrm{e}^{-\frac{r}{2a_0}} \tag{9.51}$$

有关的球谐函数 Y_{lm} 如下给出:

$$Y_{00} = \frac{1}{\sqrt{4\pi}} \tag{9.52}$$

$$Y_{1\pm 1} = \mp\sqrt{\frac{3}{8\pi}}\sin\theta e^{\pm i\varphi} = \mp\sqrt{\frac{3}{8\pi}}\frac{x\pm iy}{r} \tag{9.53}$$

$$Y_{10} = \sqrt{\frac{3}{4\pi}}\cos\theta = \sqrt{\frac{3}{4\pi}}\frac{z}{r} \tag{9.54}$$

由题设, 电场 $\boldsymbol{\mathcal{E}}$ 沿 z 轴方向, 微扰可写为

$$H' = e\mathcal{E}_0 z e^{-\frac{t}{\tau}}\theta(t) = e\mathcal{E}_0 r\cos\theta e^{-\frac{t}{\tau}}\theta(t) = F(\boldsymbol{x})e^{-\frac{t}{\tau}}\theta(t) \tag{9.55}$$

其中定义了

$$F(\boldsymbol{x}) = e\mathcal{E}_0 z = e\mathcal{E}_0 r\cos\theta \tag{9.56}$$

采用一阶含时微扰论计算, 在 t 时刻跃迁到 ψ_n 的跃迁振幅为

$$C_{0\to n}(t) = \frac{1}{i\hbar}\int_0^t \langle\psi_n|H'|0\rangle e^{i\omega_{n0}t'}dt' \tag{9.57}$$

其中, $\omega_{n0} = \dfrac{E_n - E_0}{\hbar}$, 代入微扰 H' 的表达式 (9.55)

$$\begin{aligned}
C_{0\to n}(t) &= \frac{1}{i\hbar}\int_0^t \langle\psi_n|F|0\rangle e^{-\frac{t'}{\tau}}\theta(t')e^{i\omega_{n0}t'}dt'\\
&= \frac{1}{i\hbar}\langle\psi_n|F|0\rangle\int_0^t e^{-\frac{t'}{\tau}}e^{i\omega_{n0}t'}dt'\\
&= \frac{1}{i\hbar}\langle\psi_n|F|0\rangle\frac{1-e^{-\frac{t}{\tau}}e^{i\omega_{n0}t}}{\frac{1}{\tau}-i\omega_{n0}}
\end{aligned} \tag{9.58}$$

因而 t 时刻跃迁到 ψ_n 的概率为

$$P_{0\to n}(t) = \frac{|\langle\psi_n|F|0\rangle|^2}{\hbar^2}\left|\frac{1-e^{-\frac{t}{\tau}}e^{i\omega_{n0}t}}{\frac{1}{\tau}-i\omega_{n0}}\right|^2 \tag{9.59}$$

注意到上式中的指数衰减因子, 时间充分长以后 $(t \gg \tau)$ 氢原子由基态 1s 向用 f 标志的末态的跃迁概率为

$$P_{1s\to f} = \frac{\tau^2}{\hbar^2}\frac{|\langle\psi_f|F|1s\rangle|^2}{(1+\tau^2\omega_{f1}^2)} \tag{9.60}$$

式中, ω_{f1} 由 $\hbar\omega_{f1} = E_f - E_1$ 确定, 上式成立条件为 $P_{1s\to f} \ll 1$. 可见所要求的跃迁概率归结为计算矩阵元 $\langle\psi_f|F|1s\rangle$.

考虑 1s→2s 可能的跃迁, 此时末态 f=2s. 根据式 (9.49)~ 式 (9.51) 与式 (9.52), ψ_{100}、ψ_{200} 都是偶宇称态, 而 z 是奇宇称算符. 由此可见 $\psi_{200}^* z\psi_{100}$ 具有奇宇称的性

质，在全空间积分的结果为零. 这给出 $\langle 2s|F|1s\rangle = 0$，故根据式 (9.60)，1s→2s 的跃迁概率为零.

再考虑 1s→2p 可能的跃迁，此时末态 f = 2p. 2p 有三种不同状态，它们的波函数分别为 ψ_{211}、ψ_{21-1} 和 ψ_{210}. 根据式 (9.49)∼ 式 (9.51) 与式 (9.52)∼ 式 (9.54)，对于 z 方向的反演 ($z \to -z$)，ψ_{100} 以及 $\psi_{21,\pm1}$ 都不变，而 z 反号. 由此可见 $\psi^*_{21,\pm1} z \psi_{100}$ 对于 z 方向的反演改变正负性，从而它对于 z 从 $-\infty$ 到 $+\infty$ 积分的结果为零. 这给出 $\langle 21,\pm1|F|1s\rangle = 0$，故根据式 (9.60)，1s→ $\psi_{21,\pm1}$ 的跃迁概率为零. 利用式 (9.49)∼ 式 (9.52) 以及式 (9.56) 的结果，不为零的矩阵元 $\langle 210|F|1s\rangle$ 的计算如下：

$$
\begin{aligned}
\langle 210|F|1s\rangle &= \iiint \left[\frac{1}{\sqrt{32\pi a_0^3}}\frac{r}{a_0}\mathrm{e}^{-\frac{r}{2a_0}}\cos\theta\right]\left[e\mathcal{E}_0 r\cos\theta\right]\left[\frac{1}{\sqrt{\pi a_0^3}}\mathrm{e}^{-\frac{r}{a_0}}\right]\cdot r^2\sin\theta\mathrm{d}r\mathrm{d}\theta\mathrm{d}\varphi \\
&= \frac{e\mathcal{E}_0}{\sqrt{32\pi}a_0^4}\int_0^\infty r^4\mathrm{e}^{-\frac{3r}{2a_0}}\mathrm{d}r \cdot \int_0^\pi \cos^2\theta\sin\theta\mathrm{d}\theta\int_0^{2\pi}\mathrm{d}\varphi \\
&= \frac{e\mathcal{E}_0}{\sqrt{32\pi}a_0^4}\cdot 4! \cdot \left(\frac{-2a_0}{3}\right)^5 \cdot \left(-\frac{1}{3}\cos^3\theta\right)\Big|_0^\pi 2\pi = \frac{2^{15/2}}{3^5}e\mathcal{E}_0 a_0
\end{aligned}
$$

也就是

$$
\langle 210|F|1s\rangle = \frac{2^{15/2}}{3^5}e\mathcal{E}_0 a_0 \tag{9.61}
$$

将上式结果代入式 (9.60)，并利用氢原子能级公式 $E_1 = -\dfrac{e^2}{2a_0}$，$E_2 = -\dfrac{e^2}{8a_0}$，可知

$$
\begin{aligned}
P_{(1s\to 2p)} &= \frac{\tau^2}{\hbar^2}\frac{1}{(1+\tau^2\omega_{f1}^2)}\left[|\langle 210|F|1s\rangle|^2 + |\langle 211|F|1s\rangle|^2 + |\langle 21-1|F|1s\rangle|^2\right] \\
&= \frac{\tau^2}{\left[\hbar^2 + \tau^2(E_2-E_1)^2\right]}\left[|\langle 210|F|1s\rangle|^2 + 0 + 0\right] \\
&= \frac{2^{15}}{3^{10}}\cdot \frac{e^2\mathcal{E}_0^2 a_0^2 \tau^2}{\left[1+\left(\dfrac{3e^2\tau}{8a_0\hbar}\right)^2\right]\hbar^2}
\end{aligned}
$$

通常情况下，$e^2\mathcal{E}_0^2 a_0^2 \tau^2 \ll \hbar^2$，$P_{(1s\to 2p)} \ll 1$，故以上微扰计算适用.

综上，所求的氢原子跃迁到 2s 态及 2p 态的概率分别为

$$
P_{(1s\to 2s)} = 0 \tag{9.62}
$$

$$
P_{(1s\to 2p)} = \frac{2^{15}}{3^{10}}\cdot \frac{e^2\mathcal{E}_0^2 a_0^2 \tau^2}{\left[1+\left(\dfrac{3e^2\tau}{8a_0\hbar}\right)^2\right]\hbar^2} \tag{9.63}
$$

其中，$a_0 = \hbar^2/(\mu e^2)$ 为氢原子 Bohr 半径.

9.18　证明跃迁速率为 γ 的原子体系的辐射能谱是 Lorentz 型的

题 9.18　一个原子体系能够产生从激发态到基态的辐射跃迁. 若跃迁速率为 γ, 证明辐射的能量谱是 Lorentz 型的且角频率的半高宽等于 γ.

解答　假定 $t=0$ 时, 有 N_0 个原子处于能级为 E_k 的激发态 $|k\rangle$, 在后来的时间 t 有 N 个原子处于 $|k\rangle$ 态, 根据 γ 的定义有

$$\mathrm{d}N = -\gamma N \mathrm{d}t$$

上面方程的解为

$$N = N_0 \exp(-\gamma t)$$

即发现原子处于激发态的概率为

$$P = \exp(-\gamma t)$$

设激发态的波函数为

$$\psi(\boldsymbol{r},t) = u_k(\boldsymbol{r})\exp(-\mathrm{i}\omega_k t)$$

这里, $\omega_k = E_k/\hbar$. 当考虑到衰减时, 原子的波函数可写为

$$\psi(\boldsymbol{r},t) = C_k(t)u_k(\boldsymbol{r})\exp(-\mathrm{i}\omega_k t) \tag{9.64}$$

式中, $|C_k(t)|^2$ 是发现原子处于 $|k\rangle$ 态的概率, 也就是说

$$C_k(t) = \exp(-\gamma t/2), \quad t > 0$$

将式 (9.64)写成

$$\psi(\boldsymbol{r},t) = u_k(\boldsymbol{r})f(t) \tag{9.65}$$

式中

$$f(t) = \exp\left[\left(-\frac{1}{2}\gamma - \mathrm{i}\omega_k\right)t\right]$$

将上式写成 Fourier 变换的形式, 即

$$f(t) = \int_{-\infty}^{+\infty} g(\omega)\exp(-\mathrm{i}\omega t)\mathrm{d}\omega$$

则 $|g(\omega)|^2$ 表示 $f(t)$ 中存在的不同角频率振动的强度. 因为

$$
\begin{aligned}
g(\omega) &\propto \int_{-\infty}^{+\infty} f(t)\exp(\mathrm{i}\omega t)\mathrm{d}t \\
&\propto \int_{-\infty}^{+\infty} \exp\left[\left(-\frac{1}{2}\gamma - \mathrm{i}\omega_k + \mathrm{i}\omega\right)t\right]\mathrm{d}t \\
&= \frac{1}{\frac{1}{2}\gamma - \mathrm{i}(\omega - \omega_k)}
\end{aligned}
$$

所以

$$|g(\omega)|^2 \propto \frac{1}{(\omega - \omega_k)^2 + \frac{1}{4}\gamma^2}$$

这种函数形式称为 Lorentz 型，定性地说它类似于 Gauss 函数，但比 Gauss 函数下降得慢些，当 $\omega = \omega_k$ 时函数有极大值，当 $|\omega - \omega_k| \gg \gamma$ 时趋于零，如图 9.3所示. 当 $\omega - \omega_k = \pm\frac{1}{2}\gamma$ 时 $|g(\omega)|^2$ 下降到极大值的一半，故此 Lorentz 型的频率分布的半高宽为 γ.

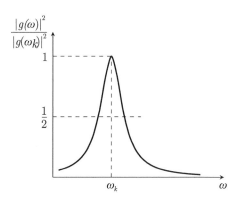

图 9.3　Lorentz 型

9.19　已知 K 介子态 $|K_L\rangle$ 和 $|K_S\rangle$ 寿命，求 $|K^0\rangle$ 和 $\left|\overline{K^0}\right\rangle$ 出现的概率

题 9.19　中性 K 介子态 $|K^0\rangle$ 和 $\left|\overline{K^0}\right\rangle$ 可以用态 $|K_L\rangle$ 和 $|K_S\rangle$ 来表示

$$|K^0\rangle = \frac{1}{\sqrt{2}}(|K_L\rangle + |K_S\rangle)$$

$$\left|\overline{K^0}\right\rangle = \frac{1}{\sqrt{2}}(|K_L\rangle - |K_S\rangle)$$

态 $|K_L\rangle$ 和 $|K_S\rangle$ 有确定的寿命 $\tau_L = 1/\gamma_L$ 和 $\tau_S = 1/\gamma_S$，且有不同的静止能 $m_L c^2 \neq m_S c^2$. $t = 0$ 时刻产生一个介子，$|\psi(t=0)\rangle = \left|\overline{K^0}\right\rangle$，用 $P_0(t)$ 表示 t 时刻发现系统处于 $|K^0\rangle$ 态的概率，$\bar{P}_0(t)$ 则表示处于 $\left|\overline{K^0}\right\rangle$ 态的概率，求 $P_0(t) - \bar{P}_0(t)$ 的表达式，以 γ_L，γ_S，m_L 和 m_S 来表示 (不考虑 CP 不守恒).

解答　设亚稳定的 K 介子的能量为 E_0，能量宽度为 Γ，则有

$$E = E_0 - \frac{i}{2}\Gamma$$

K 介子的时间演化态为

$$|\psi(t)\rangle = \frac{1}{\sqrt{2}}\left\{|K_L\rangle \exp\left[-i\left(m_L c^2/\hbar - \frac{i}{2}\gamma_L\right)t\right]\right.$$

$$+ |K_S\rangle \exp\left[-i\left(m_S c^2/\hbar - \frac{i}{2}\gamma_S\right)t\right]\Big\}$$

$$= \frac{1}{\sqrt{2}}\left[|K_L\rangle \exp\left(-im_L c^2 t/\hbar\right)\exp\left(-\frac{1}{2}\gamma_L t\right)\right.$$

$$\left. + |K_S\rangle \exp\left(-im_S c^2 t/h\right)\exp\left(-\frac{\gamma_S t}{2}\right)\right]$$

从而 t 时刻发现系统处于 $|K^0\rangle$ 态的概率

$$P_0(t) = \left|\langle K^0|\psi(t)\rangle\right|^2$$

$$= \frac{1}{4}\left|e^{-im_L c^2 t/\hbar}e^{-\gamma_L t/2} + e^{-im_L c^2 t/\hbar}e^{-\gamma_S t/2}\right|^2$$

$$= \frac{1}{4}\left[e^{-\gamma_L t} + e^{-\gamma_S t} + 2e^{-(\gamma_L+\gamma_S)t/2}\cos\frac{(m_L - m_S)c^2 t}{\hbar}\right]$$

以及 t 时刻发现系统处于 $\left|\overline{K^0}\right\rangle$ 态的概率

$$\bar{P}_0(t) = \left|\left\langle \overline{K^0}\middle|\psi(t)\right\rangle\right|^2$$

$$= \frac{1}{4}\left[e^{-\gamma_L t} + e^{-\gamma_S t} + 2e^{-(\gamma_L-\gamma_S)t/2}\cos\frac{(m_L - m_S)c^2 t}{\hbar}\right]$$

所以

$$P_0(t) - \bar{P}_0(t) = e^{-(\gamma_L+\gamma_S)/2}\cos\frac{(m_L - m_S)c^2 t}{\hbar}$$

9.20　已知跃迁率求跃迁发射的能量比与能级辐射寿命

题 9.20　一原子四个最低能级为

$$E_0 = -14.0\text{eV}, \quad E_1 = -9.0\text{eV}, \quad E_2 = -7.0\text{eV}, \quad E_3 = -5.5\text{eV}$$

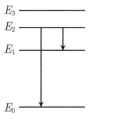

图 9.4　一原子四个最低能级

如图 9.4 所示. 对 $i \to j$ 跃迁的跃迁率 A_{ij}(Einstein 系数) 为

$$A_{10} = 3.0\times10^8\text{s}^{-1}, \quad A_{20} = 1.2\times10^8\text{s}^{-1}$$

$$A_{30} = 4.5\times10^7\text{s}^{-1}, \quad A_{21} = 8.0\times10^7\text{s}^{-1}$$

$$A_{31} = 0, \quad A_{32} = 1.0\times10^7\text{s}^{-1}$$

设想有个包含大量处于 E_2 能级的原子容器,

(1) 求单位时间 $E_2 \to E_0$ 跃迁与 $E_2 \to E_1$ 跃迁所发射的能量比;

(2) 计算 E_2 能级的辐射寿命.

解答 (1) 单位时间发射的能量为

$$(E_i - E_j)A_{ij}$$

因此所求比率为

$$\frac{E_2 - E_0}{E_2 - E_1}\frac{A_{20}}{A_{21}} = \frac{7}{2} \times \frac{12}{8} = 5.25$$

(2) 自发辐射下 E_2 能级可跃迁到 E_0 和 E_1 能级, 因此在 $\mathrm{d}t$ 时间内 E_2 能级减少的原子数为

$$\mathrm{d}N_2 = -(A_{20} + A_{21})N_2\mathrm{d}t$$

积分得

$$N_2 = N_{20}\exp\left[-(A_{20} + A_{21})t\right]$$

式中, N_{20} 是 $t = 0$ 时处于 E_2 能级上的原子数目. 平均寿命 τ 为

$$\tau = \frac{1}{N_{20}}\int_{t=0}^{\infty} t(-\mathrm{d}N_2)$$

$$\approx \frac{1}{A_{20} + A_{10}} = 5.0 \times 10^{-9}\mathrm{s}$$

9.21 处于 2p 的氢原子自发辐射等于受激跃迁概率的温度

题 9.21 一个处于第一激发态 (2p) 的氢原子位于一空腔中, 当空腔的温度等于多少时, 自发跃迁概率和受激跃迁概率相等?

解答 空腔中氢原子的受激跃迁概率为

$$\omega_{12} = \frac{4\pi^2\mathrm{e}^2}{3\hbar^2}|\boldsymbol{r}_{12}|^2\rho(\omega_{21})$$

自发跃迁概率为

$$A_{12} = \frac{4\mathrm{e}^2\omega_{21}^3}{3\hbar c^3}|\boldsymbol{r}_{12}|^2$$

要求两者相等, 得

$$\frac{\pi^2}{\hbar}\rho(\omega_{21}) = \frac{\omega_{21}^3}{c^3}$$

用黑体辐射公式

$$\rho(\omega) = \frac{\hbar\omega^3}{\pi^2c^3} \cdot \frac{1}{\exp(\hbar\omega/kT) - 1}$$

可得

$$\exp(\hbar\omega_{21}/kT) = 2$$

从而

$$T = \frac{\hbar\omega_{21}}{k\ln 2} = 1.76 \times 10^5\mathrm{K}$$

9.22　基态氢原子在弱电场 $\boldsymbol{\mathcal{E}} = \boldsymbol{\mathcal{E}}_0 \mathrm{e}^{-\Gamma t}\theta(t)$ 作用下，处于 $n=2$ 态的概率

题 9.22　处于基态的一个氢原子被放置在一平板电容器之间，并受一均匀弱电场

$$\boldsymbol{\mathcal{E}} = \boldsymbol{\mathcal{E}}_0 \mathrm{e}^{-\Gamma t}\theta(t)$$

作用，其中 $\theta(t)$ 为阶梯函数 $\theta(t) = 0$，$t < 0$，且 $\theta(t) = 1$，$t > 0$. 求经过长时间后，原子处于 $n=2$ 中任意态的概率，准确到第一阶，不考虑电子和质子的自旋. 球坐标中氢原子的一些波函数为

$$\psi_{100} = \frac{1}{\sqrt{\pi a_0^3}} \mathrm{e}^{-r/a_0}$$

$$\psi_{210} = \frac{1}{\sqrt{32\pi a_0^3}} \mathrm{e}^{-\gamma/2a_0} \frac{r}{a_0} \cos\theta$$

$$\psi_{200} = \frac{1}{\sqrt{8\pi a_0^3}} \left(1 - \frac{r}{2a_0}\right) \mathrm{e}^{-r/2a}$$

$$\psi_{21\pm1} = \mp \frac{1}{\sqrt{64\pi a_0^3}} \frac{r}{a_0} \mathrm{e}^{-r/2a_0} \sin\theta \mathrm{e}^{\pm\mathrm{i}\phi}$$

一个有用的积分是

$$\int_0^\infty \mathrm{d}x\, x^n \mathrm{e}^{-ax} = \frac{n!}{a^{n+1}}$$

解答　设电场沿 z 轴，则

$$H' = e\boldsymbol{r} \cdot \boldsymbol{\mathcal{E}}(t) = ez\mathcal{E}(t)$$

由选择定则

$$\langle 2\mathrm{s}|H'|1\mathrm{s}\rangle = e\mathcal{E}(t)\langle 2\mathrm{s}|z|1\mathrm{s}\rangle = 0$$

因此由 $1\mathrm{s} \to 2\mathrm{s}$ 的跃迁概率为

$$P(1\mathrm{s} \to 2\mathrm{s}) = 0$$

2p 态三度简并 $|2\mathrm{p}\,m\rangle$ $(m = 1,\,0,\,-1)$，由矩阵元的选择定则知

$$\langle 2\mathrm{p}1|H'|1\mathrm{s},0\rangle = \langle 2\mathrm{p}-1|H'|1\mathrm{s}0\rangle = 0$$

因此 $1\mathrm{s} \to 2\mathrm{p}$ 的跃迁概率归结为求 $|1\mathrm{s},0\rangle \to |2\mathrm{p},0\rangle$ 的跃迁概率.

$$\langle 2\mathrm{p}0|H'|1\mathrm{s}0\rangle = \frac{e\mathcal{E}(t)}{4\sqrt{2}\pi a_0^4} \int_0^\infty \int_0^\pi \int_0^{2\pi} \exp\left(-\frac{3}{2}r\Big/a_0\right) r^4 \cos^2\theta \sin\theta \mathrm{d}r\mathrm{d}\theta\mathrm{d}\varphi$$

$$= \frac{e\mathcal{E}(t)}{4\sqrt{2}\pi a_0^4} 2\pi \cdot \frac{2}{3} \cdot \frac{4!}{\left(\dfrac{3}{2a_0}\right)^5} = \frac{2^7\sqrt{2}a_0 e}{3^5}\mathcal{E}(t)$$

因此

$$c_{2\mathrm{p}0,1\mathrm{s}0} \equiv \frac{1}{\mathrm{i}\hbar} \int_0^\infty \langle 2\mathrm{p}0|H'|1\mathrm{s}0\rangle \mathrm{e}^{\mathrm{i}\omega_2 t}\mathrm{d}t$$

$$= \frac{1}{\mathrm{i}\hbar}\frac{2^7\sqrt{2}a_0\mathrm{e}}{3^5}\mathcal{E}_0\int_0^\infty \mathrm{e}^{-t/\tau}\mathrm{e}^{\mathrm{i}\omega_2 t}\mathrm{d}t$$

$$= \frac{2^7\sqrt{2}a_0e\mathcal{E}_0}{3^5\mathrm{i}\hbar}\frac{1}{\dfrac{1}{\tau}-\mathrm{i}\omega_{21}} \quad (\tau = 1/\varGamma)$$

这样

$$P_{(1s\to 2p)} = |c_{2p0,\ 1s0}|^2 = \frac{2^{15}a^2e^2\mathcal{E}^2\tau^2}{3^{10}\hbar^2(1+\omega_{21}^2\tau^2)}$$

式中

$$\omega_{21} = \frac{1}{\hbar}(E_2 - E_1) = \frac{3e^2}{8a_0\hbar}$$

9.23 分子转动能级、电偶极辐射选择定则及频率对 J 的依赖

题 9.23 设有由质量为 M 的相同的两个原子组成的双原子分子, 两原子相距为 D. 分子是电极化的且绕通过质心垂直于两原子连线的轴转动.

(1) 用角动量子数 J 和其他力学参量表出分子转动态的能量;

(2) 导出分子转动态的电偶极辐射的选择定则;

(3) 确定转动分子电偶极辐射的频率对 J 的依赖关系 (把答案表示为 J, M, D 和其他必须引入的普适常数的函数).

解答 (1) 分子转动态的 Hamilton 量

$$H = \frac{1}{2I}\boldsymbol{J}^2$$

其中, $\boldsymbol{J}$ 是总角动量算符, 转动惯量 $I = \dfrac{1}{2}MD^2$, M 是一个原子的质量. 故

$$E_J = \frac{1}{MD^2}J(J+1)\hbar^2$$

(2) 转动态本征函数即为球谐函数 Y_{Jm}, 设电场沿正 z 轴, 选择定则为

$$\langle J''m''|\cos\theta|J'm'\rangle \neq 0$$

由于

$$\langle J''m''|\cos\theta|J'm'\rangle = \sqrt{\frac{(J'+1-m')(J'+1+m')}{(2J'+1)(2J'+3)}}\delta_{J'',J'+1}\delta_{m''m'}$$
$$+ \sqrt{\frac{(J'+m')(J'-m')}{(2J'+1)(2J'-1)}}\delta_{J'',J'-1}\delta_{m''m'}$$

所以选择定则为

$$\Delta J = J'' - J' = \pm 1, \quad \Delta m = m'' - m' = 0$$

(3) J 到 $J-1$ 能级间的跃迁

$$\hbar\omega = E = \frac{1}{MD^2}J(J+1)\hbar^2 - \frac{1}{MD^2}(J-1)J\hbar^2 = \frac{2J\hbar^2}{MD^2}$$

所以

$$\omega = \frac{2J\hbar}{MD^2}$$

9.24　一维无限深方势阱中电偶极跃迁距阵元及选择定则

题 9.24　(1) 一个质量为 m 的粒子束缚在一个宽为 l 的一维无限深方阱势中，如图 9.5(a) 所示，求在势阱底部上粒子基态和前两个激发态的能量，画出相应波函数；

(2) 计算从前两个激发态到基态间电偶极跃迁的距阵元，并解释任何定量差别 (不必算出所有积分)；

(3) 给出系统任意两个态之间电偶极跃迁的一般选择定则.

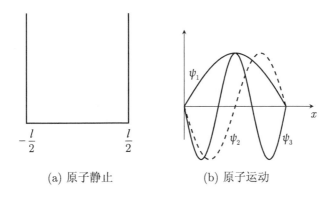

(a) 原子静止　　　　　　(b) 原子运动

图 9.5　一维无限深方阱势以及基态和头两个激发态的波函数

解答　(1) 系统能级为

$$E = \frac{\pi^2\hbar^2}{2ml^2}n^2$$

其中，$n = 1, 2, \cdots$，偶宇称波函数 ($n = $ 奇数) 为

$$\psi_n^+(a) = \sqrt{\frac{2}{l}}\cos\frac{n\pi x}{l}$$

奇宇称波函数 ($n = $ 偶数)

$$\psi_n^-(x) = \sqrt{\frac{2}{l}}\sin\frac{n\pi x}{l}$$

基态与前两个激发态分别为

$$n = 1, \quad E_1 = \frac{\hbar^2 \pi^2}{2ml^2}, \quad \psi_1^+(x) = \sqrt{\frac{2}{l}} \cos\left(\frac{\pi x}{l}\right)$$

$$n = 2, \quad E_2 = 4E_1, \quad \psi_2^-(x) = \sqrt{\frac{2}{l}} \sin\left(\frac{2\pi x}{l}\right)$$

$$n = 3, \quad E_3 = 9E_1, \quad \psi_3^+(x) = \sqrt{\frac{2}{l}} \cos\left(\frac{3\pi x}{l}\right)$$

相应波函数图如图 9.5(b) 所示.

(2) 电偶极跃迁下的 Einstein 系数

$$A_{kk'} = \frac{4e^2 \omega_{k'k}^3}{3\hbar c^3} |r_{kk'}|^2$$

第一激发态到基态的电偶极跃迁矩阵元为

$$\langle x \rangle_{21} = \int_{-l/2}^{l/2} \psi_1^*(x) x \psi_2(x) \mathrm{d}x$$

$$= \frac{2}{l} \int_{-l/2}^{l/2} x \cos\frac{\pi x}{l} \sin\frac{2\pi x}{l} \mathrm{d}x$$

第二激发态到基态电偶极跃迁矩阵元为

$$\langle x \rangle_{31} = \int_{-l/2}^{l/2} \psi_1^*(x) x \psi_3(x) \mathrm{d}x$$

$$= \frac{2}{l} \int_{-l/2}^{l/2} x \cos\frac{\pi x}{l} \cos\frac{3\pi x}{l} \mathrm{d}x$$

第二个矩阵元由于被积函数是奇的, 故 $\langle x \rangle_{31} = 0$, 即第二激发态在电偶极下不会跃迁到基态. 而第一激发态在电偶极下则可跃迁到基态.

(3) 该系统在电偶极跃迁下的 $k \to k'$ 矩阵元为

$$\langle x \rangle_{kk'} = \int_{-l/2}^{l/2} \psi_{k'}^*(x) \psi_k(x) x \mathrm{d}x$$

当初态与末态同宇称时, 被积函数为奇的, 必有 $\langle x \rangle_{kk'}$ 为零. 故一般的电偶极跃迁选择定则为: 相同宇称态之间的电偶极跃迁是禁戒的.

9.25 一维无限深势阱中对微扰 $\Delta V(x) = kx$ 在一级微扰下就无能量修正及电偶极辐射选择定则

题 9.25 考虑一维无限深势阱中的一个粒子, 如图 9.6所示, 令原点位于势阱中心.

(1) 所允许的能量是多少?

(2) 所允许的波函数是什么?

(3) 对哪类解微扰势 $\Delta V(x) = kx$ 对能量无第一级效应?

(4) 若态之间可发生偶极辐射跃迁, 则选择定则是什么?

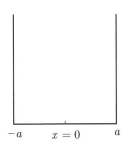

图 9.6　一维无限深势阱中的一个粒子

解答　(1) 所允许的能量为

$$E_n = \frac{\hbar^2 \pi^2 n^2}{8ma^2}, \quad n = 1,\ 2,\ \cdots$$

(2) 所允许的波函数有两类, 一类是偶宇称解

$$\psi_n^+(x) = \sqrt{\frac{1}{a}} \cos \frac{\pi n x}{2a}, \quad n = \text{奇数}$$

另一类是奇宇称解

$$\psi_n^+(x) = \sqrt{\frac{1}{a}} \sin \frac{\pi n x}{2a}, \quad n = \text{偶数}$$

(3) 一级微扰下能量为

$$E_n = E_n^{(0)} + \langle \Delta V \rangle_{nn} = E_n^0 + \langle kx \rangle_{nn}$$

由于 $\Delta V(x) = kx$ 为奇的, 其对角矩阵元均为零. 也就是说, 只要波函数有确定的宇称 (不论奇偶) 在一级微扰下就无能量修正. 只有对宇称的混合态, 才可能有对 kx 的一级微扰修正.

(4) 偶极辐射跃迁与 $\langle x \rangle_{kk'}$ 有关. 与题 9.24 类同, 只有不同宇称的态之间跃迁是允许的, 同宇称态之间的电偶极跃迁是禁戒的.

9.26　初始为 δ-函数势下的束缚态粒子在匀强电场作用后处于非束缚态的概率

题 9.26　一个做一维运动的, 电荷为 q 的粒子, 初始时受到位于原点的 δ-函数势束缚. 从 $t=0$ 到 $t=\tau$ 这段时间内, 该粒子受到一沿 x 方向的匀强电场 $\mathcal{E}_0$ 作用, 如图 9.7所示. 本题的目的是求出 $t>\tau$ 时该粒子处于一个能量范围在 E_k 和 $E_k + \mathrm{d}E_k$ 之间的非束缚的概率.

(1) 求对应于 δ-函数势 $V(x) = -A\delta(x)$ 的归一化束缚态能量本征函数;

(2) 假设非束缚态可用满足箱长度为 L 的周期性边界条件的自由粒子态来近似. 求波矢为 k 的归一化波函数 $\psi_k(x)$, 求其态密度, 并表示为 k 的函数 $D(k)$ 和自由粒子能量 E_k 的函数 $D(E_k)$;

(3) 假设电场可以当作微扰处理. 写下 Hamilton 量中的微扰项 H_1, 并求 H_1 在初态和末态间的矩阵元 $\langle k|H_1|0\rangle$;

(4) 由弱微扰哈密顿量 $H_1(t)$ 引起的, 从初态 $|\mathrm{i}\rangle$ 到末态 $|\mathrm{f}\rangle$ 的跃迁概率为

$$P_{\mathrm{i}\to\mathrm{f}}(t) = \frac{1}{\hbar^2}\left|\int_{-\infty}^{t}\langle\mathrm{f}|H_1(t')|\mathrm{i}\rangle\,\mathrm{e}^{\mathrm{i}\omega_{\mathrm{fi}}\mathrm{d}t'}\right|^2$$

式中, $\omega_{\mathrm{fi}} \equiv (E_{\mathrm{f}} - E_{\mathrm{i}})/\hbar$. 求 $t > \tau$ 时粒子处于一个能量范围在 E_k 和 $E_k + \mathrm{d}E_k$ 之间的非束缚态的概率 $P(E_k)\mathrm{d}E_k$ 的表达式.

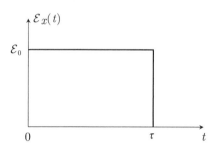

图 9.7　从 $t = 0$ 到 $t = \tau$ 这段时间内, 该粒子受到一沿 x 方向的匀强电场 $\mathcal{E}_0$ 作用

解答　(1) 定态 Schrödinger 方程

$$-\frac{\hbar^2}{2m}\cdot\frac{\mathrm{d}^2\psi}{\mathrm{d}x^2} - A\delta(x)\psi = E\psi, \quad E < 0$$

也就是

$$\frac{\mathrm{d}^2\psi}{\mathrm{d}x^2} - k^2\psi + A_0\delta(x)\psi = 0$$

式中

$$k = \sqrt{\frac{2m|E|}{\hbar^2}}, \quad A_0 = \frac{2mA}{\hbar^2}$$

方程两边求积分 $\int_{-\varepsilon}^{+\varepsilon}\mathrm{d}x$($\varepsilon$ 是任意小正数), 并令 $\varepsilon \to 0$, 得

$$\psi'(+0) - \psi'(-0) = -A_0\psi(0)$$

或者

$$\frac{\psi'(+0)}{\psi(+0)} - \frac{\psi'(-0)}{\psi(-0)} = -A_0$$

另外, 从 $x \neq 0$ 的 Schrödinger 方程解出

$$\psi(x) = c\mathrm{e}^{-k|x|}$$

于是

$$\frac{\psi'(+0)}{\psi(+0)} - \frac{\psi'(-0)}{\psi(-0)} = -2k$$

所以

$$k = \frac{A_0}{2} = \frac{mA}{\hbar^2}$$

束缚态能级为

$$E = -\frac{\hbar^2 k^2}{2m} = -\frac{mA^2}{2\hbar^2}$$

相应的归一化本征函数为

$$\psi(x) = \sqrt{\frac{mA}{\hbar^2}} \exp\left(-\frac{mA}{\hbar^2}|x|\right)$$

(2) 设非束缚态可以近似地用平面波 e^{ikx} 表征，在长度为 L 的一维箱上的周期性边界条件给出

$$\exp\left(-ik\frac{L}{2}\right) = \exp\left(ik\frac{L}{2}\right)$$

也就是

$$e^{ikL} = 1$$

所以

$$kL = 2n\pi, \quad n = 0, \pm 1, \pm 2, \cdots$$

从而

$$k = \frac{2n\pi}{L} = k_n$$

波矢为 k 的 (箱式) 归一化平面波为

$$\psi_k(x) = \frac{1}{\sqrt{L}} e^{ikx} = \frac{1}{\sqrt{L}} \exp\left[i\left(\frac{2n\pi}{L}x\right)\right] = \psi_n(x)$$

注意 $k \neq 0$ 时能量 E_k 二重简并，则动量位于 $p \to p + dp$ 间隔中的状态数为

$$\frac{L dp}{2\pi\hbar} = D(k)dk = \frac{1}{2}D(E_k)dE_k$$

波矢 k，能量 E_k 与动量 p 的关系如下：

$$k = \frac{p}{\hbar}, \quad E_k = \frac{\hbar^2 k^2}{2m} = \frac{p^2}{2m}$$

于是

$$D(k) = \frac{L}{2\pi}, \quad D(E_k) = \frac{L}{\pi\hbar}\sqrt{\frac{m}{2E_k}}$$

(3) 微扰 Hamilton 量为

$$H_1 = -q\mathcal{E}_0 x$$

可以认为 L 很大，这样 H_1 在初、末态间的矩阵元可表为 $(k_0 = mA/\hbar^2)$

$$\langle k|H_1|0\rangle = -\frac{q\mathcal{E}_0}{\sqrt{L}}\sqrt{\frac{mA}{\hbar^2}} \int_{-\infty}^{+\infty} dx \cdot x \exp(-ikx - k_0|x|)$$

$$\begin{aligned}
&= -\frac{q\mathcal{E}_0}{\sqrt{L}}\sqrt{\frac{mA}{\hbar^2}}\mathrm{i}\frac{\mathrm{d}}{\mathrm{d}k}\int_{-\infty}^{+\infty}\mathrm{d}x\exp\left(-\mathrm{i}kx-k_0\,|x|\right)\\
&= -\frac{q\mathcal{E}_0}{\sqrt{L}}\sqrt{\frac{mA}{\hbar^2}}(-4\mathrm{i}kk_0)\frac{1}{\left(k^2+k_0^2\right)^2}\\
&= \frac{4\mathrm{i}q\mathcal{E}_0}{\sqrt{L}}\left(\frac{mA}{\hbar^2}\right)^{3/2}\frac{k}{\left[k^2+\left(\dfrac{mA}{\hbar^2}\right)^2\right]^2}
\end{aligned}$$

(4) 为明确起见，将微扰记成

$$H_1=\begin{cases}0, & -\infty<t<0\\ -q\mathcal{E}_0x, & 0\leqslant t\leqslant\tau\\ 0, & \tau<t<+\infty\end{cases}$$

注意到 H_1 是常微扰，所以 $t>\tau$ 时的跃迁概率为

$$\begin{aligned}
P_{\mathrm{i}\to\mathrm{f}}(t) &= \frac{1}{\hbar^2}|\langle k|H_1|0\rangle|^2\left|\int_0^\tau\mathrm{d}t'\exp(\mathrm{i}\omega_{\mathrm{fi}}t')\right|^2\\
&= \frac{1}{\hbar^2}|\langle k|H_1|0\rangle|^2\frac{\sin^2(\omega_{\mathrm{fi}}\tau/2)}{(\omega_{\mathrm{fi}}/2)^2}
\end{aligned}$$

注意到态密度 $D(E_k)$ 和矩阵元 $\langle k|H_1|0\rangle$ 的表达式，以及 ($E_\mathrm{f}-E_\mathrm{i}=$ 非束缚态能量 $-$ 束缚态能量)

$$\frac{\sin^2(\omega_{\mathrm{fi}}\tau/2)}{(\omega_{\mathrm{fi}}/2)^2}=\frac{\sin^2\left\{\dfrac{\hbar\tau}{4m}\left[k^2+\left(\dfrac{mA}{\hbar^2}\right)^2\right]\right\}}{\left\{\dfrac{\hbar}{4m}\left[k^2+\left(\dfrac{mA}{\hbar^2}\right)^2\right]\right\}^2}$$

即得所求的概率

$$\begin{aligned}
P(E_k)\mathrm{d}E_k &= P_{\mathrm{i}\to\mathrm{f}}(t)D(E_k)\mathrm{d}E_k\\
&= \frac{(16q\mathcal{E}_0)^2m^3k_0^3}{\pi\hbar^7\left(k_0^2+\dfrac{2mE_k}{\hbar^2}\right)^6}\sqrt{2mE_k}\sin^2\frac{\hbar\tau}{4m}\left(k_0^2+\frac{2mE_k}{\hbar^2}\right)\mathrm{d}E_k\\
&= \frac{(16q\mathcal{E}_0)^2m^3\left(\dfrac{mA}{\hbar^2}\right)^3}{\pi\hbar^7\left[\left(\dfrac{mA}{\hbar^2}\right)^2+\dfrac{2mE_k}{\hbar^2}\right]^6}\sqrt{2mE_k}\sin^2\left\{\frac{\hbar\tau}{4m}\left[\left(\frac{mA}{\hbar^2}\right)^2+\frac{2mE_k}{\hbar^2}\right]\right\}\mathrm{d}E_k
\end{aligned}$$

9.27 能级差为 $\hbar\omega_{12}$ 的两能级原子在电磁辐射 (频率 ω) 作用下的跃迁概率

题 9.27 设有一个两能级原子，它具有能级差为 $E_2 - E_1 = \hbar\omega_{12}$ 的两个态 $|1\rangle$ 和 $|2\rangle$. 一开始，原子处于其基态 $|1\rangle$，现受到电磁辐射 $\boldsymbol{\mathcal{E}} = \boldsymbol{\mathcal{E}}_m(\mathrm{e}^{\mathrm{i}\omega t} + \mathrm{e}^{-\mathrm{i}\omega t})$ 的作用.

(1) 若 $\omega = \omega_{12}$，计算过一段时间 t 后，原子处于态 $|2\rangle$ 的概率；

(2) 若 ω 只是近似地等于 ω_{12}，这同上面的情况有何定性的差别？重新计算上述概率.

解答 设未受电磁辐射时系统 Hamilton 量为 H_0，按题意

$$H_0|1\rangle = E_1|1\rangle = \hbar\omega_1|1\rangle$$
$$H_0|2\rangle = E_2|2\rangle = \hbar\omega_2|2\rangle$$

加上电磁辐射作用后，系统 Hamilton 量 $H = H_0 + H'$

$$H' = -e\boldsymbol{x}\cdot\boldsymbol{\mathcal{E}}_m(\mathrm{e}^{\mathrm{i}\omega t} + \mathrm{e}^{-\mathrm{i}\omega t})$$

求解方程

$$H' = -e\boldsymbol{x}\cdot\boldsymbol{\mathcal{E}}_m(\mathrm{e}^{\mathrm{i}\omega t} + \mathrm{e}^{-\mathrm{i}\omega t})$$

初始条件 $|t=0\rangle = |1\rangle$. 设解具有形式

$$|t\rangle = c_1(t)\mathrm{e}^{-\mathrm{i}\omega_1 t}|1\rangle + c_2(t)\mathrm{e}^{-\mathrm{i}\omega_2 t}|2\rangle$$

有 $c_1(0) = 1$, $c_2(0) = 0$，则

$$\mathrm{i}\hbar\left(\dot{c}_1\mathrm{e}^{-\mathrm{i}\omega_1 t}|1\rangle - \mathrm{i}c_1\omega_1\mathrm{e}^{-\mathrm{i}\omega_1 t}|1\rangle + \dot{c}_2\mathrm{e}^{-\mathrm{i}\omega_2 t}|2\rangle - \mathrm{i}c_2\omega_2\mathrm{e}^{-\mathrm{i}\omega_2 t}|2\rangle\right)$$
$$= c_1\mathrm{e}^{-\mathrm{i}\omega_1 t}\hbar\omega_1|1\rangle + c_2\mathrm{e}^{-\mathrm{i}\omega_2 t}\hbar\omega_2|2\rangle + c_1\mathrm{e}^{-\mathrm{i}\omega_1 t}H'|1\rangle + c_2\mathrm{e}^{-\mathrm{i}\omega_2 t}H'|2\rangle$$

化简得

$$\mathrm{i}\hbar\dot{c}_1\mathrm{e}^{-\mathrm{i}\omega_1 t}|1\rangle + \mathrm{i}\hbar\dot{c}_2\mathrm{e}^{-\mathrm{i}\omega_2 t}|2\rangle = c_1\mathrm{e}^{-\mathrm{i}\omega_1 t}H'|1\rangle + c_2\mathrm{e}^{-\mathrm{i}\omega_2 t}H'|2\rangle$$

用左矢 $\langle 1|$ 和 $\langle 2|$ 乘这个方程的两端，得

$$\mathrm{i}\hbar\dot{c}_1 = c_1\langle 1|H'|1\rangle + c_2\mathrm{e}^{-\mathrm{i}(\omega_2-\omega_1)t}\langle 1|H'|2\rangle$$
$$\mathrm{i}\hbar\dot{c}_2 = c_1\mathrm{e}^{\mathrm{i}(\omega_2-\omega_1)t}\langle 2|H'|1\rangle + c_2\langle 2|H'|2\rangle$$

令 $\langle \mathrm{i}| - e\boldsymbol{x}\cdot\boldsymbol{\mathcal{E}}_m|j\rangle = \hbar a_{ij}$，上式可以写成

$$\mathrm{i}\hbar\dot{c}_1 = c_1(\mathrm{e}^{\mathrm{i}\omega t} + \mathrm{e}^{-\mathrm{i}\omega t})\hbar a_{11} + c_2\mathrm{e}^{-\mathrm{i}\omega_{21} t}(\mathrm{e}^{\mathrm{i}\omega t} + \mathrm{e}^{-\mathrm{i}\omega t})\hbar a_{12}$$
$$\mathrm{i}\hbar\dot{c}_2 = c_1\mathrm{e}^{\mathrm{i}\omega_{21} t}(\mathrm{e}^{\mathrm{i}\omega t} + \mathrm{e}^{-\mathrm{i}\omega t})\hbar a_{21} + c_2(\mathrm{e}^{\mathrm{i}\omega t} + \mathrm{e}^{-\mathrm{i}\omega t})\hbar a_{22}$$

式中，用了记号 $\omega_{21} = \omega_2 - \omega_1$.

如果 $\mathcal{E}_m$ 很小且 $\omega_{21} \sim \omega$，我们可以略去上式中快速振荡的那些项，即只保留含 $\mathrm{e}^{\mathrm{i}(\omega_{21}-\omega)t}$ 的那些项

$$\dot{c}_1 = -\mathrm{i}a_{12}c_2\mathrm{e}^{\mathrm{i}(\omega-\omega_{21})t}$$

$$\dot{c}_2 = -\mathrm{i}a_{21}c_1 \mathrm{e}^{\mathrm{i}(\omega_{21}-\omega)t}$$

消去 c_1, 得出关于 c_2 的二阶微分方程

$$\begin{cases} \ddot{c}_2 = \mathrm{i}(\omega_{21}-\omega)\dot{c}_2 - a_{12}a_{21}c_2 = 0 \\ c_2(0) = 0, \quad \dot{c}_2(0) = -\mathrm{i}a_{21}c_1(0) = -\mathrm{i}a_{21} \end{cases}$$

(1) $\omega = \omega_{21}$, 记 $a_{12}a_{21} = |a_{12}|^2 = \Omega^2$, 显然所求解为

$$c_2(t) = -\mathrm{i}\frac{a_{21}}{\Omega}\sin\Omega t$$

因此在时刻 t 处于态 $\langle 2|$ 的概率为

$$|c_2(t)|^2 = \sin^2\Omega t$$

(2) $\omega \approx \omega_{21}$

$$c_2 = A\mathrm{e}^{\mathrm{i}\lambda_+ t} + B\mathrm{e}^{\mathrm{i}\lambda_- t}$$

式中

$$\begin{aligned} \lambda_\pm &= \frac{1}{2}\left[(\omega_{21}-\omega) \pm \sqrt{(\omega_{21}-\omega)^2 + 4|a_{12}|^2}\right] \\ &\equiv \frac{1}{2}[(\omega_{21}-\omega) \pm \Lambda] \end{aligned}$$

其中, $\Lambda = \sqrt{(\omega_{21}-\omega)^2 + 4|a_{12}|^2}$. 由 $c_2(0) = 0, \dot{c}_2(0) = -\mathrm{i}a_{21}$ 可得

$$c_2(t) = -\frac{2\mathrm{i}a_{21}}{\Lambda}\exp\left(\mathrm{i}\frac{(\omega_{21}-\omega)}{2}t\right)\sin\frac{\Lambda}{2}t$$

所以处于态 $\langle 2|$ 的概率为

$$|c_2(t)|^2 = \frac{4|a_{21}|^2}{\Lambda}\sin^2\frac{\Lambda}{2}t$$

9.28 已知 HCl 分子的吸收线, 判断是振动跃迁还是转动跃迁

题 9.28 在 HCl 分子的吸收光谱实验中观察到了波数 (以 cm^{-1} 作单位) 为 83.03、103.73、124.30、145.03、165.51 和 185.86 的吸收线. 这些是振动跃迁还是转动跃迁? 若是前者, 它的特征频率是多少? 若是后者, 它所对应的 J 值是多少? HCl 分子的转动惯量是多少? 若是那样, 估计 HCl 分子两核的间距.

解答 由双原子分子光谱知识可知, 像这样波数间隔近似相同的谱线应属转动谱而不可能是振动谱. 后者由分子转动能级等间距及跃迁选择规则限制只有一条谱线出现.

由双原子分子转动能级为 $E_I = \dfrac{\hbar^2}{2I} J(J+1)$ 和选择规则 $|\Delta J| = 1$ 可知谱线的波数间隔为

$$hc\Delta\left(\frac{1}{\lambda}\right) = \frac{\hbar}{2I} \cdot 2 = \frac{\hbar^2}{I}$$

所以 HCl 的转动惯量

$$I = \frac{\hbar^2}{hc\Delta\left(\dfrac{1}{\lambda}\right)}$$

又由上面可推知由 $J \to J-1$ 能级时，谱线的能量为 $\dfrac{\hbar^2}{2I} 2J = \dfrac{\hbar^2}{I} J$，故由此可知谱线的能量正比于 J. 这样由所给的波数 (由 $E = hc\tilde{\nu}$ 可知 $E \propto \tilde{\nu}$)，可推知 HCl 分子吸收光子跃迁情况，由此列下表.

HCl 分子的吸收光谱波数和波数间隔

$\tilde{\nu} = 1/\lambda/\mathrm{cm}^{-1}$	跃迁 $(J \to J-1)$	$\Delta(1/\lambda)/\mathrm{cm}^{-1}$
83.03	$4 \to 3$	
103.73	$5 \to 4$	20.70
124.30	$6 \to 5$	20.57
145.03	$7 \to 6$	20.73
165.51	$8 \to 7$	20.48
185.86	$9 \to 8$	20.35

由表中数据可得

$$\overline{\Delta\left(\frac{1}{\lambda}\right)} = 20.57(\mathrm{cm}^{-1})$$

所以 HCl 分子的转动惯量

$$
\begin{aligned}
I &= \frac{\hbar^2}{hc\Delta\left(\dfrac{1}{\lambda}\right)} \\
&= \frac{6.63 \times 10^{-34}}{(2\pi)^2 \times 3.0 \times 10^8 \times 20.57 \times 10^2} \\
&= 2.72 \times 10^{-48}(\mathrm{kg \cdot m^2})
\end{aligned}
$$

又 HCl 分子的转动惯量为

$$I = \mu R^2$$

R 为 HCl 分子两核间距，μ 为 HCl 分子两核折合质量 $\mu^{-1} = m_{\mathrm{H}}^{-1} + m_{\mathrm{Cl}}^{-1}$. 所以 HCl 分子两核的间距为

$$R = \left[\frac{(m_{\mathrm{H}} + m_{\mathrm{Cl}})I}{m_{\mathrm{H}} \cdot m_{\mathrm{Cl}}}\right]^{1/2}$$

$$= \left[\frac{(1+35)}{1 \times 35 \times 1.66 \times 10^{-29} \times 2.72 \times 10^{-47}} \right]^{1/2}$$

$$= 1.30 \times 10^{-10}(\mathrm{m}) = 1.30(\text{Å})$$

9.29 在 $H' = W'(\boldsymbol{x})\mathrm{e}^{-\frac{t}{\tau}}\theta(t)$ 含时微扰作用下由基态到第 n 激发态的跃迁概率

题 9.29 考虑一最初处于基态 ψ_0 的任意量子力学系统. 在 $t = 0$ 时刻, 加上一形式为 $H' = W'(\boldsymbol{x})\mathrm{e}^{-\frac{t}{\tau}}\theta(t)$ 的扰动. 试求在 $t \gg \tau$ 时, 体系跃迁到某一激发态 ψ_n 的概率 $P_{0\to n}$, 指出在得到结论过程中应用了什么假设.

解答 采用一阶含时微扰论计算, 在 t 时刻跃迁到 ψ_n 的跃迁振幅为

$$C_{0\to n}(t) = \frac{1}{\mathrm{i}\hbar} \int_0^t \langle \psi_n | H' | 0 \rangle \mathrm{e}^{\mathrm{i}\omega_{n0}t'} \mathrm{d}t' \tag{9.66}$$

其中, $\omega_{n0} = \dfrac{E_n - E_0}{\hbar}$, 代入题给微扰 H' 的表达式

$$\begin{aligned} C_{0\to n}(t) &= \frac{1}{\mathrm{i}\hbar} \int_0^t \langle \psi_n | W' | 0 \rangle \mathrm{e}^{-\frac{t'}{\tau}} \theta(t') \mathrm{e}^{\mathrm{i}\omega_{n0}t'} \mathrm{d}t' \\ &= \frac{1}{\mathrm{i}\hbar} \langle \psi_n | W' | 0 \rangle \int_0^t \mathrm{e}^{-\frac{t'}{\tau}} \mathrm{e}^{\mathrm{i}\omega_{n0}t'} \mathrm{d}t' = \frac{1}{\mathrm{i}\hbar} \langle \psi_n | W' | 0 \rangle \frac{1 - \mathrm{e}^{-\frac{t}{\tau}} \mathrm{e}^{\mathrm{i}\omega_{n0}t}}{\frac{1}{\tau} - \mathrm{i}\omega_{n0}} \end{aligned} \tag{9.67}$$

因而 t 时刻跃迁到 ψ_n 的概率为

$$P_{0\to n}(t) = \frac{|\langle \psi_n | W' | 0 \rangle|^2}{\hbar^2} \left| \frac{1 - \mathrm{e}^{-\frac{t}{\tau}} \mathrm{e}^{\mathrm{i}\omega_{n0}t}}{\frac{1}{\tau} - \mathrm{i}\omega_{n0}} \right|^2 \tag{9.68}$$

注意到上式中的指数衰减因子, 取 $t \gg \tau$ 得所求的跃迁概率为

$$P_{0\to n}(t) = \frac{\tau^2}{\hbar^2} \frac{|\langle \psi_n | W' | 0 \rangle|^2}{(1 + \tau^2 \omega_{n0}^2)} \tag{9.69}$$

上述计算中假设 W' 很小, 从而可作微扰处理, 因为所用的跃迁概率公式为一级近似解.

9.30 立方盒中的带电粒子在 $\mathcal{E}_0 \mathrm{e}^{-\alpha t}\theta(t)$ 含时微扰作用下从基态到第一激发态的概率

题 9.30 一个电荷为 e 的粒子被禁闭在各边为 $2b$ 的立方盒子中, 给定一个电场

$$\boldsymbol{\mathcal{E}} = \begin{cases} 0, & t < 0 \\ \boldsymbol{\mathcal{E}}_0 \mathrm{e}^{-\alpha t}, & t > 0 \end{cases}$$

α 为正常数. $\boldsymbol{\mathcal{E}}$ 垂直于盒子的某一面. $t=0$ 时, 带电粒子处于基态, 求 $t=\infty$ 时粒子处于第一激发态的概率. 计算到 $\mathcal{E}_0$ 的最低阶 (可将结果保留在无量纲定积分的形式).

解答 取势如下:

$$V(x,y,z) = \begin{cases} 0, & 0 < x < 2b,\ 0 < y < 2b,\ 0 < z < 2b \\ \infty, & \text{其他} \end{cases}$$

零级波函数为 (在盒子内)

$$\psi_{lmn} = \sqrt{\frac{1}{b^3}} \sin\frac{l\pi x}{2b} \sin\frac{m\pi y}{2b} \sin\frac{n\pi z}{2b}$$

基态 $|111\rangle$, 第一激发态 $|211\rangle$, $|121\rangle$, $|112\rangle$.

设 $\boldsymbol{\mathcal{E}}_0 = \mathcal{E}_0 \boldsymbol{e}_x$, 则 $H' = -e\mathcal{E}_0 x e^{-\alpha t}\theta(t)$, 于是

$$\langle 111|\,x\,|211\rangle = \frac{1}{b}\int_0^{2b} x\sin\frac{\pi x}{2b}\sin\frac{\pi x}{b}\,\mathrm{d}x = -\frac{32b}{9\pi^2}$$

$$\langle 111|\,x\,|121\rangle = \langle 111|\,x\,|112\rangle = 0$$

所以

$$P = \frac{1}{\hbar^2}\left|\int_0^{\infty}\langle 211|\,H'\,|111\rangle\exp\left(\frac{\mathrm{i}\Delta E t}{\hbar}\right)\mathrm{d}t\right|^2$$

其中, $\Delta E = \dfrac{3\pi^2\hbar^2}{8mb^2}$, 这样

$$\begin{aligned} P &= \left(\frac{32be\mathcal{E}_0}{9\hbar\pi^2}\right)^2\left|\int_0^{\infty}\exp\left(-\alpha t + \mathrm{i}\frac{\Delta E t}{\hbar}\right)\mathrm{d}t\right|^2 \\ &= \left(\frac{32be\mathcal{E}_0}{9\hbar\pi^2}\right)^2\frac{\hbar^2}{\alpha^2\hbar^2 + \Delta\mathcal{E}_0^2} \end{aligned}$$

说明 也可直接利用题 9.29 的结果.

9.31 束缚于谐振子势中的铝核由 $\psi_0(x)\phi_1$ 衰变到 ϕ_0, 并发射光子后处于 ψ_1 与 ψ_2 的概率比

题 9.31 一个 ^{27}Al 核被束缚在自然频率为 ω 的一维谐振子势阱中, 记各态为 $\psi_{m\alpha} = \psi_m(x)\phi_\alpha$, 其中 $\psi_m(x)$ 是谐振子势场中的本征态, 描写质心运动; 而 $\phi_\alpha(\alpha = 0,\ 1,\ 2,\ \cdots)$ 为确定核的内部状态的波函数. 假定 ^{27}Al 核一开始处于状态 $\psi_0(x)\phi_1$, 然后衰变到基态 ϕ_0, 同时在 x 方向上发射一个光子, 假定核激发能比谐振子激发能大得多.

(1) 发射光子后核的波函数是什么?

(2) 计算相对概率 P_1/P_0, 其中 P_n 是核子处于态 $\psi_{n0} = \psi_n(x)\phi_0$ 的概率.

(3) 设 $E^* = 840\text{keV}$, $\hbar\omega = 1.0\text{keV}$, 估计 P_1/P_0 的数值.

解答 (1) 注意到向左 (负 x 方向) 发射光子后，原子核以一定的速度 $v = \dfrac{E^*}{mc}$ 向右反冲. 按题意，核应处于随核一起运动的参考系中内禀波函数的基态 $\phi_0(x')$，其中 x' 是随动系中的坐标 $x' = x - vt$. 在伽利略变换下，若 $x' = x - vt$，$t' = t$，则波函数按下列方式变换：

$$\psi(x,t) = \exp\left(\mathrm{i}\frac{mv^2}{2\hbar}t' + \mathrm{i}\frac{mv}{\hbar}x'\right)\psi'(x',t')$$

因此，在发射光子后，原子核实际上处于态

$$\psi(x,0) = \exp\left(\mathrm{i}\frac{m\nu}{\hbar}x\right)\psi_0(x)\phi_0, \quad t = 0, x = x'$$

(2) 核子处于态 $\psi_{n0} = \psi_n\phi_0$ 的概率

$$
\begin{aligned}
P_n &= |\langle \psi_{n0} | \psi(0)\rangle|^2 \\
&= \left| \left\langle \psi_n\phi_0 \left| \exp\left(\mathrm{i}\frac{mv}{\hbar}x\right) \right| \phi_0\psi_0 \right\rangle \right|^2 \\
&= \left| \left\langle n \left| \exp\left(\mathrm{i}\frac{mv}{\hbar}x\right) \right| 0 \right\rangle \right|^2
\end{aligned}
$$

式中，$|n\rangle = |\psi_n(x)\rangle$. 利用产生和消灭算符，则 $x = \sqrt{\dfrac{\hbar}{2m\omega}}(a^\dagger + a)$，并利用 Glauber 公式 (4.61) 有

$$
\begin{aligned}
P_n &= \left| \left\langle n \left| \exp\left[\mathrm{i}\frac{mv}{\hbar}\sqrt{\frac{\hbar}{2m\omega}}(a^\dagger + a)\right] \right| 0 \right\rangle \right|^2 \\
&= \left| \left\langle n \left| \exp\left(\mathrm{i}\frac{mv}{\hbar}\sqrt{\frac{\hbar}{2m\omega}}a^\dagger\right)\exp\left(\mathrm{i}\frac{mv}{\hbar}\sqrt{\frac{\hbar}{2m\omega}}a\right)\exp\left(-\frac{mv^2}{4\hbar\omega}\right) \right| 0 \right\rangle \right|^2 \\
&= \exp\left(-\frac{mv^2}{2\hbar\omega}\right)\left| \sum_{k,l=0}^{\infty} \frac{\left(\mathrm{i}\sqrt{\dfrac{mv^2}{2\hbar\omega}}\right)^k}{k!} \frac{\left(\mathrm{i}\sqrt{\dfrac{mv^2}{2\hbar\omega}}\right)^l}{l!}\langle n|(a^\dagger)^k a^l|0\rangle \right|^2 \\
&= \exp\left(-\frac{mv^2}{2\hbar\omega}\right)\left| \frac{\left(\mathrm{i}\sqrt{\dfrac{mv^2}{2\hbar\omega}}\right)^n}{n!}\sqrt{n!} \right|^2
\end{aligned}
$$

也就是

$$P_n = \frac{1}{n!}\left(\frac{mv^2}{2\hbar\omega}\right)^n\exp\left(-\frac{mv^2}{2\hbar\omega}\right)$$

(3) 所以相对概率

$$\frac{P_1}{P_0} = \frac{mv^2}{2\hbar\omega} \approx \frac{E^{*2}}{2mc^2\hbar\omega} = \frac{(840\mathrm{keV})^2}{2 \times 27 \times 931.5\mathrm{MeV} \times 1.0\mathrm{keV}} \approx 1.4 \times 10^{-2}$$

9.32　求铝核类氢 μ 原子从 3d 态衰变时发射光子的波长及衰变寿命

题 9.32　考虑一个 μ 子被铝核 ($Z = 13$) 俘获的情形. 当 μ 子进入"电子云"的内层之后, 它就与铝核形成一个类氢 μ 原子. μ 子的质量为 105.7MeV.

(1) 当这个 μ 原子从 3d 态衰变时, 计算所发射光子的波长 (Å);

(2) 注意到 3d 态氢原子寿命为 1.6×10^{-8}s 这一事实, 计算 3d 态的上述原子的寿命.

解答　(1) 跃迁概率最大的是 3d → 2p, 在非相对论近似下, 我们求出光子能量为

$$
\begin{aligned}
h\nu &= E_3 - E_2 = \frac{me^4 Z^2}{2\hbar^2}\left(\frac{1}{2^2} - \frac{1}{3^2}\right) \\
&= 13.6 \times 13^2 \times \frac{105.7}{0.511} \times \left(\frac{1}{2^2} - \frac{1}{3^2}\right) \\
&= 6.67 \times 10^4 \text{eV}
\end{aligned}
$$

相应的波长为

$$
\begin{aligned}
\lambda &= \frac{c}{\nu} = \frac{\hbar c}{h\nu} = \frac{2\pi \times 1.97 \times 10^{-11}\text{MeV} \cdot \text{cm}}{6.67 \times 10^4 \text{eV}} \\
&= 1.86 \times 10^{-9}\text{cm}
\end{aligned}
$$

(2) 自发辐射系数

$$
A \propto \omega^3 |\boldsymbol{r}_{kk}|^2, \quad \tau \propto A^{-1}
$$

注意到 $|\boldsymbol{r}_{kk'}| \propto \dfrac{1}{z}$, 则我们得出 3d 态 μ 原子寿命为

$$
\begin{aligned}
\tau &= \tau_0 \frac{\omega_0^3}{\omega^3} \cdot \frac{|\boldsymbol{r}_{kk'}|_0^2}{|\boldsymbol{r}_{kk'}|^2} = \tau_0 z^2 \frac{\omega_0^3}{\omega^3} = \tau_0 z^2 \frac{1}{z^2 \dfrac{m}{m_{\mathrm{e}}}} \\
&= \frac{m_{\mathrm{e}}}{m} \tau_0 = \frac{0.51}{105.7} \times 1.6 \times 10^{-8}\text{s} = 7.72 \times 10^{-11}\text{s}
\end{aligned}
$$

9.33　在吸引势 $k(x^2 + y^2 + z^2)$ 中运动的粒子在弱磁场能级修正及微扰势 $Ax\cos\omega t$ 作用下的跃迁

题 9.33　一个质量 m, 电荷 e, 自旋为零的粒子在吸引势 $k(x^2 + y^2 + z^2)$ 中运动. 略去相对论效应.

(1) 求三个最低能级 E_0、E_1、E_2, 在每一情况下说明简并度;

(2) 假设粒子受到一个 z 方向的, 弱的常磁场 $\boldsymbol{B}$ 的微扰. 仅考虑未微扰能量 E_2 对应的态, 求出能量的微扰修正;

(3) 假设小微扰势 $Ax\cos\omega t$ 在第 (1) 小题中不同的态之间引起跃迁. 运用比较方便的简并态基, 详细确定允许的跃迁. 略去正比于 A^2 的效应或 A 的更高次方的贡献;

(4) 在 (3) 中, 假设 $t = 0$ 时粒子处于基态, 求在 t 时刻能量是 E_1 的概率;

(5) 对于没受微扰时的 Hamilton 量, 哪些是守恒量?

解答   (1) 在直角坐标系中, 运动方程为

$$\left[-\frac{\hbar^2}{2m}\left(\frac{\partial^2}{\partial x^2}+\frac{\partial^2}{\partial y^2}+\frac{\partial^2}{\partial z^2}\right)+\frac{1}{2}m\omega^2(x^2+y^2+z^2)\right]\psi(x,y,z)=E\psi(x,y,z)$$

其中, $\omega=\sqrt{2k/m}$. 上式为三个一维谐振子 Hamilton 量的和, 系统可视为 3 个彼此独立的一维谐振子, 选 CSCO 为 (H_x,H_y,H_z), 由此求得能量为

$$E_N=(n_x+n_y+n_z)\hbar\omega+\frac{3}{2}\hbar\omega=N\hbar\omega+\frac{3}{2}\hbar\omega$$

其中, $N=n_x+n_y+n_z$, n_x, n_y, $n_z=0,1,2,\cdots$. 能量本征态为

$$\psi_{n_xn_yn_z}(x,y,z)=\psi_{n_x}(x)\psi_{n_y}(y)\psi_{n_z}(z),$$

根据 n_x,n_y,n_z 的取值, 可数得能级简并度为 $f_N=\dfrac{1}{2}(N+1)(N+2)$. 所以三个最低能级的能量、简并度和简并态如下表

能量	简并度 f	简并态
$E_0=\dfrac{3}{2}\hbar\omega$	1	ψ_{000}
$E_1=\dfrac{5}{2}\hbar\omega$	3	$\psi_{100},\ \psi_{010},\ \psi_{001}$
$E_2=\dfrac{7}{2}\hbar\omega$	6	$\psi_{200},\ \psi_{020},\ \psi_{002},\ \psi_{110},\ \psi_{101},\ \psi_{011}$

在球坐标系中结合边界条件、波函数条件求解径向方程, 得到能级如下:

$$E=E_N=\left(N+\frac{3}{2}\right)\hbar\omega$$

其中, $N=2n_r+l$ 可取 $0,1,2,\cdots$, 而 n_r、 l 分别为径向和角向量子数, $n_r=0,1,\cdots,[N/2]$[①]为径向波函数节点数, 而 $l=N-2n_r$. 相应的定态波函数为 $\psi_{nlm}(r,\theta,\varphi)=R_{n_r,l}(r)\mathrm{Y}_{lm}(\theta,\varphi)$, 其中, $\mathrm{Y}_{lm}(\theta,\varphi)$ 为球谐函数, 而径向波函数如下给出:

$$R_{n_r,l}(r)=N_n\xi^l\mathrm{e}^{-\frac{1}{2}\xi^2}\mathrm{F}\left(-n_r,l+\frac{3}{2},\xi^2\right)$$

其中, F 为合流超几何函数, 变量为 $\xi=\alpha r$, 而 $N_{nl}=\left[\alpha^{3/2}\dfrac{2^{l+2-n_r}(2l+2n_r+1)!!}{\sqrt{\pi}n_r!\,[(2l+1)!!]^2}\right]^{1/2}$ 为归一化系数, 式中, $\alpha=\sqrt{m\omega/\hbar}=(2km/\hbar^2)^{1/4}$ (这里 m 是质量). 根据 $N=2n_r+l$, 可数得能级简并度也为 $f_N=\dfrac{1}{2}(N+1)(N+2)$.

---

① $[N/2]$ 表示不超过 $N/2$ 的最大整数.

(2) 弱磁场 $\boldsymbol{B} = B\boldsymbol{e}_z$ 导致 Hamilton 量修正

$$H_1 = -\frac{eB}{2mc}L_z$$

选择球坐标系, 有

$$E_{Nlm'} = E_{Nl} - \frac{eB}{2mc}m'\hbar$$

所以对于 E_2 能级所对应的态, 能量的修正分别为

$$E_{200} = E_{20}$$

$$E_{222} = E_{22} - \frac{eB}{mc}\hbar$$

$$E_{221} = E_{22} - \frac{eB}{2mc}\hbar$$

$$E_{220} = E_{22}$$

$$E_{22-1} = E_{22} + \frac{eB}{2mc}\hbar$$

$$E_{22-2} = E_{22} + \frac{eB}{mc}\hbar$$

简并度部分解除四条能级发生变化.

(3) 此时 $H' = Ax\cos\omega t$. 取直角坐标系中三维谐振子的表示, 则考虑到 A 的一阶时的微扰贡献为

$$
\begin{aligned}
\langle l'm'n'|H'(x,t)|lmn\rangle &= \delta_{m'm}\delta_{n'n}\langle l'|H'(x,t)|l\rangle \\
&= A\cos\omega t\,\delta_{m'm}\delta_{n'n}\langle l'|x|l\rangle \\
&= A\alpha^{-1}\cos\omega t\left(\sqrt{\frac{l+1}{2}}\delta_{l',l+1} + \sqrt{\frac{l}{2}}\delta_{l',l-1}\right)\delta_{m'm}\delta_{n'n}
\end{aligned}
$$

得到跃迁的选择定则

$$\Delta m = \Delta n = 0, \quad \Delta l = \pm 1$$

(4) 显然只有 ψ_{000} 跃迁到 ψ_{100}, 所以

$$P_{10} = \frac{1}{\hbar^2}\left|\int_0^t H'_{10}\mathrm{e}^{\mathrm{i}\omega't'}\mathrm{d}t'\right|^2 = \frac{A^2}{2\alpha^2\hbar^2}\left|\int_0^t \cos\omega t'\mathrm{e}^{\mathrm{i}\omega't'}\mathrm{d}t'\right|^2$$

式中, $\omega' = \sqrt{\dfrac{2k}{m}}$, $H'_{10} = \langle 100|H'|000\rangle$

$$
\begin{aligned}
\int_0^t \cos\omega t'\mathrm{e}^{\mathrm{i}\omega't'}\mathrm{d}t' &= \frac{1}{2}\int_0^t (\mathrm{e}^{\mathrm{i}\omega t'} + \mathrm{e}^{-\mathrm{i}\omega t'})\mathrm{e}^{\mathrm{i}\omega't'}\mathrm{d}t' \\
&= \frac{1}{2\mathrm{i}}\left[\frac{\mathrm{e}^{\mathrm{i}(\omega'+\omega)t}-1}{\omega'+\omega} + \frac{\mathrm{e}^{\mathrm{i}(\omega'-\omega)t}-1}{\omega-\omega'}\right]
\end{aligned}
$$

对微观世界, 通常 ω, ω' 很大, 则只有当 $\omega' \approx \omega$ 时, 上式才有显著贡献, 所以

$$P_{10} = \frac{A^2}{8\alpha^2\hbar^2} \cdot \frac{\sin^2[(\omega'-\omega)t/2]}{[(\omega'-\omega)/2]^2}$$

当 t 充分大时

$$P_{10} = \frac{A^2\pi t}{8\alpha^2\hbar^2}\delta\left(\frac{\omega'-\omega}{2}\right) = \frac{A^2\pi t}{4\alpha^2\hbar^2}\delta(\omega'-\omega)$$

(5) 对于没受微扰时的 Hamilton 量, 能量、角动量、角动量第三分量、宇称是守恒量.

9.34 质子系统在恒定磁场及旋转磁场作用下, 系统的自旋波函数

题 9.34 一个质子系统处于一稳定的沿 z 方向的均匀磁场 $\boldsymbol{B}$ 中, 在 xy 平面上有一旋转磁场 $\boldsymbol{B}'$, 如下给出

$$\boldsymbol{B}' = B'\cos\omega t\boldsymbol{e}_x - B'\sin\omega t\boldsymbol{e}_y$$

(1) 证明系统的 Hamilton 量为

$$H = H^{(0)} + H^{(1)}$$

式中

$$H^{(0)} = -\frac{1}{2}\hbar\omega_{\mathrm{L}}\sigma_z, \quad \omega_{\mathrm{L}} = \gamma_{\mathrm{p}}B$$

$$H^{(1)} = -\frac{1}{2}\hbar\omega'(\sigma_x\cos\omega t - \sigma_y\sin\omega t), \quad \omega' = \gamma_{\mathrm{p}}B'$$

式中, σ_x、σ_y、σ_z 是 Pauli 自旋算符, γ_{p} 为回转磁率;

(2) 设系统的自旋波函数为

$$\psi(t) = C_\alpha\exp(\mathrm{i}\omega_2 t/2)\alpha + C_\beta\exp(-\mathrm{i}\omega_2 t/2)\beta$$

这里, α、β 为 σ_z 的本征态, 证明 C_α 和 C_β 满足下列关系:

$$\begin{cases} \dfrac{\mathrm{d}C_\alpha}{\mathrm{d}t} = \dfrac{1}{2}\mathrm{i}\omega'\exp(\mathrm{i}qt)C_\beta \\[3mm] \dfrac{\mathrm{d}C_\beta}{\mathrm{d}t} = \dfrac{1}{2}\mathrm{i}\omega'\exp(-\mathrm{i}qt)C_\alpha, \quad q = \omega - \omega_{\mathrm{L}} \end{cases}$$

(3) 若 $t = 0$, 质子系统都处于 α 态, 证明 t 时刻

$$|C_\beta(t)|^2 = \frac{\omega'^2}{q^2 + \omega'^2}\sin^2\left(\frac{1}{2}\sqrt{q^2 + \omega'^2}t\right)$$

(4) 将上面严格的 $|C_\beta(t)|^2$ 的表达式与一阶微扰求出的表达式相比较.

解答　(1) 质子的磁偶极矩为 $\gamma_p(\hbar/2)\sigma_z$，所以有

$$H^{(0)} = -\gamma_p \frac{\hbar}{2} B\sigma_z = -\frac{\hbar}{2}\omega_L\sigma_z$$

$$H^{(1)} = -\gamma_p \frac{\hbar}{2} B'(\sigma_x\cos\omega t - \sigma_y\sin\omega t)$$

$$= -\frac{\hbar}{2}\omega'(\sigma_x\cos\omega t - \sigma_y\sin\omega t)$$

其中，$\omega_L = \gamma_p B$，$\omega' = \gamma_p B'$.

(2) 因为 $H^{(0)}$ 的本征态为 α、β，相应的本征值为

$$E_\alpha = -\frac{\hbar}{2}\omega_L, \quad E_\beta = \frac{\hbar}{2}\omega_L$$

系统的 Schrödinger 方程为

$$\frac{\partial\psi}{\partial t} = \frac{1}{i\hbar}H\psi = \frac{1}{i\hbar}(H^{(0)} + H^{(1)})\psi \tag{9.70}$$

设其解为

$$\psi = C_\alpha\exp\left(\frac{i}{2}\omega_L t\right)\alpha + C_\beta\exp\left(-\frac{i}{2}\omega_L t\right)\beta \tag{9.71}$$

因为有关系式

$$\begin{cases} \sigma_x\alpha = \beta, & \sigma_y\alpha = i\beta, & \sigma_z\alpha = \alpha \\ \sigma_x\beta = \alpha, & \sigma_y\beta = -i\alpha, & \sigma_z\beta = -\beta \end{cases}$$

它导致

$$\begin{cases} H_\alpha = -\dfrac{\hbar}{2}[\omega_L\alpha t\omega'\exp(-i\omega t)\beta] \\ H_\beta = -\dfrac{\hbar}{2}[-\omega_L\beta + \omega'\exp(i\omega t)\alpha] \end{cases} \tag{9.72}$$

将式 (9.71)代入式 (9.70)，并利用式 (9.72)，可得

$$\dot{C}_\alpha\exp\left(\frac{i}{2}\omega_L t\right)\alpha + \dot{C}_\beta\exp\left(-\frac{i}{2}\omega_L t\right)\beta$$

$$= \frac{i}{2}\omega'\exp(i\omega t)C_\beta\alpha + \frac{i}{2}\omega'\exp\left(-\frac{i}{2}\omega t\right)C_\alpha\beta$$

由上式，α、β 的系数分别相等，可得

$$\dot{C}_\alpha = \frac{i}{2}\omega'\exp(iqt)C_\beta \tag{9.73}$$

$$\dot{C}_\beta = \frac{i}{2}\omega'\exp(-iqt)C_\alpha \tag{9.74}$$

式中，$q = \omega - \omega_L$.

(3) 在式 (9.73)、式 (9.74)两式中消去 C_α 和 $\dot{C}_\alpha$, 可得 C_β 的微分方程

$$\ddot{C}_\beta + \mathrm{i}q\dot{C}_\beta + \frac{1}{4}\omega'^2 C_\beta = 0$$

其两个特解为

$$C_\beta = \exp\left\{\frac{\mathrm{i}}{2}\left[-q \pm \sqrt{(q^2 + \omega'^2)}\right]t\right\}$$

通解是

$$C_\beta = \exp\left(-\frac{\mathrm{i}}{2}qt\right)\left\{A\exp\left[\frac{\mathrm{i}}{2}\sqrt{q^2 + \omega'^2}t\right] + B\exp\left[-\frac{\mathrm{i}}{2}\sqrt{q^2 + \omega'^2}t\right]\right\} \tag{9.75}$$

式中, A、B 是待定系数. 由初始条件, $t = 0$ 时, $C_\alpha = 1$, $C_\beta = 0$, $\dot{C}_\beta = \frac{\mathrm{i}}{2}\omega'$, 可求出 A、B 分别为

$$A = -B = \frac{\omega'}{2\sqrt{q^2 + \omega'^2}} \tag{9.76}$$

将式 (9.76)代入式 (9.75), 最后可得

$$C_\beta = \frac{\mathrm{i}\omega'}{\sqrt{q^2 + \omega'^2}}\exp\left(-\frac{\mathrm{i}}{2}qt\right)\sin\frac{\sqrt{q^2 + \omega'^2}t}{2} \tag{9.77}$$

也就有

$$|C_\beta|^2 = \frac{\omega'^2}{q^2 + \omega'^2}\sin^2\frac{\sqrt{q^2 + \omega'^2}t}{2} \tag{9.78}$$

(4) 式 (9.74)给出 $\dot{C}_\beta$ 的严格方程, 严格求解得到式 (9.77), 在一阶微扰理论中式 (9.74)中的 C_α 设为 1, 得出的解为

$$C_\beta = -\frac{\omega'}{2q}\left[\exp(-\mathrm{i}qt) - 1\right]$$

由此得到

$$|C_\beta|^2 = \frac{\omega'^2}{q^2}\sin^2\frac{qt}{2} \tag{9.79}$$

比较式 (9.78)与式 (9.79), 我们看到倘若 $q \gg \omega'$, 则一阶微扰是个好的近似. 因为当 $q \gg \omega'$ 时, $C_\beta \ll 1$, 由于 $C_\alpha^2 + C_\beta^2 = 1$ 所以 $C_\alpha \approx 1$.

9.35　处于叠加态的谐振子在激光场作用下的跃迁概率

题 9.35　(1) 假定某一角频率为 ω 的谐振子的态由波函数

$$\psi = N\sum_{n=0}^{\infty}\frac{\alpha^n}{\sqrt{n!}}\psi_n(x)\mathrm{e}^{-\mathrm{i}n\omega t}, \quad \alpha = x_0\sqrt{\frac{m\omega}{2\hbar}}\,\mathrm{e}^{\mathrm{i}\phi}, \; N = \mathrm{e}^{-\frac{1}{2}|\alpha|^2}$$

给出. 计算振子在该态中的平均位置 $\langle x \rangle$, 并证明 $\langle x \rangle$ 的时间依赖关系是振幅为 x_0, 初相位为 ϕ 的经典振子;

(2) 在一激光电磁场中一维谐振子 Hamilton 量为

$$H = \frac{p^2}{2m} + \frac{ep}{2m\omega}\mathcal{E}_0\sin\omega t - \frac{1}{2}e\mathcal{E}_0 x\cos\omega t + \frac{1}{2}m\omega_0^2 x^2$$

其中, ω_0, m 和 e 是振子的角频率、质量和电荷, ω 是辐射的角频率. 假定激光在 $t = 0$ 时加在处于基态 ψ_0 中的振子上. 将电磁相互作用视为微扰, 在一阶近似下, 求任意的 $t > 0$ 时刻, 振子处在激发态 ψ_n 上的概率.

有用的公式: 归一化振子波函数 ψ 有以下性质:

$$\left(x + \frac{\hbar}{m\omega}\frac{\mathrm{d}}{\mathrm{d}x}\right)\psi_n = \sqrt{\frac{2\hbar}{m\omega}n}\psi_{n-1} \quad \left(x - \frac{\hbar}{m\omega}\frac{\mathrm{d}}{\mathrm{d}x}\right)\psi_n$$

$$= \sqrt{\frac{2\hbar}{m\omega}(n+1)}\psi_{n+1}$$

解答　(1) 易知 ψ 是归一的. 同时由题给公式可得

$$x\,|n\rangle = \sqrt{\frac{\hbar}{2m\omega}}\left(\sqrt{n}\,|n-1\rangle + \sqrt{n+1}\,|n+1\rangle\right)$$

所以

$$
\begin{aligned}
\langle x \rangle &= \langle \psi | x | \psi \rangle \\
&= N^2 \sum_{n=0}^{\infty} \frac{\alpha^{*n}}{\sqrt{n!}} \sum_{k=0}^{\infty} \frac{\alpha^k}{\sqrt{k!}} \mathrm{e}^{\mathrm{i}n\omega t - \mathrm{i}k\omega t} \sqrt{\frac{\hbar}{2m\omega}} \left\langle n \right| \left(\sqrt{k}\,|k-1\rangle + \sqrt{k+1}\,|k+1\rangle\right) \\
&= N^2 \sum_{n=0}^{\infty} \sqrt{\frac{\hbar}{2m\omega}} \left[\frac{\alpha^{*n}}{\sqrt{n!}} \cdot \frac{\alpha^{n+1}}{\sqrt{(n+1)!}} \sqrt{n+1}\,\mathrm{e}^{-\mathrm{i}\omega t} + \frac{\alpha^{*(n+1)}}{\sqrt{(n+1)!}} \cdot \frac{\alpha^n}{\sqrt{n!}} \sqrt{n+1}\,\mathrm{e}^{\mathrm{i}\omega t} \right] \\
&= N^2 \mathrm{e}^{|\alpha|^2} \sqrt{\frac{\hbar}{2m\omega}} (\alpha\mathrm{e}^{-\mathrm{i}\omega t} + \alpha^* \mathrm{e}^{\mathrm{i}\omega t}) \\
&= x_0 \cos(\phi - \omega t)
\end{aligned}
$$

这正是振幅为 x_0, 初相位为 ϕ 的经典振子.

(2) 初态 $|\psi(t=0)\rangle = |0\rangle$

$$x\,|n\rangle = \sqrt{\hbar/2m\omega_0}\left(\sqrt{n}\,|n-1\rangle + \sqrt{n+1}\,|n+1\rangle\right)$$

$$p\,|n\rangle = \mathrm{i}\sqrt{\frac{\hbar m\omega_0}{2}}\left(\sqrt{n+1}\,|n+1\rangle - \sqrt{n}\,|n-1\rangle\right)$$

所以

$$x\,|0\rangle = \sqrt{\frac{\hbar}{2m\omega_0}}\,|1\rangle$$

$$p\,|0\rangle = \mathrm{i}\sqrt{\frac{\hbar m\omega_0}{2}}\,|1\rangle$$

微扰 Hamilton 量

$$H' = \frac{ep}{2m\omega}\mathcal{E}_0\sin\omega t - \frac{1}{2}e\mathcal{E}_0 x\cos\omega t$$

因此当 $n \neq 1$ 时, $H'_{n0} = 0$. 于是在一阶近似下, 在 $t > 0$ 时刻, 振子处在激发态 ψ_n 上的概率为

$$P_{n0} = 0, \quad n > 1$$

再由

$$
\begin{aligned}
H'_{10} &= \left\langle 1 \left| \frac{ep}{2m\omega}\mathcal{E}_0\sin\omega t - \frac{1}{2}e\mathcal{E}_0 x\cos\omega t \right| 0 \right\rangle \\
&= \frac{e\mathcal{E}_0}{2}\sqrt{\frac{\hbar}{2m\omega_0}}\left(\mathrm{i}\frac{\omega_0}{\omega}\sin\omega t - \cos\omega t\right)
\end{aligned}
$$

$t > 0$ 时刻, 振子处在第一激发态 ψ_1 上的概率为

$$
\begin{aligned}
P_{10} &= \frac{1}{\hbar^2}\left|\int_0^t \frac{e\mathcal{E}_0}{2}\sqrt{\frac{\hbar}{2m\omega_0}}\left(\mathrm{i}\frac{\omega_0}{\omega}\sin\omega t' - \cos\omega t'\right)\mathrm{e}^{\mathrm{i}\omega_0 t'}\mathrm{d}t'\right|^2 \\
&= \frac{e^2\mathcal{E}_0^2}{8m\omega_0\hbar}\left|\int_0^t\left[\frac{\omega_0}{2\omega}(\mathrm{e}^{\mathrm{i}\omega t'} - \mathrm{e}^{-\mathrm{i}\omega t'}) - \frac{1}{2}\left(\mathrm{e}^{\mathrm{i}\omega t'} + \mathrm{e}^{-\mathrm{i}\omega t'}\right)\right]\mathrm{e}^{\mathrm{i}\omega_0 t'}\mathrm{d}t'\right|^2 \\
&= \frac{e^2\mathcal{E}_0^2}{8m\omega_0\hbar}\left[\frac{1}{2\omega^2} + \frac{8\omega_0^2}{(\omega_0^2-\omega^2)^2} - \frac{1}{2\omega^2}\cos 2\omega t\right] \\
&\quad + \frac{e^2\mathcal{E}_0^2}{4m\omega\hbar}\left[\frac{\cos(\omega_0+\omega)t}{(\omega_0+\omega)^2} - \frac{\cos(\omega_0-\omega)t}{(\omega_0-\omega)^2}\right]
\end{aligned}
$$

9.36 氢原子处于 2s 与 2p 叠加态, 在一级辐射衰变下此态退激成什么态

题 9.36 假设存在小的宇称破坏力, 则氢原子 $2^2\mathrm{s}_{1/2}$ 态混入了少量的 p 波

$$\psi\left(n=2, j=\frac{1}{2}\right) = \psi_{\mathrm{s}}\left(n=2, \frac{1}{2}, l=0\right) + \varepsilon\psi_{\mathrm{p}}\left(n=2, j=\frac{1}{2}, l=1\right)$$

一级辐射衰变下此态退激成什么态? 求出衰变矩阵元. 当 $\varepsilon \to 0$ 时怎样? 为什么?

解答 一级辐射是电偶极辐射, 它使该态退激成 $\psi\left(n=1, \ j=\frac{1}{2}\right)$ 态, 后者是 $m_j = \pm\frac{1}{2}$ 态的两重简并态.

辐射矩阵元为

$$
\begin{aligned}
H'_{12} &= \left\langle \psi\left(n=1, j=\frac{1}{2}\right) \left| -e\boldsymbol{r} \right| \psi\left(n=2, j=\frac{1}{2}\right) \right\rangle \\
&= \varepsilon\left\langle \psi\left(n=1, j=\frac{1}{2}\right) \left| -e\boldsymbol{r} \right| \psi_{\mathrm{p}}\left(n=2, j=\frac{1}{2}, l=1\right) \right\rangle
\end{aligned}
$$

将有关的耦合表象基矢用非耦合表象基矢表达

$$\psi\left(n=1, j=\frac{1}{2}, m_j=\frac{1}{2}\right) = |100\rangle \begin{pmatrix} 1 \\ 0 \end{pmatrix}$$

$$\psi\left(n=1, j=\frac{1}{2}, m_j=-\frac{1}{2}\right) = |100\rangle \begin{pmatrix} 0 \\ 1 \end{pmatrix}$$

$$\psi_{\rm p}\left(n=2, j=\frac{1}{2}, l=1, m_j=\frac{1}{2}\right) = -\sqrt{\frac{1}{3}}|210\rangle \begin{pmatrix} 1 \\ 0 \end{pmatrix} + \sqrt{\frac{2}{3}}|211\rangle \begin{pmatrix} 0 \\ 1 \end{pmatrix}$$

$$\psi_{\rm p}\left(n=2, j=\frac{1}{2}, l=1, m_j=-\frac{1}{2}\right) = -\sqrt{\frac{2}{3}}|21-1\rangle \begin{pmatrix} 1 \\ 0 \end{pmatrix} + \sqrt{\frac{1}{3}}|210\rangle \begin{pmatrix} 0 \\ 1 \end{pmatrix}$$

于是, 有关的矩阵元为

$$H'_{12} = \varepsilon \left\langle \psi\left(n=1, j=m_j=\frac{1}{2}\right) \left| -e\boldsymbol{r} \right| \psi_{\rm p}\left(m_j=\frac{1}{2}\right) \right\rangle$$

$$= \sqrt{\frac{1}{3}} e\varepsilon \langle 100| \boldsymbol{r} |210\rangle = \sqrt{\frac{1}{3}} e\varepsilon \langle 100| z |210\rangle \boldsymbol{e}_z$$

$$= \frac{e\varepsilon}{3} \langle 100| r |210\rangle \boldsymbol{e}_z = \frac{e\varepsilon A}{3} \boldsymbol{e}_z$$

式中, $A = \langle 100|r|200\rangle$, $\boldsymbol{e}_z$ 为 z 方向单位矢量.

$$H'_{12} = \varepsilon \left\langle \psi\left(n=1, j=\frac{1}{2}, m_j=-\frac{1}{2}\right) \left| -e\boldsymbol{r} \right| \psi_{\rm p}\left(m=\frac{1}{2}\right) \right\rangle = -\sqrt{\frac{2}{3}} e\varepsilon \langle 100| \boldsymbol{r} |211\rangle$$

$$= -\sqrt{\frac{2}{3}} e\varepsilon \langle 100| x\boldsymbol{e}_x + y\boldsymbol{e}_y |211\rangle = -\frac{e\varepsilon A}{3}(\boldsymbol{e}_x + \mathrm{i}\boldsymbol{e}_y)$$

$$H'_{12} = \varepsilon \left\langle \psi\left(n=1, j=m_j=\frac{1}{2}\right) \left| -e\boldsymbol{r} \right| \psi_{\rm p}\left(m_j=-\frac{1}{2}\right) \right\rangle = -\frac{e\varepsilon A}{3}(\boldsymbol{e}_x - \mathrm{i}\boldsymbol{e}_y)$$

$$H'_{12} = \varepsilon \left\langle \psi\left(n=1, j=m_j=\frac{1}{2}\right) \left| -e\boldsymbol{r} \right| \psi_{\rm p}\left(m_j=\frac{1}{2}\right) \right\rangle$$

$$= \sqrt{\frac{1}{3}} e\varepsilon \langle 100| \boldsymbol{r} |210\rangle = \sqrt{\frac{1}{3}} e\varepsilon \langle 100| z |210\rangle \boldsymbol{e}_z$$

$$= \frac{e\varepsilon}{3} \langle 100| r |210\rangle \boldsymbol{e}_z = \frac{e\varepsilon A}{3} \boldsymbol{e}_z$$

上面计算中用到了

$$(1,0) \begin{pmatrix} 1 \\ 0 \end{pmatrix} = 1, \quad (0,1) \begin{pmatrix} 1 \\ 0 \end{pmatrix} = 0, \quad 等$$

$$\boldsymbol{r} = x\boldsymbol{e}_x + y\boldsymbol{e}_y + z\boldsymbol{e}_z$$

$$= r\sin\theta\cos\varphi\boldsymbol{e}_x + r\sin\theta\sin\varphi\boldsymbol{e}_y + r\cos\theta\boldsymbol{e}_z$$

以及

$$\langle 100| z |210\rangle = \langle 100| r |210\rangle \langle l=0, m=0| \cos\theta |l=1, m=0\rangle$$

和选择定则

$$\Delta m = 0, \quad 对于 er 的 z 分量$$

$$\Delta m = \pm 1, \quad 对于 er 的 x, y 分量$$

可以看到, 若 $2^2\mathrm{s}_{1/2}$ 态宇称有 ε 的破坏, 则由电偶极辐射可以形成向基态 $1^2\mathrm{s}_{1/2}$ 的跃迁 (退激), 这种退激跃迁的概率 $\propto \varepsilon^2$. 当 $\varepsilon \to 0$ 时, 电偶极辐射不能使 $\psi_\mathrm{s}\left(n=2, j=\dfrac{1}{2}, l=0\right)$ 态退激到 $\psi_\mathrm{s}\left(n=1, j=\dfrac{1}{2}, l=0\right)$ 态, 因为电偶极辐射扰动 H' 是极矢量, 只有 $\Delta l = \pm 1$ 的跃迁的矩阵元才不为零.

注 由于 P_l^m 一般有 Ferre 定义与 Hobson 定义 (差一个 $(-1)^m$ 的因子), 相应地 Y_{lm} 的表达式也有两种. 本题采用 Ferre 定义.

9.37 氢原子 $1\mathrm{s}^3\mathrm{S}_1$ 与 $1\mathrm{s}^3\mathrm{S}_0$ 态之间的超精细分裂及辐射跃迁矩阵元

题 9.37 (1) 描述氢原子中电子质子间超精细相互作用部分的 Hamilton 量为

$$H' = -\frac{8\pi}{3}\boldsymbol{\mu}_\mathrm{p} \cdot \boldsymbol{\mu}_\mathrm{e}\delta(\boldsymbol{r})$$

$\boldsymbol{r}$ 是核和电子的相对位矢, $\boldsymbol{\mu}_\mathrm{p} = g_\mathrm{p}\dfrac{e}{2m_\mathrm{p}c}\boldsymbol{s}_\mathrm{p}$(其中 $g_\mathrm{p} = 5.586$), $\boldsymbol{\mu}_\mathrm{e} = -2\dfrac{e}{2m_\mathrm{e}c}\boldsymbol{s}_\mathrm{e}$ 分别是质子与电子的磁矩, 且 $\boldsymbol{s}_i = \dfrac{\hbar}{2}\boldsymbol{\sigma}_i$ 为粒子 i 的自旋 ($\boldsymbol{\sigma}$ 是 Pauli 矩阵). 计算氢原子 $1\mathrm{s}^3\mathrm{S}_1$ 态与 $1\mathrm{s}^3\mathrm{S}_0$ 态之间的超精细分裂. 哪个态能量较低? 物理上的解释是什么?

(2) $1\mathrm{s}^3\mathrm{S}_1$ 态和 $1\mathrm{s}^3\mathrm{S}_0$ 态之间跃迁产生的辐射场的矢势当 $r \to \infty$ 时有一般形式

$$\boldsymbol{A}(\boldsymbol{r}) = -\mathrm{i}\frac{\omega}{c}\langle\boldsymbol{x}\rangle + \mathrm{i}\frac{\omega}{c}\boldsymbol{n}\times\frac{e}{2m_\mathrm{e}c}\langle\boldsymbol{L}\rangle + \mathrm{i}\frac{\omega e}{2m_\mathrm{e}c^2}\boldsymbol{n}\times\langle\boldsymbol{\sigma}_\mathrm{e}\rangle + \cdots + \frac{1}{r}\mathrm{e}^{\mathrm{i}\frac{\omega}{c}r-\mathrm{i}\omega t}$$

式中, $\boldsymbol{n}$ 是沿辐射传播方向的单位矢量, $\langle\ \rangle$ 为这个跃迁的矩阵元. 明确地证明上式中三个矩阵元是否不为零, 跃迁中产生的辐射特性是什么?

解答 设 $1\mathrm{s}$ 态的空间波函数是 $\psi_0(\boldsymbol{r})$. 质子与电子两 $1/2$ 自旋所处的自旋单态记为 χ_{00}, 自旋三重态记为 χ_{1M}.

(1) 此问题是简并微扰, 微扰 Hamilton 量为

$$\begin{aligned}
H' &= \frac{2\pi}{3}\cdot\frac{e^2 g_\mathrm{e}g_\mathrm{p}}{m_\mathrm{e}m_\mathrm{p}c^2}\boldsymbol{S}_\mathrm{e}\cdot\boldsymbol{S}_\mathrm{p}\delta^3(\boldsymbol{r})\\
&= \frac{A}{2}\left[(\boldsymbol{S}_\mathrm{e}+\boldsymbol{S}_\mathrm{p})^2 - \boldsymbol{S}_\mathrm{e}^2 - \boldsymbol{S}_\mathrm{p}^2\right]\delta^3(\boldsymbol{r})\\
&= \frac{A}{2}\left(\boldsymbol{S}^2 - \frac{3}{2}\hbar^2\right)\delta^3(\boldsymbol{r})
\end{aligned}$$

式中, $A \approx \dfrac{2\pi}{3}\dfrac{e^2 g_\mathrm{e}g_\mathrm{p}}{m_\mathrm{e}m_\mathrm{p}c^2}$, 取 $\psi_0(\boldsymbol{r})\chi_{00}$, $\psi_0(\boldsymbol{r})\chi_{1M}$ 为基矢, 易知 H' 在此基中是对角矩阵.

对 $^1s^3S_0$ 能级

$$\Delta E_1 = \langle \psi_0 \chi_{00} | H' | \psi_0 \chi_{00} \rangle = -\frac{3}{4} A\hbar^2 |\psi_0(r=0)|^2$$

对 $^1s^3S_1$ 能级

$$\Delta E_2 = \langle \psi_0 \chi_{1M} | H' | \psi_0 \chi_{1M} \rangle = \frac{1}{4} A\hbar^2 |\psi_0(r=0)|^2$$

电子基态波函数

$$\psi(r,\theta,\phi) = \frac{1}{\sqrt{\pi a_0^3}} e^{-r/a_0}$$

其中, $a_0 = \hbar^2/(\mu e^2)$ 为 Bohr 半径. 从而 $|\psi_0(r=0)|^2 = \dfrac{1}{\pi a_0^3}$. 这样超精细分裂为

$$\Delta E = \Delta E_2 - \Delta E_1 = \frac{1}{\pi a_0^3} A\hbar^2$$

从以上计算结果可知, 单态 $^1s^3S_0$ 能量低.

　　物理意义如下: 质子与电子间有自旋磁偶极矩相互作用, 因磁偶极矩产生的磁场随距离变化下降很快, 所以只考虑电子与质子靠得很近时的磁作用. 当 $\boldsymbol{\mu}_e$ 与 $\boldsymbol{\mu}_p$ 同向时, 电子与质子间磁作用的能量最低 (注意 $E = -\boldsymbol{\mu} \cdot \boldsymbol{B}$) 而反平行时, 能量最高. $\boldsymbol{\mu}_e$ 与 $\boldsymbol{\mu}_p$ 同向, 则 $\boldsymbol{s}_e$ 与 $\boldsymbol{s}_p$ 反向, 所以单态能量低.

　　(2) 三重态向单态跃迁, 由于含 $\boldsymbol{x}$ 和 $\boldsymbol{L}$ 与自旋无关, $\boldsymbol{\sigma}_e$ 和空间无关

$$\langle \boldsymbol{x} \rangle = \langle \psi_0 \chi_{00} | \boldsymbol{x} | \psi_0 \chi_{1M} \rangle = \langle \psi_0 | \boldsymbol{x} | \psi_0 \rangle \langle \chi_{00} | \chi_{1M} \rangle = 0$$

$$\langle \boldsymbol{L} \rangle = \langle \psi_0 \chi_{00} | \boldsymbol{L} | \psi_0 \chi_{1M} \rangle = 0$$

$$\langle \boldsymbol{\sigma}_e \rangle = \langle \psi_0 \chi_{00} | \boldsymbol{\sigma}_e | \psi_0 \chi_{1M} \rangle = \langle \chi_{00} | \boldsymbol{\sigma}_e | \chi_{1M} \rangle$$

我们取

$$\chi_{00} = \frac{1}{\sqrt{2}} \left[\begin{pmatrix} 1 \\ 0 \end{pmatrix}_e \begin{pmatrix} 0 \\ 1 \end{pmatrix}_p - \begin{pmatrix} 1 \\ 0 \end{pmatrix}_p \begin{pmatrix} 0 \\ 1 \end{pmatrix}_e \right]$$

$$\chi_{11} = \begin{pmatrix} 1 \\ 0 \end{pmatrix}_e \begin{pmatrix} 1 \\ 0 \end{pmatrix}_p$$

$$\chi_{10} = \frac{1}{\sqrt{2}} \left[\begin{pmatrix} 1 \\ 0 \end{pmatrix}_e \begin{pmatrix} 0 \\ 1 \end{pmatrix}_p + \begin{pmatrix} 1 \\ 0 \end{pmatrix}_p \begin{pmatrix} 0 \\ 1 \end{pmatrix}_e \right]$$

$$\chi_{1-1} = \begin{pmatrix} 0 \\ 1 \end{pmatrix}_e \begin{pmatrix} 0 \\ 1 \end{pmatrix}_p$$

这样

$$\langle \chi_{00} | \boldsymbol{\sigma}_e | \chi_{11} \rangle = -\frac{1}{\sqrt{2}} (0,\ 1) \boldsymbol{\sigma}_e \begin{pmatrix} 1 \\ 0 \end{pmatrix} = -\frac{1}{\sqrt{2}} \boldsymbol{e}_x - \frac{1}{\sqrt{2}} \boldsymbol{e}_y$$

$$\langle\chi_{00}|\boldsymbol{\sigma}_{\mathrm{e}}|\chi_{1-1}\rangle = \frac{1}{\sqrt{2}}(1,\ 0)\boldsymbol{\sigma}_{\mathrm{e}}\begin{pmatrix}1\\0\end{pmatrix} = \frac{1}{\sqrt{2}}\boldsymbol{e}_x - \frac{1}{\sqrt{2}}\boldsymbol{e}_y$$

$$\langle\chi_{00}|\boldsymbol{\sigma}_{\mathrm{e}}|\chi_{10}\rangle = \frac{1}{2}(1,\ 0)\boldsymbol{\sigma}_{\mathrm{e}}\begin{pmatrix}1\\0\end{pmatrix} - \frac{1}{2}(0,\ 1)\boldsymbol{\sigma}_{\mathrm{e}}\begin{pmatrix}0\\1\end{pmatrix} = \boldsymbol{e}_z$$

所以

$$\langle\boldsymbol{\sigma}_{\mathrm{e}}\rangle \neq 0$$

这里, $\boldsymbol{e}_x$、$\boldsymbol{e}_y$、$\boldsymbol{e}_z$ 分别为 x、y、z 轴方向的单位矢量.

辐射特性: 注意到 $\boldsymbol{A}$ 的方向是 $\boldsymbol{n}\times\langle\boldsymbol{\sigma}_{\mathrm{e}}\rangle$, 这类似于磁偶极辐射的矢势, 所以可以认为 $^1\mathrm{s}^3\mathrm{S}_1$ 到 $^1\mathrm{s}^3\mathrm{S}_0$ 的跃迁辐射是磁偶极辐射.

9.38 在磁场 $B_x = B_0\cos\omega t$, $B_y = B_0\sin\omega t$, $B_z =$ 常数 $(B_0 \ll B_z)$ 作用下自旋态的跃迁

题 9.38 质子磁矩为 $\boldsymbol{\mu}$, 在磁场 $B_x = B_0\cos\omega t$, $B_y = B_0\sin\omega t$, $B_z =$ 常数 $(B_0 \ll B_z)$ 中运动. 在 $t = 0$ 时, 所有质子都在 z 方向极化.

(1) ω 为何值时发生共振跃迁?

(2) 在时刻 t, 质子自旋在 z 方向的概率有多大?

解答 (1) 将 $\boldsymbol{B}' = B_x\boldsymbol{e}_x + B_y\boldsymbol{e}_y$ 看成微扰, 未扰 Hamilton 量 $H_0 = -\mu B_z\sigma_z$, 自旋沿 $+z$ 和 $-z$ 的两个能级之差为 $2\mu B_z$, 所以当 $\omega = \dfrac{2\mu B_z}{\hbar}$ 时发生共振跃迁.

(2) Schrödinger 方程为 $(H = -\boldsymbol{\mu}\cdot\boldsymbol{B})$

$$\mathrm{i}\hbar\frac{\partial}{\partial t}\begin{pmatrix}a\\b\end{pmatrix} = -\mu\begin{pmatrix}B_z & B_0\mathrm{e}^{-\mathrm{i}\omega t}\\B_0\mathrm{e}^{\mathrm{i}\omega} & -B_z\end{pmatrix}\begin{pmatrix}a\\b\end{pmatrix}$$

式中, a 和 b 分别为电子处于自旋向上 (沿 $+z$) 和自旋向下 (沿 $-z$) 状态中的概率幅. 设

$$a = \mathrm{e}^{-\mathrm{i}\frac{\omega}{2}t}f, \quad b = \mathrm{e}^{\mathrm{i}\frac{\omega}{2}t}g$$

得到 f 和 g 满足的方程

$$\frac{1}{2}\hbar\omega f + \mathrm{i}\hbar\frac{\partial f}{\partial t} + \mu B_z f + \mu B_0 g = 0$$

$$\mu B_0 f + \mathrm{i}\hbar\frac{\partial g}{\partial t} - \frac{1}{2}\hbar\omega g - \mu B_z g = 0$$

或者

$$\left[\mathrm{i}\hbar\frac{\partial}{\partial t} + \left(\frac{1}{2}\hbar\omega + \mu B_z\right)\right]f + \mu B_0 g = 0 \tag{9.80}$$

$$\left[\mathrm{i}\hbar\frac{\partial}{\partial t} - \left(\frac{1}{2}\hbar\omega + \mu B_z\right)\right]g + \mu B_0 f = 0 \tag{9.81}$$

式 (9.80) 两边用算子 $\left[\mathrm{i}\hbar\dfrac{\partial}{\partial t} - \left(\dfrac{1}{2}\hbar\omega + \mu B_z\right)\right]$ 从左边作用得到的结果与式 (9.81) 两边乘以 μB_0 得到的结果相减得

$$\frac{\partial^2 g}{\partial t^2} + \Omega^2 g = 0 \tag{9.82}$$

其中

$$\Omega = \frac{1}{\hbar}\sqrt{\mu^2 B_0^2 + \left(\frac{1}{2}\hbar\omega + \mu B_z\right)^2} \tag{9.83}$$

$t = 0$ 初始时刻质子自旋沿 $+z$ 轴，从而取 $|f|^2 = 1$，$g = 0$. 由此式 (9.82) 的解为

$$g = A\sin\Omega t$$

代入式 (9.81) 即得

$$f = \frac{1}{\mu B_0}\left(\frac{1}{2}\hbar\omega + \mu B_z\right)A\sin\Omega t - \frac{\mathrm{i}\hbar\Omega}{\mu B_0}A\cos\Omega t$$

再由 $t = 0$ 时刻初条件 $|f|^2 = 1$，不妨取此时 $f = \mathrm{i}$，则得

$$A = -\frac{\mu B_0}{\hbar\Omega}$$

因此得

$$f = -\frac{1}{\hbar\Omega}\left(\hbar\frac{\omega}{2} + \mu B_z\right)\sin\Omega t + \mathrm{i}\cos\Omega t$$

$$g = \frac{-\mu B_0}{\hbar\Omega}\sin\Omega t$$

所以在时刻 t，质子自旋在 $-z$ 方向的概率为

$$P = |b|^2 = |g|^2 = \left(\frac{\mu B_0}{\hbar\Omega}\right)^2\sin^2\Omega t$$

9.39 关于核磁共振的一些问题

题 9.39 一片石蜡放在一均匀磁场 $\boldsymbol{B}_0$ 中. 石蜡中含许多氢原子核, 这些原子核的自旋与其周围环境彼此无相互作用, 并且在一级近似下只与外磁场相互作用.

(1) 在温度为 T 时, 写出处于各种磁亚稳态中质子数目的表达式;

(2) 为了能够观察到由振荡磁场引起的共振吸收, 引入一电频线圈. 振荡磁场相对于磁场 $\boldsymbol{B}_0$ 应沿何方向? 为什么?

(3) 频率为多少时才能观察到共振吸收? 在你的表达式中给出每一个量的单位使得频率以兆周为单位;

(4) 用质子自旋态发生跃迁的机制说明为什么在初始脉冲之后从磁场中吸收能量的现象仍然不消失, 而实际上却是以一定的速率在连续进行着. 当振荡磁场的强度增到很强时, 吸收率如何改变? 为什么?

解答　(1) 每个氢原子核的自旋与外磁场作用的 Hamilton 量为

$$H = -\boldsymbol{\mu} \cdot \boldsymbol{B}_0 = -g\mu_N S_z B_0 = -g\mu_N B_0 S_z$$

所以有两个状态：$\left| S_z = \dfrac{1}{2} \right\rangle$ 及 $\left| S_z = -\dfrac{1}{2} \right\rangle$. 能量分别为

$$E_{1/2} = -\frac{1}{2}g\mu_N B_0, \quad E_{-1/2} = \frac{1}{2}g\mu_N B_0$$

式中，g 为质子 p 的 Landè 因子，μ_N 是核磁子，$\mu_N = e\hbar/2m_p c$.

由统计平衡条件，在温度为 T 时处于各态的概率为

$$\left| S_z = \frac{1}{2} \right\rangle: \quad \frac{\exp\left(\dfrac{1}{2}g\mu_N B_0/kT\right)}{\exp\left(\dfrac{1}{2}g\mu_N B_0/kT\right) + \exp\left(-\dfrac{1}{2}g\mu_N B_0/kT\right)}$$

$$\left| S_z = -\frac{1}{2} \right\rangle: \quad \frac{\exp\left(-\dfrac{1}{2}g\mu_N B_0/kT\right)}{\exp\left(\dfrac{1}{2}g\mu_N B_0/kT\right) + \exp\left(-\dfrac{1}{2}g\mu_N B_0/kT\right)}$$

这也是数目的百分比.

(2) 振荡磁场 $\boldsymbol{B}'$ 的方向应与 $\boldsymbol{B}_0$ 垂直. 因为这时的 Hamilton 量 (只对核的自旋态而言) 为

$$H = -\mu B_0 S_z - \mu(B' \cos\omega t S_x + B' \sin\omega t S_y)$$

这时的跃迁矩阵元 $\left\langle S_z = \dfrac{1}{2} \left| H \right| S_z = -\dfrac{1}{2} \right\rangle$ 及 $\left\langle S_z = -\dfrac{1}{2} \left| H \right| S_z = \dfrac{1}{2} \right\rangle$ 不为零，这样才可能发生自旋态间的跃迁.

(3) 振荡频率应满足如下关系才可能发生吸收：

$$\hbar\omega_i = E_{-1/2} - E_{1/2}$$

也就是

$$\omega_i = \frac{g\mu_N B_0}{\hbar}$$

式中，$g = 5.6$，核磁子 $\mu_N = \dfrac{e\hbar}{2m_p} = 3.152 \times 10^{-14} \text{MeV/T}$. 如果 B_0 以 Gs 为单位，ω 以 MHz 为单位，则

$$\begin{aligned}
\omega_i &= \frac{ge\hbar B_0}{2m_p \hbar} = \frac{geB_0 c^2}{2m_p c^2} \\
&= \frac{5.6 \times 10^{-4} B_0[\text{Gs}] \times (2.9979 \times 10^8)^2}{2 \times 931 \times 10^6} \times 10^{-6} (\text{MHz}) \\
&= 2.70 \times 10^{-2} B_0[\text{Gs}] (\text{MHz})
\end{aligned}$$

(4) 由于质子与质子之间自旋态的相互作用趋于保持其热平衡分布, 这样即便在外场消失之后, 每个质子仍受其周围质子产生的磁场的作用, 从而可以继续产生自旋态的跃迁.

当场很强时, 吸收率达到一饱和值.

9.40　在某一势场中束缚电子对平面光波的吸收截面

题 9.40　电子被下面的势束缚在基态:

$$V = \begin{cases} -\dfrac{\beta}{x}, & x > 0 \\ \infty, & x < 0 \end{cases}$$

其中, $\beta > 0$, 势与 y, z 无关. 求方向 $\boldsymbol{k}$, 极化矢量 $\boldsymbol{\varepsilon}$, 能量 $\hbar\omega$ 平面光波的吸收截面, 说明电子的末态. 设

$$\frac{\beta^2 m}{\hbar^2} \ll \hbar\omega \ll mc^2$$

解答　从势的表达式可知, 电子在初态时在 y、z 方向是自由运动的, 所以未受入射光影响 (姑且称为初始, 下同) 的电子态为

$$\psi_i(\boldsymbol{r}) = \varphi(x) \exp\left(\frac{\mathrm{i}(p_y y + p_z z)}{\hbar}\right)$$

其中, $\varphi(x)$ 满足

$$\begin{cases} -\dfrac{\hbar^2}{2m}\dfrac{\mathrm{d}^2\varphi}{\mathrm{d}x^2} - \dfrac{\beta}{x}\varphi = E\varphi, & x > 0 \\ \varphi = 0, & x < 0 \end{cases}$$

可见 $\varphi(x)$ 满足的方程与氢原子 $l = 0$ 的径向方程相同. 故

$$E_n = -\frac{m\beta^2}{2\hbar^2}\frac{1}{n^2}$$

为简单起见, 省写未扰标志. 于是 x 方向运动的基态 (初始) 能量为

$$E_1 = -\frac{m\beta^2}{2\hbar^2}$$

相应本征态波函数为

$$\varphi_1(x) = \frac{2x}{a^{3/2}}\mathrm{e}^{-x/a}, \quad x > 0$$

其中, $a = \dfrac{\hbar^2}{m\beta}$. 由此知, 题设的条件可改写为

$$\frac{\beta}{a} \ll \hbar\omega \ll mc^2$$

即光量子能量远大于 x 方向的平均束缚势能, 可释放电子; 但它却远小于电子的静止能量, 不能产生电子对, 是非相对论的. 这样, 电子的初态为

$$\psi_i(\boldsymbol{r}) = \langle \boldsymbol{r} | i \rangle = C\varphi_1(x) \exp\left[i\left(k_y^{(i)}y + k_z^{(i)}z\right)\right]$$

式中, $k_y^{(i)} = p_y/\hbar$, $k_z^{(i)} = p_z/\hbar$ 是初始电子在 y, z 方向的波数, 归一化系数 $C = \left(\dfrac{1}{\sqrt{L}}\right)^2 = \dfrac{1}{L}$, 是将初态电子在 yz 面的平面盒子中归一到一个电子 (为了下面计算截面的需要).

电子的末态是 $\boldsymbol{k}_j^{(f)}$ (观察方向) 方向的自由电子, 可写为

$$\psi_f(\boldsymbol{r}) = \langle \boldsymbol{r} | f \rangle = \frac{1}{\sqrt{V}} \exp(i\boldsymbol{k}_j^{(f)} \cdot \boldsymbol{r})$$

此处 $V = L^3$, 是箱归一化的. 以上是第一步.

第二步, 给出微扰 Hamilton 量 H' 和入射光子流强. 微扰 Hamilton 量 H' 为

$$H' = H - H_0 = \left[\frac{1}{2m}\left(\boldsymbol{p} - \frac{e}{c}\boldsymbol{A}\right)^2 + V\right] - \left(\frac{1}{2m}\boldsymbol{p}^2 + V\right) \approx \frac{|e|}{mc}\boldsymbol{A} \cdot \boldsymbol{p}$$

这里, 已用了辐射规范 $\nabla \cdot \boldsymbol{A} = 0$ 并略去了含 $\boldsymbol{A}^2$ 的项. 下面书写中略去电子电荷 e 的绝对值符号, 即 $e > 0$. 于是, 当取电场 ($\boldsymbol{\varepsilon} = \{\varepsilon_x, \varepsilon_y, \varepsilon_z\}$ 是 $\mathcal{E}$ 的单位方向矢量)

$$\boldsymbol{\mathcal{E}} = \mathcal{E}\boldsymbol{\varepsilon}\sin(\omega t - \boldsymbol{k}_i^{(r)} \cdot \boldsymbol{r} + \delta_0)$$

时, 则势 $\boldsymbol{A}$ 为

$$\boldsymbol{A} = \frac{\mathcal{E}}{\omega}\boldsymbol{\varepsilon}\cos(\omega t - \boldsymbol{k}_i^{(r)} \cdot \boldsymbol{r} + \delta_0)$$

而

$$H' = \frac{-i\hbar e}{2m\omega}\left\{\exp\left[i(\omega t - \boldsymbol{k}_i^{(r)} \cdot \boldsymbol{r} + \delta_0)\right] + \exp\left[-i(\omega t - \boldsymbol{k}_i^{(r)} \cdot \boldsymbol{r} + \delta_0)\right]\right\}\mathcal{E}\boldsymbol{\varepsilon} \cdot \nabla$$

由于这里只研究光子吸收问题, $E_f > E_i$, 由周期微扰理论知只有此处第二项才有贡献 (第一项是光辐射).

于是, 我们得到本题所用的微扰 Hamilton 量

$$H' = \frac{-i\hbar e}{2m\omega}\exp\left[-i(\omega t - \boldsymbol{k}_i^{(r)} \cdot \boldsymbol{r} + \delta_0)\right]\mathcal{E}\boldsymbol{\varepsilon} \cdot \nabla$$

式中, $\boldsymbol{k}_i^{(r)}$ 是入射光子的波矢, 由于题目中未规定其方向, 我们虽可选 yz 轴使之稍微简化, 但好处不大. 故下面计算中仍对 $\boldsymbol{k}_f^{(e)}$, $\boldsymbol{k}_i^{(r)}$, $\boldsymbol{\mathcal{E}}$ (它垂直于 $\boldsymbol{k}_i^{(r)}$) 的方向不作选择.

由 $\boldsymbol{\mathcal{E}} = -\dfrac{1}{c}\dfrac{\partial \boldsymbol{A}}{\partial t}$, $\boldsymbol{H} = \nabla \times \boldsymbol{A}$, $\boldsymbol{S} = \dfrac{c}{4\pi}(\boldsymbol{\mathcal{E}} \times \boldsymbol{H})$ 等公式, 得 Poynting 矢量 $\boldsymbol{S}$ 为

$$\boldsymbol{S} = \frac{c^2}{4\pi\omega}\mathcal{E}^2\boldsymbol{k}_i^{(r)}$$

对时间平均得

$$\overline{S} = \frac{c\mathcal{E}^2}{8\pi}$$

于是, 入射光子流强 (单位时间内入射到与 $\boldsymbol{k}_i^{(r)}$ 相垂直的单位截面上的光子数) 为

$$n = \frac{\overline{S}}{\hbar\omega} = \frac{c\mathcal{E}^2}{8\pi\hbar\omega}$$

下面求吸收截面时, 将以此去归一.

第三步, 给出光电效应的微分吸收截面

$$\frac{\mathrm{d}\sigma}{\mathrm{d}\Omega_f} = \frac{\omega_{i\to f}^{\mathrm{group}}}{n}$$

这里, $\omega_{i\to f}^{\mathrm{group}}$ 是单位时间内, 向 E_f 处 f 态附近单位立体角 (由态密度决定) 内, 跃迁到末态的电子数. 根据一阶微扰论的黄金规则

$$\omega_{i\to f}^{\mathrm{group}}\mathrm{d}\Omega_f = \frac{2\pi}{\hbar}\rho(E_f)|W_{fi}|^2\mathrm{d}\Omega_f$$

式中, $\rho(E_f)$ 为单位能间隔、单位立体角内末态电子的态密度, 对非相对论情况,

$$\rho = \frac{Vmk_f}{8\pi^3\hbar^2} = \frac{mk_f L^3}{8\pi^3\hbar^2}$$

k_f 为末态电子波数.

$$
\begin{aligned}
W_{fi} &= \left\langle f\left|\frac{-\mathrm{i}\hbar e}{2m\omega}\exp\left[-\mathrm{i}\left(-\boldsymbol{k}_i^{(r)}\cdot\boldsymbol{r}+\delta_0\right)\right]\mathcal{E}\boldsymbol{\varepsilon}\cdot\nabla\right|i\right\rangle \\
&= \frac{-\mathrm{i}\hbar e}{2m\omega}\mathrm{e}^{-\mathrm{i}\delta_0}\int_0^{+\infty}\mathrm{d}x\iint_{-\infty}^{+\infty}\mathrm{d}y\mathrm{d}z\frac{1}{\sqrt{V}}\exp\left[-\mathrm{i}\boldsymbol{k}_f^{(e)}\cdot\boldsymbol{r}+\mathrm{i}\boldsymbol{k}_i^{(r)}\cdot\boldsymbol{r}\right] \\
&\quad\times(\mathcal{E}\boldsymbol{\varepsilon}\cdot\nabla)C\varphi_1(x)\exp\left[\mathrm{i}\left(k_y^{(e)}y+k_z^{(e)}z\right)\right] \\
&= \frac{-\mathrm{i}\hbar eC\mathcal{E}\mathrm{e}^{-\mathrm{i}\delta_0}}{2m\omega\sqrt{V}}\int\mathrm{d}x\mathrm{d}y\mathrm{d}z\left\{\varepsilon_x\left(\frac{1}{x}-\frac{1}{a}\right)+\mathrm{i}\varepsilon_y k_y^{(e)}+\mathrm{i}\varepsilon_z k_z^{(e)}\right\} \\
&\quad\times\varphi_1(x)\exp\left[-\mathrm{i}\boldsymbol{k}_f^{(e)}\cdot\boldsymbol{r}+\mathrm{i}\boldsymbol{k}_i^{(r)}\cdot\boldsymbol{r}\right]\exp\left[\mathrm{i}(k_y^{(e)}y+k_z^{(e)}z)\right] \\
&= \frac{4\pi^2\sqrt{a}\hbar e\mathcal{E}\mathrm{e}^{-\mathrm{i}\delta_0}}{m\omega L^{5/2}[1+\mathrm{i}a(k_x^{(f)}-k_x^{(i)})]^2}\left\{\varepsilon_x(k_x^{(f)}-k_x^{(i)})-\varepsilon_y k_y^{(e)}-\varepsilon_z k_z^{(e)}\right\} \\
&\quad\times\delta(-k_y^{(f)}+k_y^{(i)}+k_y^{(e)})\delta(-k_z^{(f)}+k_z^{(i)}+k_z^{(e)})
\end{aligned}
$$

于是微分吸收截面为

$$
\begin{aligned}
\frac{\mathrm{d}\sigma}{\mathrm{d}\Omega_f} &= \frac{8\pi ak_f e^2}{m\omega c(1+a^2\Delta^2)^2}\left[\varepsilon_x\Delta-\varepsilon_y k_y^{(e)}-\varepsilon_z k_z^{(e)}\right]^2 \\
&\quad\times\delta(k_y^{(i)}+k_y^{(e)}-k_y^{(f)})\delta(k_z^{(i)}+k_z^{(e)}-k_z^{(f)})
\end{aligned}
$$

在上面计算中, 已改写记号 $\boldsymbol{k}_f^{(e)}\to\boldsymbol{k}^{(f)}=\{k_x^{(f)},\,k_y^{(f)},\,k_z^{(f)}\}$, $\boldsymbol{k}_i^{(r)}\to\boldsymbol{k}^{(i)}=\{k_x^{(i)},\,k_y^{(i)},\,k_z^{(i)}\}$; 并且注意到

$$\left[\delta(k_y^{(i)}+k_y^{(e)}-k_y^{(f)})\right]^2 = \frac{1}{2\pi}\int_{-L/2}^{L/2}\delta(k_y^{(i)}+k_y^{(e)}-k_y^{(f)})\exp[\mathrm{i}y(k_y^{(i)}+k_y^{(e)}-k_y^{(f)})]\mathrm{d}y$$

$$= \frac{L}{2\pi}\delta(k_y^{(i)} + k_y^{(e)} - k_y^{(f)})$$

同理

$$\left[\delta(k_z^{(i)} + k_z^{(e)} - k_z^{(f)})\right]^2 = \frac{L}{2\pi}\delta(k_z^{(i)} + k_z^{(e)} - k_z^{(f)})$$

这两个 δ-函数代表在 y、z 方向的动量分量守恒. $\Delta \equiv k_x^{(f)} - k_x^{(i)}$.

　　根据过程的能量守恒, 我们有

$$\frac{\hbar^2 k_f^2}{2m} = E_1 + \frac{\hbar^2[k_y^{(e)^2} + k_z^{(e)^2}]}{2m} + \hbar\omega = -|E_1| + \frac{\hbar^2[k_y^{(e)^2} + k_z^{(e)^2}]}{2m} + \hbar\omega$$

由于 $\boldsymbol{k}^{(f)}$ 的 y、z 分量已按上面 δ-函数要求为确定值, 故由此方程即知 $\boldsymbol{k}^{(f)}$ 的 x 分量也是确定的.

　　在此微分吸收截面中, 出现 δ-函数是由于在 y、z 方向初始电子具有确定的动量, 和入射光子 (动量也是确定的) 碰撞, 按能量、动量守恒, 其末态电子的散射方向是确定的. 最后一步, 求对此种入射光子的总吸收截面. 注意到 $\delta(\alpha x) = \dfrac{1}{\alpha}\delta(x)$, 于是

$$\begin{cases} \delta(k_y^{(f)} - k_y^{(i)} - k_y^{(e)}) = \dfrac{1}{k_f}\delta\left(\sin\theta_f \sin\varphi_f - \dfrac{k_y^{(i)} + k_y^{(e)}}{k_f}\right) \\[4mm] \delta(k_z^{(f)} - k_z^{(i)} - k_z^{(e)}) = \dfrac{1}{k_f}\delta\left(\cos\theta_f - \dfrac{k_z^{(i)} + k_z^{(e)}}{k_f}\right) \end{cases}$$

总吸收截面为

$$\begin{aligned} \sigma_a &= \int \frac{d\sigma}{d\Omega_f} d\Omega_f = \frac{8\pi a e^2 k_f}{m\omega c} \int \frac{1}{k_f^2}\left[\frac{\varepsilon_x(k_f \sin\theta_f \cos\varphi_f - k_x^{(i)} - \varepsilon_y k_y^{(e)} - \varepsilon_z k_z^{(e)})}{1 + a^2(k_f \sin\theta_f \cos\varphi_f - k_x^{(i)})^2}\right]^2 \\ &\quad \times \delta\left(\sin\theta_f \sin\varphi_f - \frac{k_y^{(i)} + k_y^{(e)}}{k_f}\right)\delta\left(\cos\theta_f - \frac{k_z^{(i)} + k_z^{(e)}}{k_f}\right)\sin\theta_f d\theta_f d\varphi_f \end{aligned}$$

注意到对 θ_f 的积分可写为 $d\cos\theta_f$, 即可消去第二个 δ-函数. 故

$$\begin{aligned} \sigma_a &= \frac{8\pi a e^2}{m\omega c k_f} \int_0^{2\pi}\left[\frac{\varepsilon_x(k_f \sin\theta_f \cos\varphi_f - k_x^{(i)} - \varepsilon_y k_y^{(e)} - \varepsilon_z k_z^{(e)})}{1 + a^2(k_f \sin\theta_f \cos\varphi_f - k_x^{(i)})^2}\right]^2 \\ &\quad \times \frac{\delta\left(\sin\varphi_f - \dfrac{k_y^{(i)} + k_y^{(e)}}{k_f \sin\theta_f}\right)}{\sin\theta_f}\frac{d(\sin\varphi_f)}{\cos\varphi_f} \\ &= \frac{8\pi a e^2}{m\omega c k_f}\left[\frac{\varepsilon_x(k_f \sin\theta_f \cos\varphi_f - k_x^{(i)}) - \varepsilon_y k_y^{(e)} - \varepsilon_z k_z^{(e)}}{1 + a^2(k_f \sin\theta_f \cos\varphi_f - k_x^{(i)})^2}\right]^2 \end{aligned}$$

9.41　同一 Hamilton 量引起的跃迁概率

　　题 9.41　某一量子体系 Hamilton 量为 $H_0 + H'$, 其中 H_0 不显含时间, 微扰项 $H' = H'(t)\theta(t)$ 从 $t \geqslant 0$ 开始起作用, 导致系统状态的跃迁. 设 $P_{k \to j}(t)$ 为由微扰导致

的系统从初始时刻的 k 态到 $t(>0)$ 时刻跃迁到 j 态的概率，试用一阶含时微扰论考察 $P_{k \to j}(t) = P_{j \to k}(t)$.

解答　系统从初始时刻的 k 态 (用 $|k\rangle$ 表示) 到 t 时刻跃迁到 j 态 (用 $|j\rangle$ 表示) 的跃迁振幅如下：

由一阶含时微扰论公式给出

$$C_{k \to j}(t) = \frac{1}{\mathrm{i}\hbar} \int_0^t \langle j| H'(t') |k\rangle \, \mathrm{e}^{\mathrm{i}\omega_{jk}t'} \mathrm{d}t' \tag{9.84}$$

其中，　$\omega_{jk} = (E_j - E_k)/\hbar$，且 $|j\rangle$、$|k\rangle$ 均已归一化. 而跃迁概率为

$$P_{k \to j}(t) = |C_{k \to j}(t)|^2 \tag{9.85}$$

反过来，系统从初始时刻的 j 态到 t 时刻跃迁到 k 态的跃迁振幅为

$$C_{j \to k}(t) = \frac{1}{\mathrm{i}\hbar} \int_0^t \langle k| H'(t') |j\rangle \, \mathrm{e}^{\mathrm{i}\omega_{kj}t'} \mathrm{d}t' \tag{9.86}$$

其中，　$\omega_{kj} = (E_j - E_k)/\hbar = -\omega_{jk}$. 而跃迁概率为

$$P_{j \to k}(t) = |C_{j \to k}(t)|^2 \tag{9.87}$$

由于 H' 的 Hermite 性，从 (9.84)、(9.86) 两式可知上述两种相反跃迁的跃迁振幅满足 $C_{k \to j}(t) = -C_{j \to k}(t)^*$，这导致

$$P_{j \to k}(t) = P_{k \to j}(t) \tag{9.88}$$

一般情况下，两个特定的态之间的相互跃迁概率相等，称细致平衡原理. 这不同于两个能级之间的跃迁. 若能级出现简并，则计算系统由能级 k 跃迁能级 j 时需要对初态取平均、末态求和，两个能级之间的相互跃迁概率一般不相等.

9.42　一恒温盒中一组有两个非简并态的全同原子

题 9.42　一组全同原子，它们有两个态 k 和 j，分别有不简并的能级 E_k 和 $E_j (E_k > E_j)$，当它们处于一个壁的温度不随时间改变的盒子中时，通过考虑原子在两个态的平衡数量证明

$$\frac{A}{B} = \frac{\hbar\omega_{kj}^3}{\pi^2 c^3}$$

这里，A 和 B 是 Einstein 自发辐射系数和受激辐射系数，而 $\hbar\omega_{kj} = E_k - E_j$.

解答　设盒子内的温度为 T，在 k 和 j 态的原子数分别为 N_k 和 N_j. 令能量密度函数 $I(\omega_{kj}) = I$.

由自发辐射系数 A 和受激辐射系数 B 的定义可知，A 是单位时间内由 $k \to j$ 的自发跃迁的概率，BI 是由 $k \to j$ 的受激跃迁速率. 所以单位时间内由 $k \to j$ 态的总跃迁原子数为

$$n_{k \to j} = (A + BI)N_k$$

因为只有受激跃迁能够发生在由 $j \to k$ 的方向，所以单位时间内由 $j \to k$ 的跃迁原子数为

$$n_{j \to k} = BIN_j$$

这里，B 等于吸收系数.

注意到上题的结果 (细致平衡原理)，在平衡时

$$n_{k \to j} = n_{j \to k}$$

也就是

$$\frac{N_j}{N_k} = \frac{A}{BI} + 1 \tag{9.89}$$

在热平衡时 $\dfrac{N_j}{N_k}$ 满足 Boltzmann 分布，这样有

$$\frac{N_j}{N_k} = \frac{\exp(-E_j/k_{\mathrm{B}}T)}{\exp(-E_k/k_{\mathrm{B}}T)} = \exp(\hbar\omega_{kj}/k_{\mathrm{B}}T) \tag{9.90}$$

由式 (9.89)和式 (9.90) 可得

$$\frac{A}{BI(\omega_{kj})} = \exp(\hbar\omega_{kj}/k_{\mathrm{B}}T) - 1$$

最后，由 Planck 给出的关于黑体辐射的 $I(\omega_{kj})$ 公式

$$I(\omega_{kj}) = \frac{\hbar\omega_{kj}^3}{\pi^2 c^3} \cdot \frac{1}{\exp(\hbar\omega_{kj}/k_{\mathrm{B}}T) - 1}$$

可得

$$\frac{A}{B} = \frac{\hbar\omega_{kj}^3}{\pi^2 c^3}$$

9.43 氢原子通过电偶极辐射跃迁到基态，辐射的相对频率宽度数量级

题 9.43 设 Einstein 自发辐射系数

$$A = \frac{4}{3} \cdot \frac{e^2}{4\pi\varepsilon_0} \cdot \frac{1}{\hbar c^3} \omega_{kj}^3 |\langle j\,|r|\,k\rangle|^2$$

证明：一个原子通过电偶极辐射到氢原子基态，辐射的相对频率宽度具有 α^3 的数量级，这里 $\alpha = e^2/4\pi\varepsilon_0 c\hbar$ 是精细结构常数.

解答 在电偶极近似中，自发辐射系数 A 给出单位时间由 k 态到 j 态的自发跃迁概率，即

$$A = \frac{4}{3} \cdot \frac{e^2}{4\pi\varepsilon_0} \cdot \frac{1}{\hbar c^3} \omega_{kj}^3 |\langle j\,|\boldsymbol{r}|\,k\rangle|^2$$

这里 $\omega_{kj} = E_k - E_j(E_k,\ E_j$ 分别为 k、j 态的能量)，$\langle j\,|\boldsymbol{r}|\,k\rangle$ 是位置矢量算符的矩阵元.

对于氢原子的一对态，$\langle j|\boldsymbol{r}|k\rangle$ 的大小具有 a_0(Bohr 半径) 的数量级. 辐射能量 $\hbar\omega_{kj}$ 是基态电离能的数量级，即

$$\omega_{kj} \sim \frac{e^2}{4\pi\hbar a_0\varepsilon_0}$$

所以

$$A \sim \frac{e^2}{4\pi\varepsilon_0} \cdot \frac{1}{\hbar c^3}\left(\frac{1}{\hbar} \cdot \frac{e^2}{4\pi\varepsilon_0}\frac{1}{a_0}\right)^2 \omega_{kj} a_0^2 = \left(\frac{e^2}{4\pi\varepsilon_0} \cdot \frac{1}{\hbar c}\right)^3 \omega_{kj} = \alpha^3 \omega_{kj}$$

对于到基态的跃迁，频率展宽来自激发态能量的展宽. 由题 9.18 中的 r 在电偶极跃迁时正好等于 A，所以在跃迁时辐射的角频率宽度为 A. 而平均角频率是 ω_{kj}，相对圆频率宽度为

$$\frac{A}{\omega_{kj}} \sim \alpha^3$$

因为 $\alpha = \dfrac{1}{137}$，所以分数值数量级为 10^{-6}.

讨论　圆频率宽度 A 称为谱线的自然宽度. 然而另有两个效应使谱线的宽度进一步展宽，即由原子运动引起的 Doppler 效应，和由原子碰撞引起的原子寿命减少. 在室温下和一个大气压的环境中，这两种效应引起的频率展宽远大于自然线宽. 通常这两种效应引起的展宽可以通过降低温度和减小气压来减少.

9.44　超导 Josephson 结的隧道电流与加稳定电压后的隧道电流

题 9.44　Josephson 效应是 1962 年 B. D. Josephson 在他 22 岁时在剑桥大学读研究生期间所做的，并且在后来以他的名字命名的工作. 他于 1973 年由于 Josephson 效应的发现获诺贝尔物理学奖，是迄今为止做出获奖工作时最年轻的诺贝尔物理学奖获得者之一. 超导 Josephson 结由两个相同的超导体 1 和 2 构成，中间被一块很薄的绝缘体隔开 (被称为三明治模型). 当结上加了直流电压时，有射频交流电流通过，此称为交流 Josephson 效应. 设两边超导体内的 Cooper 电子对都处于相同的量子态 (相位不同). 令 ρ_1 表示 1 中的电子对密度，它们的波函数可表示为

$$\psi_1 = \sqrt{\rho_1}\exp(\mathrm{i}\theta_1)$$

这里，ρ_1 为电子对的概率密度，θ_1 是相位. 类似有 $\psi_2 = \sqrt{\rho_2}\exp(\mathrm{i}\theta_2)$，式中，$\psi_i$，$\rho_i$，$\theta_i$ 都依赖于时间. ψ_1 和 ψ_2 随时间的变化分别满足关系式

$$\frac{\partial\psi_1}{\partial t} = \frac{1}{\mathrm{i}\hbar}(E_1\psi_1 + F\psi_2)$$
$$\frac{\partial\psi_2}{\partial t} = \frac{1}{\mathrm{i}\hbar}(E_2\psi_2 + F\psi_1)$$

式中，E_1，E_2 为 1 区与 2 区的超导电子的势能，$F\psi_2$(F 为实的常量) 为从 2 区通过隧道效应进入 1 区的超导电子对，表示耦合效应.

(1) 试证明

$$\frac{\partial \rho_1}{\partial t} = 2\Omega \rho \sin(\theta_2 - \theta_1)$$

其中, $\Omega = F/\hbar$, $\rho \approx \rho_1 \approx \rho_2$;

(2) 试由此证明, 如果一个稳定电压 V 加在超导结上, 则超导电流以频率 $\omega = 2eV/\hbar$ 振荡.

解答 (1) 对 $\psi_1 = \sqrt{\rho_1} \exp(i\theta_1)$ 取时间导数

$$\frac{\partial \psi_1}{\partial t} = \frac{1}{2\rho_1^{1/2}} \exp(i\theta_1) \frac{\partial \rho_1}{\partial t} + i\rho_1^{1/2} \exp(i\theta_1) \frac{\partial \theta_1}{\partial t} \tag{9.91}$$

另外

$$\frac{1}{i\hbar}(E_1 \psi_1 + F\psi_2) = -i\omega_1 \rho_1^{1/2} \exp(i\theta_1) - i\Omega \rho_2^{1/2} \exp(i\theta_2) \tag{9.92}$$

其中, $\omega_1 = E_1/\hbar$, $\Omega = F/\hbar$, 按题给方程, 令式 (9.91)、式 (9.92)右边相等, 同时两边再乘 $\rho_1^{1/2} \exp(-i\theta_1)$, 可得

$$\frac{1}{2} \cdot \frac{\partial \rho_1}{\partial t} + i\rho_1 \frac{\partial \theta_1}{\partial t} = -i\omega_1 \rho_1 - i\Omega (\rho_1 \rho_2)^{1/2} \exp[i(\theta_2 - \theta_1)] \tag{9.93}$$

利用式 (9.93)中实部相等, 同时用到 $\rho_1 \approx \rho_2 \approx \rho$, 可得到结果

$$\frac{\partial \rho_1}{\partial t} \approx 2\Omega \rho \sin(\theta_2 - \theta_1) \tag{9.94}$$

(2) 考虑到式 (9.93)两边虚部相等, 两边再除以 ρ_1, 利用 $\rho_1 \approx \rho_2 \approx \rho$, 可给出

$$\frac{\partial \theta_1}{\partial t} \approx -\omega_1 - \Omega \cos(\theta_2 - \theta_1) \tag{9.95}$$

对于 2 区类似式 (9.95)有

$$\frac{\partial \theta_2}{\partial t} \approx -\omega_2 - \Omega \cos(\theta_2 - \theta_1) \tag{9.96}$$

式 (9.95)、 (9.96)相减, 可得

$$\frac{\partial}{\partial t}(\theta_2 - \theta_1) = \omega_1 - \omega_2 = \frac{E_1 - E_2}{\hbar} = \frac{2eV}{\hbar} \tag{9.97}$$

式 (9.97)最后一个等式是因为当电压 V 加在超导结上时, 两边的超导电子对的能量相差 2eV. 对式 (9.97)积分, 有

$$\theta_2 - \theta_1 = \frac{2eV}{\hbar}t + \delta \tag{9.98}$$

因为两个超导体之间的电子对电流正比于 $\dfrac{\partial \rho_1}{\partial t}$, 将式 (9.98)代入式 (9.94), 可知超导电子对电流随时间按正弦规律变化 (谐振), 其圆频率为

$$\omega = 2eV/\hbar$$

即超导电流以频率 $\omega = 2eV/\hbar$ 振荡.

说明 Josephson 效应包括[1]

---

[1] 张永德, 量子力学 (第 5 版)[M], 北京: 科学出版社, 2021, P.253-256; B. D. Josephson, Phys. Letters, **1**, 251(1962); Rev. Mod. Phys., **36**, 216(1964).

(1) 当结的两端不加任何电磁场时，有直流电流通过，这称之为直流 Josephson 效应；

(2) 当结上加了直流电压时，有射频交流电流通过，称之为交流 Josephson 效应；

(3) 当结上存在恒定磁场时，出现电流强度随磁通变化的单结磁衍射现象[①].

9.45　两个具有弹性力与自旋相互作用的自旋 1/2 的可分辨粒子在一个自旋相关作用势含时微扰作用下的跃迁概率幅

题 9.45　由两个可分辨，自旋 1/2 的粒子构成的系统 Hamilton 量

$$H_0 = -\frac{\hbar^2}{2m_1}\nabla_1^2 - \frac{\hbar^2}{2m_2}\nabla_2^2 + \frac{1}{2}\left(\frac{m_1 m_2}{m_1 + m_2}\right)\omega^2(\boldsymbol{r}_1 - \boldsymbol{r}_2)^2 + g\boldsymbol{\sigma}_1 \cdot \boldsymbol{\sigma}_2$$

其中，$g \ll \hbar\omega$.

(1) 此系统的能级如何？给出最低两个能级的波函数 (不必归一化)；

(2) $t \to -\infty$ 时系统处于基态，一个含时外场 $V(t)$ 施于系统上

$$V(t) = \left(V_1 + V_2\frac{z_1 - z_2}{L}\right)f(t)\boldsymbol{\sigma}_1 \cdot \boldsymbol{n}$$

式中，$\boldsymbol{n} = (\sin\theta\cos\varphi,\ \sin\theta\sin\varphi,\ \cos\theta)$. $|t| \to \infty$ 时 $f(t) \to 0$. 推导出一系列概率幅 $C_n(t)$ 所满足的耦合方程

$$C_n(t) = \langle n|\psi(t)\rangle$$

式中，n 是 H_0 的本征态，$\psi(t)$ 是含时波函数；

(3) 对下列情形：

$$f(t) = \begin{cases} 0, & t < 0\text{或}t > \tau \\ 1, & 0 < t < \tau \end{cases}$$

计算 $C_n(\infty)$，假定 $\dfrac{g\tau}{\hbar} \ll 1$ 且 V_2 很小，计算到 V_2 的一阶并标明量子数.

解答　(1) 对于 H_0 的不含自旋部分采用两体化单体的作法，可令

$$\boldsymbol{r} = \boldsymbol{r}_1 - \boldsymbol{r}_2, \quad \boldsymbol{R} = \frac{m_1\boldsymbol{r}_1 + m_2\boldsymbol{r}_2}{m_1 + m_2} \tag{9.99}$$

对于 H_0 的 $\boldsymbol{\sigma}_1 \cdot \boldsymbol{\sigma}_2$ 项，令

$$\boldsymbol{S} = \boldsymbol{S}_1 + \boldsymbol{S}_2 = \frac{1}{2}(\boldsymbol{\sigma}_1 + \boldsymbol{\sigma}_2) \tag{9.100}$$

则未扰 Hamilton 量 H_0 化为

$$H_0 = -\frac{\hbar^2}{2M}\nabla_R^2 - \frac{\hbar^2}{2\mu}\nabla_r^2 + \frac{\mu}{2}\omega^2 r^2 + 2g\left[\boldsymbol{S}^2 - \frac{3}{2}\right] \tag{9.101}$$

---

① 单结磁衍射现象中含有 AB 效应. 利用 Josephson 结的 AB 效应，可以制成各种高灵敏度的超导量子干涉器件 (superconducting quantum interference device, 缩写为 SQUID).

式中，$M = m_1 + m_2$，$\mu = \dfrac{m_1 m_2}{m_1 + m_2}$，$S$ 是总自旋，则系统的能级为

$$E_{nS} = \frac{P_R^2}{2M} + \left(n + \frac{3}{2}\right)\hbar\omega + 2g\left[S(S+1) - \frac{3}{2}\right] \tag{9.102}$$

基态能量和本征态如下给出：

$$E_{00} = \frac{3}{2}\hbar\omega - 3g, \quad \psi_0 = |0\rangle\,\alpha_{00} \tag{9.103}$$

式中，$|0\rangle$ 是谐振子基态波函数，而 α_{00} 则是两个自旋 1/2 耦合表象自旋单态. 第一激发态能量和本征态如下给出：

$$E_{01} = \frac{3}{2}\hbar\omega + g, \quad \psi_1 = |0\rangle\,\alpha_{1M} \tag{9.104}$$

α_{1M} 是两个自旋 1/2 耦合表象自旋三重态，$M = -1, 0, 1$.

(2) 题给含时外场 $V(t)$ 作用下，按含时微扰论，设

$$|\psi(t)\rangle = \sum C_n(t)\exp(-\mathrm{i}E_n t/\hbar)|n\rangle \tag{9.105}$$

其中，$|n\rangle$ 是未扰 Hamilton 量的本征态，即满足 $H_0|n\rangle = E_n|n\rangle$. $|\psi(t)\rangle$ 满足 Schrödinger 方程，即

$$\mathrm{i}\hbar\frac{\partial\psi}{\partial t} = [H_0 + V(t)]\psi(t)$$

从而可得

$$\mathrm{i}\hbar\dot{C}_n(t) = \sum_m \langle n|V(t)|m\rangle\exp[-\mathrm{i}(E_m - E_n)t/\hbar]C_m(t) \tag{9.106}$$

这就是所求的耦合方程.

(3) 初态为 $|000\alpha_{00}\rangle$. 设末态为 $|nlm\alpha_{SM}\rangle$，并由

$$\boldsymbol{\sigma}_1\cdot\boldsymbol{n} = \sin\theta\cos\varphi\,\sigma_{1x} + \sin\theta\sin\varphi\,\sigma_{1y} + \cos\theta\,\sigma_{1z}$$

可得

$$\boldsymbol{\sigma}_1\cdot\boldsymbol{n}\,\alpha_{00} = \frac{1}{\sqrt{2}}\left(\sin\theta\mathrm{e}^{\mathrm{i}\varphi}\alpha_{1-1} - \sin\theta\mathrm{e}^{-\mathrm{i}\varphi}\alpha_{11} + \sqrt{2}\cos\theta\,\alpha_{10}\right)$$

从而

$$\langle nlm\alpha_{SM}|\sigma_{1x}|000\alpha_{00}\rangle$$

$$= \left\langle nlm\alpha_{SM}\left| -\sqrt{\frac{4\pi}{3}}Y_{11}\alpha_{1-1} - \sqrt{\frac{4\pi}{3}}Y_{1-1}\alpha_{11} + \sqrt{\frac{4\pi}{3}}Y_{10}\alpha_{10}\right|000\right\rangle$$

$$= \sqrt{\frac{1}{3}}\delta_{n,0}\delta_{l1}\delta_{S1}\left(\delta_{m0}\delta_{M0} - \delta_{m1}\delta_{M-1} - \delta_{m1}\delta_{M1-1}\right) = 0$$

因为 $n = 0$ 时，l 必须为 0. 因此，在一级近似下，$V(t)$ 中的第一项 $V_1 f(t)\boldsymbol{\sigma}_1\cdot\boldsymbol{n}$ 对跃迁无贡献.

$$\langle nlm\alpha_{SM}|r\cos\theta\,\sigma_{1x}|000\alpha_{00}\rangle$$

$$= \left\langle nlm\alpha_{SM} \left| r\left(-\sqrt{\frac{4\pi}{15}}Y_{21}\alpha_{1-1} - \sqrt{\frac{4\pi}{15}}Y_{2-1}\alpha_{11} + \frac{1}{3}\sqrt{\frac{16\pi}{5}}Y_{20}\alpha_{10} + \frac{1}{3}\alpha_{10} \right) \right| 000 \right\rangle$$

$$= \lambda_1\delta_{l,2}\delta_{S,1}\left(\frac{2}{3\sqrt{5}}\delta_{m,0}\delta_{M,0} - \frac{1}{\sqrt{15}}\delta_{m,1}\delta_{M,-1} - \frac{1}{\sqrt{15}}\delta_{m,-1}\delta_{M,1} \right) + \frac{1}{3}\lambda_1\delta_{l,0}\delta_{m,0}\delta_{M,0}$$

式中

$$\lambda_1 = \int_0^\infty R_{nl}R_{00}r^3\mathrm{d}r = \int_0^\infty R_{n2}R_{00}r^3\mathrm{d}r$$

对于三维谐振子 $n = l + 2n_r = 2(1 + n_r)$，所以 n 必须是偶数.

$$\begin{aligned}
C_n(\infty) &= \frac{1}{\mathrm{i}\hbar}\int_0^\infty \mathrm{e}^{\mathrm{i}\omega_{n,\omega}t}\langle nlm\alpha_{SM}|V(t)|000\alpha_{00}\rangle\,\mathrm{d}t \\
&= \frac{1}{\mathrm{i}\hbar}\int_0^\tau \mathrm{e}^{\mathrm{i}n\omega t}\mathrm{d}t\left\langle nlm\alpha_{SM}\left|\left(V_1 + V_2\frac{z}{L}\right)\sigma_{1x}\right|000\alpha_{00}\right\rangle \\
&= \frac{1}{n\omega\hbar}(\mathrm{e}^{\mathrm{i}n\omega\tau} - 1)\left\langle nlm\alpha_{SM}\left|\left(\frac{V_2}{L}r\cos\theta\sigma_{1x}\right)\right|000\alpha_{00}\right\rangle
\end{aligned}$$

对于 $n = 2k+1$，$C_{2k+1}(\infty) = 0$. 对于 $n = 2k$，

$$C_{2k}(\infty) = \frac{1}{2k\hbar\omega}(\mathrm{e}^{\mathrm{i}2k\omega\tau} - 1)\frac{V_2}{L}\lambda_1\delta_{S,1}\left(\frac{2}{3\sqrt{5}}\delta_{m,0}\delta_{M,0} - \frac{1}{\sqrt{15}}\delta_{m,1}\delta_{M,-1} - \frac{1}{\sqrt{15}}\delta_{m,-1}\delta_{M,1} \right)$$

式中，$k = 1,\,2,\,3,\,\cdots$，$l = 2$，$\lambda_1 = \int_0^\infty r^3 R_{(2k)2}R_{00}\mathrm{d}r$.

第 10 章　少 体 问 题

10.1　两个无相互作用的可区分粒子分别受力 $-Kx_i$ 吸引，求能量本征值与本征态

题 10.1　在一维空间，一个质量为 m 的粒子被线性力 $-Kx$ 吸向原点，其 Schrödinger 方程具有如下本征函数：

$$\psi_n(\xi) = \mathrm{H}_n(\xi) \exp\left(-\frac{1}{2}\xi^2\right), \quad \xi = \left(\frac{mK}{\hbar^2}\right)^{1/4} x$$

式中，$\mathrm{H}_n(\xi)$ 是 n 阶 Hermite 多项式. 本征值为 $E_n = \left(n+\frac{1}{2}\right)\hbar\omega$，而 $\omega = (K/m)^{1/2}$.
考虑两个没有相互作用的可区分粒子 $(i = 1, 2)$，每个质量为 m，分别被力 $-Kx_i$ 吸向原点. 用下列每种坐标系，写下两粒子体系本征函数的表达式、本征值及其简并度：

(1) 单粒子坐标 x_1 和 x_2；

(2) 相对坐标 $x = x_2 - x_1$ 和质心坐标 $X = \dfrac{x_1 + x_2}{2}$.

解答　(1) 采用坐标 x_1 和 x_2 时，体系的 Hamilton 量为

$$H = -\frac{\hbar^2}{2m}\cdot\frac{\partial^2}{\partial x_1^2} - \frac{\hbar^2}{2m}\cdot\frac{\partial^2}{\partial x_2^2} + \frac{1}{2}m\omega^2 x_1^2 + \frac{1}{2}m\omega^2 x_2^2 = H_1 + H_2$$

能量本征函数可取为 $\{H_1, H_2\}$ 的共同本征函数

$$\psi(x_1, x_2) = \psi(x_1)\psi(x_2)$$

相应能量本征值 $E = E_1 + E_2$. 根据题设条件即知

$$\psi_{nm}(x_1, x_2) = \mathrm{H}_n(\alpha x_1)\mathrm{H}_m(\alpha x_2)\exp\left[-\frac{1}{2}\alpha^2(x_1^2 + x_2^2)\right]$$

相应能量本征值 $E_{nm}^{(N)} = (n+m+1)\hbar\omega = (N+1)\hbar\omega$，式中

$$\alpha = \left(\frac{mK}{\hbar^2}\right)^{1/4}, \quad \omega = \left(\frac{K}{m}\right)^{1/2}$$

能级 $E_{nm}^{(N)}$ 的简并度等于满足条件 $n+m = N$ 的非负整数对 (n, m) 数

$$f^{(N)} = N + 1$$

(2) 采用坐标 $x = x_2 - x_1$ 和 $X = \dfrac{x_1 + x_2}{2}$ 时, 体系的 Hamilton 量为

$$H = -\frac{\hbar^2}{2m}\frac{\partial^2}{\partial X^2} - \frac{\hbar^2}{2\mu}\frac{\partial^2}{\partial x^2} + \frac{1}{2}M\omega^2 X^2 + \frac{1}{2}\mu\omega^2 x^2$$

式中, $M = 2m$, $\mu = \dfrac{1}{2}m$, $\omega = \left(\dfrac{K}{m}\right)^{1/2}$. 类似第 (1) 小题容易得到能量本征值 $E_{nm}^{(N)} = (n + m + 1)\hbar\omega = (N + 1)\hbar\omega$, 相应能量本征态

$$\psi_{nm}(X,\ x) = \mathrm{H}_n(\alpha X)\mathrm{H}_m(\beta x)\exp\left[-\frac{1}{2}\left(\alpha^2 X^2 + \beta^2 x^2\right)\right]$$

简并度 $f^{(N)} = N + 1$. 式中, $\alpha = \left(\dfrac{M\omega}{\hbar}\right)^{1/2}$, $\beta = \left(\dfrac{\mu\omega}{\hbar}\right)^{1/2}$.

10.2　两个全同线性振子在相互作用势 $H_1 = \varepsilon x_1 x_2'$ 作用下的精确能级

题 10.2　考虑两个全同的线性振子, 弹性常数为 K, 相互作用势为 $H_1 = \varepsilon x_1 x_2'$, 其中, x_1 和 x_2 为振动坐标.

(1) 求出精确的能级;

(2) 假定 $\varepsilon \ll K$, 准确到 ε/K 的一阶, 给出能级.

解答　(1) 按题意, 写下系统的 Hamilton 量

$$H = -\frac{\hbar^2}{2m}\cdot\frac{\partial^2}{\partial x_1^2} - \frac{\hbar^2}{2m}\cdot\frac{\partial^2}{\partial x_2^2} + \frac{1}{2}m\omega^2 x_1^2 + \frac{1}{2}m\omega^2 x_2^2 + \varepsilon x_1 x_2$$

式中, $\omega = \sqrt{\dfrac{K}{m}}$. 为求解本题的两体问题, 可采用质心坐标与相对坐标如下:

$$X = \frac{1}{2}(x_1 + x_2), \quad x = x_1 - x_2 \tag{10.1}$$

质心质量 $M = 2m$, 折合质量 $\mu = m/2$. 相应的动量

$$P = p_1 + p_2, \quad p = \frac{1}{2}(p_1 - p_2) \tag{10.2}$$

式 (10.1)、式 (10.2) 的反解式

$$x_1 = X + \frac{1}{2}x, \quad x_2 = X - \frac{1}{2}x \tag{10.3}$$

$$p_1 = \frac{1}{2}P + p, \quad p_2 = \frac{1}{2}P - p \tag{10.4}$$

从而两粒子 Hamilton 量可化为

$$H = \frac{1}{2M}P^2 + \frac{1}{2\mu}p^2 + (k + \varepsilon)X^2 + \frac{1}{4}(k - \varepsilon)x^2$$

$$= \left[\frac{1}{2M}P^2 + \frac{1}{2}(2k+2\varepsilon)X^2\right] + \left[\frac{1}{2\mu}p^2 + \frac{1}{2}\frac{k-\varepsilon}{2}x^2\right] \tag{10.5}$$

可以令

$$H_c = \frac{1}{2M}P^2 + \frac{1}{2}(2k+2\varepsilon)X^2, \quad H_r = \frac{1}{2\mu}p^2 + \frac{1}{2}\frac{k-\varepsilon}{2}x^2 \tag{10.6}$$

则 $H = H_c + H_r$，而且 $[H_c, H_r] = [H_c, H] = [H_r, H] = 0$. 因此 H_c、H_r 可以作为体系的一个完备力学量组. 体系的运动分解为质心运动与相对运动，相应 Hamilton 量分别为 H_c、H_r，按题意体系 H 有下界，$k > \varepsilon$，故质心运动与相对运动均为谐振子. 总能量为

$$E_{mn} = \left(m + \frac{1}{2}\right)\hbar\sqrt{\omega^2 + \frac{\varepsilon}{m}} + \left(n + \frac{1}{2}\right)\hbar\sqrt{\omega^2 - \frac{\varepsilon}{m}}$$

式中，m，$n = 0$，1，2，$\cdots$.

(2) $\varepsilon \ll K$ 情况下，精确到 ε/K 的一阶项，能级为

$$\begin{aligned}
E_{mn} &= \left(m + \frac{1}{2}\right)\hbar\omega\left(1 + \frac{\varepsilon}{K}\right)^{\frac{1}{2}} + \left(n + \frac{1}{2}\right)\hbar\omega\left(1 - \frac{\varepsilon}{K}\right)^{\frac{1}{2}} \\
&\approx (m + n + 1)\hbar\omega + (m - n)\hbar\omega\frac{\varepsilon}{2K}
\end{aligned}$$

10.3　一维谐振子势阱中两个全同粒子的基态波函数

题 10.3　(1) 写出一维谐振子的 Hamilton 量及 Schrödinger 方程；

(2) 若 $x\mathrm{e}^{-\nu x^2}$ 是一个解，求 ν 并给出相应能量本征值 E_1 和期望值 $\langle x \rangle$，$\langle x^2 \rangle$，$\langle p^2 \rangle$，$\langle xp \rangle$；

(3) 证明处在单一的一维谐振子势阱中的两个相同粒子基态，既可写为 $\phi_0(m, x_1)\phi_0(m, x_2)$，又可写为

$$\phi_0\left(2m, \frac{x_1 + x_2}{2}\right)\phi_0\left(\frac{m}{2}, x_1 - x_2\right)$$

式中，$\phi_0(m, x)$ 是质量为 m 的单个粒子基态解.

解答　(1) Hamilton 量为

$$H = \frac{p^2}{2m} + \frac{1}{2}m\omega^2 x^2$$

定态 Schrödinger 方程为

$$\left(-\frac{\hbar^2}{2m}\frac{\partial^2}{\partial x^2} + \frac{1}{2}m\omega^2 x^2\right)\psi(x) = E\psi(x)$$

(2) 若 $x\mathrm{e}^{-\nu x^2}$ 是一个解，则由

$$\frac{\mathrm{d}^2}{\mathrm{d}x^2}(x\mathrm{e}^{-\nu x^2}) = -2\nu(3 - 2\nu x^2)x\mathrm{e}^{-\nu x^2}$$

可得

$$H(x\mathrm{e}^{-\nu x^2}) = \left[-\frac{\hbar^2}{2m}(-2\nu)(3-2\nu x^2)+\frac{1}{2}m\omega^2 x^2\right]x\mathrm{e}^{-\nu x^2}$$

$$= \left[\frac{3\hbar^2}{m}\nu+\left(\frac{1}{2}m\omega^2-\frac{2\hbar^2\nu^2}{m}\right)x^2\right]x\mathrm{e}^{-\nu x^2}$$

所以 $H(x\mathrm{e}^{-\nu x^2})=E_1 x\mathrm{e}^{-\nu x^2}$ 给出

$$\begin{cases}\dfrac{1}{2}m\omega^2-\dfrac{2\hbar^2\nu^2}{m}=0\\[3mm] E_1=\dfrac{3\hbar^2}{m}\nu\end{cases}$$

从而得

$$\begin{cases}\nu=\dfrac{m\omega}{2\hbar}\\[3mm] E_1=\dfrac{3}{2}\hbar\omega\end{cases}$$

由对称性可知

$$\langle x\rangle=0$$

由对束缚定态的 Virial 定理得

$$\frac{1}{2m}\langle p^2\rangle=\frac{1}{2}m\omega^2\langle x^2\rangle=\frac{3}{4}\hbar\omega$$

所以

$$\langle p^2\rangle=\frac{3}{2}m\hbar\omega,\quad \langle x^2\rangle=\frac{3}{2}\frac{\hbar}{m\omega}$$

为求 $\langle px\rangle\equiv\langle 1|px|1\rangle$，注意按对易子运算规则可得

$$[x,\ Hx]=\frac{\mathrm{i}\hbar}{m}px,\quad [x,\ xH]=\frac{\mathrm{i}\hbar}{m}xp$$

将两式相加，得

$$\frac{\mathrm{i}\hbar}{m}(px+xp)=-Hx^2+x^2 H$$

由于

$$\langle 1|Hx^2-x^2 H|1\rangle=0$$

所以

$$\langle px\rangle=-\langle xp\rangle$$

又由

$$[x,\ p]=\mathrm{i}\hbar$$

所以

$$\langle[x,\ p]\rangle=\langle xp\rangle-\langle px\rangle=\mathrm{i}\hbar$$

这样

$$\langle px \rangle = -\frac{\mathrm{i}\hbar}{2}$$

注意此结论对谐振子的任意态均成立.

(3) Schrödinger 方程为

$$\left[-\frac{\hbar^2}{2m}(\nabla_1^2 + \nabla_2^2) + \frac{1}{2}m\omega^2(x_1^2 + x_2^2) \right] \psi(x_1, \ x_2) = E\psi(x_1, x_2) \qquad (10.7)$$

令 $\psi(x_1, \ x_2) = \phi(x_1)\phi(x_2)$，则

$$\left(-\frac{\hbar^2}{2m}\nabla_i^2 + \frac{1}{2}m\omega^2 x_i^2 \right) \phi(x_i) = E_i\phi(x_i), \quad i = 1,2 \qquad (10.8)$$

式 (10.7)与式 (10.8)相比得

$$E = E_1 + E_2$$

式 (10.7)是两者之间无耦合的两个相同的谐振子系统满足的方程，对基态有

$$\psi_0(x_1, \ x_2) = \phi_0(m, \ x_1)\phi_0(m, \ x_2)$$

可引入 Jacobi 坐标

$$\frac{1}{2}(x_1 + x_2) = R, \quad x_1 - x_2 = r$$

因此，Schrödinger 方程化为

$$\left[-\frac{\hbar^2}{2m}\left(\frac{1}{2}\nabla_R^2 + 2\nabla_r^2 \right) + \frac{1}{2}m\omega^2 \left(2R^2 + \frac{1}{2}r^2 \right) \right] \psi(R,r) = E\psi(R,r)$$

也可化为两个彼此独立的谐振子方程，分别代表质心运动和相对运动

$$\left(-\frac{\hbar^2}{4m}\nabla_R^2 + m\omega^2 R^2 \right) \Phi(R) = E_R\Phi(R)$$

$$\left(-\frac{\hbar^2}{m}\nabla_r^2 + \frac{1}{4}m\omega^2 r^2 \right) \Phi(r) = E_r\Phi(r)$$

因此基态波函数又可写成

$$\psi_0(x_1, \ x_2) = \phi_0(2m, \ R)\phi_0\left(\frac{m}{2}, \ r \right) = \phi_0\left(2m, \ \frac{x_1 + x_2}{2} \right) \phi_0\left(\frac{m}{2}, \ x_1 - x_2 \right)$$

说明　对于基态波函数，也可直接由变量代换给出证明.

10.4　两个相互之间以弹性力联系的谐振子

题 10.4　考虑两个质量 $m_1 \neq m_2$ 的粒子通过下述 Hamilton 量相互作用

$$H = \frac{P_1^2}{2m_1} + \frac{P_2^2}{2m_2} + \frac{1}{2}m_1\omega^2 x_1^2 + \frac{1}{2}m_2\omega^2 x_2^2 + \frac{1}{2}K(x_1 - x_2)^2$$

(1) 求出准确解；

(2) 在弱耦合极限 $K \ll \mu\omega^2$ 下，画出能谱，这里 μ 是约化质量.

解答　(1) 这是两体系统, 令

$$R = \frac{m_1 x_1 + m_2 x_2}{m_1 + m_2}, \quad r = x_1 - x_2$$

从而

$$\frac{\mathrm{d}}{\mathrm{d}x_1} = \frac{\partial R}{\partial x_1}\frac{\mathrm{d}}{\mathrm{d}R} + \frac{\partial r}{\partial x_1}\frac{\mathrm{d}}{\mathrm{d}r} = \frac{m_1}{m_1 + m_2}\frac{\mathrm{d}}{\mathrm{d}R} + \frac{\mathrm{d}}{\mathrm{d}r}$$

由此给出

$$\frac{\mathrm{d}^2}{\mathrm{d}x_1^2} = \left(\frac{m_1}{m_1 + m_2}\right)^2\frac{\mathrm{d}^2}{\mathrm{d}R^2} + 2\frac{m_1}{m_1 + m_2}\cdot\frac{\mathrm{d}^2}{\mathrm{d}r\mathrm{d}R} + \frac{\mathrm{d}^2}{\mathrm{d}r^2}$$

类似的

$$\frac{\mathrm{d}^2}{\mathrm{d}x_2^2} = \left(\frac{m_2}{m_1 + m_2}\right)^2\frac{\mathrm{d}^2}{\mathrm{d}R^2} - 2\frac{m_2}{m_1 + m_2}\cdot\frac{\mathrm{d}^2}{\mathrm{d}R\mathrm{d}r} + \frac{\mathrm{d}^2}{\mathrm{d}r^2}$$

同样有

$$x_1^2 = R^2 + 2\frac{m_2}{m_1 + m_2}Rr + \frac{m_2^2}{(m_1 + m_2)^2}r^2$$

$$x_2^2 = R^2 - 2\frac{m_1}{m_1 + m_2}Rr + \frac{m_1^2}{(m_1 + m_2)^2}r^2$$

所以

$$\begin{aligned}H = {} & -\frac{\hbar^2}{2(m_1 + m_2)}\frac{\mathrm{d}^2}{\mathrm{d}R^2} - \frac{\hbar^2}{2}\frac{m_1 + m_2}{m_1 m_2}\frac{\mathrm{d}^2}{\mathrm{d}r^2} \\ & + \frac{1}{2}(m_1 + m_2)\omega^2 R^2 + \frac{1}{2}\frac{m_1 m_2}{m_1 + m_2}\omega^2 r^2 + \frac{1}{2}Kr^2\end{aligned}$$

若令

$$M = m_1 + m_2, \quad \mu = \frac{m_1 m_2}{m_1 + m_2}$$

则运动方程变为

$$\left[\frac{-\hbar^2}{2M}\frac{\mathrm{d}^2}{\mathrm{d}R^2} + \frac{1}{2}M\omega^2 R^2 - \frac{\hbar^2}{2\mu}\frac{\mathrm{d}^2}{\mathrm{d}r^2} + \frac{\mu}{2}\left(1 + \frac{K}{\mu\omega^2}\right)\omega^2 r^2\right]\psi(R,\ r) = E\psi(R,\ r)$$

化为两个独立的谐振子方程, 能量本征值为

$$E = E_{lm} = E_1 + E_m = \left(l + \frac{1}{2}\right)\hbar\omega + \left(m + \frac{1}{2}\right)\hbar\omega\sqrt{1 + \frac{K}{\mu\omega^2}}$$

相应本征态为

$$\psi_{lm}(R,\ r) = \psi_1(R)\psi_m(r) = N_l N_m \exp\left(-\frac{1}{2}\alpha_1^2 R^2\right)\mathrm{H}_l(\alpha_1 R)\exp\left(-\frac{1}{2}\alpha\right)\mathrm{H}_m(\alpha_2 r)$$

式中

$$
\begin{cases}
\alpha_1 = \sqrt{\dfrac{M\omega}{\hbar}} \\[3mm]
\alpha_2 = \sqrt{\dfrac{\mu\omega}{\hbar}\sqrt{1+\dfrac{K}{\mu\omega^2}}}
\end{cases}
,\qquad
\begin{cases}
N_l = \left(\dfrac{\alpha_1}{\sqrt{\pi}2^l l!}\right)^{1/2} \\[3mm]
N_m = \left(\dfrac{\alpha_2}{\sqrt{\pi}2^m m!}\right)^{1/2}
\end{cases}
$$

(2) 当 $K \ll \mu\omega^2$ 时, 若取 $\sqrt{1+\dfrac{K}{\mu\omega^2}} \approx 1$, 则有

$$
E_{lm} \approx (l+m+1)\hbar\omega = (N+1)\hbar\omega, \quad N = l+m = 0,\ 1,\ 2,\ \cdots
$$

即对第 N 能级有 $N+1$ 重简并

$$
\begin{aligned}
&N\cdots\quad \cdots \\
&N = 3 : l = 3, \quad m = 0; \quad l = 2, \quad m = 1; \quad l = 1, \quad m = 1, \quad l = 0, \quad m = 3 \\
&N = 2 : l = 2, \quad m = 0; \quad l = 1, \quad m = 1; \quad l = 0, \quad m = 2 \\
&N = 1 : l = 1, \quad m = 0; \quad l = 0, \quad m = 1 \\
&N = 0 : l = m = 0
\end{aligned}
$$

若 K 并非足够小, 若取 $\sqrt{1+\dfrac{K}{\mu\omega^2}} = 1+\dfrac{K}{2\mu\omega^2}+\cdots$, 则在上面的能级图表中, m 相同的能级均向上移动

$$
\left(m+\frac{1}{2}\right)\hbar\omega\left(\frac{K}{2\mu\omega^2}+\cdots\right)
$$

解除原来的简并.

10.5　用一高势垒隔开的无限深方势阱中的两全同 Bose 子

题 10.5　势的形式如图 10.1 所示, 其中 V 是一个很大但有限的势.

(1) 如果一个粒子原来处于一个阱中, 给出一个关于粒子穿透到另一阱中的透穿率的量级公式;

(2) 画出最低两个态的波函数;

(3) 如果有两个具有小的排斥力的全同 Bose 子位于阱中, 分别就粒子间力很小和很大两种情况写出最低的两个态的近似波函数.

解答　(1) 记基态为 ψ_1, 第一激发态为 ψ_2, 则 ψ_1 关于势阱对称轴是对称的, ψ_2 是反对称的. 我们可以认为初态波函数为 (粒子初始位于左半阱中)

$$
\psi(x,\ 0) = \frac{1}{\sqrt{2}}(\psi_1+\psi_2)
$$

参阅第 (2) 小题中所给出的图像, 则可知这是一个好近似, 于是

$$
\psi(x,\ t) = \frac{1}{\sqrt{2}}\left(\psi_1 \mathrm{e}^{-\mathrm{i}E_1 t/\hbar} + \psi_2 \mathrm{e}^{-\mathrm{i}E_2 t/\hbar}\right)
$$

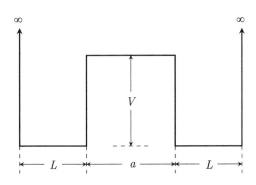

图 10.1　无限深方势阱中间另存在一个高势垒

当 $\dfrac{\mathrm{e}^{-\mathrm{i}E_1 t_0/\hbar}}{\mathrm{e}^{-\mathrm{i}E_2 t_0/\hbar}} = -1$ 时,

$$\psi(x,\ t_0) = c\frac{1}{\sqrt{2}}(\psi_1 - \psi_2), \quad |c|^2 = 1$$

这时粒子便在另一阱中了 (概率大). 由于 $\mathrm{e}^{\mathrm{i}\pi} = -1$, 这时

$$t_0 = \frac{\pi\hbar}{E_2 - E_1} = \frac{\pi\hbar}{\Delta E}$$

由于 V 很大,

$$\Delta E \approx E_2 - E_1 = \frac{\hbar^2}{2mL^2}(2^2 - 1) = \frac{3\hbar^2}{2mL^2}$$

E_1, E_2 是宽为 L 的无限深方阱的基态和第一激发态的能级. 透射率 (单位时间内穿透的振幅) 的量级为

$$\beta \sim \frac{1}{t_0} = \frac{3\hbar}{2m\pi L^2}$$

(2) 最低两个单粒子态的波函数图形如图 10.2所示.

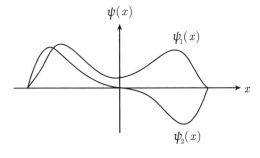

图 10.2　基态 ψ_1 与第一激发态 ψ_2 的波函数图形

(3) 当排斥势远小于 V 时, 两个最低能态的波函数近似为

$$\Psi_{\mathrm{I}} = \psi_1(1)\psi_1(2)$$

$$\Psi_{\mathrm{II}} = \frac{1}{\sqrt{2}} \left[\psi_1(1)\psi_2(2) + \psi_2(1)\psi_1(2) \right]$$

当排斥势远大于 V 时, 中间势垒的穿透将会很小, 所求波函数近似为

$$\Psi_{\mathrm{I}}' = \frac{1}{2} \left[\psi_1(1) - \psi_2(1) \right] \left[\psi_1(2) + \psi_2(2) \right]$$

$$\Psi_{\mathrm{II}}' = \frac{1}{2} \left[\psi_1(1) + \psi_2(1) \right] \left[\psi_1(2) - \psi_2(2) \right]$$

10.6　以弹性力相联系的两粒子体系的对称性及基态波函数

题 10.6　考虑一体系, 由以下 Schrödinger 方程定义:

$$\left[\frac{-\hbar^2}{2m}(\nabla_1^2 + \nabla_2^2) + \frac{k}{2}|\boldsymbol{r}_1 - \boldsymbol{r}_2|^2 \right] \psi(\boldsymbol{r}_1, \ \boldsymbol{r}_2) = E\psi(\boldsymbol{r}_1, \ \boldsymbol{r}_2)$$

(1) 列出这个 Schrödinger 方程的所有的对称性;

(2) 指出所有的守恒量;

(3) 指出基态波函数的形式. 你可以假设一维谐振子的基态波函数是 Gauss 型的函数.

解答　(1) 这个 Schrödinger 方程具有下列对称性: 时间平移, 空间反演, 体系整体平移, $\boldsymbol{r}_1 \leftrightarrow \boldsymbol{r}_2$ 交换, Galileo 变换对称性.

(2) 可令

$$\begin{cases} \boldsymbol{r} = \boldsymbol{r}_1 - \boldsymbol{r}_2 \\ \boldsymbol{R} = \dfrac{1}{2}(\boldsymbol{r}_1 + \boldsymbol{r}_2) \end{cases}$$

则原方程变为

$$\left(-\frac{\hbar^2}{4m}\nabla_R^2 - \frac{\hbar^2}{m}\nabla_r^2 + \frac{k}{2}r^2 \right) \psi(R, \ r) = E\psi(R, \ r)$$

方程化为质量为 $2m$ 的质心运动和质量为 $\dfrac{m}{2}$ 的相对的简谐振动. 质心部分是自由运动, 所以 P_X, P_Y, P_Z, $\boldsymbol{P}^2$, L_X, L_Y, L_Z, $\boldsymbol{L}^2$ 是守恒量; 相对运动部分 H_r, $\boldsymbol{L}_r^2$, L_x, L_y, L_z 是守恒量; 宇称是守恒量.

(3) 由第 (2) 小题中分解方程可知, 基态波函数形式为

$$\psi(\boldsymbol{R}, \boldsymbol{r}) = \phi(\boldsymbol{R})\varphi(\boldsymbol{r})$$

其中, $\varphi(\boldsymbol{r})$ 是质量为 $\dfrac{m}{2}$ 的谐振子基态波函数

$$\varphi(\boldsymbol{r}) \sim \mathrm{e}^{-\frac{1}{2}\alpha^2 r^2}$$

其中

$$\alpha = \sqrt{\frac{mk}{2\hbar^2}}$$

而 $\phi(\boldsymbol{R})$ 是质量为 $2m$ 的自由粒子平面波解

$$\phi(\boldsymbol{R}) = \mathrm{e}^{\mathrm{i}\boldsymbol{P}\cdot\boldsymbol{R}/\hbar}$$

10.7 处于谐振子势中的两全同 Bose 子通过 $V_{\text{int}}(x_1, x_2) = \alpha e^{-\beta(x_1-x_2)^2}$ 的相互作用

题 10.7 两个全同 Bose 子，每个质量为 m，在一维谐振子势 $V = \frac{1}{2}m\omega^2 x^2$ 中运动. 它们彼此通过势

$$V_{\text{int}}(x_1, x_2) = \alpha e^{-\beta(x_1-x_2)^2}$$

相互作用，这里 β 是个正参数. 计算体系的基态能量，近似到相互作用强度参数 α 的第一阶.

解答 由于是 Bose 子，两个粒子可以同时处于基态，所以体系的基态波函数为

$$\psi_0(x_1, x_2) = \psi_0(x_1)\psi_0(x_2)$$
$$= \frac{\alpha_0}{\sqrt{\pi}} \exp\left[-\frac{1}{2}\alpha_0^2(x_1^2 + x_2^2)\right]$$

其中，$\alpha_0 = \sqrt{\dfrac{m\omega}{\hbar}}$. 按定态微扰论，体系基态一阶能量修正为

$$
\begin{aligned}
\langle V_{\text{int}}\rangle &= \int_{-\infty}^{+\infty}\int_{-\infty}^{+\infty} \psi_0^*(x_1, x_2)V_{\text{int}}(x_1, x_2)\psi_0(x_1, x_2)\mathrm{d}x_1\mathrm{d}x_2 \\
&= \frac{\alpha_0^2 \alpha}{\pi} \int_{-\infty}^{+\infty}\int_{-\infty}^{+\infty} \exp\left[-\alpha_0^2(x_1^2 + x_2^2) - \beta(x_1 - x_2)^2\right]\mathrm{d}x_1\mathrm{d}x_2 \\
&= \frac{\alpha_0 \alpha}{(\alpha_0^2 + 2\beta)^{1/2}}
\end{aligned}
$$

上面积分过程中采用了变量代换

$$\frac{x_1 + x_2}{2} = y_1, \qquad \frac{x_1 - x_2}{2} = y_2$$

由上可得，近似到相互作用强度参数 α 的一阶体系基态能量

$$E_0 = \hbar\omega + \frac{\alpha_0 \alpha}{(\alpha_0^2 + 2\beta)^{1/2}}$$

10.8 由两个全同粒子组成的系统中，对称态与反对称态的数目比

题 10.8 (1) 证明对于一个由两个全同粒子组成的系统，每个粒子可以处于 n 个量子态中的一个态，则系统有 $\frac{1}{2}n(n+1)$ 个交换对称态和 $\frac{1}{2}n(n-1)$ 个交换反对称态；

(2) 证明若粒子的自旋为 I，则对称自旋态与反对称自旋态的比率为 $(I+1):I$.

解答 (1) 如果有 n 个单粒子态，则系统存在 n 个这样的对称态，两个粒子都处于同样的单态. 而系统处于另一种交换对称态的数目 (这种态中两个粒子处于不同的单态) 等于从 n 个不同的物体中任选两个不同组合的数目，即 $\frac{1}{2}n(n-1)$. 所以对称态的总数为

$$n + \frac{1}{2}n(n-1) = \frac{1}{2}n(n+1)$$

交换反对称的态的个数为 $\frac{1}{2}n(n-1)$，因为两个粒子都处于同一单态的系统量子态不可能组成反对称态.

(2) 如果粒子具有自旋 I，则有 $2I+1$ 个单粒子自旋态 (相应于 $2I+1$ 个不同的 m 值，这 m 值给出自旋角动量在空间任意方向的分量). 由第 (1) 小题可知，这时系统的对称态数目为

$$n_{\mathrm{s}} = (I+1)(2I+1)$$

和反对称态的数目为

$$n_{\mathrm{a}} = I(2I+1)$$

两者之比为 $(I+1):I$.

10.9　无限深势阱中的两个无相互作用粒子

题 10.9　两个无相互作用的粒子，质量相同为 m，处于一维无限深势阱中，势阱宽为 $2a$，在阱中势为零，阱外势无限大.

(1) 求系统四个最低能级的值是多少？

(2) 求这些能级的简并度，如果这两个粒子

(i) 是全同粒子，自旋为 $\frac{1}{2}$；

(ii) 不是全同粒子，自旋都为 $\frac{1}{2}$；

(iii) 全同粒子，自旋为 1.

解答　(1) 在这样的一维势中，单粒子空间波函数为

$$\psi_n(x) = \frac{1}{\sqrt{a}}\sin\left(\frac{n\pi x}{2a}\right)$$

式中，n 为正整数，相应的能量为 $n^2 E_0$. 这里

$$E_0 = \frac{\pi^2\hbar^2}{8ma^2}$$

$(n_1,\,n_2)$	E/E_0
$(1,1)$	2
$(2,1)$	5
$(2,2)$	8
$(3,1)$	10

两个粒子分别处于 n_1 和 n_2 态时，系统的双粒子态可表示为

$$\psi(x_1,\,x_2) = \frac{1}{a}\sin\left(\frac{n_1\pi x_1}{2a}\right)\sin\left(\frac{n_2\pi x_2}{2a}\right)$$

此态具有能量

$$E = (n_1^2 + n_2^2)E_0$$

因此，最低的四个能级为

(2) (i) 系统态函数可以表示成空间波函数和自旋波函数的乘积. 因为粒子是全同 Fermi 子，态必须是反对称的，这时若空间波函数是对称的，则自旋波函数是反对称的，否则空间波函数是反对称的，自旋波函数是对称的，因为粒子自旋 $I = \frac{1}{2}$，由上题

结果可知, 有 3 个对称自旋态和一个反对称自旋态 (3 个对称态的总自旋为 1, 称三重态; 反对称态总自旋为 0, 称单态).

因为空间态 (1,1) 是对称的, 所以整个波函数是空间态 (1,1) 乘上自旋 $S=0$ 的单态. 因此, 能级简并度为 1. 归一化的波函数为

$$\psi = \frac{1}{\sqrt{2a}} \sin\left(\frac{\pi x_1}{2a}\right) \sin\left(\frac{\pi x_2}{2a}\right)(\alpha_1\beta_2 - \beta_1\alpha_2)$$

这里, α 或 β 表示自旋朝上或朝下的自旋态, 下标 1, 2 表示不同的粒子.

空间态 (2, 1) 可以是对称的也可以是反对称的, 前者须乘反对称的 $S=0$ 的自旋态, 而后者应乘三重态 $S=1$. 所以第二个能量的简并度为 4, 它们之中的两个为

$$\psi = \frac{1}{2a}\left[\sin\left(\frac{2\pi x_1}{2a}\right)\sin\left(\frac{\pi x_2}{2a}\right) + \sin\left(\frac{\pi x_1}{2a}\right)\sin\left(\frac{2\pi x_2}{2a}\right)\right](\alpha_1\beta_2 - \beta_1\alpha_2)$$

$$\psi = \frac{1}{\sqrt{2a}}\left[\sin\left(\frac{2\pi x_1}{2a}\right)\sin\left(\frac{\pi x_2}{2a}\right) - \sin\left(\frac{\pi x_1}{2a}\right)\sin\left(\frac{2\pi x_2}{2a}\right)\right]\alpha_1\alpha_2$$

一般来说相应于空间态 n_1, n_2 的简并度, 当 $n_1 = n_2$ 时为 1; 当 $n_1 \neq n_2$ 时是 4.

(ii) 如果粒子是非全同粒子, 则系统的波函数没有对称性或反对称性的约束, 这时若 $n_1 \neq n_2$, 则有两个空间态具有相同的能量, 它们是

$$\frac{1}{a}\sin\left(\frac{2\pi x_1}{2a}\right)\sin\left(\frac{\pi x_2}{2a}\right) \quad \text{和} \quad \frac{1}{a}\sin\left(\frac{\pi x_1}{2a}\right)\sin\left(\frac{2\pi x_2}{2a}\right)$$

每个空间波函数可以乘上四个自旋波函数 $\alpha_1\alpha_2$, $\alpha_1\beta_2$, $\beta_1\alpha_2$, $\beta_1\beta_2$ 中的一个, 故总的简并度为 8. 如果 $n_1 = n_2$ 则简并度为 4.

(iii) 具有整数自旋的全同粒子波函数是对称的, 所以对称的空间波函数须乘上对称的自旋波函数, 反之亦然. 由上题可知自旋为 1 的两个全同粒子有 6 个对称的 3 个反对称的自旋态. 于是空间态 (1, 1) 是对称的, 构造交换对称波函数, 可由此空间态乘上 6 个对称自旋态之一. 空间态 (2, 1) 有对称态和反对称态, 须分别乘上反对称与对称自旋态, 则总的简并度为 9. 类似可计算出空间态 (2, 2) 和 (3, 1) 的简并度分别为 6 与 9. 结果可归纳在左表中.

能级	简并度		
E/E_0	(i)	(ii)	(iii)
2	1	4	6
5	4	8	9
8	1	4	6
10	4	8	9

10.10　各向同性谐振子势中的两个无相互作用粒子

题 10.10　两个无相互作用的全同粒子处于一个各向同性的谐振子势中, 试证明三个最低能级的简并度是

(1) 1, 12, 39, 如果粒子自旋为 $\frac{1}{2}$;

(2) 6, 27, 99, 如果粒子自旋为 1.

证明　在各向同性谐振子势中单粒子态可由 3 个整数表征, 即 n_1, n_2, n_3; 相应的能量为

$$\left(N+\frac{3}{2}\right)\hbar\omega$$

这里, $N=n_1+n_2+n_3$. 三个最低的能量相应于

N	n_1	n_2	n_3
0	0	0	0
1	1	0	0
2	2	0	0
2	1	1	0

上面每一组 (除了第一组) 都可以重新排列给出另外的态. 对两个无相互作用粒子, 总的空间波函数是两个单粒子态的乘积, 能量是单粒子能量之和.

(1) 对于自旋 $\frac{1}{2}$ 全同粒子, 总波函数反对称. 其空间波函数表示为 $(0,0,0)(0,0,0)$, 表明两个粒子都处于 $n_1=n_2=n_3=0$ 的单粒子态上. 空间波函数是对称的, 构造交换反对称波函数, 可由此空间波函数乘上自旋单态, 故基态是不简并的.

第二个能级的空间波函数可用 $(1,0,0)(0,0,0)$ 表示, 表明第一个粒子处于 $(1,0,0)$ 态而第二个粒子处于 $(0,0,0)$ 态. $(1,0,0)(0,0,0)$ 态可构成对称或反对称的空间波函数, 再与反对称与对称自旋波函数相乘后由上题第 (2) 部分中第 (i) 小题可得到 4 个波函数. 另外空间波函数里的整数 1 也可以放在第二或第三个位置上 (得到相同的能量), 故第二能量的简并度为 $3\times4=12$.

第三个能级可以由下列组合的空间态得到:

$$(2,0,0)(0,0,0)$$
$$(1,1,0)(0,0,0)$$
$$(0,1,0)(0,0,1)\quad(\text{两个 1 在不同位置})$$
$$(1,0,0)(1,0,0)\quad(\text{两个 1 在相同位置})$$

前三个组合是两个粒子处于不同的空间态, 每一个导致 12 个态 (同上). 第四种组合是对称空间波函数只能乘反对称自旋波函数, 但是整数 1 可以有 3 种位置, 故可产生 3 个态. 这一能级的总简并度为 $(3\times12)+3=39$.

(2) 对于自旋为 1 的两个全同粒子有 6 个对称 3 个反对称自旋波函数, 总的波函数应是对称的. 对于基态只有一个对称空间波函数, 它与 6 个对称自旋态结合, 给出 6 个简并态.

对于第二个能级态 $(1,0,0)(0,0,0)$, 它可以构成对称或反对称空间波函数与 9 个自旋波函数之一相乘, 再考虑到整数 1 有三个可能位置, 故总的简并度为 $3\times9=27$.

对于第三个能级, 第 (1) 小题中的前三种组合各给出 27 个简并态, 最后一种组合给出 6 个简并态, 再全部乘上 3; 此能级的总简并度为 $(3\times27)+3\times6=99$.

10.11　$\rho^0\longrightarrow\pi^0+\pi^0$ 的衰变过程是不可能的

题 10.11　ρ^0 介子有自旋 1, π^0 介子自旋为零. 证明衰变过程 $\rho^0\longrightarrow\pi^0+\pi^0$ 是不可能的.

证明 因为 ρ^0 介子自旋为 1, 而 π^0 介子自旋为 0, 如果衰变过程发生, 为了保持角动量守恒, 两个 π^0 介子处于角动量量子数 $L=1$ 的轨道态. 然而 $L=1$ 的态具有奇宇称, 它是空间反对称态[①]. 因为 π^0 介子自旋为零, 它们的自旋波函数是对称的, 所以两个 π^0 介子的总的波函数是反对称的. 但是 π^0 介子是 Bose 子, 全同 Bose 子系统应具有对称的波函数, 所以此衰变过程是不可能的.

10.12 π^- 介子与氘核反应形成的两个中子的状态和宇称

题 10.12 π^- 介子和一个氘核反应 (开始时两个粒子处于 s 轨道态) 形成两个中子
(1) 证明中子处于态 $L=1$, $S=1$, $J=1$;
(2) 由此推论 π^- 的内部宇称, 已知 π^- 具有自旋 0, 氘核自旋为 1.
证明 (1) 上述反应过程是

$$\pi^- + d \longrightarrow n + n$$

因为 π^- 自旋为 0, 氘核自旋为 1, 所以左边总自旋 $S=1$. 由于反应前的两个粒子处于 s 轨道, 即 $L=0$, 所以反应前左边的总角动量量子数 $J=1$. 由角动量守恒, 这也是反应后右边的总角动量量子数.

中子自旋为 $\frac{1}{2}$, 所以右边的总自旋是 1 或 0. 我们可以断定 $S=0$ 不可能, 因为这是反对称的自旋态要求配上对称的空间波函数, 即 L 为偶数, 而这将导致偶数 J 值, 总角动量将会不守恒. $S=1$ 的自旋态是对称的, 为构造交换反对称的波函数, 可以由此自旋态乘以反对称的空间波函数即 L 为奇数, 当 $S=1$, $J=1$ 时, 唯一可能的奇数值是 $L=1$.

(2) 处于 $L=0$ 态的质子和中子构成的氘核具有正宇称, 所以氘核具有正宇称 (质子与中子的内禀宇称都是正的). 因为 π^- 和氘核反应前处于 $L=0$ 态, 所以左边的总宇称与 π^- 的内禀宇称相同. 右边两个中子处于 $L=1$ 态, 它的宇称是负的. 反应是在强核力作用下发生的, 强相互作用下宇称守恒, 所以 π^- 的内禀宇称为负.

10.13 无限深方势阱中几个电子的平均能量

题 10.13 一维无限深方势阱中含有 3 个电子. 在温度 $T=0$K, 而电子间 Coulomb 能可忽略的近似下, 3 个电子的平均能量 $E=12.4$eV. 问在同样温度和近似下, 在阱中的 4 个电子的平均能量是多少?

解答 无限深方势阱中单粒子能级 $E_n = n^2 E_1$. 由 Pauli 不相容原理和能量最低原理, 对阱中的 3 个电子, 能级 E_1 上有 2 个电子, 能级 E_2 上有 1 个电子. 所以

$$12.4\text{eV} \times 3 = 2E_1 + 4E_1$$

[①] 对于一个两粒子系统, 宇称和空间波函数的交换对称性是一致的, 因为通过原点反射空间波函数即交换了两个粒子, 而通过原点反射自旋它并不改变. 所以自旋波函数的宇称总是正的.

解得 $E_1 = 6.2\text{eV}$. 对 4 个电子情形, E_1 和 E_2 上各有 2 个电子. 故 4 个电子的平均能量为

$$E = \frac{1}{4}(2E_1 + 2E_2) = \frac{5}{2}E_1 = 15.5\text{eV}$$

问题 请由题中数据确定的 E_1 估算势阱的宽度.

10.14 两个在有心势阱中运动的电子

题 10.14 考虑两个在有心势阱中运动的电子, 阱中只存在三个单粒子态 ψ_1, ψ_2 和 ψ_3.

(1) 写出这两个电子系统所有可能的波函数;

(2) 现设两电子间存在如下相互作用: $\delta H = V'(\boldsymbol{r}_1, \boldsymbol{r}_2) = V'(\boldsymbol{r}_2, \boldsymbol{r}_1)$, 证明下列矩阵元的表达式是正确的:

$$\langle \psi_{13} | \delta H | \psi_{12} \rangle = \langle \psi_3(\boldsymbol{r}_1)\psi_1(\boldsymbol{r}_2) | V'(\boldsymbol{r}_1, \boldsymbol{r}_2) | \psi_2(\boldsymbol{r}_1)\psi_1(\boldsymbol{r}_2) \rangle$$
$$- \langle \psi_1(\boldsymbol{r}_1)\psi_3(\boldsymbol{r}_2) | V'(\boldsymbol{r}_1, \boldsymbol{r}_2) | \psi_2(\boldsymbol{r}_1)\psi_1(\boldsymbol{r}_2) \rangle$$

解答 (1) Fermi 子系统波函数应为交换反对称的, 故此系统所有可能的波函数为

$$\psi_{12} = \frac{1}{\sqrt{2}}[\psi_1(\boldsymbol{r}_1)\psi_2(\boldsymbol{r}_2) - \psi_1(\boldsymbol{r}_2)\psi_2(\boldsymbol{r}_1)]$$

$$\psi_{13} = \frac{1}{\sqrt{2}}[\psi_1(\boldsymbol{r}_1)\psi_3(\boldsymbol{r}_2) - \psi_3(\boldsymbol{r}_2)\psi_1(\boldsymbol{r}_1)]$$

$$\psi_{23} = \frac{1}{\sqrt{2}}[\psi_2(\boldsymbol{r}_1)\psi_3(\boldsymbol{r}_2) - \psi_3(\boldsymbol{r}_2)\psi_2(\boldsymbol{r}_1)]$$

(2) 由于 $\delta H = V'(\boldsymbol{r}_1, \boldsymbol{r}_2) = V'(\boldsymbol{r}_2, \boldsymbol{r}_1)$

$$\langle \psi_{13} | \delta H | \psi_{12} \rangle = \frac{1}{2} \langle \psi_1(\boldsymbol{r}_1)\psi_3(\boldsymbol{r}_2) | \delta H | \psi_1(\boldsymbol{r}_1)\,\psi_2(\boldsymbol{r}_2) \rangle$$
$$- \frac{1}{2} \langle \psi_1(\boldsymbol{r}_1)\psi_3(\boldsymbol{r}_2) | \delta H | \psi_2(\boldsymbol{r}_1)\psi_1(\boldsymbol{r}_2) \rangle$$
$$= -\frac{1}{2} \langle \psi_1(\boldsymbol{r}_2)\psi_3(\boldsymbol{r}_1) | \delta H | \psi_1(\boldsymbol{r}_1)\psi_2(\boldsymbol{r}_2) \rangle$$
$$+ \frac{1}{2} \langle \psi_1(\boldsymbol{r}_2)\psi_3(\boldsymbol{r}_1) | \delta H | \psi_2(\boldsymbol{r}_1)\psi_1(\boldsymbol{r}_2) \rangle$$

在第一项和第三项中交换 $\boldsymbol{r}_1$ 和 $\boldsymbol{r}_2$, 再与第二、四项合并, 即得证.

10.15 两个全同 Fermi 子处于一维无限深势阱中时的三个最低能量

题 10.15 两个质量为 m, 自旋为 $\frac{1}{2}$ 的全同非相对论 Fermi 子处于一个一维方势阱中. 阱的宽度为 L, 在阱外 V 是无穷大排斥的. Fermi 子间有着相互作用势 $V(x_1 - x_2)$, 这可作为微扰. 用单粒子态和自旋态给出三个最低能态. 以一阶微扰论计算第二、三个最低能态的能量. 将你的结果保留在积分式, 忽略自旋相关力.

解答 势能可写成

$$V(x) = \begin{cases} 0, & x \in [0, \; L] \\ \infty, & 其他 \end{cases}$$

立即可写出体系的单粒子空间波函数为

$$\psi_n(x) = \begin{cases} \sqrt{\dfrac{2}{L}} \sin \dfrac{n\pi x}{L}, & x \in [0, \; L] \\ 0, & 其他 \end{cases}$$

单粒子自旋波函数为 $\chi = \begin{pmatrix} a \\ b \end{pmatrix}$.

由于不考虑自旋相关力，两粒子波函数可分解成空间部分和自旋部分的乘积. 自旋波函数取为 $\boldsymbol{S}^2 = (\boldsymbol{S}_1 + \boldsymbol{S}_2)^2$ 和 $S_z = S_{1z} + S_{2z}$ 的本征态 $\chi_J(M) = \chi_{JM}$，满足

$$\boldsymbol{S}^2 \chi_{JM} = J(J+1)\chi_{JM}$$

$$S_z \chi_{JM} = M\chi_{JM}$$

$J = 0$ 为自旋单态，对粒子交换反对称. $J = 1$ 为自旋三重态，对粒子交换对称.

空间波函数也可进行对称化和反称化

$$\psi_{nm}^{\mathrm{A}}(x_1, \; x_2) = \frac{1}{\sqrt{2}}[\psi_n(x_1)\psi_m(x_2) - \psi_n(x_2)\psi_m(x_1)]$$

$$\psi_{nm}^{\mathrm{S}}(x_1, \; x_2) = \begin{cases} \dfrac{1}{\sqrt{2}}[\psi_n(x_1)\psi_m(x_2) - \psi_n(x_2)\psi_m(x_1)], & n \neq m \\ \psi_n(x_1)\psi_n(x_2), & n = m \end{cases}$$

所以总体波函数可以写成

$$\psi_{nm}^{\mathrm{A}}(x_1, \; x_2)\chi_{JM}^{\mathrm{S}}$$

$$\psi_{nm}^{\mathrm{S}}(x_1, \; x_2)\chi_{JM}^{\mathrm{A}}$$

它们所对应的能量为

$$E = \frac{\hbar^2\pi^2}{2mL^2}(n^2 + m^2), \quad n, m = 1, \; 2, \; \cdots$$

(i) 基态，$n = m = 1$.

空间波函数对称，自旋必是单态

$$\psi_0 = \psi_{11}^{\mathrm{S}}(x_1, \; x_2)\chi_{00}$$

非简并.

(ii) 第一激发态，$n = 1$，$m = 2$.

$$\psi_1 = \begin{cases} \psi_{12}^{\mathrm{A}}(x_1, \; x_2)\chi_{1M}, & M = 0, \pm 1 \\ \psi_{12}^{\mathrm{S}}(x_1, \; x_2)\chi_{00} \end{cases}$$

四重简并.

(iii) 第二激发态，$n=2$，$m=2$.

空间波函数对称，自旋必是单态

$$\psi_2 = \psi_{22}^{S}(x_1, x_2)\chi_{00}$$

非简并.

由于微扰 Hamilton 量与自旋无关，因此，第一激发态的微扰计算可视为非简并情况

$$\Delta E_1^A = \int dx_1 dx_2 \left|\psi_{12}^A(x_1, x_2)\right|^2 V(x_1 - x_2)$$

$$\Delta E_1^S = \int dx_1 dx_2 \left|\psi_{12}^S(x_1, x_2)\right|^2 V(x_1 - x_2)$$

$$\Delta E_2^S = \int dx_1 dx_2 \left|\psi_{22}^S(x_1, x_2)\right|^2 V(x_1 - x_2)$$

10.16 一维盒子中相互作用势为 $V(x_1, x_2) = \lambda\delta(x_1 - x_2)$ 的两个无自旋粒子

题 10.16 宽为 a 的一维盒子内有两个质量均为 m 的无自旋粒子，其相互作用势能为 $V(x_1, x_2) = \lambda\delta(x_1 - x_2)$. 计算基态能量精确到 λ 的一次项.

解答 若不考虑粒子间相互作用势，体系势函数为

$$V(x_1, x_2) = \begin{cases} 0, & 0 \leqslant x_1, x_2 \leqslant a \\ \infty, & \text{其他} \end{cases}$$

Hamilton 量为

$$H_0 = -\frac{\hbar^2}{2m}\frac{\partial^2}{\partial x_1^2} - \frac{\hbar^2}{2m}\frac{\partial^2}{\partial x_2^2} + V(x_1, x_2)$$

应用无限深势阱的结果

$$\begin{aligned}\psi_{nl}^{(0)}(x_1, x_2) &= \psi_n(x_1)\psi_l(x_2) \\ &= \frac{2}{a}\sin\left(\frac{n\pi}{a}x_1\right)\sin\left(\frac{l\pi}{a}x_2\right)\end{aligned}$$

其中，$n, l = 1, 2, \cdots$，相应本征值为

$$E_{n,l}^{(0)} = \frac{\hbar^2\pi^2}{2ma^2}(n^2 + l^2)$$

对基态，$n = l = 1$，则

$$E_{11}^{(0)} = \frac{\hbar^2\pi^2}{ma^2}$$

计入粒子间相互作用势 $V(x_1, x_2) = \lambda\delta(x_1 - x_2)$，基态能量的微扰修正为

$$E_{11}^{(1)} = \langle 11|H|11 \rangle$$

$$= \int_0^a \int_0^a \mathrm{d}x_1 \mathrm{d}x_2 \lambda \delta(x_1 - x_2) \sin^2\left(\frac{\pi}{a}x_1\right) \sin^2\left(\frac{\pi}{a}x_2\right) \left(\frac{2}{a}\right)^2$$

$$= \lambda \left(\frac{2}{a}\right)^2 \int_0^a \mathrm{d}x_1 \sin^4\left(\frac{\pi}{a}x_1\right) = \frac{3\lambda}{2a}$$

基态能量为

$$E_{11} = E_{11}^{(0)} + E_{11}^{(1)} = \frac{\hbar^2 \pi^2}{ma^2} + \frac{3\lambda}{2a}$$

10.17　通过磁偶极 -偶极相互作用的两个空间位置固定电子

题 10.17　固定在 z 轴上的两个电子间存在一个磁偶极 -偶极相互作用能

$$H = A(\boldsymbol{S}_1 \cdot \boldsymbol{S}_2 - 3S_{1z}S_{2z})$$

$\boldsymbol{S}_i = \dfrac{1}{2}\boldsymbol{\sigma}_i$，$\boldsymbol{\sigma}_i$ 为 Pauli 自旋矩阵，A 为常数 (令 $\hbar = 1$).

(1) 用总自旋算子 $\boldsymbol{S} = \boldsymbol{S}_1 + \boldsymbol{S}_2$ 表示 H/A；

(2) 求 H/A 的本征值和简并度 (统计权重).

解答　参见题 5.45.

10.18　两全同 Fermi 子形成的系统

题 10.18　(1) 两 Fermi 子形成的系统有一波函数 $\psi(1, 2)$. 若它们是全同的，$\psi(1, 2)$ 必须满足什么条件?

(2) 这怎样意味着 Pauli 不相容原理 (在一原子中无两个电子有全同的量子数) 的基本陈述;

(3) Mg 的第一激发态的价电子组态为 (3s, 3p). 在 L-S 耦合的极限下，什么样的 L 和 S 值是可能的? 它们的波函数空间部分的形式是什么 (当单粒子波函数分别为 $\phi_s(\boldsymbol{r})$ 和 $\phi_s(\boldsymbol{r})$ 时)? 哪一个具有最低能量? 为什么?

解答　(1) 按粒子全同性原理，$\psi(1, 2)$ 必须满足对粒子交换反对称

$$\psi(2, 1) = -\psi(1, 2)$$

(2) 在一原子中，若有两电子具有完全相同的量子数，则必有 $\psi(2, 1) = \psi(1, 2)$，于是由第 (1) 小题得

$$\psi(1, 2) = 0$$

也就是说这样的态是不存在的.

(3) 电子组态 (3s, 3p)，即

$$l_1 = 0, \ l_2 = 1, \ s_1 = s_2 = \frac{1}{2}$$

所以 $L = 1$, $S = 0$, 1,

$$\psi_S^L(1, 2) = \phi_S^L(1, 2)\chi_S(1, 2)$$

式中

$$\begin{cases} \phi_0^1(1, 2) = \dfrac{1}{\sqrt{2}}(\phi_s(\boldsymbol{r}_1)\phi_p(\boldsymbol{r}_2) + \phi_s(\boldsymbol{r}_2)\phi_p(\boldsymbol{r}_1)) = \dfrac{1}{\sqrt{2}}(1 + P_{12})\phi_s(\boldsymbol{r}_1)\phi_p(\boldsymbol{r}_2) \\ \phi_1^1(1, 2) = \dfrac{1}{\sqrt{2}}(1 - P_{12})\phi_s(\boldsymbol{r}_1)\phi_p(\boldsymbol{r}_2) \end{cases}$$

最低能量态是态 $\psi_1^1(1, 2)$，即 $S = 1$ 的态. 因为 $S = 1$ 的态空间部分对交换 $1 \leftrightarrow 2$ 是反对称的，所以两电子靠近的概率较小，两电子间的 Coulomb 排斥能较小，从而总能量较低.

10.19 两个粒子在同一谐振子势中以弹性力相互作用

题 10.19 两个质量均为 m 的粒子束缚于一个一维谐振子势 $V = \dfrac{1}{2}kx^2$ 中，并且通过一个简谐吸引力 $F_{12} = -\lambda(x_1 - x_2)$ 相互作用 (假如需要，可取 λ 是小量).

(1) 该系统三个最低能量态的能量是多少？

(2) 若粒子是全同无自旋的，第 (1) 小题中哪些态是被允许的？

(3) 若粒子是全同的，且自旋为 $1/2$，第 (1) 小题中每个态总自旋是什么？

解答 两个粒子受吸引力

$$F_{12} = -\lambda(x_1 - x_2)$$

作用，相应的相互作用势为

$$\frac{\lambda}{2}(x_1 - x_2)^2$$

两个粒子系统的 Hamilton 量为

$$H = \frac{-\hbar^2}{2m}\left(\frac{\partial^2}{\partial x_1^2} + \frac{\partial^2}{\partial x_2^2}\right) + \frac{1}{2}k(x_1^2 + x_2^2) + \frac{\lambda}{2}(x_1 - x_2)^2$$

设 $\xi = \dfrac{1}{\sqrt{2}}(x_1 + x_2)$，$\eta = \dfrac{1}{\sqrt{2}}(x_1 - x_2)$，则

$$\begin{aligned} H &= -\frac{\hbar^2}{2m}\left(\frac{\partial^2}{\partial \xi^2} + \frac{\partial^2}{\partial \eta^2}\right) + \frac{1}{2}k(\xi^2 + \eta^2) + \lambda\eta^2 \\ &= -\frac{\hbar^2}{2m}\left(\frac{\partial^2}{\partial \xi^2} + \frac{\partial^2}{\partial \eta^2}\right) + \frac{1}{2}k\xi^2 + \frac{1}{2}(k + 2\lambda)\eta^2 \end{aligned}$$

故系统能量本征态为

$$E_{nm} = \left(n + \frac{1}{2}\right)\hbar\omega_1 + \left(m + \frac{1}{2}\right)\hbar\omega_2$$

式中，$\omega_1 = \sqrt{\dfrac{k}{m}}$；$\omega_2 = \sqrt{\dfrac{k+2\lambda}{m}}$；$n,\ m = 0,\ 1,\ 2,\ \cdots$. 对应于本征态

$$|nm\rangle = \psi_{nm} = \varphi_n^{(k)}(\xi)\varphi_m^{(k+2\lambda)}(\eta)$$

式中，$\varphi_n^{(k)}$ 是对应于弹性常数为 k 的谐振子的第 n 个本征态.

(1) 系统的三个最低能量态的能量分别为

$$E_{00} = \frac{1}{2}\hbar(\omega_1 + \omega_2)$$

$$E_{10} = \frac{1}{2}\hbar(\omega_1 + \omega_2) + \hbar\omega_1$$

$$E_{01} = \frac{1}{2}\hbar(\omega_1 + \omega_2) + \hbar\omega_2$$

假定 λ 相对 k 来说不太大，否则可能 E_{20} 比 E_{01} 小.

(2) 若两个粒子全同不带自旋，即为 Bose 子全同粒子，由波函数对两粒子交换对称性得到第 (1) 小题中的态 $|00\rangle$，$|10\rangle$ 是容许的，而态 $|01\rangle$ 不容许.

(3) 若粒子是自旋 $1/2$ 的全同粒子，总波函数对两粒子交换满足反对称. 总自旋 0 的自旋波函数交换反对称，总自旋 1 的自旋波函数交换对称，这样得到总自旋 S 在第 (1) 小题中各态值如下：

$$|00\rangle \text{对于} S = 0$$

$$|10\rangle \text{对于} S = 0$$

$$|01\rangle \text{对于} S = 1$$

10.20　两粒子体系的总最低能量、能级简并度和相应的波函数

题 10.20　某个特殊的一维势阱具有下列束缚态单粒子能量本征函数：

$$\psi_a(x),\quad \psi_b(x),\quad \psi_c(x),\quad \cdots$$

其相应的能量本征值为 $E_a, E_b, E_c, \cdots$. 两个没有相互作用的粒子置于该势阱中. 对下列 (1)，(2)，(3) 各种情形写下：两粒子体系可能达到的两个最低总能量值；上述两个能级各自的简并度；与上述能级相应的所有可能的两粒子波函数 (用 ψ 表示空间部分，$|S, M_s\rangle$ 表示自旋部分，S 是总自旋).

(1) 两个自旋为 $1/2$ 的可区分粒子；

(2) 两个自旋为 $1/2$ 的全同粒子；

(3) 两个自旋为 0 的全同粒子.

解答　两个粒子之间没有相互作用时，其空间波函数满足的 Schrödinger 方程分别为

$$\left[-\frac{\hbar^2}{2m}\frac{\partial^2}{\partial x_1^2} + V(x_1)\right]\psi_i(x_1) = E_i\psi_i(x_1)$$

$$\left[-\frac{\hbar^2}{2m}\frac{\partial^2}{\partial x_2^2}+V(x_2)\right]\psi_j(x_2)=E_j\psi_j(x_2)$$

其中, $i, j = a, b, c, \cdots$. 以上二式合起来, 可得

$$\left[-\frac{\hbar^2}{2m}\frac{\partial^2}{\partial x_1^2}-\frac{\hbar^2}{2m}\frac{\partial^2}{\partial x_2^2}+V(x_1)+V(x_2)\right]\psi_i(x_1)\psi_j(x_2)=(E_i+E_j)\psi_i(x_1)\psi_j(x_2)$$

利用这一性质以及粒子的统计性质, 考察体系两个最低能级.

(1) 对于两个自旋为 1/2 的可区分粒子

(i) 总能量 E_a+E_a, 简并度 $f=4$, 波函数

$$\begin{cases}\psi_a(x_1)\psi_a(x_2)|00\rangle\\\psi_a(x_1)\psi_a(x_2)|1m\rangle, \quad m=0,\pm1\end{cases}$$

式中, $|00\rangle$ 与 $|1m\rangle$ 分别为自旋单态与自旋三重态.

(ii) 总能量 E_a+E_b, 简并度 $f=8$, 波函数

$$\begin{cases}\psi_a(x_1)\psi_b(x_2)|00\rangle\\\psi_a(x_1)\psi_b(x_2)|1m\rangle\end{cases}, \quad \begin{cases}\psi_b(x_1)\psi_a(x_2)|00\rangle\\\psi_b(x_1)\psi_a(x_2)|1m\rangle\end{cases}$$

(2) 对于两个自旋为 1/2 的全同粒子

(i) 总能量 E_a+E_a, 简并度 $f=1$, 波函数

$$\psi_a(x_1)\psi_a(x_2)|00\rangle$$

(ii) 总能量 E_a+E_b, 简并度 $f=4$, 波函数

$$\begin{cases}\dfrac{1}{\sqrt{2}}[\psi_a(x_1)\psi_b(x_2)+\psi_b(x_1)\psi_a(x_2)]|00\rangle\\[3mm]\dfrac{1}{\sqrt{2}}[\psi_a(x_1)\psi_b(x_2)-\psi_b(x_1)\psi_a(x_2)]|1m\rangle\end{cases}$$

(3) 对于两个自旋为 0 的全同粒子

(i) 总能量 E_a+E_a, 简并度 $f=1$, 空间波函数

$$\psi_a(x_1)\psi_a(x_2)$$

(ii) 总能量 E_a+E_b, 简并度 $f=4$, 空间波函数

$$\frac{1}{\sqrt{2}}[\psi_a(x_1)\psi_b(x_2)+\psi_b(x_1)\psi_a(x_2)]$$

10.21 两个在中心势场中运动的电子

题 10.21 两个在中心场中运动的电子. 将电子间的静电作用 $\dfrac{e^2}{|\boldsymbol{r}_1-\boldsymbol{r}_2|}$ 当作微扰.

(1) 对于 1s,2s 组态求一阶能移 (将答案用非微扰量和 $\dfrac{e^2}{|\boldsymbol{r}_1-\boldsymbol{r}_2|}$ 的矩阵元表示);

(2) 对于第 (1) 小题中的态讨论两粒子波函数的对称性;

(3) 假设在 $t=0$ 时, 一个电子处于 1s 非微扰态自旋向上, 另一电子在 2s 非微扰态自旋向下. 在什么时候发生如图 10.3 所示自旋态的翻转?

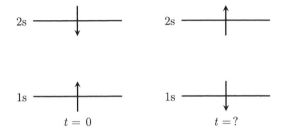

图 10.3　分别处于 1s、2s 态两个电子自旋的翻转

解答　(1) 两个电子的零级波函数有如下两种形式:

$$\phi_+(\boldsymbol{r}_1,\boldsymbol{r}_2)\chi_{00}(s_{1z},\ s_{2z})$$

$$\phi_-(\boldsymbol{r}_1,\boldsymbol{r}_2)\chi_{1m}(s_{1z},\ s_{2z})$$

式中

$$\phi_\varepsilon = \frac{1}{\sqrt{2}}\left[u_{1s}(1)v_{2s}(2)+\varepsilon u_{1s}(2)v_{2s}(1)\right],\quad \varepsilon=\pm 1$$

分别表示归一化的对称与反对称波函数. χ_{00} 和 χ_{1m} 分别表示自旋单态与三重态. 将 u_{1s} 简记成 1, v_{2s} 态记为 2. ϕ_ε 态记为

$$|\phi_\varepsilon\rangle = \frac{1}{\sqrt{2}}\left(|1,\ 2\rangle+\varepsilon|2,\ 1\rangle\right)$$

由于微扰 Hamilton 与自旋无关, 可不考虑自旋态 χ, 一阶能移

$$\begin{aligned}
\Delta E_\varepsilon &= \int \mathrm{d}^3\boldsymbol{r}_1\mathrm{d}^3\boldsymbol{r}_2\phi_\varepsilon^*\frac{e^2}{|\boldsymbol{r}_1-\boldsymbol{r}_2|}\phi_\varepsilon \\
&= \frac{1}{2}\left(\langle 1,\ 2|+\varepsilon\langle 2,\ 1|\right)\frac{e^2}{|\boldsymbol{r}_1-\boldsymbol{r}_2|}\left(|1,\ 2\rangle+\varepsilon|2,\ 1\rangle\right) \\
&= \frac{1}{2}\left[\langle 1,\ 2|A|1,\ 2\rangle+\langle 2,\ 1|A|2,\ 1\rangle+\varepsilon\langle 1,\ 2|A|2,\ 1\rangle+\varepsilon\langle 2,\ 1|A|1,\ 2\rangle\right]
\end{aligned}$$

式中

$$A = \frac{e^2}{|\boldsymbol{r}_1-\boldsymbol{r}_2|}$$

从而能移可表示为

$$\Delta E_\varepsilon = K+\varepsilon J$$

式中

$$K = \langle 1,\ 2|A|1,\ 2\rangle = \langle 2,\ 1|A|2,\ 1\rangle\ \text{为直接积分}$$

$$J = \langle 1, 2|A|2, 1\rangle = \langle 2, 1|A|1, 2\rangle \text{ 为交换积分}$$

(2) χ_{00} 单态对自旋交换反对称; χ_{1m} 三重态对自旋交换对称. ϕ_+ 对 $\boldsymbol{r}_1$、$\boldsymbol{r}_2$ 交换对称, ϕ_- 对 $\boldsymbol{r}_1$、$\boldsymbol{r}_2$ 交换反对称, 所以总波函数是对交换电子反对称.

(3) 系统的初态为

$$\begin{aligned}
\psi(t=0) &= \frac{1}{\sqrt{2}} \left(|1s2s\rangle |\uparrow\downarrow\rangle - |2s1s\rangle |\downarrow\uparrow\rangle \right) \\
&= \frac{1}{2\sqrt{2}} \left[(|1, 2\rangle + |2, 1\rangle)(|\uparrow\downarrow\rangle - |\downarrow\uparrow\rangle) + (|1, 2\rangle - |2, 1\rangle)(|\uparrow\downarrow\rangle + |\downarrow\uparrow\rangle) \right] \\
&= \frac{1}{\sqrt{2}} (\phi_+ \chi_{00} + \phi_- \chi_{10})
\end{aligned}$$

从而, 在时刻 t 的波函数为

$$\psi(t) = \frac{1}{\sqrt{2}} \left(\phi_+ \chi_{00} \mathrm{e}^{-\mathrm{i}E_+ t/\hbar} + \phi_- \chi_{10} \mathrm{e}^{-\mathrm{i}E_- t/\hbar} \right)$$

式中, E_+, E_- 分别是 ϕ_+, ϕ_- 相应的能量.

当 $\mathrm{e}^{\mathrm{i}E_+ t/\hbar}/\mathrm{e}^{\mathrm{i}E_- t/\hbar} = -1$ 时, 设此时 $t = t_n$, 波函数将为

$$\begin{aligned}
\psi(t_n) &= \mathrm{e}^{-\mathrm{i}E_+ t_n/\hbar} \frac{1}{\sqrt{2}} (\psi_+ \chi_{00} - \psi_- \chi_{10}) \\
&= \mathrm{e}^{-\mathrm{i}E_+ t_n/\hbar} \frac{1}{\sqrt{2}} \left(|2, 1\rangle |\uparrow\downarrow\rangle - |1, 2\rangle |\downarrow\uparrow\rangle \right)
\end{aligned}$$

自旋翻转了. 由于 $\mathrm{e}^{\mathrm{i}n\pi} = -1$, $n = 1, 2, 3, \cdots$, 这发生在

$$t = t_n = (2n+1)\pi \frac{\hbar}{E_+ - E_-} = \frac{(2n+1)\pi\hbar}{2J}$$

10.22　氢分子的转动能级

题 10.22　(1) 证明宇称算符与轨道角动量算符对易. 球谐函数 $\mathrm{Y}_{lm}(\theta, \varphi)$ 的宇称量子数是多少?

(2) 对于在 $E_n = \left(n + \dfrac{1}{2}\right)\hbar\omega$ 态的一维谐振子证明

$$\langle \Delta x^2 \rangle_n \langle \Delta p^2 \rangle_n = \left(n + \frac{1}{2}\right)^2 \hbar^2$$

(3) 考虑氢分子 H_2 的转动, 它的转动能级是什么? 两个核子的全同如何改变能谱? 在这些能级中能发生什么类型的辐射跃迁? 记住质子是 Fermi 子.

(4) 证明 $(\boldsymbol{n} \cdot \boldsymbol{\sigma})^2 = 1$, 式中 $\boldsymbol{n}$ 是任意方向单位矢量, $\boldsymbol{\sigma}$ 是 Pauli 自旋矩阵.

解答　(1) 轨道角动量算符为

$$\boldsymbol{L} = \boldsymbol{r} \times \boldsymbol{P}$$

故而对任意波函数 $f(\boldsymbol{r})$ 有

$$\Pi\boldsymbol{L}f(\boldsymbol{r}) = \Pi(\boldsymbol{r}\times\boldsymbol{P})f(\boldsymbol{r}) = (-\boldsymbol{r})\times(-\boldsymbol{P})f(-\boldsymbol{r})$$
$$= \boldsymbol{r}\times\boldsymbol{P}f(-\boldsymbol{r}) = \boldsymbol{L}\boldsymbol{P}f(\boldsymbol{r})$$

式中，Π 为宇称算符. 于是 Π 与 $\boldsymbol{L}$ 对易.

由于

$$\mathrm{Y}_{lm}(\theta,\,\varphi) = (-1)^l\mathrm{Y}_{lm}(\pi-\theta,\,\pi+\varphi)$$

所以 Y_{lm} 的宇称量子数为 $(-1)^l$.

(2) 对于一维谐振子

$$x = \frac{1}{\sqrt{2}\alpha}\left(a+a^\dagger\right),\quad p = \mathrm{i}\frac{\alpha\hbar}{\sqrt{2}}\left(a^\dagger-a\right)$$

其中，$\alpha = \sqrt{\dfrac{m\omega}{\hbar}}$ 是一个长度倒数量纲的量. 利用

$$a|n\rangle = \sqrt{n}|n-1\rangle,\quad a^\dagger|n\rangle = \sqrt{n+1}|n+1\rangle$$

可得

$$\langle n|x|n\rangle = \frac{1}{\sqrt{2}\alpha}\langle n|a+a^\dagger|n\rangle$$
$$= \frac{1}{\sqrt{2}\alpha}\left(\sqrt{n+1}\langle n+1\,|n\rangle + \sqrt{n+1}\langle n\,|n+1\rangle\right) = 0$$

以及

$$\langle n|x^2|n\rangle = \frac{1}{2\alpha^2}\left\langle n\left|\left(a+a^\dagger\right)^2\right|n\right\rangle$$
$$= \frac{1}{2\alpha^2}\left(\sqrt{n}\langle n|a+a^\dagger|n-1\rangle + \sqrt{n+1}\langle n|a+a^\dagger|n+1\rangle\right)$$
$$= \frac{1}{2\alpha^2}\left[\sqrt{n(n-1)}\langle n\,|n-2\rangle + n\langle n\,|n\rangle\right.$$
$$\left. +(n+1)\langle n\,|n\rangle + \sqrt{(n+1)(n+2)}\langle n\,|n+2\rangle\right)\right]$$
$$= \frac{1}{2\alpha^2}(2n+1)$$

类似地可以得到

$$\langle n|p|n\rangle = 0$$
$$\langle n|p^2|n\rangle = \frac{\alpha^2\hbar^2}{2}(2n+1)$$

由于

$$\left\langle\Delta x^2\right\rangle_n = \left\langle(x-\langle x\rangle)^2\right\rangle_n = \left\langle x^2\right\rangle_n - \langle x\rangle_n^2 = \left\langle x^2\right\rangle_n$$

$$\left\langle \Delta p^2 \right\rangle_n = \left\langle (p - \langle p \rangle)^2 \right\rangle_n = \left\langle p^2 \right\rangle_n - \langle p \rangle_n^2 = \left\langle p^2 \right\rangle_n$$

所以

$$\left\langle \Delta x^2 \right\rangle_n \left\langle \Delta p^2 \right\rangle_n = \hbar^2 \left(n + \frac{1}{2} \right)^2$$

(3) 由于转动 Hamilton 量为 $H = \dfrac{\boldsymbol{J}^2}{2I_0}$, 所以氢分子转动能级为

$$E_r = \frac{\hbar^2}{2I_0} K(K+1)$$

式中, $I_0 = MR_0^2$ 是分子绕垂直于两核连线的轴的转动惯量. K 是角动量量子数, $K = 0,\ 1,\ \cdots$, 相应的本征态为球谐函数 $Y_{KM_K}(\theta,\ \varphi)$.

由于质子自旋是 $\dfrac{\hbar}{2}$, 于是波函数对两个质子的交换反称, 而在两个质子交换下, 质心运动波函数及振动波函数不变, 而转动波函数改变如下:

$$Y_{KM_K}(\theta,\ \varphi) \to Y_{KM_K}(\pi - \theta,\ \pi + \varphi) = (-1)^K Y_{KM_K}(\theta,\ \varphi)$$

K 为偶数时, $(-1)^K Y_{KM_K}(\theta,\ \varphi) = Y_{KM_K}(\theta,\ \varphi)$. 自旋波函数必须反对称态, 为 χ_{00} 自旋单态; 而当 K 为奇数时, $(-1)^K Y_{KM_K}(\theta,\ \varphi) = -Y_{KM_K}(\theta,\ \varphi)$. 于是, 自旋波函数必须对称, 为 χ_{1m} 自旋三重态. 前者称为仲氢, 后者称为正氢.

由于正氢和仲氢之间不能相互转化, 所以转动能级的跃迁有 $\Delta K = 2,\ 4,\ 6,\ \cdots$, 可能发生电四极跃迁.

(4) 利用 Pauli 矩阵性质

$$\begin{aligned}
\sigma_n^2 &= \sigma_i n_i \sigma_j n_j = n_i n_j (\sigma_i \sigma_j) = \frac{1}{2} n_i n_j \left([\sigma_i, \sigma_j] + \{\sigma_i, \sigma_j\} \right) \\
&= \frac{1}{2} n_i n_j (2\mathrm{i}\varepsilon_{ijk}\sigma_k + 2\delta_{ij}) = n_i n_j \delta_{ij} = \boldsymbol{n}^2 = I
\end{aligned}$$

因此 $\sigma_n^2 = I$. [①]

说明　第 (2) 小题也可以由宇称考虑并结合 Virial 定理给出结果.

10.23 一长方盒子中相互作用势为接触势的两个粒子

题 10.23 两个质量为 m 的粒子处于一个边长为 $a > b > c$ 的长方体盒子中, 体系处于与下列条件相容的能量最低态. 粒子间的相互作用势为接触势 $V = A\delta(\boldsymbol{r}_1 - \boldsymbol{r}_2)$. 在下列条件中用一阶微扰论计算体系能量.

(1) 粒子不全同;

(2) 零自旋全同粒子;

(3) 自旋平行的自旋 $\dfrac{1}{2}$ 全同粒子.

[①] 若对 σ_n 代入 Pauli 矩阵表达式直接计算, 可同样得到此结果.

解答　(1) 非微扰体系可视为两个单粒子体系的直积

$$\psi(\boldsymbol{r}_1,\ \boldsymbol{r}_2) = \psi(\boldsymbol{r}_1)\psi(\boldsymbol{r}_2)$$

最低能态为

$$\psi_0(\boldsymbol{r}_1,\ \boldsymbol{r}_2) = \begin{cases} \dfrac{8}{abc}\sin\dfrac{\pi x_1}{a}\sin\dfrac{\pi x_2}{a}\sin\dfrac{\pi y_1}{b}\sin\dfrac{\pi y_2}{b}\sin\dfrac{\pi z_1}{c}\sin\dfrac{\pi z_2}{c}, & 0 < x_i < a, 0 < y_i < b, \\ & 0 < z_i < c \\ 0, & \text{其他地方} \end{cases}$$

其中，$i = 1, 2$，其能量本征值为

$$E_0 = \frac{\hbar^2\pi^2}{m}\left(\frac{1}{a^2} + \frac{1}{b^2} + \frac{1}{c^2}\right)$$

一阶微扰论给出

$$\begin{aligned} \Delta E &= \int \mathrm{d}^3\boldsymbol{r}_1\mathrm{d}^3\boldsymbol{r}_2\psi_0^*(\boldsymbol{r}_1,\boldsymbol{r}_2)A\delta(\boldsymbol{r}_1 - \boldsymbol{r}_2)\psi_0(\boldsymbol{r}_1,\boldsymbol{r}_2) \\ &= \int \mathrm{d}^3\boldsymbol{r}_1 A|\psi_0(\boldsymbol{r}_1,\boldsymbol{r}_2)|^2 = \frac{27A}{8abc} \end{aligned}$$

所以

$$E' = \frac{\hbar^2\pi^2}{m}\left(\frac{1}{a^2} + \frac{1}{b^2} + \frac{1}{c^2}\right) + \frac{27}{8abc}A$$

(2) 此时，要求体系波函数对粒子交换对称. 所以，最低能态为

$$\psi_S(\boldsymbol{r}_1,\ \boldsymbol{r}_2) = \psi_0(\boldsymbol{r}_1,\ \boldsymbol{r}_2)$$

与第 (1) 小题中的波函数完全一样，一阶修正后的能量为

$$E'_S = \frac{\hbar^2\pi^2}{m}\left(\frac{1}{a^2} + \frac{1}{b^2} + \frac{1}{c^2}\right) + \frac{27}{8abc}\,A$$

(3) 自旋平行，自旋波函数对称，要求空间波函数反称. 由于 $a > b > c$，于是 $\dfrac{1}{a^2} < \dfrac{1}{b^2} < \dfrac{1}{c^2}$. 最低能态为

$$\psi_A(\boldsymbol{r}_1,\ \boldsymbol{r}_2) = \frac{1}{\sqrt{2}}[\psi_{211}(\boldsymbol{r}_1)\psi_{111}(\boldsymbol{r}_2) - \psi_{211}(\boldsymbol{r}_2)\psi_{111}(\boldsymbol{r}_1)]$$

式中，$\psi_{111}(\boldsymbol{r})$ 和 $\psi_{211}(\boldsymbol{r})$ 分别是单粒子基态和第一激发态. 未扰能级为

$$E_{A0} = \frac{\hbar\pi^2}{m}\left(\frac{5}{2a^2} + \frac{1}{b^2} + \frac{1}{c^2}\right)$$

一阶微扰论给出

$$\Delta E = \int \mathrm{d}^3\boldsymbol{r}_1\mathrm{d}^3\boldsymbol{r}_2\psi_A^*(\boldsymbol{r}_1,\boldsymbol{r}_2)A\delta(\boldsymbol{r}_1 - \boldsymbol{r}_2)\psi_A(\boldsymbol{r}_1,\boldsymbol{r}_2) = 0$$

所以

$$E'_A = \frac{\hbar^2\pi^2}{m}\left(\frac{5}{2a^2} + \frac{1}{b^2} + \frac{1}{c^2}\right)$$

10.24 卟啉环分子

题 10.24 卟啉环 (porphyrin ring) 是叶绿素、血红蛋白及其他重要化合物中出现的一种分子. 该分子性质的某些物理概念可通过将分子视为一个 18 个电子在上面运动的一维环来解释, 环半径为 $a = 4\text{Å}$.

(1) 写下归一化的单粒子能量本征函数, 假设电子间无相互作用;

(2) 分子处于基态时, 每个能级上各有多少电子?

(3) 分子的最低电子激发能是多少? 对应的分子吸收辐射的波长是多少?

解答 (1) 电子角坐标为 θ, 环半径为 a

$$-\frac{\hbar^2}{2ma^2}\frac{\partial^2}{\partial\theta^2}\psi(\theta) = E\psi(\theta)$$

解得

$$\psi(\theta) = \frac{1}{\sqrt{2\pi}}e^{ik\theta}$$

式中, $k = \dfrac{\sqrt{2mEa}}{\hbar}$. 周期性条件为

$$\psi(\theta) = \psi(\theta + 2\pi)$$

所以 $k = 0, \pm1, \pm2, \cdots$, 而能量本征值为

$$E = \frac{\hbar^2}{2ma^2}k^2$$

(2) 以 0, 1, 2, 分别标志能级 E_0, E_1, $\cdots$, 则体系基态的电子组态为

$$0^2 1^4 2^4 3^4 4^4$$

(3) 第一激发态的电子组态为

$$0^2 1^4 2^4 3^4 4^3 5^1$$

与基态能级的能量差为

$$\Delta E = E_5 - E_4 = 9\frac{\hbar^2}{2mr^2}$$

对应的分子吸收辐射的波长

$$\lambda = \frac{ch}{\Delta E} = 5791\text{Å}$$

10.25 一维谐振子阱中, 相互作用为排斥的 δ-函数势的 N 个全同 Fermi 子

题 10.25 一维谐振子阱中有 N 个 (N 是个大数) 无自旋 Fermi 子, 两两之间有一排斥的 δ-函数势

$$V = \frac{k}{2}\sum_{i=1}^{N}x_i^2 + \frac{\lambda}{2}\sum_{i\neq j}\delta(x_i - x_j), \quad k, \lambda > 0$$

(1) 用归一化的谐振子单粒波函数 $\psi_n(x)$ 表示出三个最低能量的归一化波函数和能量, 这些能级的简并度是多少?

(2) 对这些态的每一个计算 $\sum\limits_{i=1}^{n} x_i^2$ 的期望值.

解答 (1) 将 δ-函数势当作微扰. 零级体系波函数可用 Slater 波函数写出

$$\Psi_{n_1 n_2 \cdots n_N}(x_1, x_2, \cdots, x_n) = \frac{1}{\sqrt{N!}} \begin{vmatrix} \psi_{n_1}(x_1) & \psi_{n_1}(x_2) & \cdots & \psi_{n_1}(x_N) \\ \psi_{n_2}(x_1) & \psi_{n_2}(x_2) & \cdots & \psi_{n_2}(x_N) \\ \vdots & \vdots & & \vdots \\ \psi_{n_N}(x_1) & \psi_{n_N}(x_2) & \cdots & \psi_{n_N}(x_N) \end{vmatrix}$$

$$= \frac{1}{\sqrt{N!}} \sum_P \delta_P P[\psi_{n_1}(x_1) \cdots \psi_{n_N}(x_N)]$$

其中 n_i 表示单粒子态能量本征态的序号, P 代表对于 $x_1, x_2, \cdots, x_n$ 的置换, 对于偶置换 $\delta_P = 1$, 对于奇置换 $\delta_P = -1$. 由于波函数对 $x_i, x_j (i \neq j)$ 的反称性, 可算出 δ-函数势的矩阵元皆为零, 对零级体系无影响.

体系能级为

$$E_{(n_1 n_2 \cdots n_N)} = \langle n_1 \cdots n_N | H | n_1 \cdots n_N \rangle = \hbar\omega \left(\frac{N}{2} + \sum_{i=1}^{N} n_i \right)$$

式中, $\omega = \sqrt{k/m}$, $n_1 \cdots n_N$ 两两皆不相等. 下面依次讨论三个最低能量本征态.

(i) 基态.

$n_1, n_2, \cdots, n_N$ 按顺序排列为 $0, 1, \cdots, N-1$, 能量本征值为

$$E_{0, 1, \cdots, N-1} = \hbar\omega \left[\frac{N}{2} + \frac{N(N-1)}{2} \right] = \frac{\hbar\omega}{2} N^2$$

波函数为

$$\Psi_{0, 1, \cdots, N-1}(x_1, \cdots, x_N) = \frac{1}{\sqrt{N!}} \sum_P \delta_P P[\psi_0(x_1) \cdots \psi_{N-1}(x_N)]$$

(ii) 第一激发态.

$n_1, n_2, \cdots, n_N$ 按顺序排列为 $0, 1, \cdots, N-2, N$, 能量本征值为

$$E_{0, 1, \cdots, N-2, N} = \frac{1}{2} \hbar\omega \left(N^2 + 2 \right)$$

波函数为

$$\Psi_{0, 1, \cdots, N-2, N}(x_1, \cdots, x_N) = \frac{1}{\sqrt{N!}} \sum_P \delta_P P[\psi_0(x_1) \cdots \psi_{N-2}(x_{N-1}) \psi_N(x_N)]$$

(iii) 第二激发态.

$n_1, n_2, \cdots, n_N$ 按顺序排列有两种

$$
\begin{cases}
0, \ 1, \ \cdots, N-2, \ N+1 \\
0, \ 1, \ \cdots, N-3, \ N-1, \ N
\end{cases}
$$

能级为

$$
E_{0, \ 1, \ \cdots, N-2, \ N+1} = E_{0, \ 1, \ \cdots, N-3, \ N-1, \ N} = \frac{\hbar\omega}{2}(N^2 + 4)
$$

波函数有两个

$$
\begin{cases}
\Psi_{0, \ 1, \ \cdots, N-2, \ N+1}(x_1, \cdots, x_N) = \dfrac{1}{\sqrt{N!}} \sum_P \delta_P P\left[\psi_0(x_1) \cdots \psi_{N-2}(x_{N-1})\psi_{N+1}(x_N)\right] \\
\Psi_{0, \ 1, \ \cdots, N-3, \ N-1, \ N}(x_1, \cdots, x_N) = \dfrac{1}{\sqrt{N!}} \sum_P \delta_P P\left[\psi_0(x_1) \cdots \right. \\
\qquad\qquad\qquad\qquad\qquad\qquad \left. \psi_{N-3}(x_{N-2})\psi_{N-1}(x_{N-1})\psi_N(x_N)\right]
\end{cases}
$$

可看出基态, 第一激发态是非简并的, 而第二激发态为二重简并的.

(2) 对于定态, 有 Virial 定理

$$
2\langle T \rangle = \left\langle \sum_i x_i \partial_i V(x_1, \cdots, x_N) \right\rangle
$$

由于

$$
\left\langle \sum_k x_k \partial_k \sum_{i \neq j} \frac{\lambda}{2}\delta(x_i - x_j) \right\rangle = 0
$$

$$
\left\langle \sum_k x_k \partial_k \frac{k}{2}\sum_{i=1}^N x_i^2 \right\rangle = k\left\langle \sum_{i=1}^N x_i^2 \right\rangle
$$

$$
\left\langle \sum_{i \neq j} \frac{\lambda}{2}\delta(x_i - x_j) \right\rangle = 0
$$

所以可得

$$
\langle T \rangle = \langle V(x_1, \cdots, x_N) \rangle
$$

或者

$$
2\langle V(x_1, \cdots, x_N) \rangle = E
$$

并有

$$
\left\langle \sum_{i=1}^N x_i^2 \right\rangle = \frac{2}{m\omega^2}\langle V(x_1, \cdots, x_N) \rangle
$$

于是, 我们可以得到

$$
\left\langle \sum_{i=1}^N x_i^2 \right\rangle = \frac{1}{m\omega^2}E
$$

对于三个最低能量本征态

$$
\begin{cases}
\left\langle 0 \left| \sum_{i=1}^{N} x_i^2 \right| 0 \right\rangle = \dfrac{\hbar}{2m\omega} N^2 \\[4mm]
\left\langle 1 \left| \sum_{i=1}^{N} x_i^2 \right| 1 \right\rangle = \dfrac{\hbar}{2m\omega} (N^2 + 2) \\[4mm]
\left\langle 2 \left| \sum_{i=1}^{N} x_i^2 \right| 2 \right\rangle = \left\langle 2' \left| \sum_{i=1}^{N} x_i^2 \right| 2' \right\rangle = \dfrac{\hbar}{2m\omega} (N^2 + 4)
\end{cases}
$$

式中，$|0\rangle$，$|1\rangle$，$|2\rangle$ 和 $|2'\rangle$ 分别为基态，第一激发态和两个第二激发态.

10.26 HD 分子的两个最低转动能级差

题 10.26 HD 分子的两个最低转动能级差是多少电子伏特？HD(D 是一个氘核)距离是 0.75Å.

解答 转动能级为

$$
E_J = \frac{\hbar^2}{2I} J(J+1)
$$

故两个最低转动能级差

$$
\Delta E_{10} = \frac{\hbar^2}{2I} J(J+1) \bigg|_{J=1} - \frac{\hbar^2}{2I} J(J+1) \bigg|_{J=0} = \frac{\hbar^2}{I}
$$

由于氘核质量 m_{D} 近似为氢核的 m_{p} 的两倍，故

$$
I = \mu r^2 = \frac{2m_{\mathrm{p}} \cdot m_{\mathrm{p}}}{2m_{\mathrm{p}} + m_{\mathrm{p}}} r^2 = \frac{2}{3} m_{\mathrm{p}} r^2
$$

于是

$$
\begin{aligned}
\Delta E_{10} &= \frac{\hbar^2}{\dfrac{2}{3} m_{\mathrm{p}} r^2} = \frac{3}{2} \cdot \frac{(\hbar c)^2}{m_{\mathrm{p}} c^2} \cdot \frac{1}{r^2} \\[3mm]
&= \frac{3}{2} \times \frac{(1.97 \times 10^{-11} \mathrm{MeV \cdot cm})^2}{938 \mathrm{MeV}} \times \frac{1}{(0.75 \times 10^{-8} \mathrm{cm})^2} \\[3mm]
&= 1.1 \times 10^{-2} \mathrm{eV}
\end{aligned}
$$

10.27 氮分子的相邻的转动能谱强度之比

题 10.27 考虑共核分子 $^{14}\mathrm{N}_2$ 利用氮核自旋 $I = 1$ 这个事实推导出以下结果：在氮分子谱中相邻的转动谱线强度之比为 2:1.

证明　在绝热近似下 N_2 的波函数可表示成电子波函数 ψ_e、总核自旋波函数 ψ_s、振动波函数 ψ_0，转动波函数 ψ_I 的乘积，即

$$\psi = \psi_e \psi_s \psi_0 \psi_I$$

对于分子的转动谱，其涉及的能级的波函数中 ψ_e，ψ_0 是相同的，差别只在 ψ_s 与 ψ_I 上，且对于氮核之间的交换，$\psi_e\psi_0$ 有确定的符号变化 (即 $\psi_s\psi_0 \to \psi_e\psi_0$ 或者 $-\psi_e\psi_0$) 由于氮核的核自旋为 1，是 Bose 子，故总核自旋 S 可为 0，1，2.

对于氮核之间交换算符 P

$$P\psi_S = \begin{cases} \psi_S, & S = 0,\, 2 \\ -\psi_S, & S = 1 \end{cases}$$

$$P\psi_I = \begin{cases} \psi_I, & I \text{为偶数} \\ -\psi_I, & I \text{为奇数} \end{cases}$$

由 Bose-Einstein 统计知当两氮核交换时，总波函数应当不变，综上所述可知相邻的转动能级 $(\Delta I = 1)$ 必有一为 0 或 2，另一为 1. 它们的简并度之比为 $(2\times 2+1+2\times 0+1):(2\times 1+1) = 2:1$. 又对于分子转动谱，其跃迁选择定则为 $\Delta J = 2$，故相邻两转动谱线必是由 $I =$ 偶数 $\to$ 偶数及 $I =$ 奇数 $\to$ 奇数的跃迁形成的. 由于分子转动能级间距差别与室温下 kT 相比很小，可以忽略热布居的影响，其相邻谱线强度之比为 I，为偶数的转动能级简并度与相邻的 I 为奇数的转动能级简并度之比，故为 2:1.

10.28　氢分子离子 H_2^+

题 10.28　(1) 假设 H_2^+ 中两质子被固定，间距是 1.06Å，画出电子沿质子连线方向的势能图；

(2) 画出 H_2^+ 两最低能态的波函数，粗略说明它们与氢原子波函数的关系，哪个波函数对应基态? 为什么?

(3) 当两氢原子分离无穷远时，两最低态的能级有什么变化?

解答　(1) 如图 10.4 所示，$R = 1.06$Å 电子势能为

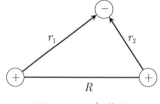

图 10.4　H_2^+ 构形

$$V = -\frac{e^2}{r_1} - \frac{e^2}{r_2}$$

在两质子连线上

$$V = -\frac{e^2}{|x|} - \frac{e^2}{|R-x|}$$

势能曲线 (在两质子连线上) 如图 10.5 所示.

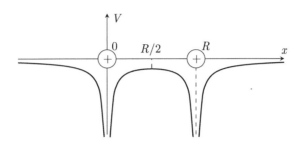

图 10.5　H_2^+ 中电子势能曲线

(2) 考虑到两质子全同，则 H_2^+ 的两最低能态的电子波函数为

$$\psi_\pm = C_\pm \left[\phi(\boldsymbol{r}_1) \pm \phi(\boldsymbol{r}_2)\right]$$

式中，$\phi(\boldsymbol{r})$ 类似于类氢原子的基态波函数

$$\phi(\boldsymbol{r}) = \frac{\lambda^{3/2}}{\sqrt{\pi}} \cdot \frac{1}{a^{3/2}} \mathrm{e}^{-\lambda r/a} = \psi_{100}\big|_{a \to \lambda a}$$

ψ_{100} 为氢原子基态波函数. 两波函数如图 10.6 所示. 从图中可以看出，波函数为 ϕ_+ 时电子在两核附近的概率较大，因此，基态波函数为 ϕ_+.

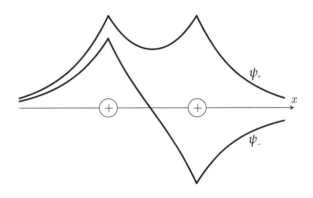

图 10.6　H_2^+ 中两最低能态的电子波函数

另外，由 $E_\pm = \langle \psi_\pm | H | \psi_\pm \rangle$ 的计算也可知 $E_+ \langle E_-$ (这里 $H = \dfrac{P^2}{2m} + V$). 在此计算中注意 $r_1 = r$，$r_2 = r - R$，对 r 积分

$$\langle \phi(\boldsymbol{r}_1) | H | \phi(\boldsymbol{r}_1) \rangle = \langle \phi(\boldsymbol{r}_2) | H | \phi(\boldsymbol{r}_2) \rangle$$
$$\langle \phi(\boldsymbol{r}_1) | H | \phi(\boldsymbol{r}_2) \rangle = \langle \phi(\boldsymbol{r}_2) | H | \phi(\boldsymbol{r}_1) \rangle$$

$\langle\phi(\boldsymbol{r}_1)|H|\phi(\boldsymbol{r}_1)\rangle$, $\langle\phi(\boldsymbol{r}_1)|H|\phi(\boldsymbol{r}_1)\rangle$ 均小于零 (束缚态).

(3) 当两氢原子分离无穷远时，$\phi(\boldsymbol{r}_1)$ 和 $\phi(\boldsymbol{r}_2)$ 两个束缚态的波包相互重叠得越来越少，因此 $\langle\phi(\boldsymbol{r}_1)|H|\phi(\boldsymbol{r}_2)\rangle$ 和 $\langle\phi(\boldsymbol{r}_1)|H|\phi(\boldsymbol{r}_2)\rangle \to 0$. 两个最低能级将重合并等于

$$\langle\phi(\boldsymbol{r}_1)|H|\phi(\boldsymbol{r}_1)\rangle|_{R\to\infty} = -\frac{\hbar^2\lambda^2}{2ma^2} + \frac{\lambda}{a}\left(\frac{\lambda\hbar^2}{ma} - e^2\right)$$

10.29 写出氦原子的 Schrödinger 方程及由 $(1\mathrm{s})^1(2\mathrm{s})^1$ 电子组态构成的单态和三重态之间的能级分裂

题 10.29 (1) 写出氦原子的 Schrödinger 方程，将核处理为无限重点电荷；

(2) He 原子激发态的电子组态是 $(1\mathrm{s})'(2\mathrm{s})'$，它有单态和三重态. 哪个态能量低? 解释之. 用单电子波函数 $\psi_{1\mathrm{s}}(\boldsymbol{r})$、$\psi_{2\mathrm{s}}(\boldsymbol{r})$ 写出单态和三重态之间能量分裂的表达式.

解答 (1) 因为核视为无限重，所以不考虑核的运动；核为点电荷，所以不考虑核内各核子之间的相互作用以及核电荷分布. 如图 10.7所示，Schrödinger 方程为

$$\left(\frac{\boldsymbol{p}_1^2}{2m_\mathrm{e}} + \frac{\boldsymbol{p}_2^2}{2m_\mathrm{e}} - \frac{2e^2}{R_1} - \frac{2e^2}{R_2} + \frac{e^2}{|\boldsymbol{R}_1-\boldsymbol{R}_2|}\right)\psi(\boldsymbol{R}_1,\ \boldsymbol{R}_2) = E\psi(\boldsymbol{R}_1,\ \boldsymbol{R}_2)$$

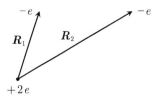

图 10.7 氦原子的构形

式中，左边前两项为电子动能；第三、四项对应于核对电子的吸引势；最后一项为两个电子的排斥势. $\boldsymbol{R}_1$、$\boldsymbol{R}_2$ 分别是两个电子以核为原点的位置矢量.

(2) 三重态能量低. 电子是 Fermi 子，波函数对于交换两电子总是反对称的. 自旋三重态对于两电子交换对称，则空间波函数对于两电子交换反对称，说明两电子靠近的概率比较小，电子之间的排斥能小. 而对于自旋单态，结论正相反. 空间波函数对于交换两电子是对称的，即电子相互靠近的概率大，电子之间的静电排斥能大. 所以三重态能量低. 这时，

$$H' = \frac{e^2}{r_{12}}, \quad r_{12} = |\boldsymbol{r}_1 - \boldsymbol{r}_2|$$

单态

$$\psi^\mathrm{S} = \frac{1}{\sqrt{2}}[\psi_{1\mathrm{s}}(\boldsymbol{r}_1)\psi_{2\mathrm{s}}(\boldsymbol{r}_2) + \psi_{1\mathrm{s}}(\boldsymbol{r}_2)\psi_{2\mathrm{s}}(\boldsymbol{r}_1)]\chi_{00}$$

三重态

$$\psi^\mathrm{T} = \frac{1}{\sqrt{2}}[\psi_{1\mathrm{s}}(\boldsymbol{r}_1)\psi_{2\mathrm{s}}(\boldsymbol{r}_2) - \psi_{1\mathrm{s}}(\boldsymbol{r}_2)\psi_{2\mathrm{s}}(\boldsymbol{r}_1)]\chi_{1m}$$

单态和三重态之间的能量分裂为

$$\Delta E = \left\langle \psi^{\mathrm{S}} \right| H' \left| \psi^{\mathrm{S}} \right\rangle - \left\langle \psi^{\mathrm{T}} \right| H' \left| \psi^{\mathrm{T}} \right\rangle$$

注意到 $\psi_{ns}^*(\boldsymbol{r}) = \psi_{ns}(\boldsymbol{r})$，则可得

$$\Delta E = 2 \int \frac{e^2}{r_{12}} \left[\psi_{1\mathrm{s}}(\boldsymbol{r}_1) \psi_{2\mathrm{s}}(\boldsymbol{r}_1) \psi_{1\mathrm{s}}(\boldsymbol{r}_2) \psi_{2\mathrm{s}}(\boldsymbol{r}_2) \right] \mathrm{d}\boldsymbol{r}_1 \mathrm{d}\boldsymbol{r}_2$$

10.30　各种电子组态的 $^{2s+1}L_J$ 值和简并度

题 10.30　计算下列每一种电子组态的 $^{2s+1}L_J$ 值.

(1) 2s2p;

(2) 2p3p;

(3) $(2\mathrm{p})^2$;

(4) $(3\mathrm{d})^{10}$;

(5) $(3\mathrm{d})^9$.

对每一种电子组态，证明每个 $^{2s+1}L_J$ 组合的态的总数等于组态的简并度.

解答　(1) 一个 2s 电子具有 $n=2$，$l=0$，$s=\frac{1}{2}$，具有两个态相应于 $m_s = \pm\frac{1}{2}$. 一个 2p 电子 $n=2$，$l=1$，$s=\frac{1}{2}$ 有 6 个态，它们的 $m_1 = 1$，0，-1，$m_s = \pm\frac{1}{2}$（n 与单粒子态数无关）. 每一个 2s 态可能和一个 2p 态结合成一个反对称态，所以电子组态的简并度为 $2 \times 6 = 12$.

为了得到 L，S，J 值，首先将轨道角动量与自旋角动量分别耦合，由题意知

$$l_1 = 0, \quad l_2 = 1, \quad s_1 = s_2 = \frac{1}{2}$$

所以

$$L = 1, \quad S = 1 \text{或} 0$$

由于 $L=1$ 有 3 个空间态，相应于 $M_L = 1$，0，-1，它们中的每一个与两个不同的单粒子态相关，其中一个电子 $m_l = 0$，另一个 $m_l = 1$，0，-1. 对于每一对单粒子态我们可以构造对称与反对称的空间波函数. 前者同反对称的自旋波函数 $(S=0)$，后者同对称的三重态 $(S=1)$ 相乘，所以我们有

$$L = 1, S = 1 \quad \text{和} \quad L = 1, S = 0$$

一旦我们确定了反对称的 L-S 组合，则对 J 没有对称性的限制，由角动量理论我们有

$$L = 1, \quad S = 1, \quad J = 2, 1, 0$$

$$L = 1, \quad S = 0, \quad J = 1$$

用标准符号可记为

$$^3\mathrm{p}_2, \quad ^3\mathrm{p}_1, \quad ^3\mathrm{p}_0, \quad ^1\mathrm{p}_1$$

每一个 J 值有 $2J+1$ 个态, 相应于 $M_J = J, \ J-1, \ \cdots, -J$. 所以总态数为 $5 + 3 + 1 + 3 = 12$, 这也正是电子组态 (1) 的简并度.

讨论 对每个 J 的 $2J+1$ 值相加的总数总是等于电子组态的简并度, 这是因为每一个 $L, \ S, \ J, \ M_J$ 态 (称耦合表象) 都是具有 $m_{l_1}, \ m_{l_2}, \ m_{s_1}, \ m_{s_2}$ 的单粒子态 (无耦合表象) 的线性组合, 反之亦然. 所以这两类态具有相同的数目, 这种情况是两个角动量相加的推广. 这一结果对于检查是否所有的 J 值都考虑到是很有用的.

(2) 对于组态 2p3p, 每个电子都可以处于 6 个态之一, 2p 的 6 个态中每一个都可以和 3p 的 6 个态之一组成反对称态, 故简并度为 $6 \times 6 = 36$. 虽然有些组合两个电子具有相同的 m_l 与 m_s, 但电子仍不是处于相同的态, 因为 n 值不同.

因为 $l_1 = l_2 = 1$, 所以 $L = 2, \ 1, \ 0$. 另外处于不同壳层的两个电子的单粒子态总可以构成对称与反对称的空间波函数, 所以任何 L 值可以和所有的 S 值结合构成总的反对称波函数. 可能的 L 与 S 的结合构成的 J 值列在下表中:

L	S	J	$2J+1$	$2J+1$ 的总和
2	1	3, 2, 1	7, 5, 3	15
1	1	2, 1, 0	5, 3, 1	9
0	1	1	3	3
2	0	2	5	5
1	0	1	3	3
0	0	0	1	1
				总和 36

这些态是

$$^3\mathrm{d}_3, \ ^3\mathrm{d}_2, \ ^3\mathrm{d}_1, \ ^3\mathrm{p}_2, \ ^3\mathrm{p}_1, \ ^3\mathrm{p}_0, \ ^3\mathrm{s}_1, \ ^1\mathrm{d}_2, \ ^1\mathrm{p}_1, \ ^1\mathrm{s}_0$$

(3) 一个 p 电子有 6 个态, 但两个电子必须处于不同态, 所以只有 6×5 种直积态. 再由它们构成反对称的波函数, 所以由两个处于同壳的 p 电子的组态的简并度为 $\dfrac{1}{2} \times 6 \times 5 = 15$.

同 (2), 可能的 L 值是 2, 1, 0. 但两个电子处于同一壳层, 对于给定的 L 不能构成任意对称性的空间波函数. 空间态的对称性由 L 确定, 同样自旋波函数的对称性由 S 确定. 为了总波函数是反对称的, L 与 S 的组合见下表:

L	S	J	$2J+1$	$2J+1$ 的和
2	0	2	5	5
1	1	2,1,0	5,3,1	9
0	0	0	1	1
				总和 15

这些态是

$$^1d_2, \quad ^3p_2, \quad ^3p_1, \quad ^3p_0, \quad ^1s_0$$

(4) d 壳相应于 $L = 2$，有 5 个 m_L 值，乘上 2 个自旋态，共有 10 个态. 这样 $(3d)^{10}$ 表示一个满壳层，它是非简并态，态只能是 $^1s_0$. 这是一个一般的结论，这是因为每一个电子必须有不同的一对 m_l，m_s 值，在满壳层所有的 m_l 值 (从 l 到 $-l$) 都出现两次 (相应于两个 m_s 值)，所以它们的和为零. 类似所有电子的 m_s 之和也为零. 这样结果态的量子数 M_L，M_S 都为零，导致

$$L = S = 0$$

因而 $J = 0$.

讨论　满壳层的电子态 $L = S = J = 0$，这是一个很有用的结果，这意味着为了计算一个电子组态的 L、S、J 值，我们可以不去考虑所有填满的壳层中的电子，尽管它们可能是电子组态中的大多数. 我们只需要考虑那些未填满的壳层上的少数电子.

(5) 这是一个满壳层中少一个电子的电子组态. 因为满壳层电子组态的轨道角动量和自旋角动量都为零，所以当一个电子从满壳层中去掉后，剩下电子的角动量的各分量等于去掉的电子的角动量分量的负值，也就是剩余电子的 L，S，J 值与壳上只有一个电子时相同. 所以 $(3d)^9$ 简并度为 10，它的 L、S、J 值分别为

$$L = 2, \quad S = \frac{1}{2}, \quad J = \frac{5}{2}, \quad \frac{3}{2}$$

相应的态是 $^2d_{5/2}$，$^2d_{3/2}$.

10.31　氮原子基态的电子组态

题 10.31　氮原子基态的电子组态是 $(1s)^2(2s)^2(2p)^3$，试问：
(1) 此电子组态的简并度；
(2) 列出所允许的 2p 壳上的电子的单电子态的乘积态 (按 M_L 减少的顺序)；
(3) 此电子组态可能的值 $^{2s+1}L_J$ 是什么？
(4) 哪一个具有最低能量？

解答　(1) 1s，2s 层已满可以不考虑. 对 2p 壳层的 3 个电子有 6 个单粒子态，每个电子必须处于不同的态，所以简并度等于从 6 个态中任意选出 3 个的方法的数目，即

$$\frac{6!}{3!3!} = 20$$

(2) 20 个乘积态列在下表中，乘积中的数字是 m_l 值 ($\bar{1}$ 表示 -1)，α、β 表示 $m_s = \frac{1}{2}$ 和 $m_s = -\frac{1}{2}$ 的自旋态. 例如，第一行中的 $1\alpha 0\alpha 1\beta$ 表示三个单粒子态. 对每一个乘积态 M_L 是 3 个 m_l 的和，同样 M_S 是 3 个 m_s 之和.

单粒子态的乘积	M_L	M_S	态数	$L=2$ $S=1/2$	$L=1$ $S=1/2$	$L=0$ $S=1/2$
$1\alpha0\alpha1\beta$	2	$\dfrac{1}{2}$	1	$\sqrt{}$		
$1\beta0\beta1\alpha$	2	$\dfrac{1}{2}$	1	$\sqrt{}$		
$1\alpha0\alpha0\beta,\ 1\alpha\bar{1}\alpha1\beta$	2	$\dfrac{1}{2}$	2	$\sqrt{}$	$\sqrt{}$	
$1\beta0\beta0\alpha,\ 1\beta\bar{1}\beta1\alpha$	2	$\dfrac{1}{2}$	2	$\sqrt{}$	$\sqrt{}$	
$1\alpha0\alpha\bar{1}\alpha$	0	$\dfrac{3}{2}$	1			$\sqrt{}$
$1\alpha0\alpha\bar{1}\beta,\ 1\alpha\bar{1}\alpha0\beta,\ 0\alpha\bar{1}\alpha1\beta$	0	$\dfrac{1}{2}$	3	$\sqrt{}$	$\sqrt{}$	$\sqrt{}$
$1\beta0\beta\bar{1}\alpha,\ 1\beta\bar{1}\beta0\alpha,\ 0\alpha\bar{1}\alpha1\beta$	0	$-\dfrac{1}{2}$	3	$\sqrt{}$	$\sqrt{}$	$\sqrt{}$
$1\beta0\beta\bar{1}\beta$	0	$-\dfrac{3}{2}$	1			$\sqrt{}$
$\bar{1}\alpha0\alpha0\beta,\ \bar{1}\alpha1\alpha\bar{1}\beta$	-1	$\dfrac{1}{2}$	2	$\sqrt{}$	$\sqrt{}$	
$\bar{1}\beta0\beta0\alpha,\ 1\beta\bar{1}\beta1\alpha$	-1	$-\dfrac{1}{2}$	2	$\sqrt{}$	$\sqrt{}$	
$\bar{1}\alpha0\alpha\bar{1}\beta$	-2	$\dfrac{1}{2}$	1	$\sqrt{}$		
$\bar{1}\beta0\beta\bar{1}\alpha$	-2	$\dfrac{1}{2}$	1	$\sqrt{}$		

总态数 20

(3) 同样存在着 20 个态, 它们由不同的量子数 L、S、M_L、M_S 标志. 它们是 20 个乘积态的线性组合, 并且对于任一对电子交换具有交换反对称性. 对于同一壳层只有两个电子的情况, 反对称性要求的满足可通过对称性的空间波函数与反对称性的自旋波函数相乘或者反对称空间波函数和对称自旋空间波函数相乘来达到. 但是当价壳中的电子超过两个时, 问题就要复杂些, 因为并非一定能将反对称态写成空间波函数与自旋波函数的乘积. 为此我们首先用单粒子态乘积态构成三粒子反对称的态. 方法是若乘积 $\psi(1,\,2,\,3) = u_a(1)u_b(2)u_c(3)$ 表示 1 粒子处于单粒子态 u_a, 2 粒子处于 u_b, 3 粒子处于 u_c 态, 则三粒子反对称态可由此乘积态构成, 为

$$\psi_A(1,\,2,\,3) \;=\; \frac{1}{\sqrt{3!}}\{[\psi(1,\,2,\,3)+\psi(2,\,3,\,1)+\psi(3,\,1,\,2)] \\ -[\psi(2,\,1,\,3)+\psi(1,\,3,\,2)+\psi(3,\,2,\,1)]\} \tag{10.9}$$

如此构成的态与 $\psi_A(1,\,2,\,3)$ 具有相同的 M_L 与 M_S 值. 然后再用上表中同一行中的每一个乘积态分别构成的反对称三粒子态再进行线性组合成为具有确定的 L、S、M_L、M_S 的反对称态. 组合关系确定了 L、S 的可能值. 上表中的符号 "$\sqrt{}$" 表示相应的

L 与 S 值 (每一列) 是由 "$\sqrt{}$" 号同行的乘积态线性组合而成的. 例如, 第三行有两个乘积态, $1\alpha0\alpha0\beta$ 和 $1\alpha\bar{1}\alpha1\beta$ 由式 (10.9) 可构成两个三粒子反对称态. 由于相应的 $M_L = 1$, $M_S = \dfrac{1}{2}$, 所以用这两个三粒子反对称态经过不同的线性组合又可以构成 $L = 2$, $S = \dfrac{1}{2}$ 和 $L = 1$, $S = \dfrac{1}{2}$ 两个态, 如表中 "$\sqrt{}$" 号所表示.

　　每一对 L、S 值导致 J 值 (从 $L+S$, $-|L-S|$), 在下表中列出了所有的 L、S、J 值, 相应的态为

$$^2\mathrm{d}_{5/2},\ ^2\mathrm{d}_{3/2},\ ^2\mathrm{p}_{3/2},\ ^2\mathrm{p}_{1/2},\ ^4\mathrm{s}_{3/2}$$

L	S	J	$2J+1$	$2J+1$ 的和
2	$\dfrac{1}{2}$	$\dfrac{5}{2}, \dfrac{3}{2}$	6,4	10
1	$\dfrac{1}{2}$	$\dfrac{3}{2}, \dfrac{1}{2}$	4,2	6
0	$\dfrac{3}{2}$	$\dfrac{3}{2}$	4	4
				总和 20

(4) 最低能量的态由 Hund 定则决定, 第一条定则给出 $S = \dfrac{3}{2}$, 所以基态是 $^4\mathrm{s}_{3/2}$.

附录　Hund 定则是用来确定 L-S 耦合下基态的 L, S, J 值的

(i) 在基态中 S 值具有最大值;

(ii) L 值具有最大值;

(iii) 当某壳层电子数少于半满时, $J = |L-S|$; 当电子数大于半满时 $J = L+S$, 当电子数正好是满壳层电子数一半时, $L = 0$, $J = S$.

10.32　铅原子 6p 壳中服从 jj 耦合的两个电子可能的 j_1, j_2, J 值

　　题 10.32　铅原子服从 jj 耦合. 铅原子基态在 6p 壳中有两个电子. 对铅原子的这一电子组态, 给出可能的 j_1, j_2, J 值 (磁相互作用大于静电相互作用).

　　解答　因为铅原子服从 jj 耦合 (即 $\boldsymbol{j}_1 = \boldsymbol{L}_1 + \boldsymbol{S}_1$ 为第一个电子的总角动量, $\boldsymbol{j}_2 = \boldsymbol{L}_2 + \boldsymbol{S}_2$ 为第二个电子的总角动量, 在原子中是守恒的) 单电子的 $\boldsymbol{j} = \boldsymbol{L} + \boldsymbol{S}$ 为守恒量, 对于一个 p 壳的电子, $j = \dfrac{3}{2}$ 和 $j = \dfrac{1}{2}$. 又对于 $j_1 = j_2 = \dfrac{3}{2}$ 时, 两个电子的 $J = 3, 2, 1, 0$. 但是 $J = 3$ 和 1 的波函数是交换对称的, 故被排除. 类似对于 $j_1 = j_2 = \dfrac{1}{2}$ 而言, $J = 1, 0$, 而 $J = 1$ 的波函数是对称的, 故舍去. 对于 $j_1 = \dfrac{3}{2}$, $j_1 = \dfrac{1}{2}$, $J = 2, 1$ 的情况, 因为 $j_1 \neq j_2$, 所以我们可以对所有的 J 值构成反对称波函

数，因而都是允许的. 在下表中列出可能的 j_1, j_2, J 值.

j_1	j_2	J	$2J+1$	$2J+1$ 的和
$\frac{3}{2}$	$\frac{3}{2}$	2, 0	5, 1	6
$\frac{3}{2}$	$\frac{3}{2}$	2, 1	5, 3	8
$\frac{3}{2}$	$\frac{3}{2}$	0	1	1
				总和 15

　　讨论　对 $(np)^2$ 电子组态，上题结果给出在 $L\text{-}S$ 耦合下的 L，S，J 值；本题给出了在 jj 耦合下的 j_1, j_2, J 值. 在图 10.8 中显示了 $(np)^2$ 电子组态的能量如何随着 P/V'(原子中电子受到的磁力和剩余的电力之比) 的变化而变化. 当 $P \ll V'$ 时，图

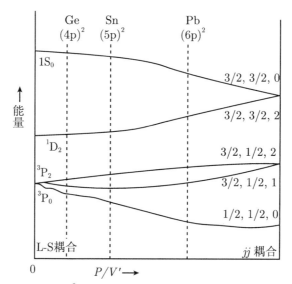

图 10.8　$(np)^2$ 电子组态的能量随着 P/V' 的变化而变化

中以锗为例子说明；$P \sim V'$ 的时候，以锡为例子，这时的态一般来说处于不同的 S、L 态的混合，或者不同的 j_1, j_2 态的混合；当 $P \gg V'$ 时 (jj 耦合)，这时态仍然是 S、L 的组合态，但趋向于具有确定的 j_1, j_2 值，其中铅就是一例. 值得注意的是在所有情况下，J 都是好量子数.

10.33　在热平衡混合物中的氢分子

　　题 10.33　在氢分子的 ortho form 中两个核的自旋波函数是对称的；在 para form 中是反对称的. 分子内部运动可以表示为刚性转子的运动，本征波函数是球谐函数，相应的本征能量是 $l(l+1)\hbar^2/2I$，这里 I 是分子关于通过它们的质心而且垂直于两核连

线的转动轴的转动惯量.

(1) 证明当温度为 T 时, 轻氢的热平衡混合物中仲氢分子数 n_p 与正氢分子数 n_o 之比是

$$\frac{n_\mathrm{p}}{n_\mathrm{o}} = \frac{1}{3} \cdot \frac{\sum\limits_{l=\text{偶}} (2l+1)\mathrm{e}^{-l(l+1)x}}{\sum\limits_{l=\text{奇}} (2l+1)\mathrm{e}^{-l(l+1)x}}$$

其中

$$x = \frac{\hbar^2}{2I} \cdot \frac{1}{k_\mathrm{B}T}$$

k_B 是 Boltzmann 常量;

(2) 在温度为 20.0K 时, 轻氢中含有 99.83% 的仲氢. 计算分子中两核的距离;

(3) 假设在轻氢与重氢分子中两核距离是相同的, 计算在同样温度下重氢的平衡混合物中正氢分子占的百分比.

解答　(1) 轻氢分子的核是质子 (自旋 1/2), 所以两个核的总体波函数是交换反对称的. 因为两核的旋转本征态是球谐函数 Y_{lm}, 所以当 l 为奇数时函数反对称, 而 l 为偶数时函数对称. 而两核的总自旋态当 $S=1$ 时 (正氢分子) 是对称的, 而当 $S=0$ 时 (仲氢分子) 是反对称的. 由于两核的总波函数须反对称, 所以仲氢分子的转动态 l 为偶数, 而正氢分子 l 为奇数.

在热平衡态中, 每一种态的分子数目正比于 Boltzmann 因子 $\mathrm{e}^{-E_l/k_\mathrm{B}T}$, 这里转动态的能量是

$$E_l = \frac{\hbar^2}{2I}l(l+1)$$

因为转动态函数是球谐函数, 每个转动能级有 $(2l+1)$ 重空间简并度加上自旋态简并度 ($S=1$ 时 3 重简并, $S=0$ 时一重简并). 从这些考虑我们可以得到在热平衡时, 仲氢分子数与正氢分子数的比例为

$$\frac{n_\mathrm{p}}{n_\mathrm{o}} = \frac{1}{3} \cdot \frac{\sum\limits_{l=\text{偶}} (2l+1)\mathrm{e}^{-l(l+1)x}}{\sum\limits_{l=\text{奇}} (2l+1)\mathrm{e}^{-l(l+1)x}} \tag{10.10}$$

其中

$$x = \frac{\hbar^2}{2I} \cdot \frac{1}{k_\mathrm{B}T} \tag{10.11}$$

k_B 是 Boltzmann 常量.

(2) 如果 R_0 是核间距离, m_p 是质子质量, 那么分子转动惯量 I 为

$$I = 2m_\mathrm{p}\left(\frac{R_0}{2}\right)^2 = \frac{1}{2}m_\mathrm{p}R_0^2 \tag{10.12}$$

因为 Boltzmann 因子使得式 (10.10)中求和的各项的大小随着 l 的增大而迅速减小, 而且对 R_0 的粗略估计也显示了在 $T=20\mathrm{K}$ 时, $l>1$ 的项都可以略去不计. 这一点容易

理解, 因为我们可以想象 R_0 应当介于 $a_0 = 53\text{pm}(a_0$ 为 Bohr 半径) 与 $2a_0$ 之间. 令 $R_0 = 100\text{pm}$, $T = 20\text{K}$, 代入式 (10.11)可得 $x = 2.41$, 所以对于 $l = 2$ 有

$$(2l+1)\text{e}^{-l(l+1)x} = 5\text{e}^{-6x} = 2.6 \times 10^{-6}$$

由于数值很小显然可以略去.

仅保留 $l = 0,1$ 的项, 由式 (10.10)可得

$$\frac{n_\text{p}}{n_\text{o}} = \frac{1}{9\text{e}^{-2x}} = \frac{99.83}{0.17}$$

由上式可求出 $x = 4.286$, 再由式 (10.11)和式 (10.12)两式可求出

$$R_0 = 75\text{pm}$$

(3) 重氢核是氘核, 自旋为 1. 所以对称自旋态 (ortho) 数与反对称自旋态 (para) 数比例为 2:1(见题 7.27). 氘核是 Bose 子, 所以两核的总体波函数是对称的, 所以 ortho 态的 l 为偶数, para 态的 l 为奇数. 正氢分子与仲氢分子数的比例为

$$\frac{n_\text{p}}{n_\text{o}} = \frac{2 \sum_{l=\text{偶}} (2l+1)\text{e}^{-l(l+1)x_\text{d}}}{\sum_{l=\text{奇}} (2l+1)\text{e}^{-l(l+1)x_\text{d}}} \tag{10.13}$$

这里

$$x_\text{d} = \frac{\hbar^2}{m_\text{d} R_0^2 k_\text{B} T} = \frac{1}{2}x \tag{10.14}$$

其中, m_d 是氘核的质量近似等于 $2m_\text{p}$. 类似上面所述, 将 $l > 1$ 的项略去, 所以有

$$\frac{n_\text{p}}{n_\text{o}} = \frac{2}{3\text{e}^{-x}} = \frac{2}{3}\text{e}^{4.286} = 48.5$$

这相当于热平衡时 98.0% 的是正氢分子.

讨论 除了氢分子的旋转运动, 还有两个氢原子之间的距离能够变动导致振动态. 但是这些振动态的能级之间的距离远大于旋转态, 在温度为 20K 时, 所有的分子都处于最低的振动态. 电子激发的能级也比较高. 对于两核的交换振动基态和电子基态都是对称的, 所以在本问题中只考虑核的转动态和自旋态是正确的.

10.34 氢-氘分子两个最低转动能级的简并度

题 10.34 H-D(氢-氘分子) 的两个最低的转动能级的简并度是多少?

解答 H-D 的两个最低转动态 l 值分别为 0 和 1, 简并度为 1 和 3(如同题 10.33 一样), 两个核的自旋分别是

$$S_1 = \frac{1}{2} \quad \text{和} \quad S_2 = 1$$

这样共有 $2 \times 3 = 6$ 个自旋态. 因为两个粒子是不全同粒子, 所以态函数无须对称化. 任何自旋态可以和任何空间态相结合, 构成总的波函数. 所以 $l = 0$ 和 $l = 1$ 的能量值的简并度分别是 6 和 18.

10.35 三重电离的镨离子

题 10.35 三重电离的镨离子在 4f 壳层有两个电子.

(1) 用 Hund 定则计算离子基态的 L, S, J 值, 并找出 Landé g 因子值;

(2) 证明当磁感应强度为 $B = 1T$ 的磁场加在镨盐上, 在温度 $T = 300K$ 时, 镨离子沿磁场方向的磁矩分量的热期望值近似为

$$\bar{\mu} = \frac{1}{3}g^2\mu_B^2\frac{J(J+1)B}{k_BT}$$

这里, μ_B 为 Bohr 磁子;

(3) 估算在上述 B 与 T 值下, 一克分子镨盐的磁化率 (提示: 利用离子具有 M_J 的概率正比于 Boltzmann 因子 $e^{-E/(k_BT)}$, 这里 E 是处于 M_J 值时的磁能. 假定本题的温度下 k_BT 比 LS 能级系列的间隔小得多).

解答 (1) 镨离子基态的 L、S、J 值可由 Hund 定则给出. 对于在 4f 壳上两个电子, Hund 定则给出

$$S = 1, \quad L = 5, \quad J = 4$$

离子 g 因子为

$$g = 1 + \frac{J(J+1) + S(S+1) - L(L+1)}{2J(J+1)} = \frac{4}{5}$$

(2) 存在磁场 $\boldsymbol{B}$ 时, 离子沿 $\boldsymbol{B}$ 方向的磁偶极子分量为

$$\mu = gM_J\mu_B \tag{10.15}$$

它的磁能是

$$E = -gM_J\mu_B B \tag{10.16}$$

这里 M_J 可取 $-J, -J+1, \cdots, J$.

因为离子具有 M_J 值的概率 P 正比于 $e^{-E/(k_BT)}$, 所以有

$$P = \frac{1}{Z}\exp\left(\frac{M_Jg\mu_B B}{k_BT}\right) \tag{10.17}$$

式中

$$Z = \sum_{M_J=-J}^{J}\exp\left(\frac{M_Jg\mu_B B}{k_BT}\right) \tag{10.18}$$

注意如果保持 J 为常数, 则所有 M_J 的概率之和为 1. 这是基于这样的假定, 在本题的温度下, 离子处于由相同的 L、S 导致的较大的 J 值的态的概率可以忽略, 因为那些态的能量太高了, 而比起它们之间的能级差太小了.

从式 (10.15)到式 (10.18), 可以得出 μ 的热期望值为

$$\bar{\mu} = \frac{1}{Z}\sum_{M_J=-J}^{J}M_Jg\mu_B\exp\left(\frac{M_Jg\mu_B B}{k_BT}\right)$$

$$= \frac{g\mu_{\mathrm{B}} \sum\limits_{M_J=-J}^{J} M_J \exp(M_J x)}{\sum\limits_{M_J=-J}^{J} \exp(M_J x)}$$

式中, $x = \dfrac{g\mu_{\mathrm{B}}B}{k_{\mathrm{B}}T}$.

在本题条件下有

$$\frac{\mu_{\mathrm{B}}B}{k_{\mathrm{B}}T} = 0.0022$$

所以, 在 g 和 M_J 的数量级为 1 的情况下有 $M_J x \ll 1$, 这导致

$$\mathrm{e}^{M_J x} \approx 1 + M_J x$$

因而有

$$\bar{\mu} = g\mu_{\mathrm{B}} \frac{\sum (M_J + x M_J^2)}{\sum (1 + x M_J)}$$

求和是对所有的 M_J 值 (从 $-J$ 到 J), 所以 M_J 的奇数幂的和为零, 上式变为

$$\bar{\mu} = g\mu_{\mathrm{B}} \frac{\sum M_J^2 x}{\sum 1} = \frac{1}{3} g^2 \mu_{\mathrm{B}}^2 \frac{J(J+1)B}{k_{\mathrm{B}}T} \tag{10.19}$$

上面用到

$$\sum M_J^2 = \frac{1}{3} J(J+1)(2J+1), \quad \sum 1 = 2J+1$$

(3) 克分子磁化率由下式定义:

$$\chi_{\mathrm{mol}} = \frac{\mu_0 N_{\mathrm{A}} \bar{\mu}}{B}$$

这里 N_{A} 是阿伏伽德罗常量, 由式 (10.19)可得

$$\chi_{\mathrm{mol}} = \frac{1}{3} \mu_0 N_{\mathrm{A}} g^2 \mu_{\mathrm{B}}^2 \frac{J(J+1)}{k_{\mathrm{B}}T} \tag{10.20}$$

将 g、J、T 和原子常数代入式 (10.20)可得

$$\chi_{\mathrm{mol}} = 6.7 \times 10^{-8} \mathrm{m^3/mol} \tag{10.21}$$

讨论 (1) 由式 (10.20)可见, 倘若 $\mu_{\mathrm{B}}B \ll k_{\mathrm{B}}T$, 则磁化率独立于 B 而反比于温度 T. 后者变化正如 Curie 定律. 因为 $\mu_{\mathrm{B}}B \ll k_{\mathrm{B}}T$ 在很多的实验条件下都可被满足, 所以此定律有广泛的适用性.

(2) 如果不同的 J 值态的能量间隔比 $k_{\mathrm{B}}T$ 大, 这里 T 为室温, 则我们说 LS 系列远离, 这正是像错这样的稀土元素的情况. 如果 Curie 定律的条件满足, 稀土元素磁化率的实验值与式 (10.20)的理论值符合得很好.

当离子群具有狭义的 SL 系列, 即不同 J 值态的能级间隔小于室温下的 $k_B T$ 值.
一个狭义的 SL 系列意味着原子中自旋－轨道作用力相对较弱, 我们可以忽略自旋角
动量与轨道角动量的耦合而认为原子有独立的自旋磁矩与轨道磁矩, 它们各自对磁化
率有所贡献, 而 g 因子值分别为 2 和 1. 这样对于一个狭义的 SL 系列, 式 (10.20)
变成

$$\chi_{\mathrm{mol}} = \frac{1}{3}\mu_0 N_A \mu_B^2 \frac{L(L+1)+4S(S+1)}{k_B T} \tag{10.22}$$

然而, 式 (10.22)的计算值与实验并不符合. 原因是离子族盐晶体中原子之间的静电力
使 L 等效为零, 这一现象被称为淬灭. 将 $L = 0$ 代入式 (10.22)后所得的值与实验符合
很好.

10.36　He 离子和 He 原子的电子波函数

题 10.36　(1) 假定你已经解出了一次电离的 He 原子的 Schrödinger 方程, 得到一
组本征函数 $\phi_N(\boldsymbol{r})$:

(i) $\phi_N(\boldsymbol{r})$ 和氢原子波函数相比, 有何不同?

(ii) 如果加上自旋部分, σ^+(或 σ^-) 表示自旋向上 (或向下), 怎样将 ϕ 和 σ 结合
起来, 得到具有确定自旋的本征函数?

(2) 现在考虑到 He 原子有两个电子, 但忽略它们之间的电磁相互作用:

(i) 用 ϕ 和 σ 写出一个具有确定自旋的典型的两电子波函数 (不要选择基态);

(ii) 在你的例子中, 总自旋是多少?

(iii) 说明你的例子不违反 Pauli 不相容原理;

(iv) 说明你的例子对于交换电子反对称.

解答　(1) (i) 一次电离的 He 原子称为类氢原子, 它的 Schrödinger 方程与氢原子
的 Schrödinger 方程在作了替换

$$e^2 \ \rightarrow \ Ze^2$$

后相同, 其中 $Z = 2$ 为 He 核的核电荷数. 从而一次电离的 He 原子中电子波函数与氢
原子的 Schrödinger 方程在作了替换

$$a_0 = \frac{\hbar^2}{\mu e^2} \ \rightarrow \ a = \frac{\hbar^2}{\mu Z e^2}$$

后相同, 其中 μ 是系统的折合质量.

(ii) ϕ 和 σ 属于不同的空间, 为得到具有确定自旋值的本征函数, 只要将 ϕ 和 σ
直乘即可.

(2) (i)、(ii)He 原子有两个电子, 两电子波函数可以取

$$\frac{1}{\sqrt{2}}\phi_N(1)\phi_N(2)\left[\sigma^+(1)\sigma^-(2)-\sigma^-(1)\sigma^+(2)\right]$$

其总自旋为 0

$$\frac{1}{\sqrt{2}}\left[\phi_{N1}(1)\phi_{N2}(2)-\phi_{N2}(1)\phi_{N1}(2)\right]\sigma^+(1)\sigma^+(2)$$

总自旋为 1.

(iii) 如对于总自旋为 1 的态, 取 $\phi_{N1}(1) = \phi_{N2}(2)$, 则波函数为零, 这与 Pauli 原理一致.

(iv) 两电子波函数记为 $\psi(1,2)$, 则交换 1、2 两个电子给出

$$\psi(1,2) = -\psi(2,1)$$

10.37 求氦原子中两个电子分别处于基态与第一激发态时, 存在的 8 个轨道波函数的性质

题 10.37 忽略电子自旋, 将氦原子中两个电子相对于核的位置记为 $\boldsymbol{r}_i$ $(i = 1,\ 2)$, 它们的 Hamilton 量可以写成

$$H = \sum_{i=1}^{2} \left(\frac{p_i^2}{2m} - \frac{2e^2}{|\boldsymbol{r}_i|} \right) + V, \quad V = \frac{e^2}{|\boldsymbol{r}_1 - \boldsymbol{r}_2|}$$

(1) 证明一个电子在类氢原子基态, 另一个在第一激发态时, 存在 8 个是 $H_0 \equiv H - V$ 的本征函数的轨道波函数.

(2) 用对称性的考虑, 证明 V 在这 8 个态中的所有矩阵元可以用它们中的四个来表示.

提示 用正比于

$$\frac{x}{r}, \quad \frac{y}{r}, \quad \frac{z}{r}$$

的 $l = 1$ 球谐函数的线性组合也许是有帮助的.

(3) 证明如果用 H_0 的 8 个本征函数的线性组合作为试探函数, 变分原理会给出决定 8 个激发态能级的行列式方程. 用 V 的四个独立的矩阵元表示出能级分裂.

(4) 讨论由于 Pauli 不相容原理, 能级的简并情况.

解答 类氢原子的本征函数记为

$$|n,\ l,\ m\rangle$$

则 8 个 H_0 的本征函数可选为 $(l = 0,\ 1,\ m = -l,\ \cdots,\ l)$

$$|lm\pm\rangle = \frac{1}{\sqrt{2}} \left[|(100)_1 (2lm)_2\rangle \pm |(2lm)_1 (100)_2\rangle \right]$$

其中, 下标 1, 2 分别标记两个电子. 这态相应的能量为

$$E_{\mathrm{B}} = E_1 + E_2 = -\frac{\mu (2e^2)^2}{2\hbar^2} \left(1 + \frac{1}{4} \right) = -\frac{5\mu e^4}{2\hbar^2}$$

是核电荷为 2 的类氢原子基态和第一激发态的能量之和.

现把电子间的相互作用

$$V_{12} = \frac{e^2}{|\boldsymbol{r}_1 - \boldsymbol{r}_2|}$$

当作微扰项，则需要计算的矩阵元为

$$\langle l'm' \pm |V_{12}| lm\pm\rangle$$

考虑到 V_{12} 具有转动不变性并且对两个电子是对称的，而 $|lm\pm\rangle$ 又是空间转动的本征态，于是有下列矩阵元：

$$\langle (100)_1(2l'm')_2 |V_{12}| (100)_1(2lm)_2\rangle = \langle (2l'm')_1(100)_2 |V_{12}| (2lm)_1(100)_2\rangle = \delta_{ll'}\delta_{mm'}A_l$$

$$\langle (100)_1(2l'm')_2 |V_{12}| (2lm)_1(100)_2\rangle = \langle (2l'm')_1(100)_2 |V_{12}| (100)_1(2lm)_2\rangle = \delta_{ll'}\delta_{mm'}B_l$$

这样可以算出

$$\langle l'm' + |V_{12}| lm+\rangle = \delta_{ll'}\delta_{mm'}(A_l + B_l)$$

$$\langle l'm' + |V_{12}| lm-\rangle = 0$$

$$\langle l'm' - |V_{12}| lm+\rangle = 0$$

$$\langle l'm' - |V_{12}| lm-\rangle = \delta_{ll'}\delta_{mm'}(A_l - B_l)$$

由于我们一开始是按关于电子的交换对称性组合波函数的，所以，我们看到微扰矩阵是对角的. 于是，我们得到如下四条分裂的能级：

第一条能级的能量是 $E_B + A_1 + B_1$；该能级对应的态是 $|1m+\rangle$
第二条能级的能量是 $A_1 - B_1 + E_B$；该能级对应的态是 $|1m-\rangle$
第三条能级的能量是 $E_B + A_0 + B_0$；该能级对应的态是 $|00+\rangle$
第四条能级的能量是 $E_B + A_0 - B_0$；该能级对应的态是 $|00-\rangle$

其中，$|1m+\rangle$ 和 $|1m-\rangle (m = \pm 1,\ 0)$ 各是三重简并的.

考虑到 Pauli 原理，则要加上自旋波函数. 不管轨道－自旋耦合，则总自旋波函数为

$$\chi_{00} \text{反对称，单态}$$

$$\chi_{1s_z} \text{对称，三重态}$$

由于电子总的波函数必须是对电子的交换是反对称的，我们必须作如下组合：

$$|lm+\rangle \chi_{00}, \quad |lm-\rangle \chi_{1s_z}$$

于是得各能级的能量和相应简并度如下：

$$E_B + A_0 - B_0 \quad 3$$

$$E_B + A_0 + B_0 \quad 1$$

$$E_B + A_1 - B_1 \quad 9$$

$$E_B + A_1 + B_1 \quad 3$$

10.38 由氦原子的最低 p 态的近似波函数组成 12 个反对称态,并研究其性质

题 10.38 从下列已知的核电荷为 Z 的类氢波函数出发,描述中性氦原子的最低 p 态 $(L=1)$ 的近似波函数和能级:

$$\psi_{1s} = \pi^{-1/2} a^{-3/2} e^{-r/a}$$

$$\psi_{2p, m_l=0} = (32\pi)^{-1/2} a^{-5/2} r e^{-r/2a} \cos\theta$$

等, 其中 $a = \dfrac{a_0}{Z}$.

(1) 你应该按 Russell-Saunders 耦合图像将这总共 12 个态 (2 自旋分量 ×2 自旋分量 ×3 轨道分量) 分类, 注意各个态应该是反对称的;

(2) 对这两个轨道波函数各给出一个 "Z" 的估计 (最相近的整数), 这导致比基态高多少的能量? 可以用什么数学过程去计算最佳 Z 值?

(3) 写出一个积分, 它给出由电子间的排斥作用引起的这 12 个态中两个子集的分裂, 哪些态的能量较低?

(4) 其中的哪些 p 态能通过单光子发射衰变到原子的基态 (电偶极跃迁)?

(5) 通过电偶极作用, 存在其他 $L=1$ 的激发态能辐射一个光子而衰变为上面所讨论的某个 p 态吗? 如果有, 则用通常的光谱符号给出一个例子.

解答 (1) 由于 $\boldsymbol{L} = \boldsymbol{l}_1 + \boldsymbol{l}_2$, $L_z = l_{1z} + l_{2z}$, $L=1$ 意味着 $l_1 = 1, l_2 = 0$, 或者 $l_1 = 0, l_2 = 1$, 也就是说一个电子处在 1s 态, 另一个电子处在 2p 态. 为方便起见, 用 Dirac 符号表示态. 下面先将空间波函数对称化、反对称化

$$|\psi_1\rangle = \frac{1}{\sqrt{2}} \left(|1s\rangle |2p, \, m_l = 1\rangle + |2p, \, m_l = 1\rangle |1s\rangle \right)$$

$$|\psi_2\rangle = \frac{1}{\sqrt{2}} \left(|1s\rangle |2p, \, m_l = 1\rangle - |2p, \, m_l = 1\rangle |1s\rangle \right)$$

$$|\psi_3\rangle = \frac{1}{\sqrt{2}} \left(|1s\rangle |2p, \, m_l = 0\rangle + |2p, \, m_l = 0\rangle |1s\rangle \right)$$

$$|\psi_4\rangle = \frac{1}{\sqrt{2}} \left(|1s\rangle |2p, \, m_l = 0\rangle - |2p, \, m_l = 0\rangle |1s\rangle \right)$$

$$|\psi_5\rangle = \frac{1}{\sqrt{2}} \left(|1s\rangle |2p, \, m_l = -1\rangle + |2p, \, m_l = -1\rangle |1s\rangle \right)$$

$$|\psi_6\rangle = \frac{1}{\sqrt{2}} \left(|1s\rangle |2p, \, m_l = -1\rangle - |2p, \, m_l = -1\rangle |1s\rangle \right)$$

式中, 对称的空间波函数 $|\psi_1\rangle$、$|\psi_3\rangle$、$|\psi_5\rangle$ 与自旋单态的乘积 $|\psi_i\rangle \chi_{00}$, 构成 3 个单态, 而反对称的空间波函数 $|\psi_2\rangle$、$|\psi_4\rangle$、$|\psi_6\rangle$ 与自旋三重态的乘积 $|\psi_i\rangle \chi_{1m} (i=2,4,6)$ 构成 9 个三重态. 如果要在耦合表象中表示出这 12 个态, 还必须对上述已经反对称化的波函数进行组合. 3 个单态的波函数为

$$^1\mathrm{p}_1, \quad |m_J = 1\rangle = |\psi_1\rangle \chi_{00}$$

$$|m_J = 0\rangle = |\psi_3\rangle \chi_{00}$$

$$|m_J = -1\rangle = |\psi_5\rangle \chi_{00}$$

9 个三重态的波函数为

$${}^3\mathrm{p}_2, \quad |m_J = 2\rangle = |\psi_2\rangle \chi_{11}$$

$$|m_J = 1\rangle = \frac{1}{\sqrt{2}} \left(|\psi_2\rangle \chi_{10} + |\psi_4\rangle \chi_{11} \right)$$

$$|m_J = 0\rangle = \sqrt{\frac{1}{6}} |\psi_2\rangle \chi_{1-1} + \sqrt{\frac{2}{3}} |\psi_4\rangle \chi_{10} + \sqrt{\frac{1}{6}} |\psi_6\rangle \chi_{11}$$

$$|m_J = -1\rangle = \frac{1}{\sqrt{2}} \left(|\psi_4\rangle \chi_{1-1} + |\psi_6\rangle \chi_{10} \right)$$

$$|m_J = -2\rangle = |\psi_6\rangle \chi_{1-1}$$

和

$${}^3\mathrm{p}_1, \quad |m_J = 1\rangle = \frac{1}{\sqrt{2}} \left(|\psi_2\rangle \chi_{10} - |\psi_4\rangle \chi_{11} \right)$$

$$|m_J = 0\rangle = \frac{1}{\sqrt{2}} \left(|\psi_2\rangle \chi_{1-1} - |\psi_4\rangle \chi_{11} \right)$$

$$|m_J = -1\rangle = \frac{1}{\sqrt{2}} \left(|\psi_4\rangle \chi_{1-1} - |\psi_6\rangle \chi_{10} \right)$$

以及

$${}^3\mathrm{p}_0, \quad |m_J = 0\rangle = \frac{1}{\sqrt{3}} \left(|\psi_2\rangle \chi_{1-1} - |\psi_4\rangle \chi_{10} + |\psi_6\rangle \chi_{11} \right)$$

(2) 由于 2p 轨道上的电子云主要在 1s 轨道上的电子云的外部, 所以 $|1\mathrm{s}\rangle$ 波函数的 $Z = 2$, 而 $|2\mathrm{p}\rangle$ 波函数的 $Z = 1$. 这种理解导致出能量高于基态

$$\Delta E = E_1 - E_0 = \left(2^2 \times E + \frac{1}{4}E \right) - \left(2 \times 2^2 \times E \right)$$

$$= -\frac{15}{4}E = -\frac{15}{4} \times (-13.6)\mathrm{eV} = 51\mathrm{eV}$$

为了计算最佳的 Z 值, 可以用给出的波函数去计算屏蔽效应, 从而拟合出 Z 值.

(3) 所需求的积分是来自对称波函数与反对称波函数的. 我们可以将这两种波函数表示成一个带参量的函数

$$|\psi_\varepsilon\rangle = \frac{1}{\sqrt{2}} \left(|1\mathrm{s}\rangle |2\mathrm{p}\rangle + \varepsilon |2\mathrm{p}\rangle |1\mathrm{s}\rangle \right), \quad \varepsilon = \pm 1$$

电子间的排斥作用为

$$H' = \frac{e^2}{|\boldsymbol{r}_1 - \boldsymbol{r}_2|}$$

它引起两套波函数的能级分裂

$$\langle \psi_\varepsilon | H' | \psi_\varepsilon \rangle = \frac{1}{2} \left(\langle 1\mathrm{s}| \langle 2\mathrm{p}| + \varepsilon \langle 2\mathrm{p}| \langle 1\mathrm{s}| \right) H' \left(|1\mathrm{s}\rangle |2\mathrm{p}\rangle + \varepsilon |2\mathrm{p}\rangle |1\mathrm{s}\rangle \right)$$

$$= \langle 1s2p| H' |1s2p \rangle + \varepsilon \langle 1s2p| H' |2p1s \rangle$$

第二项 "交换积分" 对能级分裂有贡献. 它用积分表示为

$$K = \int d\boldsymbol{r}_1 d\boldsymbol{r}_2 \psi_{1s}^*(\boldsymbol{r}_1) \psi_{1s}(\boldsymbol{r}_2) \psi_{2p}^*(\boldsymbol{r}_2) \psi_{2p}(\boldsymbol{r}_1) \frac{e^2}{|\boldsymbol{r}_1 - \boldsymbol{r}_2|}$$

并且容易看出 $K > 0$, 所以三重态 ($\varepsilon = -1$) 的能量较低 (因为空间波函数反称, 两电子相互 "回避").

(4) 电偶极辐射的跃迁选择法则

$$\Delta L = 0, \pm 1, \quad \Delta S = 0, \quad \Delta J = 0, \pm 1 \quad (0 \leftrightarrow 0) \quad \text{宇称改变}$$

给出能跃迁到基态 $^1s_0$ 的态为 $^1p_1$ 态.

(5) 存在所要求的激发态, 如 2p3p 电子组态中的 $^3p_1$ 态就可以电偶极跃迁至上述的 $^3p_{2,1,0}$ 态中任意一个.

10.39 对于由两个基态氢原子所组成的系统, 有三个排斥态与一个吸引态

题 10.39 尽可能好地证明下列陈述是有道理的: "对于由两个基态氢原子所组成的系统, 有三个排斥态和一个吸引态 (束缚态)".

证明 根据绝热近似, 在讨论两电子的运动时, 核之间距离看成是不变的. 考虑两电子运动的波函数. 当总自旋 $S_t = 0$ 时, 自旋部分波函数对两个电子交换是对称的, 故空间部分波函数对两个电子交换是反对称的, 即两电子在空间靠近的概率较小, 故是排斥态, 而这样的态有三个. 当 $S_t = 0$ 时, 空间部分波函数对两电子交换是对称的, 即两电子在空间靠近的概率较大, 故是吸引态, 这样的态有一个.

10.40 氘核的一个简化模型

题 10.40 在氘核的简化模型中, 势能形式为

$$V = V_a(r) + V_b(r) \boldsymbol{S}_n \cdot \boldsymbol{S}_p$$

其中, $\boldsymbol{S}_n$ 和 $\boldsymbol{S}_p$ 为两个自旋 $\frac{1}{2}$ 粒子的自旋算子, V_a 和 V_b 是粒子间距 r 的函数. 将两粒子的质量记为 m_n 和 m_p.

(1) 能量本征值问题可化为以 r 为变量的一维问题, 写出此一维方程;

(2) 若 V_a 和 V_b 都不大于 0, 说明基态是单态还是三重态.

解答 (1) 取单位使 $\hbar = 1$, 对于自旋单态

$$\boldsymbol{S}_n \cdot \boldsymbol{S}_p = \frac{1}{2}(S_n + S_p)^2 - \frac{1}{2}S_n^2 - \frac{1}{2}S_p^2 = -\frac{3}{4}$$

势能可以写成

$$V_{\text{单态}} = V_a(r) - \frac{3}{4}V_b(r)$$

Hamilton 量为

$$H = -\frac{1}{2m_n}\nabla_n^2 - \frac{1}{2m_p}\nabla_p^2 + V_a(r) - \frac{3}{4}V_b(r)$$

相对运动的 Hamilton 量为

$$H_r = -\frac{1}{2\mu}\nabla_r^2 + V_a(r) - \frac{3}{4}V_b(r)$$

∇_r^2 为相对位置坐标所对应的 Laplace 算子，$\mu = \dfrac{m_n m_p}{m_n + m_p}$ 为两粒子的折合质量.

将角变量 θ、φ 从 Schrödinger 方程中分离出去后，能量本征值可从径向波函数 $R(r)$ 满足的一维方程

$$-\frac{1}{2\mu r}\cdot\frac{\mathrm{d}^2}{\mathrm{d}r^2}(rR) + \left[\frac{l(l+1)}{2\mu r^2} + V_a(r) - \frac{3}{4}V_b(r)\right](rR) = E(rR)$$

中得到.

类似地，对于三重态

$$V_{\text{三重态}} = V_a(r) + \frac{1}{4}V_b(r)$$

相应的一维方程为

$$-\frac{1}{2\mu r}\cdot\frac{\mathrm{d}^2}{\mathrm{d}r^2}(rR) + \left[\frac{l(l+1)}{2\mu r^2} + V_a(r) + \frac{1}{4}V_b(r)\right](rR) = E(Rr)$$

(2) 由 Helleman-Feynman 定理可以证明，对于一维能量本征值问题，在其他条件相同的情况下，两个不同的势能之间，若

$$V'(x) \geqslant V(x), \quad -\infty < x < \infty$$

则相应能级 $E_n' \geqslant E_n$.

显然在本题中对于基态有 $l = 0$，由于 $V_b \leqslant 0$，$V_{\text{单态}} > V_{\text{三重态}}$，所以基态为三重态.

10.41 比较氢原子单态、三重态能量高低，以及氢分子核自旋态单态与三重态能量高低

题 10.41 (1) 由于超精细作用，氢原子的基态发生劈裂，标出它的能级图，并从基本原理出发指出哪一个态能量较高；

(2) 氢分子的基态劈裂成核自旋单态和核自旋三重态，从基本原理出发指出哪一个态的能量较高.

解答 (1) 超精细作用氢原子的 Hamilton 量

$$H_{\text{hf}} = -\boldsymbol{\mu}_p \cdot \boldsymbol{B}_e$$

其中，$\boldsymbol{\mu}_p$ 为质子内禀磁矩，$\boldsymbol{B}_e$ 是电子内禀磁矩所产生的磁场. 在基态情况下，电子的概率密度是球对称的，由对称性考虑 $\boldsymbol{B}_e$ 应与 $\boldsymbol{\mu}_e$ 同方向，$\boldsymbol{\mu}_e$ 为电子内禀磁矩，又

$$\boldsymbol{\mu}_e = -\frac{e}{m_e c}\boldsymbol{S}_e, \quad \boldsymbol{\mu}_p = -\frac{eg_p}{2m_p c}\boldsymbol{S}_p, \quad g_p = 5.586$$

所以 $\boldsymbol{B}_e$ 与 $\boldsymbol{S}_e$ 反向, $-\langle\boldsymbol{\mu}_p\cdot\boldsymbol{B}_e\rangle$ 与 $\langle\boldsymbol{S}_e\cdot\boldsymbol{S}_p\rangle$ 同号. 此时劈裂成的两个态是 $(\boldsymbol{S}_e\cdot\boldsymbol{S}_p)^2$ 和 $(\boldsymbol{S}_e\cdot\boldsymbol{S}_p)_z$ 的共同本征态, 它们是总自旋单态和总自旋三重态.

$$\begin{aligned}\langle\boldsymbol{S}_e\cdot\boldsymbol{S}_p\rangle &= \frac{1}{2}\left\langle(\boldsymbol{S}_e\cdot\boldsymbol{S}_p)^2-\boldsymbol{S}_e^2-\boldsymbol{S}_p^2\right\rangle\\ &=\frac{1}{2}\left[S(S+1)\hbar^2-\frac{3}{4}\hbar^2-\frac{3}{4}\hbar^2\right]\\ &=\frac{1}{4}\left[2S(S+1)-3\right]\hbar^2\end{aligned}$$

由电子、质子自旋皆为 $\dfrac{1}{2}$, 可知 $S=\begin{cases}0(\text{自旋单态})\\1(\text{自旋三重态})\end{cases}$, 这样

$$\langle\boldsymbol{S}_e\cdot\boldsymbol{S}_p\rangle=\begin{cases}-\dfrac{3}{4}\hbar^2<0,& S=0\text{自旋单态}\\[2mm]\dfrac{1}{4}\hbar^2>0,& S=1\text{自旋三重态}\end{cases}$$

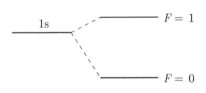

图 10.9　氢原子基态的超精细分裂

所以由超精细作用引起的劈裂造成氢原子的基态分成 $S=0$ 与 $S=1$(即总自旋单态与三重态), 其中三重态的能量较高. 能级图如图 10.9 所示. 从物理上考虑, 由于氢原子基态的超精细劈裂是由质子与电子内禀磁矩相互作用造成的, 对于电子, 它的内禀磁矩与其自旋反向, 对于质子, 它的内禀磁矩与其自旋同向. 对于自旋三重态, 电子与质子自旋同向, 它们的内禀磁矩反向. 对于自旋单态, 电子与质子自旋反向. 它们的内禀磁旋同向, 在空间波函数相同的情况下, 前者之间 Coulomb 能大于后者之间 Coulomb 能, 故三重态能量较高.

(2) 对于 H_2 分子, 由于质子是 Fermi 子, 总波函数必须对两质子交换反称, 故对于核自旋单态, 核的转动量子数 L 可为 $0, 2, \cdots$, 其中以 $L=0$ 能量最低, 对于核自旋三重态, 转动量子数可以是 $L=1, 3, 5, \cdots$, 其中以 $L=1$ 能量最低, 又由于 L 不同引起的能量差大于由核自旋不同引起的能量差, 所以 $L=1$(核自旋 $S=1$) 态的能量高于 $L=0$(核自旋 $S=0$) 态. 所以氢分子的基态劈裂中, 核自旋三重态能量较高.

由于 $L=1$ 态与 0 态的空间波函数分别是反对称与对称的, 后者的质子与质子接近机会大于前者, 其 Coulomb 能也较前者为高 (在主量子数 n 相同时). 但由于转动能级中 $L=0$ 与 $L=1$ 的能量差比 Coulomb 能量差大, 故氢原子基态劈裂中, 核自旋三重态能量较高.

10.42　两氢原子系统的波函数和势能曲线

题 10.42　用氢原子波函数可近似描述两氢原子系统的波函数.

(1) 分别给出单态和三重态最低态的完全波函数，画出沿两原子连线上的波函数图；

(2) 在上述两种情况下，作出两氢原子系统的势能曲线 (势能与两原子核之间距离的曲线，忽略系统的旋转). 解释曲线形状的物理原因和两曲线不同之处的原因.

解答　两氢原子系统的 Hamilton 量可以表示为

$$H = H_核 + H_电$$

相应地，总波函数为核波函数与电子波函数的乘积 $\psi = \psi_核 \phi$，氢原子 (电子) 波函数为 ϕ，核波函数为

$$\psi_核 = \begin{cases} R_\nu(r)\,\mathrm{Y}_{IM}(\theta,\varphi)\,\chi_0, & I = \text{偶，仲氢} \\ R_\nu(r)\,\mathrm{Y}_{IM}(\theta,\varphi)\,\chi_1, & I = \text{奇，正氢} \end{cases}$$

ν 代表振动，I 代表转动，χ_0、χ_1 分别表示核自旋的单态与三重态.

(1) 两氢原子系统的位形如图 10.10，其中 a、b 代表质子，1、2 代表电子. 设类氢原子空间基态波函数为

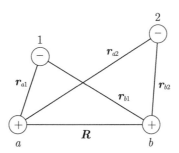

图 10.10　两氢原子系统的位形

$$\varphi(\boldsymbol{r}) = \frac{1}{\sqrt{\pi}}\left(\frac{\lambda}{a}\right)^{3/2}\mathrm{e}^{-\lambda r/a}$$

$\lambda = 1$ 时，$\varphi(\boldsymbol{r})$ 为氢原子基态波函数，则氢分子的能量最低电子单态波函数为

$$\phi_{单态} = \frac{1}{\sqrt{2}}\left[\varphi(r_{a1})\varphi(r_{b2}) + \varphi(r_{a2})\varphi(r_{b1})\right]\chi_{0\,电子}$$

能量最低三重态波函数为

$$\phi_{三重态} = \frac{1}{\sqrt{2}}\left[\varphi(r_{a1})\varphi(r_{b2}) - \varphi(r_{a2})\varphi(r_{b1})\right]\chi_{1\,电子}$$

取 ab 连线为 x 轴，a 选为原点，则空间部分

$$\phi_{单态} = \lambda\left(\mathrm{e}^{-kx_1}\mathrm{e}^{-k|R-x_2|} + \mathrm{e}^{-kx_2}\mathrm{e}^{-k|R-x_1|}\right)$$
$$\phi_{三重态} = \lambda\left(\mathrm{e}^{-kx_1}\mathrm{e}^{-k|R-x_2|} - \mathrm{e}^{-kx_2}\mathrm{e}^{-k|R-x_1|}\right)$$

其中，$k = \dfrac{1}{a}$，$\lambda = \dfrac{1}{\pi a^3}$ 均为常量. 固定其中的一个变量 (如 x_2) 画图 (否则要作曲面图)，结果如图 10.11所示. 从图中可以看出，若一个电子靠近一原子核，则另一电子在另外一原子核附近出现的概率大.

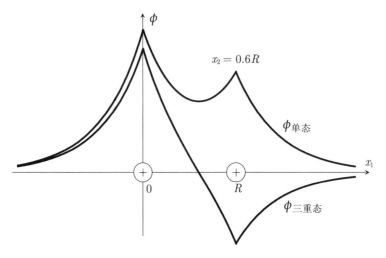

图 10.11   沿两原子连线上的电子波函数

(2) 忽略核子的振动与转动能量，则氢分子势能由电子波函数和 R 确定

$$V = -\left(\frac{1}{r_{a1}} + \frac{1}{r_{a2}} + \frac{1}{r_{b1}} + \frac{1}{r_{b2}} \right) e^2 + \frac{e^2}{r_{12}} + \frac{e^2}{R} + V_0$$

有效势为 $\overline{V} = \langle \phi | V | \phi \rangle$，势能曲线如图 10.12所示，以中性原子相隔无穷远时的势能为零. 因此 $R \to \infty$ 时，$\overline{V} \to 0$. 当 $R \to 0$ 时，两氢核之间的势能变成无穷大. 而电子与

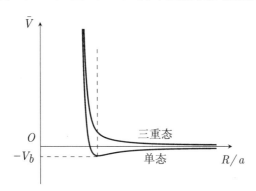

图 10.12   氢分子势能曲线示意图

核之间的势类似 He 原子中电子势，是有限的. 因此 $R \to \infty$，$\overline{V} \to +\infty$. R 从很大往小变时，核之间排斥势增大，然而核与电子之间的引力势也增大，两者相互竞争. 对单态而言，两电子在两核之间概率较大，这样，两电子对两核的吸引，使得势出现一个极小值；而三重态，两电子在两核之间概率较小，从而核与电子引力势 (< 0) 减小不多，核之间排斥势 (> 0) 占主要地位，从而 $\overline{V} > 0$，没有极小值出现.

10.43 氢分子的波函数

题 10.43 (1) 利用氢原子基态波函数 (包括电子自旋) 写出满足 Pauli 不相容原理的氢分子波函数. 忽略两个电子在同一氢原子核上的项. 用总自旋对波函数分类.

(2) 假设 Hamilton 量中的势能项来自 Coulomb 力，定性讨论第 (1) 小题中态的能量：

(i) 分子中原子核之间间距处于正常距离；

(ii) 原子核间距非常大时.

(3) "交换力"的含意是什么?

解答 (1) 如图 10.13 所示，氢原子基态波函数为 $|100\rangle$，氢分子的单态波函数为

$$\psi_1 = \frac{1}{\sqrt{2}}\left[\varphi(\boldsymbol{r}_{a1})\varphi(\boldsymbol{r}_{b2}) + \varphi(\boldsymbol{r}_{a2})\varphi(\boldsymbol{r}_{b1})\right]\chi_{00}$$

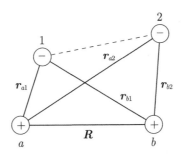

图 10.13 氢分子的原子位形 (虚线表示两电子的 "交换力" 作用)

三重态波函数为

$$\psi_1 = \frac{1}{\sqrt{2}}\left[\varphi(\boldsymbol{r}_{a1})\varphi(\boldsymbol{r}_{b2}) - \varphi(\boldsymbol{r}_{a2})\varphi(\boldsymbol{r}_{b1})\right]\chi_{1M}$$

(2) 两氢原子能量之和是 $-2 \times 13.6 = -27.2$ (eV)，He 的基态能量是

$$-27.2 \times \left(2 - \frac{5}{16}\right)^2 = -77.5 \text{ (eV)}$$

(i) 单态，两电子靠近的概率较大，斥力交换势能增加；但同时两电子在两核附近的概率也较大，吸力交换势能更低. 总的交换作用结果使势能降低. 容易看出，单态能量范围是 $-77.5\text{eV} < E_1 < -27.2\text{eV}$；三重态正好相反，自旋平行，空间波函数反称，总的交换作用使势能增加，不易形成束缚态，$E_3 > -27.2\text{eV}$；

(ii) 核间距 $\to \infty$ 时，H_2 变成两个氢原子，所以能量 $\to -27.2\text{eV}$.

(3) 由于波函数的对称化或反称化所带来的势能期望值的移动

$$\Delta V = \iint \varphi(\boldsymbol{r}_{a1})\varphi(\boldsymbol{r}_{b2}) V \varphi(\boldsymbol{r}_{a2})\varphi(\boldsymbol{r}_{b1})\mathrm{d}\tau_1\mathrm{d}\tau_2$$

这就是由所谓 "交换力" 所造成的.

10.44 氢分子由两最低激发态到基态的跃迁特性

题 10.44 描述氢分子较低的几个能态，给出激发态的粗略能量值. 两最低激发态跃迁到基态，其特性是什么? 原子位形如图 10.14所示.

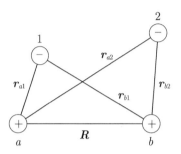

图 10.14 氢分子的原子位形

解答 氢分子由两个氢原子构成，由氢原子基态波函数写出此原子位形下单个氢原子的波函数

$$\varphi(r) = \frac{1}{\sqrt{\pi}} \left(\frac{\lambda}{a_0} \right) e^{-\lambda r/a_0}$$

式中，a_0 为 Bohr 半径，λ 为待定常数. 而作为一种近似，氢分子基态波函数的轨道部分视为两个氢原子上述波函数的乘积. 氢分子基态的电子波函数自旋部分是反称的 ($S = 0$)，而空间部分则是对称的. 因此，两个电子在空间中能够彼此靠近，即在两原子核之间的空间区域中"电子云"的密度较大，而在此区域中，两个电子同两个原子核都有较强的吸引力，从而形成束缚态. 两个电子总波函数为

$$\psi = \frac{1}{\sqrt{2}} \left[\varphi(\boldsymbol{r}_{a1}) \varphi(\boldsymbol{r}_{b2}) + \varphi(\boldsymbol{r}_{a2}) \varphi(\boldsymbol{r}_{b1}) \right] \chi_{00}$$

若电子的自旋平行，则空间部分波函数必反称，两电子彼此靠近的概率小，实际情况是，不能形成束缚态.

电子能级、核振动能级、转动能级三者相比，转动能级差最小. 因此，本题只考虑电子处于基态，核之间无振动，仅有转动的情况. 不妨设氢分子无转动时的能量为 0，转动能级为

$$E = \frac{\hbar^2}{2I} J(J+1)$$

其中，I 为核转动的转动惯量，J 为核转动轨道角量子数.

J 为偶数时，核空间波函数交换对称，故自旋波函数交换反对称. H_2 中两质子的总自旋为 0，即形成自旋单态 (仲氢).

J 为奇数时，核空间波函数交换反对称，核自旋波函数对称，所以 H_2 中两质子的总自旋为 1，即形成自旋三重态 (正氢).

假设两质子间距为 $1.5 \times 0.53 = 0.80$Å，则由于

$$\frac{\hbar^2}{2I} = \frac{\hbar^2}{2\mu R^2} = \frac{(\hbar c)^2}{\mu c^2 R^2} = \frac{2(\hbar c)^2}{m_p c^2 R^2}$$

$$= \frac{2 \times (197\text{MeV} \cdot \text{fm})^2}{938\text{MeV} \times (0.80\text{Å})^2}$$

$$= 1.3 \times 10^{-2}\text{eV}$$

从而较低几个激发态的能量为

仲氢	$E/(10^{-2}\text{eV})$	0	0.89	2.96
	J	0	2	4
正氢	$E/(10^{-2}\text{eV})$	0.30	1.78	4.46
	J	1	3	5

　　两原子之间的作用力可认为与核自旋无关, 因此在光跃迁过程中, 正氢和仲氢之间不能相互转化. 则 ΔJ 为偶数. 在自然界中正氢与仲氢分子数目之比为 $3:1$. 因此, $J=2 \to J=0$ 的光谱线比 $J=3 \to J=1$ 的光谱线弱.

10.45　一群自旋为 J 的原子

　　题 10.45　一群自旋为 J 的原子, 其密度矩阵为 ρ. 如果这些自旋受随机涨落的磁场的影响, 那么发现密度矩阵随时间的张弛由下式给出:

$$\frac{\partial}{\partial t}\rho = \frac{1}{T}[J_x \rho J_x + J_y \rho J_y + J_z \rho J_z - J(J+1)\rho] = \frac{1}{T}[\boldsymbol{J} \cdot \rho \boldsymbol{J} - J(J+1)\rho]$$

证明上述关系式意味着下述式子成立:

$$\frac{\partial}{\partial t}\langle J_z \rangle = \frac{\partial}{\partial t}\text{Tr}\langle J_z \rho \rangle = -\frac{1}{T}\langle J_z \rangle \tag{10.23}$$

$$\frac{\partial}{\partial t}\langle J_z^2 \rangle = \frac{\partial}{\partial t}\text{Tr}\langle J_z^2 \rho \rangle = -\frac{3}{T}\langle J_z^2 \rangle + \frac{J(J+1)}{T} \tag{10.24}$$

　　证明　由定义 $\langle J_z \rangle = \text{Tr}(\rho J_z)$, 利用

$$\text{Tr}(ABC) = \text{Tr}(BCA) = \text{Tr}(CAB)$$

依次证明下列各式:

$$
\begin{aligned}
\frac{\partial}{\partial t}\langle J_z \rangle &= \text{Tr}\left(\frac{\partial}{\partial t}\rho J_z\right) \\
&= \frac{1}{T}\text{Tr}\left[\rho J_x J_z J_x + \rho J_y J_z J_y + \rho J_z^3 - J(J+1)\rho J_z\right] \\
&= \frac{1}{T}\text{Tr}\left\{\rho\left[(J_x^2 + J_y^2 + J_z^2)J_z + \mathrm{i}J_x J_y - \mathrm{i}J_y J_x - J(J+1)J_z\right]\right\} \\
&= -\frac{1}{T}\text{Tr}(\rho J_z) = -\frac{1}{T}\langle J_z \rangle \tag{10.25}
\end{aligned}
$$

以及

$$
\begin{aligned}
\frac{\partial}{\partial t}\left\langle J_z^2\right\rangle &= \mathrm{Tr}\left(\frac{\partial}{\partial t}\rho J_z^2\right) \\
&= \frac{1}{T}\mathrm{Tr}\left[\rho J_x J_z^2 J_x + \rho J_y J_z^2 J_y + \rho J_z^4 - J(J+1)\rho J_z^2\right] \\
&= \frac{1}{T}\mathrm{Tr}\left[\rho(J_z J_x J_x J_z + J_y J_z J_y J_z + \mathrm{i}J_x J_z J_y - \mathrm{i}J_y J_z J_x + J_z^4) - J(J+1)\rho J_z^2\right] \\
&= \frac{1}{T}\mathrm{Tr}\Big\{\rho\big[J_x^2 J_z^2 + J_y^2 J_z^2 + \mathrm{i}J_x J_y J_z - \mathrm{i}J_y J_x J_z \\
&\quad + \mathrm{i}J_z J_x J_y - \mathrm{i}J_z J_y J_x + J_y^2 + J_x^2 + J_z^4 - J(J+1)J_z^2\big]\Big\} \\
&= -\frac{3}{T}\left\langle J_z^2\right\rangle + \frac{J(J+1)}{T}
\end{aligned}
\tag{10.26}
$$

10.46　等边三角形的顶点上三个相同原子组成的分子

题 10.46　一个分子由处于等边三角形的顶点的三个相同的原子组成, 如图 10.15所示. 把其离子考虑为在各个顶点上以一定的概率幅加入一个电子, 假定电子在两个相邻的顶点间的 Hamilton 量矩阵元为

$$
\langle i|H|j\rangle = -a \quad (i \neq j)
$$

(1) 计算能级分裂;

(2) 假定在 z 方向加上一个电场, 上面的电子的势能降低了 b, 且 $|b| \ll |a|$, 求能级;

(3) 设电子处于基态, 突然电场方向转了 120° 而指向位置 2, 计算电子仍处于基态的概率.

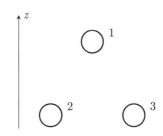

图 10.15　等边三角形的顶点上三个相同原子组成的分子

解答　(1) 取态矢为 $|1\rangle$, $|2\rangle$, $|3\rangle$, 则按题设该分子 Hamilton 量可表示为

$$
H_0 = \begin{pmatrix} E_0 & -a & -a \\ -a & E_0 & -a \\ -a & -a & E_0 \end{pmatrix}
$$

解出其本征值, 得能级为 $E_{1,\,2} = E_0 + a$(二重简并), $\quad E_3 = E_0 - 2a$.

(2) 在 z 方向加上一个电场以后，按题设该分子 Hamilton 量可表示为

$$H = \begin{pmatrix} E_0 - b & -a & -a \\ -a & E_0 & -a \\ -a & -a & E_0 \end{pmatrix}$$

解出本征值的能级

$$E_1 = E_0 + a \tag{10.27}$$

$$E_2 = E_0 - \frac{a + b + \sqrt{(a-b)^2 + 8a^2}}{2} \tag{10.28}$$

$$E_3 = E_0 - \frac{a + b - \sqrt{(a-b)^2 + 8a^2}}{2} \tag{10.29}$$

E_2 对应的能级为基态

$$\psi_0 = \frac{1}{\sqrt{(E_0 - E_2 - a)^2 + 2a^2}} \left[(E_0 - E_2 - a)\,|1\rangle + a\,|2\rangle + a\,|3\rangle \right]$$

(3) 电场方向改变后新基态为

$$\psi_0' = \frac{1}{\sqrt{(E_0 - E_2 - a)^2 + 2a^2}} \left[a\,|1\rangle + (E_0 - E_2 - a)\,|2\rangle + a\,|3\rangle \right]$$

所以电场方向改变后电子仍处于基态的概率为

$$|\langle \psi_0 | \psi_0' \rangle|^2 = \left[\frac{2a(E_0 - E_2 - a) + a^2}{(E_0 - E_2 - a)^2 + 2a^2} \right]^2$$

10.47　三粒子系统中的谐振子力相互作用

题 10.47　考虑三个质量为 m 的粒子的一维运动，粒子之间的力是谐振子力，即势为

$$V = \frac{1}{2}k \left[(x_1 - x_2)^2 + (x_2 - x_3)^2 + (x_3 - x_1)^2 \right]$$

(1) 写出系统的 Schrödinger 方程；

(2) 将方程变换到质心坐标系中，显然在该坐标系中波函数和能量本征值能精确地求出；

(3) 利用第 (2) 小题求出粒子为全同 Bose 子时的基态能量；

(4) 若三个粒子为自旋 $1/2$ 的 Fermi 子，则基态能量是多少？

解答　(1) 系统演化满足 Schrödinger 方程

$$\mathrm{i}\hbar \frac{\partial \psi}{\partial t} = \left(\sum_{i=1}^{3} \frac{p_i^2}{2m} + V \right) \psi$$

或者

$$\mathrm{i}\hbar\frac{\partial\psi}{\partial t} = -\frac{\hbar^2}{2m}\left(\frac{\partial^2}{\partial x_1^2} + \frac{\partial^2}{\partial x_2^2} + \frac{\partial^2\psi}{\partial x_3^2}\right)\psi + \frac{k}{2}\left[(x_1-x_2)^2 + (x_2-x_3)^2 + (x_3-x_1)^2\right]\psi$$

(2) 采用 Jacobi 坐标

$$\begin{cases} y_1 = x_1 - x_2 \\ y_2 = \dfrac{x_1+x_2}{2} - x_3 \\ y_3 = \dfrac{x_1+x_2+x_3}{3} \end{cases}$$

则可得

$$\begin{cases} x_1 = y_3 + \dfrac{y_1}{2} + \dfrac{y_2}{3} \\ x_2 = y_3 - \dfrac{y_1}{2} + \dfrac{y_2}{3} \\ x_3 = y_3 - \dfrac{2}{3}y_2 \end{cases}$$

于是

$$V = \frac{k}{2}\left(\frac{3}{2}y_1^2 + 2y_2^2\right)$$

$$\sum_{i=1}^{3}\frac{p_i^2}{2m} = \frac{\hbar^2}{2m}\left(\frac{1}{3}\frac{\partial^2}{\partial y_3^2} + 2\frac{\partial^2}{\partial y_1^2} + \frac{3}{2}\frac{\partial^2}{\partial y_2^2}\right)$$

这样定态方程为

$$E_{\mathrm{T}}\psi = -\frac{\hbar^2}{6m}\frac{\partial^2\psi}{\partial y_3^2} - \frac{\hbar^2}{2m}\left(2\frac{\partial^2}{\partial y_1^2} + \frac{3}{2}\frac{\partial^2}{\partial y_2^2}\right)\psi + \frac{k}{2}\left(\frac{3}{2}y_1^2 + 2y_2^2\right)\psi$$

显然, 上式可分离变量求解, 令

$$\psi = Y(y_3)\phi(y_1,\ y_2)$$

则得

$$\begin{cases} -\dfrac{\hbar^2}{6m}\dfrac{\partial^2 Y}{\partial y_3^2} = E_{\mathrm{c}}Y \\ -\dfrac{\hbar^2}{2m}\left(2\dfrac{\partial^2}{\partial y_1^2} + \dfrac{3}{2}\dfrac{\partial^2}{\partial y_2^2}\right)\phi + \dfrac{k}{2}\left(\dfrac{3}{2}y_1^2 + 2y_2^2\right)\phi = E\phi \end{cases}$$

其中, E_{c} 为质心运动能量, $E_{\mathrm{T}} = E + E_{\mathrm{c}}$, 于是

$$\begin{cases} Y = \dfrac{1}{\sqrt{2\pi}}\mathrm{e}^{\mathrm{i}\sqrt{6mE_{\mathrm{c}}}y_3/\hbar} \\ E = \left(n+\dfrac{1}{2}\right)\hbar\sqrt{\dfrac{3k}{m}} + \left(l+\dfrac{1}{2}\right)\hbar\sqrt{\dfrac{3k}{m}} = E_1 + E_2 \\ \phi = \phi_1(y)\phi_2(y) \end{cases}$$

其中，ϕ_1、ϕ_2 为谐振子解，满足下列方程：

$$\begin{cases} -\dfrac{\hbar^2}{m}\dfrac{\partial^2\phi_1}{\partial y_1^2}+\dfrac{3}{4}ky_1^2\phi_1=E_1\phi_1 \\[3mm] -\dfrac{3\hbar^2}{4m}\dfrac{\partial^2\phi_2}{\partial y_2^2}+ky_2^2\phi_2=E_2\phi_2 \end{cases}$$

(3) 令 $\alpha=\sqrt{\dfrac{m\omega}{\hbar}}$，设 ϕ_{1n}、ϕ_{2m} 分别为 ϕ_1、ϕ_2 的 n 能级与 m 能级的波函数，则 ϕ_1、ϕ_2 的基态波函数分别为

$$\phi_{10}(y_1)=\left(\dfrac{1}{2\pi}\right)^{1/4}\sqrt{\alpha}\exp\left(-\dfrac{1}{4}\alpha^2 y_1^2\right)$$

$$\phi_{20}(y_2)=\left(\dfrac{2}{3\pi}\right)^{1/4}\sqrt{\alpha}\exp\left(-\dfrac{1}{3}\alpha^2 y_2^2\right)$$

从而

$$\phi_{10}(y_1)\phi_{20}(y_2)=\left(\dfrac{1}{3\pi^2}\right)^{1/4}\alpha\exp\left[-\alpha^2\left(\dfrac{1}{4}y_1^2+\dfrac{1}{3}y_2^2\right)\right]$$

由于

$$\begin{aligned} 3y_1^2+4y_2^2 &= 3(x_1-x_2)^2+(x_1+x_2-2x_3)^2 \\ &= 4(x_1^2+x_2^2+x_3^2-x_1x_2-x_2x_3-x_3x_1) \end{aligned}$$

所以空间波函数关于粒子交换对称，则三个 Bose 子的基态能量为 (质心的平动能量未计入)

$$E_0=\dfrac{1}{2}\hbar\sqrt{\dfrac{3k}{m}}+\dfrac{1}{2}\hbar\sqrt{\dfrac{3k}{m}}=\hbar\sqrt{\dfrac{3k}{m}}$$

(4) 三个自旋为 1/2 的 Fermi 子. 由于 Hamilton 量中无自旋项，所以本征态的波函数可分成自旋波函数与空间波函数的乘积.

注意第 (2) 小题中的坐标变换，我们还可用下列坐标变换：

$$\begin{cases} y_1'=x_2-x_3 \\[2mm] y_2'=\dfrac{x_2+x_3}{2}-x_1 \\[2mm] y_3'=\dfrac{x_1+x_2+x_3}{3} \end{cases}$$

显然，结果与第 (2) 小题相同. 本征波函数 (空间部分) 及能量分别为

$$\begin{cases} \psi(y_1',\,y_2',\,y_3')=\phi_{1n}(y_1')\phi_{2l}(y_2')Y(y_3') \\[2mm] E=(n+l+1)\hbar\sqrt{\dfrac{3k}{m}} \end{cases}$$

易知， $\phi_{10}(y_1)\phi_{20}(y_2) = \phi_{10}(y_1')\phi_{20}(y_2')$，因此，此时空间波函数一定关于粒子交换对称，而三个自旋 1/2 的 Fermi 子却不能构成关于粒子交换反称的自旋波函数. 由此可知，三个自旋 1/2 的 Fermi 子不能形成此态.

注意到谐振子波函数的特点，可以知道， $\phi_{1n}(y_1)\phi_{2l}(y_2)$ 的指数部分与 $\phi_{10}(y_1)\phi_{20}(y_2)$ 相同，是对称的，令

$$\Phi_1 = \phi_{11}(y_1)\phi_{20}(y_2) = C(x_1 - x_2)$$
$$\Phi_2 = \phi_{11}(y_1')\phi_{20}(y_2') = C(x_2 - x_3)$$

C 关于粒子交换对称. 构造波函数 $(\Phi_2 + \Phi_1 = C(x_1 - x_3))$

$$\Phi = \Phi_1 \begin{pmatrix} 1 \\ 0 \end{pmatrix}_1 \begin{pmatrix} 1 \\ 0 \end{pmatrix}_2 \begin{pmatrix} 0 \\ 1 \end{pmatrix}_3 + \Phi_2 \begin{pmatrix} 0 \\ 1 \end{pmatrix}_1 \begin{pmatrix} 1 \\ 0 \end{pmatrix}_2 \begin{pmatrix} 1 \\ 0 \end{pmatrix}_3 - (\Phi_2 + \Phi_1) \begin{pmatrix} 1 \\ 0 \end{pmatrix}_1 \begin{pmatrix} 0 \\ 1 \end{pmatrix}_2 \begin{pmatrix} 1 \\ 0 \end{pmatrix}_3$$

容易验证， Φ 关于粒子交换反对称. 所以，三个自旋 Fermi 子的基态能量为 (仍未计质心平动能量)

$$E_0 = 2\hbar\sqrt{\frac{3k}{m}}$$

第 11 章 量子信息物理学

11.1 球谐函数的叠加态

题 11.1 设体系处于态 $\psi = c_1 Y_{11} + c_2 Y_{10}$(已归一化，即 $|c_1|^2 + |c_2|^2 = 1$)，Y_{lm} 是球谐函数. 利用测量公设考虑：当对此态进行角动量的测量时，

(1) 得到 L_z 的可能值、相应概率，以及期望值分别是多少？

(2) 得到 $\boldsymbol{L}^2$ 的可能值、相应概率分别是多少？

(3) 得到 L_x 和 L_y 的可能值，以及期望值分别是多少？

解答 一个算符 A 在态 ψ 中可能的测量值，即为将 ψ 用 A 的本征态展开时，各本征态相应的本征值，相应的概率即展开式中本征态前面系数的模平方. Y_{11}、Y_{10} 均是 $\boldsymbol{L}^2$、L_z 的共同本征态，本征方程如下所示：

$$\boldsymbol{L}^2 Y_{11} = 2\hbar^2 Y_{11}, \quad L_z Y_{11} = 1\hbar Y_{11}$$
$$\boldsymbol{L}^2 Y_{10} = 2\hbar^2 Y_{20}, \quad L_z Y_{20} = 0$$

Y_{11}、Y_{20} 相互正交，且都已归一化. 题给 $\psi = c_1 Y_{11} + c_2 Y_{10}$ 已归一化，则 ψ 处于 Y_{11} 与 Y_{10} 的概率分别为 $|c_1|^2$ 与 $|c_2|^2$. 这样在态 ψ 下，

(1) 得到 L_z 的可能测量值为 $\hbar$ 和 0，相应的概率分别为 $|c_1|^2$ 与 $|c_2|^2$，期望值为 $|c_1|^2\hbar$.

(2) 得到 $\boldsymbol{L}^2$ 的可能测量值皆为 $2\hbar$，相应的概率为 1.

(3) 角动量量子数 l 不变的 Hilbert 空间，可以由三组各自独立完备的基矢 Y_{lm}、$Y_{lm'}$、$Y_{lm''}$ 构成. 这三组基分别为 $(\boldsymbol{L}^2, L_z)$、$(\boldsymbol{L}^2, L_x)$、$(\boldsymbol{L}^2, L_y)$ 的共同本征态. l 确定后，m, m', m'' 只能取 $-l, -l+1, \cdots, l-1, l$. 所以本题中 L_x、L_y 的可能测量值为 0、$\pm\hbar$；期望值分别为

$$\frac{\hbar}{\sqrt{2}}\left(c_1^* c_2 + c_1 c_1^*\right), \quad \frac{\hbar}{\sqrt{2}\mathrm{i}}\left(c_1^* c_2 - c_1 c_1^*\right)$$

说明 求 $\langle \psi | L_x | \psi \rangle$、$\langle \psi | L_y | \psi \rangle$ 时可用 $L_\pm$ 将 L_x, L_y 表示出来，便于计算.

11.2 测量自旋

题 11.2 求在 σ_z 为 $+1$ 的本征态下，

(1) 沿 $\boldsymbol{n}(\theta, \varphi)$ 方向测自旋，可能得到的数值分别是多少？

(2) 测得自旋沿 $\boldsymbol{n}(\theta, \varphi)$ 方向的概率是多少？

(3) 测得自旋沿 $-\boldsymbol{n}(\theta, \varphi)$ 方向的概率又是多少？

解答 (1) $\boldsymbol{n} = (\sin\theta\cos\varphi, \sin\theta\sin\varphi, \cos\theta)$ 是 (θ, φ) 方向的单位矢量, 根据 Pauli 矩阵表达式, 我们写出 $\boldsymbol{\sigma} \cdot \boldsymbol{n} = \sin\theta\cos\varphi\sigma_x + \sin\theta\sin\varphi\sigma_y + \cos\theta\sigma_z$ 的如下矩阵:

$$\boldsymbol{\sigma} \cdot \boldsymbol{n} = \begin{pmatrix} \cos\theta & \sin\theta e^{-i\varphi} \\ \sin\theta e^{i\varphi} & -\cos\theta \end{pmatrix} \tag{11.1}$$

这样 $\boldsymbol{\sigma} \cdot \boldsymbol{n}$ 的本征方程写为

$$\begin{pmatrix} \cos\theta & \sin\theta e^{-i\varphi} \\ \sin\theta e^{i\varphi} & -\cos\theta \end{pmatrix} \begin{pmatrix} c_1 \\ c_2 \end{pmatrix} = \lambda \begin{pmatrix} c_1 \\ c_2 \end{pmatrix} \tag{11.2}$$

其余步骤与上面方法相同, 求得 $\boldsymbol{\sigma} \cdot \boldsymbol{n}$ 的归一化本征态如下:

$$\chi_1 = \begin{pmatrix} \cos\dfrac{\theta}{2} e^{i\delta} \\ \sin\dfrac{\theta}{2} e^{i(\delta+\varphi)} \end{pmatrix}, \quad \chi_2 = \begin{pmatrix} \sin\dfrac{\theta}{2} e^{i(\delta'-\varphi)} \\ -\cos\dfrac{\theta}{2} e^{i\delta'} \end{pmatrix} \tag{11.3}$$

与前面结果相同. 电子处于态 $\chi_{1/2}(\sigma_z = 1) = \begin{pmatrix} 1 \\ 0 \end{pmatrix}$ 上, 故 $\boldsymbol{\sigma} \cdot \boldsymbol{n}$ 的可能测量值有两个: ± 1.

(2) 不妨令 $|\alpha\rangle = \chi_{1/2}(\sigma_z = 1) = \begin{pmatrix} 1 \\ 0 \end{pmatrix}$, 则有

$$p_{n\alpha} = \left\langle \alpha \left| \frac{1}{2}(1 + \sigma_n) \right| \alpha \right\rangle = \frac{1}{2}(1 + \cos\theta) = \cos^2\frac{\theta}{2}$$

即为测得自旋沿 $\boldsymbol{n}(\theta, \varphi)$ 方向的概率.

(3) 同理可求, 测得自旋沿 $-\boldsymbol{n}(\theta, \varphi)$ 方向的概率为 $\sin^2\dfrac{\theta}{2}$.

11.3　Stern–Gerlach 装置对电子自旋态的区分

题 11.3 若入射电子状态不知为下面两者中哪个:

$$\rho = \frac{1}{2}(|+z\rangle\langle+z| + |-z\rangle\langle-z|), \quad |+x\rangle = \frac{1}{\sqrt{2}}(|+z\rangle + |-z\rangle)$$

问如何用 Stern-Gerlach 装置对它们作区分?

解答 将 Stern-Gerlach 磁场转向沿 $+x$ 方向. 这时, 电子束经过 Stern-Gerlach 装置, 对前者分成两束, 对后者则只有向 $+x$ 方向偏转的一束.

11.4　串接的 Stern–Gerlach 装置对 $\dfrac{1}{2}$ 自旋态的相干分解与叠加

题 11.4 设有一束非极化细电子束, 依次穿过磁场方向分别为 z-x-z 的 1、2、3 三个 Stern-Gerlach (S-G) 装置, 如图 11.1 所示 [取自 Asher Peres, *Quantum Theory*:

Concepts and Methods, Kluwer Academic Publishers, 2002, P.37]. 经过三个装置之后, 在最终接收屏上出现 8 个斑点. 这时, 如果中间那个 S-G 装置的磁感应强度逐渐减弱到零, 只有第 1、3 两个装置起作用. 在此过程中, 8 个斑点沿 x 方向彼此靠拢直到重合, 最后只留下两个斑点, 表示由于剩下两个 z 方向 S-G 装置的相继作用. 请考察电子自旋态相继的相干分解并解释接收屏上观测结果的变化.

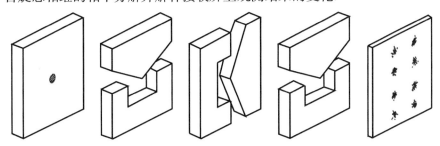

图 11.1　磁场方向分别为 z-x-z 的 1、2、3 三个 Stern-Gerlach 装置

解答　(参见张永德,《量子菜根谭 – 量子理论专题分析》, 第 3 版, 清华大学出版社, 2016) 经过三个装置之后, 因依次分解而在最终接收屏上出现 8 个斑点. 这时, 如果中间那个 S-G 装置的磁场强度逐渐减弱到零, 则只有第 1、3 两个装置起作用. 在此过程中, 8 个斑点沿 x 方向彼此靠拢直到重合, 经过相长相消干涉, 最后应当只留下两个斑点, 表示由于剩下两个 z 方向 S-G 装置的相继作用.

用态矢相继的相干分解来解释相干叠加结果及其变化. 这时沿 z 方向和 x 方向的相干分解分别为

$$\begin{cases} |+z\rangle = \dfrac{1}{\sqrt{2}}\left(|+x\rangle + |-x\rangle\right) \\ |-z\rangle = \dfrac{1}{\sqrt{2}}\left(|+x\rangle - |-x\rangle\right) \end{cases}, \qquad \begin{cases} |+x\rangle = \dfrac{1}{\sqrt{2}}\left(|+z\rangle + |-z\rangle\right) \\ |-x\rangle = \dfrac{1}{\sqrt{2}}\left(|+z\rangle - |-z\rangle\right) \end{cases}$$

分解式中 $\dfrac{1}{\sqrt{2}}$ 系数表示经过 S-G 装置时束流强度守恒. 当非极化电子束穿过第一个磁场沿 z 方向的 S-G 装置时, 入射束相干分解分成两束:

$$|\text{in}\rangle = \frac{1}{\sqrt{2}}\left(|+z\rangle + |-z\rangle\right)$$

这时如果作记录, 表明非相干分解, 成为沿 z 方向分布的两个斑点; 而不作测量记录时, 这两束仍保留相干性. 接着, 对于后面情况, 向 $\pm z$ 方向飞行的两个分束再经受第二个 S-G 装置的沿 x 方向相干分解, 成为

$$\begin{cases} \dfrac{1}{\sqrt{2}}|+z\rangle = \dfrac{1}{\sqrt{2}}\dfrac{1}{\sqrt{2}}\left(|+z,+x\rangle + |+z,-x\rangle\right) & \Rightarrow \begin{cases} \dfrac{1}{\sqrt{2}}\dfrac{1}{\sqrt{2}}|+z,+x\rangle \\ \dfrac{1}{\sqrt{2}}\dfrac{1}{\sqrt{2}}|+z,-x\rangle \end{cases} \\[4mm] \dfrac{1}{\sqrt{2}}|-z\rangle = \dfrac{1}{\sqrt{2}}\dfrac{1}{\sqrt{2}}\left(|-z,+x\rangle - |-z,-x\rangle\right) & \Rightarrow \begin{cases} \dfrac{1}{\sqrt{2}}\dfrac{1}{\sqrt{2}}|-z,+x\rangle \\ -\dfrac{1}{\sqrt{2}}\dfrac{1}{\sqrt{2}}|-z,-x\rangle \end{cases} \end{cases}$$

这里，记号 $|+z,+x\rangle$ 表示此束先经由 $+z$ 束再经 $+x$ 束分解而来. 这时沿 4 个方向 $(+z,+x),(+z,-x),(-z,+x),(-z,-x)$ 飞行 4 个分束. 如果测量记录，将得到 4 个斑点. 如不测量记录，则仍保持着相干性. 注意这里分解的正负号. 最后，再经受第三个 S-G 装置的沿 z 方向相干分解. 成为向如下 8 个方向飞行的 8 个分束，

$$\begin{cases} \dfrac{1}{\sqrt{2}}\dfrac{1}{\sqrt{2}}|+z,+x\rangle \\ \dfrac{1}{\sqrt{2}}\dfrac{1}{\sqrt{2}}|+z,-x\rangle \\ \dfrac{1}{\sqrt{2}}\dfrac{1}{\sqrt{2}}|-z,+x\rangle \\ -\dfrac{1}{\sqrt{2}}\dfrac{1}{\sqrt{2}}|-z,-x\rangle \end{cases} \Rightarrow \begin{cases} \dfrac{1}{\sqrt{2}}\dfrac{1}{\sqrt{2}}|+z,+x\rangle = \dfrac{1}{\sqrt{2}}\dfrac{1}{\sqrt{2}}\dfrac{1}{\sqrt{2}}(|+z,+x,+z\rangle+|+z,+x,-z\rangle) \\ \dfrac{1}{\sqrt{2}}\dfrac{1}{\sqrt{2}}|+z,-x\rangle = \dfrac{1}{\sqrt{2}}\dfrac{1}{\sqrt{2}}\dfrac{1}{\sqrt{2}}(|+z,-x,+z\rangle-|+z,-x,-z\rangle) \\ \dfrac{1}{\sqrt{2}}\dfrac{1}{\sqrt{2}}|-z,+x\rangle = \dfrac{1}{\sqrt{2}}\dfrac{1}{\sqrt{2}}\dfrac{1}{\sqrt{2}}(|-z,+x,+z\rangle+|-z,+x,-z\rangle) \\ -\dfrac{1}{\sqrt{2}}\dfrac{1}{\sqrt{2}}|-z,-x\rangle = -\dfrac{1}{\sqrt{2}}\dfrac{1}{\sqrt{2}}\dfrac{1}{\sqrt{2}}(|-z,-x,+z\rangle-|-z,-x,-z\rangle) \end{cases}$$

现在，如果令第 2 个 S-G 装置中电流逐渐减小，直至为零. 相应地，分为两行每行 4 个的最终 8 个斑点相互靠拢，合并成为一行. 但上面分解式清楚表明，这一行中间两对 4 个斑点相应于 $(|+z,+x,-z\rangle,|+z,-x,-z\rangle)$ 和 $(|-z,+x,+z\rangle,|-z,-x,+z\rangle)$ 两对，因彼此相位相反，相消干涉而消失. 最后只剩下沿 z 方向最外端 (对应 $(+z,+z),(-z,-z)$) 的两个斑点，相当于一个 (加强了的) 沿 z 方向 S-G 装置起的作用.

在最后一步变化的全过程里，总强度是守恒的. 因为 8 个光点的每个振幅为 $\dfrac{1}{\sqrt{8}}$，在合并过程中，有

$$2\left(\frac{1}{\sqrt{8}}+\frac{1}{\sqrt{8}}\right)^2 = 1$$

11.5 两个全同粒子体系可能状态的数目

题 11.5 设体系有两个粒子，每个粒子可处于三个单粒子态 φ_1、φ_2、φ_3 中的任意一个态，试求体系所有可能态的数目，分三种情况讨论：

(1) 两粒子为全同 Bose 子；
(2) 两粒子为全同 Fermi 子；
(3) 两粒子为经典粒子.

解答 (1) 两个全同 Bose 子，体系可能态及数目如下：

$$\varphi_1(1)\varphi_1(2), \quad \varphi_2(1)\varphi_2(2), \quad \varphi_3(1)\varphi_3(2) \qquad \#3,$$
$$\frac{1}{\sqrt{2}}[\varphi_1(1)\varphi_2(2)+\varphi_2(1)\varphi_1(2)] \quad (12),(13),(23) \quad \#3$$

体系可能态的数目为 6；

(2) 两个全同 Fermi 子，体系可能态及数目如下：

$$\frac{1}{\sqrt{2}}[\varphi_1(1)\varphi_2(2)-\varphi_2(1)\varphi_1(2)] \quad (12),(13),(23) \quad \#3$$

体系可能态的数目为 3;

(3) 两粒子为经典粒子, 经典粒子是可以区分的, 所以 $\varphi_1\varphi_2$(第一个粒子处于 φ_1 态) 与 $\varphi_2\varphi_1$(第一个粒子处于 φ_2 态) 不同, 体系可能态及数目如下:

$$
\begin{array}{llll}
\varphi_1(1)\varphi_1(2), & \varphi_2(1)\varphi_2(2), & \varphi_3(1)\varphi_3(2) & \#3 \\
\varphi_1(1)\varphi_2(2), & \varphi_2(1)\varphi_1(2) & & \#2 \\
\varphi_1(1)\varphi_3(2), & \varphi_3(1)\varphi_1(2) & & \#2 \\
\varphi_3(1)\varphi_2(2), & \varphi_2(1)\varphi_3(2) & & \#2
\end{array}
$$

可见体系可能态的数目为 9.

11.6　双光子入射分束器后的出射态

题 11.6　设光子分束器入射光子的极化状态更为一般, 即输入态改为

$$
|\psi_i\rangle_{12} = (\alpha\,|\leftrightarrow\rangle_1 + \beta\,|\updownarrow\rangle_1) \otimes |a\rangle_1 \cdot (\gamma\,|\leftrightarrow\rangle_2 + \delta\,|\updownarrow\rangle_2) \otimes |b\rangle_2
$$

写出相应的输出态、对称化输出态并用 Bell 基将其展开.

解答　考虑反射透射各一半概率, 并且反射有相位突变 (乘相因子 i), 输出态可写为

$$
|\psi_f\rangle_{12} = (\alpha\,|\leftrightarrow\rangle_1 + \beta\,|\updownarrow\rangle_1) \otimes (\mathrm{i}\,|c\rangle_1 + |d\rangle_1) \cdot (\gamma\,|\leftrightarrow\rangle_2 + \delta\,|\updownarrow\rangle_2) \otimes (|c\rangle_2 + \mathrm{i}\,|d\rangle_2)
$$

但假如两个光子同时到达分束器, 在出射态中光子的空间模有重叠, 就必须考虑两个光子按全同性原理所产生的交换干涉. 这时出射态应该是交换对称的, 所以出射态用 Bell 基表示为

$$
\begin{aligned}
|\psi_f\rangle ={}& \frac{1}{\sqrt{2}}\left(|\psi_f\rangle_{12} + |\psi_f\rangle_{21}\right) \\
={}& \frac{1}{2}\Big\{ (\alpha\gamma + \beta\delta)\,|\phi^+\rangle_{12}\cdot\mathrm{i}\,(|c\rangle_1|c\rangle_2 + |d\rangle_1|d\rangle_2) - (\alpha\gamma - \beta\delta)\,|\phi^-\rangle_{12} \\
& \cdot\mathrm{i}\,(|c\rangle_1|c\rangle_2 + |d\rangle_1|d\rangle_2)(\alpha\delta + \beta\gamma)\,|\psi^+\rangle_{12} \\
& \cdot\mathrm{i}\,(|c\rangle_1|c\rangle_2 + |d\rangle_1|d\rangle_2) + (\alpha\delta - \beta\gamma)\,|\psi^-\rangle_{12}\cdot(|c\rangle_1|d\rangle_2 - |d\rangle_1|c\rangle_2) \Big\}
\end{aligned}
$$

其中

$$
|\phi^\pm\rangle_{12} = \frac{1}{\sqrt{2}}\left(|\updownarrow\rangle_1|\updownarrow\rangle_2 \pm |\leftrightarrow\rangle_1|\leftrightarrow\rangle_2\right)
$$

$$
|\psi^\pm\rangle_{12} = \frac{1}{\sqrt{2}}\left(|\updownarrow\rangle_1|\leftrightarrow\rangle_2 \pm |\leftrightarrow\rangle_1|\updownarrow\rangle_2\right)
$$

注意, 这四项中第四项的空间模不同于其余三项. 于是可以采用在不同输出口 (c 和 d 处) 各放置一个探测器进行符合计数来检出这一项 ——其极化模为 $|\psi^\pm\rangle_{12}$. 这样一来, 尽管两个光子之间 (以及分束器中) 并不存在可以令光子极化状态发生改变的相互作

用, 但全同性原理的交换作用和测量坍缩还是使两个光子的极化状态产生了纠缠. 就是说, 如此的测量造成了这般的坍缩, 使得两个光子中每一个的极化矢量都不再守恒 (尽管表面看来不存在改变入射光子极化状态的作用). 现在这两个光子已经不可分辨, 这是由这种测量实验造成的. 说明这种符合测量的坍缩末态和光子极化本征态是不兼容的. 如果设想换另外一种测量实验: 在输出口 c 和 d 处均放置极化灵敏的探测器来测量出射光子的极化本征态, 则由于分束器过程, 以及最后测量向末态坍缩时, 极化矢量一直守恒, 实验中两个光子就可以用它们的极化状态来分辨, 相应地也就不出现交换效应. 这个例子再一次说明, 两个光子究竟能否分辨, 不仅要看物理过程, 还要看如何测量 ——末态如何选择而定.

　　说明　本章之后的题目涉及量子信息物理有关知识, 读者需要时请自行参阅有关文献, 如张永德, 量子信息物理原理, 北京: 科学出版社, 2005.

11.7　对 Dirac "每个光子只能和自己发生干涉" 论断的分析

　　题 11.7　Dirac 在其名著《量子力学原理》一书中说:

"Each photon then interferes only with itself. Interference between two different photons never occurs." (P.9)

　　有人做出两个光子在一定条件下的确可以发生干涉的实验. 但 1997 年 8 月 4~7 日, 在 University of Maryland 曾举办过主题为 "Fundamental Problems in Quantum Theory" 的 Workshop. 其中有人评论已做出的实验, 说该实验是 "1+1 is not 2", 并在引用 Dirac 这段话之后说: "Dirac was correct."

　　根据全同性原理, 应当怎样看待这个争论?

　　解答　Dirac 的提法并不正确. 全同性原理就主张, 两个或多个全同粒子之间也能发生干涉. 原理主张, 一旦它们由于直接或间接相互作用而发生量子纠缠, 或是空间波包因演化而发生重叠, 总波函数将对称化或反称化, 加之在包括观测过程在内的全过程中不存在可分辨的某种物理量, 这种对称化或反称化就会在这类观测中表现出来, 导致交换作用的干涉效应, 这就是根源于全同性原理的全同粒子之间的干涉效应. 综上知 Dirac 的提法并不正确.

11.8　用直积方法实现单 qubit 的 POVM

　　题 11.8　对于单量子位 A 如下一个 POVM:

$$F_\alpha = \frac{2}{3}|\boldsymbol{n}_\alpha\rangle\langle\boldsymbol{n}_\alpha|, \quad \alpha = 1,2,3, \quad \boldsymbol{n}_1 + \boldsymbol{n}_2 + \boldsymbol{n}_3 = 0$$

其中，$\boldsymbol{n}_1$、$\boldsymbol{n}_2$、$\boldsymbol{n}_3$ 均为单位矢量. 此 POVM 也可用张量积的方式实现，办法是再添一个量子位 B，并且在 $H_A \otimes H_B$ 空间中选择态矢

$$\begin{cases} |\phi_\alpha\rangle = \sqrt{\dfrac{2}{3}}\,|\boldsymbol{n}_\alpha\rangle_A\,|0\rangle_B + \sqrt{\dfrac{1}{3}}\,|0\rangle_A|1\rangle_B, & \alpha = 1,2,3 \\ |\phi_0\rangle = |1\rangle_A|1\rangle_B \end{cases}$$

设初态为 $\rho_{AB} = \rho_A \otimes |0\rangle_{BB}\langle 0|$，验证

(1) 这四个态是正交归一的，可以看作是相应某组力学量的一个表象；

(2) 在 $H_A \otimes H_B$ 执行向它们投影的正交测量，在 H_A 上就实现了给定的 POVM.

解答　(1) 由 $\boldsymbol{n}_1 + \boldsymbol{n}_2 + \boldsymbol{n}_3 = 0$ 得对于任意 $i \neq j$，有 $(\boldsymbol{n}_i + \boldsymbol{n}_j)^2 = 1$ 即 $\boldsymbol{n}_i \cdot \boldsymbol{n}_j = -1$. 题给

$$|\phi_\alpha\rangle = \sqrt{\frac{2}{3}}\,|\boldsymbol{n}_\alpha\rangle_A\,|0\rangle_B + \sqrt{\frac{1}{3}}\,|0\rangle_A|1\rangle_B \tag{11.4}$$

这里

$$\langle \boldsymbol{n}_\alpha|\boldsymbol{n}_\beta\rangle = |\langle \boldsymbol{n}_\alpha|\boldsymbol{n}_\beta\rangle|\mathrm{e}^{\mathrm{i}\phi_{\alpha\beta}} = \sqrt{\frac{1 + \boldsymbol{n}_\alpha \cdot \boldsymbol{n}_\beta}{2}}\mathrm{e}^{\mathrm{i}\phi_{\alpha\beta}} = \frac{1}{2}\mathrm{e}^{\mathrm{i}\phi_{\alpha\beta}} \tag{11.5}$$

当 $\alpha \neq \beta$ 时

$$\langle \boldsymbol{n}_\alpha|\boldsymbol{n}_\beta\rangle = -\frac{1}{2} \tag{11.6}$$

由上述关系易验证题中所给出的四个态正交

$$\langle \phi_\alpha|\phi_\beta\rangle = \frac{2}{3}\langle \boldsymbol{n}_\alpha|\boldsymbol{n}_\beta\rangle + \frac{1}{3} = \frac{2}{3}\left(-\frac{1}{2}\right) + \frac{1}{3} = 0 \tag{11.7}$$

(2) 设系统处于 $\rho_{AB} = \rho_A \otimes |0\rangle_{BB}\langle 0|$ 描述的态中. 对系统作正交投影测量，有

$$\begin{aligned} \langle \phi_\alpha|\rho_{AB}|\phi_\alpha\rangle &= \frac{2}{3}\langle \boldsymbol{n}_\alpha|\rho_A|\boldsymbol{n}_\beta\rangle \\ &= \mathrm{Tr}\left(\frac{2}{3}|\boldsymbol{n}_\alpha\rangle\langle \boldsymbol{n}_\alpha|\rho_A\right) = \mathrm{Tr}(F_\alpha\rho_A) \end{aligned} \tag{11.8}$$

11.9　用直和方法实现单 qubit 的 POVM

题 11.9　证明题 11.8 的 POVM 也能以直和的办法在一个三能级系统上的正交测量中实现.

解答　在 $\{|0\rangle, |1\rangle, |2\rangle\}$ 中定义正交归一基

$$|u_\alpha\rangle = \sqrt{\frac{2}{3}}\,|\boldsymbol{n}_\alpha\rangle + \sqrt{\frac{1}{3}}\,|\boldsymbol{n}_\beta\rangle \tag{11.9}$$

其中，$|\boldsymbol{n}_\alpha\rangle$ 定义在三维 Hilbert 空间里一个由 $|0\rangle$、$|1\rangle$ 张成的子空间上，则系统 A 在扩大的三维直和空间的密度矩阵为

$$\rho_3 = \begin{pmatrix} \rho_A & 0 \\ 0 & 0 \end{pmatrix} \tag{11.10}$$

其中，ρ_A 为系统在二维空间中的密度矩阵. 由三维空间中的正交投影测量可得

$$\langle u_\alpha | \rho_{AB} | u_\alpha \rangle = \frac{2}{3} \langle \boldsymbol{n}_\alpha | \rho_A | \boldsymbol{n}_\beta \rangle$$

$$= \mathrm{Tr}\left(\frac{2}{3} | \boldsymbol{n}_\alpha \rangle \langle \boldsymbol{n}_\alpha | \rho_A \right) = \mathrm{Tr}(F_\alpha \rho_A) \tag{11.11}$$

11.10　单 qubit 的 POVM 及如何利用双 qubit 的正交测量来实现该 POVM

题 11.10　给定如下一组正算符:

$$p_1 = \frac{1}{2} | +e_z \rangle \langle +e_z |, \quad p_2 = \frac{1}{2} | -e_z \rangle \langle -e_z |$$

$$p_3 = \frac{1}{2} | +e_x \rangle \langle +e_x |, \quad p_4 = \frac{1}{2} | -e_x \rangle \langle -e_x |$$

证明 (1) 它们组成一个 POVM；

(2) 在引入另一个量子位之后，它怎样可以作为双量子位的态空间中一个正交测量来实现.

证明　(1) 因为

$$p_1 + p_2 + p_3 + p_4 = \frac{1}{2} \left(| +e_z \rangle \langle +e_z | + | -e_z \rangle \langle -e_z | \right) + \frac{1}{2} \left(| +e_x \rangle \langle +e_x | + | -e_x \rangle \langle -e_x | \right) = I$$

所以 $\{p_i | i = 1,2,3,4\}$ 具有完备性. 另外容易看出，$p_i^\dagger = p_i$. 最后有

$$\langle \psi | p_1 | \psi \rangle = |\langle e_z | \psi \rangle|^2 \geqslant 0$$

类似有

$$\langle \psi | p_i | \psi \rangle \geqslant 0, \quad i = 2,3,4$$

综上所述，$\{p_i\}$ 满足完备、Hermite、正定，故构成一组 POVM.

(2) 先构成 2-qubit 的四维 H 空间，其四个正交归一基矢为

$$\begin{cases} | u_1 \rangle = | +e_z \rangle_A | +e_z \rangle_B, & | u_2 \rangle = | -e_z \rangle_A | +e_z \rangle_B \\ | u_3 \rangle = | +e_x \rangle_A | -e_z \rangle_B, & | u_4 \rangle = | -e_x \rangle_A | -e_z \rangle_B \end{cases} \tag{11.12}$$

设四维空间的密度矩阵为

$$\rho_4 = \rho_A \otimes \frac{1}{2} \left(| e_z \rangle_{BB} \langle e_z | + | -e_z \rangle_{BB} \langle -e_z | \right) \tag{11.13}$$

四维空间作正交投影测量，则有

$$\langle u_1 | \rho_4 | u_1 \rangle = {}_B \langle e_z |_A \langle e_z | \rho_A \otimes \frac{1}{2} \left(| e_z \rangle_{BB} \langle e_z | + | -e_z \rangle_{BB} \langle -e_z | \right) | e_z \rangle_A | +e_z \rangle_B$$

$$= {}_A \left\langle e_z \left| \frac{1}{2} \rho_A \right| e_z \right\rangle_A = \mathrm{Tr}\left(\frac{1}{2} | e_z \rangle_{AA} \langle e_z | \rho_A \right) = \mathrm{Tr}(p_1 \rho_A) \tag{11.14}$$

同理

$$\langle u_i | \rho_4 | u_i \rangle = \mathrm{Tr}(p_i \rho_A), \quad i = 2,3,4 \tag{11.15}$$

11.11　超算符独立实参数的数目以及超算符与密度矩阵的一一对应

题 11.11　如果将一般的超算符 $\$: \rho \to \rho'$ 用参数来表示, 需用多少个实参数? 这里 ρ 是 d 维 Hilbert 空间中的一个密度矩阵.

解答　设 $\$(\rho_A) = \rho'_A$ 是 N 维 Hilbert 空间 H_A 中的任意一个超算符. 可以证明, H_A 中的超算符和扩展 Hilbert 空间 $H_A \otimes H_B$ 中满足条件

$$\mathrm{Tr}_A \rho_{AB} = I_B/d \tag{11.16}$$

的密度矩阵 ρ_{AB} 是一一对应的. 而满足式的 ρ_{AB} 的自由度为 $N^4 - N^2$, 即 ρ_{AB} 中有 $N^4 - N^2$ 个实参数.

下面证明 $\$$ 与 ρ_{AB} 的一一对应关系. 若 $H_A \otimes H_B$ 中上述 ρ_{AB} 给定, 则可以通过如下方式将它对应为一个密度矩阵 ρ_{AB}:

$$\rho_{AB} = \$ \otimes I_B (|\Phi\rangle \langle \Phi|) \tag{11.17}$$

其中, $|\Phi\rangle = \dfrac{1}{\sqrt{d}} \sum_i |i\rangle_A |i'\rangle_B$. 由于 $\$(|i\rangle\langle j|) = \delta_{ij}$, 因此有

$$\mathrm{Tr}_A \rho_{AB} = \mathrm{Tr}_A \$ \otimes I_B (|\Phi\rangle \langle \Phi|) = \frac{I_B}{d} \sum_{ij} [\mathrm{Tr}_A \$(|i\rangle \langle j|)] |i\rangle \langle j| = \frac{I_B}{d}$$

反之, 若给定满足 $\mathrm{Tr}_A \rho_{AB} = I_B/d$ 的密度矩阵 ρ_{AB}, 设其谱分解为

$$\rho_{AB} = \sum_i p_i |\Psi_i\rangle \langle \Psi_i| \tag{11.18}$$

$|\Psi_i\rangle = \sum_{mn} C^i_{mn} |m\rangle_A |n\rangle_B$ 可以写为 $|\Psi_i\rangle = C_i \otimes I_B |\Phi\rangle$, 其中 C_i 为 H_A 中的算符, 由下式定义:

$$_A\langle m| C_i |n\rangle_A = \sqrt{d} C^i_{mn} \tag{11.19}$$

于是我们得到

$$\rho_{AB} = \sum_i p_i C_i \otimes I_B |\Phi\rangle \langle \Phi| C_i^\dagger \otimes I_B \equiv \$ \otimes I_B (|\Phi\rangle \langle \Phi|) \tag{11.20}$$

其中, 线性映射 $\$$ 定义如下:

$$\$(\rho) = \sum_i p_i C_i \rho C_i^\dagger = \mathrm{Tr}_B(\rho^{\mathrm{T}} \rho_{AB}) \tag{11.21}$$

式中, ρ 是定义在 H_B 空间中的密度矩阵. 既然 ρ_{AB} 是正算符, 可看出由上式定义的 $\$$ 是一个完全正算符 (超算符). 由于 $\mathrm{Tr}_A \rho_{AB} = I_B/d$, 因此

$$\mathrm{Tr}_A \left(\sum_i p_i C_i^\dagger C_i \otimes I_B |\Phi\rangle \langle \Phi| \right) = \frac{I_B}{d} \tag{11.22}$$

但是，由于对于任意算符 X，有 $X \otimes I|\Phi\rangle = I \otimes X^{\mathrm{T}}|\Phi\rangle$，因此易见上面式子左边为

$$\frac{1}{d}\left(\sum_i p_i C_i^{\dagger} C_i\right)^{\mathrm{T}}$$

于是得到

$$\sum_i p_i C_i^{\dagger} C_i = I \tag{11.23}$$

以及

$$\mathrm{Tr}_A \rho_{AB} = \mathrm{Tr}_A \sum_i p_i C_i \otimes I_B |\Phi\rangle\langle\Phi| C_i^{\dagger} \otimes I_B = \frac{1}{d}\sum_{mn} |n\rangle_B {}_B\langle m|_A \langle m|\sum_i p_i C_i^{\dagger} C_i|n\rangle_A$$

$$= \frac{1}{d}\sum_{mn} |n\rangle_B {}_B\langle m|_A \langle m| n\rangle_A$$

$$= \frac{1}{d}\sum_n |n\rangle_B {}_B\langle n| = \frac{I_B}{d} \tag{11.24}$$

11.12 Fock 空间中的等距算符

题 11.12 证明 Fock 空间中的算符 Ω: $|n\rangle \rightarrow |n+1\rangle$，$n = 0, 1, 2, \cdots$ 是一个等距算子. 就是说，它满足 $\Omega^{\dagger}\Omega = I$, $\Omega\Omega^{\dagger} \neq I$，求第二个表达式等于什么? 证明 Fock 空间中的算符 Ω: $|n\rangle \rightarrow |n+1\rangle$，$n = 0, 1, 2, \cdots$ 是一个等距算子. 就是说，它满足 $\Omega^{\dagger}\Omega = I$，但 $\Omega\Omega^{\dagger} \neq I$，求第二个表达式等于什么?

提示 利用算符 Ω 的谱表示 ——并矢表示式.

证明 由题给条件得算符 Ω 可表示为

$$\Omega = \sum_{n=0}^{\infty} |n+1\rangle\langle n| \tag{11.25}$$

可以验算，Ω 作用到 Fock 空间任意一个态上，都满足题给映射条件. 由 Fock 空间态的完备性，知这样表示的算符 Ω 是唯一的. 接下来演算

$$\Omega^{\dagger}\Omega = \sum_{m=0}^{\infty} |m\rangle\langle m+1| \sum_{n=0}^{\infty} |n+1\rangle\langle n|$$

$$= \sum_{n=0}^{\infty} |n\rangle\langle n| = I \tag{11.26}$$

所以

$$\langle\Psi|\Omega^{\dagger}\Omega|\Psi\rangle = \langle\Psi|\Psi\rangle$$

上式说明 Ω 是一个等距算符，不改变任何态 $|\Psi\rangle$ 的标积. 另一方面

$$\Omega\Omega^{\dagger} = \sum_{n=0}^{\infty} |n+1\rangle\langle n| \sum_{m=0}^{\infty} |m\rangle\langle m+1|$$

$$= \sum_{n=1}^{\infty} |n\rangle \langle n| = \boldsymbol{I} - |0\rangle \langle 0| \neq \boldsymbol{I} \tag{11.27}$$

故 Ω 并非幺正算符.

说明　这样，$\det(\Omega^\dagger \Omega) = \det(\boldsymbol{I}) = 1$，但 $\det(\Omega \Omega^\dagger) = \det(\boldsymbol{I} - |0\rangle \langle 0|) = 0$，可见 $\det(\Omega \Omega^\dagger) \neq \det(\Omega^\dagger \Omega)$.

以上是关于无限维矩阵 $\det(AB) = \det(BA)$ 不一定成立的一个例子，尽管 $\det(AB) = \det(BA)$ 对于有限维矩阵总是成立的. 对于有限维矩阵的迹表达式 $\mathrm{Tr}(AB) = \mathrm{Tr}(BA)$ 情况类似，都可参见上册题 4.51.

11.13　转置是正映射，但不是完全正的映射

题 11.13　定义如果 H_A 上一个算符 Ω_A 没有出现负本征值，就称其为正算符；如果将它推广成任何张量积 $\Omega \otimes I_B$ 的形式，也都不出现负本征值，就称它是完全正的算符. 这里 I_B 是某一任意 B 系统状态空间中的单位算符. 证明 H_A 上的转置算符 $T_A : \rho_A \rightarrow \rho_A^{\mathrm{T}}$ 是个正算符，但不是一个完全正的算符.

证明　设 H_A 和 H_B 的维数都为 N，$|\Phi\rangle_{AB}$ 为 $H_A \otimes H_B$ 空间的态矢.

$$|\Phi\rangle_{AB} = \frac{1}{\sqrt{N}} \sum_{i=1}^{N} |i\rangle_A \otimes |i'\rangle_B \tag{11.28}$$

此态矢为最大纠缠态，满足 $\mathrm{Tr}_B |\Phi\rangle_{AB\ AB}\langle \Phi| = I_A$. 设

$$\rho_{AB} = |\Phi\rangle_{AB\ AB}\langle \Phi| = \frac{1}{N} \sum_{ij} |i\rangle_{A\ A}\langle j| \otimes |i'\rangle_{B\ B}\langle j'| \tag{11.29}$$

用 $T_A \otimes I_B$ 作用到 ρ_{AB} 上后，得

$$\rho'_{AB} = T_A \otimes I_B \rho_{AB} = |\Phi\rangle_{AB\ AB}\langle \Phi| = \frac{1}{N} \sum_{ij} |j\rangle_{A\ A}\langle i| \otimes |i'\rangle_{B\ B}\langle j'| \tag{11.30}$$

表明作用后的 $\rho'_{AB} = T_A \otimes I_B \rho_{AB}$ 具有特性：$N\rho'_{AB}$ 是将 A 态和 B 态交换的交换算符. 它有正负两个本征值，对应于交换为对称和反对称的两种态. 设

$$N\rho'_{AB} = \sum_{ij} |j\rangle_{A\ A}\langle i| \otimes |i'\rangle_{B\ B}\langle j'| \tag{11.31}$$

可称为交换算符. 因为，若设有两个态

$$\begin{cases} |\psi\rangle = \sum_i \alpha_i |i\rangle \\ |\varphi\rangle = \sum_j \beta_j |j'\rangle \end{cases} \tag{11.32}$$

则有

$$N\rho'_{AB} |\psi\rangle_A |\varphi\rangle_B = N\rho'_{AB} \sum_i \alpha_i |i\rangle_A \otimes \sum_j \beta_j |j'\rangle_B$$

$$= \left[\sum_{ij} |j\rangle_{AA}\langle i| \otimes |i'\rangle_{BB}\langle j'|\right]\left[\sum_{ij} \alpha_i |i\rangle_A \otimes \beta_j |j'\rangle_B\right]$$

$$= \sum_i \alpha_i |i'\rangle_B \otimes \sum_j \beta_j |j\rangle_A = |\psi\rangle_B |\varphi\rangle_A \tag{11.33}$$

即交换算符使两个粒子交换波函数, 各自基矢不变. 显然交换两次后, 状态还原, 故有 $(N\rho'_{AB})^2 = I_{AB}$, 即 $N\rho'_{AB}$ 本征值为 ± 1, 对应 -1 本征值的本征态形如

$$\frac{1}{\sqrt{2}}\left(|i\rangle_A |j\rangle_B - |j\rangle_A |i\rangle_B\right), \quad i \neq j \tag{11.34}$$

故 $N\rho'_{AB}$ 非完全正定.

11.14 二维量子态的 Bloch 球表示

题 11.14 任何二维纯态 $|\Psi\rangle$ 必定对应于单位球面上的某一点, 因为它的密度矩阵总可以表示为 $\rho = |\Psi\rangle\langle\Psi| = \frac{1}{2}(1 + \boldsymbol{n} \cdot \boldsymbol{\sigma})$, 这里 $\boldsymbol{n}$ 是单位球面上某一点的矢径; 任何二维混态必定对应于单位球面内的某一点, 因为它的密度矩阵总可以写为 $\rho = \frac{1}{2}(1 + \boldsymbol{p} \cdot \boldsymbol{\sigma})$, 这里 $|\boldsymbol{p}| < 1$(由于 $\det\rho = \frac{1}{4}\left(1 - |\boldsymbol{p}|^2\right)$), 根据 ρ 的本征值非负的要求, 必有 $|\boldsymbol{p}| < 1$). 这便是二维量子态的 Bloch 球表示. 现在要求在 Bloch 球上表示下述态

$$|\psi\rangle = \sin\frac{\theta}{2}|0\rangle + \cos\frac{\theta}{2}e^{i\varphi}|1\rangle \tag{11.35}$$

$$\rho = \frac{1}{2}\left[|0\rangle\langle 0| + |1\rangle\langle 1| + (x + iy)|0\rangle\langle 1| + (x - iy)|1\rangle\langle 0|\right] \tag{11.36}$$

解答 式 (11.35)是纯态的情况, 由于

$$|0\rangle\langle 0| = \frac{1 - \sigma_3}{2}, \quad |1\rangle\langle 1| = \frac{1 + \sigma_3}{2}$$

$$|0\rangle\langle 1| = \frac{\sigma_1 - i\sigma_2}{2}, \quad |1\rangle\langle 0| = \frac{\sigma_1 + i\sigma_2}{2}$$

故有

$$\begin{aligned}
\rho &= |\psi\rangle\langle\psi| = \left(\sin\frac{\theta}{2}|0\rangle + \cos\frac{\theta}{2}e^{i\varphi}|1\rangle\right)\left(\sin\frac{\theta}{2}\langle 0| + \cos\frac{\theta}{2}e^{-i\varphi}\langle 1|\right) \\
&= \sin^2\frac{\theta}{2}|0\rangle\langle 0| + \sin\frac{\theta}{2}\cos\frac{\theta}{2}e^{i\varphi}|1\rangle\langle 0| + \sin\frac{\theta}{2}\cos\frac{\theta}{2}e^{-i\varphi}|0\rangle\langle 1| + \cos^2\frac{\theta}{2}|1\rangle\langle 1| \\
&= \sin^2\frac{\theta}{2}\frac{1 - \sigma_3}{2} + \sin\frac{\theta}{2}\cos\frac{\theta}{2}e^{i\varphi}\frac{\sigma_1 + i\sigma_2}{2} + \sin\frac{\theta}{2}\cos\frac{\theta}{2}e^{-i\varphi}\frac{\sigma_1 - i\sigma_2}{2} + \cos^2\frac{\theta}{2}\frac{1 + \sigma_3}{2} \\
&= \frac{1}{2}(1 + \sin\theta\cos\varphi\sigma_1 - \sin\theta\sin\varphi\sigma_2 + \cos\theta\sigma_3) = \frac{1}{2}(1 + \boldsymbol{n} \cdot \boldsymbol{\sigma}) \tag{11.37}
\end{aligned}$$

其中, $\boldsymbol{n} = (\sin\theta\cos\varphi, -\sin\theta\sin\varphi, \cos\theta)$, 为方位角在 $(\theta, -\varphi)$ 方向的单位矢量.

式 (11.36) 是混态的情况

$$\begin{aligned}
\rho &= \frac{1}{2}\left[|0\rangle\langle0| + |1\rangle\langle1| + (x+\mathrm{i}y)|0\rangle\langle1| + (x-\mathrm{i}y)|1\rangle\langle0|\right] \\
&= \frac{1}{2}\left[\frac{1-\sigma_3}{2} + \frac{1+\sigma_3}{2} + (x+\mathrm{i}y)\frac{\sigma_1-\mathrm{i}\sigma_2}{2} + (x-\mathrm{i}y)\frac{\sigma_1+\mathrm{i}\sigma_2}{2}\right] \\
&= \frac{1}{2}(1+\sigma_1 x+\sigma_2 y)
\end{aligned} \tag{11.38}$$

所以，$\boldsymbol{p}=(x,y,0)$.

讨论　也可以利用下述公式:

$$\boldsymbol{n} = \langle\Psi|\boldsymbol{\sigma}|\Psi\rangle = (\sin\theta\cos\varphi,\ -\sin\theta\sin\varphi,\ \cos\theta)$$

$$\rho = \frac{1}{2}(1+\boldsymbol{n}\cdot\boldsymbol{\sigma})$$

$$\boldsymbol{p} = \mathrm{Tr}(\rho\boldsymbol{\sigma})$$

11.15　任意二维混态 ρ 表示为两个纯态的凸性和

题 11.15　利用 Bloch 球证明

(1) 任何二维混态 ρ 总可以表示为两个纯态的如下凸性和:

$$\rho = \lambda\rho_A + (1-\lambda)\rho_B$$

这里，$\rho_A=|A\rangle\langle A|$、$\rho_B=|B\rangle\langle B|$ 是两个纯态，λ 是小于 1 的正数;

(2) 给出极化矢量的相应分解表达式;

(3) 这种表示方法不是唯一的. 说明混态的纯态系综表示是含混的.

解答　(1) ρ 的本征分解

$$\rho = \lambda_1|\phi_1\rangle\langle\phi_1| + \lambda_2|\phi_2\rangle\langle\phi_2| \tag{11.39}$$

给出了形如

$$\lambda\rho_A + (1-\lambda)\rho_B$$

的凸组合 $(\lambda_1+\lambda_2=1)$.

(2) $\boldsymbol{p}=\lambda_1\boldsymbol{n}_1+\lambda_2\boldsymbol{n}_2$，其中

$$\rho = \frac{1+\boldsymbol{p}\cdot\boldsymbol{\sigma}}{2}, \quad |\phi_i\rangle\langle\phi_i| = \frac{1+\boldsymbol{n}_i\cdot\boldsymbol{\sigma}}{2}$$

(3) 对于任意单位矢量 $\boldsymbol{m}$，定义

$$\boldsymbol{n} = \boldsymbol{p} + \frac{1-|\boldsymbol{p}|^2}{|\boldsymbol{m}-\boldsymbol{p}|^2}(\boldsymbol{p}-\boldsymbol{m}) \tag{11.40}$$

则 $|\boldsymbol{n}|^2=1$，且

$$\boldsymbol{p} = \lambda\boldsymbol{m} + (1-\lambda)\boldsymbol{n} \tag{11.41}$$

如图 11.2所示，其中 $\lambda = \dfrac{1 - |\boldsymbol{p}|^2}{2(1 - \boldsymbol{m} \cdot \boldsymbol{p})}$，满足 $0 \leqslant \lambda \leqslant 1$. 于是

$$\rho = \lambda |\phi_m\rangle\langle\phi_m| + (1 - \lambda) |\phi_n\rangle\langle\phi_n| \tag{11.42}$$

其中

$$|\phi_m\rangle\langle\phi_m| = \frac{1 + \boldsymbol{m} \cdot \boldsymbol{\sigma}}{2}, \quad |\phi_n\rangle\langle\phi_n| = \frac{1 + \boldsymbol{n} \cdot \boldsymbol{\sigma}}{2} \tag{11.43}$$

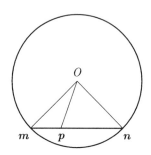

图 11.2　二维混态极化矢量图表示

11.16　对二维密度矩阵 ρ_A、ρ_B，计算 $\mathrm{Tr}(\rho_A\rho_B)$

题 11.16　假如 $\rho_A = \dfrac{1 + \boldsymbol{n}_A \cdot \boldsymbol{\sigma}}{2}$ 和 $\rho_B = \dfrac{1 + \boldsymbol{n}_B \cdot \boldsymbol{\sigma}}{2}$，证明

$$\mathrm{Tr}(\rho_A\rho_B) = \frac{1}{2}(1 + \boldsymbol{n}_A \cdot \boldsymbol{n}_B)$$

证明　按题设

$$
\begin{aligned}
\rho_A\rho_B &= \frac{1}{2}(1 + \boldsymbol{n}_A \cdot \boldsymbol{\sigma})\frac{1}{2}(1 + \boldsymbol{n}_B \cdot \boldsymbol{\sigma}) \\
&= \frac{1}{4}[1 + \boldsymbol{n}_A \cdot \boldsymbol{\sigma} + \boldsymbol{n}_B \cdot \boldsymbol{\sigma} + (\boldsymbol{n}_A \cdot \boldsymbol{\sigma})(\boldsymbol{n}_B \cdot \boldsymbol{\sigma})]
\end{aligned} \tag{11.44}
$$

对上式两边取迹，利用 $\mathrm{Tr}\,\sigma_i = 0$ 得

$$
\begin{aligned}
\mathrm{Tr}(\rho_A\rho_B) &= \frac{1}{2} + \frac{1}{4}\mathrm{Tr}(\boldsymbol{n}_A \cdot \boldsymbol{\sigma})(\boldsymbol{n}_B \cdot \boldsymbol{\sigma}) \\
&= \frac{1}{2} + \frac{1}{4}\mathrm{Tr}[\boldsymbol{n}_A \cdot \boldsymbol{n}_B + \mathrm{i}(\boldsymbol{n}_A \times \boldsymbol{n}_B) \cdot \boldsymbol{\sigma}] \\
&= \frac{1}{2} + \frac{1}{2}\boldsymbol{n}_A \cdot \boldsymbol{n}_B = \frac{1}{2}(1 + \boldsymbol{n}_A \cdot \boldsymbol{n}_B)
\end{aligned} \tag{11.45}
$$

即为所证.

11.17　单体混态 ρ_A 可看作两体纯态的约化密度矩阵

题 11.17　给定系统 A 的一个混态 ρ_A，证明它能够通过作为两体系统 A 和 B 的 Hilbert 空间中某个纯态的约化密度矩阵来得到.

证明 假设 ρ_A 的谱表示为

$$\rho_A = \sum_i \lambda_i |\psi_i\rangle_{A\,A}\langle\psi_i| \tag{11.46}$$

同时假定 Hilbert 空间 B 的基为 $|\mu_j\rangle_B$ 我们取 AB 两体系统的纯态为

$$|\psi\rangle_{AB} = \sum_i \sqrt{\lambda_i}\,|\psi_i\rangle_A\,|\mu_i\rangle_B \tag{11.47}$$

对 ρ_{AB} 取部分迹则

$$
\begin{aligned}
\rho_A &= \mathrm{Tr}_B(\rho_{AB}) = \sum_k {}_B\langle\mu_k| \sum_{ij} \sqrt{\lambda_i}\,|\psi_i\rangle_A\,|\mu_i\rangle_B\,\sqrt{\lambda_j}\ {}_A\langle\psi_j|\ {}_B\langle\mu_j|\mu_k\rangle_B \\
&= \sum_i \lambda_i |\psi_i\rangle_{A\,A}\langle\psi_i| \tag{11.48}
\end{aligned}
$$

11.18 von Neumann 熵

题 11.18 求以下密度矩阵:

$$\rho_1 = \frac{1}{2}\begin{pmatrix} 1 & 0 \\ 0 & 1 \end{pmatrix},\ \rho_2 = \begin{pmatrix} 1 & 0 \\ 0 & 0 \end{pmatrix},\ \rho_3 = \frac{1}{2}\begin{pmatrix} 1 & 1 \\ 1 & 1 \end{pmatrix},\ \rho_4 = \frac{1}{3}\begin{pmatrix} 2 & 0 \\ 0 & 1 \end{pmatrix},\ \rho_5 = \begin{pmatrix} 1/2 & i/3 \\ -i/3 & 1/2 \end{pmatrix}$$

所描述的态各自的 von Neumann 熵.

解答 对于密度矩阵 ρ, von Neumann 熵为

$$S(\rho) = -\mathrm{Tr}(\rho \log \rho)$$

将密度矩阵 ρ 写为谱表示 —— 选取使它对角化的正交基 $\{|a\rangle\}$, 这时

$$\rho = \sum_a \lambda_a |a\rangle\langle a| \to\ f(\rho) = \sum_a f(\lambda_a)|a\rangle\langle a|$$

所以

$$S(\rho) = -\sum_a \lambda_a \log_2 \lambda_a$$

按题目条件, 密度矩阵 ρ_1 的两个本征值为 $\lambda_{11} = \lambda_{12} = \frac{1}{2}$, 所以

$$S(\rho_1) = -\frac{1}{2}\log_2\frac{1}{2} - \frac{1}{2}\log_2\frac{1}{2} = \log_2 2 = 1$$

密度矩阵 ρ_2 对应的态是纯态, 所以

$$S(\rho_2) = 0$$

密度矩阵 ρ_3 的两个本征值为 $\lambda_{31} = 1, \lambda_{32} = 0$, ρ_3 对应纯态, 所以

$$S(\rho_3) = 0$$

对密度矩阵 ρ_4，由相应久期方程求得两个本征值为 $\lambda_{41} = \dfrac{3+\sqrt{5}}{6}$，　$\lambda_{42} = \dfrac{3-\sqrt{5}}{6}$，
所以

$$S\left(\rho_4\right) = -\frac{3+\sqrt{5}}{6}\log_2\frac{3+\sqrt{5}}{6} - \frac{3-\sqrt{5}}{6}\log_2\frac{3-\sqrt{5}}{6}$$

对密度矩阵 ρ_5，由相应久期方程求得两个本征值为 $\lambda_{51} = \dfrac{1}{6}$，　$\lambda_{52} = \dfrac{5}{6}$，所以

$$S\left(\rho_5\right) = -\frac{1}{6}\log_2\frac{1}{6} - \frac{5}{6}\log_2\frac{5}{6} = \log_2 6 - \frac{5}{6}\log_2 5$$

11.19　求给定的两体密度矩阵的本征值

题 11.19　按均匀概率分布制备以下三个态：

$$|\varphi_1\rangle = \begin{pmatrix} 1 \\ 0 \end{pmatrix}, \quad |\varphi_2\rangle = \begin{pmatrix} -1/2 \\ \sqrt{3}/2 \end{pmatrix}, \quad |\varphi_3\rangle = \begin{pmatrix} -1/2 \\ -\sqrt{3}/2 \end{pmatrix}$$

此系综组成的两体密度矩阵

$$\rho = \frac{1}{3}\left(\sum_{\alpha=1}^{3} |\Phi_\alpha\rangle_{AB}\, {}_{AB}\langle\Phi_\alpha|\right), \quad |\Phi_\alpha\rangle_{AB} = |\varphi_\alpha\rangle_A |\varphi_\alpha\rangle_B, \quad \alpha = 1,2,3$$

求该两体密度矩阵的本征值.

解答　按题设

$$|\Phi_1\rangle = |\varphi_1\rangle|\varphi_1\rangle = \begin{pmatrix} 1 \\ 0 \\ 0 \\ 0 \end{pmatrix}$$

$$|\Phi_2\rangle = |\varphi_2\rangle|\varphi_2\rangle = \frac{1}{4}\begin{pmatrix} 1 \\ -\sqrt{3} \\ -\sqrt{3} \\ 3 \end{pmatrix}$$

$$|\Phi_3\rangle = |\varphi_3\rangle|\varphi_3\rangle = \frac{1}{4}\begin{pmatrix} 1 \\ \sqrt{3} \\ \sqrt{3} \\ 3 \end{pmatrix}$$

则得两体密度矩阵

$$\rho = \frac{1}{3}\sum_{\alpha=1}^{3} |\Phi_\alpha\rangle\langle\Phi_\alpha| = \frac{1}{8}\begin{pmatrix} 3 & 0 & 0 & 1 \\ 0 & 1 & 1 & 0 \\ 0 & 1 & 1 & 0 \\ 1 & 0 & 0 & 3 \end{pmatrix}$$

解相应久期方程得上面两体密度矩阵本征值为 $\lambda = 0,\ \dfrac{1}{4},\ \dfrac{1}{4},\ \dfrac{1}{2}.$

11.20　Bell 基是力学量 $\{\sigma_x^A\sigma_x^B,\ \sigma_y^A\sigma_y^B,\ \sigma_z^A\sigma_z^B\}$ 的共同本征态

题 11.20　求证：4 个 Bell 基 $\{|\psi^\pm\rangle_{AB},\ |\phi^\pm\rangle_{AB}\}$ 是力学量 $\{\sigma_x^A\sigma_x^B,\ \sigma_y^A\sigma_y^B,\ \sigma_z^A\sigma_z^B\}$ 的共同本征态，如下表所示.

Bell 基	$\sigma_x^A\sigma_x^B$	$\sigma_y^A\sigma_y^B$	$\sigma_z^A\sigma_z^B$
$\|\phi^+\rangle_{AB}=\dfrac{1}{\sqrt{2}}\left[\|\uparrow\rangle_A\|\uparrow\rangle_B+\|\downarrow\rangle_A\|\downarrow\rangle_B\right]$	$+1$	-1	$+1$
$\|\phi^-\rangle_{AB}=\dfrac{1}{\sqrt{2}}\left[\|\uparrow\rangle_A\|\uparrow\rangle_B-\|\downarrow\rangle_A\|\downarrow\rangle_B\right]$	-1	$+1$	$+1$
$\|\psi^+\rangle_{AB}=\dfrac{1}{\sqrt{2}}\left[\|\uparrow\rangle_A\|\downarrow\rangle_B+\|\downarrow\rangle_A\|\uparrow\rangle_B\right]$	$+1$	$+1$	-1
$\|\psi^-\rangle_{AB}=\dfrac{1}{\sqrt{2}}\left[\|\uparrow\rangle_A\|\downarrow\rangle_B-\|\downarrow\rangle_A\|\uparrow\rangle_B\right]$	-1	-1	-1

证明　因为

$$
\begin{aligned}
\left[\sigma_x^A\sigma_x^B,\sigma_y^A\sigma_y^B\right] &= \sigma_x^A\left[\sigma_x^B,\sigma_y^A\sigma_y^B\right]+\left[\sigma_x^A,\sigma_y^A\sigma_y^B\right]\sigma_x^B \\
&= \sigma_x^A\left(\sigma_y^A\left[\sigma_x^B,\sigma_y^B\right]+\left[\sigma_x^B,\sigma_y^A\right]\sigma_y^B\right)+\left(\sigma_y^A\left[\sigma_x^A,\sigma_y^B\right]+\left[\sigma_x^A,\sigma_y^A\right]\sigma_y^B\right)\sigma_x^B \\
&= \sigma_x^A\sigma_y^A\left[\sigma_x^B,\sigma_y^B\right]+\left[\sigma_x^A,\sigma_y^A\right]\sigma_y^B\sigma_x^B = 2\mathrm{i}\sigma_x^A\sigma_y^A\sigma_z^B+2\mathrm{i}\sigma_z^A\sigma_y^B\sigma_x^B \\
&= 2\mathrm{i}\sigma_x^A\sigma_y^A\sigma_z^B-2\mathrm{i}\sigma_z^A\sigma_x^B\sigma_y^B = -2\sigma_z^A\sigma_z^B+2\sigma_z^A\sigma_z^B = 0
\end{aligned}
$$

按轮换的办法，可知力学量 $\{\sigma_x^A\sigma_x^B,\ \sigma_y^A\sigma_y^B,\ \sigma_z^A\sigma_z^B\}$ 两两对易，存在共同本征态.

下面以 $|\phi^+\rangle_{AB}$ 为例，则因为 $\boldsymbol{S}=\dfrac{1}{2}\boldsymbol{\sigma}$（注意已采取了自然单位制），又由于

$$
\begin{cases}
S_x=\dfrac{S_++S_-}{2} \\
S_y=\dfrac{S_+-S_-}{2\mathrm{i}} \\
S_z=S_0
\end{cases}
$$

则有

$$
\begin{aligned}
\sigma_x^A\sigma_x^B|\phi^+\rangle_{AB} &= \sigma_x^A\sigma_x^B\frac{1}{\sqrt{2}}\left(\left|\frac{1}{2}\right\rangle_A\left|\frac{1}{2}\right\rangle_B+\left|-\frac{1}{2}\right\rangle_A\left|-\frac{1}{2}\right\rangle_B\right) \\
&= \frac{1}{\sqrt{2}}\left(S_{A-}\left|\frac{1}{2}\right\rangle_A S_{B-}\left|\frac{1}{2}\right\rangle_B+S_{A+}\left|-\frac{1}{2}\right\rangle_A S_{B+}\left|-\frac{1}{2}\right\rangle_B\right) \\
&= \frac{1}{\sqrt{2}}\left(\left|-\frac{1}{2}\right\rangle_A\left|-\frac{1}{2}\right\rangle_B+\left|\frac{1}{2}\right\rangle_A\left|\frac{1}{2}\right\rangle_B\right) \\
&= \frac{1}{\sqrt{2}}\left(\left|\frac{1}{2}\right\rangle_A\left|\frac{1}{2}\right\rangle_B+\left|-\frac{1}{2}\right\rangle_A\left|-\frac{1}{2}\right\rangle_B\right) \\
&= |\phi^+\rangle_{AB}
\end{aligned}
$$

即 $|\phi^+\rangle_{AB}$ 为 $\sigma_x^A\sigma_x^B$ 的本征态，同理可知其余三个 Bell 基亦为 $\sigma_x^A\sigma_x^B$ 的本征态.

类似地，可一一验算，$\{|\psi^{\pm}\rangle_{AB},\ |\phi^{\pm}\rangle_{AB}\}$ 是力学量 $\{\sigma_x^A\sigma_x^B,\ \sigma_y^A\sigma_y^B,\ \sigma_z^A\sigma_z^B\}$ 的共同本征态，并得到题中表格的结果.

11.21 对给定的两体纯态，求其约化密度矩阵及 Schmidt 分解形式

题 11.21 已知两体系统的一个态为

$$|\Phi\rangle_{AB} = \frac{1}{\sqrt{2}}|\uparrow\rangle_A\left(\frac{1}{2}|\uparrow\rangle_B + \frac{\sqrt{3}}{2}|\downarrow\rangle_B\right) + \frac{1}{\sqrt{2}}|\downarrow\rangle_A\left(\frac{\sqrt{3}}{2}|\uparrow\rangle_B + \frac{1}{2}|\downarrow\rangle_B\right)$$

(1) 计算 $\rho_A = \text{Tr}_B|\Phi\rangle\langle\Phi|$ 和 $\rho_B = \text{Tr}_A|\Phi\rangle\langle\Phi|$；

(2) 寻找 Schmidt 分解.

解答 (1) 按题给条件，约化密度矩阵 ρ_A

$$\begin{aligned}
\rho_A &= \text{Tr}_B(\rho_{AB}) = {}_B\langle\uparrow|\Phi\rangle\langle\Phi|\uparrow\rangle_B + {}_B\langle\downarrow|\Phi\rangle\langle\Phi|\downarrow\rangle_B \\
&= \frac{1}{8}\left[\left(|\uparrow\rangle_A + \sqrt{3}|\downarrow\rangle_A\right)\left({}_A\langle\uparrow| + \sqrt{3}\,{}_A\langle\downarrow|\right) + \left(\sqrt{3}|\uparrow\rangle_A + |\downarrow\rangle_A\right)\left(\sqrt{3}\,{}_A\langle\uparrow| + {}_A\langle\downarrow|\right)\right] \\
&= \frac{1}{2}|\uparrow\rangle_A\langle\uparrow| + \frac{1}{2}|\downarrow\rangle_A\langle\downarrow| + \frac{\sqrt{3}}{4}|\uparrow\rangle_A\langle\downarrow| + \frac{\sqrt{3}}{4}|\downarrow\rangle_A\langle\uparrow| \quad\quad (11.49)
\end{aligned}$$

$\rho_{AB} = |\Phi\rangle\langle\Phi|$ 关于指标 A、B 对称，因而约化密度矩阵 ρ_B 的形式与 ρ_A 相同，为

$$\begin{aligned}
\rho_B &= \text{Tr}_A(\rho_{AB}) = {}_A\langle\uparrow|\Phi\rangle\langle\Phi|\uparrow\rangle_A + {}_A\langle\downarrow|\Phi\rangle\langle\Phi|\downarrow\rangle_A \\
&= \frac{1}{2}|\uparrow\rangle_B\langle\uparrow| + \frac{1}{2}|\downarrow\rangle_B\langle\downarrow| + \frac{\sqrt{3}}{4}|\uparrow\rangle_B\langle\downarrow| + \frac{\sqrt{3}}{4}|\downarrow\rangle_B\langle\uparrow| \quad\quad (11.50)
\end{aligned}$$

但 ρ_A 与 ρ_B 此时不是对角的，可将之对角化. ρ_A 矩阵如下给出：

$$\rho_A = \frac{1}{4}\begin{pmatrix} 2 & \sqrt{3} \\ \sqrt{3} & 2 \end{pmatrix} \quad\quad (11.51)$$

由其久期方程解得本征值为

$$\lambda_{1,2} = \frac{1}{4}\left(2 \pm \sqrt{3}\right) \quad\quad (11.52)$$

相应的本征矢量为

$$|\lambda_1\rangle_A = \frac{1}{\sqrt{2}}\begin{pmatrix} 1 \\ 1 \end{pmatrix}_A = \frac{1}{\sqrt{2}}\left(|\uparrow\rangle_A + |\downarrow\rangle_A\right) \quad\quad (11.53)$$

$$|\lambda_2\rangle_A = \frac{1}{\sqrt{2}}\begin{pmatrix} 1 \\ -1 \end{pmatrix}_A = \frac{1}{\sqrt{2}}\left(|\uparrow\rangle_A - |\downarrow\rangle_A\right) \quad\quad (11.54)$$

其反展开为

$$|\uparrow\rangle_A = \frac{1}{\sqrt{2}}\left(|\lambda_1\rangle_A + |\lambda_2\rangle_A\right), \quad |\downarrow\rangle_A = \frac{1}{\sqrt{2}}\left(|\lambda_1\rangle_A - |\lambda_2\rangle_A\right) \quad\quad (11.55)$$

代入上面 ρ_A 表达式, 得

$$\rho_A = \frac{2+\sqrt{3}}{4}|\lambda_1\rangle_{A\,A}\langle\lambda_1| + \frac{2-\sqrt{3}}{4}|\lambda_2\rangle_{A\,A}\langle\lambda_2| \tag{11.56}$$

ρ_B 的结果类似.

(2) 于是 Schmidt 分解为

$$|\Phi\rangle_{AB} = \sqrt{\frac{2+\sqrt{3}}{4}}|\lambda_1\rangle_A|\lambda_1\rangle_B - \sqrt{\frac{2-\sqrt{3}}{4}}|\lambda_2\rangle_A|\lambda_2\rangle_B \tag{11.57}$$

说明 可以验证, 若此处第二项取正根, 则对应态为 (与 $|\Phi\rangle_{AB}$ 对照)

$$|\Phi'\rangle_{AB} = \frac{1}{\sqrt{2}}|\uparrow\rangle_A\left(\frac{\sqrt{3}}{2}|\uparrow\rangle_B + \frac{1}{2}|\downarrow\rangle_B\right) + \frac{1}{\sqrt{2}}|\downarrow\rangle_A\left(\frac{1}{2}|\uparrow\rangle_B + \frac{\sqrt{3}}{2}|\downarrow\rangle_B\right)$$

11.22 三粒子纯态不一定能进行 Schmidt 分解

题 11.22 论证: 任意给定的三粒子纯态不一定能进行 Schmidt 分解.
证明 举一个反例即可. 研究下面纯态:

$$\begin{cases} |\Phi\rangle_{ABC} = |\varphi\rangle_{AB} \otimes |\omega\rangle_C \\ |\varphi\rangle_{AB} = \sum_{j=1}^{N}\alpha_j|j\rangle_A|j\rangle_B, \quad N \geqslant 2 \end{cases}$$

如果能将其写成三体 Schmidt 分解形式, 即, 如果有

$$|\Phi\rangle_{ABC} = \sum_{i=1}^{M}\sqrt{p_i}|i\rangle_A|i\rangle_B|i\rangle_C, \quad \forall p_i \neq 0$$

则当 $M \geqslant 2$, 对粒子 C 求迹后所剩 AB 粒子的态是混态而不是原来假定的纯态; 若 $M=1$, 则 $|1\rangle_C = |\omega\rangle_C$, 同时 A 和 B 是分离的, 这也不符合 $|\varphi\rangle_{AB}$ 是纠缠的假定. 证毕.

11.23 求两 qubit 系统密度矩阵的谱分解和局域测量

题 11.23 已知双量子位系统的一个量子态

$$\rho_{AB} = \frac{1}{8}I + \frac{1}{2}|\psi^-\rangle\langle\psi^-|$$

(1) 求 ρ_{AB} 的谱表示;
(2) 沿 $\boldsymbol{n}$ 测 $\boldsymbol{\sigma}_A$, 沿 $\boldsymbol{m}$ 测 $\boldsymbol{\sigma}_B$, 这里 $\boldsymbol{n}\cdot\boldsymbol{m} = \cos\theta$, 求它们都沿各自相应轴朝上的概率.

解答 (1) ρ_{AB} 的矩阵表示为

$$
\begin{pmatrix}
1/8 & 0 & 0 & 0 \\
0 & 3/8 & -1/4 & 0 \\
0 & -1/4 & 3/8 & 0 \\
0 & 0 & 0 & 1/8
\end{pmatrix}
\tag{11.58}
$$

由久期方程解出其本征值为

$$
\lambda_{1,2,3} = \frac{1}{8}, \quad \lambda_4 = \frac{5}{8}
\tag{11.59}
$$

进而求得相应的本征态为 $|\phi^+\rangle,\ |\phi^-\rangle, |\psi^+\rangle$ 与 $|\psi^-\rangle$. 于是 ρ_{AB} 可以写成

$$
\begin{aligned}
\rho_{AB} &= \frac{1}{8}\left(|\phi^+\rangle\langle\phi^+| + |\phi^-\rangle\langle\phi^-| + |\psi^+\rangle\langle\psi^+|\right) + \frac{5}{8}|\psi^-\rangle\langle\psi^-| \\
&= \frac{1}{8}I + \frac{1}{2}|\psi^-\rangle\langle\psi^-|
\end{aligned}
\tag{11.60}
$$

(2) 由投影算子 $\pi_\lambda = |\lambda\rangle\langle\lambda| = \frac{1}{2}(1 + \boldsymbol{p}_\lambda \cdot \boldsymbol{\sigma})$ 可知,

$$
\begin{aligned}
P &= \text{Tr}\left[\frac{1}{2}(1 + \boldsymbol{n}\cdot\boldsymbol{\sigma}_A)\frac{1}{2}(1 + \boldsymbol{m}\cdot\boldsymbol{\sigma}_B)\rho_{AB}\right] \\
&= \text{Tr}\left[\frac{1}{2}(1 + \boldsymbol{n}\cdot\boldsymbol{\sigma}_A)\frac{1}{2}(1 + \boldsymbol{m}\cdot\boldsymbol{\sigma}_B)\frac{1}{8}\right] \\
&\quad + \text{Tr}\left[\frac{1}{2}(1 + \boldsymbol{n}\cdot\boldsymbol{\sigma}_A)\frac{1}{2}(1 + \boldsymbol{m}\cdot\boldsymbol{\sigma}_B)\frac{1}{2}|\psi^-\rangle\langle\psi^-|\right]
\end{aligned}
\tag{11.61}
$$

由于

$$
\sigma_{A1}|\psi^-\rangle = |\phi^-\rangle, \quad \sigma_{A2}|\psi^-\rangle = -\mathrm{i}|\psi^+\rangle, \quad \sigma_{A3}|\psi^-\rangle = -|\phi^+\rangle
$$

$$
\boldsymbol{\sigma}_A|\psi^-\rangle_{AB} = -\boldsymbol{\sigma}_B|\psi^-\rangle_{AB}
$$

从而得到

$$
\begin{cases}
\text{Tr}\left(|\psi^-\rangle\langle\psi^-|\right) = 1 \\[2mm]
\text{Tr}\left(\boldsymbol{n}\cdot\boldsymbol{\sigma}_A|\psi^-\rangle\langle\psi^-|\right) = \text{Tr}\left(\boldsymbol{m}\cdot\boldsymbol{\sigma}_B|\psi^-\rangle\langle\psi^-|\right) = 0 \\[2mm]
\text{Tr}\left[(\boldsymbol{n}\cdot\boldsymbol{\sigma}_A)(\boldsymbol{m}\cdot\boldsymbol{\sigma}_B)|\psi^-\rangle\langle\psi^-|\right] = -n_i m_j\langle\psi^-|\sigma_{Ai}\sigma_{Aj}|\psi^-\rangle \\[2mm]
\qquad\qquad\qquad\qquad\qquad\qquad = -n_i m_j\langle\psi^-|\delta_{ij} + \mathrm{i}\varepsilon_{ijk}\sigma_k|\psi^-\rangle \\[2mm]
\qquad\qquad\qquad\qquad\qquad\qquad = -\boldsymbol{n}\cdot\boldsymbol{m}
\end{cases}
$$

所以

$$
P = \frac{1}{8} + \frac{1}{8} - \frac{1}{8}\boldsymbol{n}\cdot\boldsymbol{m} = \frac{1}{4} - \frac{1}{8}\boldsymbol{n}\cdot\boldsymbol{m}
\tag{11.62}
$$

11.24　用 Peres 判据判断一个态是否可分 (1)

题 11.24　设 $\rho = \lambda |\phi^+\rangle\langle\phi^+| + (1-\lambda)|\psi^+\rangle\langle\psi^+|$，$0 \leqslant \lambda \leqslant 1$. 应用 Peres 判据求转置后矩阵的本征值，判断 λ 为何值时，态是可分离的.

解答　经对 A 作部分转置后，为

$$
\begin{aligned}
\rho_{AB}^{T_A} &= {}_A\langle 0|\rho_{AB}|0\rangle_A \otimes |0\rangle_{A\ A}\langle 0| + {}_A\langle 1|\rho_{AB}|1\rangle_A \otimes |1\rangle_{A\ A}\langle 1| \\
&\quad + {}_A\langle 0|\rho_{AB}|1\rangle_A \otimes |1\rangle_{A\ A}\langle 0| + {}_A\langle 1|\rho_{AB}|0\rangle_A \otimes |0\rangle_{A\ A}\langle 1| \\
&= \frac{1}{2}[\lambda|0\rangle_{B\ B}\langle 0| \otimes |0\rangle_{A\ A}\langle 0| + (1-\lambda)|0\rangle_{B\ B}\langle 0| \otimes |0\rangle_{A\ A}\langle 0| \\
&\quad + \lambda|0\rangle_{B\ B}\langle 0| \otimes |0\rangle_{A\ A}\langle 0| + (1-\lambda)|0\rangle_{B\ B}\langle 0| \otimes |0\rangle_{A\ A}\langle 0| \\
&\quad + \lambda|0\rangle_{B\ B}\langle 0| \otimes |0\rangle_{A\ A}\langle 0| + (1-\lambda)|0\rangle_{B\ B}\langle 0| \otimes |0\rangle_{A\ A}\langle 0| \\
&\quad + \lambda|0\rangle_{B\ B}\langle 0| \otimes |0\rangle_{A\ A}\langle 0| + (1-\lambda)|0\rangle_{B\ B}\langle 0| \otimes |0\rangle_{A\ A}\langle 0|] \\
&= \frac{1}{2}\begin{pmatrix} \lambda & 0 & 0 & (1-\lambda) \\ 0 & (1-\lambda) & \lambda & 0 \\ 0 & \lambda & (1-\lambda) & 0 \\ (1-\lambda) & 0 & 0 & \lambda \end{pmatrix}
\end{aligned}
$$

后面矩阵表示是在 $\{|00\rangle_{AB}, |01\rangle_{AB}, |10\rangle_{AB}, |11\rangle_{AB}\}$ 基底中写出的. 求其本征值，得 $x_1, x_2 = \dfrac{1}{2}$，$x_3 = \lambda - \dfrac{1}{2}$，$x_4 = -\left(\lambda - \dfrac{1}{2}\right)$. 当 $\lambda(0 \leqslant \lambda \leqslant 1) \neq \dfrac{1}{2}$ 时，有负本征值，按 Peres 判据是纠缠的；而当 $\lambda = \dfrac{1}{2}$ 时，$\rho_{AB}^{T_A} = \dfrac{1}{2}\left(|\phi^+\rangle\langle\phi^+| + |\psi^+\rangle\langle\psi^+|\right)$，是个混态可分离态

$$
\begin{aligned}
\rho_{AB}^{T_A} &= \frac{1}{2}\left(|\phi^+\rangle\langle\phi^+| + |\psi^+\rangle\langle\psi^+|\right) \\
&= \frac{1}{4}[(|0\rangle_A + |1\rangle_A)({}_A\langle 0| + {}_A\langle 1|) \otimes (|0\rangle_B + |1\rangle_B)({}_B\langle 0| + {}_B\langle 1|) \\
&\quad + (|0\rangle_A - |1\rangle_A)({}_A\langle 0| - {}_A\langle 1|) \otimes (|0\rangle_B - |1\rangle_B)({}_B\langle 0| - {}_B\langle 1|)]
\end{aligned}
$$

所以只当 $\lambda \neq \dfrac{1}{2}$ 时是不可分离的.

11.25　用 Peres 判据判断一个态是否可分 (2)

题 11.25　确定使下述态成为不可分离的 F 数值：

$$
\rho_1 = (1-F)|\psi^-\rangle\langle\psi^-| + F|11\rangle\langle 11|
$$

$$
\rho_2 = F|\psi^-\rangle\langle\psi^-| + \frac{1-F}{3}|\psi^+\rangle\langle\psi^+| + \frac{1-F}{3}|\phi^-\rangle\langle\phi^-| + \frac{1-F}{3}|\phi^+\rangle\langle\phi^+|
$$

解答　(1) 由可分离态的判据可知，一个给定的两体二能级系统的密度矩阵 ρ_{AB}，只有在作部分转置操作后，仍然是正定的 (即无负本征值)，这时 ρ_{AB} 是可分离的. 为

此我们先对 ρ_1 作部分转置然后求本征值

$$
\begin{aligned}
\rho_1 &= (1-F)\left|\psi^-\right\rangle\left\langle\psi^-\right| + F\left|11\right\rangle\left\langle11\right| \\
&= (1-F)\frac{1}{2}\left(\left|01\right\rangle - \left|10\right\rangle\right)\left(\left\langle01\right| - \left\langle10\right|\right) + F\left|11\right\rangle\left\langle11\right| \\
&= (1-F)\frac{1}{2}\left(\left|01\right\rangle\left\langle01\right| + \left|10\right\rangle\left\langle10\right| - \left|01\right\rangle\left\langle10\right| - \left|10\right\rangle\left\langle01\right|\right) + F\left|11\right\rangle\left\langle11\right| \quad (11.63)
\end{aligned}
$$

对第二位作部分转置，得到

$$
\rho_1^{\mathrm{T}_2} = (1-F)\frac{1}{2}\left(\left|01\right\rangle\left\langle01\right| + \left|10\right\rangle\left\langle10\right| - \left|00\right\rangle\left\langle11\right| - \left|11\right\rangle\left\langle00\right|\right) + F\left|11\right\rangle\left\langle11\right| \quad (11.64)
$$

写成矩阵形式，有

$$
\rho_1^{\mathrm{T}_2} = \begin{pmatrix} \dfrac{1-F}{2} & 0 & 0 & 0 \\[2mm] 0 & \dfrac{1-F}{2} & 0 & 0 \\[2mm] 0 & 0 & 0 & \dfrac{1-F}{2} \\[2mm] 0 & 0 & \dfrac{1-F}{2} & F \end{pmatrix} \quad (11.65)
$$

易求出其本征值为

$$
\lambda_{1,2} = \frac{1-F}{2}, \quad \lambda_{3,4} = \frac{F \pm \sqrt{F^2 + (F-1)^2}}{2} \quad (11.66)
$$

当 $F < 1$ 时，由于

$$
\lambda_4 = \frac{F \pm \sqrt{F^2 + (F-1)^2}}{2} < 0 \quad (11.67)
$$

故 $\rho_1^{\mathrm{T}_2}$ 非正定，即 ρ_1 不可分离. 当 $F = 1$ 时，$\lambda_4 = 0$，ρ_1 便可分离了.

(2) 另一态 ρ_2 的情况

$$
\begin{aligned}
\rho_2 &= F\left|\psi^-\right\rangle\left\langle\psi^-\right| + \frac{1-F}{3}\left|\psi^+\right\rangle\left\langle\psi^+\right| + \frac{1-F}{3}\left|\phi^-\right\rangle\left\langle\phi^-\right| + \frac{1-F}{3}\left|\phi^+\right\rangle\left\langle\phi^+\right| \\
&= \frac{4F-1}{3}\left|\psi^-\right\rangle\left\langle\psi^-\right| + \frac{1-F}{3}I_{AB} \quad (11.68)
\end{aligned}
$$

部分转置后，得

$$
\begin{aligned}
\rho_2^{\mathrm{T}_2} = &\frac{2F+1}{6}\left(\left|01\right\rangle\left\langle01\right| + \left|10\right\rangle\left\langle10\right|\right) + \frac{1-F}{3}\left(\left|00\right\rangle\left\langle00\right| - \left|11\right\rangle\left\langle11\right|\right) \\
&- \frac{4F-1}{6}\left(\left|00\right\rangle\left\langle11\right| + \left|11\right\rangle\left\langle00\right|\right) \quad (11.69)
\end{aligned}
$$

矩阵形式为

$$\rho_2^{\mathrm{T}_2} = \begin{pmatrix} \dfrac{2F+1}{6} & 0 & 0 & 0 \\ 0 & \dfrac{2F+1}{6} & 0 & 0 \\ 0 & 0 & \dfrac{1-F}{3} & \dfrac{4F-1}{6} \\ 0 & 0 & \dfrac{4F-1}{6} & \dfrac{1-F}{3} \end{pmatrix} \tag{11.70}$$

其本征值为

$$\lambda_{1,2,3} = \frac{2F+1}{6}, \quad \lambda_4 = \frac{1}{2} - F \tag{11.71}$$

因为当 $0 < F < 1$ 时，$\lambda_{1,2,3} > 0$，所以当 $F \leqslant \dfrac{1}{2}$ 时 $\lambda_4 \geqslant 0$，ρ_2 可分离.

11.26　对处于完全非极化态的粒子进行一系列过滤操作结果的概率

题 11.26　给定完全非极化态 $\rho = \dfrac{1}{2}(|0\rangle\langle 0| + |1\rangle\langle 1|)$，按照算子 σ_{n_A}，σ_{n_B} 和 σ_{n_C} 执行一系列过滤操作. 计算下列结果的概率：

(1) 测量 σ_{n_A} 并得到 $+1$，接着测 σ_{n_B} 得到 $+1$，再测 σ_{n_C} 得到 $+1$；

(2) 测量 σ_{n_A} 并得到 $+1$，接着测 σ_{n_B} 得到 $+1$ 或 -1，再测 σ_{n_C} 得到 $+1$；

(3) 测量 σ_{n_A} 并得到 $+1$，测 σ_{n_C} 得到 $+1$.

解答　(1) 初始时 $\rho = \dfrac{I}{2}$，测量 σ_{n_A} 并得到 $+1$ 的概率为

$$P_1 = \mathrm{Tr}\left[\frac{1}{2}(1 + \boldsymbol{n}_A \cdot \boldsymbol{\sigma})\rho\right] = \frac{1}{2} \tag{11.72}$$

测量后系统坍缩到 $\rho_1 = \dfrac{1}{2}(1 + \boldsymbol{n}_A \cdot \boldsymbol{\sigma})$ 描述的态. 于是再测量 σ_{n_B} 得到 $+1$ 的概率为

$$P_2 = \mathrm{Tr}\left[\frac{1}{2}(1 + \boldsymbol{n}_A \cdot \boldsymbol{\sigma})\frac{1}{2}(1 + \boldsymbol{n}_B \cdot \boldsymbol{\sigma})\right] = \frac{1}{2}(1 + \boldsymbol{n}_A \cdot \boldsymbol{n}_B) \tag{11.73}$$

测量后系统又坍缩到 $\rho_2 = \dfrac{1}{2}(1 + \boldsymbol{n}_B \cdot \boldsymbol{\sigma})$，由与上面相似的计算可得，在此密度矩阵下，测量 σ_{n_C} 得到 $+1$ 的概率是

$$P_3 = \frac{1}{2}(1 + \boldsymbol{n}_B \cdot \boldsymbol{n}_C) \tag{11.74}$$

测量 σ_{n_A}、σ_{n_B}、σ_{n_C} 所得结果都为 $+1$ 的总概率为

$$P_{\mathrm{total}} = \frac{1}{2}(1 + \boldsymbol{n}_A \cdot \boldsymbol{n}_B)(1 + \boldsymbol{n}_B \cdot \boldsymbol{n}_C) \tag{11.75}$$

(2) 测量 σ_{n_A} 并得到 $+1$，接着测 σ_{n_B} 得到 $+1$ 或 -1，再测 σ_{n_C} 得到 $+1$ 的概率为

$$P_{\mathrm{total}} = \frac{1}{2}(1 + \boldsymbol{n}_A \cdot \boldsymbol{n}_B)(1 + \boldsymbol{n}_B \cdot \boldsymbol{n}_C) + \frac{1}{2}(1 - \boldsymbol{n}_A \cdot \boldsymbol{n}_B)(1 - \boldsymbol{n}_B \cdot \boldsymbol{n}_C)$$

$$= \frac{1}{4}\left[1 + (\boldsymbol{n}_A \cdot \boldsymbol{n}_B)(\boldsymbol{n}_B \cdot \boldsymbol{n}_C)\right] \qquad (11.76)$$

(3) 测量 $\sigma_{\boldsymbol{n}_A}$ 并得到 $+1$, 测 $\sigma_{\boldsymbol{n}_C}$ 得到 $+1$ 的概率为

$$P = \frac{1}{4}\left(1 + \boldsymbol{n}_A \cdot \boldsymbol{n}_C\right)$$

11.27 同一密度矩阵的不同实现

题 11.27 考虑下述粒子数 $N \gg 1$ 的五个量子系综:

(1) S_1 由在态 $|0\rangle$ 和 $|1\rangle$ 中随机分布的粒子所组成;

(2) S_2 由在态 $\frac{1}{2}(|0\rangle + |1\rangle)$ 和 $\frac{1}{2}(|0\rangle - |1\rangle)$ 中随机分布的粒子所组成;

(3) S_3 由在态 $\frac{1}{2}(|0\rangle - \mathrm{i}|1\rangle)$ 和 $\frac{1}{2}(|0\rangle + \mathrm{i}|1\rangle)$ 中随机分布的粒子所组成;

(4) S_4 由在态 $\sin\theta|0\rangle + \cos\theta\mathrm{e}^{\mathrm{i}\varphi}|1\rangle$ 的粒子所组成, 这里 θ 和 φ 是两个常数分布的随机变数;

(5) S_5 由在态 $\sin\theta|0\rangle + \cos\theta|1\rangle$ 的粒子所组成, 这里 θ 是一个常数分布的随机变数. 试问有可能去设计一些测量来区分粒子是哪组的吗?

解答 对于 (1)、(2)、(3) 的情形, 通过简单计算得

$$\rho = \frac{1}{2}\left(|0\rangle\langle 0| + |1\rangle\langle 1|\right)$$

(4) 此情形的密度矩阵

$$
\begin{aligned}
\rho &= \frac{1}{4\pi}\int \rho(\theta, \varphi)\mathrm{d}\Omega \\
&= \frac{1}{4\pi}\int \sin\theta\mathrm{d}\theta\mathrm{d}\varphi\left(\sin\theta|0\rangle + \cos\theta\mathrm{e}^{\mathrm{i}\varphi}|1\rangle\right)\left(\sin\theta\langle 0| + \cos\theta\mathrm{e}^{-\mathrm{i}\varphi}\langle 1|\right) \\
&= \frac{1}{4\pi}\int \sin\theta\mathrm{d}\theta\mathrm{d}\varphi\left(\sin^2\frac{\theta}{2}|0\rangle\langle 0| + \cos^2\frac{\theta}{2}|1\rangle\langle 1|\right. \\
&\quad \left. + \cos\frac{\theta}{2}\sin\frac{\theta}{2}\mathrm{e}^{\mathrm{i}\varphi}|1\rangle\langle 0| + \cos\frac{\theta}{2}\sin\frac{\theta}{2}\mathrm{e}^{-\mathrm{i}\varphi}|0\rangle\langle 1|\right) \\
&= \frac{1}{2}\left(|0\rangle\langle 0| + |1\rangle\langle 1|\right)
\end{aligned}
$$

(5) 此情形的密度矩阵

$$
\begin{aligned}
\rho &= \frac{1}{2\pi}\int \sin\theta\mathrm{d}\theta\left(\sin^2\frac{\theta}{2}|0\rangle\langle 0| + \cos^2\frac{\theta}{2}|1\rangle\langle 1| + \cos\frac{\theta}{2}\sin\frac{\theta}{2}|1\rangle\langle 0| + \cos\frac{\theta}{2}\sin\frac{\theta}{2}|0\rangle\langle 1|\right) \\
&= \frac{1}{2}\left(|0\rangle\langle 0| + |1\rangle\langle 1|\right)
\end{aligned}
$$

上面可见这五个量子系综的密度矩阵都相同, 故实验上不可区分.

11.28 对给定初态的粒子，求 N 次关于算符 $\sigma_k \equiv \boldsymbol{n}_k \cdot \boldsymbol{\sigma}$ 过滤测量结果的概率

题 11.28 考虑一个初始在 $|0\rangle$ 态上的粒子. 我们执行 N 次关于算符 $\sigma_k \equiv \boldsymbol{n}_k \cdot \boldsymbol{\sigma}$ 的过滤测量，这里 $\boldsymbol{n}_k = \left[\sin\left(\dfrac{k\pi}{2N}\right), 0, \cos\left(\dfrac{k\pi}{2N}\right) \right]$，其中 $(k = 1, 2, \cdots, N)$. 计算全部测量结果都是 $+1$ 的概率. 当 $N \to \infty$ 时出现什么？

解答 第一次测量 $\sigma_1 \equiv \boldsymbol{n}_1 \cdot \boldsymbol{\sigma}$，结果为 $+1$ 的概率为

$$P_1 = \mathrm{Tr}\left[\frac{1}{2}\left(\boldsymbol{n}_1 \cdot \boldsymbol{\sigma}\right) |0\rangle\langle 0| \right] = \mathrm{Tr}\left(\frac{1}{2}|0\rangle\langle 0|\right) + \frac{1}{2}\mathrm{Tr}\left(\boldsymbol{n}_1 \cdot \langle 0|\boldsymbol{\sigma}|0\rangle\right) \tag{11.77}$$

因为

$$\langle 0|\sigma_1|0\rangle = \langle 0|\sigma_2|0\rangle = 0, \quad \langle 0|\sigma_3|0\rangle = -1$$

则有

$$P_1 = \frac{1}{2}\left(1 - n_{13}\right) = \frac{1}{2}\left(1 - \cos\frac{\pi}{2N}\right) \tag{11.78}$$

其中，n_{13} 为 $\boldsymbol{n}_1$ 的第三分量. 第 k 次之后，第 $k+1$ 次测量的概率为

$$\begin{aligned} P_{k+1} &= \mathrm{Tr}\left[\frac{1}{2}\left(1 + \boldsymbol{n}_k \cdot \boldsymbol{\sigma}\right) \frac{1}{2}\left(1 + \boldsymbol{n}_{k+1} \cdot \boldsymbol{\sigma}\right) \right] \\ &= \frac{1}{2}\left(1 + \boldsymbol{n}_k \cdot \boldsymbol{n}_{k+1}\right) = \frac{1}{2}\left(1 + \cos\frac{\pi}{2N}\right) \end{aligned} \tag{11.79}$$

这样 N 次过滤测量全部测量结果都是 $+1$ 的概率为

$$P = \frac{1}{2}\left(1 - \cos\frac{\pi}{2N}\right) \frac{1}{2^{N-1}}\left(1 + \cos\frac{\pi}{2N}\right)^{N-1} \to 0 \tag{11.80}$$

当 $N \to \infty$，$P \to 1$.

若改初态为 $|1\rangle$，则

$$\begin{aligned} P &= \frac{1}{2^N}\left(1 + \cos\frac{\pi}{2N}\right)^N = \frac{1}{2^N}\left[2 - \frac{1}{2}\left(\frac{\pi}{2N}\right)^2\right]^N \\ &= \left[1 - \left(\frac{\pi}{4N}\right)^2\right]^N \end{aligned} \tag{11.81}$$

当 $N \to \infty$ 时, $P \to 1$.

11.29 Ramsey 谱学中频率测量

题 11.29 在 Ramsey 谱学中一个有兴趣的问题是测量如下 Hamilton 量中的频率 Δ:

$$H = -\frac{\Delta}{2}\sigma_z$$

为此, 制备一个两能级系统在 $\frac{1}{\sqrt{2}}(|0\rangle + |1\rangle)$ 态上, 并让它按这个 H 演化一个固定的时间 T. 在 T 之后测量算符 σ_x.

    (1) 计算得到 $+1$ 的概率;

    (2) 如果重复 N 次实验, 计算得到 n 次为 $+1$ 的概率;

    (3) 计算得到 $+1$ 结果的平均次数, 以及它的均方差;

    (4) 证明 Δ 的测量误差是 $\delta\Delta = \dfrac{1}{T\sqrt{N}}$.

    解答 (1) 在 $H = -\dfrac{\Delta}{2}\sigma_z$ 作用下有

$$|\Psi(t)\rangle = \mathrm{e}^{-\mathrm{i}Ht/\hbar}|\Psi(0)\rangle = \mathrm{e}^{-\mathrm{i}\Delta\sigma_z t/2\hbar}|\Psi(0)\rangle \tag{11.82}$$

将 $|\Psi(0)\rangle = \dfrac{1}{\sqrt{2}}(|0\rangle + |1\rangle)$ 代入上式, 得到

$$|\Psi(T)\rangle = \frac{1}{\sqrt{2}}\mathrm{e}^{\frac{\mathrm{i}\Delta T}{2\hbar}}|0\rangle + \frac{1}{\sqrt{2}}\mathrm{e}^{-\frac{\mathrm{i}\Delta T}{2\hbar}}|1\rangle \tag{11.83}$$

这时测 σ_x, 结果为 $+1$ 的概率为

$$P = \left|\frac{1}{\sqrt{2}}(\langle 0| + \langle 1|)|\Psi(T)\rangle\right|^2 = \frac{1}{2}\left(\mathrm{e}^{\frac{\mathrm{i}\Delta T}{2\hbar}} + \mathrm{e}^{-\frac{\mathrm{i}\Delta T}{2\hbar}}\right)^2 = \cos^2\left(\frac{\Delta T}{2\hbar}\right) \tag{11.84}$$

其中, $\dfrac{1}{\sqrt{2}}(|0\rangle + |1\rangle)$ 为 σ_x 本征值为 $+1$ 的本征态. 于是

$$\Delta = \frac{2\hbar}{T}\arccos\sqrt{P} \tag{11.85}$$

    (2) 重复 N 次实验, 结果得到 n 次为 $+1$ 的概率服从二项式分布, 即

$$P_n = C_N^n p^n (1-p)^{N-n} = C_N^n \cos^{2n}\left(\frac{\Delta T}{2\hbar}\right)\sin^2 (N-n)\left(\frac{\Delta T}{2\hbar}\right) \tag{11.86}$$

其中, $C_N^n = \dfrac{N!}{n!(N-n)!}$, p 为一次测量 σ_x 取 $+1$ 的概率. 设重复 N 次实验结果为

$$\underbrace{A\bar{A}A\bar{A}A\bar{A}AA\bar{A}\bar{A}\cdots A} \tag{11.87}$$

其中, A 表示结果为 $+1$, $\bar{A}$ 表示结果为 -1, 上面结果中有 n 个 A, $N-n$ 个 $\bar{A}$. 显然, 此结果的概率为 $p^n(1-p)^{N-n}$. 而类似的结果 (即有 n 次为 $+1$ 的) 有 C_N^n 种 (即从 N 个物件中取出 n 个的组合数), 这些事件都是相互独立的, 故总概率相加得到二项式分布.

    (3) 设 "测量结果为 $+1$" 这一事件, 用 "1" 代表; "测量结果为 -1" 的事件用 "0" 代表, 则测量结果为 $+1$ 的平均次数变为求所有数之和的期望值. 由概率论可知

$$\bar{n} = Np + N\times 0\times(1-p) = Np = N\cos^2\left(\frac{\Delta T}{2\hbar}\right) \tag{11.88}$$

同样由概率论可知均方差 Δn 为

$$\Delta n = \sqrt{\overline{n^2} - \bar{n}^2} = \sqrt{nP(1-P)} = \sqrt{N}\cos\frac{\Delta T}{2\hbar}\sin\frac{\Delta T}{2\hbar} \tag{11.89}$$

(4) 令 $\delta\bar{n} = \Delta n$，则有

$$2N\cos\frac{\Delta T}{2\hbar}\sin\frac{\Delta T}{2\hbar}\frac{T}{2\hbar}\delta\Delta = \sqrt{N}\cos\frac{\Delta T}{2\hbar}\sin\frac{\Delta T}{2\hbar} \tag{11.90}$$

化简后，得

$$\delta\Delta = \frac{1}{T\sqrt{N}} \tag{11.91}$$

即为所证.

11.30　对于存在退相干的情况，考虑上题的问题

题 11.30　对于存在退相干的情况，考虑题 11.29 的问题. 假设在 T 期间退相干将密度算符的非对角项 $|0\rangle\langle1|$ 和 $|1\rangle\langle0|$ 衰减一个因子 $\mathrm{e}^{-\gamma T}$. 计算 Δ 测量中的误差.

解答　(1) 用密度矩阵表示同时有退相干情况下系统量子态

$$\rho(T) = \frac{1}{2}\left(|0\rangle\langle0| + |1\rangle\langle1| + \mathrm{e}^{-\mathrm{i}\frac{\Delta T}{\hbar}}\mathrm{e}^{-\gamma T}|0\rangle\langle1| + \mathrm{e}^{\mathrm{i}\frac{\Delta T}{\hbar}}\mathrm{e}^{-\gamma T}|1\rangle\langle0|\right)$$

$\frac{1}{\sqrt{2}}(|0\rangle + |1\rangle)$ 为 σ_x 本征值为 $+1$ 的本征态. 于是这时测 σ_x，结果为 $+1$ 的概率为

$$P = \frac{1}{\sqrt{2}}(\langle0| + \langle1|)\rho(T)\frac{1}{\sqrt{2}}(|0\rangle + |1\rangle) = \frac{1}{2}\left[1 + \mathrm{e}^{-\gamma T}\cos\left(\frac{\Delta T}{\hbar}\right)\right] \tag{11.92}$$

(2) 由二项式分解，可得

$$P_n = C_N^n\left\{\frac{1}{2}\left[1 + \mathrm{e}^{-\gamma T}\cos\left(\frac{\Delta T}{\hbar}\right)\right]\right\}^n\left\{\frac{1}{2}\left[1 - \mathrm{e}^{-\gamma T}\cos\left(\frac{\Delta T}{\hbar}\right)\right]\right\}^{N-n} \tag{11.93}$$

(3) 同题 11.29，有

$$\bar{n} = \frac{N}{2}\left[1 - \mathrm{e}^{-\gamma T}\cos\left(\frac{\Delta T}{\hbar}\right)\right] \tag{11.94}$$

$$\Delta n = \sqrt{Np(1-p)} = \sqrt{\frac{N}{4}\left[1 - \mathrm{e}^{-2\gamma T}\cos^2\left(\frac{\Delta T}{\hbar}\right)\right]} \tag{11.95}$$

(4) 由 $\delta\bar{n} = \Delta n$，可得

$$\frac{N}{2}\mathrm{e}^{-\gamma T}\sin\left(\frac{\Delta T}{\hbar}\right)\frac{T}{\hbar}\delta\Delta = \sqrt{\frac{N}{4}\left[1 - \mathrm{e}^{-2\gamma T}\cos^2\left(\frac{\Delta T}{\hbar}\right)\right]} \tag{11.96}$$

即有

$$\delta\Delta = \frac{\sqrt{1 - \mathrm{e}^{-2\gamma T}\cos^2\left(\dfrac{\Delta T}{\hbar}\right)}}{\sqrt{N}\mathrm{e}^{-\gamma T}\sin\left(\dfrac{\Delta T}{\hbar}\right)\dfrac{T}{\hbar}} \tag{11.97}$$

11.31 对 n 个两能级系统的高纠缠态，考虑 Ramsey 谱学测量

题 11.31 考虑 n 个两能级系统，它们每一个都由 Hamilton 量 $H = -\dfrac{\Delta}{2}\sigma_z$ 所描述并执行如下 Ramsey 类型的实验 N 次制备高纠缠态：

$$|\psi^+\rangle = \frac{1}{2}\left(|00\cdots00\rangle + |11\cdots11\rangle\right)$$

让它演化 T 时间，接着执行态 $|\Psi^\pm\rangle$ 的测量

$$|\psi^\pm\rangle = \frac{1}{2}\left(|00\cdots00\rangle \pm |11\cdots11\rangle\right)$$

如果执行 N 次这样的测量，计算 Δ 的测量误差. 将这里的结果和上面 Ramsey 谱学的标准测量办法相比较.

解答 (1) 初态 $|\Psi\rangle$ 经过时间 T 演化后的态为

$$
\begin{aligned}
|\psi(T)\rangle &= \mathrm{e}^{\frac{\mathrm{i}}{\hbar}\left(\sum\limits_{i=1}^{n}\frac{\Delta\sigma_{zi}}{2}\right)T}|\psi\rangle \\
&= \frac{1}{\sqrt{2}}\left(\mathrm{e}^{\frac{-\mathrm{i}\Delta Tn}{2\hbar}}|00\cdots0\rangle + \mathrm{e}^{\frac{\mathrm{i}\Delta Tn}{2\hbar}}|11\cdots1\rangle\right)
\end{aligned}
\tag{11.98}
$$

执行 $|\psi^+\rangle$ 测量，概率为

$$P_+ = \left|\langle\psi^+|\psi(T)\rangle\right|^2 = \cos^2\frac{\Delta Tn}{2\hbar} \tag{11.99}$$

执行 $|\psi^-\rangle$ 测量，概率为

$$P_- = \left|\langle\psi^-|\psi(T)\rangle\right|^2 = \sin^2\frac{\Delta Tn}{2\hbar} \tag{11.100}$$

(2) 作 N 次重复的实验，测得结果为 $|\Psi^+\rangle$ 的平均次数为

$$\bar{n} = N\cos^2\frac{\Delta Tn}{2\hbar} \tag{11.101}$$

均方根为

$$\Delta n = \sqrt{N\cos^2\frac{\Delta Tn}{2\hbar}\sin^2\frac{\Delta Tn}{2\hbar}} = \sqrt{N}\cos\frac{\Delta Tn}{2\hbar}\sin\frac{\Delta Tn}{2\hbar} \tag{11.102}$$

(3) 令 $\delta\bar{n} = \Delta n$，则有

$$2N\cos\frac{\Delta Tn}{2\hbar}\sin\frac{\Delta Tn}{2\hbar}\frac{Tn}{2\hbar}\delta\Delta = \sqrt{N}\cos\frac{\Delta Tn}{2\hbar}\sin\frac{\Delta Tn}{2\hbar} \tag{11.103}$$

亦即有

$$\delta n = \frac{\hbar}{\sqrt{N}Tn} \tag{11.104}$$

当 n 越大时，测量误差越小.

11.32　Kraus 定理

题 11.32　证明 Kraus 定理.

证明　设 H_A 中任一态 $|\psi\rangle_A = \sum_i \alpha_i |i\rangle_A$，则在 H_B 中可找到一个对应的态 $|\varphi^*\rangle_B = \sum_i \alpha_i^* |i'\rangle_B$，于是我们称 $|\psi\rangle_A$ 为"亲属态"，$|\varphi^*\rangle_B$ 为"指标态". 并且设 $|\Phi\rangle_{AB} = \sum_{i=1}^N |i\rangle_A |i'\rangle_B$，则显然有

$$|\psi\rangle_A = {}_B\langle\varphi^*|\Phi\rangle_{AB} \tag{11.105}$$

即在 $H_A \otimes H_B$ 中测量 $|\varphi^*\rangle_B$ 可以制备 $|\psi\rangle_A$ 态. 设 M_A 是 H_A 中的一个算符，则 $M_A \otimes I_B$ 是 $H_A \otimes H_B$ 中的一个算符，其中 I_B 为 H_B 中的恒等算符. 作用到 $|\Phi\rangle_{AB}$ 态上，显然有

$$M_A \otimes I_B |\Phi\rangle_{AB} = \sum_{i=1}^N M_A |i\rangle_A |i'\rangle_B \tag{11.106}$$

进而 ${}_B\langle\varphi^*|$ 左乘等式两边，可得

$${}_B\langle\varphi^*| M_A \otimes I_B |\Phi\rangle_{AB} = M_A |\phi\rangle_A = M_A {}_B\langle\varphi^*|\Phi\rangle_{AB} \tag{11.107}$$

由上式可知，先用 $M_A \otimes I_B$ 对 $|\Phi\rangle_{AB}$ 作用，再同 ${}_B\langle\varphi^*|$ 取内积，等价于先与 ${}_B\langle\varphi^*|$ 求内积，再用 M_A 作用.

下面证明 Kraus 定理.

因为 \$ 是完全正的，所以 $\$_A \otimes I_B$ 在 $H_A \otimes H_B$ 中也是完全正的，这时 $\$_A \otimes I_B(|\Phi\rangle_{AB\ AB}\langle\Phi|)$ 可视为 $H_A \otimes H_B$ 中的某一密度算符 ρ'_{AB}，将它用 $H_A \otimes H_B$ 中的完备基矢 $\{|\Phi_\mu\rangle_{AB}\}$ 展开有

$$\rho'_{AB} = \$_A \otimes I_B(|\Psi\rangle_{AB\ AB}\langle\Psi|) = \sum_\mu q_\mu |\Phi_\mu\rangle\langle\Phi_\mu|$$

这里的 ${}_{AB}\langle\Phi_\mu|\Phi_\mu\rangle_{AB} = N$，$\sum_\mu q_\mu = 1$，$q_\mu \geqslant 0$. 由亲属态方法可知

$$\$_A\{|\Psi\rangle_{A\ A}\langle\Psi|\} = \$_A\{{}_B\langle\varphi^*|\Phi\rangle_{AB\ AB}\langle\Phi|\varphi^*\rangle_B\} \tag{11.108}$$

由式 (11.107)可见，上式右边 $|\Phi\rangle_{AB}$ 先与 ${}_B\langle\varphi^*|$ 求内积，再受 $\$_A$ 作用与先用 $\$_A \otimes I_B$ 作用，再与 ${}_B\langle\varphi^*|$ 内积等价，故有

$$\begin{aligned}
\$_A\{|\Psi\rangle_{A\ A}\langle\Psi|\} &= {}_B\langle\varphi^*|\{\$_A \otimes I_B(|\Psi\rangle_{AB\ AB}\langle\Psi|)\}|\varphi^*\rangle_B \\
&= {}_B\langle\varphi^*|\left\{\sum_\mu q_\mu |\Phi_\mu\rangle\langle\Phi_\mu|\right\}|\varphi^*\rangle_B \\
&\equiv \sum_\mu M_\mu |\psi\rangle_{A\ A}\langle\psi| M_\mu^\dagger \tag{11.109}
\end{aligned}$$

上式即为超算符的求和表示, Kraus 定理得证. 其中 $M_\mu |\psi\rangle_A$ 定义为

$$\sqrt{q_\mu}\,_B\langle\varphi^*|\,\psi_\mu\rangle_{AB} \tag{11.110}$$

11.33　保迹超算符可逆的充要条件

题 11.33　设 \$$_1$ 是一个保迹超算符, 若存在另一个超算符 \$$_2$ 使得 \$$_2 \circ$ \$$_1 = I$, 则称 \$$_1$ 是可逆的, \$$_2$ 称为 \$$_1$ 的逆. 证明: 保迹超算符可逆的充分必要条件是它是幺正的.

解答　假设对于保迹超算符 \$$_1$, 存在逆 \$$_2$. 根据 Kraus 定理, \$$_1$ 和 \$$_2$ 有算符和表示

$$\$_1(\rho) = \sum_m M_m \rho M_m^\dagger, \quad \$_2(\rho) = \sum_n N_n \rho N_n^\dagger$$

由于

$$\sum_{mn} N_n M_m \rho (N_n M_m)^\dagger = \sum_n N_n \$_1(\rho) N_n^\dagger = \$_2 \circ \$_1(\rho)$$

以及

$$\sum_{mn} M_m^\dagger N_n^\dagger N_n M_m = I$$

因此 $N_n M_m$ 是 \$$_2 \circ$ \$$_1$ 的 Kraus 算符. 然而, \$$_2 \circ$ \$$_1 = I$, 因此 $N_n M_m$ 也是恒等映射的 Kraus 算符, 该映射有平庸表示

$$I(\rho) = I\rho I^\dagger$$

因此, 根据算符和的多表示定理有

$$N_n M_m = \lambda_{\{n,m\}} I$$

式中, $\lambda_{\{n,m\}}$ 满足 $\sum_{mn} |\lambda_{\{n,m\}}|^2 = 1$. 根据 $\sum_n N_n^\dagger N_n = I$, 我们有

$$M_m^\dagger M_j = \sum_n M_m^\dagger N_n^\dagger N_n M_j = \sum_n \lambda_{\{n,m\}}^* \lambda_{\{n,j\}} I \equiv \gamma_{\{m,j\}} I$$

由于我们考虑的是非零算符, 因此 $\gamma_{\{m,m\}} \neq 0$. 于是 M_m 是可逆算符, 而且有

$$M_m^\dagger = \gamma_{\{m,m\}} M_m^{-1}$$

于是

$$M_m M_m^\dagger M_j = \gamma_{\{m,m\}} M_j = \gamma_{\{m,j\}} M_m$$

因此任一 M_m 都正比于另一 M_j, 于是, 超算符的算符和表示只有一项, 考虑到归一化, 我们得到

$$\$_1(\rho) = U\rho U^\dagger$$

式中, U 为幺正算符.

11.34　用超算符实现量子态的超空间传送

题 11.34　任何量子过程都可以用超算符来实现, 量子态超空间传送也不例外, 试用超算符实现量子态的超空间传送, 即找出描述量子态超空间传送

$$\$(|\psi\rangle_{23\,23}\langle\psi|\otimes|\phi\rangle_{1\,1}\langle\phi|) = |\phi\rangle_{3\,3}\langle\phi|\otimes\frac{I_{12}}{4}$$

的超算符 \$ 的和表示 (这里 $|\psi\rangle_{23}$ 是某个最大纠缠态, $|\phi\rangle_1$ 是任意态). 也即找出 kraus 算符序列 $\{L_\mu\}$, 使得 $\sum_\mu L_\mu L_\mu^\dagger = 1$, 且

$$\sum_\mu L_\mu(|\psi\rangle_{23\,23}\langle\psi|\otimes|\phi\rangle_{1\,1}\langle\phi|)L_\mu^\dagger = |\phi\rangle_{3\,3}\langle\phi|\otimes\frac{I_{12}}{4}$$

解答　我们设

$$|\phi\rangle_1 = \alpha|0\rangle_1 + \beta|1\rangle_1 \tag{11.111}$$

不失一般性, 假设 2、3 粒子处于纠缠态

$$|\psi^-\rangle_{23} = \frac{1}{\sqrt{2}}(|0\rangle_2|1\rangle_3 - |1\rangle_2|0\rangle_3) \tag{11.112}$$

则将 $|\phi\rangle_1|\psi^-\rangle_{23}$ 按照 $|\Phi_\mu\rangle_{12}$ 展开有

$$|\phi\rangle_1|\psi^-\rangle_{23} = \sum_\mu |\Phi_\mu\rangle_{12} u_\mu|\phi\rangle_3 \tag{11.113}$$

其中

$$u_0 = -1, \quad u_1 = \sigma_1, \quad u_2 = \mathrm{i}\sigma_2, \quad u_3 = \sigma_3 \tag{11.114}$$

以及

$$\begin{cases} |\Phi_0\rangle_{12} = \dfrac{1}{\sqrt{2}}(|0\rangle_1|1\rangle_2 - |1\rangle_1|0\rangle_2) \\[2mm] |\Phi_1\rangle_{12} = \dfrac{1}{\sqrt{2}}(|0\rangle_1|0\rangle_2 - |1\rangle_1|1\rangle_2) \\[2mm] |\Phi_0\rangle_{12} = \dfrac{1}{\sqrt{2}}(|0\rangle_1|0\rangle_2 + |1\rangle_1|1\rangle_2) \\[2mm] |\Phi_0\rangle_{12} = \dfrac{1}{\sqrt{2}}(|0\rangle_1|1\rangle_2 + |1\rangle_1|0\rangle_2) \end{cases} \tag{11.115}$$

定义 $L_\mu = u_\mu^\dagger \otimes |\Phi_\mu\rangle_{12\,12}\langle\Phi_\mu|$, 则

$$\sum_\mu L_\mu(|\psi\rangle_{23\,23}\langle\psi|\otimes|\phi\rangle_{1\,1}\langle\phi|)L_\mu^\dagger = |\phi\rangle_{3\,3}\langle\phi|\otimes\frac{I_{12}}{4} \tag{11.116}$$

若 $|\psi\rangle_{23}$ 为其他最大纠缠态, 则相应的 u_μ 将有所变化.

11.35　将给定的主方程等效地表示为 Kraus 求和形式

题 11.35　为了再次具体地说明主方程方法和 Kraus 求和框架之间的关联, 将下面两种主方程:

$$\frac{\mathrm{d}\rho_I}{\mathrm{d}t} = \Gamma\left(a\rho_I a^\dagger - \frac{1}{2}a^\dagger a\rho_I - \frac{1}{2}\rho_I a^\dagger a\right)$$

$$\frac{\mathrm{d}\rho_I}{\mathrm{d}t} = \Gamma\left[a^\dagger a\rho_I a^\dagger a - \frac{1}{2}\left(a^\dagger a\right)^2\rho_I - \frac{1}{2}\rho_I\left(a^\dagger a\right)^2\right]$$

等效表示为 Kraus 求和的形式, 即给出它们 Kraus 算符 $\{M_0, M_1\}$ 的 2×2 矩阵表示.

解答　设振子原子的状态空间由基态 $(n = 0)$ 和第一激发态 $(n = 1)$ 组成.

(1) 第一个主方程描述的是一个衰减振子, 它的基态不改变, 激发态在热库影响下逐渐退化为基态. 这相当于一个量子衰减退相干通道. 假设演化过程持续时间 Δt, 则激发态将以 $1 - \mathrm{e}^{-\Gamma\Delta t}$ 的概率衰减至基态. 于是 Kraus 求和表示的两个超算符可以表示为

$$M_0 = \begin{pmatrix} 1, & 0 \\ 0, & \mathrm{e}^{-\frac{\Gamma\Delta t}{2}} \end{pmatrix}, \quad M_1 = \begin{pmatrix} 0, & \sqrt{1 - \mathrm{e}^{-\Gamma\Delta t}} \\ 0, & 0 \end{pmatrix}$$

(2) 第二个主方程描述的是振子的相位衰减, 这相当于量子相位衰减退相干通道. 经过时间 Δt 后, 密度矩阵非对角项按下式衰减:

$$\rho_{nm}(t) = \rho_{nm}(0)\exp\left[-\frac{1}{2}(n - m)^2\Gamma\Delta t\right] = \rho_{nm}(0)\exp\left(-\frac{1}{2}\Gamma\Delta t\right)$$

其中, $n, m = 0, 1$. 于是, 此时 Kraus 求和表示的三个超算符可以表示为

$$M_0 = \mathrm{e}^{-\frac{1}{4}\Gamma\Delta t}\begin{pmatrix} 1 & 0 \\ 0 & 1 \end{pmatrix}, \quad M_1 = \sqrt{1 - \mathrm{e}^{-\frac{1}{2}\Gamma\Delta t}}\begin{pmatrix} 1 & 0 \\ 0 & 0 \end{pmatrix}, \quad M_2 = \sqrt{1 - \mathrm{e}^{-\frac{1}{2}\Gamma\Delta t}}\begin{pmatrix} 0 & 0 \\ 0 & 1 \end{pmatrix}$$

11.36　寻找一个实现量子纠缠交换 (swapping) 操作的 Hamilton 量

题 11.36　寻找一个实现量子纠缠交换 (swapping) 操作的 Hamilton 量.

解答　参照题 11.13 解答式中 (11.31) 的交换算符, 并利用 $U = \mathrm{e}^{-\mathrm{i}H\Delta t}$, 可形式上反解得出我们所需要的 Hamilton 量.

11.37　连续变量 teleportation

题 11.37　考虑连续变量 teleportation 情况: 在 Alice 和 Bob 之间已建有一条连续变量纠缠态的量子通道 (他们分别掌握粒子 A 和 B)

$$|Q, P\rangle_{AB} = \frac{1}{\sqrt{2\pi}}\int \mathrm{d}q\mathrm{e}^{\mathrm{i}Pq}|q\rangle_A \otimes |q + Q\rangle_B$$

这里 $Q = q_A - q_B$, $P = p_A + p_B$ 分别是两个粒子相对位置和总动量算符 (它们对易, 有共同本征态) 的本征值. 现 Alice 有波包 $|\psi\rangle_C = \int dq |q\rangle_C \langle q|\psi\rangle_C$ 需要传给 Bob. 为达此目的, 他们如何制定与所送波包无关的操作?

解答　容易检验, 现作为量子通道的连续纠缠态是正交归一的

$$_{AB}\langle Q', P'|Q, P\rangle_{AB} = \delta(Q' - Q)\delta(P' - P)$$

可构成一组纠缠的连续正交归一基. 接着去求出

$$\begin{aligned}
_{AB}\langle Q, P|q_1, q_2\rangle_{AB} &= \frac{1}{\sqrt{2\pi}} \int dq\, e^{-iPq}\, _A\langle q|q_1\rangle_{AB}\langle q+Q|q_2\rangle_B \\
&= \frac{1}{\sqrt{2\pi}} \int dq\, e^{-iPq}\delta(q - q_1)\delta(q + Q - q_2) \\
&= \frac{1}{\sqrt{2\pi}} e^{-iPq_1}\delta(Q - (q_2 - q_1))
\end{aligned}$$

于是将此三粒子系统 (C 为已分离的形式) 写为 AC 粒子纠缠态的形式

$$\begin{aligned}
|Q, P\rangle_{AB}|\psi\rangle_C &= \frac{1}{\sqrt{2\pi}} \int dq\, e^{iPq}|q\rangle_A |q+Q\rangle_B \int dq'_C \langle q'|\psi\rangle_C |q'\rangle_C \\
&= \frac{1}{\sqrt{2\pi}} \int dq\, dq'\, dQ'\, dP'\, e^{iPq}_C\langle q'|\psi\rangle_C |Q', P'\rangle_{AC}\, _{AC}\langle Q', P'|q, q'\rangle_{AC} |q+Q\rangle_B \\
&= \frac{1}{\sqrt{2\pi}} \int dq\, dq'\, dQ'\, dP'\, e^{iPq}_C\langle q'|\psi\rangle_C |Q', P'\rangle_{AC}\, _{AC}\langle Q', P'|q, q'\rangle_{AC} |q+Q\rangle_B \\
&= \frac{1}{2\pi} \int dq\, dq'\, dQ'\, dP'\, e^{iPq}_C\langle q'|\psi\rangle_C\, e^{-iP'q'}\delta(Q' - (q - q'))|Q', P'\rangle_{AC}|q+Q\rangle_B \\
&= \frac{1}{2\pi} \int dq'\, dQ'\, dP'\, e^{iP(Q'+q')-iP'q'}_C\langle q'|\psi\rangle_C |Q', P'\rangle_{AC}|q' + Q' + Q\rangle_B
\end{aligned}$$

于是若 Alice 在纠缠基 AC 中测得某个态 $|Q', P'\rangle_{AC}$, 则导致 Bob 手中的 B 粒子处于

$$\int dq'\, e^{iPQ'+i(P-P')q'}_C\langle q'|\psi\rangle_C |q' + Q' + Q\rangle_B$$

态上. 这时 Alice 将自己的测量结果告诉 Bob, Bob 就可以利用位移变换和动量变换

$$\begin{cases}
D(q) = e^{i\hat{p}q} = \int dq' |q' + q\rangle\langle q'| \\
D(p) = e^{-ip\hat{q}} = \int dq'\, e^{-ipq'} |q'\rangle\langle q'|
\end{cases}$$

将自己的 B 粒子转化为 Alice 想要发送给他的态. 因为, 注意到

$$D(p)D(q) = e^{-ipq}D(q)D(p)$$

于是 Bob 可以采用下面算符来得到这个态:

$$\begin{aligned}
U &= D(-P')D(-Q')D(P)D(-Q) = e^{-iPQ'}D(-P')D(P)D(-Q')D(-Q) \\
&= e^{-iPQ'}D(P-P')D(-Q'-Q)
\end{aligned}$$

这时

$$
\begin{aligned}
U\left|\text{Bob}\right\rangle_B &= \int \mathrm{d}q' \left\langle q'|\psi\right\rangle \exp\left[PQ'+(P-P')q'\right]\exp\left(-\mathrm{i}PQ'\right)\\
&\quad \times D\left(P-P'\right)D\left(-Q'-Q\right)\left|q'+Q'+Q\right\rangle_B\\
&= \int \mathrm{d}q' \left\langle q'|\psi\right\rangle \mathrm{e}^{\mathrm{i}(P-P')q'}D\left(P-P'\right)\left|q'\right\rangle_B\\
&= \int \mathrm{d}q' \left\langle q'|\psi\right\rangle \mathrm{e}^{\mathrm{i}(P-P')q'}\mathrm{e}^{-\mathrm{i}(P-P')q'}\left|q'\right\rangle_B\\
&= \int \mathrm{d}q' \left\langle q'|\psi\right\rangle \left|q'\right\rangle_B\\
&= \left(\int \mathrm{d}q' \left|q'\right\rangle_B \,_B\!\left\langle q'\right|\right)\left|\psi\right\rangle_B = \left|\psi\right\rangle_B
\end{aligned}
$$

总之，Alice 和 Bob 之间的传输协议是：

(1) 制备纠缠态 $\left|Q,P\right\rangle_{AB}$；

(2) Alice 在 AC 纠缠的基下测量 (Q',P')；

(3) Alice 将其测量结果 (Q',P') 告诉给 Bob；

(4) Bob 根据数据 (Q',P') 制定算符 $D(-P')D(-Q')D(P)D(-Q)$，并将之作用于粒子 B 状态上，最后即得所传送的态.

11.38　任意 d 维幺正矩阵不能被分解为少于 $d-1$ 个二维幺正矩阵乘积

题 11.38　证明：存在一个 $d\times d$ 的幺正矩阵 U，它不能被分解为少于 $d-1$ 个二维幺正矩阵的乘积.

证明　由于 d 维幺正矩阵 U 的独立变数最多为

$$
2d^2 - d - d(d-1) = d^2
$$

而作为乘积因子的每一个二维幺正矩阵最多含独立变数 4 个. 为了用少于 $d-1$ 个 (比如用 $d-2$ 个) 二维幺正矩阵乘积来分解 U，则它们总共所含独立变数的个数不应少于 U 中所含的独立变数个数，也即应有

$$
d^2 \leqslant 4(d-2)
$$

可是，这个式子对所有 d 值都是不成立的. 所以对于独立变数稍多一些的 U 矩阵，不能用少于 $d-1$ 个二维幺正矩阵乘积来分解.

当然，这里的 $d-1$ 是下限，并非主张一定可以用 $d-1$ 个来分解. 如果能够分解为 $d-1$ 个，那必只是 $d=2$ 这一种情况.

11.39　EPR 佯谬的物理思想

题 11.39　解说 EPR 佯谬的物理思想.

解答　1935 年 Einstein, Podolsky 和 Rosen 提出关于局域性 (locality)、实在性 (reality) 和完备性 (completeness) 的涵义, 并论证了量子力学中关于量子态的描述不是关于物理实在的完备描述. EPR 佯谬的主要前提是:

(1) **完全相关性**. 对于两粒子 AB 的单态 $|\psi^-\rangle$, 沿同一方向分别对粒子 A 和粒子 B 测量自旋时, 测量结果必定相反;

(2) **局域性**. 由于对两个系统 AB 进行测量时, 二者并无相互作用, 因此对一者的测量操作不会对另一者产生任何影响;

(3) **实在性**. 如果在不以任何方式干扰一个系统的情况下, 我们能够确定地 (100%) 预言该系统某个物理量的值, 则存在一个相应于该物理量的物理实在元素 (element of physical reality);

(4) **完备性**. 在一个物理理论中, 任何一个物理实在元素必须有其对应物.

EPR 佯谬如下展开: 假设处于单态 $|\psi^-\rangle$ 的粒子 AB 处于类空间隔. 由于完全相关性 (1), 确定地预言粒子 B 在某个方向上的自旋值可以通过选择在同一方向测量粒子 A 的自旋来实现. 再根据局域性 (2), 对粒子 A 所进行的测量不会对粒子 B 产生任何影响, 然后根据实在性 (3), 粒子 B 的该方向的自旋是一个物理实在元素, 因此粒子 B 的所有自旋分量都是物理实在元素 (对于粒子 A 可以进行平行的讨论). 然而, 没有一个自旋 1/2 的粒子的量子态, 其所有方向的自旋分量都具有确定的值. 因此, 根据完备性 (4), 量子力学关于波函数的描述不是一个完备的理论.

Bell 定理证明了 EPR 的局域实在性与两粒子量子系统的某些预言是矛盾的.

11.40　EPR 态是对 Bell 不等式造成最大破坏的态

题 11.40　证明 EPR 态是对 Bell 不等式造成最大破坏的态.
解答　以 CHSH 不等式为例, 该不等式为 $|\boldsymbol{B}_{\mathrm{CHSH}}| \leqslant 2$, 其中

$$\langle B_{\mathrm{CHSH}}\rangle \equiv E(\boldsymbol{a},\boldsymbol{b}) + E(\boldsymbol{a},\boldsymbol{b}') + E(\boldsymbol{a}',\boldsymbol{b}) - E(\boldsymbol{a}',\boldsymbol{b}')$$

为关联函数. 对于两粒子纯态 $|\Psi\rangle$, $E(\boldsymbol{a},\boldsymbol{b})$ 的量子力学表达式为

$$E(\boldsymbol{a},\boldsymbol{b}) = \langle\Psi|(\boldsymbol{\sigma}\cdot\boldsymbol{a})\otimes(\boldsymbol{\sigma}\cdot\boldsymbol{b})|\Psi\rangle$$

对于单态 $|\psi^-\rangle$, 选择 $\boldsymbol{a}'$, $\boldsymbol{b}$, $\boldsymbol{a}$, $\boldsymbol{b}'$ 在一个平面上顺次相隔 $\dfrac{\pi}{4}$. 在这种情形下可以计算得 $|\langle B_{\mathrm{CHSH}}\rangle| = 2\sqrt{2} > 2$, 于是破坏 CHSH 不等式.

下面证明这是最大破坏. 考虑 4 个算符 A, A', B, B', 它们满足 $A^2 = A'^2 = B^2 = B'^2 = I$. 定义

$$B_{\mathrm{CHSH}} \equiv A\otimes B + A'\otimes B + A\otimes B' - A'\otimes B'$$

为 CHSH 算符, 则易得

$$B_{\mathrm{CHSH}}^2 \equiv 4I\otimes I - [A,\ A']\otimes[B,\ B']$$

算符 A 的矩阵范数定义为

$$\|A\| \equiv \max_{\||\psi\rangle\|=1} \|A|\psi\rangle\|$$

根据范数的性质，易见

$$\|[A,\,A']\| \leqslant \|AA' - A'A\| \leqslant 2\|A\|\,\|A'\| \leqslant 2, \quad \|[B,\,B']\| \leqslant 2$$

即得

$$\|B_{\mathrm{CHSH}}^2\| \leqslant 8 \quad \text{或} \quad \|B_{\mathrm{CHSH}}\| \leqslant 2\sqrt{2}$$

于是，单态对 CHSH 不等式的破坏是最大的.

11.41 迄今，在 Bell 不等式问题上什么是实验支持的？什么是还没搞清楚的？

题 11.41 到目前为止，在 Bell 不等式问题上什么是实验支持的？什么是还没能搞清楚的？

解答 至今的几乎所有实验都验证了量子力学系统对 Bell 不等式的破坏. 但至今的所有实验都没有同时弥补两个漏洞，即探测性漏洞和局域性漏洞.

11.42 Hardy 定理

题 11.42 详细推导 Hardy 定理的全部计算.

解答 考虑一个两自旋 1/2 系统，在粒子 1 的正交归一基 $\{|u\rangle_1,\,|v\rangle_1\}$ 下写出任一纠缠态 $|\Psi\rangle \in H_{AB}$

$$|\Psi\rangle = |u\rangle_1 |\phi_u\rangle_2 + |v\rangle_1 |\phi_v\rangle_2$$

其中，$|\phi_u\rangle_2 \neq 0$，$|\phi_v\rangle_2$ 与 $|\phi_u\rangle_2$ 既不正交也不平行，即

$$|\phi_v\rangle_2 = \alpha |\phi_u\rangle_2 + |\phi_u^\perp\rangle_2, \quad \alpha \neq 0$$

式中，$|\phi_u^\perp\rangle_2 \neq 0$，$\langle \phi_u | \phi_u^\perp \rangle = 0$. 因此，可以选择合适的基 $|u\rangle_i$，$|v\rangle_i$，$i = 1,2$ 将 $|\Psi\rangle$ 写为如下形式：

$$|\Psi\rangle = a|v\rangle_1 |v\rangle_2 + b|u\rangle_1 |v\rangle_2 + c|v\rangle_1 |u\rangle_2, \quad abc \neq 0$$

定义可观测量

$$U_i \equiv |u\rangle_i {}_i\langle u|, \quad W_i \equiv |\beta\rangle_i {}_i\langle \beta|, \quad i = 1,2$$

式中

$$|\beta\rangle_1 = \frac{a|v\rangle_1 + b|u\rangle_1}{\sqrt{|a|^2 + |b|^2}}, \quad |\beta\rangle_2 = \frac{a|v\rangle_2 + c|u\rangle_2}{\sqrt{|a|^2 + |c|^2}}$$

可以很容易验证下列测量结果：

    (1) $U_1 U_2 = 0$；

    (2) $U_1 = 0 \Rightarrow W_2 = 1$；

(3) $U_2 = 0 \Rightarrow W_1 = 1$;

(4) 有一定的概率会测得 $W_1 = W_2 = 0$.

接下来的论证为：考虑在某次实验中测得 $W_1 = W_2 = 0$，从 $W_2 = 0$ 和性质 (2) 可以推出测量 U_1 会得到结果 $U_1 = 1$. 类似地可知若测量 U_2 会得到结果 $U_2 = 1$. 根据局域实在论，$U_1 = 1$ 和 $U_2 = 1$ 是由局域隐变量决定的. 这样，如果在这次实验中本来并不是测量 W_1 和 W_2，而是测量 U_1 和 U_2，则会得到结果 $U_1 U_2 = 1$，但这与性质 (1) 矛盾. 因此，我们看到关于局域实在论的假设与量子力学的预言是矛盾的.

11.43　关于条件概率的 Bayes 定理

题 11.43　证明关于条件概率的 Bayes 定理

$$p(A|B)\,p(B) = p(B|A)\,p(A)$$

此公式两边等于积概率 $p(x, y)$.

解答　定理证明很容易，只要将概率和条件概率都还原为相应的频度比值即知. 当 $\{A_i\}$ 是一个互斥事件的完备集，就是说，$p\left(\sum_i A_i\right) = \sum_i A_i = 1$ 时，有全概率公式

$$p(B) = \sum_i p(B|A_i)\,p(A_i)$$

11.44　求给定系综的 Shannon 熵 $H(X_{均匀})$

题 11.44　求证，在系综 $\{x_i,\ p(x_i)\}$ 中，先验分布是均匀分布 $p(x_i) = \dfrac{1}{k}$，即对均匀系综 $X_{均匀}$，此系综 Shannon 熵 H 达到最大值.

解答　因为 $\log_2 p(x)$ 上凸，这使得 $-\log_2 p(x)$ 下凹，所以有

$$-\log_2\left(\sum_x p(x)\,p(x)\right) \leqslant -\sum_x p(x)\log_2 p(x) = H(X)$$

进一步，用 Lagrange 乘子法来确定 $H(X)$ 极值. 为简化，记 $p(x_i) = p_i$，于是有

$$-\sum_{i=1}^k p_i \log_2 p_i - \lambda\left(\sum_{j=1}^k p_j - 1\right) = \mathrm{Max}$$

对此式求偏导数 $\dfrac{\partial}{\partial \lambda}$，$\dfrac{\partial}{\partial p_j}$，并令它们为 0，得

$$\begin{cases} \displaystyle\sum_{j=1}^k p_j = 1 \\[2mm] -\log_2 p_j - p_j \dfrac{1}{p_j} - \lambda = 0, \quad j = 1,\, 2,\, \cdots,\, k \end{cases}$$

由第二式解出 $p_j = 2^{-(1+\lambda)}$，两边对 j 求和，利用归一化第一式，得

$$\lambda = \log_2 k - 1$$

由此得 $p_j = 1/k, j = 1, 2, \cdots, k$. 代入熵函数 $H(X_{均匀}) = \text{Max} = \log k$. 证毕.

11.45 含时 Schrödinger 方程演化下 von Neumann 熵是守恒量

题 11.45 求证：不论初始为纯态还是混态，经过含时 Schrödinger 方程的演化，其 von Neumann 熵是守恒量.

解答 对 von Neumann 熵表达式 $S(\rho) = -\text{Tr}[\rho(t) \log_2 \rho(t)]$ 求导，并利用 Liouville 方程，得

$$
\begin{aligned}
\frac{\mathrm{d}S}{\mathrm{d}t} &= -\text{Tr}\left[\frac{\partial \rho(t)}{\partial t} \log_2 \rho(t)\right] - \text{Tr}\left[\rho(t) \frac{\partial \log_2 \rho(t)}{\partial t}\right] \\
&= -\frac{1}{\mathrm{i}\hbar}\text{Tr}\{[H(t),\, \rho(t)] \log_2 \rho(t)\} - \text{Tr}\left[\rho(t) \frac{\partial \log_2 \rho(t)}{\partial t}\right] \\
&= -\frac{1}{\mathrm{i}\hbar}\text{Tr}\{[\log_2 \rho(t),\, H(t)] \rho(t)\} - \text{Tr}\left[\rho(t) \frac{\partial \log_2 \rho(t)}{\partial t}\right] \\
&= -\frac{1}{\mathrm{i}\hbar}\text{Tr}\left[-\mathrm{i}\hbar \frac{\partial \log_2 \rho(t)}{\partial t} \rho(t)\right] - \text{Tr}\left[\rho(t) \frac{\partial \log_2 \rho(t)}{\partial t}\right] = 0
\end{aligned}
$$

这里第三步等号用了求迹号下算符可以轮转的操作. 于是，即便对含时的开放系统，von Neumann 熵也是运动常数. 就是说，原来纯态还保持为纯态，原来混态仍保持为同样熵的混态. 但是，对于有开放操作的那一类开放系统，这将不成立.

11.46 求 SU(2) 型一般混态 von Neumann 熵的普遍表达式

题 11.46 求出 SU(2) 型一般混态的 von Neumann 熵普遍表达式.

解答 一般混态有如下矩阵形式：

$$\rho = \frac{1}{2}\begin{pmatrix} 1-\alpha & \beta+\mathrm{i}\gamma \\ \beta-\mathrm{i}\gamma & 1+\alpha \end{pmatrix}$$

这里，α, β, γ 均为实数. 很容易求出此矩阵的本征值为

$$\lambda_+ = \frac{1}{2}\left(1 + \sqrt{\alpha^2+\beta^2+\gamma^2}\right) \equiv \frac{1}{2}(1+\delta), \quad \lambda_- = \frac{1}{2}\left(1 - \sqrt{\alpha^2+\beta^2+\gamma^2}\right) \equiv \frac{1}{2}(1-\delta)$$

因此一般混态的 von Neumann 熵为

$$S(\rho) = -\text{Tr}(\rho \log_2 \rho) = -(\lambda_+ \ln \lambda_+ + \lambda_- \ln \lambda_-) = \frac{1}{2}\log_2 \frac{4(1-\delta)^{\delta-1}}{(1+\delta)^{\delta+1}}$$

11.47 $\mathrm{Tr}\,(\rho_1 \log_2 \rho_1 + \rho_2 \log_2 \rho_2) \geqslant \mathrm{Tr}\,(\rho_1 \log_2 \rho_2 + \rho_2 \log_2 \rho_1)$

题 11.47 证明不等式

$$\mathrm{Tr}\,(\rho_1 \log_2 \rho_1 + \rho_2 \log_2 \rho_2) \geqslant \mathrm{Tr}\,(\rho_1 \log_2 \rho_2 + \rho_2 \log_2 \rho_1)$$

解答 设 $\rho_1 = \sum\limits_{\alpha} a_\alpha |\alpha\rangle\langle\alpha|$, $\rho_2 = \sum\limits_{\beta} b_\beta |\beta\rangle\langle\beta|$, 于是

$$
\begin{aligned}
\mathrm{Tr}\,(\rho_2 \log_2 \rho_1) &= \mathrm{Tr}\left[\left(\sum_\beta b_\beta |\beta\rangle\langle\beta|\right) \log_2 \left(\sum_\alpha a_\alpha |\alpha\rangle\langle\alpha|\right)\right] \\
&= \mathrm{Tr}\left[\left(\sum_\beta b_\beta |\beta\rangle\langle\beta|\right)\left(\sum_\alpha (\log_2 a_\alpha)|\alpha\rangle\langle\alpha|\right)\right] \\
&= \sum_{\alpha,\beta} b_\beta \log_2 a_\alpha |\langle\alpha|\beta\rangle|^2
\end{aligned}
$$

同样得

$$\mathrm{Tr}\,(\rho_1 \log_2 \rho_2) = \sum_{\alpha,\beta} a_\alpha \log_2 b_\beta |\langle\alpha|\beta\rangle|^2$$

所以

$$\text{不等式右边} = \sum_{\alpha,\beta} |\langle\alpha|\beta\rangle|^2 (a_\alpha \log_2 b_\beta + b_\beta \log_2 a_\alpha)$$

注意: $\sum\limits_{\alpha} |\langle\alpha|\beta\rangle|^2 = \sum\limits_{\alpha} |\langle\alpha|\beta\rangle|^2 = 1$, 于是

$$
\begin{aligned}
\text{不等式左边} &= \sum_\alpha a_\alpha \log_2 a_\alpha + \sum_\beta b_\beta \log_2 b_\beta \\
&= \sum_{\alpha,\beta} a_\alpha (\log_2 a_\alpha)|\langle\alpha|\beta\rangle|^2 + \sum_{\alpha,\beta} b_\beta (\log_2 b_\beta)|\langle\alpha|\beta\rangle|^2 \\
&= \sum_{\alpha,\beta} |\langle\alpha|\beta\rangle|^2 (a_\alpha \log_2 a_\alpha + b_\beta \log_2 b_\beta)
\end{aligned}
$$

因为

$$a_\alpha \log_2 a_\alpha + b_\beta \log_2 b_\beta \geqslant a_\alpha \log_2 b_\beta + b_\beta \log_2 a_\alpha$$

所以

$$\text{左边} \geqslant \text{右边}$$

证毕.

11.48 von Neumann 熵的上限为 $\log D$

题 11.48 证明 von Neumann 熵的上限. 如果 ρ 有 D 个不为零的本征值, 于是将有

$$S(\rho) \leqslant \log D$$

等号在所有非零本征值均相等时成立.

证明

$$S(\rho) = -\mathrm{Tr}(\rho\log\rho) = -\sum_i \lambda_i\log_2\lambda_i = \sum_{i=1}^{D}\lambda_i\log_2\frac{1}{\lambda_i} \leqslant \log_2\left(\sum_{i=1}^{D}\lambda_i\frac{1}{\lambda_i}\right) = \log_2 D$$

这里利用了对数函数的凸性, 故有

$$\log_2(p_1x_1 + p_2x_2) \geqslant (p_1\log_2 x_1 + p_2\log_2 x_2), \quad p_1+p_2=1, \quad p_1,p_2>0$$

而当 $\lambda_i = \dfrac{1}{D}$, 即 ρ 的所有本征值均相等时, 有

$$S(\rho) = \sum_{i=1}^{D}\lambda_i\log_2\frac{1}{\lambda_i} = D\frac{1}{D}\log_2 D = \log_2 D$$

故不等式的等号成立, 这时 $S(\rho) = \mathrm{Max}$. 因为这时 ρ 必为 $\rho = \dfrac{1}{D}I_D$, 其中

$$I_D = \begin{pmatrix} 1 & 0 & 0 & 0 & 0 & 0 \\ 0 & \ddots & 0 & 0 & 0 & 0 \\ 0 & 0 & 1 & 0 & 0 & 0 \\ 0 & 0 & 0 & 0 & 0 & 0 \\ 0 & 0 & 0 & 0 & \ddots & 0 \\ 0 & 0 & 0 & 0 & 0 & 0 \end{pmatrix}$$

为 D 维单位矩阵.

11.49　von Neumann 熵的凸性

题 11.49　证明 von Neumann 熵的凸性 (concavity)

$$S\left(\sum_{i=1}^{n}\alpha_i\rho_i\right) \geqslant \sum_{i=1}^{n}\alpha_i S(\rho_i)$$

这一性质十分重要, 下面给出三种证明.

证法一　这也是对数函数凸性的体现. 假如利用次可加性, 证明将相当简捷. 附加一个量子系统, 使得 $\rho' = \rho^{AB} = \sum_{i=1}^{n}\alpha_i\rho_i\otimes|i\rangle\langle i|$ 可以成块对角. 于是

$$S(\rho') = S\left(\sum_{i=1}^{n}\alpha_i\rho_i\right) + H(p_i) \leqslant S(\rho^A) + S(\rho^B) = S(\rho) + H(p_i)$$

于是, 有

$$S\left(\sum_{i=1}^{n}\alpha_i\rho_i\right) \geqslant \sum_{i=1}^{n}\alpha_i S(\rho_i)$$

证法二 证此式之前, 先引入引理.

引理 如果函数 $f(x)$ 是凸的, 即它有下述性质:

$$f(\lambda x + (1-\lambda)y) \geqslant \lambda f(x) + (1-\lambda)f(y), \quad 0 \leqslant \lambda \leqslant 1$$

对于定义域内任意 x、y 都成立. 可以将此性质推广至矩阵求迹形式, 即对任意两个 Hermite 矩阵 $\boldsymbol{a}, \boldsymbol{b}$, 有以下不等式成立:

$$f[\lambda\boldsymbol{a} + (1-\lambda)\boldsymbol{b}] \geqslant \lambda f(\boldsymbol{a}) + (1-\lambda)f(\boldsymbol{b}), \quad 0 \leqslant \lambda \leqslant 1$$

证明 Hermite 矩阵可以用幺正矩阵对角化, 设 $\boldsymbol{a}, \boldsymbol{b}$ 可分别对角化为 $\boldsymbol{A}, \boldsymbol{B}$, 很明显 $\lambda\boldsymbol{a} + (1-\lambda)\boldsymbol{b}$ 也可以被某个幺正矩阵 Ω 对角化, 于是有下式成立:

$$
\begin{aligned}
\mathrm{Tr}\left(f(\lambda\boldsymbol{a} + (1-\lambda)\boldsymbol{b})\right) &= \mathrm{Tr}\left(f\left(\Omega[\lambda\boldsymbol{a} + (1-\lambda)\boldsymbol{b}]\Omega^\dagger\right)\right) \\
&= \mathrm{Tr}\left(f\left(\lambda\Omega N A N^\dagger\Omega^\dagger + (1-\lambda)\Omega M B M^\dagger\Omega^\dagger\right)\right) \\
&\equiv \mathrm{Tr}\left(f\left(\lambda U A U^\dagger + (1-\lambda)V B V^\dagger\right)\right)
\end{aligned}
$$

这里的 $\lambda U\boldsymbol{A}U^\dagger + (1-\lambda)V\boldsymbol{B}V^\dagger$ 已经是对角阵, 故有

$$
\begin{aligned}
\mathrm{Tr}\left(f\left(\lambda U\boldsymbol{A}U^\dagger + (1-\lambda)V\boldsymbol{B}V^\dagger\right)\right) &= \sum_i f\left(\sum_j\left(\lambda A_{jj}|U_{ji}|^2 + (1-\lambda)B_{ii}|V_{ji}|^2\right)\right) \\
&\geqslant \sum_i \lambda f\left(\sum_j A_{jj}|U_{ji}|^2\right) + (1-\lambda)f\left(\sum_j B_{ii}|V_{ji}|^2\right) \\
&\geqslant \lambda\sum_{i,j}|U_{ji}|^2 f(A_{jj}) + (1-\lambda)\sum_{i,j}|V_{ji}|^2 f(B_{ii}) \\
&= \lambda\sum_j f(A_{jj}) + (1-\lambda)\sum_i f(B_{ii}) \\
&= \lambda f(\boldsymbol{a}) + (1-\lambda)f(\boldsymbol{b})
\end{aligned}
$$

于是引理得证.

这个结果可以立即推广到一般情况

$$\mathrm{Tr}\left(f\left(\sum_i \lambda_i\boldsymbol{a}_i\right)\right) \geqslant \sum_i \lambda_i\mathrm{Tr}f(\boldsymbol{a}_i), \quad \lambda_i \geqslant 0, \ \sum_i \lambda_i = 1$$

于是由 Shannon 熵的凸性, 立即知道 von Neumann 熵也具有凸性.

证法三 暂令 $n = 2$, 于是需要求证

$$S(\alpha_1\rho_1 + \alpha_2\rho_2) \geqslant \alpha_1 S(\rho_1) + \alpha_2 S(\rho_2)$$

此式

$$左边 = -\mathrm{Tr}[(\alpha_1\rho_1 + \alpha_2\rho_2)\log_2(\alpha_1\rho_1 + \alpha_2\rho_2)]$$

令 $\alpha_1 = \dfrac{1}{2} + \gamma$, $\alpha_2 = \dfrac{1}{2} - \gamma$, $\gamma = \dfrac{1}{2}(\alpha_1 - \alpha_2)$, 则

$$
\begin{aligned}
\text{左边} \;\geqslant\;& -\mathrm{Tr}\left\{\left[\left(\frac{1}{2}+\gamma\right)\rho_1 + \left(\frac{1}{2}-\gamma\right)\rho_2\right]\left[\left(\frac{1}{2}+\gamma\right)\log_2\rho_1 + \left(\frac{1}{2}-\gamma\right)\log_2\rho_2\right]\right\} \\
=\;& -\mathrm{Tr}\left\{\left(\frac{1}{2}+\gamma\right)^2 \rho_1\log_2\rho_1 + \left(\frac{1}{2}-\gamma\right)^2 \rho_2\log_2\rho_2 + \left(\frac{1}{4}-\gamma^2\right)\right. \\
& \left. \times\left[\rho_2\log_2\rho_1 + \rho_1\log\rho_2\right]\right\}
\end{aligned}
$$

由于 $A^A B^B \geqslant A^B B^A$, 等号只当 $A = B$ 时成立. 对此不等式两边取对数得

$$
-(A\log_2 A + B\log_2 B) \leqslant -(B\log_2 A + A\log_2 B)
$$

也就是

$$
-\mathrm{Tr}\left(\rho_2\log_2\rho_1 + \rho_1\log_2\rho_2\right) \geqslant -\mathrm{Tr}\left(\rho_1\log_2\rho_1 + \rho_2\log_2\rho_2\right)
$$

再注意 $\left(\dfrac{1}{4} - \gamma^2\right) = \alpha_1\alpha_2 \geqslant 0$, 得

$$
\begin{aligned}
\text{左边} \;\geqslant\;& -\mathrm{Tr}\left\{\left(\frac{1}{2}+\gamma\right)^2 \rho_1\log_2\rho_1 + \left(\frac{1}{2}-\gamma\right)^2 \rho_2\log_2\rho_2 + \left(\frac{1}{4}-\gamma^2\right)\right. \\
& \left. \times\left[\rho_1\log_2\rho_1 + \rho_2\log_2\rho_2\right]\right\} \\
=\;& -\mathrm{Tr}\left\{\left(\frac{1}{4}+\gamma+\gamma^2+\frac{1}{4}-\gamma^2\right)\rho_1\log_2\rho_1 + \left(\frac{1}{4}-\gamma+\gamma^2+\frac{1}{4}-\gamma^2\right)\rho_2\log_2\rho_2\right\} \\
=\;& -\mathrm{Tr}\left\{\left(\frac{1}{2}+\gamma\right)\rho_1\log_2\rho_1 + \left(\frac{1}{2}-\gamma\right)\rho_2\log_2\rho_2\right\} = \alpha_1 S(\rho_1) + \alpha_2 S(\rho_2)
\end{aligned}
$$

这个证明可以继续下去, 即得 n 项的一般情况.

11.50　任意两体纯态 ρ_{AB} 存在纠缠的充要条件是条件熵 $S(A|B) < 0$

题 11.50　命题: 设 ρ_{AB} 是任意两体纯态, 证明 ρ_{AB} 有量子纠缠存在的充要条件是条件熵 $S(A|B) < 0$.

证明　先假设纯态 ρ_{AB} 有纠缠, 则它的 Schmidt 分解至少有两项, 如下:

$$
|\psi\rangle_{AB} = \sum_i \sqrt{p_i}\,|i\rangle_A\,|i'\rangle_B
$$

也即至少有两个 $0 < p_1 < 1$, $0 < p_2 < 1$, $p_1 + p_2 = 1$,

$$
\rho_B = \mathrm{Tr}_A\left(|\psi\rangle_{AB}{}_{AB}\langle\psi|\right) = \sum_i p_i\,|i'\rangle_B\,{}_B\langle i'|
$$

此时条件熵为

$$
S(A|B) = S\left(|\psi\rangle_{AB}{}_{AB}\langle\psi|\right) - S(\rho_B) = 0 - \sum_i p_i\log p_i < 0
$$

其次，如果纯态 ρ_{AB} 没有纠缠，即 $\rho_{AB} = \rho_A \otimes \rho_B$，各自都是纯态，显然此时条件熵等于零.

11.51　证明正交投影测量必增加熵

题 11.51　证明：正交投影测量必增加熵. 只有当测量不改变态时，熵才不变.

证法一　设 ρ 在自身表象 $\rho = \sum_i \alpha_i |i\rangle\langle i|$，$\langle i|j\rangle = \delta_{ij}$，则

$$S(\rho) = -\sum_i \alpha_i \log_2 \alpha_i$$

而另一方面

$$A = \sum_y a_y |a_y\rangle\langle a_y|$$

$$p(a_y) \equiv p(y) = \langle a_y|\rho|a_y\rangle = \sum_i \alpha_i \langle a_y|i\rangle\langle i|a_y\rangle$$

我们知道函数 $f(x) = -x\log_2 x$ 是凸函数，利用它的凸性，我们有

$$f\left(\sum_i p_i \alpha_i\right) = -\left(\sum_i p_i \alpha_i\right)\log_2\left(\sum_i p_i \alpha_i\right) \geqslant -\sum_i p_i \alpha_i \log_2 \alpha_i \equiv \sum_i p_i f(\alpha_i),$$
$$\sum_i p_i = 1$$

于是有

$$
\begin{aligned}
H(Y) &\equiv -\sum_y p(y)\log_2 p(y) \\
&= -\sum_y \left(\sum_i \alpha_i \langle a_y|i\rangle\langle i|a_y\rangle\right)\log_2\left(\sum_j \alpha_j \langle a_y|j\rangle\langle j|a_y\rangle\right) \\
&\geqslant -\sum_y \left(\sum_i \alpha_i \langle a_y|i\rangle\langle i|a_y\rangle \log_2 \alpha_i\right) = -\sum_i \alpha_i \log_2 \alpha_i \sum_y \langle i|a_y\rangle\langle a_y|i\rangle \\
&= -\sum_i \alpha_i \log_2 \alpha_i = S(\rho)
\end{aligned}
$$

从证明过程可以看出，若 A 和 ρ 有共同的本征矢量，则 $S(\rho) = H(Y)_{\min}$——可对易测量 (所得 Shannon 熵) 不引入附加熵值. 物理上这是说，假如我们选择和密度矩阵对易的力学量算符作测量，则测量结果所引入的随机性减至最小 ($H(Y)$ 最小为 $S(\rho)$). 但是，假如我们测量一个"坏"的力学量，结果的可预计程度就会下降.

在数学上这是说，在任何基矢中用零来代替 ρ 的非对角矩阵元时，$S(\rho)$ 将增加.

注意, 在力学量 A 的表象 $\{|a_y\rangle\}$ 中,

$$\rho = \sum_i \alpha_i |i\rangle \langle i| \Rightarrow \begin{cases} \rho_{yy} = \langle a_y| \rho |a_y\rangle \\ \rho_{yy'} = \langle a_y| \rho |a_{y'}\rangle = \sum_i \alpha_i \langle a_y|i\rangle \langle i|a_{y'}\rangle \end{cases}$$

于是, 若略去 ρ 中的非对角项 $\rho_{yy'}$, 只剩对角项 ρ_{yy}, 则

$$S(\rho) \to -\sum_y p(y) \log_2 p(y) = H(Y)$$

就是说, 不论在什么基中, 略去 ρ 中的非对角项将使 von Neumann 熵增加.

证法二 将问题表达得更清楚些: 假定密度矩阵为 ρ, 正交测量的正交完备投影算符系列为 P_i, 则在测量前后, ρ 的变化为

$$\rho \to \rho' = \sum_i P_i \rho P_i$$

可证此时熵的改变为

$$S(\rho') \geqslant S(\rho)$$

等号当也只当 $\rho' = \rho$ 时成立. 对此证明如下.

将 Klein 不等式 (量子相对熵是非负的) 应用到 ρ', ρ 上, 有

$$0 \leqslant S(\rho'\|\rho) = -S(\rho) - \text{Tr}(\rho \log_2 \rho')$$

此时只要证明 $-\text{Tr}(\rho \log_2 \rho') = S(\rho')$ 就可以了. 为此, 利用完备性条件和投影算符性质: $\sum_i P_i = I$ 和 $P_i^2 = P_i$, 以及求迹的循环性质, 有

$$-\text{Tr}(\rho \log_2 \rho') = -\text{Tr}\left(\sum_i P_i \rho \log_2 \rho'\right) = -\text{Tr}\left(\sum_i P_i \rho \log_2 \rho' P_i\right)$$

注意, $P_i P_j = \delta_{ij}$, $\rho' P_i = P_i \rho P_i = P_i \rho'$, 就是说 $[P_i, \rho'] = 0$, 于是 P_i 和 $\log_2 \rho'$ 也对易. 所以

$$-\text{Tr}(\rho \log_2 \rho') = -\text{Tr}\left(\sum_i P_i \rho P_i \log_2 \rho'\right) = -\text{Tr}(\rho' \log_2 \rho') \equiv S(\rho')$$

证毕.

11.52 两体熵有次可加性

题 11.52 考虑一个处在态 ρ_{AB} 上的双粒子系统 $A \otimes B$. 证明两体熵有如下式定义的次可加性:

$$S(\rho_{AB}) \leqslant S(\rho_A) + S(\rho_B)$$

等号当也只当两个子系统无关联时成立.

于是, 对不关联的两个系统, 它们的熵是可加的; 但若关联, 则整个系统的熵小于两部分熵之和. 就是说, 量子纠缠 (或者说量子关联) 使系统的 von Neumann 熵减少. 这个性质类似于 Shannon 熵性质

$$H(X,Y) \leqslant H(X) + H(Y)$$

(或 $I(X;Y) \geqslant 0$). 这是因为, 在 XY (或 AB) 系统中的某些信息已经编码在 X 和 $Y(A$ 和 $B)$ 之间的 (经典或量子) 关联里了.

证明　首先看 A 和 B 无关联的情况

$$\rho_{AB} = \rho_A \otimes \rho_B$$

所以

$$
\begin{aligned}
S(\rho_{AB}) &= -\mathrm{Tr}\left[(\rho_A \otimes \rho_B)\log_2(\rho_A \otimes \rho_B)\right] \\
&= -\mathrm{Tr}\left\{(\rho_A \otimes \rho_B)(\log_2\rho_A + \log_2\rho_B)\right\} \\
&= \mathrm{Tr}_A(\rho_A\log_2\rho_A) - \mathrm{Tr}_B(\rho_B\log_2\rho_B) = S(\rho_A) + S(\rho_B)
\end{aligned}
$$

其次, 如果有关联, 关联将降低 $A \otimes B$ 系统的 von Neumann 熵, 这导致不等式成立. 比如, 对极端而言, 如果 $\rho_{AB} = |\psi\rangle_{AB}\,_{AB}\langle\psi|$ 是两体纯态, 按 Schmidt 分解得 $|\psi\rangle_{AB} = \sum\limits_i \sqrt{p_i}|i\rangle_A|i'\rangle_B$, 于是

$$
\begin{cases}
\rho_A = \sum\limits_i p_i |i\rangle_A\,_A\langle i| \\
\rho_B = \sum\limits_i p_i |i'\rangle_B\,_B\langle i'|
\end{cases}
$$

因此, $\quad S(\rho_{AB}) = S(|\psi\rangle_{AB}\,_{AB}\langle\psi|) = 0, \quad S(\rho_A) = S(\rho_B) = H(p) = -\sum\limits_i p_i\log_2 p_i \geqslant 0.$ 不等式显然成立.

最后, 一般情况, 利用相对熵的非负性质 $(S(\rho|\sigma) = \mathrm{Tr}\left[\rho(\log_2\rho - \log_2\sigma)\right] \geqslant 0)$ 来证明这个次可加性最为简单

$$
\begin{aligned}
0 \leqslant S(\rho_{AB}|\rho_A \otimes \rho_B) &= \mathrm{Tr}(\rho_{AB}\log_2\rho_{AB}) - \mathrm{Tr}\left[\rho_{AB}(\log_2\rho_A \otimes \rho_B)\right] \\
&= -S(\rho_{AB}) - \mathrm{Tr}(\rho_{AB}\log_2\rho_A) - \mathrm{Tr}(\rho_{AB}\log_2\rho_B) \\
&= -S(\rho_{AB}) + S(\rho_A) + S(\rho_B)
\end{aligned}
$$

11.53　三体系统 Araki-Lieb 不等式

题 11.53　证明对三体系统有三角不等式 (Araki-Lieb 不等式) 成立

$$S(\rho_{AB}) \geqslant |S(\rho_A) - S(\rho_B)|$$

证明 对特殊情况作一些验证

(1) 当 AB 为纯态时, Schmidt 分解

$$\begin{cases} |\psi\rangle_{AB} = \sum_i \sqrt{p_i} |i\rangle_A |i'\rangle_B \\ \rho_A = \sum_i p_i |i\rangle_A, \quad \rho_B = \sum_i p_i |i'\rangle_B \end{cases}$$

于是得

$$0 \geqslant \left| -\sum_i p_i \log_2 p_i + \sum_i p_i \log_2 p_i \right| = 0$$

(2) 而当 AB 为可分离态时, 也有

$$\rho_{AB} = \rho_A \otimes \rho_B$$

$$S(\rho_{AB}) = S(\rho_A) + S(\rho_B) \geqslant |S(\rho_A) - S(\rho_B)|$$

下面对普遍情况作证明.

假定态 $\rho_{AB} = \text{Tr}_R |\psi\rangle_{ABR\ ABR}\langle\psi|$, 利用次可加性得到

$$S(\rho_R) + S(\rho_A) \geqslant S(\rho_{A,R})$$

这里, $\rho_R = \text{Tr}_{A,B}|\psi\rangle_{ABR\ ABR}\langle\psi|$, $\rho_A \text{Tr}_{R,B}|\psi\rangle_{ABR\ ABR}\langle\psi|$, $\rho_{A,R} = \text{Tr}_B|\psi\rangle_{ABR\ ABR}\langle\psi|$. 由于 $|\psi\rangle_{ABR\ ABR}\langle\psi|$ 是纯态, 所以 $S(\rho_R) = S(\rho_{A,B})$, $S(\rho_{A,R}) = S(\rho_B)$, 代入即得到 Araki-Lieb 不等式.

11.54 证明广义 Klein 不等式

题 11.54 首先定义, 如实变数 x 的可微实函数 $f(x)$ 对所有 x 和 y, 都有

$$f(y) - f(x) \leqslant (y - x) f'(x)$$

就说此函数是凸的. 举个例子, 函数 $f(x) = -x \log_2 x$, 当 $x > 0$ 时就是凸的, 因为将它代入此式中, 得 (对于 $y > 0$, 因运算中两边已同除以 y)$\log_2 \dfrac{x}{y} \leqslant \dfrac{x}{y} - 1$. 此式当 $x > y > 0$ 时是成立的, 因为有不等式 $\log_2(1 + X) < X(X > 0)$.

将上面定义式推广到矩阵求迹形式. 证明: 对任何两个不一定对易的 n 维 Hermite 矩阵 a、b(其中 b 是完全正的), 有如下 "广义 Klein 不等式" 成立:

$$\text{Tr}(f(b) - f(a)) \leqslant \text{Tr}((b - a) f'(a))$$

证法一 设 a 和 b 的本征值分别为 $\{\alpha_1, \alpha_2, \cdots, \alpha_n\}$ 和 $\{\beta_1, \beta_2, \cdots, \beta_n\}$.

将这两组数分别按降序排列, 得到新的两组数 $\{\alpha'_1, \alpha'_2, \cdots, \alpha'_n\}$ 和 $\{\beta'_1, \beta'_2, \cdots, \beta'_n\}$ 于是令上面的 x、y 值取这里的本征值 α'_i、β'_i, 利用函数 $f(x)$ 的凸性, 有

$$\begin{cases} f(\beta'_1) - f(\alpha'_1) \leqslant (\beta'_1 - \alpha'_1) f'(\alpha'_1) \\ \qquad\qquad \cdots \\ f(\beta'_n) - f(\alpha'_n) \leqslant (\beta'_n - \alpha'_n) f'(\alpha'_n) \end{cases}$$

将这 n 个方程求和, 注意有

$$\sum_{i=1}^{n} f(\alpha_i') = \sum_i^n f(\alpha_i) = \operatorname{Tr} f(a)$$

$$\sum_{i=1}^{n} \alpha_i' f'(\alpha_i') = \sum_i^n \alpha_i f'(\alpha_i) = \operatorname{Tr}[a f'(a)]$$

$$\sum_i^n f(\beta_i') = \sum_{i=1}^n f(\beta_i) = \operatorname{Tr} f(b)$$

于是得

$$\operatorname{Tr}[f(a) - f(b)] \leqslant \sum_{i=1}^n \beta_i' f'(\alpha_i') - \operatorname{Tr}[a f'(a)]$$

设矩阵 a 可以被幺正矩阵 U 对角化, 则另有下式成立:

$$\operatorname{Tr}(b f'(a)) = \operatorname{Tr}\left(U b U^\dagger f'(U a U^\dagger)\right) = \sum_i \left(U b U^\dagger\right)_{ii} f'(\alpha_i)$$

由于 $f(x)$ 是凸的, 所以 $f'(x)$ 是单调减函数, 于是易知

$$\sum_{i=1}^n \beta_i' f'(\alpha_i') \leqslant \operatorname{Tr}[b f'(a)]$$

即得矩阵求迹的推广形式.

证法二　设 a 和 b 可分别被幺正矩阵 U、V 对角化, 则有

$$
\begin{aligned}
\operatorname{Tr}[(b-a) f'(a)] &= \operatorname{Tr}\left\{ U V^\dagger \begin{pmatrix} \beta_1 & & & \\ & \beta_2 & & \\ & & \ddots & \\ & & & \beta_n \end{pmatrix} V U^\dagger f'(U a U^\dagger) - U a U^\dagger f'(U a U^\dagger) \right\} \\
&\equiv \operatorname{Tr}\left\{ \Omega \begin{pmatrix} \beta_1 & & & \\ & \beta_2 & & \\ & & \ddots & \\ & & & \beta_n \end{pmatrix} \Omega^\dagger f'(U a U^\dagger) - U a U^\dagger f'(U a U^\dagger) \right\} \\
&= \sum_i \left(\sum_j \beta_j |\Omega_{ij}|^2 \right) f'(\alpha_i) - \sum_i \alpha_i f'(\alpha_i) \\
&\leqslant \sum_i f\left(\sum_j \beta_j |\Omega_{ij}|^2 \right) - \sum_i f(\alpha_i) \\
&\leqslant \sum_i \sum_j |\Omega_{ij}|^2 f(\beta_j) - \sum_i f(\alpha_i) \\
&= \sum_j f(\beta_j) \sum_i |\Omega_{ij}|^2 - \sum_i f(\alpha_i)
\end{aligned}
$$

$$= \sum_j f(\beta_j) - \sum_i f(\alpha_i) = \mathrm{Tr}\left[f(b) - f(a)\right]$$

不等式得证.

11.55 体系两个密度矩阵的相对熵 $S(\rho\|\sigma)$ 是非负的

题 11.55 体系的两个密度矩阵 ρ 对于 σ 的相对熵 $S(\rho\|\sigma)$ 定义为

$$S(\rho\|\sigma) = \mathrm{Tr}(\rho\log_2\rho) - \mathrm{Tr}(\rho\log_2\sigma)$$

证明它是非负的.

证法一 首先, 对体系任何两个态 ρ, σ, 定义 $f(\rho) \equiv -\rho\log_2\rho$ 和 $f(\sigma) \equiv -\sigma\log_2\sigma$. 由广义 Klein 不等式, 有

$$
\begin{aligned}
-S(\rho\|\sigma) &= \mathrm{Tr}\left[-\rho(\log_2\rho - \log_2\sigma)\right] = \mathrm{Tr}\left[f(\rho) - f(\sigma) + f(\sigma) + \rho\log_2\sigma\right] \\
&\leqslant \mathrm{Tr}\left[(\rho-\sigma)(-\log_2\sigma - 1) - (\sigma-\rho)\log\sigma\right] = \mathrm{Tr}(\sigma-\rho) = 0
\end{aligned}
$$

所以最后得到 $S(\rho\|\sigma) \geqslant 0$. 证毕.

证法二 我们令

$$\rho = \sum_i p_i |i\rangle\langle i| \quad 和 \quad \sigma = \sum_j q_j |j\rangle\langle j|$$

分别是 ρ 和 σ 的正交分解. 按相对熵定义得

$$S(\rho\|\sigma) = \sum_i p_i \log_2 p_i - \sum_i \langle i|\rho\log_2\sigma|i\rangle$$

由于 $\langle i|\rho = p_i\langle i|$, 于是

$$\langle i|\log_2\sigma|i\rangle = \langle i|\left(\sum_j \log_2 q_j |j\rangle\langle j|\right)|i\rangle = \sum_j \log_2 q_j |\langle i|j\rangle|^2$$

所以得

$$S(\rho|\sigma) = \sum_i p_i \left(\log_2 p_i - \sum_j |\langle i|j\rangle|^2 \log_2 q_j\right)$$

注意 $\sum_i |\langle i|j\rangle|^2 = 1$, $\sum_j |\langle i|j\rangle|^2 = 1$, 并且由于 $\log$ 函数是严格的凸函数, 有

$$\sum_j |\langle i|j\rangle|^2 \log_2 q_j \leqslant \log_2\left(\sum_j |\langle i|j\rangle|^2 q_j\right)$$

这里等号当且仅当 j 只有一个值时成立, 即 $|\langle i|j\rangle|^2 = 1$ 时成立. 于是

$$S(\rho|\sigma) \geqslant \sum_i p_i \log_2 \left(\frac{p_i}{\sum_j |\langle i|j\rangle|^2 q_j} \right)$$

这里等号也是当且仅当对每一个 i 都只有一个 j 值时成立. 此式类似于经典的相对熵, 具有非负性质. 证毕.

11.56 非正交态的实验鉴别

题 11.56 非正交态的实验鉴别. Alice 已经制备其 qubit 处于下面两个态之一上

$$|u\rangle = \begin{pmatrix} 1 \\ 0 \end{pmatrix}, \quad |v\rangle = \begin{pmatrix} \cos\theta/2 \\ \sin\theta/2 \end{pmatrix}$$

这里 $0 < \theta < \pi$. Bob 知道 θ 数值, 但不知道 Alice 制备的是两个态中的哪一个. 现在他选择所执行的测量, 去做最好的判断, 判断 Alice 所制备的是哪一个态.

(1) 一个正交测量: $E_1 = |u\rangle\langle u|$, $E_2 = 1 - |u\rangle\langle u|$. 在这种情况下, 假如 Bob 得到结果 2, 他就知道 Alice 制备的必定是态 $|v\rangle$;

(2) 一组三个结果的 POVM

$$F_1 = A(1 - |u\rangle\langle u|), \quad F_2 = A(1 - |v\rangle\langle v|), \quad F_3 = (1 - 2A)I + A(|u\rangle\langle u| + |v\rangle\langle v|)$$

这里 A 选取和 F_3 正定性相符合的最大数值. 这时, 如果 Bob 得到结果 1 或 2, 他就能断定 Alice 的制备, 若得到结果 3, 他将无法断定;

(3) 一个正交测量 $E_1 = |w\rangle\langle w|$, $E_2 = 1 - |w\rangle\langle w|$, 而

$$|w\rangle = \begin{pmatrix} \cos\left[\dfrac{1}{4}(\pi + \theta) \right] \\ \sin\left[\dfrac{1}{4}(\pi + \theta) \right] \end{pmatrix}$$

这里, 自旋态 $|w\rangle$ 的极化方向位于 x-z 面内的 $\dfrac{1}{2}(\pi + \theta)$ 方向, 它垂直于 $|u\rangle$、$|v\rangle$ 两个态极化方向的均分角线.

在以上三种情况下, 寻找 Bob 的平均信息增益 $I(\theta)$(即制备和测量所得的互信息), 并指出, Bob 应当选用哪种测量?

解答 假定 Alice 以相同概率制备初态, 那么可以计算互信息如下.

(1) 测量前

$$\rho(x) = \frac{1}{2}|u\rangle\langle u| + \frac{1}{2}|v\rangle\langle v| = \frac{1}{2} \begin{pmatrix} 1 + \cos^2\dfrac{\theta}{2} & \sin\dfrac{\theta}{2}\cos\dfrac{\theta}{2} \\ \sin\dfrac{\theta}{2}\cos\dfrac{\theta}{2} & \sin^2\dfrac{\theta}{2} \end{pmatrix}$$

测量后

$$\rho(y) = E_1\rho(x)E_1 + E_2\rho(x)E_2 = \frac{1}{2}\begin{pmatrix} 1+\cos^2\dfrac{\theta}{2} & 0 \\ 0 & \sin^2\dfrac{\theta}{2} \end{pmatrix}$$

互信息

$$I(\theta) = H(x) + H(y) - H(x,y)$$

这里 $H(x,y) = S(p(x,y))$, $p(x,y) = p(x)p(y|x)$ 是测量前后态和测量结果的联合分布. 于是可以算出

$$\begin{aligned}I(\theta) =\ & 1 - \frac{1}{2}\left(1+\cos\frac{\theta}{2}\right)\log_2\left(1+\cos\frac{\theta}{2}\right) - \frac{1}{2}\left(1-\cos\frac{\theta}{2}\right)\log_2\left(1-\cos\frac{\theta}{2}\right) \\ & - \frac{1}{2}\left(1+\cos^2\frac{\theta}{2}\right)\log_2\left(1+\cos^2\frac{\theta}{2}\right) + \frac{1}{2}\cos^2\frac{\theta}{2}\log_2\cos^2\frac{\theta}{2}\end{aligned}$$

同样方法可以算出 (2) 和 (3) 情况下的互信息，即可比较互信息的大小，来决定 Bob 应当选用哪种测量.

11.57　用 Peres-Wootters 方法对给定态构造 PGM 的 POVM

题 11.57　用 Peres-Wootters 方法对态 $\{|\Phi_\alpha\rangle\} = \{|\varphi_\alpha\rangle|\varphi_\alpha\rangle\}$ 构造 PGM(pretty good measurement) 的 POVM. 其中

$$|\varphi_1\rangle = |n_1\rangle = \begin{pmatrix} 1 \\ 0 \end{pmatrix}, \quad |\varphi_2\rangle = |n_2\rangle = \begin{pmatrix} -1/2 \\ \sqrt{3}/2 \end{pmatrix}, \quad |\varphi_3\rangle = |n_3\rangle = \begin{pmatrix} -1/2 \\ -\sqrt{3}/2 \end{pmatrix}$$

(1) 若以先验的等概率 $\frac{1}{3}$ 随机制备上面三个态, 将此时密度矩阵 $\rho = \frac{1}{3}\left(\sum_\alpha |\Phi_\alpha\rangle\langle\Phi_\alpha|\right)$ 表示成 Bell 基展开的形式，并计算 $S(\rho)$;

(2) 由三个 $\{|\Phi_\alpha\rangle\}$ 构造 PGM, 这时 PGM 是正交测量. 用 Bell 基形式表示 PGM 基的元素;

(3) 计算 PGM 结局和制备的互信息.

解答　(1) 其实，$S(\rho)$ 计算可用求 ρ 本征值的办法，现按题意办法求.

首先将态 $\{|\Phi_\alpha\rangle\} = \{|\varphi_\alpha\rangle|\varphi_\alpha\rangle\}$ 用 Bell 基展开, 得到

$$|\Phi_1\rangle = |\varphi_1\rangle|\varphi_1\rangle = \frac{1}{\sqrt{2}}\left(|\phi^+\rangle + |\phi^-\rangle\right)$$

$$|\Phi_2\rangle = |\varphi_2\rangle|\varphi_2\rangle = \frac{1}{\sqrt{2}}\left(|\phi^+\rangle - \frac{1}{2}|\phi^-\rangle\right) + \frac{\sqrt{6}}{4}|\psi^+\rangle$$

$$|\Phi_3\rangle = |\varphi_3\rangle|\varphi_3\rangle = \frac{1}{\sqrt{2}}\left(|\phi^+\rangle - \frac{1}{2}|\phi^-\rangle\right) - \frac{\sqrt{6}}{4}|\psi^+\rangle$$

于是得

$$\rho = \frac{1}{3}\left(\sum_{\alpha}|\Phi_{\alpha}\rangle\langle\Phi_{\alpha}|\right)$$

$$= \frac{1}{2}|\phi^+\rangle\langle\phi^+| + \frac{1}{4}|\phi^-\rangle\langle\phi^-| + \frac{1}{4}|\psi^+\rangle\langle\psi^+|$$

从而

$$S(\rho) = -\frac{1}{2}\log_2\frac{1}{2} - \frac{1}{4}\log_2\frac{1}{4} - \frac{1}{4}\log_2\frac{1}{4} = \frac{3}{2}$$

(2) 定义 $G = \sum_{\alpha}|\Phi_{\alpha}\rangle\langle\Phi_{\alpha}|$，则 PGM 易求得如下：

$$F_1 = G^{-1/2}|\Phi_1\rangle\langle\Phi_1|G^{-1/2} = \frac{1}{3}\left(|\phi^+\rangle + \sqrt{2}|\phi^-\rangle\right)\left(\langle\phi^+| + \sqrt{2}\langle\phi^-|\right)$$

$$F_2 = G^{-1/2}|\Phi_2\rangle\langle\Phi_2|G^{-1/2}$$

$$= \frac{1}{3}\left(|\phi^+\rangle - \frac{1}{\sqrt{2}}|\phi^-\rangle + \frac{\sqrt{6}}{2}|\psi^+\rangle\right)\left(\langle\phi^+| - \frac{1}{\sqrt{2}}\langle\phi^-| + \frac{\sqrt{6}}{2}\langle\psi^+|\right)$$

$$F_3 = G^{-1/2}|\Phi_3\rangle\langle\Phi_3|G^{-1/2}$$

$$= \frac{1}{3}\left(|\phi^+\rangle - \frac{1}{\sqrt{2}}|\phi^-\rangle - \frac{\sqrt{6}}{2}|\psi^+\rangle\right)\left(\langle\phi^+| - \frac{1}{\sqrt{2}}\langle\phi^-| - \frac{\sqrt{6}}{2}\langle\psi^+|\right)$$

(3) PGM 测量结果如下：

$$F_\beta|\Phi_\alpha\rangle\langle\Phi_\alpha|F_\beta^\dagger = p_{\alpha\beta}F_\beta = \begin{cases} \dfrac{1}{3}\left(1 + \dfrac{1}{\sqrt{2}}\right)^2 F_\beta, & \alpha = \beta \\[3mm] \dfrac{1}{6}\left(1 - \dfrac{1}{\sqrt{2}}\right)^2 F_\beta, & \alpha \neq \beta \end{cases}$$

互信息可算得如下：

$$I = H(X) - H(X|Y) = 3/2 - H(p_{\alpha\beta}) = 1.36907$$

第 12 章　其　　他

12.1　将 $\mathrm{e}^{\mathrm{i}a\sigma_y}$ 表示为 2×2 矩阵

题 12.1　将 $\exp\left[\begin{pmatrix} 0 & a \\ -a & 0 \end{pmatrix}\right]$ 表示为 2×2 矩阵；a 是一个正的常数.

解法一　令

$$S(a)\equiv\exp\left[\begin{pmatrix} 0 & a \\ -a & 0 \end{pmatrix}\right]=\exp\left[a\begin{pmatrix} 0 & 1 \\ -1 & 0 \end{pmatrix}\right]\equiv\mathrm{e}^{aA},\quad A\equiv\begin{pmatrix} 0 & 1 \\ -1 & 0 \end{pmatrix}$$

显然有

$$A^2=\begin{pmatrix} 0 & 1 \\ -1 & 0 \end{pmatrix}\begin{pmatrix} 0 & 1 \\ -1 & 0 \end{pmatrix}=-\begin{pmatrix} 1 & 0 \\ 0 & 1 \end{pmatrix}=-I$$

$S(a)$ 满足

$$\frac{\mathrm{d}}{\mathrm{d}a}S(a)=AS(a)$$

因而

$$\frac{\mathrm{d}^2}{\mathrm{d}a^2}S(a)=A^2S(a)=-S(a)$$

所以

$$S''(a)+S(a)=0$$

该微分方程的通解为

$$S(a)=c_1\mathrm{e}^{\mathrm{i}a}+c_2\mathrm{e}^{-\mathrm{i}a}$$

由初始条件

$$S(0)=I,\quad S'(0)=A$$

即得

$$\begin{cases} c_1+c_2=I \\ c_1-c_2=-\mathrm{i}A \end{cases},\quad \begin{cases} c_1=\dfrac{I-\mathrm{i}A}{2} \\ c_2=\dfrac{I+\mathrm{i}A}{2} \end{cases}$$

所以

$$\begin{aligned} S(a) &= \frac{I-\mathrm{i}A}{2}\mathrm{e}^{\mathrm{i}a}+\frac{I+\mathrm{i}A}{2}\mathrm{e}^{-\mathrm{i}a}=\frac{I}{2}(\mathrm{e}^{\mathrm{i}a}+\mathrm{e}^{-\mathrm{i}a})+\frac{\mathrm{i}A}{2}(\mathrm{e}^{-\mathrm{i}a}-\mathrm{e}^{\mathrm{i}a})=I\cos a+A\sin a \\ &= \begin{pmatrix} \cos a & \sin a \\ -\sin a & \cos a \end{pmatrix} \end{aligned}$$

解法二 令

$$A = \begin{pmatrix} 0 & 1 \\ -1 & 0 \end{pmatrix}$$

由于

$$A^2 = -\begin{pmatrix} 1 & 0 \\ 0 & 1 \end{pmatrix} = -I$$

$$A^3 = -A, \quad A^4 = I$$

所以

$$\mathrm{e}^{aA} = \sum_{n=0}^{\infty} \frac{a^n A^n}{n!} = \sum_{k=0}^{\infty} \frac{a^{2k}(-1)^k}{(2k)!} I + \sum_{k=0}^{\infty} \frac{a^{2k+1}(-1)^k}{(2k+1)!} A$$

$$= \cos a I + \sin a A = \begin{pmatrix} \cos a & \sin a \\ -\sin a & \cos a \end{pmatrix}$$

12.2 几道数学题

题 12.2 (1) 求和 $y = 1 + 2x + 3x^2 + 4x^3 + \cdots$, $|x| < 1$;

(2) 如果在区域 $0 < x < \infty$ 上 x 的概率密度函数为 $f(x) = x\mathrm{e}^{-x/\lambda}$, 试求 x 的期望值和最概然值;

(3) 计算 $I = \int_0^\infty \dfrac{\mathrm{d}x}{4 + x^4}$;

(4) 求下面矩阵的本征值和归一化的本征矢量:

$$\begin{pmatrix} 1 & 2 & 4 \\ 2 & 3 & 0 \\ 5 & 0 & 3 \end{pmatrix}$$

这些本征矢量正交吗? 试加以评论.

解答 (1) 当 $|x| < 1$ 时

$$y - xy = 1 + x + x^2 + x^3 + \cdots = \frac{1}{1-x}$$

所以

$$y = \frac{1}{(1-x)^2}, \quad |x| < 1$$

(2) x 的期望值

$$\bar{x} = \frac{\displaystyle\int_0^\infty x f(x) \mathrm{d}x}{\displaystyle\int_0^\infty f(x) \mathrm{d}x} = \frac{\displaystyle\int_0^\infty x \cdot x\mathrm{e}^{-x/\lambda} \mathrm{d}x}{\displaystyle\int_0^\infty x\mathrm{e}^{-x/\lambda} \mathrm{d}x} = \lambda \frac{\Gamma(3)}{\Gamma(2)} = 2\lambda$$

由于

$$f'(x) = \mathrm{e}^{-x/\lambda} - \frac{1}{\lambda}x\mathrm{e}^{-x/\lambda} = 0$$

即得

$$x = \lambda \quad \text{或} \quad x = +\infty$$

再由

$$f''(\lambda) = -\frac{1}{\lambda}\mathrm{e}^{-1} < 0, \quad f(\lambda) = \lambda\mathrm{e}^{-1} > \lim_{x \to \infty} f(x) = 0$$

知当 $x = \lambda$ 时, 概率密度 $f(x)$ 最大, 所以 x 的最概然值为 λ.

(3) 如图 12.1所示沿围道 C 积分, 当 $R \to \infty$ 时

$$\int_{C_2} \frac{\mathrm{d}z}{4+z^4} \to 0$$

$$\int_{C_1} \frac{\mathrm{d}z}{4+z^4} + \int_{C_2} \frac{\mathrm{d}z}{4+z^4} \to \int_{-\infty}^{0} \frac{\mathrm{d}z}{4+z^4} + \int_{0}^{+\infty} \frac{\mathrm{d}z}{4+z^4} = 2\int_{0}^{+\infty} \frac{\mathrm{d}x}{4+x^4}$$

$$\oint_C \frac{\mathrm{d}z}{4+z^4} = 2\pi\mathrm{i}\left[\mathrm{Res}(1+\mathrm{i}) + \mathrm{Res}(-1+\mathrm{i})\right] = 2\pi i\left(-\frac{1+\mathrm{i}}{16} - \frac{-1+\mathrm{i}}{16}\right) = \frac{\pi}{4}$$

所以

$$2\int_0^\infty \frac{\mathrm{d}x}{4+x^4} = \frac{\pi}{4}, \quad \text{即有} \int_0^\infty \frac{\mathrm{d}x}{4+x^4} = \frac{\pi}{8}$$

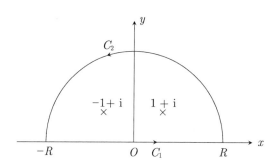

图 12.1　积分围道

(4) 设此矩阵本征值为 E, 本征矢量为

$$X = \begin{pmatrix} x_1 \\ x_2 \\ x_3 \end{pmatrix}$$

则有本征矢量满足的方程

$$\begin{pmatrix} 1 & 2 & 4 \\ 2 & 3 & 0 \\ 5 & 0 & 3 \end{pmatrix} \begin{pmatrix} x_1 \\ x_2 \\ x_3 \end{pmatrix} = E \begin{pmatrix} x_1 \\ x_2 \\ x_3 \end{pmatrix}$$

要使 X 有非零解, 则需

$$\begin{vmatrix} E-1 & -2 & -4 \\ -2 & E-3 & 0 \\ -5 & 0 & E-3 \end{vmatrix} = 0 \tag{12.1}$$

解得

$$E_1 = 3, \quad E_2 = -3, \quad E_3 = 7$$

将 E_1 值代入方程 (12.1), 可得对应于 E_1 的一个归一化本征矢量

$$X_1 = \frac{1}{\sqrt{5}} \begin{pmatrix} 0 \\ 2 \\ -1 \end{pmatrix}$$

同理可得

$$X_2 = \frac{1}{\sqrt{65}} \begin{pmatrix} -6 \\ 2 \\ 5 \end{pmatrix}, \quad X_3 = \frac{1}{3\sqrt{5}} \begin{pmatrix} 4 \\ 2 \\ 5 \end{pmatrix}$$

这些本征值之间不正交.

实际上对于 Hermite 矩阵, 属于不同本征值的本征矢量必正交.

12.3　z 轴自旋分量的本征态, 在取 z' 轴上 s 的各种投影值的概率

题 12.3　自旋为 $\frac{1}{2}$ 的粒子处于 $s_z = +\frac{1}{2}$ 的态中, 求自旋在 z' 轴上的投影取各种可能值的概率, 已知 z' 轴和原来的 z 轴的夹角为 θ 角.

解答　量子力学中微观力学量的期望值一般具有经典力学的性质. 因此处于 $s_z = +\frac{1}{2}$ 的自旋态的粒子, 其自旋矢量的平均显然沿 z 轴, 其数值为 $s_z = +\frac{1}{2}$. 将它投影到 z' 轴, 可得自旋沿 z' 轴的期望值为 $\langle s_{z'} \rangle = +\frac{1}{2}\cos\theta$. 另一方面由概率理论及考虑到自旋在 z' 轴上投影只能有两种可能值, 因此有

$$\langle s_{z'} \rangle = P_+ \cdot \frac{1}{2} + P_- \left(-\frac{1}{2} \right) = \frac{1}{2}\cos\theta$$

式中, P_+, P_- 分别为在 z' 轴上自旋分量取 $+\frac{1}{2}$ 与 $-\frac{1}{2}$ 的概率. 再考虑到 $P_+ + P_- = 1$, 易得到

$$P_+ = \cos^2\left(\frac{\theta}{2} \right), \quad P_- = \sin^2\left(\frac{\theta}{2} \right)$$

12.4　科学家对物理学所作的贡献

题 12.4　请简要指出与下面这些名字有关的人对物理学所做的贡献 (用一句话). 如果可能的话, 请写出适当的方程式.

(1) Franck-Hertz；

(2) Davisson-Germer；

(3) Breit-Wigner；

(4) Hartree-Fock；

(5) Lee-Yang；

(6) duLong-Petit；

(7) Cockcroft-Walton；

(8) Hahn-Strassmann；

(9) Ramsauer-Townsend；

(10) Thomas-Fermi.

解答　(1) Franck-Hertz 用实验验证了原子的能级是分立的；

(2) Davisson-Germer 在实验上发现了电子的衍射现象；

(3) Breit-Wigner 发现了原子核物理中的 Breit-Wigner 散射公式；

(4) Hartree-Fock 发展了一套自洽场方法, 称为 Hartree-Fock 自洽场方法；

(5) Lee-Yang 提出了弱相互作用过程中宇称不守恒；

(6) duLong-Petit 发现了在高温下固体比热为 $3R$ 的规律 (摩尔热容量)；

(7) Cockcroft-Walton 发明了静电加速器；

(8) Hahn-Strassmann 首先发现了原子核的裂变现象；

(9) Rarmsauer-Townsend 首先发现了原子的共振透射现象；

(10) Thomas-Fermi 提出了金属结构的称为 Thomas-Fermi 近似的统计模型.

12.5　Galileo 变换下波函数的变换规律

题 12.5　试求 Galileo 变换下波函数的变换规律.

解答　先考虑一个自由运动粒子的波函数在 Galileo 变换下的变换规律. 设有参考系 K 和 K′, 其中 K′ 系相对 K 系以速度 $\boldsymbol{v}$ 作匀速运动. 设有一个自由粒子在 K 系中处于平面波态, 则它在两个惯性系中都处于平面波态

$$\psi = A\mathrm{e}^{\frac{\mathrm{i}}{\hbar}(\boldsymbol{p}\cdot\boldsymbol{r}-Et)}, \quad \psi' = A\mathrm{e}^{\frac{\mathrm{i}}{\hbar}(\boldsymbol{p}'\cdot\boldsymbol{r}'-E't)} \tag{12.2}$$

式中, A 为归一化常数, 由于两个惯性系中存在关系, $\boldsymbol{r}' = \boldsymbol{r} + \boldsymbol{v}t$, 所以两个惯性系的动量和能量具有下列关系:

$$\boldsymbol{p} = \boldsymbol{p}' + m\boldsymbol{v}, \quad E = \frac{1}{2m}(\boldsymbol{p}' + m\boldsymbol{v})^2 = E' + \boldsymbol{p}'\cdot\boldsymbol{v} + \frac{m\boldsymbol{v}^2}{2} \tag{12.3}$$

将式 (12.3)代入式 (12.2)中的前式, 有

$$\begin{aligned} \psi_{\boldsymbol{p}}(\boldsymbol{r},t) &= A\mathrm{e}^{\frac{\mathrm{i}}{\hbar}(\boldsymbol{p}'\cdot\boldsymbol{r}'-E't)}\exp\left[\frac{\mathrm{i}}{\hbar}m\boldsymbol{v}\cdot\left(\boldsymbol{r}' + \frac{\boldsymbol{v}t}{2}\right)\right] \\ &= \psi'_{\boldsymbol{p}'}(\boldsymbol{r}',t)\exp\left[\frac{\mathrm{i}}{\hbar}m\boldsymbol{v}\cdot\left(\boldsymbol{r}' + \frac{\boldsymbol{v}t}{2}\right)\right] \end{aligned}$$

$$= \psi'_{\boldsymbol{p'}}(\boldsymbol{r} - \boldsymbol{v}t, t) \exp\left(\frac{\mathrm{i}}{\hbar} m\boldsymbol{v} \cdot \boldsymbol{r} - \frac{1}{2} m v^2 t\right) \tag{12.4}$$

式 (12.4)是平面波之间的变换关系, 由于任意波函数可以由平面波线性组合而成, 故有普适变换关系

$$\psi(\boldsymbol{r}, t) = \psi'(\boldsymbol{r} - \boldsymbol{v}t, t) \exp\left[\frac{\mathrm{i}}{\hbar}\left(m\boldsymbol{v} \cdot \boldsymbol{r} - \frac{1}{2} m\boldsymbol{v}^2 t\right)\right] \tag{12.5}$$

附录 (Schrödinger 方程在 Galileo 变换下的不变性) 即设惯性系 K′ 以均匀速度 v 相对于惯性参考系 K(不妨设沿 x 轴方向) 运动 (图 12.2), 空间中任意一点在两个参考系中的坐标满足下列关系:

$$x = x' + vt', \quad y = y', \quad z = z', \quad t = t'$$

势能在两个参照系中的表达式满足下列关系:

$$V'(x', t') = V'(x - vt, t) = V(x, t)$$

证明 Schrödinger 方程在 K′ 参考系中表为

$$\mathrm{i}\hbar \frac{\partial}{\partial t'} \psi' = \left(-\frac{\hbar^2}{2m} \frac{\partial^2}{\partial x'^2} + V'\right) \psi'$$

在 K 参考系中表为

$$\mathrm{i}\hbar \frac{\partial}{\partial t} \psi = \left(-\frac{\hbar^2}{2m} \frac{\partial^2}{\partial x^2} + V\right) \psi$$

其中

$$\psi(x, t) = \exp\left[\mathrm{i}\left(\frac{mv}{\hbar} x - \frac{mv^2}{2\hbar} t\right)\right] \psi'(x - vt, t)$$

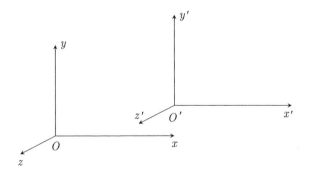

图 12.2　惯性系 K 与 K′

证明 K′ 参考系中 Schrödinger 方程为

$$\mathrm{i}\hbar \frac{\partial}{\partial t'} \psi'(x', t') = \left[-\frac{\hbar^2}{2m} \frac{\partial^2}{\partial x'^2} + V'(x', t')\right] \psi'(x', t')$$

根据 Galileo 变换

$$x' = x - vt, \quad t' = t, \quad \frac{\partial}{\partial x'} = \frac{\partial}{\partial x}, \quad \frac{\partial}{\partial t'} = \frac{\partial}{\partial t} + v\frac{\partial}{\partial x}$$

这样

$$\mathrm{i}\hbar\left(\frac{\partial}{\partial t} + v\frac{\partial}{\partial x}\right)\psi'(x-vt,t) = \left[-\frac{\hbar^2}{2m}\frac{\partial^2}{\partial x^2} + V'(x-vt,t)\right]\psi'(x-vt,t)$$

也就是

$$\mathrm{i}\hbar\frac{\partial}{\partial t}\psi'(x-vt,t) = \left[\frac{1}{2m}\left(-\mathrm{i}\hbar\frac{\partial}{\partial x} + mv\right)^2 - \frac{1}{2}mv^2 + V'(x-vt,t)\right]\psi'(x-vt,t)$$

在上式两边左乘 $U_1 = \mathrm{e}^{\mathrm{i}\frac{mv}{\hbar}x + \mathrm{i}\frac{mv^2}{2\hbar}t}$ 得

$$\mathrm{i}\hbar\left[\frac{\partial}{\partial t}U_1\psi'(x-vt,t) - \left(\frac{\partial U_1}{\partial t}U_1^\dagger\right)U_1\psi'(x-vt,t)\right]$$
$$= U_1\left[\frac{1}{2m}\left(-\mathrm{i}\hbar\frac{\partial}{\partial x} + mv\right)^2 - \frac{1}{2}mv^2 + V'(x-vt,t)\right]U_1^\dagger U_1\psi'(x-vt,t)$$

由于 $U_1 p U_1^\dagger = p - mv$, $\mathrm{i}\hbar\frac{\partial U_1}{\partial t}U_1^\dagger = \frac{1}{2}mv^2$, 由上式得

$$\mathrm{i}\hbar\frac{\partial}{\partial t}U_1\psi'(x-vt,t) = \left[\frac{1}{2m}\left(-\mathrm{i}\hbar\frac{\partial}{\partial x}\right)^2 + V'(x-vt,t)\right]U_1\psi'(x-vt,t)$$

令 K 系波函数与势能函数分别为

$$\psi(x,t) = U_1\psi'(x-vt,t) = U_1\mathrm{e}^{-\mathrm{i}\frac{vt}{\hbar}p}\psi'(x,t), \quad V(x,t) = V'(x-vt,t)$$

则有

$$\mathrm{i}\hbar\frac{\partial}{\partial t}\psi = \left(-\frac{\hbar^2}{2m}\frac{\partial^2}{\partial x^2} + V\right)\psi$$

12.6 几个物理量的数量级估计

题 12.6 对于下列各量给出一个数量级的估计, 如果知道答案, 直接写下; 如果需要计算, 写明过程.

(1) 典型核中一个核子的动能;

(2) 氢原子的 Zeeman 分裂与基态结合能可相比较时的磁场 (以 Gauss 为单位);

(3) 对质量 $m = 1\mathrm{g}$, 周期 $T = 1\mathrm{s}$, 振幅 $x_0 = 1\mathrm{cm}$ 的经典谐振子, 波函数产生最大贡献的谐振子能量本征态的占有数 n;

(4) 超精细结构分裂与氢原子 1s 态结合能的比. 将结果用精细结构常数 α, 电子质量 m_e 和质子质量 m_p 表示.

解答 $(1) T = \dfrac{p^2}{2m}$，用 Δp 估计 p

$$\Delta x \Delta p \sim \hbar, \quad \Delta x \sim 10^{-13}\text{cm}$$

所以

$$T \sim \frac{\hbar^2}{2m} \left(\frac{1}{\Delta x} \right)^2 \sim 10^7 \text{eV} \sim 10 \text{MeV}$$

(2) $\Delta E \sim \mu_\text{B} B$，而氢原子的 Coulomb 结合能为 $E_c = 13.6\text{eV}$. 所以

$$B \sim \frac{13.6\text{eV}}{9.273 \times 10^{-21}\text{erg}} \text{Gs} \sim 10^9 \text{Gs}$$

(3) 经典一维振子能量为

$$E = \frac{m}{2}(\omega x_0)^2 = \frac{2\pi^2 m x_0^2}{T^2} = 2\pi^2 \text{erg}$$

波函数产生最大贡献的谐振子能量本征态的占有数 n 满足 $n\hbar\omega = E$，因而

$$n = \frac{2\pi^2}{\hbar\omega}\text{erg} = \frac{\pi T \text{erg}}{\hbar} \simeq 3 \times 10^{27}$$

(4) 不妨取自然单位制，氢原子基态的超精细结构能移为

$$\Delta E \sim \frac{m_\text{e}^2 \alpha^4}{m_\text{p}}$$

而氢原子 1s 态结合能

$$E_\text{c} = \frac{m_\text{e}\alpha^2}{2}$$

所以

$$\frac{\Delta E}{E_\text{c}} = 2\alpha^2 \frac{m_\text{e}}{m_\text{p}}$$

12.7 一些物理概念 (1)

题 12.7 (1) 如果 L_z 不随时间变化，那么对于 Hamilton 量可以说些什么？
(2) 叙述散射理论中的光学定理；
(3) 为什么在第一级 Born 近似时光学定理不被满足？
(4) 解释为何质子不能有电四极矩；
(5) 当一粒子在一弱的短程吸引势上散射时，相移的符号是什么？证明你的答案.

解答 (1) 若 L_z 不随时间变化，则 $[H, L_z] = 0$. 即在球坐标中 H 不显含 φ，也即 H 绕 z 轴旋转对称 (但 H 可显含 $\partial/\partial\varphi$).

(2) 光学定理为

$$\sigma_\text{t} = \frac{4\pi}{k}\text{Im}f(0)$$

式中，σ_t 为总截面 (包括非弹性散射和吸收截面在内). $f(0)$ 为弹性散射的前向散射振幅.

(3) 当势函数 $V(r)$ 是实数 (大多如此)，并且具有反射对称性时，则按一阶 Born 近似给出的散射振幅 $f^{(1)}(\theta,\varphi)$ 是实数，而散射振幅的虚部要在更高级的近似中才能出现. 所以光学定理在一级 Born 近似中不被满足.

(4) 由电四极矩的定义和球谐函数的性质，我们可知自旋 $s < 1$ 的粒子不可能具有电四极矩. 质子自旋为 $s < 1/2$ 自然没有电四极矩.

(5) 我们知道，对于球对称势 $V(r)$

$$\delta_l = -\frac{2\mu k}{\hbar^2}\int_0^\infty V(r)\mathrm{j}_l^2(kr)r^2\mathrm{d}r$$

取无穷远处为势能零点，当 $V(r)$ 为引力势时，$\delta_l > 0$.

12.8　一些物理概念 (2)

题 12.8　简要地回答下列问题，如有可能，定量说明你的理由.

(1) 一中性原子束通过一 Stern-Gerlach 仪器后，可观察到五条等间隔的谱线. 试问该原子的总角动量为多少？

(2) 试问处于 $^3\mathrm{p}_0$ 态的原子的磁矩为多大 (忽略核影响)？

(3) 为什么稀有气体①化学性质不活泼？

(4) 以 $\mathrm{erg/cm}^3$ 作单位估计房间内 (气温为 300K) 黑体辐射的能量密度，假定墙壁为黑体；

(5) 在氢气放电时，对应于 $2^2\mathrm{p}_{1/2} \to 1^2\mathrm{s}_{1/2}$ 和 $2^2\mathrm{p}_{3/2} \to 1^2\mathrm{s}_{1/2}$ 跃迁的两条谱线都被观察到了，试估计两者的强度之比；

(6) 是什么原因造成了在氦原子中存在着两套相互独立的光谱项能级图，即单态和三重态体系.

解答　(1) 总角动量为 J 的中性原子 (非极化) 经过 Stern-Gerlach 仪器后由原来的一束分成 $2J+1$ 束可知：$2J+1=5$，故 $J=2$.

(2) 对于处于 $^3\mathrm{p}_0$ 态的原子，总角动量 $J=0$，故其磁矩也为零 (忽略了核影响).

(3) 稀有气体分子是由那些具有满壳层结构的原子组成的，这些原子很难失去或获得其他电子，所以稀有气体在化学性质上不活泼；

(4) $T=300\mathrm{K}$，由黑体辐射公式，能量密度

$$\begin{aligned}\mu &= \frac{4}{c}\sigma T^4 \\ &= \frac{4}{3\times10^8}\times5.7\times10^{-8}\times300^4\mathrm{J/m}^3 \\ &= \frac{4}{3\times10^8}\times5.7\times10^8\times300^4\times\frac{10^7}{10^6}\mathrm{erg/cm}^3 \\ &\approx 6\times10^{-5}\mathrm{erg/cm}^3\end{aligned}$$

---

① 又名惰性气体或贵气体，英文名 noble gases.

(5) 氢气放电时 $2^2p_{1/2} \to 1^2s_{1/2}$ 和 $2^2p_{3/2} \to 1^2s_{1/2}$ 跃迁的两条谱线的强度比为

$$\frac{I\left(2^2p_{1/2} \to 1^2s_{1/2}\right)}{I\left(2^2p_{3/2} \to 1^2s_{1/2}\right)} \approx \frac{2J_1+1}{2J_2+1} = \frac{2 \times 1/2 + 1}{2 \times 3/2 + 1} = \frac{1}{2}$$

(6) 这是由于氦原子中两个电子的自旋 (皆为 1/2) 相互耦合形成总自旋 s, 其值有 1(三重态) 和 0(单态). 由于受跃迁选择规则 $\Delta s = 0$ 限制, 形成了单态和三重态两套相互独立的光谱项能级图.

12.9 W. K. B. 近似条件及电场中基态能量的减少

题 12.9 (1) 对于一维时间无关 Schrödinger 方程, 推导 W. K. B. 近似的适用条件, 并证明这个近似在经典转折点附近失效;

(2) 用微扰论解释为什么处于外电场中的原子基态能量总是减小.

解答 (1) Schrödinger 方程为

$$\left[-\frac{\hbar^2}{2m} \cdot \frac{d^2}{dx^2} + V(x)\right] \psi(x) = E\psi(x) \tag{12.6}$$

或者

$$\hbar^2 \frac{d^2}{dx^2} \psi(x) + 2m[E - V(x)]\psi(x) = 0 \tag{12.7}$$

对 $\hbar$ 很小的情况, 寻找方程下述形式的解:

$$\psi(x) = e^{iS(x)/\hbar}$$

代入式 (12.7)得

$$\left(\frac{dS}{dx}\right)^2 + \frac{\hbar}{i}\frac{d^2S}{dx^2} = 2m[E - V(x)] \tag{12.8}$$

令

$$S = S_0 + \frac{\hbar}{i}S_1 + \left(\frac{\hbar}{i}\right)^2 S_2 + \cdots \tag{12.9}$$

为 WKB 级数, 代入式 (12.8)得

$$S_0'^2 + \frac{\hbar}{i}\left(S_0'' + 2S_0'S_1'\right) + \left(\frac{\hbar}{i}\right)^2\left(S_1'^2 + 2S_0'S_2' + S_1''\right) + \cdots = 2m[E - V(x)] \tag{12.10}$$

为了能逐项比较. 我们要求

$$|\hbar S_0''| \ll \left|S_0'^2\right| \tag{12.11}$$

$$|2\hbar S_0'S_1'| \ll \left|S_0'^2\right| \tag{12.12}$$

此时有

$$S_0'^2 = 2m[E - V(x)] \tag{12.13}$$

$$2S_0'S_1' + S_0'' = 0 \tag{12.14}$$

$$2S_0'S_2' + {S_1'}^2 + S_1'' = 0 \tag{12.15}$$

$$\vdots$$

式 (12.11) 和式 (12.12) 就是有效性条件. 由式 (12.13) 可得

$$S_0(x) = \pm \int^x p\, \mathrm{d}x = \pm \int^x \sqrt{2m\left[E - V(x)\right]}\mathrm{d}x$$

于是式 (12.11) 可写成

$$\left| \frac{\hbar}{p^2} \cdot \frac{\mathrm{d}p}{\mathrm{d}x} \right| \ll 1, \quad \left| \hbar \frac{\mathrm{d}}{\mathrm{d}x} \cdot \frac{1}{p} \right| \ll 1 \tag{12.16}$$

或者

$$\left| \frac{\mathrm{d}\lambda}{\mathrm{d}x} \right| \ll 1 \tag{12.17}$$

式中

$$\lambda = \frac{h}{p} = \frac{h}{\sqrt{2m\left(E - V(x)\right)}} \tag{12.18}$$

在转折点附近 $V(x) \sim E$, $p \to 0$, 式 (12.16) 不可能成立. 因而 W.K.B. 方法不能应用到经典转折点附近.

(2) 对于外电场中的原子, 微扰 Hamilton 量为

$$H' = e\mathcal{E}z$$

其中, 假设外电场场强为 $\mathcal{E}$, 沿 z 轴, $z = \sum z_i$ 为所有电子的 z 坐标之和. 按定态微扰论, 外场导致的基态能量

$$\Delta E_0 = H'_{00} + \sum_{n \neq 0} \frac{|H'_{0n}|^2}{E_0 - E_n}$$

由于 z 是一个奇算子, 而基态宇称确定, 所以其能量一阶修正为

$$H'_{00} = 0$$

而 $E_0 - E_n < 0$, 所以能量二阶修正小于零, 这导致 $\Delta E_0 < 0$, 也就是基态能量减小.

12.10　球对称吸引势场中 s 态的 W.K.B. 本征值条件问题

题 12.10　一个质量为 m 的粒子以零角动量在一个球对称吸引势场 $V(r)$ 中运动.

(1) 写出径向运动的微分方程, 仔细定义径向波函数, 并对束缚态确定它的边界条件. 在这个势中的 s 态的 W.K.B. 本征值条件是什么 (注意在一维 W.K.B. 分析中径向运动 $0 < r < \infty$ 的限制)?

(2) 对 $V(r) = -V_0 \exp(r/a)$, 用 W.K.B. 关系去估计 V_0 的最小值, 使得有且仅有一个束缚态. 把你的结果与指数势的精确结果 $\dfrac{2mV_0a^2}{\hbar^2} = 1.44$ 作一比较.

解答 (1) 粒子的波函数可以写为径向部分与角向部分之积

$$\psi(\boldsymbol{r}) = R(r) \mathrm{Y}_{lm}(\theta, \varphi)$$

其中, s 态径向波函数 $R(r)$ 满足方程

$$\left[-\frac{\hbar^2}{2m} \cdot \frac{1}{r^2} \cdot \frac{\mathrm{d}}{\mathrm{d}r} \left(r^2 \frac{\mathrm{d}}{\mathrm{d}r} \right) + V(r) \right] R(r) = ER(r), \quad l = 0$$

束缚态的边界条件为 $rR(r)$, 在 $r \to 0$ 时趋于 0, 在 $r \to \infty$ 时, $R(r) \to 0$. 以 $\chi(r) = rR(r)$ 代换, 则得到如下一维方程:

$$-\frac{\hbar^2}{2m} \cdot \frac{\mathrm{d}^2 \chi}{\mathrm{d}r^2} + V(r)\chi = E\chi, \quad 0 < r < \infty$$

$\chi(r)$ 在 $r = 0$ 处满足自然边界条件 $\chi(r) \xrightarrow{r \to 0} 0$. 于是, 问题化为在 $0 < r < \infty$ 范围势 $V(r)$ 中粒子的一维运动. 本征值的 W.K.B. 条件为 (s 态)

$$\oint \sqrt{2m(E-V)}\mathrm{d}r = \left(n + \frac{3}{4} \right) h, \quad n = 0, 1, 2, \cdots \tag{12.19}$$

(2) 以 $V(r) = -V_0 \exp(r/a)$ 代入第 (1) 小题中给出的回路积分方程 (12.19), 得到

$$\int_0^{a \ln \frac{V_0}{|E|}} \sqrt{2m \left[E + V_0 \exp\left(-\frac{r}{a} \right) \right]} \, \mathrm{d}r = \frac{1}{2} \left(n + \frac{3}{4} \right) h$$

也就是

$$\sqrt{2m|E|} \int_0^{a \ln \frac{V_0}{|E|}} \sqrt{\frac{V_0}{|E|} \exp\left(-\frac{r}{a} \right) - 1} \, \mathrm{d}r = \frac{1}{2} \left(n + \frac{3}{4} \right) h \tag{12.20}$$

下面来估算这个积分. 注意到 V_0 总应该取有限的值, 而 E 在势 $V(r)$ 中有且仅有一个束缚态时可以趋于 0, 于是

$$\sqrt{2m|E|} \int_0^{a \ln \frac{V_0}{|E|}} \sqrt{\frac{V_0}{|E|} \exp\left(-\frac{r}{a} \right) - 1} \, \mathrm{d}r \approx \sqrt{2mV_0} \, 2a \left(1 - \sqrt{\frac{|E|}{V_0}} \right)$$

此为式 (12.20) 左边积分的近似值, 从而

$$E = -\left(1 - \frac{\left(n + \frac{3}{4} \right) \pi \hbar}{2a\sqrt{2mV_0}} \right)^2 V_0$$

为了符合题中要求, 我们需要

$$\frac{\frac{3}{4} \pi \hbar}{2a\sqrt{2mV_0}} \leqslant 1 < \frac{\frac{7}{4} \pi \hbar}{2a\sqrt{2mV_0}}$$

满足上式的 V_0 最小值为

$$\frac{2mV_0 a^2}{\hbar^2} = \frac{9\pi^2}{64} \approx 1.39$$

可见它与精确解很相近.

12.11 热平衡时，处于分子某振动能级与转动能级的概率比

题 12.11 建立相关的方程 (其中所有未知参数要作估计). HCl 分子键 (弹性系数) 约为 470N/m，转动惯量为 $2.3 \times 10^{-47} \text{kg} \cdot \text{m}^2$.

(1) 在 300K 时，分子处于第一振动激发态的概率是多少?

(2) 在所有处于振动基态的分子中，处于转动基态的分子数同处于转动第一激发态的分子数之比是多少?

解答 (1) 分子振动 Hamilton 量

$$H_{\text{o}} = \frac{p^2}{2\mu} + \frac{1}{2}\mu\omega^2 x^2$$

其能量本征值为

$$E_v^{(n)} = \left(n + \frac{1}{2}\right)\hbar\omega, \quad \omega = \sqrt{\frac{k}{\mu}}$$

按 Boltzmann 分布

$$P_1 = \frac{\text{e}^{-x}}{1 + \text{e}^{-x} + \text{e}^{-2x} + \cdots} = \text{e}^{-x}(1 - \text{e}^{-x}), \quad x = \frac{\hbar\omega}{kT}$$

式中

$$x = \frac{\hbar\omega}{kT} = \frac{1.054 \times 10^{-34} \times \left(\dfrac{470}{1.67 \times 10^{-27}}\right)^{1/2}}{1.38 \times 10^{-23} \times 300} \approx 13.5$$

所以

$$p_1 \approx \text{e}^{-13.5} = 1.37 \times 10^{-6}$$

(2) 分子转动 Hamilton 量

$$H_{\text{r}} = \frac{1}{2I}\boldsymbol{J}^2$$

其能量本征值为

$$E_{\text{r}}^{(J)} = \frac{\hbar^2}{2I}J(J+1), \quad J = 0, 1, 2, \cdots$$

所以

$$\frac{N(J=0)}{N(J=1)} = \exp\left(\frac{\hbar^2}{IkT}\right) \times \frac{1}{3}$$

式中，$\dfrac{1}{3}$ 因子是考虑到 $J=1$ 的转动能级有三重简并. 由于

$$\frac{\left(\dfrac{\hbar^2}{I}\right)}{kT} \approx \frac{\left(\dfrac{(1.05 \times 10^{-34})^2}{2.3 \times 10^{-47}}\right)}{(1.38 \times 10^{-23} \times 300)} \approx 0.12$$

所以

$$\frac{N(J=0)}{N(J=1)} = \frac{\text{e}^{0.12}}{3} = 0.38$$

12.12 双原子分子的电子态能级之间的跃迁

题 12.12 双原子分子电子基态 A 和一激发态 B 的势能如图 12.3所示. 每个电子态都有一系列的振动能级, 它们用量子数 ν 表达.

(1) 电子态 A, B 的两最低振动能级差分别由 Δ_A 和 Δ_B 表示. Δ_A 比 Δ_B 大还是小? 为什么?

(2) 一些分子最初在电子态 B 的最低振动能级通过自发跃迁到电子态 A. 在这些跃迁中, 电子态 A 的哪些振动能级最易被占据? 解释你的理由.

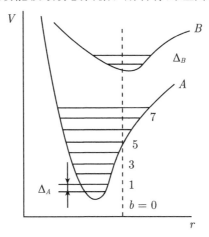

图 12.3 双原子分子电子基态 A 和一激发态 B 的势能

解答 (1) 根据

$$k = \frac{\partial^2 V(x)}{\partial r^2}\bigg|_{r=r_0}$$

其中, r_0 为平衡位置, 再从题图中很容易得出 $k_A > k_B$

$$\Delta_A \approx \hbar\sqrt{\frac{k_A}{m}}, \quad \Delta_B \approx \hbar\sqrt{\frac{k_B}{m}}$$

所以

$$\Delta_A > \Delta_B$$

(2) 由于电子运动速度远比原子核的振动速度大, 因此当电子从一个状态跃迁到另一个状态时, 原子核间距离 r 几乎不发生变化, 所以电子向各态跃迁的概率取决于电子在初态波的分布概率. 本题电子在 B 态的振动能级的基态. 电子位于平衡点 $r = r_{0B}$ 的概率大, 从图 12.3可以看出, 电子态 A 的 $\nu = 5$ 的振动能级最易被占据.

12.13 正负电子偶素的单态衰变成两个光子通过检偏器的概率问题

题 12.13 正负电子偶素的单态衰变成两个光子, 他们的偏振方向互相垂直. 如图 12.4所示, 安排实验, 检偏器位于光子探测器之前, 每个检偏器具有确定的透光方向，且两个检偏器的透光方向互相垂直，而偏振方向与检偏器透光方向相垂直的偏振光将完全被该检偏器所吸收. 当观察了许多事件后，两个探测器均有记录的事件数目与仅有一个探测器有记录的事件数目之比是多少?

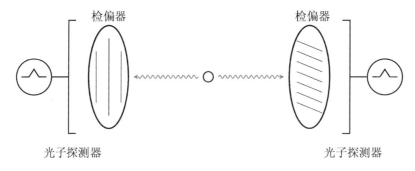

图 12.4　正负电子偶素的单态衰变成两个光子的实验控测装置

解答　设电子偶素静止，则衰变的两个光子的方向完全相反. 从而可知，一个光子到达一个偏振片，另一个光子一定到达另一个偏振片. 再设探测器所张立体角 Ω 较小，那么到偏振片的光，其方向几乎全部垂直于偏振片. 因此，可以认为光的偏振方向都平行于偏振片.

从题设条件容易得出，两偏振光的偏振方向与对应的检偏器的透光方向之间的夹角是相同的. 设夹角为 θ，则两个光子能够通过对应检偏器的概率均是 $\cos^2\theta$. 于是，仅有一个探测器有记录的概率为

$$P_1 = \eta \times 2 \times \frac{1}{2\pi}\int_0^{2\pi}\cos^2\theta(1-\cos^2\theta)\mathrm{d}\theta \simeq \frac{\eta}{4}$$

式中，$\eta = \dfrac{\Omega}{4\pi}$，两探测器均有记录的概率为

$$P_2 = \frac{\eta}{2\pi}\int_0^{2\pi}\cos^2\theta\cos^2\theta\mathrm{d}\theta = \frac{3\eta}{8}$$

所以，大量事件后

$$\rho = \frac{N_{\text{双}}}{N_{\text{单}}} = \frac{P_2}{P_1} \approx \frac{3}{2}$$

12.14　对点光源的光子探测器的计数率与符合计数率

题 12.14　一点光源 Q，各向同性地向空间发出频率为 ω 及 $\omega+\Delta\omega$ 的相干光束，每一频率的发射功率为 $I(\mathrm{J/s})$. 两个感光面积均为 s，并有能对单个光子作出反应的探测器 A 和 B，分别放在距离点源 Q 为 l_A 及 l_B 的地方，如图 12.5 所示. 在以下的计算中，假定，$\Delta\omega/\omega \ll 1$，且此实验在真空中进行.

(1) 计算 A，B 上的单个光子的计数率 (光子 / 秒)(表示成时间的函数). 假定时间尺度远大于 $1/\omega$；

(2) 如果现将 A，B 发出的脉冲输入一符合线路 (分辨时间为 τ). 问符合计数率的时间期望值是多少? 假定 $\tau \ll 1/\Delta\omega$，并记住，如果两个输入脉冲在时间间隔 τ 内到达，符合电路将产生一输出脉冲.

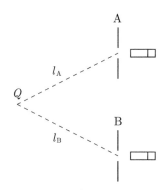

图 12.5　对点光源的光子探测器

解答　(1) 在 A 处，光子的波函数为 (略去 $\Delta\omega/\omega$ 小量)

$$\psi_A(l_A, t) = c_1 \left[e^{i\omega_1(l_A/c-t)} + e^{i\omega_2(l_A/c-t)} \right]$$

发现光子的概率密度为 (单位时间)

$$P_A = |\psi|^2 = |c_1|^2 \left[1 + 1 + 2\cos\Delta\omega\left(\frac{l_A}{c-t}\right) \right]$$

$$= 2|c_1|^2 \left[1 + \cos\Delta\omega\left(\frac{l_A}{c-t}\right) \right]$$

$$= 4|c_1|^2 \cos^2\frac{\Delta\omega}{2}\left(\frac{l_A}{c-t}\right)$$

若只有单个频率，$P_A = |c_1|^2$，那么此时单位时间的光子计数率应该为 $\frac{I/\hbar\omega}{4\pi l_A^2} s$. 所以有

$$|c_1|^2 = \frac{Is}{4\pi l_A^2 \hbar\omega}$$

因而 A 上的单个光子的计数率

$$P_A = \frac{Is}{\pi l_A^2 \hbar\omega} \cos^2\frac{\Delta\omega}{2}\left(\frac{l_A}{c-t}\right)$$

同理在 B 处，光子的波函数为 (略去 $\Delta\omega/\omega$ 小量)

$$\psi_B(l_A, t) = c_2 \left[e^{i\omega_1(l_B/c-t)} + e^{i\omega_2(l_B/c-t)} \right]$$

同样计算得 B 上单个光子的计数率

$$P_B = 4|c_2|^2 \cos^2\frac{\Delta\omega}{2}\left(\frac{l_B}{c-t}\right)$$

$$= \frac{Is}{\pi l_{\mathrm{B}}^2 \hbar\omega} \cos^2 \frac{\Delta\omega}{2} \left(\frac{l_{\mathrm{B}}}{c-t} \right)$$

(2) 将 P_{A}、P_{B} 输入符合线路, 符合线路脉冲输出率为 (取时间平均)

$$
\begin{aligned}
P &= \lim_{T\to\infty} \frac{1}{2T} \int_{-T}^{T} \mathrm{d}t \int_{-\tau}^{\tau} P_{\mathrm{A}}(t) P_{\mathrm{B}}(t+x)\,\mathrm{d}x \\
&= \lim_{T\to\infty} \frac{1}{2T} \int_{-T}^{T} \mathrm{d}t \int_{-\tau}^{\tau} 4c^4 \left[1+\cos\Delta\omega\left(\frac{l_{\mathrm{A}}}{c-t}\right)\right] \cdot \left[1+\cos\Delta\omega\left(\frac{l_{\mathrm{B}}}{c}-t-x\right)\right]\mathrm{d}x \\
&= \lim_{T\to\infty} \frac{1}{2T} \int_{-T}^{T} \mathrm{d}t 4c^4 \cdot \left[1+\cos\left(\frac{l_{\mathrm{A}}}{c-t}\right)\Delta\omega\right]\left[2\tau+2\tau\cos\Delta\omega\left(\frac{l_{\mathrm{B}}}{c}-t\right)\right]
\end{aligned}
$$

其中已令

$$c^4 = \frac{I^2 s^2}{16\pi^2 l_{\mathrm{B}}^2 l_{\mathrm{A}}^2 \hbar^2 \omega^2} = |c_1|^2 |c_2|^2$$

并且用到 $3\tau \cdot \Delta\omega \ll 1$, 从而有

$$\int_{-T}^{\tau} \cos\Delta\omega\left(\frac{l_{\mathrm{B}}}{c-t-x}\right)\mathrm{d}x = 2\tau\cos\Delta\omega\left(\frac{l_{\mathrm{B}}}{c}-t\right)$$

所以

$$
\begin{aligned}
P &= \lim_{T\to\infty} \frac{1}{2T} \int_{-T}^{T} 4c^4 \left[1+\cos\left(\frac{l_{\mathrm{A}}}{c-t}\right)\Delta\omega\right]\left[1+\cos\Delta\omega\left(\frac{l_{\mathrm{B}}}{c}-t\right)\right]2\tau\mathrm{d}t \\
&= \lim_{T\to\infty} \frac{1}{2T} \int_{-T}^{T} \mathrm{d}t 4c^4 \cdot 2\tau \left[1+\cos\Delta\omega\left(\frac{l_{\mathrm{B}}}{c}-t\right)+\cos\left(\frac{l_{\mathrm{A}}}{c}-t\right)\Delta\omega \right. \\
&\qquad\qquad \left. +\cos\left(\frac{l_{\mathrm{A}}}{c}-t\right)\Delta\omega\cos\left(\frac{l_{\mathrm{B}}}{c}-t\right)\right]\cdot\Delta\omega \\
&= \lim_{T\to\infty} \frac{1}{2T} \cdot 4c^4 \cdot 2\tau \left[2T+\frac{2T}{2}\cos\frac{l_{\mathrm{A}}-l_{\mathrm{B}}}{c}\cdot\Delta\omega\right] \\
&= 8\tau c^4 \left[1+\frac{1}{2}\cos\frac{\Delta\omega(l_{\mathrm{A}}-l_{\mathrm{B}})}{c}\right] \\
&= 8\tau \cdot \frac{I^2 s^2}{16\pi^2 l_{\mathrm{B}}^2 l_{\mathrm{A}}^2 \hbar^2 \omega^2} \left[1+\frac{1}{2}\cos\frac{\Delta\omega}{c}(l_{\mathrm{A}}-l_{\mathrm{B}})\right] \\
&= \frac{\tau I^2 s^2}{2\pi^2 l_{\mathrm{B}}^2 l_{\mathrm{A}}^2 \hbar^2 \omega^2} \left[1+\frac{1}{2}\cos\frac{\Delta\omega}{c}(l_{\mathrm{A}}-l_{\mathrm{B}})\right]
\end{aligned}
$$

12.15　近经典体系的能级

题 12.15　一个带电的近经典体系由于辐射失去能量. 在能量为 E 时它以频率 $\nu E = \alpha(E/E_0)^{-\beta}$ 辐射 (及振动), 这里 α、β 和 E_0 为正的常数, 计算体系的量子能级 E_n, $n \gg 1$.

解答　单粒子大量子数情况 Bohr 对应原理有效

$$h\nu = \frac{\mathrm{d}E}{\mathrm{d}n} = h\alpha(E/E_0)^{-\beta}$$

从而

$$E^\beta \mathrm{d}E = h\alpha E_0^\beta \mathrm{d}n$$

由此积分得

$$E_n = \left[h\alpha(\beta+1)nE_0^\beta \right]^{\frac{1}{1+\beta}} + C$$

其中，C 为积分常量.

12.16　做圆周运动的零自旋带电粒子的能级

题 12.16　一个无自旋粒子 (质量为 m，带电为 q) 被束缚在半径为 R 的圆周上运动，对以图 12.6所示的每种情况，分别求其允许的能级 (可以有一个公共的附加常数).

(1) 粒子的运动是非相对论的；

(2) 在与圆面垂直的方向上有一均匀的磁场 $\boldsymbol{B}$；

(3) 同样的磁通穿过圆面，但是它现在被包在一半径为 $b(b > R)$ 的螺线管中；

(4) 在圆面内有一极强的电场 $\boldsymbol{\mathcal{E}}$ 存在 $(q|\boldsymbol{\mathcal{E}}| \gg \hbar^2/(mR^2))$；

(5) 没有 $\boldsymbol{\mathcal{E}}$ 及 $\boldsymbol{B}$，但粒子的运动是极端相对论的；

(6) 圆现在被一等周长但一半面积的椭圆所代替.

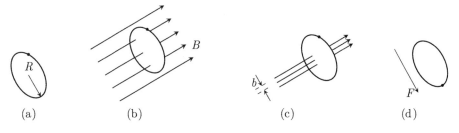

图 12.6　做圆周运动的无自旋带电粒子

解答　(1) 此时体系的 Hamilton 量可写为

$$H = \frac{L_z^2}{2m} = \frac{-\hbar^2}{2MR^2}\frac{\partial^2}{\partial\theta^2}$$

由本征方程在周期边界条件下解出本征态为

$$\psi_n(\theta) = \frac{1}{\sqrt{2\pi}}\mathrm{e}^{\mathrm{i}n\theta} \tag{12.21}$$

其中，$n = 0, \pm1, \pm2, \cdots$，相应的本征值

$$E_n = \frac{n^2\hbar^2}{2mR^2} \tag{12.22}$$

(2) 在直角坐标系中求解，取 $\boldsymbol{B} = Be_z$ 和 $\boldsymbol{A} = \dfrac{1}{2}\boldsymbol{B}\times\boldsymbol{r} = -\dfrac{1}{2}Bye_x + \dfrac{1}{2}Bxe_y$，粒子态可表示为 $\psi(\theta)$，则有

$$H\psi(\theta) = \frac{1}{2m}\left(\boldsymbol{p} - \frac{q}{c}\boldsymbol{A}\right)^2\psi(\theta) = \left[\frac{1}{2m}\boldsymbol{p}^2 - \frac{qB}{2mc}L_z + \frac{q^2B^2}{8mc^2}r^2\right]\psi(\theta)$$

$$= \left[\frac{1}{2mR^2} L_z^2 - \frac{qB}{2mc} L_z + \frac{q^2 B^2}{8mc^2} R^2 \right] \psi(\theta)$$

$$= \frac{1}{2mR^2} \left(L_z - \frac{qBR^2}{2c} \right)^2 \psi(\theta)$$

相应能量本征方程 (定态方程) 为

$$\frac{1}{2mR^2} \left(L_z - \frac{qBR^2}{2c} \right)^2 \psi(\theta) = E\psi(\theta) \tag{12.23}$$

结合周期性边界条件, 求得相应的本征态为

$$\psi_n(\theta) = \frac{1}{\sqrt{2\pi}} e^{in\theta} \tag{12.24}$$

其中, $n = 0, \pm 1, \pm 2, \cdots$, 而相应能量本征值为

$$E_n = \frac{1}{2mR^2} \left(n\hbar - \frac{q}{2c} BR^2 \right)^2 = \frac{1}{2mR^2} \left(n\hbar - \frac{\Phi}{2\pi} \right)^2 \tag{12.25}$$

其中, $\Phi = \pi BR^2$ 为通过圆周回路面积的磁通量.

(3) 磁场被限制在螺线管内, 在管外 (包括粒子运动的圆环上) 磁场为零, 但矢势 $\boldsymbol{A}$ 不为零, $\boldsymbol{A}$ 各分量可取为

$$A_\theta = \frac{\Phi}{2\pi R}, \quad A_\rho = 0, \quad A_z = 0$$

体系的 Hamilton 量对束缚圆周上运动粒子的态的作用可写为

$$H\psi(\theta) = \frac{1}{2m} \left(\boldsymbol{p} - \frac{q}{c} \boldsymbol{A} \right)^2 = \frac{1}{2m} \left(p_\theta - \frac{q}{c} A_\theta \right)^2 \psi(\theta)$$

$$= \frac{1}{2mR^2} \left(-i\hbar \frac{\partial}{\partial \theta} - \frac{q}{c} A_\theta R \right)^2 \psi(\theta) = -\frac{\hbar^2}{2mR^2} \left(\frac{\partial}{\partial \theta} - \frac{iq\Phi}{2\pi\hbar c} \right)^2 \psi(\theta)$$

能量本征态方程为

$$-\frac{\hbar^2}{2mR^2} \left(\frac{\partial}{\partial \theta} - \frac{iq\Phi}{2\pi\hbar c} \right)^2 \psi(\theta) = E\psi(\theta) \tag{12.26}$$

其解为 $\psi(\theta) = ce^{in\theta}$, 由周期性条件 $\psi(\theta + 2\pi) = \psi(\theta)$, 可得 $n = 0, \pm 1, \pm 2, \cdots$, 而相应能量本征值为

$$E_n = \frac{1}{2mR^2} \left(n\hbar - \frac{q}{2c} BR^2 \right)^2 = \frac{1}{2mR^2} \left(n\hbar - \frac{\Phi}{2\pi c} \right)^2 \tag{12.27}$$

其中, $\Phi = \pi BR^2$ 为通过圆周回路面积的磁通量. 与第 (2) 小题相比, 能级不变.

(4) 在静电场作用下, 定态 Schrödinger 方程为

$$\left[-\frac{\hbar^2}{2mR^2} \frac{d^2}{d\theta^2} - qR\mathcal{E}\cos\theta \right] \psi = E\psi \tag{12.28}$$

若电场很强, $\psi(\theta)$ 只有在 θ 很小处不为零, 故可作近似 $\cos\theta = 1 - \dfrac{1}{2}\theta^2$, 代入上式, 从而得到定态 Schrödinger 方程为

$$\left[-\frac{\hbar^2}{2mR^2}\frac{\mathrm{d}^2}{\mathrm{d}\theta^2} + \frac{1}{2}qR\mathcal{E}\theta^2\right]\psi = (E + qR\mathcal{E})\psi \tag{12.29}$$

与我们所熟知的谐振子本征值问题相比, 可得

$$\varepsilon_n = \left(n + \frac{1}{2}\right)\hbar\omega - q\mathcal{E}R, \quad \omega = \left(\frac{q\mathcal{E}}{mR}\right)^{1/2} \tag{12.30}$$

(5) 由于动量很大, 可用 W.K.B. 近似, 或者由量子化条件,

$$p \cdot 2\pi R = nh \tag{12.31}$$

其中, $n = 1, 2, \cdots$ (由于动量很大, 不取 $n = 0$), 也就有

$$p = \frac{n\hbar}{R} \tag{12.32}$$

极端相对论情况, 粒子能量

$$E = pc = \frac{n\hbar c}{R} \tag{12.33}$$

(6) 仍利用量子化条件,

$$p \cdot 2\pi R = nh \tag{12.34}$$

其中, $n = 1, 2, \cdots$ (由于动量很大, 不取 $n = 0$), 也就有

$$p = \frac{n\hbar}{R} \tag{12.35}$$

极端相对论情况,

$$E = pc = \frac{n\hbar c}{R} \tag{12.36}$$

关于第 (2),(3) 小题另解 (2) 粒子在圆周上运动, 可取 $\boldsymbol{A} = \dfrac{Br}{2}\boldsymbol{e}_\theta$, 则体系的 Schrödinger 方程为

$$\frac{1}{2m}\left(\boldsymbol{p} - \frac{q}{c}\boldsymbol{A}\right)^2\psi = E\psi$$

作规范变换

$$\psi = \psi'\exp\left[\mathrm{i}\frac{q}{\hbar}\int_{\boldsymbol{x}_0}^{\boldsymbol{x}}\boldsymbol{A}\cdot\mathrm{d}\boldsymbol{x}\right]$$

可有

$$\frac{\boldsymbol{p}^2}{2m}\psi' = E\psi'$$

由于粒子被束缚在 $r = R$ 的圆上, 所以

$$\psi(\theta) = \psi'(\theta)\exp\left[\mathrm{i}\frac{q}{\hbar}\int_{r=R}\boldsymbol{A}\cdot\mathrm{d}\boldsymbol{x}\right] \propto \psi'(\theta)\exp\left[\mathrm{i}\frac{q}{\hbar}RA(R)\theta\right]$$

采用柱坐标系, 有

$$\frac{1}{2m}\left(-\frac{\mathrm{i}\hbar}{R}\frac{\mathrm{d}}{\mathrm{d}\theta}\right)^2\psi'(\theta) = E\psi'(\theta)$$

所以

$$\psi'(\theta) \sim \mathrm{e}^{\mathrm{i}c_1\theta}$$

c_1 为常数. 因而

$$\psi(\theta) \sim \exp\left\{\mathrm{i}\left[c_1 + \frac{q}{\hbar}RA(R)\right]\theta\right\}$$

而能量本征值为

$$E = \frac{\hbar^2}{2mR^2}c_1^2$$

由周期性条件 $\psi(\theta) = \psi(\theta+2\pi)$, 可得

$$\left[c_1 + \frac{q}{\hbar}RA(R)\right] \times 2\pi = 2n\pi$$

其中, n 为整数, $n = 0, \pm1, \pm2, \cdots$. 所以

$$c_1 = n - \frac{qR}{\hbar}A(R) = n - \frac{qR}{\hbar}\frac{BR}{2} = n - \frac{qBR^2}{2\hbar}$$

而能量本征值为

$$E_n = \frac{1}{2mR^2}\left(n\hbar - \frac{q}{2c}BR^2\right)^2 = \frac{1}{2mR^2}\left(n\hbar - \frac{\Phi}{2\pi}\right)^2$$

其中, Φ 为穿过粒子圆周轨道面内的磁通量.

(3) 同前得到能量本征态方程

$$-\frac{\hbar^2}{2mR^2}\left(\frac{\partial}{\partial\theta} - \frac{\mathrm{i}q\Phi}{2\pi\hbar}\right)^2\psi(\theta) = E\psi(\theta)$$

作规范变换 $\psi(\theta) \to \Psi(\theta)$, 使得

$$\Psi(\theta) = \psi(\theta)\mathrm{e}^{-\frac{\mathrm{i}}{\hbar}qx(\theta)} = \psi(\theta)\mathrm{e}^{-\frac{\mathrm{i}}{2\pi\hbar}q\Phi\theta}$$

其中, $x(\theta) = \dfrac{\Phi\theta}{2\pi}$, 则 $\Psi(\theta)$ 满足下列方程:

$$-\frac{\hbar^2}{2mR^2}\frac{\partial^2}{\partial\theta^2}\Psi(\theta) = E\Psi(\theta)$$

其解为

$$\Psi(\theta) \sim \mathrm{e}^{\mathrm{i}n'\theta}$$

相应能量本征值为

$$E = \frac{n'^2\hbar^2}{2mR^2}$$

按上面结果

$$\psi(\theta) = \frac{1}{2\pi} \exp\left(\mathrm{i}n'\theta + \mathrm{i}\frac{q\Phi\theta}{2\pi\hbar}\right)$$

由周期性条件 $\psi(\theta + 2\pi) = \psi(\theta)$，可得

$$n' + \frac{q\varphi}{2\pi\hbar} = n = 0, \pm 1, \pm 2, \cdots$$

因此

$$E_n = \frac{n'^2\hbar^2}{2mR^2} = \frac{\hbar^2}{2mR^2}\left(n - \frac{\Phi}{2\pi\hbar}\right)^2$$

其中，　$n = 0, \pm 1, \pm 2, \cdots$.

12.17 粒子被晶格散射的非相消散射条件

题 12.17 考虑一个粒子被由基矢 $\boldsymbol{a}$、$\boldsymbol{b}$、$\boldsymbol{c}$ 组成的规则晶格散射，它与晶格的相互作用表示为

$$V = \sum_i V(|\boldsymbol{r} - \boldsymbol{r}_i|)$$

其中，$V(|\boldsymbol{r} - \boldsymbol{r}_i|)$ 是每个原子的势，它对于这个原子的格点是球对称的. 利用 Born 近似证明非相消散射的条件是 Bragg 定律被满足.

解答 Born 近似给出

$$
\begin{aligned}
f(\theta) &= -\frac{m}{4\pi\hbar^2} \sum_j \int \mathrm{e}^{\mathrm{i}(\boldsymbol{k} - \boldsymbol{k}_0)\cdot\boldsymbol{r}'} V(|\boldsymbol{r}' - \boldsymbol{r}_j|)\mathrm{d}\boldsymbol{r}' \\
&= -\frac{m}{4\pi\hbar^2} \sum_j \mathrm{e}^{\mathrm{i}(\boldsymbol{k} - \boldsymbol{k}_0)\cdot\boldsymbol{r}_j} \int \mathrm{e}^{\mathrm{i}(\boldsymbol{k} - \boldsymbol{k}_0)\cdot\boldsymbol{r}'} V|\boldsymbol{r}'|\mathrm{d}\boldsymbol{r}'
\end{aligned}
$$

由此，我们只需考虑求和项

$$\sum_j \mathrm{e}^{\mathrm{i}(\boldsymbol{k} - \boldsymbol{k}_0)\cdot\boldsymbol{r}_j}$$

由于求和遍及所有格点，要使它不为零，仅有

$$\boldsymbol{r}_j \cdot (\boldsymbol{k} - \boldsymbol{k}_0) = 2n\pi$$

才行. 于是，非相消散射的条件为

$$\boldsymbol{r}_j \cdot (\boldsymbol{k} - \boldsymbol{k}_0) = 2\pi n, \quad \text{对一切格矢}\,\boldsymbol{r}_j$$

由此得

$$\boldsymbol{a} \cdot (\boldsymbol{k} - \boldsymbol{k}_0) = 2\pi l_1$$
$$\boldsymbol{b} \cdot (\boldsymbol{k} - \boldsymbol{k}_0) = 2\pi l_2$$
$$\boldsymbol{c} \cdot (\boldsymbol{k} - \boldsymbol{k}_0) = 2\pi l_3$$

这就是 Bragg 定律.

12.18　在变分法中用线性组合波函数作为试探波函数求基态波函数等问题

题 12.18　设为求 Hamilton 量 H 的近似本征函数, 我们可在变分法中用具有形式 $\psi = \sum\limits_{k=1}^{n} a_k \phi_k$ 的试探波函数, 式中 ϕ_k 是给定函数, a_k 是可变参数. 证明能得到 n 个解 ϕ_k, 具有能量

$$\varepsilon_\alpha = \frac{\langle \psi_\alpha | H | \psi_\alpha \rangle}{\langle \psi_\alpha | \psi_\alpha \rangle}$$

其中 H 为 Hamilton 量. 我们将这些能量排起来, 使得 $\varepsilon_1 \leqslant \varepsilon_2 \leqslant \varepsilon_3 \leqslant \cdots$. 从 Hamilton 量的 Hermite 性证明, ψ_α 或者自动地或者可被选择成具有性质 $\langle \psi_\alpha | \psi_\beta \rangle = \delta_{\alpha\beta}$, $\langle \psi_\alpha | H | \psi_\beta \rangle = \varepsilon_\alpha \delta_{\alpha\beta}$. 肯定能找到 ψ_1 和 ψ_2(它与 ψ_1 正交) 的一个线性组合, 以构成 H 的精确的基态, 使其对应的本征值为 E_1. 根据这一事实, 证明 $\varepsilon_2 \geqslant E_2$, 这里 E_2 是第一激发态的精确能量.

解答　$\{\phi_k\}$ 是一组线性无关的函数, 不妨假定 $\langle \phi_i | \phi_j \rangle = \delta_{ij}$(至多作一次相应于 Schmidt 正交化步骤的线性变换即可). 于是

$$\bar{H} = \frac{\langle \psi | H | \psi \rangle}{\langle \psi | \psi \rangle} = \frac{\sum\limits_{ij}^{n} a_i^* a_j \lambda_{ij}}{\sum\limits_{i}^{n} a_i^* a_i} \equiv \sum_{ij} x_i^* \lambda_{ij} x_j = X^\dagger \hat{\lambda} X$$

式中 $x_i = \dfrac{a_i}{\sqrt{\sum\limits_{j} |a_j|^2}}$, $\lambda_{ij} = \langle \phi_i | H | \phi_j \rangle = \lambda_{ji}^*$, 诸 x_i 之间满足约束 $\sum\limits_{i=1}^{n} |x_i|^2 = 1$.

由于 $\hat{\lambda}$ 的 Hermite 性, 作适当的旋转变换 $X = \hat{p} Y$, 可要求 $\hat{\Lambda} = \hat{p}^\dagger \hat{\lambda} \hat{p} = \hat{p}^{-1} \hat{\lambda} \hat{p}$ 是对角阵, 且对角元满足 $\Lambda_{11} \leqslant \Lambda_{22} \leqslant \Lambda_{33} \leqslant \cdots$, 于是

$$\bar{H} = \sum_{i=1}^{n} \Lambda_{ii} |y_i|^2$$

式中 y_i 满足

$$\sum_{i=1}^{n} |y_i|^2 = 1$$

根据变分原理, 得

$$0 = \delta \left\{ \bar{H} - \alpha \left[\sum_i |y_i|^2 - 1 \right] \right\} = \delta \left\{ \sum_i (\Lambda_{ii} - \alpha) |y_i|^2 + \alpha \right\}$$

式中, 有 $\sum\limits_i (\Lambda_{ii} - \alpha) |y_i| \delta |y_i| = 0$, α 是 Lagrange 乘子. 于是

$$(\Lambda_{ii} - \alpha) |y_i| = 0, \quad i = 1, 2, \cdots, n$$

或者 $\alpha = \Lambda_{ii}$，或者 $|y_i| = 0$，故变分方程的 n 组解为

$$\alpha = \Lambda_{ii}, \quad y_i^{(i)} = \delta_j^i = \delta_{ij}, \quad i = 1, 2, \cdots, n$$

即我们得到 n 个解 ψ_α，其中第 α 个解 $y_i^{(\alpha)} = \delta_i^\alpha$ 具有能量

$$\varepsilon_\alpha = \frac{\langle \psi_\alpha | H | \psi_\alpha \rangle}{\langle \psi_\alpha | \psi_\alpha \rangle} = \sum_i \Lambda_{ii} \left| y_i^{(a)} \right|^2 = \Lambda_{\alpha\alpha}$$

且 $\varepsilon_1 \leqslant \varepsilon_2 \leqslant \varepsilon_3 \leqslant \cdots$。从我们所选的 $\psi_\alpha = \psi_\alpha[X(Y)]$，看出

$$\begin{aligned}
\langle \psi_\alpha | \psi_\beta \rangle &= \sum_i a_i^{(\alpha)*} a_i^{(\beta)} = \sqrt{\sum_j \left| a_j^{(\alpha)} \right|^2 \sum_j \left| a_i^{(\beta)} \right|^2} \sum_i x_i^{(\alpha)*} x_i^{(\beta)} \\
&= \sqrt{\sum_j \left| a_j^{(\alpha)} \right|^2 \sum_j \left| a_j^{(\beta)} \right|^2} \sum_i y_i^{(\alpha)*} y_i^{(\beta)} = \left[\sum_j \left| a_j^{(\alpha)} \right|^2 \right] \delta_{\alpha\beta}
\end{aligned}$$

以及

$$\begin{aligned}
\langle \psi_\alpha | H | \psi_\beta \rangle &= \sum_{ij} a_i^{(\alpha)*} \lambda_{ij} a_j^{(\beta)} = \sqrt{\sum_j \left| a_j^{(\alpha)} \right|^2 \sum_j \left| a_j^{(\beta)} \right|^2} \sum_{ij} x_i^{(\alpha)*} \lambda_{ij} x_j^{(\beta)} \\
&= \sqrt{\sum_j \left| a_j^{(\alpha)} \right|^2 \sum_j \left| a_j^{(\beta)} \right|^2} \sum_{ij} y_i^{(\alpha)*} \Lambda_{ij} y_j^{(\beta)} \\
&= \left[\sum_j \left| a_j^{(\alpha)} \right|^2 \right] \varepsilon_\alpha \delta_{\alpha\beta}
\end{aligned}$$

所以，当选 $\Psi_\alpha = \psi_\alpha \Big/ \sqrt{\sum_j \left| a_j^{(\alpha)} \right|^2}$ 时，便有

$$\langle \psi_\alpha | \psi_\beta \rangle = \delta_{\alpha\beta}, \quad \langle \psi_\alpha | H | \psi_\beta \rangle = \varepsilon_\alpha \delta_{\alpha\beta}$$

设 H 的基态波函数和第一激发态波函数为 Φ_1 和 Φ_2，它们的精确能量分别为 E_1 和 E_2，根据题设，一定有数 μ_1 和 μ_2 存在，使得

$$\Phi_1 = \mu_1 \Psi_1 + \mu_2 \Psi_2, \quad |\mu_1|^2 + |\mu_2|^2 = 1$$

同时，由 Φ_1 和 Φ_2 正交可知必有

$$\Phi_2 = \mu_2^* \Psi_1 - \mu_1^* \Psi_2$$

于是

$$\begin{aligned}
E_1 &= \varepsilon_1 |\mu_1|^2 + \varepsilon_2 |\mu_2|^2 \\
E_2 &= \varepsilon_1 |\mu_2|^2 + \varepsilon_2 |\mu_1|^2 = (\varepsilon_1 - \varepsilon_2) |\mu_2|^2 + \varepsilon_2 \leqslant \varepsilon_2
\end{aligned}$$

12.19 用变分法求基态能量

题 12.19 求出试探波函数

$$\psi_0(x) = A\mathrm{e}^{-\frac{1}{2}\alpha^2 x^2}$$

其中, A 是归一化常数, 式中的参数 α 之值可以给出非简谐振子 Hamilton 量

$$H = -\frac{\hbar^2}{2\mu}\frac{\mathrm{d}^2}{\mathrm{d}x^2} + \lambda x^4, \quad \lambda\text{是常数}$$

的基态能量的最好近似. 下列积分可能有用:

$$\int_{-\infty}^{+\infty} \mathrm{e}^{-\alpha x^2}\mathrm{d}x = \sqrt{\frac{\pi}{\alpha}}, \quad \int_{-\infty}^{+\infty} x^2\mathrm{e}^{-\alpha x^2}\mathrm{d}x = \frac{1}{2}\sqrt{\frac{\pi}{\alpha^3}}, \quad \int_{-\infty}^{+\infty} x^4\mathrm{e}^{-\alpha x^2}\mathrm{d}x = \frac{3}{4}\sqrt{\frac{\pi}{\alpha^5}}$$

解答 已知 $\psi_0(x)$ 已归一化, 先求试探波函数

$$\int_{-\infty}^{+\infty} \psi_0^*(x)\psi_0(x)\mathrm{d}x = \int_{-\infty}^{+\infty} A^2\mathrm{e}^{-2\lambda^2 x^2}\mathrm{d}x = A^2\sqrt{\frac{\pi}{2\lambda^2}} = 1$$

故可以取

$$A = \frac{\sqrt{\alpha}}{\pi^{1/4}}$$

题给非简谐振子 Hamilton 量为

$$H = -\frac{\hbar^2}{2\mu}\frac{\mathrm{d}^2}{\mathrm{d}x^2} + \lambda x^4 = T + V \tag{12.37}$$

其中, $T = -\dfrac{\hbar^2}{2\mu}\dfrac{\mathrm{d}^2}{\mathrm{d}x^2}$, $V = \lambda x^4$. 在试探波函数 $\psi_0(x)$ 下的能量期望值

$$\overline{H} = \int_{-\infty}^{+\infty} \mathrm{d}x\psi_0^*(x)H\psi_0(x) = \int_{-\infty}^{+\infty} \mathrm{d}x\psi_0^*(x)(T+V)\psi_0(x) = \overline{T} + \overline{V} \tag{12.38}$$

利用积分公式 (A.2)、(A.4), 对上面 $\langle T \rangle$ 和 $\langle V \rangle$ 进行计算

$$\begin{aligned}
\overline{T} &= \frac{\alpha}{\sqrt{\pi}}\int_{-\infty}^{+\infty} \mathrm{d}x\mathrm{e}^{-\alpha^2 x^2/2}T\mathrm{e}^{-\alpha^2 x^2/2} \\
&= \sqrt{\frac{\alpha^2}{\pi}}\int_{-\infty}^{+\infty} \mathrm{d}x\mathrm{e}^{-\alpha^2 x^2/2}\left(-\frac{\hbar^2}{2\mu}\frac{\mathrm{d}^2}{\mathrm{d}x^2}\right)\mathrm{e}^{-\alpha^2 x^2/2} \\
&= \sqrt{\frac{\alpha^2}{\pi}}\frac{\hbar^2}{2\mu}\int_{-\infty}^{+\infty} \mathrm{d}x\left[\frac{\mathrm{d}}{\mathrm{d}x}\mathrm{e}^{-\alpha^2 x^2/2}\right]^2 = \frac{\hbar^2}{2\mu}\sqrt{\frac{\alpha^2}{\pi}}\int_{-\infty}^{+\infty} \mathrm{d}x\alpha^4 x^2\mathrm{e}^{-\alpha^2 x^2} \\
&= \frac{\alpha^4\hbar^2}{2\mu}\sqrt{\frac{\alpha^2}{\pi}}\int_{-\infty}^{+\infty} \mathrm{d}xx^2\mathrm{e}^{-\alpha^2 x^2} = \frac{\alpha^5\hbar^2}{2\mu}\sqrt{\frac{1}{\pi}}\frac{\sqrt{\pi}}{2(\alpha^2)^{\frac{3}{2}}} = \frac{\alpha^2\hbar^2}{4\mu} \tag{12.39}
\end{aligned}$$

上面用到了动量算符的 Hermite 性. 而

$$\overline{V} = \sqrt{\frac{\alpha^2}{\pi}}\int_{-\infty}^{+\infty} \mathrm{d}x\mathrm{e}^{-\alpha^2 x^2/2}V\mathrm{e}^{-\alpha^2 x^2/2}$$

$$= \sqrt{\frac{\alpha^2}{\pi}} \int_{-\infty}^{+\infty} \mathrm{d}x \mathrm{e}^{-\alpha^2 x^2/2} \left(\lambda x^4\right) \mathrm{e}^{-\alpha^2 x^2/2}$$

$$= \lambda \sqrt{\frac{\alpha^2}{\pi}} \int_{-\infty}^{+\infty} \mathrm{d}x x^4 \mathrm{e}^{-\alpha^2 x^2} = \lambda \sqrt{\frac{\alpha^2}{\pi}} \frac{3\sqrt{\pi}}{4(\alpha^2)^{\frac{5}{2}}} = \frac{3\lambda}{4\alpha^4} \tag{12.40}$$

由式 (12.38)∼ 式 (12.40) 得

$$\overline{H}(\alpha) = \frac{\alpha^2 \hbar^2}{4\mu} + \frac{3\lambda}{4\alpha^4} \tag{12.41}$$

对 $\overline{H}$ 求极值, $0 = \dfrac{\mathrm{d}}{\mathrm{d}\alpha}\overline{H} = \dfrac{\alpha\hbar^2}{2\mu} - \dfrac{3\lambda}{\alpha^5}$, 解得 $\alpha = \sqrt[6]{\dfrac{6\lambda\mu}{\hbar^2}}$, 代入式 (12.41) 得基态能量为

$$E_0 = \frac{3}{8}\sqrt[3]{\frac{6\lambda\hbar^4}{\mu^2}} \approx 1.082\sqrt[3]{\frac{\lambda\hbar^4}{\mu^2}}$$

12.20 用量纲分析推导能量本征值与参数的关系, 用变分法求基态能量

题 12.20 考虑势 $V = g|x|$ 的能级.

(1) 用量纲分析, 推导一般本征值与参数的关系 (质量 m, $\hbar$, g)?

(2) 用简单的试探波函数

$$\psi = c\theta(x+a)\theta(a-x)\left(1 - \frac{|x|}{a}\right)$$

计算基态能量的变分估计 (这里 c, a 是变数, 当 $x < 0$ 时, $\theta(x) = 0$; 当 $x > 0$ 时, $\theta(x) = 1$);

(3) 为什么 $\psi = c\theta(x+a)\theta(a-x)$ 不是一个好的试探波函数?

(4) 简述 (不是解方程) 如何得到第一激发态能量的变分估计.

解答 (1) Schrödinger 方程为

$$\left(-\frac{\hbar^2}{2m} \cdot \frac{\partial^2}{\partial x^2} + g\,|x|\right)\psi(x) = E\psi(x)$$

或者

$$\left[\frac{\partial^2}{\partial x^2} + \frac{2m}{\hbar^2}(E - g\,|x|)\right]\psi(x) = 0$$

因为

$$\left[\frac{mE}{\hbar^2}\right] = L^{-2}, \quad \left[\frac{mg}{\hbar^2}\right] = L^{-3}, \quad \left[\left(\frac{mE}{\hbar^2}\right)^3\right] = \left[\left(\frac{mg}{\hbar^2}\right)^2\right]$$

即得

$$[E] = \left[\left(\frac{\hbar^2}{m}g^2\right)^{\frac{1}{3}}\right], \quad E_n = \left(\frac{\hbar^2}{m}g^2\right)^{\frac{1}{3}}f(n)$$

式中，$f(n)$ 为正整数 n 的某一函数.

(2) 先对试探波函数归一化

$$
\begin{aligned}
1 &= \int \psi^*(x)\psi(x)\mathrm{d}x = |c|^2 \int \left[\theta(x+a)\theta(a-x)\left(1 - \frac{|x|}{a}\right) \right]^2 \mathrm{d}x \\
&= |c|^2 \int_{-a}^{a} \left(1 - \frac{|x|}{a}\right)^2 \mathrm{d}x = \frac{2a}{3}|c|^2
\end{aligned}
\tag{12.42}
$$

所以

$$
|c|^2 = \frac{3}{2a}
$$

然后求 Hamilton 量 $H = -\dfrac{\hbar^2}{2m} \cdot \dfrac{\mathrm{d}^2}{\mathrm{d}x^2} + g|x|$ 在试探波函数下的期望值

$$
\bar{H} = \int \psi^* H \psi \mathrm{d}x = -\frac{\hbar^2}{2m}\int_{-\infty}^{+\infty} \psi^*(x)\frac{\mathrm{d}^2}{\mathrm{d}x^2}\psi(x)\mathrm{d}x + g\int_{-\infty}^{+\infty}\psi^*(x)|x|\psi(x)\mathrm{d}x
$$

但是

$$
\begin{aligned}
\int_{-\infty}^{+\infty}\psi^*(x)|x|\psi(x)\mathrm{d}x &= |c|^2\left[-\int_{-a}^{0} x\left(1+\frac{x}{a}\right)^2\mathrm{d}x + \int_{0}^{a} x\left(1-\frac{x}{a}\right)^2\mathrm{d}x \right] \\
&= \frac{a^2|c|^2}{6} = \frac{a}{4}
\end{aligned}
$$

利用

$$
\begin{aligned}
\frac{\mathrm{d}}{\mathrm{d}x}\psi(x) &= c\delta(x+a)\theta(a-x)\left(1-\frac{|x|}{a}\right) - c\theta(x+a)\delta(x-a)\left(1-\frac{|x|}{a}\right) \\
&\quad + c\theta(x+a)\theta(x-a)\left(-\frac{|x|}{x} \cdot \frac{1}{a}\right)
\end{aligned}
$$

可知

$$
\begin{aligned}
\int_{-\infty}^{+\infty}\psi^*(x)\frac{\mathrm{d}^2}{\mathrm{d}x^2}\psi(x)\mathrm{d}x &= \psi(x)\frac{\mathrm{d}}{\mathrm{d}x}\psi(x)\Big|_{-\infty}^{+\infty} - \int_{-\infty}^{+\infty}\left(\frac{\mathrm{d}\psi}{\mathrm{d}x}\right)^2\mathrm{d}x \\
&= -\int_{-\infty}^{+\infty}\left(\frac{\mathrm{d}\psi}{\mathrm{d}x}\right)^2\mathrm{d}x = -|c|^2\int_{-a}^{a}\left(-\frac{|x|}{xa}\right)^2\mathrm{d}x \\
&= -\frac{2|c|^2}{a} = -\frac{3}{a^2}
\end{aligned}
$$

所以

$$
\bar{H} = \frac{3\hbar^2}{2ma^2} + \frac{a}{4}g
$$

对 $\overline{H}$ 求极值，

$$
\frac{\delta\bar{H}}{\delta a} = -\frac{3\hbar^2}{ma^3} + \frac{g}{4} = 0
$$

解得

$$
a = \left(\frac{12\hbar^2}{gm}\right)^{\frac{1}{3}}
$$

得基态能量为

$$E_0 = \frac{3\hbar^2}{2m}\left(\frac{gm}{12\hbar^2}\right)^{\frac{2}{3}} + \frac{g}{4}\left(\frac{12\hbar^2}{gm}\right)^{\frac{1}{3}} = \frac{3}{4}\left(\frac{3\hbar^2 g^2}{2m}\right)^{\frac{1}{3}}$$

(3) 若取 $\psi = c\theta(x+a)\theta(a-x)$，则重复上述计算程序. 波函数归一化条件为

$$1 = \int_{-a}^{a} \psi^2 \mathrm{d}x = 2a|c|^2$$

在所选试探波函数下，势能、动能期望值分别为

$$\int_{-\infty}^{+\infty} \psi^*(x)|x|\psi\mathrm{d}x = a^2|c|^2$$

$$\int_{-\infty}^{+\infty} \psi\frac{\mathrm{d}^2}{\mathrm{d}x^2}\psi\mathrm{d}x = 2|c|^2\delta(0)$$

可见在所选试探波函数下，动能期望值为无穷大. 出现这一问题的原因是试探波函数没有满足连续性这一波函数必要条件，故所选试探波函数不好.

(4) 选择第一激发态的试探波函数，要求它与基态试探波函数正交，然后用与求基态能量变分估计相同的方法，求出第一激发态能量的变分估计.

说明 对本题一些人的解答认为动能期望值为零就错了. de Broglie 波局域化必然导致非零动量，从而动能期望值不会为零.

12.21 用变分法求介子的基态能量

题 12.21 (用非相对论方法解此问题) 多数介子可由夸克-反夸克束缚态 $(q\bar{q})$ 描述. 考虑由 s 态的 $(q\bar{q})$ 对构成介子的情形. 设 m_q 是夸克质量. 假定束缚 q 和 $\bar{q}$ 的势可写成 $V = \dfrac{A}{r} + Br$，$A < 0$，$B > 0$. 请用 A、B、m_q 和 $\hbar$ 对这个体系的基态能量给出一个合理的近似. 遗憾的是对于一类适合于该题解的试探波函数，需要解一个三次方程，假如这件事被你遇上了，不必花费你有限的时间去解三次方程，你可以用 $A = 0$ 的情况 (这并不减少得分) 完成你的解. 请把最后答案写成一个数值常数乘以 B、m_q 和 $\hbar$ 的一个函数.

解法一 取试探波函数为氢原子基态波函数，

$$\psi(\boldsymbol{r}) = c\mathrm{Y}_{00}R(r) = c\mathrm{Y}_{00}\mathrm{e}^{-r/a} \tag{12.43}$$

c 为归一化常量. 由

$$1 = \int \mathrm{d}^3\boldsymbol{r}\,\psi^*(\boldsymbol{r})\psi(\boldsymbol{r}) = \int_0^\infty \mathrm{d}r\,r^2\mathrm{e}^{-2r/a} = \frac{a^3}{4}$$

可以取归一化常量 $c = \dfrac{\sqrt{a^3}}{2}$. 在试探波函数 (12.43) 下，体系 Hamilton 量期望值

$$\bar{H} = \langle\psi|H|\psi\rangle$$

$$= \frac{4}{a^3} \int_0^\infty \mathrm{d}r r^2 \mathrm{e}^{-r/a} \left[-\frac{\hbar^2}{2\mu} \cdot \frac{1}{r^2} \cdot \frac{\partial}{\partial r} r^2 \frac{\partial}{\partial r} + A r^{-1} + B r \right] \mathrm{e}^{-r/a}$$

$$= \frac{\hbar^2}{2\mu} \cdot \frac{1}{a^2} + \frac{A}{a} + \frac{3Ba}{2} \tag{12.44}$$

其中, $\mu = m_q/2$ 为 $(q\bar{q})$ 体系的折合质量.

按 Ritz 变分法, 对 $\overline{H}$ 求极值, 极值条件 $\frac{\delta \overline{H}}{\delta a} = 0$ 为

$$\frac{3}{2} B - \frac{\hbar^2}{\mu} \cdot \frac{1}{a^3} - \frac{A}{a^2} = 0 \tag{12.45}$$

也就是

$$\frac{3}{2} B a^3 - A a - \frac{\hbar^2}{\mu} = 0 \tag{12.46}$$

取 $A = 0$ 可解得

$$a = \left(\frac{2\hbar^2}{3B\mu} \right)^{\frac{1}{3}} \tag{12.47}$$

代入式 (12.44) 可得基态能量

$$E_0 = \overline{H} = \frac{3}{4} \left(\frac{36 B^2 \hbar^2}{m_q} \right)^{\frac{1}{3}} = 2.48 \left(\frac{B^2 \hbar^2}{m_q} \right)^{\frac{1}{3}} \tag{12.48}$$

解法二 此题基态能量也可用不确定性关系估算, 准确到相差一个常系数

$$H = \frac{\boldsymbol{p}^2}{2\mu} + \frac{A}{r} + B r$$

由于 $p_x x \geqslant \frac{\hbar}{2} (y, \ z$ 类似), 作估算对基态不妨假定

$$p_x x = \frac{\hbar}{2}$$

于是

$$H = \frac{\hbar^2}{8\mu x^2} + \frac{\hbar^2}{8\mu y^2} + \frac{\hbar^2}{8\mu z^2} + \frac{A}{r} + B r$$

求极值 $\frac{\partial H}{\partial x} = 0$, 得

$$\frac{-\hbar^2}{4\mu x^2} - \frac{Ax}{r^3} + \frac{Bx}{r} = 0$$

基态为 s 态满足转动不变性, $x, \ y, \ z$ 对称, 故可知, 达极值时 $x = y = z$, 即 $r = \sqrt{3} x$. 于是可得方程

$$-\frac{\hbar^2}{4\mu x^3} - \frac{A}{3\sqrt{3} x^2} + \frac{B}{\sqrt{3}} = 0$$

按题意，令 $A = 0$，可得

$$x = 3^{\frac{1}{6}} \left(\frac{\hbar^2}{4\mu B} \right)^{\frac{1}{3}}, \quad r = \left(\frac{9\hbar^2}{4\mu B} \right)^{\frac{1}{3}}$$

代入 H 中得

$$\bar{H} = \frac{3\hbar^2}{8\mu x^2} + Br = 2 \left(\frac{9}{4} \cdot \frac{\hbar^2 B^2}{\mu} \right)^{\frac{1}{3}} = 2 \left(\frac{9}{2} \cdot \frac{\hbar^2 B^2}{m_q} \right)^{\frac{1}{3}} = 3.30 \left(\frac{\hbar^2 B^2}{m_q} \right)^{\frac{1}{3}}$$

12.22 以氢原子波函数为试探波函数，用变分法求 $V(r) = -g^2/r^{3/2}$ 时的基态能量上限

题 12.22 一个粒子在吸引势 $V(r) = -g^2/r^{3/2}$ 中运动. 运用变分原理求出其 s 态最低能量的一个上限. 用类氢原子波函数作为试探波函数.

解答 取试探波函数为

$$\psi(r) = \left(\frac{k^3}{8\pi} \right)^{1/2} \mathrm{e}^{-kr/2}$$

此波函数为 s 态，且已归一. 对于 s 态

$$
\begin{aligned}
\bar{H}(k) &= \int \psi^* H \psi \mathrm{d}\tau \big|_{l=0} \\
&= \int \psi^* \left(-\frac{\hbar^2}{2mr^2} \cdot \frac{\partial}{\partial r} r^2 \frac{\partial}{\partial r} + V(r) \right) \psi \mathrm{d}\tau \\
&= \int_0^\infty \left(\frac{k^3}{8\pi} \right)^{1/2} \mathrm{e}^{-kr/2} \left[-\frac{\hbar^2}{2mr^2} \cdot \frac{\partial}{\partial r} \left(r^2 \frac{\partial}{\partial r} \right) + \frac{-g^2}{r^{3/2}} \right] \left(\frac{k^3}{8\pi} \right)^{1/2} \mathrm{e}^{-kr/2} \cdot 4\pi r^2 \mathrm{d}r \\
&= \frac{k^3}{8\pi} \cdot 4\pi \int_0^{+\infty} \mathrm{d}r r^2 \mathrm{e}^{-kr/2} \left[-\frac{\hbar^2}{2m} \cdot \frac{1}{r^2} \cdot \frac{\partial}{\partial r} \left(r^2 \frac{\partial}{\partial r} \right) - \frac{g^2}{r^{3/2}} \right] \mathrm{e}^{-kr/2} \\
&= \frac{k^3}{2} \int_0^{+\infty} \mathrm{d}r \mathrm{e}^{-kr} \left(-g^2 r^{1/2} + \frac{\hbar^2}{2m} kr - \frac{k^2 \hbar^2}{8m} r^2 \right) \\
&= \frac{k^3}{2} \left(\frac{\hbar^2}{4mk} - \frac{\sqrt{\pi} g^2}{2k^{3/2}} \right) = \frac{\hbar^2}{8m} k^2 - \frac{\sqrt{\pi} g^2 k^{3/2}}{4}
\end{aligned}
$$

按 Ritz 变分法，对 $\overline{H}$ 求极值，极值条件 $\dfrac{\partial \bar{H}}{\partial k} = 0$ 为

$$\frac{\hbar^2}{4m} k - \frac{3\sqrt{\pi}}{8} g^2 k^{1/2} = 0$$

解得

$$k_1 = 0, \quad k_2 = \frac{9\pi g^4 m^2}{4\hbar^4}$$

此时 $k_1 = 0$ 不合题要求, 故舍之. 易证当 $k_2 = \dfrac{9\pi g^4 m^2}{4\hbar^4}$ 时, $\bar{H}$ 取极小值. 此时

$$\bar{H} = -\frac{27\pi^2 g^8 m^3}{128\hbar^6}$$

又由 $E_0 \leqslant \bar{H}$, 所以此粒子 s 态最低能量的上限为

$$-\frac{27\pi^2 g^8 m^3}{128\hbar^6}$$

12.23 求自旋为 1 的粒子的极化矢量和密度矩阵

题 12.23 某自旋为 1 的粒子体系状态由下列 3 个自旋纯态不相干混合而成, 每个态都是等概率的, 即粒子在 $\psi^{(1)}$, $\psi^{(2)}$, $\psi^{(3)}$ 态的概率均为 $\dfrac{1}{3}$

$$\psi^{(1)} = \begin{pmatrix} 1 \\ 0 \\ 0 \end{pmatrix}, \quad \psi^{(2)} = \frac{1}{\sqrt{2}} \begin{pmatrix} 0 \\ 1 \\ 0 \end{pmatrix} + \frac{1}{\sqrt{2}} \begin{pmatrix} 0 \\ 0 \\ 1 \end{pmatrix}, \quad \psi^{(3)} = \begin{pmatrix} 0 \\ 0 \\ 1 \end{pmatrix}$$

(1) 对于这 3 个纯态分别计算极化矢量 $\boldsymbol{P}$;

(2) 对上述混合态求其单个粒子的极化矢量 $\boldsymbol{P}$;

(3) 计算这个体系的密度矩阵 ρ, 并验证 $\mathrm{Tr}\rho = 1$;

(4) 用 ρ 求极化矢量 $\boldsymbol{P}$ 并验证第 (2) 小题.

提示 对于 $J = 1$

$$J_x = \frac{1}{\sqrt{2}} \begin{pmatrix} 0 & 1 & 0 \\ 1 & 0 & 1 \\ 0 & 1 & 0 \end{pmatrix}, \quad J_y = \frac{1}{\sqrt{2}} \begin{pmatrix} 0 & -\mathrm{i} & 0 \\ \mathrm{i} & 0 & -\mathrm{i} \\ 0 & \mathrm{i} & 0 \end{pmatrix}, \quad J_z = \begin{pmatrix} 1 & 0 & 0 \\ 0 & 0 & 0 \\ 0 & 0 & -1 \end{pmatrix}$$

解答 (1) 利用公式

$$P^{(i)} = \left\langle \psi^{(i)} \middle| J \middle| \psi^{(i)} \right\rangle$$

可得

$$P_x^{(1)} = \frac{1}{\sqrt{2}} (1,0,0) \begin{pmatrix} 0 & 1 & 0 \\ 1 & 0 & 1 \\ 0 & 1 & 0 \end{pmatrix} \begin{pmatrix} 1 \\ 0 \\ 0 \end{pmatrix} = 0$$

$$P_y^{(1)} = \frac{1}{\sqrt{2}} (1,0,0) \begin{pmatrix} 0 & -\mathrm{i} & 0 \\ \mathrm{i} & 0 & -\mathrm{i} \\ 0 & \mathrm{i} & 0 \end{pmatrix} \begin{pmatrix} 1 \\ 0 \\ 0 \end{pmatrix} = 0$$

$$P_z^{(1)} = (1,0,0) \begin{pmatrix} 1 & 0 & 0 \\ 0 & 0 & 0 \\ 0 & 0 & -1 \end{pmatrix} \begin{pmatrix} 1 \\ 0 \\ 0 \end{pmatrix} = 1$$

所以
$$P^{(1)} = (0,0,1)$$

同理可算得
$$P^{(2)} = \left(\frac{1}{\sqrt{2}}, 0, -\frac{1}{2} \right)$$
$$P^{(3)} = (0,0,-1)$$

(2) 对于混合态, 非相干相加, 故
$$P = \frac{1}{3} \left(P^{(1)} + P^{(2)} + P^{(3)} \right) = \frac{1}{6} \left(\sqrt{2}, 0, -1 \right)$$

(3) 取正交归一基为
$$|1\rangle = \begin{pmatrix} 1 \\ 0 \\ 0 \end{pmatrix}, \quad |2\rangle = \begin{pmatrix} 0 \\ 1 \\ 0 \end{pmatrix}, \quad |3\rangle = \begin{pmatrix} 0 \\ 0 \\ 1 \end{pmatrix}$$

则得
$$\left| \psi^{(1)} \right\rangle = |1\rangle, \quad \left| \psi^{(2)} \right\rangle = \frac{1}{\sqrt{2}} \left(|2\rangle + |3\rangle \right), \quad \left| \psi^{(3)} \right\rangle = |3\rangle$$

可一般记成 $\left| \psi^{(i)} \right\rangle = \sum\limits_{N=1}^{3} C_n^i |n\rangle, \ i=1,2,3$; 又 $\omega^{(i)} = \dfrac{1}{3}$, 根据密度矩阵定义 $\rho = \sum \omega^{(i)} \left| \psi^{(i)} \right\rangle \left\langle \psi^{(i)} \right|$, 知

$$\rho_{mn} = \sum_i \omega^i C_n^{i\,*} C_m^i = \frac{1}{3} \sum_i C_n^{i\,*} C_m^i$$

也即
$$\rho = \begin{pmatrix} \dfrac{1}{3} & 0 & 0 \\[2mm] 0 & \dfrac{1}{6} & \dfrac{1}{6} \\[2mm] 0 & \dfrac{1}{6} & \dfrac{1}{2} \end{pmatrix}$$

从而
$$\mathrm{Tr}\rho = \frac{1}{3} + \frac{1}{6} + \frac{1}{2} = 1$$

(4) 极化矢量 $\boldsymbol{P} = \langle \boldsymbol{J} \rangle = \mathrm{Tr}(\rho \boldsymbol{J})$, 由 ρ 得三个分量如下:

$$P_x = \mathrm{Tr}\rho J_x = \frac{\sqrt{2}}{6}$$
$$P_y = \mathrm{Tr}\rho J_y = 0$$
$$P_z = \mathrm{Tr}\rho J_z = -\frac{1}{6}$$

与第 (2) 小题完全一致.

12.24 氘核电离后的波函数及自旋的相关性

题 12.24 氘核是中子和质子的一个束缚态, 这时两个核子自旋耦合的总角动量为 $S = 1$. 吸收一个能量高于 2.2MeV 的 γ 光子, 氘核就可分解为一个自由中子和一个自由质子.

(1) 用平面波及两个核子的合适的自旋坐标写出反应 $\gamma + D \longrightarrow n + p$ 的末态波函数. 假定与 γ 光子的相互作用为电偶极矩耦合;

(2) 假设在氘核分解后, 在相互距离很远处探测中子和质子. 在质心系中观察, 求出对时间、空间以及自旋的关联, 假定靶中氘核为非极化的. 自旋关联的定义为: 如果质子的自旋测出为"向上", 那么相应的中子的自旋被探测到为"向上"的概率为多大?

解答 (1) 电偶极矩作用要求 (n, p) 宇称为 -1, 设 (n, p) 波函数为

$$\psi(\mathrm{n},\mathrm{p}) \sim \psi(\boldsymbol{r}_{\mathrm{n}},\boldsymbol{r}_{\mathrm{p}})\chi(\mathrm{n},\mathrm{p})$$

对 $\chi = \chi_{1m}$ 交换核子后

$$\psi(\mathrm{p},\mathrm{n}) = (-1)^l\psi(\mathrm{n},\mathrm{p})$$

对 $\chi = \chi_{00}$ 交换核子后变为

$$\psi(\mathrm{p},\mathrm{n}) = (-1)^{l+1}\psi(\mathrm{n},\mathrm{p})$$

Fermi 子系统要求交换反对称, 前者 $l = 1, 3, \cdots$, 后者 $l = 0, 2, 4, \cdots$, 相应的轨道宇称分别为 -1 和 $+1$. 考虑宇称守恒, 唯有 $\chi = \chi_{1m}$ 即自旋三重态可能. 即有 $S = 1$, $l = 1, 3, \cdots$. 可得 $J = 0, 1, 2, \cdots$ 可以满足电偶极耦合 $\Delta I = 0$ 或 1 的要求. 因氘核非极化, $\chi_{1,1}$, $\chi_{1,0}$ 和 $\chi_{1,-1}$ 所取概率相等, 故 (n, p) 的状态可以表示为

$$\psi(\mathrm{n},\mathrm{p}) \sim \mathrm{e}^{\mathrm{i}(\boldsymbol{k}_{\mathrm{n}}\cdot\boldsymbol{r}_{\mathrm{n}}+\boldsymbol{k}_{\mathrm{p}}\cdot\boldsymbol{r}_{\mathrm{p}})} \cdot \mathrm{e}^{-\mathrm{i}(\omega_{\mathrm{n}}t+\omega_{\mathrm{p}}t)} \cdot \frac{1}{\sqrt{3}}(\chi_{1,1}+\chi_{1,0}+\chi_{1,-1})$$

(2) 时间和空间关联分别意味着能量和动量守恒. 故在质心系中, 如果测得质子能量为 E_{p}, 则中子能量将被探测到 $E_{\mathrm{n}} = E_{\mathrm{cm}} - E_{\mathrm{p}}$; 如果测得质子动量为 $\boldsymbol{p}$, 则中子动量将为 $-\boldsymbol{p}$.

为求质子自旋"向上"时, 中子自旋"向上"的概率, 将自旋波函数部分重新写为

$$\begin{aligned}
\chi(n,p) &= \frac{1}{\sqrt{3}}\left(\chi_{1,1}+\chi_{1,0}+\chi_{1,-1}\right)\\
&= \frac{1}{\sqrt{3}}\left[\alpha(\mathrm{n})+\frac{1}{\sqrt{2}}\beta(\mathrm{n})\right]\alpha(\mathrm{p})+\frac{1}{\sqrt{3}}\left[\frac{1}{\sqrt{2}}\chi(\mathrm{n})+\beta(\mathrm{n})\right]\beta(\mathrm{p})
\end{aligned}$$

可见, 质子自旋"向上"时, 中子自旋"向上"的概率为

$$\frac{\left(\dfrac{1}{\sqrt{3}}\right)^2}{\left(\dfrac{1}{\sqrt{3}}\right)^2+\left(\dfrac{1}{\sqrt{6}}\right)^2} = \frac{2}{3}$$

12.25 求两个全同粒子的配分函数和能量

题 12.25 (1) 设有一个由两个全同粒子组成的系统, 粒子可以占据下面三个能级中的任意一个:

$$\varepsilon_n = n\varepsilon, \quad n = 0, 1, 2$$

最低能级 $\varepsilon_0 = 0$ 为二重简并. 系统在温度 T 下处于热平衡. 对下面每种情形, 仔细数清组态的数目, 给出配分函数和能量:

(a) 粒子服从 Fermi 统计;

(b) 粒子服从 Bose 统计;

(c) 粒子服从 Boltzmann 统计 (这时粒子是可以区分的).

(2) 讨论在什么条件下 Fermi 子和 Bose 子可以当作不同粒子处理.

解答 (1) 记 $\varepsilon_0 = 0$ 的两个态为 A、B, ε, 2ε 的态为 1, 2. 把系统的组态用两个粒子分别对所处状态的集合进行标记, 在 Fermi 子的情况下, 两个粒子的系统可能处于下表所列六种组态之一:

组态	(A,B)	$(A,1)$	$(B,1)$	$(A,2)$	$(B,2)$	$(1,2)$
能量	0	ε	ε	2ε	2ε	2ε

上表的第二行是相应的能量由此写出配分函数

$$Z = 1 + 2e^{-\varepsilon} + 2e^{-2\varepsilon} + e^{-3\varepsilon}$$

平均能量

$$\bar{\varepsilon} = \frac{1}{Z}(2\varepsilon e^{-\varepsilon} + 4\varepsilon e^{-2\varepsilon} + 3\varepsilon e^{-3\varepsilon})$$

在 Bose 子情况系统的组态还要加上 (表的第二行是相应的能量)

组态	(A,A)	(B,B)	$(1,1)$	$(2,2)$
能量	0	0	2ε	4ε

所以此时配分函数为

$$Z = 3 + 2e^{-\varepsilon} + 3e^{-2\varepsilon} + e^{-3\varepsilon} + e^{-6\varepsilon}$$

平均能量

$$\bar{\varepsilon} = \frac{1}{Z}(2\varepsilon e^{-\varepsilon} + 6\varepsilon e^{-2\varepsilon} + 3\varepsilon e^{-3\varepsilon} + 4\varepsilon e^{-6\varepsilon})$$

在 Boltzmann 粒子情况下, 粒子可以区分, 还要计及 (B,A)、$(1,A)$、$(1,B)$、$(2,A)$、$(2,B)$、$(2,1)$ 等态, 所以此时配分函数为

$$Z = 4 + 4e^{-\varepsilon} + 5e^{-2\varepsilon} + 2e^{-3\varepsilon} + e^{-4\varepsilon}$$

平均能量

$$\bar{\varepsilon} = \frac{1}{Z}(4\varepsilon e^{-\varepsilon} + 10\varepsilon e^{-2\varepsilon} + 6\varepsilon e^{-3\varepsilon} + 4\varepsilon e^{-4\varepsilon})$$

(2) 当粒子数远远小于能级数目时, 交换效应可忽略, Fermi 子和 Bose 子就可以当作不同粒子处理.

12.26　边界面附近的一个自由电子的扩散问题

题 12.26　设有处于边界面附近的一个自由电子.

(1) 如果 $\phi_k(x)$ 是电子的本征函数, 证明

$$u(x,t) = \sum_k \phi_k^*(x)\phi_k(0)\exp\left(\frac{-\varepsilon_k t}{\hbar}\right)$$

是某个扩散方程的解, 确定相应的扩散系数;

(2) 由扩散理论的知识, 你预料距原点为 l 的边界的存在会怎样影响 $u(0,t)$(电子会立刻还是经过一段时间才感觉到边界的存在)?

(3) 考察 (1) 中给出的 $u(0,t)$ 作为 k 的求和式, 在电子感到边界的存在时, 哪个范围内的 ε_k 对 $u(0,t)$ 贡献较明显?

解答　(1) $\phi_k(x)$ 满足自由粒子的 Schrödinger 方程

$$-\frac{\hbar^2}{2m}\nabla^2\phi_k(x) = \varepsilon_k\phi_k(x)$$

所以

$$\nabla^2 u(x,t) = -\frac{2m}{\hbar^2}\sum_k \varepsilon_k\phi_k^*(x)\phi_k(0)\exp\left(-\frac{\varepsilon_k t}{\hbar}\right)$$

而

$$\frac{\partial}{\partial t}u(x,t) = -\frac{1}{\hbar}\sum_k \varepsilon_k\phi_k^*(x)\phi_k(0)\exp\left(-\frac{\varepsilon_k t}{\hbar}\right)$$

所以 $u(x,t)$ 满足扩散方程

$$\frac{\partial}{\partial t}u(x,t) = \frac{\hbar}{2m}\nabla^2 u(x,t)$$

扩散系数为 $\dfrac{\hbar}{2m}$.

(2) $u(x,0) = \delta(x)$, $t > 0$ 时电子的函数 u 开始向两侧扩散, 电子要过一段时间后才会感到边界的存在.

(3) 设边界面为 $x = l$, 扩散方程的解为

$$u(x,t) = c\exp\left[-\frac{m}{2\hbar t}(y^2 + z^2)\right]\left\{\exp\left(-\frac{m}{2\hbar t}x^2\right) - \exp\left[-\frac{m}{2\hbar t}(x - 2l)^2\right]\right\}$$

没有边界面存在时, 方括号里只有第一项, 当 $\dfrac{m}{2\hbar t}(0 - 2l)^2 \sim 1$ 时, 电子明显地感到边界的存在. 此时

$$t \sim \frac{2ml^2}{\hbar}$$

只有 $\frac{\varepsilon_k t}{\hbar} \leqslant 1$ 的那些 ε_k 才有明显贡献, 即

$$\varepsilon_k \leqslant \frac{\hbar^2}{2ml^2}$$

12.27 由点电荷–磁单极系统的场角动量量子化导出 Dirac 量子化条件

题 12.27 通过假定存在一荷强度为 g 的磁单极而将 Maxwell 方程对称化, Dirac 导出了一个量子化条件

$$\frac{eg}{\hbar c} = n, \quad n \text{为整数}$$

式中, e 为电子电荷, g 为磁荷. 按照 Bohr-Sommerfeld 量子化步骤, 通过将此点电荷 -磁极系统的场角动量量子化的方法, 半经典地导出类似的量子化条件.

提示 该场的角动量与 Poynting 矢量有何关系?

解答 如图 12.7所示, 空间存在一个电子 e 和一个磁荷 g 处于静止, 选取坐标使得 z 轴沿磁荷和电子连线方向, 且使得电子在正 z 轴, 其坐标为 $(0,0,a)$, 磁荷在负 z 轴, 其坐标为 $(0,0,-a)$, 电子 e 和磁荷 g 在空间点 $\boldsymbol{x}$ 激发电磁场为

$$\boldsymbol{E} = e\frac{\boldsymbol{x}-\boldsymbol{a}}{|\boldsymbol{x}-\boldsymbol{a}|^3}, \quad \boldsymbol{B} = g\frac{\boldsymbol{x}+\boldsymbol{a}}{|\boldsymbol{x}+\boldsymbol{a}|^3} \tag{12.49}$$

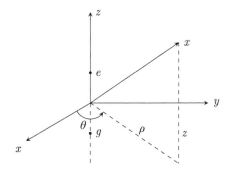

图 12.7 电子、磁荷在空间激发电磁场

若取柱坐标

$$\boldsymbol{x} = a\boldsymbol{e}_z$$
$$\boldsymbol{x} = \rho\cos\theta\boldsymbol{e}_x + \rho\sin\theta\boldsymbol{e}_y + z\boldsymbol{e}_z$$

电磁角动量为

$$\boldsymbol{L}_{em} = \frac{1}{4\pi c}\int \boldsymbol{x}\times(\boldsymbol{E}\times\boldsymbol{B})\mathrm{d}^3\boldsymbol{x}$$

而其中

$$\boldsymbol{E}\times\boldsymbol{B} = eg\frac{(\boldsymbol{x}-\boldsymbol{a})\times(\boldsymbol{x}+\boldsymbol{a})}{|\boldsymbol{x}-\boldsymbol{a}|^3\cdot|\boldsymbol{x}+\boldsymbol{a}|^3} = 2eg\frac{\boldsymbol{x}\times\boldsymbol{a}}{|\boldsymbol{x}-\boldsymbol{a}|^3\cdot|\boldsymbol{x}+\boldsymbol{a}|^3}$$

利用

$$\boldsymbol{x} \times (\boldsymbol{x} \times \boldsymbol{a}) = (\boldsymbol{x} \cdot \boldsymbol{a})\boldsymbol{x} - \boldsymbol{x}^2 \boldsymbol{a}$$

$$\int_0^{2\pi} \cos\theta \mathrm{d}\theta = \int_0^{2\pi} \sin\theta \mathrm{d}\theta = 0$$

即得

$$\boldsymbol{L}_{em} = -\frac{aeg}{2\pi c}\boldsymbol{e}_z \int_{-\infty}^{+\infty} \mathrm{d}z \int_0^{2\pi} \mathrm{d}\varphi \frac{\rho^2}{\left[(\rho^2 + z^2 + a^2)^2 - 4a^2 z^2\right]^{3/2}}$$

$$= -\boldsymbol{e}_z \left(\frac{eg}{c}\right) \int_{-\infty}^{+\infty} \mathrm{d}t \int_0^{\infty} \frac{s^3 \mathrm{d}s}{\left[(s^2 + t^2 + 1)^2 - 4t^2\right]^{3/2}}$$

式中, $s = \rho/a$, $t = z/a$.

利用

$$\int_{-\infty}^{+\infty} \mathrm{d}t \int_0^{\infty} \frac{s^3 \mathrm{d}s}{\left[(s^2 + t^2 + 1)^2 - 4t^2\right]^{3/2}} = 1$$

可得

$$\boldsymbol{L}_{em} = -\frac{eg}{c}\boldsymbol{e}_z$$

量子化条件为

$$|L_{emz}| = n\hbar = -\frac{eg}{c}, \quad n = 0, \ \pm 1, \ \pm 2, \ \cdots$$

所以

$$\frac{eg}{\hbar c} = n, \quad n 为整数$$

12.28　金属中的热电子发射

题 12.28　作为一种粗糙的图像, 把金属看成由关在阱深为 V_0 的势阱中的自由电子组成的体系, 如图 12.8 所示, 由于热激发, 具有足够高能量的电子将逃出势阱, 求发射电流密度并加以讨论.

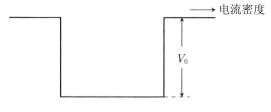

图 12.8　热电子发射

解答　金属中的电子气服从 Fermi 分布, 单位时间离开单位表面的电子数为

$$j_n = \frac{1}{V} \int \mathrm{d}^3 p \frac{1}{\mathrm{e}^{(\varepsilon - \mu)/(kT)} + 1} \cdot 2\frac{V}{h^3} v_z, \quad v_z > \sqrt{2mV_0}$$

式中 2 是电子自旋引起的简并度，v_z 方向向上

$$
\begin{aligned}
j_n &= \frac{2}{mh^3} \int_{\sqrt{2mV_0}}^{\infty} p_z \mathrm{d}p_z \int_{-\infty}^{+\infty} \int_{-\infty}^{+\infty} \frac{\mathrm{d}p_x \mathrm{d}p_y}{\exp\left\{ \left[\frac{1}{2m}\left(p_x^2 + p_y^2 + p_z^2\right) - \mu \right] \Big/ kT \right\} + 1} \\
&= \frac{4\pi}{mh^3} \int_{\sqrt{2mV0}}^{\infty} p_z \mathrm{d}p_z \int_0^{\infty} \frac{p_r \mathrm{d}p_r}{\exp\left\{ \left[\frac{1}{2m}\left(p_z^2 + p_y^2\right) - \mu \right] \Big/ kT \right\} + 1} \\
&= \frac{4\pi kT}{h^3} \int_{\sqrt{2mV_0}}^{\infty} p_z \mathrm{d}p_z \ln\left[1 + \exp\left[-\left(\frac{1}{2m}p_z^2 - \mu \right) \Big/ kT \right] \right] \\
&= \frac{4\pi kT}{h^3} \int_{\sqrt{2mV_0}}^{\infty} p_z \mathrm{d}p_z \exp\left[-\left(\frac{p_z^2}{2m} - \mu \right) \Big/ kT \right] \\
&= \frac{4\pi kT}{h^3} \cdot mkT \cdot \mathrm{e}^{-(V_0 - \mu)/kT} \\
&= \frac{4\pi m k^2 T^2}{h^3} \mathrm{e}^{-(V_0 - \mu)kT}
\end{aligned}
$$

而电流密度

$$
j_e = -e j_n = -\frac{4\pi m e k^2 T^2}{h^3} \mathrm{e}^{-(V_0 - \mu)/kT}
$$

其中，利用了 $kT \ll \frac{1}{2m} \cdot 2mV_0 - \mu$. 在常温下，$\mu \approx \mu_0 = \frac{\hbar^2}{2m}(3\pi^2 n)^{2/3}$，$n$ 为电子数密度. $V_0 - \mu$ 即通常所说的功函数. 这一热电子发射效应称为 Richardson 效应?

12.29　中微子振荡与测量

题 12.29　通常认为至少存在三种不同的中微子，可以通过产生或吸收中微子的反应将它们区分开来. 我们称这三种中微子为 ν_e, ν_μ 和 ν_τ. 已经认识到每种中微子有一很小但又确定的质量，且互不相同. 在本题中，让我们假设在这三种中微子之间存在一微扰作用，除此之外，它们具有相同的静质量 M_0. 在每两种中微子之间的微扰矩阵元有相同的实数值 $\hbar\omega_1$，而在每个 ν_e, ν_μ 和 ν_τ 态中微扰的期望值为 0.

(1) 在 $t = 0$ 时刻静止地产生了一个 ν_e 中微子，问作为时间的函数，这个中微子在另外两个态的概率为多大？

(2) 设计了一个实验来探测这种"中微子振荡". 中微子的飞行距离为 2000m，它们的能量为 100GeV. 如果有 1% 的他种中微子存在，则在实验灵敏度范围内肯定可测出. 取 M_0 为 20eV，问能被测量出的最小 $\hbar\omega_1$ 值为多少？它如何依赖于 M_0？

解答　(1) 在 ν_e, ν_μ 和 ν_τ 构成的表象 (味表象) 中，系统的 Hamilton 量的矩阵为

$$
\begin{pmatrix}
M_0 & \hbar\omega_1 & \hbar\omega_1 \\
\hbar\omega_1 & M_0 & \hbar\omega_1 \\
\hbar\omega_1 & \hbar\omega_1 & M_0
\end{pmatrix}
$$

于是概率幅满足下列方程组:

$$i\hbar \begin{pmatrix} \dot{a}_1 \\ \dot{a}_2 \\ \dot{a}_3 \end{pmatrix} = \begin{pmatrix} M_0 & \hbar\omega_1 & \hbar\omega_1 \\ \hbar\omega_1 & M_0 & \hbar\omega_1 \\ \hbar\omega_1 & \hbar\omega_1 & M_0 \end{pmatrix} \begin{pmatrix} a_1 \\ a_2 \\ a_3 \end{pmatrix}$$

初始条件为

$$a_1(0) = 1, \quad a_2(0) = a_3(0) = 0$$

由此可解出

$$\begin{cases} a_1(t) = \dfrac{1}{3}e^{-iM_0 t/\hbar} \left(2e^{i2\omega_1 t} + e^{-i2\omega_1 t} \right) \\[2mm] a_2(t) = \dfrac{1}{3}e^{-iM_0 t/\hbar} \left(e^{-i2\omega_1 t} - e^{i2\omega_1 t} \right) \\[2mm] a_3(t) = \dfrac{1}{3}e^{-iM_0 t/\hbar} \left(e^{-i2\omega_1 t} - e^{i2\omega_1 t} \right) \end{cases}$$

从而

$$\begin{cases} P(\nu_\mu) = |a_2(t)|^2 = \dfrac{2}{9}(1 - \cos 3\omega_1 t) \\[2mm] P(\nu_\tau) = |a_3(t)|^2 = \dfrac{2}{9}(1 - \cos 3\omega_1 t) \end{cases}$$

(2) 时间间隔为 (注意: 应在 ν_e 静止系中考虑)

$$T = \sqrt{1-v^2} \cdot \frac{l}{v} = \frac{M_0}{E} \cdot \frac{l}{P/E} = \frac{M_0 l}{P} \approx \frac{M_0 l}{E}, \quad c = 1$$

要使 $P(\nu_\mu) = 1\%$, 必须有

$$\frac{2}{9}(1 - \cos 3\omega_1 T) = 0.01$$

$$\cos 3\omega_1 T = 0.955$$

最小的 ω_1 值为

$$\omega_1 = \frac{\arccos 0.955}{3T} \approx \frac{0.301}{3T}$$

所以

$$\hbar\omega_1 = \frac{0.301\hbar}{3T} = 0.1\frac{\hbar Ec}{M_0 l} = 7.88 \times 10^{-21} \text{J} = 0.05 \text{eV}$$

12.30 用近似法求周期势中电子的能级及能带宽度

题 12.30 作为良好的近似, 晶格中电子经受一个周期势场作用, 如图 12.9所示. Floque 定理也是物理事实, 指出任意周期势场中的能谱分离成带有 "能隙" 的连续的能带. 为了构造一个关于这种效应的很粗略的模型 (对最低能带), 设想 "栅栏" 非常高, 以至于 "基态" 集 $|n\rangle$ $(-\infty < n < +\infty)$ 是近似的本征态, 这里 $|n\rangle$ 为第 n 个阱中

的基态. 记 $|n\rangle$ 的能量本征值为 E_n, 设两个相邻势阱之间的穿透振幅为 $\varepsilon = |\varepsilon|\mathrm{e}^{\mathrm{i}\alpha}$ (即 $|n-1\rangle \leftarrow |n\rangle \rightarrow |n+1\rangle$ 的概率为 $|\varepsilon|^2$, ε 很小). 建立一个 Hermite 的 Hamilton 量表示上述假设, 并计算态

$$|\theta\rangle = \sum_{n=-\infty}^{+\infty} \mathrm{e}^{\mathrm{i}n\theta} |n\rangle$$

的能量, 其能带宽度为多大?

图 12.9 晶格中电子经受一个周期势场作用

解答 可以用矩阵来表示所需的 Hamilton 量 H, 这里取基底为 $|n\rangle$. 设

$$H|n\rangle = E_0(1-\varepsilon-\varepsilon^*)|n\rangle + E_0\varepsilon|n+1\rangle + E_0\varepsilon^*|n-1\rangle$$

则有

$$
\begin{aligned}
\langle m|H|n\rangle &= \int \psi^*(x-ma)H\psi(x-na)\mathrm{d}x \\
&= \langle m|\left[E_0(1-\varepsilon-\varepsilon^*)|n\rangle + E_0\varepsilon|n+1\rangle + E_0\varepsilon^*|n-1\rangle\right] \\
&= \delta_{mn}E_0(1-\varepsilon-\varepsilon^*) + \delta_{m,n+1}\varepsilon E_0 + \delta_{m,n-1}\varepsilon^* E_0
\end{aligned}
$$

其中, 利用了只有相邻势阱才有相互透射的假定, 且略去 $|\varepsilon|^2$ 的项, 并认为向右为 $|\varepsilon|\mathrm{e}^{\mathrm{i}\alpha}$, 向左为 $|\varepsilon|\mathrm{e}^{-\mathrm{i}\alpha}$, 故 H 矩阵为

$$
H = \begin{pmatrix}
E_0(1-\varepsilon-\varepsilon^*) & \varepsilon E_0 & & & 0 \\
\varepsilon^* E_0 & E_0(1-\varepsilon-\varepsilon^*) & \varepsilon E_0 & & \\
& & & \ddots & \\
& \varepsilon^* E_0 & E_0(1-\varepsilon-\varepsilon^*) & \ddots & \\
& \ddots & \ddots & \ddots & \\
0 & \ddots & \ddots & \ddots & \\
& \ddots & \ddots & \ddots &
\end{pmatrix}
$$

这样

$$
\begin{aligned}
H|\theta\rangle &= E_0\sum_{n=-\infty}^{+\infty} \mathrm{e}^{\mathrm{i}n\theta}|n\rangle(1-\varepsilon-\varepsilon^*) + \sum_{n=-\infty}^{+\infty} E_0\mathrm{e}^{\mathrm{i}n\theta}\cdot\{\varepsilon|n+1\rangle + \varepsilon^*|n-1\rangle\} \\
&= E_0(1-2|\varepsilon|\cos\alpha)|\theta\rangle + E_0\sum_{n=-\infty}^{+\infty}\{\mathrm{e}^{\mathrm{i}(n-1)\theta}\varepsilon + \mathrm{e}^{\mathrm{i}(n+1)\theta}\varepsilon^*\}|n\rangle \\
&= E_0[1-2|\varepsilon|\cos\alpha + 2|\varepsilon|\cos(\theta-\alpha)]|\theta\rangle
\end{aligned}
$$

于是相应于 $|\theta\rangle$ 的本征值即能量为

$$
\begin{aligned}
E_\theta &= E_0 \left[1 - 2\,|\varepsilon|\,(\cos\alpha - \cos(\theta - \alpha))\right] \\
&= E_0 \left[1 - 4\,|\varepsilon|\sin\frac{\theta}{2}\sin\left(\frac{\theta}{2} - \alpha\right)\right]
\end{aligned}
$$

由这两个表达式可知:

(1) θ 连续变化, 造成能量的连续变化, 即能级成为能带. 当 $\theta = \alpha$ 时,

$$
E_\theta = E_{\max} = E_0\{1 + 2\,|\varepsilon|\,(1 - \cos\alpha)\}
$$

当 $\theta = \pi + \alpha$ 时,

$$
E_\theta = E_{\min} = E_0\{1 - 2\,|\varepsilon|\,(1 - \cos\alpha)\}
$$

故带宽为 $4\,|\varepsilon|\,E_0$.

(2) 当 (由周期势阱形状所决定的)α 足够小时, 这种相邻势阱的透射总是使基态能量比原先单个阱中的基态能量更低.

12.31　求被铝原子俘获的 μ^- 的能级、平均半径

题 12.31　考虑一个理想化的铝原子 (点电荷, $Z = 13$, $A = 27$). 如果一个轻子如 μ^- 子被这个原子俘获, 它会迅速地进入电子壳层内较低的 n 态上. 在 μ^- 俘获情况下:

(1) 当 μ^- 在 $n = 1$ 轨道上时, 计算能量 E_1, 再估计平均半径. 忽略相对论效应及核的运动;

(2) 考虑核的运动, 计算 E_1 的修正;

(3) 略去自旋, 求出由相对论效应引起的 Hamilton 量的微扰项, 并估计这项修正;

(4) 定义核的半径. 将铝核的半径与第 (1) 小题中 $n = 1$ 轨道的平均半径相比较. 定性地讨论, 当 μ^- 的原子波函数与核显著地重叠时, 对 μ^- 将会发生什么? 在类似条件下对 π^- 呢?

相关数据如下:

$$
\begin{aligned}
M_\mu &= 105\,\mathrm{MeV}/c^2, \quad s_\mu = 1/2 \\
M_\pi &= 140\,\mathrm{MeV}/c^2, \quad s_\pi = 0
\end{aligned}
$$

解答　(1) 在本题中可以不考虑核外电子的影响, 即只考虑 μ^- 在 $Z = 13$ 的核的 Coulomb 场中运动. μ^- 的能级为 (非相对论近似)

$$
\begin{aligned}
E_n &= -\frac{me^4}{2\hbar^2}\cdot\frac{Z^2}{n^2} \\
E_1 &= -\frac{m}{m_e}\cdot\frac{m_e e^4}{2\hbar^2}Z^2 = -\frac{105}{0.51}\times 13.6\,\mathrm{eV}\times 13^2 = -0.4732(\mathrm{MeV})
\end{aligned}
$$

$$a = \frac{\hbar^2}{Zme^2} = \frac{m_e}{Zm} \cdot \frac{\hbar^2}{m_e e^2} = \frac{0.5}{13 \times 105} \times 0.53\text{Å} = 1.9 \times 10^{-4}(\text{Å})$$

(2) 考虑核的运动时, 只需将质量 m 用折合质量 $\mu = \dfrac{Mm}{M+m}$ 代替即可. 于是

$$E_1' = \frac{\mu}{m} E_1 = \frac{1}{1 + \frac{m}{M}} E_1 = \frac{1}{1 + \frac{105}{27 \times 938}} \times (-473200\text{eV}) = -0.4712(\text{MeV})$$

(3) 相对论效应的微扰项可如下求出:

$$T = \sqrt{p^2 c^2 + m^2 c^4} - mc^2 = \frac{p^2}{2m} - \frac{p^4}{8m^2 c^2} + \cdots$$

所以

$$H' = -\frac{p^4}{8m^3 c^2}$$

它对 E_1 的修正可如下考虑:

$$
\begin{aligned}
\Delta E &= \left\langle 100 \left| -\frac{p^4}{8m^3 c^2} \right| 100 \right\rangle \\
&= -\frac{1}{2mc^2} \left\langle 100 \left| \frac{p^2}{2m} \cdot \frac{p^2}{2m} \right| 100 \right\rangle \\
&= -\frac{1}{2mc^2} \left\langle 100 \left| \left(H + \frac{Ze^2}{r} \right) \left(H + \frac{Ze^2}{r} \right) \right| 100 \right\rangle \\
&= -\frac{1}{2mc^2} \left\langle 100 \left| \left(E_1 + \frac{Ze^2}{r} \right)^2 \right| 100 \right\rangle
\end{aligned}
$$

由于我们只需估计这项积分, 故可得 $r \sim a$, 从而有

$$\Delta E = -\frac{1}{2mc^2} \left(E_1 + \frac{Ze^2}{a} \right)^2 \approx -\frac{|E_1|^2}{2mc^2} = -1057.5(\text{eV})$$

(4) 原子核的半径可表示成质量数 A 的函数

$$r = r_0 A^{1/3}$$

式中, $r_0 \sim 1.2 \times 10^{-13}$cm. 于是铝核的半径为

$$r = 1.2 \times 10^{-13} \times 27^{1/3}\text{cm} = 3.6 \times 10^{-5}\text{Å}$$

可见它与 μ^- 的第一轨道半径相差不很大. 这时 μ^- 波函数与核显著重叠, 于是核的体积效应将给出一个正能量修正. 同时, μ^- 与核的磁矩发生强烈作用. 在相似环境下的 π^- 仍然存在体积效应, 但无磁矩相互作用.

12.32 用中子干涉仪测量重力加速度

题 12.32 核反应堆中出来的低能中子已被用来检验重力导致的量子干涉. 如图 12.10 所示, 从 A 入射的中子经过两等长路径 $ABCEF$ 及 $ABDEF$, 并且在 E 处会发生干涉效应. 使中子偏转的三块平行的原板是从一块单晶上切下的. 为了改变引力势能的效应, 整个系统可绕 ABD 轴转动, 如图 12.10 所示. 如果 ϕ 是转动角 (当路径 $ABCEF$ 在水平面时, 取 $\phi = 0$),

(1) 证明由于引力效应在 E 处的相位差可以表示成 $\beta = q\sin\phi$, 其中 $q = K\lambda S^2\sin2\theta$, λ 是中子的波长; K 是依赖于中子质量 M、引力加速度 g、Planck 常量 $\hbar$ 和数值因子的适当常数, 试确定 K(假定引力势差与中子动能相比很小).

(2) 实验中所用的中子波长为 1.45Å. 中子的相应动能是多少电子伏特?

(3) 如果 $S = 4\text{cm}$, $\theta = 22.5°$, 且 $\lambda = 1.45\text{Å}$. 当 ϕ 从 $-90°$ 变到 $+90°$ 时, 在 F 处的中子探测器中应出现多少次极大? 中子质量为 $939\text{MeV}/c^2$, $\hbar c = 1.97 \times 10^{-11}\text{MeV·cm}$.

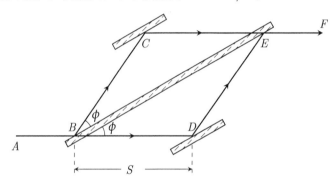

图 12.10 重力导致的量子干涉实验检验

解答 (1) 中子的波函数可以写成

$$\psi(\boldsymbol{x}, t) = c\text{e}^{(\text{i}\boldsymbol{p}\cdot\boldsymbol{r} - \text{i}Et)/\hbar}$$

在沿着一条固定轨道运动, 从 $x = 0$ 到 $x = l$ 时, 有

$$\psi(\boldsymbol{r}, t) = c\exp\left[\frac{\text{i}}{\hbar}\int_0^l \sqrt{2m(E - V)}\text{d}x - \frac{\text{i}}{\hbar}Et\right]$$

所以相位

$$\varphi = \frac{1}{\hbar}\int_0^l \sqrt{2m(E - V)}\text{d}x - \frac{1}{\hbar}Et$$

在 B 处两束中子分开, 因而有 $\varphi_{B_1} = \varphi_{B_2}$.

在 BC 及 DE 段上情况对两束中子一样, 因而有

$$\Delta\varphi_{BC} = \Delta\varphi_{DE}$$

在 BD 段上, 有 $V = 0, E = E_0$,

$$\Delta\varphi_{BD} = \frac{1}{\hbar}\int_0^S \sqrt{2mE_0}\cdot\text{d}x - \frac{1}{\hbar}E_0\cdot\frac{S}{U_0}$$

$$= \frac{1}{\hbar}\left(\sqrt{2mE_0}\cdot S - \frac{1}{2}\sqrt{2mE_0}S\right) = \frac{1}{\hbar}\cdot\frac{1}{2}S\cdot\sqrt{2mE_0}$$

在 CE 段上，引力势为

$$V = mgh = mg\cdot\overline{BE}\cdot\sin\theta\sin\phi$$

其中，$\overline{BE} = 2S\cos\theta$，也就是

$$V = 2mgS\cos\theta\sin\theta\sin\phi = mgS\sin2\theta\sin\phi$$

所以

$$\begin{aligned}
\Delta\varphi_{CE} &= \frac{1}{\hbar}\int_0^l\sqrt{2m(E_0-V)}\mathrm{d}x - \frac{1}{\hbar}E_0t' \\
&= \frac{S}{\hbar}\sqrt{2mE_0}\sqrt{1-\frac{V}{E_0}} - \frac{1}{\hbar}E_0t' \\
&= \frac{S}{\hbar}\sqrt{2mE_0}\sqrt{1-\frac{V}{E_0}} - \frac{1}{\hbar}E_0\frac{S}{\sqrt{\dfrac{2(E_0-V)}{m}}}
\end{aligned}$$

因而到 F 处两束中子的相位差为

$$\begin{aligned}
\beta &= \Delta\varphi_{BD} - \Delta\varphi_{CE} \\
&= \frac{1}{\hbar}\cdot\frac{1}{2}S\sqrt{2mE_0} - \frac{S}{\hbar}\sqrt{2mE_0}\cdot\sqrt{1-\frac{V}{E_0}} + \frac{1}{\hbar}\cdot\frac{1}{2}\sqrt{2mE_0}\frac{S}{\sqrt{1-\dfrac{V}{E_0}}} \\
&= \frac{1}{\hbar}\cdot\frac{1}{2}S\sqrt{2mE_0}\left[1 - 2\sqrt{1-\frac{V}{E_0}} + \frac{1}{\sqrt{1-\dfrac{V}{E_0}}}\right]
\end{aligned}$$

由于 $V \ll E_0$，上式可以化为

$$\begin{aligned}
\beta &= \frac{1}{\hbar}\cdot\frac{1}{2}S\sqrt{2mE_0}\left[1 - 2\left(1-\frac{V}{2E_0}\right) + 1 + \frac{V}{2E_0}\right] \\
&= \frac{3SV}{4E_0\hbar}\sqrt{2mE_0}
\end{aligned}$$

代入 V 值，有

$$\beta = \frac{3S}{4E_0\hbar}\sqrt{2mE_0}\cdot mg\cdot S\cdot\sin2\theta\cdot\sin\phi = q\sin\phi$$

其中

$$q = \frac{3\sqrt{2}}{4}\frac{\sqrt{mE_0}}{E_0\hbar}\cdot m\cdot g\cdot S^2\cdot\sin2\theta$$

再因为

$$\lambda = \frac{2\pi\hbar}{p} = \frac{2\pi\hbar}{\sqrt{2mE_0}}$$

所以

$$q = K\lambda S^2 \sin 2\theta$$

式中

$$K = \frac{3m^2 g}{4\pi\hbar^2}$$

(2) $\lambda = 1.45\text{Å}$, $\quad p = \dfrac{h}{\lambda} = \dfrac{hc}{\lambda c}$

$$\begin{aligned} E_K &= \frac{1}{2m} \cdot \frac{(hc)^2}{c^2\lambda^2} = \frac{(hc)^2}{2mc^2\lambda^2} \\ &= \frac{4 \times 3.14^2 \times (1.97 \times 10^{-11})^2}{2 \times 939 \times (1.45 \times 10^{-8})^2} = 0.039(\text{eV}) \end{aligned}$$

(3) 极大的个数 (ϕ 从 $-90°$ 变到 $+90°$, $\quad \sin\phi$ 从 -1 变到 $+1$)

$$\begin{aligned} N &= \left[\frac{1}{2\pi} \cdot 2q\right] = \left[\frac{3}{\pi} \cdot \frac{m^2 g}{4\pi\hbar^2} \cdot \lambda S^2 \cdot \sin 2\theta\right] \\ &= \left[\frac{3}{4\pi^2} \cdot \frac{(mc^2)^2 g}{c^2 \cdot (\hbar c)^2} \lambda S^2 \cdot \sin 45°\right] = [30.9] = 30 \end{aligned}$$

可以出现 30 个极大.

12.33　一维 Dirac 方程可以写成两个耦合的一阶偏微分方程组

题 12.33　考虑一维 Dirac 方程

$$\mathrm{i}\hbar\frac{\partial\psi}{\partial t} = H\psi$$

其 Hamilton 量为 $H = c\alpha p_z + \beta mc^2 + V(z) = -\mathrm{i}\hbar c\alpha\dfrac{\partial}{\partial z} + \beta mc^2 + V(z)$, 其中

$$\alpha = \begin{pmatrix} 0 & \sigma_3 \\ \sigma_3 & 0 \end{pmatrix}, \quad \sigma_3 = \begin{pmatrix} 1 & 0 \\ 0 & -1 \end{pmatrix}, \quad \beta = \begin{pmatrix} I & 0 \\ 0 & -I \end{pmatrix}, \quad I = \begin{pmatrix} 1 & 0 \\ 0 & 1 \end{pmatrix}$$

(1) 证明 $\sigma = \begin{pmatrix} \sigma_3 & 0 \\ 0 & \sigma_3 \end{pmatrix}$ 与 H 对易;

(2) 用第 (1) 小题的结果证明一维 Dirac 方程可以写成两个耦合的一阶偏微分方程组.

证明　(1) 由于

$$[\sigma, \alpha] = \left[\begin{pmatrix} \sigma_3 & 0 \\ 0 & \sigma_3 \end{pmatrix}, \begin{pmatrix} 0 & \sigma_3 \\ \sigma_3 & 0 \end{pmatrix}\right] = 0$$

$$[\sigma, \beta] = \left[\begin{pmatrix} \sigma_3 & 0 \\ 0 & \sigma_3 \end{pmatrix}, \begin{pmatrix} 1 & 0 \\ 0 & -1 \end{pmatrix}\right] = 0$$

所以
$$[\sigma, H] = [\sigma, c\alpha P_z + \beta mc^2 + V] = 0$$

(2) 由第 (1) 小题知, 可以求 σ 和 H 的共同本征函数. 令 σ 的本征态为
$$\begin{pmatrix} \psi_1 \\ \psi_2 \\ \psi_3 \\ \psi_4 \end{pmatrix}$$

由于
$$\sigma \begin{pmatrix} \psi_1 \\ \psi_2 \\ \psi_3 \\ \psi_4 \end{pmatrix} = \begin{pmatrix} \psi_1 \\ -\psi_2 \\ \psi_3 \\ -\psi_4 \end{pmatrix} = \begin{pmatrix} \psi_1 \\ 0 \\ \psi_3 \\ 0 \end{pmatrix} - \begin{pmatrix} 0 \\ \psi_2 \\ 0 \\ \psi_4 \end{pmatrix}$$

σ 本征值为 ± 1, 相应的本征函数为
$$\psi_1 \begin{pmatrix} 1 \\ 0 \\ 0 \\ 0 \end{pmatrix} + \psi_3 \begin{pmatrix} 0 \\ 0 \\ 1 \\ 0 \end{pmatrix}, \quad \psi_2 \begin{pmatrix} 0 \\ 1 \\ 0 \\ 0 \end{pmatrix} + \psi_4 \begin{pmatrix} 0 \\ 0 \\ 0 \\ 1 \end{pmatrix}$$

代入 Dirac 方程
$$\left(-\mathrm{i}\hbar c \frac{\partial}{\partial z} + V \right) \begin{pmatrix} \psi_3 \\ 0 \\ \psi_1 \\ 0 \end{pmatrix} + mc^2 \begin{pmatrix} \psi_1 \\ 0 \\ -\psi_3 \\ 0 \end{pmatrix} = \mathrm{i}\hbar \frac{\partial}{\partial t} \begin{pmatrix} \psi_1 \\ 0 \\ \psi_3 \\ 0 \end{pmatrix}$$

$$\left(-\mathrm{i}\hbar c \frac{\partial}{\partial z} + V \right) \begin{pmatrix} 0 \\ -\psi_4 \\ 0 \\ -\psi_2 \end{pmatrix} + mc^2 \begin{pmatrix} 0 \\ \psi_2 \\ 0 \\ -\psi_4 \end{pmatrix} = \mathrm{i}\hbar \frac{\partial}{\partial t} \begin{pmatrix} 0 \\ \psi_2 \\ 0 \\ \psi_4 \end{pmatrix}$$

即得到两个耦合的一阶偏微分方程组. 但实际上只有一组独立, 如令 $\psi_3 \to -\psi_4$, $\psi_1 \to \psi_2$, 就把第一组方程变到了第二组.

12.34 自由粒子的 Dirac 方程及其平面波解

题 12.34 (1) 写出自由粒子的 Dirac 方程的 Hamilton 量, 并给出 Dirac 矩阵的显式;

(2) 证明 H 与 $\boldsymbol{\sigma} \cdot \boldsymbol{P}$ 对易. $\boldsymbol{P}$ 为动量算符, $\boldsymbol{\sigma}$ 为四分量旋量空间的 Pauli 矩阵;

(3) 在 $\boldsymbol{\sigma} \cdot \boldsymbol{P}$ 为对角的表达式中求出 Dirac 方程的平面波解, 这里 $\boldsymbol{P}$ 为动量算符的本征值.

解答 (1) 自由粒子的 Dirac 方程的 Hamilton 量

$$H = c\boldsymbol{\alpha} \cdot \boldsymbol{P} + \beta mc^2 = c\boldsymbol{\alpha} \cdot (-\mathrm{i}\hbar\nabla) + \beta mc^2$$

式中

$$\boldsymbol{\alpha} = \begin{pmatrix} 0 & \boldsymbol{\sigma} \\ \boldsymbol{\sigma} & 0 \end{pmatrix}, \quad \beta = \begin{pmatrix} 1 & 0 \\ 0 & -1 \end{pmatrix}$$

(2) 我们写下

$$\boldsymbol{\alpha} \cdot \boldsymbol{P} = \begin{pmatrix} 0 & \boldsymbol{\sigma} \\ \boldsymbol{\sigma} & 0 \end{pmatrix} \cdot \boldsymbol{P} = \begin{pmatrix} 0 & \boldsymbol{\sigma} \cdot \boldsymbol{P} \\ \boldsymbol{\sigma} \cdot \boldsymbol{P} & 0 \end{pmatrix}$$

$$\boldsymbol{\sigma} \cdot \boldsymbol{P} = \begin{pmatrix} \boldsymbol{\sigma} \cdot \boldsymbol{P} & 0 \\ 0 & \boldsymbol{\sigma} \cdot \boldsymbol{P} \end{pmatrix}$$

这样

$$\begin{aligned}
[\boldsymbol{\sigma} \cdot \boldsymbol{P}, H] &= \left[\begin{pmatrix} \boldsymbol{\sigma} \cdot \boldsymbol{P} & 0 \\ 0 & -\boldsymbol{\sigma} \cdot \boldsymbol{P} \end{pmatrix}, \ c\begin{pmatrix} 0 & \boldsymbol{\sigma} \cdot \boldsymbol{P} \\ \boldsymbol{\sigma} \cdot \boldsymbol{P} & 0 \end{pmatrix} + mc^2 \begin{pmatrix} 1 & 0 \\ 0 & -1 \end{pmatrix} \right] \\
&= c\left[\begin{pmatrix} \boldsymbol{\sigma} \cdot \boldsymbol{P} & 0 \\ 0 & -\boldsymbol{\sigma} \cdot \boldsymbol{P} \end{pmatrix}, \ \begin{pmatrix} 0 & \boldsymbol{\sigma} \cdot \boldsymbol{P} \\ \boldsymbol{\sigma} \cdot \boldsymbol{P} & 0 \end{pmatrix} \right] \\
&\quad + mc^2 \left[\begin{pmatrix} \boldsymbol{\sigma} \cdot \boldsymbol{P} & 0 \\ 0 & -\boldsymbol{\sigma} \cdot \boldsymbol{P} \end{pmatrix}, \ \begin{pmatrix} 1 & 0 \\ 0 & -1 \end{pmatrix} \right] = 0
\end{aligned}$$

(3) 取 $\boldsymbol{P}$ 在 z 方向, $\boldsymbol{\sigma} \cdot \boldsymbol{P}$ 就是对角的

$$\boldsymbol{\sigma} \cdot \boldsymbol{P} = \begin{pmatrix} \sigma_z & 0 \\ 0 & \sigma_z \end{pmatrix} P_z = \begin{pmatrix} 1 & & & \\ & -1 & & \\ & & 1 & \\ & & & -1 \end{pmatrix} P_z$$

如题 12.33 所给, 此表象下 Dirac 方程的平面波解为

$$\psi_+ = \begin{pmatrix} \alpha \\ 0 \\ \gamma \\ 0 \end{pmatrix} \mathrm{e}^{\mathrm{i}P_z \cdot z/\hbar} \quad \text{和} \quad \psi_- = \begin{pmatrix} 0 \\ \beta \\ 0 \\ \delta \end{pmatrix} \mathrm{e}^{\mathrm{i}P_z \cdot z/\hbar}$$

α 和 β, γ 和 δ 各可取两组不同的值.

将上述本征矢 ψ_+ 代入 Dirac 方程

$$\mathrm{i}\hbar \frac{\partial \psi}{\partial t} = H\psi$$

即得

$$\begin{cases} cP_z\gamma + mc^2\alpha = E\alpha \\ cP_z\alpha - mc^2\gamma = E\gamma \end{cases}$$

给出

$$E_{\pm} = \pm\sqrt{m^2c^4 + P_z^2c^2}$$

相应本征态

$$\psi = \begin{pmatrix} 1 \\ 0 \\ \dfrac{E_+ - mc^2}{cP_z} \\ 0 \end{pmatrix} \mathrm{e}^{\mathrm{i}(P_z z - E_{\pm}t)/\hbar}$$

将上述本征矢 ψ_- 代入 Dirac 方程即得

$$\begin{cases} -cP_z\delta + mc^2\beta = E\beta \\ -cP_z\beta - mc^2\delta = E\delta \end{cases}$$

给出

$$E_{\pm} = \pm\sqrt{m^2c^4 + P_z^2c^2}$$

相应本征态

$$\psi = \begin{pmatrix} 0 \\ 1 \\ 0 \\ \dfrac{mc^2 - E_{\pm}}{cP_z} \end{pmatrix} \mathrm{e}^{\mathrm{i}(P_z z - E_{\pm}t)/\hbar}$$

12.35 由自由实标量场的 Lagrange 密度导出 Klein-Gordon 方程

题 12.35 考虑满足 Klein-Gordon 方程的自由实标量场 $\phi(x_{\mu})$ $(x_{\mu} = x, y, z$ 对应于 $\mu = 1, 2, 3$, $x_4 = \mathrm{i}ct)$.

(1) 写出系统的 Lagrange 密度；

(2) 用 Euler-Lagrange 方程证实 ϕ 满足 Klein-Gordon 方程；

(3) 导出系统的 Hamilton 量密度. 写出 Hamilton 方程组，并证明它和第 (2) 小题中导出的方程是一致的.

解答 (1) 实标量场 Lagrange 密度

$$\mathscr{L}(x) = -\frac{1}{2}\partial_{\mu}\phi(x)\partial_{\mu}\phi(x) - \frac{m^2}{2}\phi(x)\phi(x)$$

式中, $\partial_{\mu} = \dfrac{\partial}{\partial x_{\mu}}$.

(2) Euler-Lagrange 方程为

$$\partial_{\mu}\left[\frac{\partial\mathscr{L}(x)}{\partial(\partial_{\mu}\phi)}\right] - \frac{\partial\mathscr{L}(x)}{\partial\phi(x)} = 0$$

所以

$$\partial_\mu\partial_\mu\phi(x) - m^2\phi(x) = 0$$

即满足 Klein-Gordon 方程.

(3) Hamilton 量密度

$$\mathscr{H}(x) = \frac{\partial\mathscr{L}}{\partial(\partial_\mu\phi)}\partial_\mu\phi - \mathscr{L} = -\frac{1}{2}\partial_\mu\phi\partial_\mu\phi + \frac{m^2}{2}\phi^2$$

由 Hamilton 正则方程

$$\frac{\partial\mathscr{H}}{\partial\phi} = -\partial_\mu P_\mu$$

$$\frac{\partial\mathscr{H}}{\partial P_\mu} = \partial_\mu\phi$$

式中

$$P_\mu = \frac{\partial\mathscr{H}}{\partial(\partial_\mu\phi)} = -\partial_\mu\phi$$

这给出

$$-\partial_\mu P_\mu = m^2\phi$$

也就是

$$\partial_\mu\partial_\mu\phi(x) - m^2\phi(x) = 0$$

它和第 (2) 小题中导出的方程一致.

12.36 初动量为 p 的质壳上的带电粒子发射虚光子的概率正比于一个协变张量

题 12.36 可以证明, 一个初动量为 p 的质壳上的带电粒子发射一个动量为 q 的虚光子的概率正比于协变张量[①]

$$W_{\mu\nu} = Ag_{\mu\nu} + Bp_\mu p_\nu + Cq_\mu q_\nu + D(q_\mu p_\nu + p_\mu q_\nu)$$

式中, A, B, C 和 D 是自变量 q^2、$q\cdot p$ 和 $p^2 = m^2$ 的 Lorentz 不变标量函数.

(1) 用流守恒证明 $W_{\mu\nu}$ 有如下形式:

$$W_{\mu\nu} = W_1\left(g_{\mu\nu} - \frac{q_\mu q_\nu}{q^2}\right) + W_2\left(p_\mu - q_\mu\frac{q\cdot p}{q^2}\right)\cdot\left(p_\nu - q_\nu\frac{q\cdot p}{q^2}\right)$$

即 A, B, C 和 D 只有两个是独立的.

(2) 对一个质量为 m 的 Dirac 粒子

$$W_{\mu\nu} = \text{Tr}\left[(\not{p} - \not{q} + m)\gamma_\mu(\not{p} + m)\gamma_\nu\right]$$

计算 W_1 和 W_2.

---

① 本题以及下面题 12.37 中对 Minkowski 空间, 采用 Bjoken 度规.

解答 (1) 流守恒要求 $q^\mu W_{\mu\nu} = 0$, 即

$$Aq_\nu + B(p \cdot q)p_\nu + cq^2 q_\nu + D(q^2 p_\nu + (p \cdot q)q_\nu) = 0$$

其中, $p \cdot q = p^\mu p_\mu$, $p_\mu = p^\nu g_{\mu\nu}$. p_ν、q_ν 是独立的, $q^2 \neq 0$, 所以

$$A + Cq^2 + D(p \cdot q) = 0$$
$$B(p \cdot q) + Dq^2 = 0$$

令 $A = W_1$, $B = W_2$, 则有

$$C = -\frac{W_1}{q^2} + \frac{W_2(p \cdot q)}{q^4}, \quad D = -W_2 \frac{(p \cdot q)}{q^2}$$

所以

$$W_{\mu\nu} = W_1 \left(g_{\mu\nu} - \frac{q_\mu q_\nu}{q^2} \right) + W_2 \left(p_\mu - q_\mu \frac{q \cdot p}{q^2} \right) \cdot \left(p_\nu - q_\nu \frac{q \cdot p}{q^2} \right)$$

(2) 按题设

$$\begin{aligned}
W_{\mu\nu} &= \text{Tr}[(\not{p} - \not{q} + m)\gamma_\mu(\not{p} + m)\gamma_\nu] \\
&= \text{Tr}[\not{p}\gamma_\mu\not{p}\gamma_\nu + \not{p}\gamma_\mu m\gamma_\nu - \not{q}\gamma_\mu\not{p}\gamma_\nu - \not{q}\gamma_\mu m\gamma_\nu + m\gamma_\mu\not{p}\gamma_\nu + m\gamma_\mu m\gamma_\nu]
\end{aligned}$$

其中, $\not{p} = p_\alpha\gamma^\alpha$, $\not{q} = q_\alpha\gamma^\alpha$. Dirac 矩阵满足如下反对易关系:

$$\{\gamma^\mu, \gamma^\nu\} \equiv \gamma^\mu\gamma^\nu + \gamma^\nu\gamma^\mu = 2g^{\mu\nu}$$

从而

$$\text{Tr}(\gamma^\mu\gamma^\nu) = 4g^{\mu\nu}$$
$$\text{Tr}(\gamma^{\mu_1}\gamma^{\mu_2}\cdots\gamma^{\mu_n}) = 0, \quad \text{对于}n\text{为奇数}$$
$$\text{Tr}(\gamma^\mu\gamma^\nu\gamma^\lambda\gamma^\sigma) = 4(g^{\mu\nu}g^{\lambda\sigma} - g^{\mu\lambda}g^{\nu\sigma} + g^{\mu\sigma}g^{\nu\lambda})$$

因而 $W_{\mu\nu}$ 中含奇数个 γ 的那些项迹为零, 并有

$$\begin{aligned}
\text{Tr}[\not{p}\gamma_\mu\not{p}\gamma_\nu] &= \text{Tr}[p_\alpha\gamma^\alpha g_{\mu\lambda}\gamma^\lambda p_\beta\gamma^\beta g_{\mu\sigma}\gamma^\sigma] \\
&= p_\alpha g_{\mu\lambda}g_{\nu\sigma}p_\beta\text{Tr}[\gamma^\alpha\gamma^\lambda\gamma^\beta\gamma^\sigma] \\
&= 4p_\alpha g_{\mu\lambda}g_{\nu\sigma}p_\beta(g^{\alpha\lambda}g^{\beta\sigma} - g^{\alpha\beta}g^{\lambda\sigma} + g^{\alpha\sigma}g^{\lambda\beta}) \\
&= 4(p_\alpha\delta_\mu^\alpha p_\beta - p_\beta p^\beta\delta_\mu^\sigma g_{\nu\sigma} + p_\alpha\delta_\nu^\alpha p_\beta\delta_\mu^\beta) \\
&= 4(p_\mu p_\nu - p^2 g_{\mu\nu} + p_\nu p_\mu)
\end{aligned}$$

同样

$$\text{Tr}[\not{q}\gamma_\mu\not{p}\gamma_\nu] = 4(q_\mu p_\nu - q \cdot p g_{\mu\nu} + q_\nu p_\mu)$$

以及

$$\text{Tr}(m^2\gamma_\mu\gamma_\nu) = m^2 g_{\mu\alpha}g_{\nu\beta}\text{Tr}(\gamma^\alpha\gamma^\beta)$$

$$= 4m^2 g_{\mu\alpha} g_{\nu\beta} g^{\alpha\beta} = 4m^2 g_{\mu\alpha} \delta_\nu^\alpha = 4m^2 g_{\mu\nu}$$

对在壳上的电子 $p^2 = m^2$，故

$$W_{\mu\nu} = 8p_\mu p_\nu - 4(q_\mu p_\nu + q_\nu p_\mu) + 4(q \cdot p)g_{\mu\nu}$$

也就有

$$W_1 = 4q \cdot p, \quad W_2 = 8$$

如果注意到壳上电子在发射虚光子前后动量平方都是 m^2，即

$$p^2 = m^2$$
$$(p-q)^2 = p^2 - 2p \cdot q + q^2 = m^2$$

不难验证上式中每一项都是与一般表达式一致的.

12.37 证明 Dirac 方程的协变性，并改成 Hamilton 形式

题 12.37 下面的 Dirac 方程，可以用来解释粒子的反常磁矩

$$\left(i\slashed{\nabla} - e\slashed{A} + K\frac{e}{4m}\sigma_{\mu\nu}F^{\mu\nu} - m \right)\psi(x) = 0$$

式中，e 和 m 是粒子的电荷和质量，K 是无量纲参数，$A^\mu(x)$ 是四维势，$F^{\mu\nu}$ 是电磁场张量，即 $F^{\mu\nu} = \dfrac{\partial A^\mu}{\partial x_\nu} - \dfrac{\partial A^\nu}{\partial x_\mu}$，还有 $\sigma_{\mu\nu} = \dfrac{i}{2}[\gamma_\mu, \gamma_\nu]$，$\gamma_\mu$ 是 Dirac 矩阵，

$$\gamma_0 = \gamma^0 = \beta, \quad \gamma^i = -\gamma_i = \beta\alpha^i, \quad i = 1,2,3$$

(1) 已知上述方程在 $K = 0$ 时是协变的. 我们有 $\psi'(x') = S\psi(x)$，其中 $x'^\mu = a_\nu^\mu x^\nu$，且 $a_\nu^\mu \gamma^\nu = S^{-1}\gamma^\mu S$，证明如果 $K \neq 0$，方程仍然是协变的；

(2) 把方程改写成 Hamilton 形式，证明附加的作用项并不破坏原始 Hamilton 量的 Hermite 性.

解答 (1) 由于

$$a_\mu^\nu \gamma_\nu = S^{-1}\gamma_\mu S$$

而 a_ν^μ 与 S 和 γ 对易，故

$$S^{-1}\gamma^\mu S a_\alpha^\mu = a_\nu^\mu a_\alpha^\mu \gamma^\nu = \delta_\alpha^\nu \gamma^\nu = \gamma_\alpha$$

由 $F^{\alpha\beta} = a_\mu^\alpha a_\nu^\beta F^{\mu\nu}$，$\psi'(x') = S\psi(x)$ 有

$$\begin{aligned}
\sigma'_{\alpha\beta} F'^{\alpha\beta} \psi'(x') &= \sigma'_{\alpha\beta} F'^{\alpha\beta} S\psi(x) = \frac{i}{2}[\gamma_\alpha\gamma_\beta - \gamma_\beta\gamma_\alpha] a_\mu^\alpha a_\nu^\beta F^{\mu\nu} S\psi(x) \\
&= \frac{i}{2}[SS^{-1}\gamma_\alpha SS^{-1}\gamma_\beta - SS^{-1}\gamma_\beta SS^{-1}\gamma_\alpha] a_\mu^\alpha a_\nu^\beta F^{\mu\nu} S\psi(x)
\end{aligned}$$

$$= S\frac{\mathrm{i}}{2}[S^{-1}\gamma_\alpha S a_\mu^\alpha \cdot S^{-1}\gamma_\beta S a_\nu^\beta - S^{-1}\gamma_\beta S a_\nu^\beta S^{-1}\gamma_\alpha S a_\mu^\alpha]F^{\mu\nu}\psi(x)$$

$$= S\frac{\mathrm{i}}{2}[\gamma_\mu\gamma_\nu - \gamma_\nu\gamma_\mu]F^{\mu\nu}\psi(x) = S\sigma_{\mu\nu}F^{\mu\nu}\psi(x)$$

所以

$$S^{-1}\sigma'_{\alpha\beta}F'^{\alpha\beta}\psi'(x') = \sigma_{\mu\nu}F^{\mu\nu}\psi(x)$$

这样由于 $\psi(x) = S^{-1}\psi'(x')$, 以及 A 和 ∇ 的协变性, 在变换下 Dirac 方程变为

$$S^{-1}\left(\mathrm{i}\nabla\!\!\!/ - e A\!\!\!/ + K\frac{e}{4m}\sigma'_{\mu\nu}F'^{\mu\nu} - m\right)\psi'(x') = 0$$

即方程仍为协变的.

(2) 利用

$$\mathrm{i}\nabla\!\!\!/ = \mathrm{i}\gamma_0\frac{\partial}{\partial t} + \mathrm{i}\gamma \cdot \nabla = \mathrm{i}\beta\frac{\partial}{\partial t} + \mathrm{i}\gamma \cdot \nabla$$

$$A\!\!\!/ = \gamma^0 A^0 - \gamma \cdot A = \beta A^0 - \gamma \cdot A$$

Dirac 方程重写为

$$\mathrm{i}\beta\frac{\partial}{\partial t}\psi = \left(-\mathrm{i}\gamma \cdot \nabla + e\beta A^0 - e\gamma \cdot A - K\frac{e}{4m}\sigma_{\mu\nu}F^{\mu\nu} + m\right)\psi$$

已采用自然单位制 $\hbar = c = 1$.

两边同乘 β(左乘), 由于 $\beta^2 = 1$, $\beta\gamma_i = \beta^2\alpha_i = \alpha_i$ 可得到

$$\mathrm{i}\frac{\partial}{\partial t}\psi = H\psi$$

式中 Hamilton 量为

$$H = -\mathrm{i}\alpha \cdot \nabla + eA^0 - e\boldsymbol{\alpha} \cdot \boldsymbol{A} - K\frac{e}{4m}\beta\sigma_{\mu\nu}F^{\mu\nu} + m\beta$$

其中

$$\boldsymbol{\alpha} = \begin{pmatrix} 0 & \boldsymbol{\sigma} \\ \boldsymbol{\sigma} & 0 \end{pmatrix}, \quad \beta = \begin{pmatrix} I & \\ & -I \end{pmatrix}$$

Pauli 矩阵满足

$$\{\sigma_i, \sigma_j\} = \sigma_i\sigma_j + \sigma_j\sigma_i = 2I\delta_{ij}$$

其中 $i, j = 1, 2, 3$. 由此

$$\{\alpha_i, \alpha_j\} = 2I\delta_{ij}, \quad \{\beta, \alpha_i\} = 0$$

从而

$$\{\gamma_i, \gamma_j\} = 2g_{ij}, \quad \{\beta, \gamma_i\} = 0$$

这样

$$[\beta, \sigma_{ij}] = \left\{\beta, \frac{\mathrm{i}}{2}[\gamma_i, \gamma_j]\right\}$$

$$= \frac{i}{2}(\beta\gamma_i\gamma_j - \beta\gamma_j\gamma_i + \gamma_i\gamma_j\beta - \gamma_j\gamma_i\beta) = 0$$

其中, 用到了 $\beta\gamma_i\gamma_j = -\gamma_i\beta\gamma_j = \gamma_i\gamma_j\beta$ 等. 类似地

$$\{\beta, \sigma_{0i}\} = \frac{i}{2}\left(\beta[\beta, \gamma_i] + [\beta, \gamma_i]\beta\right) = 0$$

由于 σ_i 和 β Hermite, $\gamma_i = \beta\alpha_i$ 反 Hermite, $\gamma_0 = \beta$ Hermite, 所以 σ_{ij} Hermite, 而 σ_{0i} 反 Hermite. 这样

$$(\beta\sigma_{ij})^\dagger = \sigma_{ij}^\dagger\beta^\dagger = \sigma_{ij}\beta = \beta\sigma_{ij}$$
$$(\beta\sigma_{0i})^\dagger = \sigma_{0i}^\dagger\beta^\dagger = -\sigma_{0i}\beta = \beta\sigma_{0i}$$
$$(\beta\sigma_{i0})^\dagger = \sigma_{i0}^\dagger\beta^\dagger = -\sigma_{i0}\beta = \beta\sigma_{i0}$$

也就是

$$(\beta\sigma_{\mu\nu})^\dagger = \beta\sigma_{\mu\nu}$$

于是附加相互作用项的 Hermite 共轭是

$$\left(-K\frac{e}{4m}\beta\sigma_{\mu\nu}F^{\mu\nu}\right)^\dagger = -K^*\frac{e^*}{4m^*}\sigma_{\mu\nu}^\dagger\beta^\dagger F^{\mu\nu*} = -K\frac{e}{4m}\beta\sigma_{\mu\nu}F^{\mu\nu}$$

即它是 Hermite 的, 因而不破坏 H 的 Hermite 性, 这里用到了 K, e, m 和 $F^{\mu\nu}$ 的实数性质.

12.38 同位旋矢量算符的性质及多核子系统的能量本征态与本征值

题 12.38 质子和中子可视为一个粒子 -核子的两个不同状态. 用 $|+\rangle$ 和 $|-\rangle$ 分别表示质子和中子. 定义下列算符:

$$t_3|\pm\rangle = \pm\frac{1}{2}|\pm\rangle$$
$$t_\pm|\mp\rangle = |\pm\rangle$$
$$t_\mp|\mp\rangle = 0$$

算符 $t_1 = \frac{1}{2}(t_+ + t_-)$, $t_2 = -\frac{i}{2}(t_+ - t_-)$ 和 t_3 可以用 $\frac{1}{2}$ 乘 2×2 的 Pauli 矩阵表示, 它们形成同位旋空间中的矢量 $\boldsymbol{t}$. 作为简单模型, N 个核子处于全同的空间态时的 Hamilton 量可写成下列三项和:

$$H = NE_0 + c_1\sum_{i>j}\boldsymbol{t}_i\cdot\boldsymbol{t}_j + c_2Q^2$$

式中, E_0, c_1 和 c_2 是正常数且 $c_1 > c_2$. t_i 是第 i 个核子的同位旋, Q 是以 e 为单位的总电量, 对所有核子对求和.

(1) 证明

$$\sum_{i>j} \boldsymbol{t}_i \cdot \boldsymbol{t}_j = \frac{1}{2}\left[T(T+1) - \frac{3}{4}N\right]$$

T 是系统总同位旋量子数. 在本题以下部分需注意中子和质子都是自旋 $\frac{1}{2}$ 的 Fermi 子.

(2) 两核子系统的能量本征态和本征值如何? 各态总自旋如何?

(3) 四核子系统能量本征值, 本征态如何?

(4) 三核子系统的能量本征值如何?

解答 (1) 同位旋算符满足角动量对易关系, 从而 $\left(\sum_{i=1}^{N} \boldsymbol{t}_i\right)^2$ 的本征值为 $T(T+1)$,

$\boldsymbol{t}_i^2$ 的本征值为 $\frac{1}{2}\left(\frac{1}{2}+1\right)$, 则有

$$\sum_{i>j} \boldsymbol{t}_i \cdot \boldsymbol{t}_j = \frac{1}{2}\left[\left(\sum_{i=1}^{N} \boldsymbol{t}_i\right)^2 - \sum_{i=1}^{N} \boldsymbol{t}_i^2\right] = \frac{1}{2}\left(T(T+1) - \frac{3}{4}N\right)$$

(2) 由于自旋 1/2 的全同粒子系波函数反对称的要求, 两核子系统如下表:

两核子系统的同位旋态和角旋态

组合	同位旋态	自旋态
(p, p)	$\|+\rangle\|+\rangle$	$\frac{1}{\sqrt{2}}(\|\alpha\rangle\|\beta\rangle - \|\beta\rangle\|\alpha\rangle)$
(n, n)	$\|-\rangle\|-\rangle$	$\frac{1}{\sqrt{2}}(\|\alpha\rangle\|\beta\rangle - \|\beta\rangle\|\alpha\rangle)$
(p, n)	$\frac{1}{\sqrt{2}}(\|+\rangle\|-\rangle + \|-\rangle\|+\rangle)$	$\frac{1}{\sqrt{2}}(\|\alpha\rangle\|\beta\rangle - \|\beta\rangle\|\alpha\rangle)$
(n, p)	$\frac{1}{\sqrt{2}}(\|+\rangle\|-\rangle - \|-\rangle\|+\rangle)$	$\frac{1}{\sqrt{2}}(\|\alpha\rangle\|\beta\rangle - \|\beta\rangle\|\alpha\rangle)$ 或 $\|\beta\rangle\|\beta\rangle$

相应的本征值如下表:

两核子系统本征态的本征值

组合	T	S	Q	E
(p, p)	1	0	2	$C_1 + 4C_2$
(n, n)	1	0	0	C_1
(p, n)	1	0	1	$C_1 + 2C_1$
(n, p)	0	1	1	C_2

表中 $|\alpha\rangle$, $|\beta\rangle$ 表示自旋 $+$ 及 $-$ 的单粒子态, 能量 E 中已省略了一部分 $\left(2E_0 - \frac{3}{4}C_1\right)$.

(3) 由于 Pauli 原理, 在一个能级, 每一对相反的自旋, 最多有两个质子和两个中子, 其组合必为 (pnpn), 且两个中子及质子自旋态各自不同. 相应于 (pnpn) 顺次排列的自旋态有四种:

$$(\alpha\alpha\beta\beta), \quad (\beta\beta\alpha\alpha), \quad (\alpha\beta\beta\alpha), \quad (\beta\alpha\alpha\beta)$$

对其他顺次可类推. 值得注意, 这时总波函数已不能写成自旋部分和同位旋部分的简单直积并使之各自对称或反对称. 对系统可能的同位旋取值: $T = 2, 1, 0$, 相应的可能的能量为

$$E = 4E_0 + 4c_2 + \frac{3}{2}c_1, \quad 4E_0 + 4c_2 - \frac{1}{2}c_1, \quad 4E_0 + 4c_2 - \frac{3}{2}c_1$$

但由于这 4 个核子空间波函数相同, 而核子的自旋态只有两种, 按 Pauli 原理, 系统总同位旋只能取 0, 相应能量只能取本征态为

$$\psi(1,2,3,4) = \begin{pmatrix} |+\rangle_1\alpha_1 & |+\rangle_1\beta_1 & |-\rangle_1\alpha_1 & |-\rangle_1\beta_1 \\ |+\rangle_2\alpha_2 & |+\rangle_2\beta_2 & |-\rangle_2\alpha_2 & |-\rangle_2\beta_2 \\ |+\rangle_3\alpha_3 & |+\rangle_3\beta_3 & |-\rangle_3\alpha_3 & |-\rangle_3\beta_3 \\ |+\rangle_4\alpha_4 & |+\rangle_4\beta_4 & |-\rangle_4\alpha_4 & |-\rangle_4\beta_4 \end{pmatrix}$$

(4) 三核子系统的组态可为 (ppn) 或 (nnp), 同位旋可为 $\frac{3}{2}$ 或 $\frac{1}{2}$, 对 (ppn)

$$E = 3E_0 + 4c_2 \pm \frac{3}{4}c_1$$

对 (nnp)

$$E = 3E_0 + c_2 \pm \frac{3}{4}c_1$$

12.39 等边三角形分子俘获额外电子后的能量本征态及其性质

题 12.39 一个等边三角形分子可以俘获一个额外电子. 作为初级的近似, 电子可以进入分别局域在三个顶角处的三个正交的态 ψ_A, ψ_B, ψ_C 中的任一个. 作为更好的近似, 可以认为能量本征态是有效 Hamilton 量决定的 ψ_A, ψ_B, ψ_C 的线性组合. 该有效 Hamilton 量在 ψ_A、ψ_B、ψ_C 态上有相同的期望值而在其中任两个之间有相同的矩阵元 V_0.

(1) 旋转 $2\pi/3$ 的对称性对 ψ_A, ψ_B, ψ_C 的组合系数有什么限制? 同时还存在交换 B 和 C 的对称性, 这对有效 Hamilton 量的本征值有何限制?

(2) $t = 0$ 时刻, 电子被俘获进入 ψ_A 态, 在时刻 t 电子仍处于 ψ_A 态的概率为多大?

解答 (1) 在旋转 $2\pi/3$ 变换作用下, 有

$$R\psi_A = a\psi_B, \quad R\psi_B = a\psi_C, \quad R\psi_C = a\psi_A$$

易知 $a = 1$, $e^{i2\pi/3}$ 和 $e^{i4\pi/3}$. 设有效 Hamilton 量 H 的本征态为 $\psi = a_1\psi_A + a_2\psi_B + a_3\psi_C$, 则由 $R\psi = \psi$ 及 ψ_A、ψ_B、ψ_C 正交性可得

$$\begin{cases} a_1 a = a_2 \\ a_2 a = a_3 \\ a_3 a = a_1 \end{cases}$$

于是有三种组合 (在基 ψ_A, ψ_B, ψ_C 中, 分别对应 α 的三个数值)

$$\psi^{(1)} = \frac{1}{\sqrt{3}}\begin{pmatrix} 1 \\ 1 \\ 1 \end{pmatrix}, \quad \psi^{(2)} = \frac{1}{\sqrt{3}}\begin{pmatrix} 1 \\ e^{i2\pi/3} \\ e^{i4\pi/3} \end{pmatrix}, \quad \psi^{(3)} = \frac{1}{\sqrt{3}}\begin{pmatrix} e^{-i4\pi/3} \\ 1 \\ e^{i4\pi/3} \end{pmatrix}$$

取有效 Hamilton 量的对角元为 0, 则

$$H = \begin{pmatrix} 0 & V & V \\ V & 0 & V \\ V & V & 0 \end{pmatrix}$$

与 $\psi^{(1)}$、$\psi^{(2)}$、$\psi^{(3)}$ 相应的能量是 $2V$, $-V$, $-V$.

至于交换两个原子的对称变换 P, 由于 P 与 R 不对易, 故 P 在上面选定的 H 与 R 的本征态 $\psi^{(1)}$、$\psi^{(2)}$、$\psi^{(3)}$ 下不是对角的, 但 $\psi^{(1)}$ 是 P 的本征态, 而 $\psi^{(2)}$, $\psi^{(3)}$ 虽不是 P 本征态但已简并, P 对 H 的本征值无限制.

(2) 展开 $t = 0$ 时刻波函数 ψ_A

$$\psi_A = \frac{1}{3}\left[\psi^{(1)} + \psi^{(2)} + e^{-i2\pi/3}\psi^{(3)}\right]$$

经 t 时间后发展成

$$\psi(t) = \frac{1}{3}\left[e^{-i2Vt/\hbar}\psi^{(1)} + e^{+iVt/\hbar}\psi^{(2)} + e^{-i2\pi/3}e^{+iVt/\hbar}\psi^{(3)}\right]$$

在时刻 t 电子仍处于 ψ_A 态的概率为

$$|\langle\psi_A|\psi(t)\rangle|^2 = \frac{1}{9}\left(5 + 4\cos\frac{3Vt}{\hbar}\right)$$

12.40　用变分法求分子的基态能量及动能、势能的期望值

题 12.40 分子的能量是电子的核的动能及各种 Coulomb 能的和. 假定一个特定的多体归一化波函数 $\psi(x_1, \cdots, x_N)$, 其动能及势能的期望值是 T 和 $U(U > 0)$.

(1) 用试探波函数 $\lambda^{3N/2}\psi(\lambda x_1, \cdots, \lambda x_N)$ 作基态能量的变分估计, 这里 λ 是参数.

(2) 假定 ψ 是真实的基态波函数并且真正的基态能量是 $-B(B > 0)$, 求 T 和 U 的值.

解答 (1) 动能和 Coulomb 势能都是 x 的齐次函数. 动能的期望值 T 为如下形式项的和:

$$\frac{\dfrac{\hbar^2}{2m}\displaystyle\int \psi^*(x_1,\cdots,x_N)\frac{\partial^2}{\partial x_{i,j}^2}\psi(x_1,\cdots,x_N)\mathrm{d}^3x_1\mathrm{d}^3x_2\cdots\mathrm{d}^3x_N}{\dfrac{\hbar^2}{2m}\displaystyle\int \psi^*(x_1,\cdots,x_N)\psi(x_1,\cdots,x_N)\mathrm{d}^3x_1\mathrm{d}^3x_2\cdots\mathrm{d}^3x_N}$$

在试探波函数 $\lambda^{3N/2}\psi(\lambda x_1,\cdots,\lambda x_N)$ 下动能的期望值 T' 为如下形式项的和:

$$\frac{\dfrac{\hbar^2}{2m}\lambda^{3N}\displaystyle\int \psi^*(\lambda x_1,\cdots,\lambda x_N)\frac{\partial^2}{\partial x_{i,j}^2}\psi(\lambda x_1,\cdots,\lambda x_N)\mathrm{d}^3x_1\mathrm{d}^3x_2\cdots\mathrm{d}^3x_N}{\lambda^{3N}\displaystyle\int \psi^*(\lambda x_1,\cdots,\lambda x_N)\frac{\partial^2}{\partial x_{i,j}^2}\psi(\lambda x_1,\cdots,\lambda x_N)\mathrm{d}^3x_1\mathrm{d}^3x_2\cdots\mathrm{d}^3x_N}$$

$$=\frac{\dfrac{\hbar^2}{2m}\lambda^2\displaystyle\int \psi^*(\lambda x_1,\cdots,\lambda x_N)\frac{\partial^2}{\partial(\lambda x_{i,j})^2}\psi(\lambda x_1,\cdots,\lambda x_N)\mathrm{d}^3\lambda x_1\mathrm{d}^3\lambda x_2\cdots\mathrm{d}^3\lambda x_N}{\displaystyle\int \psi^*(\lambda x_1,\cdots,\lambda x_N)\frac{\partial^2}{\partial(\lambda x_{i,j})^2}\psi(\lambda x_1,\cdots,\lambda x_N)\mathrm{d}^3\lambda x_1\mathrm{d}^3\lambda x_2\cdots\mathrm{d}^3\lambda x_N}$$

$$=\frac{\dfrac{\hbar^2}{2m}\lambda^2\displaystyle\int \psi^*(y_1,\cdots,y_N)\frac{\partial^2}{\partial(y_{i,j})^2}\psi(y_1,\cdots,y_N)\mathrm{d}^3y_1\mathrm{d}^3y_2\cdots\mathrm{d}^3y_N}{\displaystyle\int \psi^*(y_1,\cdots,y_N)\psi(y_1,\cdots,y_N)\mathrm{d}^3y_1\mathrm{d}^3y_2\cdots\mathrm{d}^3y_N}$$

其中 $y_i=\lambda x_i$ 等, 从而 $T'=\lambda^2 T$. 类似地, Coulomb 势能的期望值 $-U$ 为如下形式项的和:

$$\frac{e_ie_j\displaystyle\int \psi^*(x_1,\cdots,x_N)\frac{1}{|x_i-x_j|}\psi(x_1,\cdots,x_N)\mathrm{d}^3x_1\mathrm{d}^3x_2\cdots\mathrm{d}^3x_N}{\dfrac{\hbar^2}{2m}\displaystyle\int \psi^*(x_1,\cdots,x_N)\psi(x_1,\cdots,x_N)\mathrm{d}^3x_1\mathrm{d}^3x_2\cdots\mathrm{d}^3x_N}$$

在试探波函数 $\lambda^{3N/2}\psi(\lambda x_1,\cdots,\lambda x_N)$ 下势能的期望值 $-U'$ 为 $-\lambda U$, 因而能量期望值为

$$E(\lambda)=\lambda^2 T-\lambda U$$

基态满足 $\dfrac{\mathrm{d}E(\lambda)}{\mathrm{d}\lambda}=0$, 有 $\lambda=\dfrac{U}{2T}$, 从而基态能量的变分估计值为

$$E=-\frac{U^2}{4T}$$

(2) 由于 ψ 是基态, 从而 $U=2T$, $E=-T$, 所以

$$T=B,\quad U=2B$$

12.41 绝热近似下的双原子分子的能量本征值与本征态

题 12.41 双原子分子中, 质子运动通常比电子运动慢得多, 对此可以用绝热近似. 这个近似假定电子波函数由质子的瞬时位置决定. 氢分子离子的高度理想化模型由

下面一维 Hamilton 量给出:

$$H = -\frac{\hbar^2}{2m}\frac{\mathrm{d}^2}{\mathrm{d}x^2} - \gamma\delta(x-x_0) - \gamma\delta(x+x_0)$$

式中, $\pm x_0$ 是质子的坐标, m 为电子质量.

(1) 任意 x_0 所决定的所有本征值和本征函数如何? 你可以用一个超越方程表示该本征值. 对两种情形 $\frac{m\gamma x_0}{\hbar^2} \gg 1$ 和 $\frac{mg x_0}{\hbar^2} \ll 1$ 给出解析结果;

(2) 假定质子质量 M 满足 $M \gg m$, 作绝热运动并有排斥势 $V(2x_0) = \dfrac{\gamma}{200 x_0}$ 作用于其间, 近似计算质子的平衡距离;

(3) 近似计算质子在平衡位置附近作谐振动的频率, 绝热近似成立吗?

解答 (1) 束缚态能量本征值 $E < 0$, 令 $\beta = \dfrac{2m\gamma}{\hbar^2}$, $k = \dfrac{-2mE}{\hbar} = \dfrac{2m|E|}{\hbar}$. Schrödinger 方程变为

$$\frac{\mathrm{d}^2\psi}{\mathrm{d}x^2} + \beta\left[\delta(x-x_0) + \delta(x+x_0)\right]\psi = k^2\psi$$

对上述方程分区间求解. H 空间反演不变, 其束缚定态具有确定的宇称. 奇宇称解

$$\psi(x) = \begin{cases} \sinh(kx), & 0 < x \leqslant x_0 \\ a\mathrm{e}^{-kx}, & x_0 \leqslant x \end{cases}$$

偶宇称解

$$\psi(x) = \begin{cases} \cosh(kx), & 0 \leqslant x \leqslant x_0 \\ b\mathrm{e}^{-kx}, & x_0 \leqslant x \end{cases}$$

其中 a、b 是常量. 将 Schrödinger 方程对包含 $x = x_0$ 点的小区间 $[x_0 - \varepsilon, x_0 + \varepsilon](\varepsilon > 0)$ 积分, 令 $\varepsilon \to 0$ 取极限而得

$$\psi'(x_0 + \varepsilon) - \psi'(x_0 - \varepsilon) + \beta\psi(x_0) = 0, \quad \beta = \frac{2mg}{\hbar^2}$$

x_0 处波函数连接条件

$$\psi(x_0 + \varepsilon) = \psi(x_0 - \varepsilon)$$

上面波函数连接条件给出能量本征值满足的条件. 对于奇宇称

$$\mathrm{e}^{-2kx_0} = 1 - \frac{2kx_0}{\beta x_0}$$

对于偶宇称

$$\mathrm{e}^{-2kx_0} = -1 + \frac{2kx_0}{\beta x_0}$$

如图 2.18 所示. 当 $\beta x_0 \ll 1$ 时, 仅偶宇称有解 $k = \beta$, 更高一级

$$k = \beta(1 - \beta x_0)$$

从而能量本征值为

$$E = -\frac{\hbar^2 \beta^2}{2m} \cdot (1 - \beta x_0)^2$$

当 $\beta x_0 \gg 1$ 时，迭代得到近似解

$$k = \frac{\beta}{2}(1 \mp \mathrm{e}^{-\beta x_0})$$

从而能量本征值为

$$E = -\frac{\hbar^2 \beta^2}{8m}(1 \mp \mathrm{e}^{-\beta x_0})^2$$

式中，$\mp$ 号对应于偶、奇宇称解. 值得注意，对奇宇称

$$E = -\frac{\hbar^2 \beta^2}{8m}(1 - \mathrm{e}^{-\beta x_0})^2$$

当 x_0 增大时下降，即使不考虑质子的斥力也已使系统不稳定，故不是束缚态解. 本题只有两种极限情况下的偶宇称解.

(2) 质子能量系统的总能量为

$$\langle H \rangle = E_\mathrm{e} + T_\mathrm{p} + V_\mathrm{p}$$

若采用绝热近似忽略质子动能 T_p，代入 $V(2x_0) = \dfrac{\gamma}{200 x_0}$，对 $\beta x_0 \ll 1$ 情形

$$E_\mathrm{e} = -\frac{\hbar^2 \beta^2}{2m}(1 - \beta x_0)^2$$

由 $\dfrac{\mathrm{d}}{\mathrm{d}x}\langle H \rangle \big|_{\bar{x}_0} = 0$，得

$$(\beta \bar{x}_0)^2(1 - \beta \bar{x}_0) = \frac{1}{400}$$

进而可得

$$\beta \bar{x}_0 \sim \frac{1}{20}, \quad \bar{x}_0 \sim \frac{1}{20\beta}$$

对 $\beta x_0 \gg 1$ 情形

$$E_\mathrm{e} = -\frac{\hbar^2 \beta^2}{8m}(1 + \mathrm{e}^{-\beta x_0})^2$$

由 $\dfrac{\mathrm{d}}{\mathrm{d}x}\langle H \rangle \big|_{\bar{x}_0} = 0$，得

$$\frac{1}{2} \cdot \frac{\hbar^2}{2m\gamma}\beta^3(1 + \mathrm{e}^{-\beta x_0})\mathrm{e}^{-\beta \bar{x}} - \frac{1}{200 \bar{x}_0^2} = 0$$

利用 $\beta x_0 \gg 1$，上式给出

$$100(\beta \bar{x}_0)^2 = \mathrm{e}^{\beta \bar{x}_0}$$

考察 $\langle H \rangle$ 的二阶导数

$$\frac{\mathrm{d}^2}{\mathrm{d}x_0^2}\langle H \rangle \bigg|_{\bar{x}_0} = -\frac{\gamma}{2}\beta^3(1 + 2\mathrm{e}^{-\beta \bar{x}_0})\mathrm{e}^{-\beta \bar{x}_0} + \frac{g}{100 \bar{x}_0^3}$$

对于 $\beta x_0 \ll 1$

$$\frac{\mathrm{d}^2}{\mathrm{d}x_0^2}\langle H\rangle\bigg|_{\bar{x}_0} \approx \frac{\gamma}{100\bar{x}_0^3}\left[1-150(\bar{x}_0)^3\right] \simeq \frac{\gamma}{100\bar{x}_0^3} > 0$$

即此极值点是极小点, 稳定. 对于 $\beta x_0 \gg 1$

$$\frac{\mathrm{d}^2}{\mathrm{d}x_0^2}\langle H\rangle\bigg|_{\bar{x}_0} \approx -\frac{\gamma}{200\bar{x}_0^3}(\beta x-2) < 0$$

即此极值点是极大点, 不稳定.

综上, 质子的平衡距离为

$$\bar{x}_0 \sim \frac{1}{20\beta}$$

(3) 考虑 $\beta x_0 \ll 1$ 的稳定平衡情形, 求得简谐振动的弹性系数 K 为

$$K = \frac{\mathrm{d}^2}{\mathrm{d}x_0^2}\langle H\rangle\bigg|_{\bar{x}_0} = -\frac{\hbar^2}{m}\beta^4 + \frac{\gamma}{100\bar{x}_0^3} \sim 40\gamma\beta^3$$

由此得振动频率

$$\omega = \sqrt{\frac{K}{m}} = \frac{4\times 200^{1/4}mg^2}{\hbar^2}$$

质子动能的量级

$$T_\mathrm{p} = \frac{1}{2}K\bar{x}_0^2 \approx \frac{\gamma\beta}{10\sqrt{2}}$$

电子能量

$$|E_\mathrm{e}| \approx \frac{\hbar^2\beta^2}{2m} = \gamma\beta$$

从而 $T_\mathrm{p} \ll |E_\mathrm{e}|$, 故绝热近似成立.

12.42 用 Schwarz 不等式证明不确定性关系, 并证明最小不确定性态是 Gauss 函数

题 12.42 (1) 考虑积分 $I = \int(\lambda f + g)^*(\lambda f + g)\mathrm{d}v$, 这里 f, g 是一般的位置函数, λ 是实常数, 证明

$$\int f^* f \mathrm{d}v \int g^* g \mathrm{d}v \geqslant \frac{1}{4}\left[\int(f^*g+g^*f)\mathrm{d}v\right]^2$$

上式称为 Schwarz 不等式;

(2) 设 A, B 是两个可观察量的算符, 利用下式:

$$f = (A-\bar{A})\psi \quad \text{和} \quad g = \mathrm{i}(B-\bar{B})\psi$$

(其中, $\bar{A}$、$\bar{B}$ 分别是 A、B 在态 ψ 中的期望值) 证明

$$(\Delta A)^2(\Delta B)^2 \geqslant -\frac{1}{4}\left[\int\psi^*(AB-BA)\psi dv\right]^2$$

式中, ΔA, ΔB 为 A 与 B 的不确定度;

(3) 证明 $\Delta p_x \Delta x \geqslant \hbar/2$;

(4) 证明若 $\Delta p_x \Delta x = \hbar/2$, 那么 ψ 是 Gauss 函数.

证法一

(1) 令

$$u = \int f^* f \mathrm{d}v, \quad v = \int f^* g \mathrm{d}v, \quad w = \int g^* g \mathrm{d}v$$

则有

$$I = \int (\lambda f + g)^* (\lambda f + g) \mathrm{d}v = u\lambda^2 + (v + v^*)\lambda + w \tag{12.50}$$

因为式 (12.50)中被积函数处处只能大于或等于零, 所以

$$u\lambda^2 + (v + v^*)\lambda + w \geqslant 0 \tag{12.51}$$

式 (12.51)为实变量的一元二次不等式, 满足的条件是

$$4uw \geqslant (v + v^*)^2$$

也就是

$$\int f^* f \mathrm{d}v \int g^* g \mathrm{d}v \geqslant \frac{1}{4} \left[\int (f^* g + g^* f) \mathrm{d}v \right]^2 \tag{12.52}$$

(2) 按题设令 $f = (A - \bar{A})\psi$, $g = \mathrm{i}(B - \bar{B})\psi$ 代入式 (12.52)左边, 有

$$\int \left[(A - \bar{A})\psi \right]^* (A - \bar{A})\psi \mathrm{d}v \int \left[\mathrm{i}(B - \bar{B})\psi \right]^* \mathrm{i}(B - \bar{B})\psi \mathrm{d}v$$

$$= \int \psi^* (A - \bar{A})\psi \mathrm{d}v \int \psi^* (B - \bar{B})\psi \mathrm{d}v$$

$$= (\Delta A)^2 (\Delta B)^2 \tag{12.53}$$

在上面第 (2) 步中用到 A, B 是 Hermite 算符, 这时易算出式 (12.52)的右边为

$$-\frac{1}{4} \int \psi^* (AB - BA)\psi \mathrm{d}v \tag{12.54}$$

将式 (12.53), 式 (12.54)代入式 (12.52), 有

$$(\Delta A)^2 (\Delta B)^2 \geqslant -\frac{1}{4} \overline{[A, B]} \tag{12.55}$$

(3) 令 $A = \dfrac{\hbar}{\mathrm{i}} \cdot \dfrac{\mathrm{d}}{\mathrm{d}x}$, $B = x$ 有

$$[A, B] = \frac{\hbar}{\mathrm{i}}$$

代入式 (12.55), 有

$$(\Delta p_x)^2 (\Delta x)^2 \geqslant -\frac{1}{4}(\hbar/\mathrm{i})^2 \int \psi^* \psi \mathrm{d}v = \frac{1}{4}\hbar^2$$

也就是

$$\Delta p_x \Delta x \geqslant \frac{\hbar}{2} \tag{12.56}$$

(4) 令 $\bar{p}_x = \bar{x} = 0$，这不影响所求的结果，则有

$$f = -i\hbar \frac{\partial \psi}{\partial x}, \quad g = ix\psi$$

式 (12.56) 中的等号只有在 $\lambda f + g = 0$ 对所有的 x 都成立的情况下才是对的 (其中 λ 为实常数)，所以条件成立时有

$$\lambda \frac{\hbar}{i} \frac{\partial \psi}{\partial x} = -ix\psi$$

也就是

$$\frac{d\psi}{dx} = \frac{1}{\lambda \hbar} x\psi \tag{12.57}$$

式 (12.57) 的解为

$$\psi = C \exp(-x^2/4\Delta^2) \tag{12.58}$$

式中, C 是常数, Δ^2 满足

$$\Delta^2 = -\frac{\lambda \hbar}{2}$$

这里 λ 应是负实数.

证法二 参见题 4.60.

12.43 热平衡中的一维谐振子 (混态) 的位置概率函数

题 12.43 处于温度为 T 的热平衡中的一维谐振子的位置概率函数是

$$f(x) = \frac{1}{Z} \sum_n \exp(-E_n/k_B T) u_n^2(x)$$

这里 u_n 是量子数为 n 的能量本征态，相应本征值为 E_n, $Z = \sum_n \exp(-E_n/k_B T)$. 设 $f(x)dx$ 为在 $x \sim x+dx$ 间发现粒子的概率，这些粒子处于热平衡系统中，是处于混态，在混态中不同 $|n\rangle$ 态前的加权因子是 Boltzmann 常量因子. 证明:

(1) 如下等式:

$$\frac{df}{dx} = \frac{1}{Z} \left(\frac{2m\omega}{\hbar} \right)^{1/2} \exp\left(\frac{-E_n}{k_B T} \right) \left(\sqrt{n} u_{n-1} u_n - \sqrt{n+1} u_n u_{n+1} \right)$$

$$xf = \frac{1}{Z} \left(\frac{\hbar}{2m\omega} \right)^{1/2} \exp\left(\frac{-E_n}{k_B T} \right) \left(\sqrt{n} u_{n-1} u_n + \sqrt{n+1} u_n u_{n+1} \right)$$

式中, m 为质量, ω 为角频率;

(2) $f(x) = C \exp(-x^2/2\sigma^2)$, 这里 $\sigma^2 = (\hbar/2m\omega) \coth(\hbar\omega/2k_B T)$, C 是常数;

(3) 在高温极限 $(k_B T \gg \hbar\omega)$, $f(x)$ 趋向经典形式.

解答 (1) 利用产生、湮灭算符

$$a = (2m\hbar\omega)^{-\frac{1}{2}} (m\omega x + ip)$$

$$a^{\dagger} = (2m\hbar\omega)^{-\frac{1}{2}}(m\omega x - \mathrm{i}p)$$

可解出

$$x = \sqrt{\frac{\hbar}{2m\omega}}(a + a^{\dagger}), \quad p = \sqrt{\frac{\hbar m\omega}{2}}\frac{(a - a^{\dagger})}{\mathrm{i}}$$

同时可得到

$$au_n = \sqrt{n}\,u_{n-1}\,, \quad a^{\dagger}u_n = \sqrt{n+1}\,u_{n+1}$$

因为

$$\frac{\mathrm{d}}{\mathrm{d}x} = \frac{\mathrm{i}}{\hbar}p = \sqrt{\frac{m\omega}{2\hbar}}(a - a^{\dagger})$$

所以

$$
\begin{aligned}
\frac{\mathrm{d}f}{\mathrm{d}x} &= \frac{2}{Z}\sum_n \exp\left(\frac{-E_n}{k_{\mathrm{B}}T}\right) u_n \frac{\mathrm{d}u_n}{\mathrm{d}x} \\
&= \frac{1}{Z}\sqrt{\frac{2m\omega}{\hbar}}\exp\left(\frac{-E_n}{k_{\mathrm{B}}T}\right) u_n(au_n - a^{\dagger}u_n) \\
&= \frac{1}{Z}\sqrt{\frac{2m\omega}{\hbar}}\sum_n \exp\left(\frac{-E_n}{k_{\mathrm{B}}T}\right)\left[\sqrt{n}u_n u_{n-1} - \sqrt{n+1}u_n u_{n+1}\right] \quad (12.59)
\end{aligned}
$$

类似有

$$
\begin{aligned}
xf &= \frac{1}{Z}\sqrt{\frac{\hbar}{2m\omega}}\sum_n \exp\left(-\frac{E_n}{k_{\mathrm{B}}T}\right) u_n(au_n + a^{\dagger}u_n) \\
&= \frac{1}{Z}\sqrt{\frac{\hbar}{2m\omega}}\sum_n \exp\left(-\frac{E_n}{k_{\mathrm{B}}T}\right)\left(\sqrt{n}u_n u_{n-1} + \sqrt{n+1}u_n u_{n+1}\right) \quad (12.60)
\end{aligned}
$$

(2) 因为式 (12.59)中前一项的求和可改写为

$$\sum_{n=1} \exp\left(-\frac{E_n}{k_{\mathrm{B}}T}\right)\sqrt{n}u_n u_{n-1} = \sum_{m=0} \exp\left(-\frac{E_{m+1}}{k_{\mathrm{B}}T}\right) x\sqrt{m+1}\,u_{m+1}u_m$$

所以式 (12.59)可改写为

$$\frac{\mathrm{d}f}{\mathrm{d}x} = -\sqrt{\frac{2m\omega}{\hbar}}\left[1 - \exp\left(\frac{-\hbar\omega}{k_{\mathrm{B}}T}\right)\right]S \quad (12.61)$$

式中

$$S = \frac{1}{Z}\sum_n \exp\left(-\frac{E_n}{k_{\mathrm{B}}T}\right)\sqrt{n+1}u_n u_{n+1}$$

类似有

$$xf = \sqrt{\frac{\hbar}{2m\omega}}\left[1 + \exp\left(\frac{-\hbar\omega}{k_{\mathrm{B}}T}\right)\right]S \quad (12.62)$$

比较式 (12.61), 式 (12.62)可知

$$\frac{\mathrm{d}f}{\mathrm{d}x} = -\frac{1}{\sigma^2}xf \quad (12.63)$$

式中

$$\sigma^2 = \frac{\hbar}{2m\omega}\left[\frac{1+\exp(-\hbar\omega/k_{\mathrm{B}}T)}{1-\exp(-\hbar\omega/k_{\mathrm{B}}T)}\right] = \frac{\hbar}{2m\omega}\coth\frac{\hbar\omega}{2k_{\mathrm{B}}T} \tag{12.64}$$

式 (12.63) 的解为

$$f(x) = C\exp\left(-\frac{x^2}{2\sigma^2}\right)$$

式中 C 为常数, 由归一化条件确定

$$\int_{-\infty}^{+\infty} f(x)\mathrm{d}x = 1$$

σ 是 $f(x)$ 的标准偏差, 由式 (12.64) 可知它随着温度 T 升高而增加.

(3) 当 $k_{\mathrm{B}}T \gg \hbar\omega$ 时

$$\coth(\hbar\omega/2k_{\mathrm{B}}T) \to \frac{2k_{\mathrm{B}}T}{\hbar\omega}, \quad 且 \sigma^2 \to \frac{k_{\mathrm{B}}T}{m\omega^2}$$

这样导致

$$f(x) \to C\exp\left(-\frac{m\omega^2 x^2}{2k_{\mathrm{B}}T}\right)$$

对于谐振子势中的粒子, 其势能为

$$V(x) = \frac{1}{2}m\omega^2 x^2$$

所以有

$$f(x) = C\exp\left(-\frac{V(x)}{k_{\mathrm{B}}T}\right)$$

这正是经典位置概率函数的表达式 Boltzmann 因子.

讨论　实际上处于温度 T 的热平衡系统的谐振子的密度矩阵为

$$\rho = \sum_n \mathrm{e}^{-E_n/k_{\mathrm{B}}T}\frac{|n\rangle\langle n|}{Z}$$

其中, $|n\rangle$ 是能量本征值为 E_n 的本征态, $\langle n|$ 为 $|n\rangle$ 的 Hermite 共轭.

12.44　带电粒子在均匀磁场中运动时的产生、湮灭算符及能级

题 12.44　一个质量为 m, 电量为 e 的粒子在沿 z 轴方向的均匀磁场 $\boldsymbol{B}$ 中, 在 xy 平面内运动.

(1) 给出的粒子的 Hamilton 量是 $H = \dfrac{1}{2m}(\boldsymbol{p} - e\boldsymbol{A})^2$, 其中 $\boldsymbol{p}$ 是正则动量, $\boldsymbol{A}$ 是磁场的矢势, 证明

$$H = \frac{1}{2m}\left[p_x^2 + p_y^2 + eB(yp_x - xp_y) + \frac{1}{4}e^2B^2(x^2 + y^2)\right]$$

(2) 证明如下定义的算符:

$$b = \frac{1}{\sqrt{2eB\hbar}}\left(\frac{1}{2}eBx + \mathrm{i}p_x + \frac{1}{2}\mathrm{i}eBy - p_y\right)$$

$$b^\dagger = \frac{1}{\sqrt{2eB\hbar}}\left(\frac{1}{2}eBx - \mathrm{i}p_x - \frac{1}{2}\mathrm{i}eBy - p_y\right)$$

满足下列关系式:

$$bb^\dagger = \frac{H}{\hbar\omega} + \frac{1}{2}, \quad b^\dagger b = \frac{H}{\hbar\omega} - \frac{1}{2}$$

式中, $\omega = eB/m$;

(3) 由此证明粒子的能量为 $E = \left(n+\dfrac{1}{2}\right)\hbar\omega$, 式中 n 为正整数.

证明　　(1) 对 $\boldsymbol{A}$ 选取对称规范, 各分量如下给出:

$$A_x = -\frac{1}{2}By, \quad A_y = \frac{1}{2}Bx, \quad A_z = 0 \tag{12.65}$$

可验证它满足 $\nabla \times \boldsymbol{A} = \boldsymbol{B} = Be_z$.

由于 Hamilton 量是

$$H = \frac{1}{2m}(\boldsymbol{p} - e\boldsymbol{A})^2 = \frac{1}{2m}(\boldsymbol{p}^2 - 2e\boldsymbol{p}\cdot\boldsymbol{A} + e^2\boldsymbol{A}^2) \tag{12.66}$$

将式 (12.65)代入式 (12.66), 同时注意到粒子动量 $p_z = 0$, 这时有

$$H = \frac{1}{2m}\left[p_x^2 + p_y^2 + eB(yp_x - xp_y) + \frac{1}{4}e^2B^2(x^2 + y^2)\right] \tag{12.67}$$

(2) 由 b、$b^\dagger$ 的定义有

$$
\begin{aligned}
bb^\dagger &= \frac{1}{2eB\hbar}\left(\frac{1}{2}eBx + \mathrm{i}p_x + \frac{1}{2}\mathrm{i}eBy - p_y\right) \times \left(\frac{1}{2}eBx - \mathrm{i}p_x - \frac{1}{2}\mathrm{i}eBy - p_y\right) \\
&= \frac{1}{2eB\hbar}\left[\frac{1}{4}e^2B^2(x^2 + y^2) + p_x^2 + p_y^2 + eB(yp_x - xp_y) + eB\hbar\right]
\end{aligned}
\tag{12.68}
$$

上面最后一步用到了 $[p_x, x] = [p_y, y] = -\mathrm{i}\hbar$, $[x, y] = 0$.

比较式 (12.66)和式 (12.68), 并注意到 $\omega = eB/m$, 有

$$bb^\dagger = \frac{H}{\hbar\omega} + \frac{1}{2} \tag{12.69}$$

类似的推导可得

$$b^\dagger b = \frac{H}{\hbar\omega} - \frac{1}{2} \tag{12.70}$$

(3) 式 (12.69)与式 (12.70)相减, 可得 b 与 $b^\dagger$ 的对易关系, 再由式 (12.69)与式(12.70)相加可得

$$H = \frac{\hbar\omega}{2}\left(b^\dagger b + bb^\dagger\right) = \hbar\omega\left(b^\dagger b + \frac{1}{2}\right)$$

由此可知，b 与 $b^\dagger$ 同 Hamilton 量的关系与一维谐振子中的产生与湮灭算符 a 和 $a^\dagger$ 同 Hamilton 量的关系相同，这一相同的关系导致本题中粒子的能量为

$$E = \left(n + \frac{1}{2}\right)\hbar\omega$$

式中，n 为正整数.

12.45 相干态随时间的演化

题 12.45 设一个质量为 m，角频率为 ω 的一维谐振子在 t 为零时处于湮灭算符 a 的本征态，本征值为 z，即有

$$a\psi(x,0) = z\psi(x,0)$$

试证明：

(1) $\psi(x,0) = C_0 \sum\limits_{n=0}^{\infty} \dfrac{z^n}{\sqrt{n!}} u_n$，式中 u_n 是归一化的谐振子波函数 (量子数为 n)，C_0 是归一化常数；

(2) 在以后的 t 时刻，$\psi(x,t)$ 是 a 的本征值为 $\mu\exp(-\mathrm{i}\omega t)$ 的本征态；

(3) 如果 $z = \lambda\exp(\mathrm{i}\rho)$，这里 λ，σ 为实数，则有

$$|\psi(x,t)|^2 = \frac{1}{\sqrt{2\pi}\sigma} \exp\left[-(x-x_0)^2/2\sigma^2\right]$$

式中，$x_0 = 2\sigma\lambda\cos(\rho - \omega t)$，$\sigma^2 = \hbar/2m\omega$；

(4) 画出不同时刻 $|\psi(x,t)|^2$ 的草图.

解答 (1) 按题设谐振子在 t 为零时处于湮灭算符 a 的本征态

$$a\psi(x,0) = z\psi(x,0)$$

设 $\psi(x,0) = \sum\limits_{n=0}^{\infty} C_n u_n$，考虑到 $au_n = \sqrt{n}\,u_{n-1}$，有

$$a\sum_{n=0}^{\infty} C_n\, u_n = \sum_{n=0}^{\infty} C_n \sqrt{n}\, u_{n-1} = z\sum_{n=0}^{\infty} C_n\, u_n \tag{12.71}$$

由式 (12.71) 可知

$$C_1 = zC_0, \quad C_2 = \frac{z}{\sqrt{2}}C_1 = \frac{z^2}{\sqrt{2!}}C_0, \quad C_3 = \frac{z}{\sqrt{3}}C_2 = \frac{z^3}{\sqrt{3!}}C_0 \tag{12.72}$$

这样，易看出

$$C_n = \frac{z^n}{\sqrt{n!}}C_0$$

于是有

$$\psi(x,0) = C_0 \sum_{n=0}^{\infty} \frac{z^n}{\sqrt{n!}} u_n \tag{12.73}$$

(2) 在谐振子 Hamilton 量作用下, 有

$$\begin{aligned}
\psi(x,t) &= C_0 \sum_{n=0}^{\infty} \frac{z^n}{\sqrt{n!}} u_n \exp(-\mathrm{i}E_n t/\hbar) = C_0 \sum_{n=0}^{\infty} \frac{z^n}{\sqrt{n!}} u_n \exp\left[-\mathrm{i}\left(n+\frac{1}{2}\right)\omega t\right] \\
&= C_0 \exp\left(-\frac{1}{2}\mathrm{i}\omega t\right) \sum_{n=0}^{\infty} \frac{[z\exp(-\mathrm{i}\omega t)]^n}{\sqrt{n!}} u_n
\end{aligned} \tag{12.74}$$

比较式 (12.73)和式 (12.74), 可见, $\psi(x,t)$ 与 $\psi(x,0)$ 除一个相因子外, 区别只在于由 $z\exp(-\mathrm{i}\omega t)$ 替代了 z, 由此可知 $\psi(x,t)$ 应为 a 的本征值为 $z\exp(-\mathrm{i}\omega t)$ 的本征态.

(3) 因为由定义有

$$a = \frac{1}{\sqrt{2m\hbar\omega}}(m\omega x + \mathrm{i}px) = \frac{1}{2\alpha}x + \alpha\frac{\mathrm{d}}{\mathrm{d}x} \tag{12.75}$$

式中, $\alpha = \sqrt{\dfrac{\hbar}{2m\omega}}$, 设 $\psi = \psi(x,t)$, 有

$$a\psi(x,t) = \beta\psi(x,t) \tag{12.76}$$

这里

$$\beta = \alpha\exp(-\mathrm{i}\omega t) = \lambda\exp(\mathrm{i}\theta), \quad \theta = \rho - \omega t$$

将式 (12.75)代入式 (12.76), 有

$$\frac{\mathrm{d}\psi}{\mathrm{d}x} = \frac{\beta}{\sigma}\psi - \frac{x}{2\sigma^2}\psi \tag{12.77}$$

式 (12.77)的解为

$$\psi = C\exp\left(-\frac{x^2}{4\sigma^2} + \frac{\beta}{\sigma}x\right) \tag{12.78}$$

式中, C 是积分常数. 取式 (12.78)的模方, 有

$$|\psi|^2 = |C|^2 \exp(-G) \tag{12.79}$$

式中

$$\begin{aligned}
G &= \frac{x^2}{2\sigma^2} - \frac{x}{\sigma}(\beta+\beta^*) = \frac{x^2}{2\sigma^2} - \frac{2\lambda x}{\sigma}\cos\theta \\
&= \frac{1}{2\sigma^2}(x - 2\sigma\lambda\cos\theta)^2 - 2\lambda^2\cos^2\theta
\end{aligned} \tag{12.80}$$

现令

$$x_0 = 2\sigma\lambda\cos\theta = 2\sigma\lambda\cos(\rho - \omega t) \tag{12.81}$$

由式 (12.79)~ 式 (12.81)，可得

$$|\psi|^2 = |C|^2 \exp(2\lambda^2 \cos^2\theta) \exp\left[-\frac{(x-x_0)^2}{(2\sigma^2)}\right] \tag{12.82}$$

由归一化条件可得

$$|C|^2 \exp(2\lambda^2 \cos^2\theta) = \frac{1}{\sqrt{2\pi}\sigma}$$

代入式 (12.82)，有

$$|\psi(x,t)|^2 = \frac{1}{\sqrt{2\pi}\sigma} \exp\left[-(x-x_0)^2/(2\sigma^2)\right] \tag{12.83}$$

(4) 由式 (12.81)和式 (12.83)可知，$|\psi(x,t)|^2$ 是 Gauss 函数，它以不变化的形状作简谐运动，它的标准偏差即函数宽度是 σ，运动振幅为 $2\sigma\lambda$（λ 是本征值振幅），运动草图如图 12.11所示.

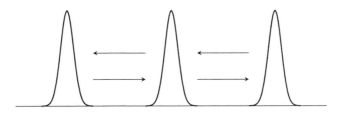

图 12.11　相干态波包的运动

12.46　求 N 个离子组成的环在自旋相互作用下的能量本征值与本征态

题 12.46　考虑一个由 N 个离子组成的环，每个离子的自旋为 $\frac{1}{2}$，间隔相等. 相邻离子受到 $H = -\frac{1}{2}J\sum\limits_{i=1}^{N}\boldsymbol{\sigma}_i \cdot \boldsymbol{\sigma}_{i+1}$ 的作用，式中 $\boldsymbol{\sigma}_i$ 是第 i 个离子的 Pauli 自旋算符 (任一离子被选为 1)，J 是常数. 同时存在一个垂直于环的弱磁场，所以 σ_{iz} 有两个本征函数 α 和 β，系统的基态 x_0 相应于所有自旋态都是 α 态. χ_j 态代表除了第 j 个离子处在 β 态，其余态都处在 α 态. 试证明：

(1) χ_j 态满足

$$\boldsymbol{\sigma}_i \cdot \boldsymbol{\sigma}_{i+1}\chi_j = \chi_j, \quad j \neq i \text{或} j \neq i+1$$
$$\boldsymbol{\sigma}_i \cdot \boldsymbol{\sigma}_{i+1}\chi_i = 2\chi_{i+1} - \chi_i$$
$$\boldsymbol{\sigma}_i \cdot \boldsymbol{\sigma}_{i+1}\chi_{i+1} = 2\chi_i - \chi_{i+1}$$

(2) 若 $\chi = \sum C_n\chi_n$ 是 H 本征值为 E 的本征态，则有

$$(E - E_0)C_n = J(2C_n - C_{n+1} - C_{n-1})$$

这里，　$E_0 = -\dfrac{1}{2}JN$；

(3) 若 $C_n = \left(1/\sqrt{N}\right)\exp(\mathrm{i}qna)$，这里 a 为离子间距离，那么

$$E - E_0 = 2J(1 - \cos qa)$$

解答　(1) χ_j 可写成直积态

$$\chi_j = \alpha_1\alpha_2\alpha_3\cdots\alpha\beta_j\alpha\cdots\alpha_{N-1}\alpha_N$$

Pauli 自旋算符的点乘 $\boldsymbol{\sigma}_i \cdot \boldsymbol{\sigma}_{i+1}$ 展开

$$\boldsymbol{\sigma}_i \cdot \boldsymbol{\sigma}_{i+1} = \sigma_{ix}\sigma_{i+1,x} + \sigma_{iy}\sigma_{i+1,y} + \sigma_{iz}\sigma_{i+1,z}$$

又因为 $\sigma_{ix}, \sigma_{iy}, \sigma_{iz}$ 只作用在 α_i, β_i 态上，若 $j \neq i$ 则 $\sigma_{ix}, \sigma_{iy}, \sigma_{iz}$ 对 α_j, β_j 不作用，且

$$\sigma_{ix}\alpha_i = \beta_i, \quad \sigma_{iy}\alpha_i = -\mathrm{i}\beta_i, \quad \sigma_{iz}\alpha_i = -\alpha_i$$
$$\sigma_{ix}\beta_i = \alpha_i, \quad \sigma_{iy}\beta_i = \mathrm{i}\alpha_i, \quad \sigma_{iz}\beta_i = +\beta_i$$

所以有

$$(\sigma_{ix}\sigma_{i+1,x} + \sigma_{iy}\sigma_{i+1,y} + \sigma_{iz}\sigma_{i+1,z})\alpha_i\alpha_{i+1} = (\beta_i\beta_{i+1} - \beta_i\beta_{i+1} + \alpha_i\alpha_{i+1}) = \alpha_i\alpha_{i+1}$$

这样就有

$$\boldsymbol{\sigma}_i \cdot \boldsymbol{\sigma}_{i+1}\chi_j = \chi_j, \quad j \neq i\,\text{或}\,j \neq i+1 \tag{12.84}$$

又因为

$$(\sigma_{ix}\sigma_{i+1,x} + \sigma_{iy}\sigma_{i+1,y} + \sigma_{iz}\sigma_{i+1,z})\beta_i\alpha_{i+1} = \alpha_i\beta_{i+1} + \alpha_i\beta_{i+1} - \beta_i\alpha_{i+1}$$

所以当 $j = i$ 时，有

$$\boldsymbol{\sigma}_i \cdot \boldsymbol{\sigma}_{i+1}\chi_i = 2\chi_{i+1} - \chi_i \tag{12.85}$$

同理，　$j = i+1$ 时有

$$\boldsymbol{\sigma}_i \cdot \boldsymbol{\sigma}_{i+1}\chi_{i+1} = 2\chi_i - \chi_{i+1} \tag{12.86}$$

(2) 由于 $\left(\displaystyle\sum_{i=1}^{N}\boldsymbol{\sigma}_i \cdot \boldsymbol{\sigma}_{i+1}\right)\chi_n$ 中有 $N-2$ 项是 i 或 $i+1$ 都不等于 n，这时圆括号内算符作用到 χ_n 上仍为 χ_n. 只有两项 $n=i$ 和 $n=i+1$ 的项作用后改变，由式 (12.85)，式 (12.86)可知

$$\left(\sum_{i=1}^{N}\boldsymbol{\sigma}_i \cdot \boldsymbol{\sigma}_{i+1}\right)\chi_n = N\chi_n + 2(\chi_{n-1} + \chi_{n+1} - 2\chi_n)$$

因此，有

$$H\chi = -\frac{1}{2}J\left(\sum_{i=1}^{N}\boldsymbol{\sigma}_i \cdot \boldsymbol{\sigma}_{i+1}\right)\sum_{n=1}^{N}C_n\chi_n$$

$$= -\frac{1}{2}JN\sum_{n=1}^{N}C_n\chi_n + J\sum_{n=1}^{N}C_n\left(2\chi_n - \chi_{n-1} - \chi_{n+1}\right)$$

$$= E\sum_{n=1}^{N}C_n\chi_n \tag{12.87}$$

由式 (12.85)χ_n 前的系数相等, 可得

$$(E - E_0)C_n = J(2C_n - C_{n+1} - C_{n-1})$$

(3) 若令

$$C_n = \frac{1}{\sqrt{N}}\exp(\mathrm{i}qna)$$

则有

$$C_{n+1} = \exp(\mathrm{i}qa)C_n, \quad C_{n-1} = \exp(-\mathrm{i}qa)C_n \tag{12.88}$$

将式 (12.88)代入式 (12.87), 有

$$(E - E_0) = 2J(1 - \cos qa)$$

12.47　中子干涉仪中最终干涉强度与其中一路磁场的关系

题 12.47　中子干涉仪 (由整块柱状单晶硅挖成"山"字形做成) 将一束单色热中子束分裂为沿空间不同路径的两束, 最后再会合到一起相干叠加, 如图 12.12所示. 在两条途径之一加上磁场, 磁场会使中子自旋方向发生转动. 仪器的设置使得在重新会合前, 两束中子具有相等的强度, 在没加磁场时两路具有等长的有效距离. 取 x、y、z 为 Descartes 坐标, 设 α、β 为 σ_z 的本征态.

(1) 设入射中子束处于 α 态, 常磁场 $\boldsymbol{B}$ 沿 x 轴方向加在其中一路上, 证明经过时间 $t = \dfrac{\pi\hbar}{2\mu_{\mathrm{n}}B}$($\mu_{\mathrm{n}}$ 是中子磁偶极矩) 后这一路中子的自旋被反转;

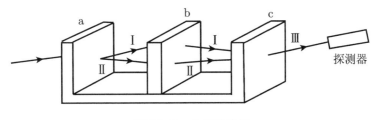

图 12.12　中子干涉仪

(2) 自旋同样可以由沿 y 轴方向的 $\boldsymbol{B}$(同样强度) 经过同样的时间来反转. 在这两种情况下, 中子经过磁场后的自旋波函数有无区别? 在两种条件下, 最终叠加后的自旋方向是什么?

(3) 若磁场沿 x 轴, 经过时间

(i) $t = \dfrac{\pi\hbar}{\mu_{\mathrm{n}}B}$;

(ii) $t = \dfrac{2\pi\hbar}{\mu_{\mathrm{n}}B}$.

其他条件都相同, 在每种情况下, 经过磁场的那束中子的自旋方向怎样? 最终干涉强度有区别吗?

解答 (1) 在图 12.13中标有无磁场时中子束自旋的方向. 因为磁场沿 x 轴方向, 故磁场引起的 Hamilton 量 $H = -\boldsymbol{\mu}\cdot\boldsymbol{B} = -\mu_{\mathrm{n}}B\sigma_x$, 其中 $\boldsymbol{\mu}$ 为中子磁矩, μ_{n} 为磁矩的 x 分量. 因此 σ_x 的本征态为

$$\frac{1}{\sqrt{2}}(\alpha+\beta), \quad \frac{1}{\sqrt{2}}(\alpha-\beta)$$

即 H 的本征态, 本征值相应为

$$-\mu_{\mathrm{n}}B 和 \mu_{\mathrm{n}}B$$

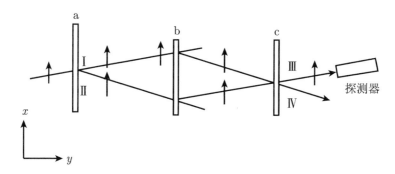

图 12.13 经过中子干涉仪后中子的路径和自旋取向

在 $t = 0$ 时, 中子刚进入磁场时, 自旋方向沿 z 轴, 自旋波函数为

$$\psi(0) = \alpha = \frac{\alpha+\beta}{\sqrt{2}}\cdot\frac{1}{\sqrt{2}} + \frac{\alpha-\beta}{\sqrt{2}}\cdot\frac{1}{\sqrt{2}}$$

在 H 作用下, t 时刻波函数为

$$\psi(t) = \frac{\alpha+\beta}{2}\exp(-\mathrm{i}\omega t) + \frac{\alpha-\beta}{2}\exp(\mathrm{i}\omega t) = \alpha\cos\omega t - \mathrm{i}\beta\sin\omega t \tag{12.89}$$

式中

$$\hbar\omega = \mu_{\mathrm{n}}B$$

当 $t = \dfrac{\pi\hbar}{2\mu_{\mathrm{n}}B}$ 时, 有 $\omega t = \dfrac{\pi}{2}$, 于是 $\psi(t) = -\mathrm{i}\beta$. 这时离开磁场的中子束自旋方向沿 $-z$ 轴.

(2) 当磁场沿 y 轴方向时, H 的本征矢为 σ_y 的两个本征矢, 即

$$\frac{\alpha+\mathrm{i}\beta}{\sqrt{2}}, \quad \frac{\alpha-\mathrm{i}\beta}{\sqrt{2}}$$

本征值仍为 $-\mu_n B$ 与 $\mu_n B(\mu_n$ 为中子磁矩 y 分量$)$. 所以 t 时刻波函数为

$$\psi(t) = \frac{\alpha + i\beta}{2}\exp(-i\omega t) + \frac{\alpha - i\beta}{2}\exp(i\omega t) = \alpha\cos\omega t - \beta\sin\omega t$$

当 $\omega t = \dfrac{\pi}{2}$ 时，$\psi(t) = \beta$，离开磁场后，中子自旋方向也沿 $-z$ 方向.

虽然这与第 (1) 小题最后自旋方向相同，但自旋态却不一样，两者差一个相位因子 i，因此当和另一路径不经过磁场的中子束 (自旋态为 α) 相干叠加后，两种情况叠加后中子束的波函数分别为

$$\psi = \frac{\alpha - i\beta}{\sqrt{2}}, \quad \boldsymbol{B}沿x方向 \tag{12.90}$$

$$\psi = \frac{\alpha + i\beta}{\sqrt{2}}, \quad \boldsymbol{B}沿y方向 \tag{12.91}$$

我们知道式 (12.90) 表示自旋沿 $-y$ 轴方向，而式 (12.91) 的波函数表示自旋沿 x 轴方向.

(3) (i) 当 $t = \dfrac{\pi\hbar}{\mu_n B}$ 时，$\omega t = \pi$，由式 (12.89) 可知

$$\psi(t) = -\alpha$$

这时虽然自旋转过 2π，方向仍沿 z 轴正方向，但自旋波函数差一个负号，这也是纯量子效应. 对于自旋是半整数的粒子都适用.

(ii) 当 $t = \dfrac{2\pi\hbar}{\mu_n B}$ 时，$\omega t = 2\pi$，式 (12.89) 变为

$$\psi(t) = \alpha$$

即当自旋方向转过 4π，粒子自旋波函数完全复原. 自旋波函数的符号 (相位因子) 仅靠一束中子无法被测量到，但通过两束的干涉可被测量到. 情况 (i) 下，两束中子相干相消，相干中子束强度为零；而情况 (ii) 下，相干光束相干相长，强度最大.

12.48 奇偶相干态是 $a^2(a$ 为湮灭算符$)$ 的本征态

题 12.48 试证明下面两种态为 a^2 的本征值为 z^2 的本征态 (a 为湮灭算符，z 为复常数)

$$|z\rangle_e = (\cosh|z|^2)^{-\frac{1}{2}}\sum_{n=0}^{\infty}\frac{z^{2n}}{\sqrt{(2n)!}}|2n\rangle$$

$$|z\rangle_o = (\sinh|z|^2)^{-\frac{1}{2}}\sum_{n=0}^{\infty}\frac{z^{2n+1}}{\sqrt{(2n+1)!}}|2n+1\rangle$$

(上面 $|z\rangle_e$、$|z\rangle_o$ 常被称为偶相干态与奇相干态).

证明　按题设定义, 直接演算

$$
\begin{aligned}
a^2 |z\rangle_{\mathrm{e}} &= (\cosh |z|^2)^{-\frac{1}{2}} \sum_{n=0}^{\infty} \frac{z^{2n}}{\sqrt{(2n)!}} a^2 |2n\rangle \\
&= (\cosh |z|^2)^{-\frac{1}{2}} \sum_{n=1}^{\infty} \frac{z^{2n}}{\sqrt{(2n-2)!}} |2n-2\rangle \\
&= z^2 (\cosh |z|^2)^{-\frac{1}{2}} \sum_{m=0}^{\infty} \frac{z^{2m}}{\sqrt{(2m)!}} |2m\rangle \\
&= z^2 |z\rangle_{\mathrm{e}}
\end{aligned}
$$

类似有

$$
a^2 |z\rangle_{\mathrm{o}} = z^2 |z\rangle_{\mathrm{o}}
$$

12.49　被约束在圆轨道上运动的粒子, 在有无外磁场时的本征态、本征能量和磁矩, 以及它的顺磁能量与抗磁能量

题 12.49　一个质量为 m, 电量为 e 的粒子被约束在一个半径为 a 的圆轨道上运动. 设 x 为沿圆轨道的距离.

(1) 证明波函数

$$
\frac{1}{\sqrt{2\pi a}} \exp(\mathrm{i}nx/a), \quad \frac{1}{\sqrt{2\pi a}} \exp(-\mathrm{i}nx/a)
$$

是 Schrödinger 方程的解, 相应的本征能量为

$$
E_0 = \frac{n^2 \hbar^2}{2ma^2}
$$

这里, n 为零或正整数;

(2) 证明作轨道运动的粒子具有磁偶极矩

$$
\mu = \pm \frac{ne\hbar}{2m}
$$

(3) 当一个垂直于轨道平面的均匀磁场 $\boldsymbol{B}$ 被加在轨道上时, 证明磁场可以用一个矢势 $\boldsymbol{A}$ 来描述, $\boldsymbol{A}$ 的方向与圆轨道相切, 它的大小为 $A = \dfrac{aB}{2}$;

(4) 对于确定的 n 值, 第 (1) 小题中的两个波函数仍然是新的 Schrödinger 方程的解, 但相应的能量本征值为

$$
E = E_0 + E_1 + E_2
$$

这里

$$
E_1 = \mp \frac{n\hbar^2 j}{ma}, \quad E_2 = \frac{\hbar^2 j^2}{2m}, \quad \hbar j = eA
$$

(5) E_1 相应于顺磁能量, E_2 相应于逆磁能量.

解答　(1) 轨道中运动粒子的 Hamilton 量为

$$H = \frac{1}{2m}p^2 = -\frac{\hbar^2}{2m} \cdot \frac{\mathrm{d}^2}{\mathrm{d}x^2}$$

所以 Schrödinger 方程 $H\psi = E_0\psi$ 可写为

$$\frac{\mathrm{d}^2\psi}{\mathrm{d}x^2} + k^2\psi = 0 \tag{12.92}$$

这里

$$k = \sqrt{\frac{2mE_0}{\hbar^2}} \tag{12.93}$$

　　方程 (12.92) 的解是

$$\psi = C\exp(\pm\mathrm{i}kx) \tag{12.94}$$

式中，C 为常数. 周期边界条件

$$\psi(x) = \psi(x + 2\pi a)$$

由此可知

$$k = \frac{n}{a} \tag{12.95}$$

式中，n 为 0 或正整数. C 由归一化条件得出

$$\int_0^{2\pi a} |\psi|^2 \mathrm{d}x = 2\pi a C^2 = 1$$

可取

$$C = \frac{1}{\sqrt{2\pi a}}$$

由式 (12.93) 和式 (12.95)，可知

$$E_0 = \frac{n^2\hbar^2}{2ma^2} \tag{12.96}$$

　　(2) 磁偶极矩 μ 应为

$$\mu = 轨道面积 \times 电流 = \pm\frac{\pi a^2 e}{\tau} \tag{12.97}$$

这里 τ 是转动周期，设 v 为粒子速度，则有

$$\frac{1}{\tau} = \frac{v}{2\pi a} = \frac{p}{2\pi am} = \frac{\hbar\kappa}{2\pi am} = \frac{n\hbar}{2\pi a^2 m} \tag{12.98}$$

代入式 (12.97)，有

$$\mu = \pm\frac{ne\hbar}{2m} \tag{12.99}$$

　　(3) 由 Stokes 定律与 $\boldsymbol{B} = \nabla \times \boldsymbol{A}$ 可得

$$\oint \boldsymbol{A} \cdot \mathrm{d}\boldsymbol{l} = \iint \boldsymbol{B} \cdot \mathrm{d}\boldsymbol{s} \tag{12.100}$$

式中 d$\boldsymbol{l}$ 是沿轨道的积分线元， d$\boldsymbol{s}$ 是被轨道围住的平面的面元. 因为 $\boldsymbol{B}$ 是常矢量，故式 (12.100)右边为 $\pi a^2 B$, 又因为 $\boldsymbol{A}$ 与轨道相切, 且大小不变, 故上式左边等于 $2\pi a A$, 由此可得

$$A = \frac{aB}{2}$$

也就是

$$\boldsymbol{A} = \frac{aB}{2}\boldsymbol{e}_\theta$$

(4) 加磁场后的 Hamilton 量为

$$H = \frac{1}{2m}(\boldsymbol{p} - e\boldsymbol{A})^2$$

柱坐标下

$$\nabla = \frac{\partial}{\partial r}\boldsymbol{e}_r + \frac{1}{r}\frac{\partial}{\partial \varphi}\boldsymbol{e}_\varphi + \frac{\partial}{\partial z}\boldsymbol{e}_z$$

从而对环上运动的带电粒子状态 ψ

$$\nabla \psi = \frac{1}{r}\frac{\partial \psi}{\partial \varphi}\boldsymbol{e}_\varphi = \frac{\partial \psi}{\partial x}\boldsymbol{e}_\varphi$$

其中, x 为沿圆轨道到 $\varphi = 0$ 处的距离. Schrödinger 方程为

$$-\frac{\hbar^2}{2m}\frac{\mathrm{d}^2\psi}{\mathrm{d}x^2} + \frac{\mathrm{i}e\hbar A}{m}\frac{\mathrm{d}\psi}{\mathrm{d}x} + \frac{e^2A^2}{2m}\psi = E\psi \tag{12.101}$$

波函数 $\psi = \exp(qx)$ 是式 (12.101)的解, 如果 q 满足

$$-\frac{\hbar^2q^2}{2m} + \frac{\mathrm{i}e\hbar Aq}{m} + \frac{e^2A^2}{2m} - E = 0$$

或者

$$q^2 + 2uq + w = 0 \tag{12.102}$$

式中

$$u = -\frac{\mathrm{i}eA}{\hbar} = -\mathrm{i}j \tag{12.103}$$

$$w = \frac{2mE}{\hbar^2} - \frac{e^2A^2}{\hbar^2} = k^2 - j^2 \tag{12.104}$$

$$k = \sqrt{\frac{2mE}{\hbar^2}} \tag{12.105}$$

由式 (12.102)~ 式 (12.105), 可得

$$q = -u \pm \sqrt{u^2 - w} = \mathrm{i}(j \pm k)$$

先不考虑归一化常数, 我们得到

$$\psi_+(x) = \exp[\mathrm{i}(j+k)x], \quad \psi_-(x) = \exp[\mathrm{i}(j-k)x] \tag{12.106}$$

由周期性边界条件 $\psi(x) = \psi(x + 2\pi a)$，可得

$$j + k = \frac{n}{a} \ (\text{对}\psi_+), \quad j - k = -\frac{n}{a} \ (\text{对}\psi_-) \tag{12.107}$$

将式 (12.107)代入式 (12.106)，则第 (1) 小题中的两个波函数仍是此时 Schrödinger 方程的解，但能量却不一样，由式 (12.105)可知对 ψ_+，有

$$K_+ = \frac{n}{a} - j, \quad E_+ = \frac{\hbar^2}{2m}\left(\frac{n}{a} - j\right)^2$$

对 ψ_-，有

$$K_- = \frac{n}{a} + j, \quad E_- = \frac{\hbar^2}{2m}\left(\frac{n}{a} + j\right)^2$$

这样有

$$E_\pm = E_0 + E_1 + E_2$$

这里

$$E_1 = \mp\frac{n\hbar^2 j}{ma}, \quad E_2 = \frac{\hbar^2 j^2}{2m}$$

(5) 由关系式 $\hbar j = eA$ 及 $A = aB/2$，可知对于 ψ_+ 态有

$$E_1 = -\frac{n\hbar^2 j}{ma} = -\frac{ne\hbar}{2m}B = -\mu B$$

由式 (12.99)可知，这正是轨道粒子原先的磁偶极子与所加的磁场的相互作用能，即相应于顺磁能量. 因为 $\boldsymbol{\mu}$ 与 $\boldsymbol{B}$ 的方向相同，所以 E_1 小于零. 对于 ψ_- 态，粒子沿相反方向运动，$\boldsymbol{\mu}$ 与 $\boldsymbol{B}$ 反向，相互作用能为正值. E_2 的表达式为

$$E_2 = \frac{\hbar^2 j^2}{2m} = \frac{e^2 A^2}{2m} = \frac{e^2 a^2 B^2}{8m}$$

抗磁效应是磁场引起的磁偶极子的变化与磁场本身的相互作用. 下面我们用经典的方法来计算这一相互作用能. 假设磁场由零逐渐增加到最终的 B_0 值，在磁场变化时要产生感应电场，由 Faraday 电磁感应定律有

$$\pi a^2 \frac{\mathrm{d}B}{\mathrm{d}t} = 2\pi a\mathcal{E}$$

式中，$\mathcal{E}$ 是感生电场，其方向和 $\mathrm{d}\boldsymbol{B}$ 方向呈左手螺旋关系. 如果粒子处于 ψ_+ 态，速度为 v，则电场引起的动量变化为

$$m\mathrm{d}v = -e\mathcal{E}\mathrm{d}t = -\frac{ea}{2}\mathrm{d}B \tag{12.108}$$

由式 (12.97)，式 (12.98)可知粒子的磁偶极矩为

$$\mu = \frac{\pi a^2 e}{\tau} = \frac{eav}{2}$$

所以式 (12.108)中动量的变化引起的磁偶极矩的变化为

$$\mathrm{d}\mu = \frac{ea}{2}\mathrm{d}v = -\frac{e^2 a^2}{4m}\mathrm{d}B$$

当磁场从 0 增加到 B_0 时，总的能量改变为

$$E_{逆} = -\int_0^{B_0} B\mathrm{d}\mu = \frac{e^2 a^2}{4m}\int_0^{B_0} B\mathrm{d}B = \frac{e^2 a^2 B_0^2}{8m} \tag{12.109}$$

去掉式 (12.109)中 B_0 的下标，可见 $E_2 = E_{逆}$. 因为 E_2 的公式中不包含 $\hbar$，所以再次让我们看到，在这种情况下量子与经典的结果一致.

12.50　两束基态银原子如何区分是自旋纯态还是自旋混合态

题 12.50　两束基态银原子，一束处于自旋混合态，一束为纯态. 你能用 Stern-Gerlach 实验装置检验出哪一束属于纯态哪一束属于混合态吗?

解答　设纯态为 $|\psi\rangle = \alpha|+\rangle + \beta|-\rangle$，这里 $|+\rangle$, $|-\rangle$ 为 s_z 的本征值为 $\pm\frac{1}{2}\hbar$ 的本征态. 若令

$$|\alpha| = \cos\frac{\theta}{2}, \quad |\beta| = \sin\frac{\theta}{2}, \quad 0 \leqslant \theta \leqslant \pi$$

$$\varphi = \arg\beta - \arg\alpha, \quad \chi = \frac{1}{2}(\arg\beta + \arg\alpha)$$

则可写为

$$|\psi\rangle = \cos\frac{\theta}{2}\mathrm{e}^{-\mathrm{i}\frac{\varphi}{2}}|+\rangle + \sin\frac{\theta}{2}\mathrm{e}^{\mathrm{i}\frac{\varphi}{2}}|-\rangle \tag{12.110}$$

式 (12.110)表示的态正好是 $S_n = \boldsymbol{S}\cdot\boldsymbol{n}$ 的本征值为 $+\frac{1}{2}\hbar$ 的本征态，其中 $\boldsymbol{n} = (\sin\theta\cos\varphi, \sin\theta\sin\varphi, \cos\theta)$. 所以对一个纯态来说，旋转 Stern-Gerlach 仪器中的磁场方向总可以找到一个方向使银原子束通过时不再发生分裂，而混合态则无法做到这一点.

附录 几个积分和级数公式

（Ⅰ）由 Gauss 积分公式衍生的一组积分公式（其中 α 是复数，要求被积函数满足可积条件）

$$I_{a,0}(\alpha) = \int_{-\infty}^{+\infty} \mathrm{d}x e^{-\alpha x^2} = \sqrt{\frac{\pi}{\alpha}} \tag{A.1}$$

$$I_{a,2}(\alpha) = \int_{-\infty}^{+\infty} \mathrm{d}x e^{-\alpha x^2} x^2 = -\frac{\partial}{\partial \alpha} I_{a,0}(\alpha) = \frac{\sqrt{\pi}}{2\alpha^{\frac{3}{2}}} \tag{A.2}$$

$$I_{a,4}(\alpha) = \int_{-\infty}^{+\infty} \mathrm{d}x e^{-\alpha x^2} x^4 = \left(-\frac{\partial}{\partial \alpha}\right)^2 I_{a,0}(\alpha) = \frac{3\sqrt{\pi}}{4\alpha^{\frac{5}{2}}} \tag{A.3}$$

$$\cdots\cdots$$

$$I_{a,2n}(\alpha) = \int_{-\infty}^{+\infty} \mathrm{d}x e^{-\alpha x^2} x^{2n} = \left(-\frac{\partial}{\partial \alpha}\right)^n I_{a,0}(\alpha) = \frac{(2n-1)!!\sqrt{\pi}}{2^n \alpha^{\frac{2n+1}{2}}} \tag{A.4}$$

式 (A.1) 可通过二重积分化为极坐标积分后进行. 而由此可得到式 (A.2)～式 (A.4). 由式 (A.1)，通过配方法又可得到下述广义 Gauss 积分公式：

$$I_{a_1,0}(\alpha, \beta) = \int_{-\infty}^{+\infty} \mathrm{d}x e^{-\alpha x^2 + \beta x} = \sqrt{\frac{\pi}{\alpha}} e^{\frac{\beta^2}{4\alpha}} \tag{A.5}$$

此式两边对 β 求微商又可得

$$I_{a_1,1}(\alpha, \beta) = \frac{\partial I_{a_1,0}(\alpha, \beta)}{\partial \beta} = \int_{-\infty}^{+\infty} \mathrm{d}x x e^{-\alpha x^2 + \beta x} = \frac{\beta}{2\alpha} \sqrt{\frac{\pi}{\alpha}} e^{\frac{\beta^2}{4\alpha}} \tag{A.6}$$

（Ⅱ）由指数函数积分衍生的一组积分公式（其中 α 是复数，要求被积函数满足可积条件）

$$I_{b,0}(\alpha) = \int_0^{+\infty} \mathrm{d}x e^{-\alpha x} = \frac{1}{\alpha} \tag{A.7}$$

$$I_{b,1}(\alpha) = \int_0^{+\infty} \mathrm{d}x e^{-\alpha x} x = -\frac{\partial}{\partial \alpha} I_{b,0}(\alpha) = \frac{1}{\alpha^2} \tag{A.8}$$

$$I_{b,2}(\alpha) = \int_0^{+\infty} \mathrm{d}x e^{-\alpha x} x^2 = \left(-\frac{\partial}{\partial \alpha}\right)^2 I_{b,0}(\alpha) = \frac{2}{\alpha^3} \tag{A.9}$$

$$\cdots\cdots$$

$$I_{b,n}(\alpha) = \int_0^{+\infty} \mathrm{d}x e^{-\alpha x} x^n = \left(-\frac{\partial}{\partial \alpha}\right)^n I_{b,0}(\alpha) = \frac{\Gamma(n+1)}{\alpha^{n+1}} \tag{A.10}$$

由式 (A.10) 以及式 (A.4) 可得

$$I_{a_1,n}(\alpha) = \int_0^{+\infty} \mathrm{d}x e^{-\alpha x^2} x^n = \frac{(n-1)!!}{2(2\alpha)^{n/2}} \sqrt{\frac{\pi}{\alpha}} \tag{A.4'}$$

注意上式中积分上下限分别为 0、 $+\infty$.

其实量子力学、量子场论路径 (泛函) 积分真正常用的、可积的积分公式并不多, R.P. Feynman 和 A.R. Hibbs 的 *Quantum Mechanics and Path Integrals*(New York: McGraw-Hill, 1965) 一书在其附录 A(P.357) 中只列了 10 个常用的定积分公式.

(III) 被积函数是幂函数与三角函数的乘积的不定积分 (省略积分常数 C)

$$\int x \cos px \mathrm{d}x = \frac{x}{p} \sin px + \frac{1}{p^2} \cos px \tag{A.11}$$

$$\int x^2 \cos px \mathrm{d}x = \left(\frac{x^2}{p} - \frac{2}{p^3} \right) \sin px + \frac{2x}{p^2} \cos px \tag{A.12}$$

$$\int x \sin px \mathrm{d}x = -\frac{x}{p} \cos px + \frac{1}{p^2} \sin px \tag{A.13}$$

$$\int x^2 \sin px \mathrm{d}x = \left(\frac{2}{p^3} - \frac{x^2}{p} \right) \cos px + \frac{2x}{p^2} \sin px \tag{A.14}$$

这四个不定积分均可通过分部积分法得到.

(IV) 被积函数是三角函数与指数函数的乘积的不定积分 (省略积分常数 C)

$$\int e^{ax} \sin bx \mathrm{d}x = \frac{1}{a^2 + b^2} e^{ax} (a \sin bx - b \cos bx) \tag{A.15}$$

$$\int e^{ax} \cos bx \mathrm{d}x = \frac{1}{a^2 + b^2} e^{ax} (a \cos bx + b \sin bx) \tag{A.16}$$

(V) 一个较为常用的三角函数定积分

$$\int_0^{\pi/2} \sin^\alpha \theta \mathrm{d}\theta = \int_0^{\pi/2} \cos^\alpha \theta \mathrm{d}\theta = \frac{\sqrt{\pi} \Gamma \left(\dfrac{\alpha+1}{2} \right)}{2\Gamma \left(1 + \dfrac{\alpha}{2} \right)} \tag{A.17}$$

其中, $\alpha > -1$ 为实数, 上面结果用 Γ 函数表示. 如 α 为正奇数 $\alpha = 2n+1$, 则

$$\int_0^{\pi/2} \sin^{2n+1} \theta \mathrm{d}\theta = \int_0^{\pi/2} \cos^{2n+1} \theta \mathrm{d}\theta = \frac{(2n)!!}{(2n+1)!!} \tag{A.17'}$$

如 α 为正偶数 $\alpha = 2n$, 则

$$\int_0^{\pi/2} \sin^{2n} \theta \mathrm{d}\theta = \int_0^{\pi/2} \cos^{2n} \theta \mathrm{d}\theta = \frac{(2n-1)!!}{(2n)!!} \frac{\pi}{2} \tag{A.17''}$$

(VI) 一个奇异积分

$$I(\lambda) = \int_{-\infty}^{+\infty} \frac{1}{k^2 - \lambda^2} e^{\mathrm{i}kx} \mathrm{d}k \tag{A.18}$$

这个积分在本书的一些题目中要用到. 在非齐次四维波动方程的 Green 函数以及坐标表象 Feynman 传播子等的计算中也都会涉及这个积分. 该积分的被积函数在 $k = \pm\lambda$ 处有两个一阶奇点. 若延拓到 k 的复平面积分, 相对于极点选取不同的积分路径, 就得到不同的积分结果. 我们对积分路径按如下方式选取:

$$I_r(\lambda) = \int_{-\infty}^{+\infty} \frac{1}{(k+\mathrm{i}0^+)^2 - \lambda^2} \mathrm{e}^{\mathrm{i}kx} \mathrm{d}k \tag{A.19}$$

其中, 0^+ 表示正的小量. 当 $x > 0$ 时,

$$I_r(\lambda) = \int_{-\infty}^{\infty} \frac{1}{(k+\mathrm{i}0^+)^2 - \lambda^2} \mathrm{e}^{\mathrm{i}kx} \mathrm{d}k = \oint_{C_r} \frac{1}{k^2 - \lambda^2} \mathrm{e}^{\mathrm{i}kx} \mathrm{d}k$$

其中, 围道 C_r 由 $(k = -\infty + \mathrm{i}0^+ \to \infty + \mathrm{i}0^+)$ 直线与无穷远处上半平面的半圆组成, 在上半平面闭合, 且不包含奇点, 故所求得积分为零. 当 $x < 0$ 时,

$$I_r(\lambda) = \int_{-\infty}^{\infty} \frac{1}{(k+\mathrm{i}0^+)^2 - \lambda^2} \mathrm{e}^{\mathrm{i}kx} \mathrm{d}k = \oint_{C_r} \frac{1}{k^2 - \lambda^2} \mathrm{e}^{\mathrm{i}kx} \mathrm{d}k$$

其中, 围道 C_r 由 $(k = -\infty + \mathrm{i}0^+ \to \infty + \mathrm{i}0^+)$ 直线与无穷远处下半平面的半圆组成, 在下半平面闭合, 包含两个奇点 $k = \pm\lambda$, 根据留数定理得

$$\begin{aligned} I_r(\lambda) &= \oint_{C_r} \frac{1}{k^2 - \lambda^2} \mathrm{e}^{\mathrm{i}kx} \mathrm{d}k = -2\pi\mathrm{i}\mathrm{Res}\left[\frac{1}{k^2 - \lambda^2} \mathrm{e}^{\mathrm{i}kx}\right] \\ &= \frac{\mathrm{i}\pi}{\lambda}(\mathrm{e}^{-\mathrm{i}\lambda x} - \mathrm{e}^{\mathrm{i}\lambda x}) = \frac{2\pi}{\lambda}\sin\lambda x \end{aligned}$$

因而

$$I_r(\lambda) = \begin{cases} 0, & x > 0 \\ \dfrac{\mathrm{i}\pi}{\lambda}(\mathrm{e}^{-\mathrm{i}\lambda x} - \mathrm{e}^{\mathrm{i}\lambda x}) = \dfrac{2\pi}{\lambda}\sin\lambda x, & x < 0 \end{cases} \tag{A.20}$$

利用阶跃函数 $\theta(x)$, 上式又可表示为

$$I_r(\lambda) = \theta(-x)\frac{2\pi}{\lambda}\sin\lambda x \tag{A.20$'$}$$

与式 (A.19) 不同, 若对式 (A.18) 的积分路径按如下方式选取:

$$I_a(\lambda) = \int_{-\infty}^{+\infty} \frac{1}{(k-\mathrm{i}0^+)^2 - \lambda^2} \mathrm{e}^{\mathrm{i}kx} \mathrm{d}k \tag{A.21}$$

则可以求得

$$I_a(\lambda) = \theta(x)\frac{2\pi}{\lambda}\sin\lambda x \tag{A.22}$$

若对式 (A.18) 采用其他的积分路径, 则结果总可以表示为上面式 (A.20)、(A.22) 的 I_r 与 I_a 的组合.

若对式 (A.18) 作一变化, 被积函数的分母 $k^2 - \lambda^2$ 改为 $k^2 + \lambda^2$, 则被积函数不再有奇异性. 若延拓到 k 的复平面积分, 则在虚轴上有奇点 $k = \pm i\lambda$, 采用留数定理可得

$$
\begin{aligned}
I_d(\lambda) &= \int_{-\infty}^{+\infty} \frac{1}{k^2 + \lambda^2} e^{ikx} dk = \oint_{C_d} \frac{1}{k^2 + \lambda^2} e^{ikx} dk = -2\pi i \operatorname{Res}\left[\frac{1}{k^2 + \lambda^2} e^{ikx} \right] \\
&= \frac{\pi}{\lambda} e^{-\lambda|x|}
\end{aligned}
\tag{A.23}
$$

其中, 围道 C_d 由 $(k = -\infty \to \infty)$ 直线与无穷远处的半圆组成, $x > 0$ 是上半平面的半圆, $x < 0$ 是下半平面的半圆.

关于积分公式, 读者还可查阅: 龚昇、阮图南顾问, 金玉明主编,《实用积分表》, 中国科学技术大学出版社, 2006;《常用积分表》, 中国科学技术大学出版社, 2009.

(Ⅶ) 级数的部分和

$$
\sum_{k=1}^{n} k = 1 + 2 + 3 + \cdots + n = \frac{1}{2} n(n+1)
\tag{A.24}
$$

$$
\sum_{k=1}^{n} k^2 = 1^2 + 2^2 + 3^2 + \cdots + n^2 = \frac{1}{6} n(n+1)(2n+1)
\tag{A.25}
$$

$$
\sum_{k=1}^{n} k^3 = 1^3 + 2^3 + 3^3 + \cdots + n^3 = \frac{1}{4} n^2(n+1)^2
\tag{A.26}
$$

$$
\sum_{k=1}^{n} k^4 = 1^4 + 2^4 + 3^4 + \cdots + n^4 = \frac{1}{30} n(n+1)(2n+1)(3n^2 + 3n - 1)\nu
\tag{A.27}
$$

$$
\cdots\cdots
$$

上述求和公式可以如下统一给出, 由于

$$
\sum_{k=1}^{n} e^{k\lambda} = \frac{1 - e^{(n+1)\lambda}}{1 - e^{\lambda}}
$$

则有例如

$$
\sum_{k=1}^{n} k = \left[\frac{d}{d\lambda} \sum_{k=1}^{n} e^{k\lambda} \right]_{\lambda=0} = \left[\frac{d}{d\lambda} \frac{1 - e^{(n+1)\lambda}}{1 - e^{\lambda}} \right]_{\lambda=0} = \frac{1}{2} n(n+1)
$$

(Ⅷ) 无穷级数求和

$$
\sum_{n=1}^{\infty} \frac{1}{n^2} = \frac{\pi^2}{6}, \quad \sum_{n=1}^{\infty} \frac{1}{n^4} = \frac{\pi^4}{90}, \quad \sum_{n=1}^{\infty} \frac{1}{n^6} = \frac{\pi^6}{945}
\tag{A.28}
$$

$$
\sum_{n=1}^{\infty} \frac{(-1)^{n+1}}{n} = \ln 2, \quad \sum_{n=1}^{\infty} \frac{(-1)^{n+1}}{n^2} = \frac{\pi^2}{12}
\tag{A.29}
$$

$$
\sum_{n=1}^{\infty} \frac{1}{(2n-1)^2} = \frac{\pi^2}{8}, \quad \sum_{n=1}^{\infty} \frac{1}{(2n-1)^4} = \frac{\pi^4}{96}
\tag{A.30}
$$

$$\sum_{n=1}^{\infty} \frac{(-1)^{n+1}}{(2n-1)^3} = \frac{\pi^3}{32}, \quad \sum_{n=1}^{\infty} \frac{1}{4n^2-1} = \frac{1}{2} \tag{A.31}$$

以上各式可见 Gradshteyn I S, Ryzhik I M, *Table of Integrals, Series, and Products*[M]. 6th ed. *Elsevier* (Singapore) *PteLtd.*, 2004. 北京：世界图书出版公司重印, 2004: P. 8,9, P.1035. 函数的 Fourier 级数是计算无穷级数和的一种方法. 例如, 取

$$y(x) = x^2(3\pi - 2|x|) = \frac{\pi^3}{2} - \frac{48}{\pi} \sum_{k=1}^{\infty} \frac{\cos(2k-1)x}{(2k-1)^4}, \quad -\pi < x < \pi$$

上式中令 $x = 0$ 立得

$$\sum_{k=1}^{\infty} \frac{1}{(2k-1)^4} = 1 + \frac{1}{3^4} + \frac{1}{5^4} + \frac{1}{7^4} + \cdots = \frac{\pi^4}{96}$$

再如

$$x = \frac{4l}{\pi^2} \sum_{k=1}^{\infty} \frac{(-1)^{k-1}}{(2k-1)^2} \sin \frac{(2k-1)\pi x}{l}, \quad -\frac{l}{2} < x < \frac{l}{2}$$

式中, 取 $l = 1$, 代入 $x = \frac{1}{2}$ 得

$$\frac{\pi^2}{8} = \sum_{k=1}^{\infty} \frac{(-1)^{k-1}}{(2k-1)^2} \sin \frac{(2k-1)\pi}{2} = \sum_{k=1}^{\infty} \frac{1}{(2k-1)^2}$$